Üben: Der Abschnitt Üben unterstützt nachhaltiges Lernen. Es werden dreifach-differenzierte Aufgaben zur Wiederholung und Anwendung des erworbenen Wissens angeboten. Die Aufgaben können in unterschiedlichen Sozialformen bearbeitet werden und ermöglichen selbstständiges Lernen (z. B. in Lernstudios). Die Lösungen aller Aufgaben der Üben-Seiten werden im Anhang dargestellt.

Vertiefen: Vertiefen bietet herausfordernde, komplexere Aufgaben einerseits zur Vertiefung eines Themas, andererseits zur Beschäftigung mit zusätzlichen Inhalten.

Ausgangstest: Mithilfe des Ausgangstests zu einem Kapitel können die Schülerinnen und Schüler überprüfen, ob sie alle nötigen Kompetenzen erworben haben. Die Lösungen sind zur Selbstkontrolle am Ende des Buches angegeben. Auch in diesem Abschnitt bietet eine Tabelle die Möglichkeit zur Selbsteinschätzung:

Ich kann ...	Aufgabe	Hilfen und Aufgaben	
Brüche und Dezimalzahlen in Prozent angeben.	1	Seite 64, 65, 79	I
bei einer Sachaufgabe Prozentwert, Grundwert und Prozentsatz erkennen und die Lösung berechnen.	2, 3, 4	Seite 67 – 70, 72, 73, 81	
Angaben zu Anteilen in Texten in Prozent ausdrücken.	5	Seite 65	
Prozentangaben durch einen Überschlag prüfen.	6	Seite 80	II
Sachaufgaben zur prozentualen Zu- und Abnahme lösen.	7, 8, 9, 10	Seite 74 – 76, 80, 82	
Sachaufgaben mit mehrfacher prozentualer Veränderung lösen.	11	Seite 77	III
Aussagen mit Prozentangaben beurteilen.	12	Seite 77, 88, 89	

Zuordnung der Aufgaben zu den Anforderungsbereichen der Bildungsstandards
I: Reproduzieren
II: Zusammenhänge herstellen
III: Verallgemeinern und Reflektieren

Hinweise auf weiterführende Aufgaben zum Wiederholen und Üben

Wiederholung
Der Wiederholungsteil enthält Grundwissen und Übungsaufgaben zu Inhalten vorhergehender Schuljahre.

Pfeile in der Kopfleiste dienen zur schnellen Orientierung im Kapitel.

Projekt Berlin 201

Kapitel

Berlin-Marathon 2019

Digital+
WES-117455-001

Digitale Ergänzungen zu deinem Buch erkennst du an dem Symbol **Digital+**. Gehe auf *www.westermann.de/webcode* und gib den gewünschten Webcode ein. Du kannst auch den QR-Code scannen. Mit dem Webcode oder dem QR-Code können zusätzliche digitale Inhalte wie Erklärvideos oder Dateien zur dynamischen Geometriesoftware (DGS) aufgerufen werden.

Medienbildung
Die Bearbeitung dieser Aufgaben ermöglicht es Schülerinnen und Schülern, Medienkompetenzen zu erwerben.

1 Während ihres Aufenthalts in Berlin schauen Leonie und Luca beim Berlin-Marathon zu.
Informiere dich über den geschichtlichen Hintergrund des Marathonlaufs.

2 Vergleiche die Zeiten, in denen der schnellste Läufer und der schnellste Skater (die schnellste Läuferin und die schnellste Skaterin) die Marathonstrecke zurückgelegt haben.

3 Im Beispiel wird die Durchschnittsgeschwindigkeit des schnellsten Läufers berechnet.

2 h 01 min 41 s = 2 h + 101 s
$2\text{ h} + \frac{101}{3600}\text{ h} \approx 2{,}028\text{ h}$
$42{,}195\text{ km} : 2{,}028\text{ h} \approx 20{,}8\ \frac{\text{km}}{\text{h}}$

a) Berechne die Durchschnittsgeschwindigkeit der schnellsten Läuferin (des schnellsten Inlineskaters, der schnellsten Handbikerin).
b) Kenensia Bekele gewann auch 2016 den Berlin-Marathon in einer Zeit von 2:03:03 h.
Um wie viel Prozent hat er 2019 seine Durchschnittsgeschwindigkeit erhöht?

4 Der beste Deutsche Jens Nerkamp belegte Platz 37 mit einer Zeit von 2:14:54 h. Überlege, wie viel Meter er noch bis zum Ziel zurücklegen musste, als der Sieger die Ziellinie erreichte.

5 Nimm an, alle Zuschauer stehen gleichmäßig auf die gesamte Marathondistanz verteilt rechts und links der Laufstrecke. Wie viele Reihen von Zuschauern stehen hintereinander?

6 Informiert euch im Internet über Marathonläufe in anderen Städten.
Überlegt euch weitere Aufgaben zu diesem Thema und löst sie in eurer Tischgruppe.

Probleme mathematisch lösen — **Sachtexte**

1. Stelle fest, welche Angaben und Informationen du brauchst, um die Aufgabenstellung zu bearbeiten.
2. Suche die benötigten Angaben und Informationen in den Texten.
3. Überlege, welche Rechnungen oder Schätzungen du durchführen musst.
4. Führe die notwendigen Rechnungen und Schätzungen durch und formuliere ein Ergebnis.
5. Prüfe, ob dein Ergebnis sinnvoll ist.

Probleme mathematisch lösen — **Sachtexte**

Methodenkästen unterstützen die Lernenden beim Erwerb prozessbezogener Kompetenzen.

Mathematik + 9

Herausgeber:

Uwe Scheele

Autorinnen und Autoren:

Doreen Groth
Jochen Herling
Karl-Heinz Kuhlmann
Bernd Liebau
Sylvia Markhoff
Uwe Scheele
Lea Schlüter
Sebastian Wöstefeld

Mathematik 9

Herausgeber: Uwe Scheele

Bearbeiter: Jochen Herling, Karl-Heinz Kuhlmann, Uwe Scheele

Das Werk ist eine Bearbeitung von 978-3-14-124903-3, 978-3-14-124904-0, 978-3-14-124905-7, 978-3-14-151763-7, 978-3-14-151765-1, 978-3-14-152460-4

Autorinnen und Autoren:
Doreen Groth, Jochen Herling, Karl-Heinz Kuhlmann, Bernd Liebau, Sylvia Markhoff, Uwe Scheele, Lea Schlüter, Sebastian Wöstefeld

Druck A[1] / Jahr 2025
Alle Drucke der Serie A sind im Unterricht parallel verwendbar.

Redaktion: Ramona Behrens
Grafiken: Technisch-Grafische Abteilung Westermann, Braunschweig; Susanne Rosier, Braunschweig
Illustrationen: Andrea Naumann, Aachen; Carla Miller, Dortmund; Christine Lösch, Ulm
Umschlaggestaltung: Janssen Kahlert Design & Kommunikation GmbH, Hannover
Layout: Janssen Kahlert Design & Kommunikation GmbH, Hannover
Druck und Bindung: Westermann Druck GmbH, Georg-Westermann-Allee 66, 38104 Braunschweig

ISBN 978-3-14-**117455**-7

INHALT

1 Maßstäbliches Vergrößern und Verkleinern

2 Reelle Zahlen

3 Kreis und Kreisteile

4 Lineare Funktionen

INHALT

INHALT

8 Große und kleine Zahlen

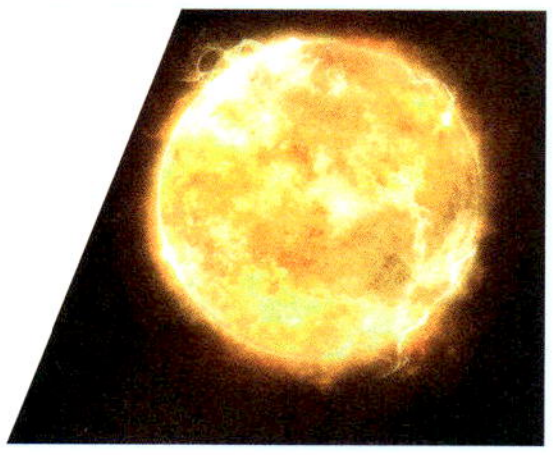

9 Statistische Erhebungen

Wiederholung

1 Maßstäbliches Vergrößern und Verkleinern

Der Pantograph ist ein Instrument zum maßstäblichen Vergrößern und Verkleinern und zum Kopieren von Zeichnungen und Landkarten. Er wurde vor ungefähr 400 Jahren vom Optiker und Astronomen Christoph Scheiner erfunden. Noch bis Mitte des 20. Jahrhunderts wurde er bei technischen Zeichnungen benutzt.

*Christoph Scheiner (*1573; †1650)*

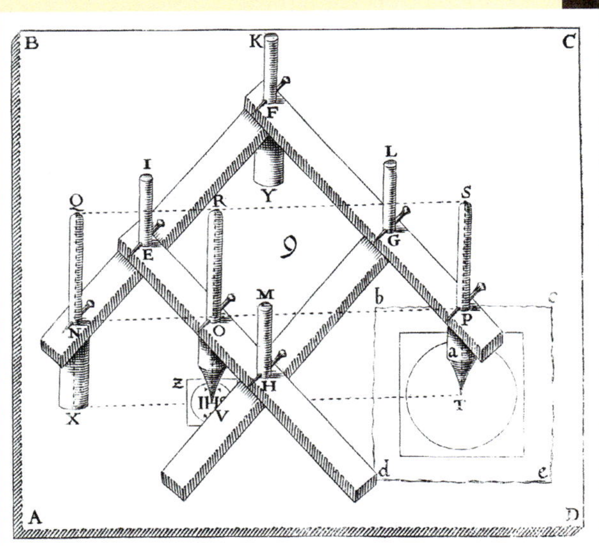

Pantograph

Das Wort Pantograph ist griechischen Ursprungs und bedeutet „Alleszeichner“. Das Zeichengerät wird auch „Storchenschnabel“ genannt.

Bist du fit für dieses Kapitel?
Eingangstest auf
Seite 200

In diesem Kapitel ...

- *verkleinerst und vergrößerst du Figuren maßstäblich.*
- *untersuchst du ähnliche Figuren.*
- *führst du zentrische Streckungen durch.*

Pantograph

A

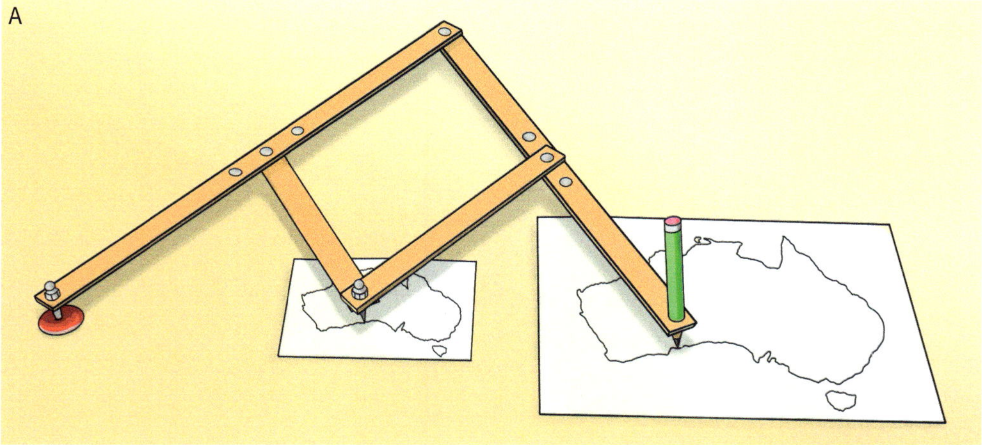

B

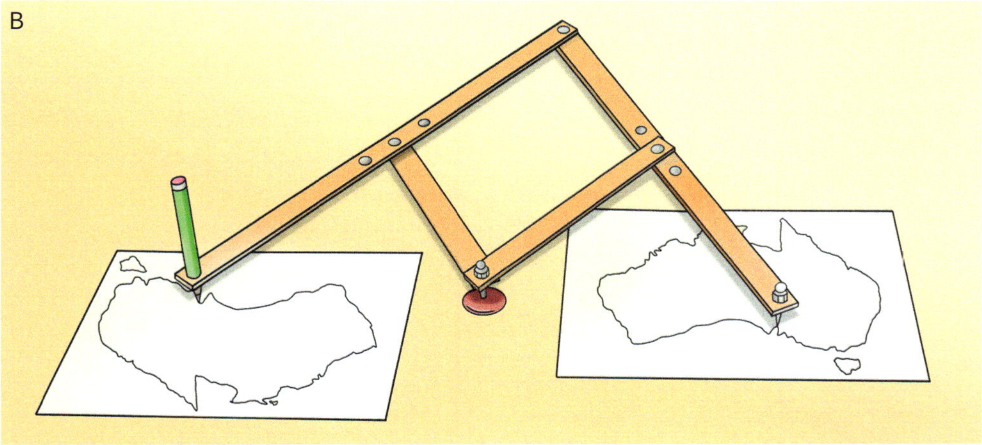

C

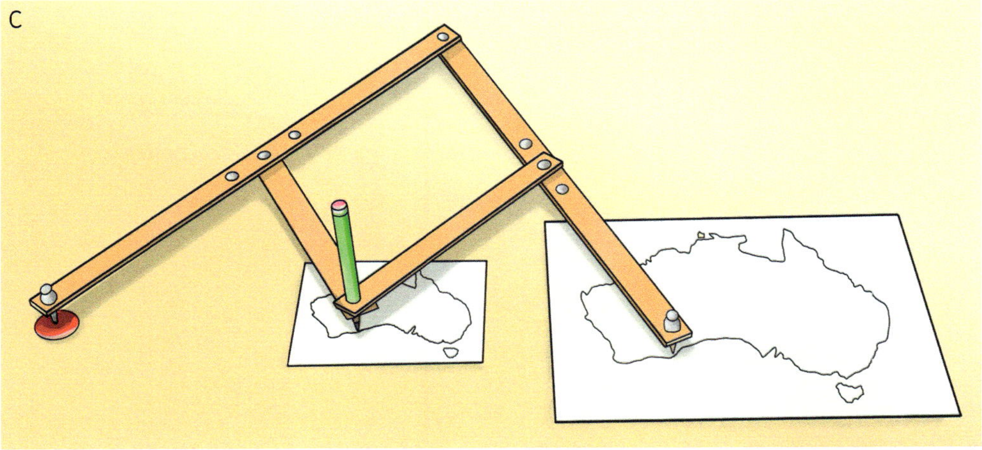

- Beschreibe die Einsatzmöglichkeiten des Pantographen anhand der Abbildungen.
- In welchem Bild wird eine Zeichnung kopiert? Wo wird verkleinert? Wo wird vergrößert?

Vergrößern und Verkleinern mit dem Pantographen

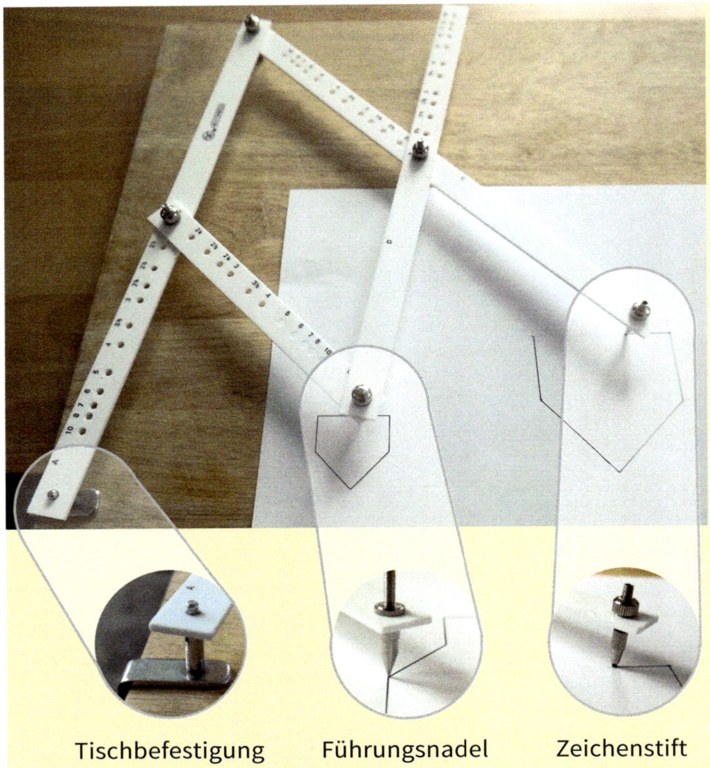

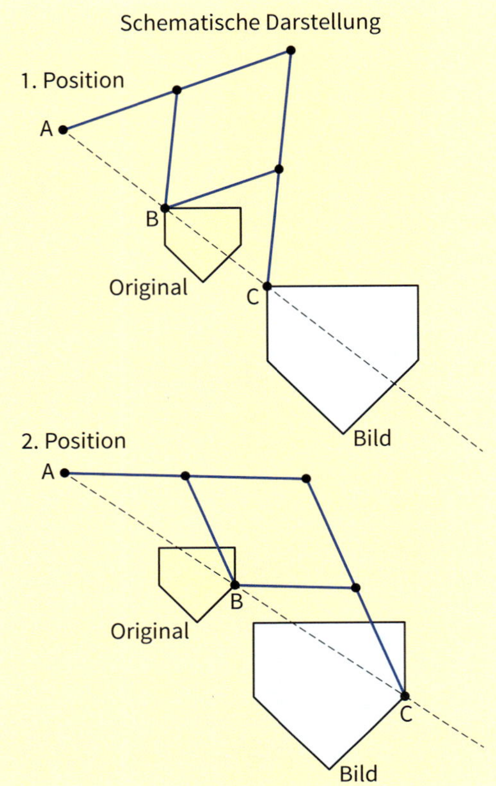

1 a) Beschreibe die Elemente des Zeichengerätes, die sich bei A, B und C befinden.
b) Bestimme jeweils die Streckenlängen $\overline{AB}$ und $\overline{AC}$ in den beiden Positionen rechts oben und vergleiche sie miteinander.
c) In welchem Maßstab wird die Vergrößerung (das Bild) angefertigt?

2 a) Wie wird der Pantograph in der unteren Abbildung eingesetzt? Welche Teile sind dazu vertauscht worden?

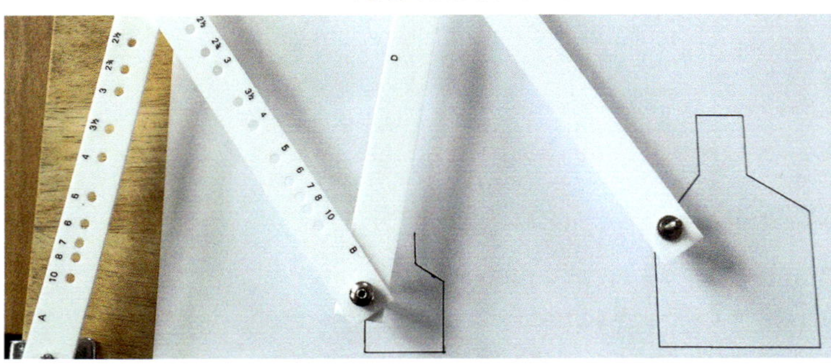

b) Bestimme den Maßstab.

3 Der abgebildete Pantograph ist einstellbar.

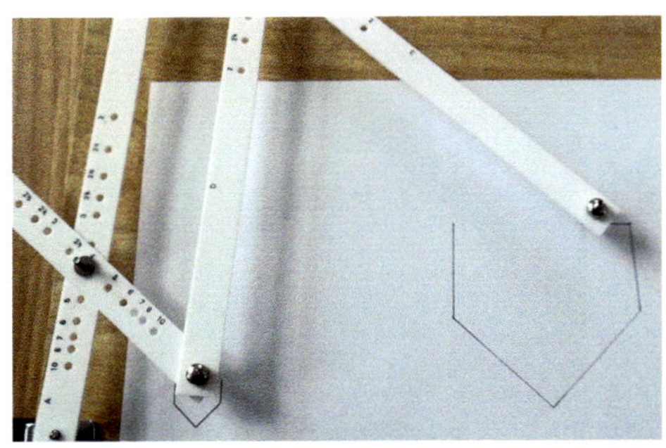

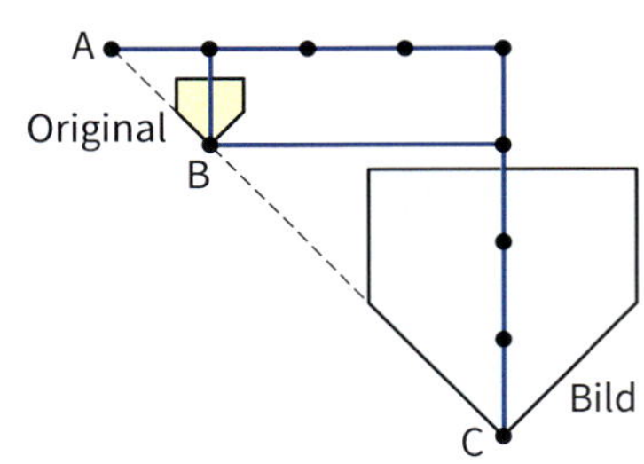

Bestimme auch hier die Streckenlängen $\overline{AB}$ und $\overline{AC}$.
In welchem Maßstab wird hier vergrößert?

Wir bauen einen Pantographen

Für den Bau eines Pantographen brauchst du die folgenden Materialien:
2 lange Pappstreifen (20 cm x 2 cm)
2 kurze Pappstreifen (11 cm x 2 cm)
3 Musterbeutelklammern
3 Unterleghölzer (2 cm dick)
1 Nagel
1 Pinnadel
1 Stift

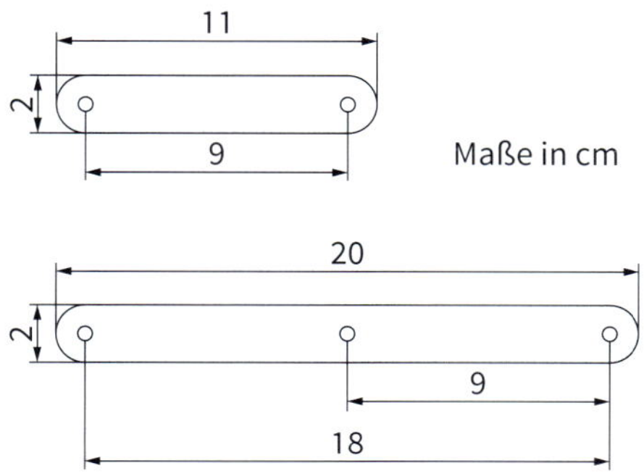

Maße in cm

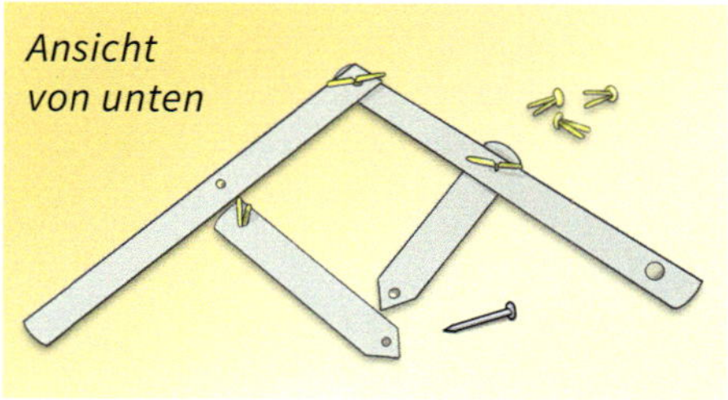

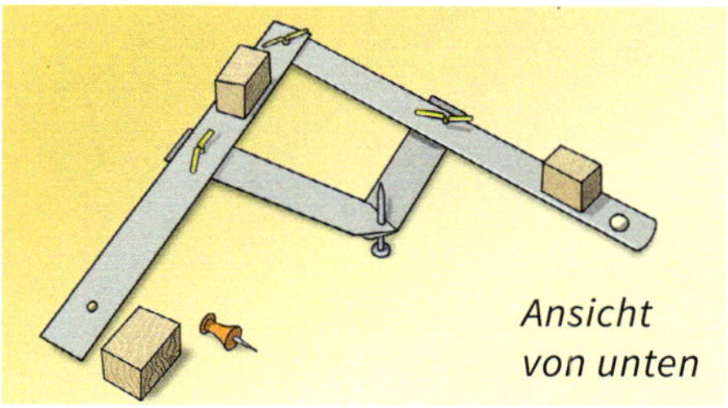

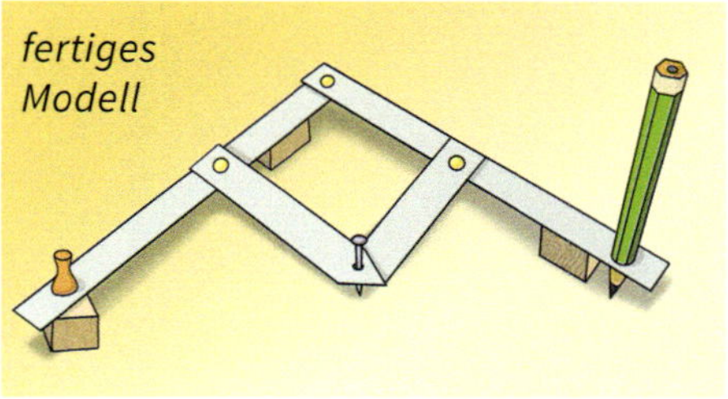

Schneide die Pappstreifen aus und bohre mit einem spitzen Gegenstand die Löcher wie in der Abbildung angegeben.
Das Loch für den Stift wird nachher angepasst.

1 Stelle mithilfe der oben abgebildeten Bauanleitung einen Pantographen her.

2 Suche geeignete Zeichnungen und vergrößere (verkleinere) sie mit dem Pantographen.

Maßstäbliches Vergrößern und Verkleinern

1 Die abgebildeten Gegenstände sind jeweils in Originalgröße und verkleinert oder vergrößert dargestellt.
Vergleiche die Längen in Bild und Original. In welchem Maßstab ist verkleinert (vergrößert) worden?

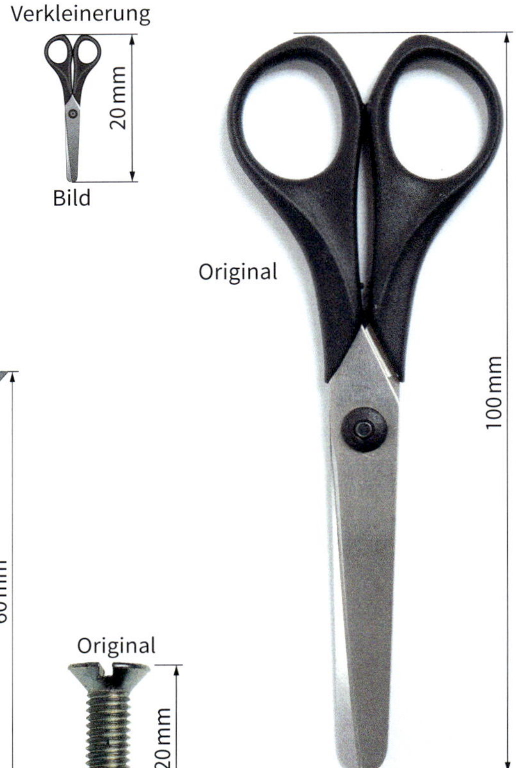

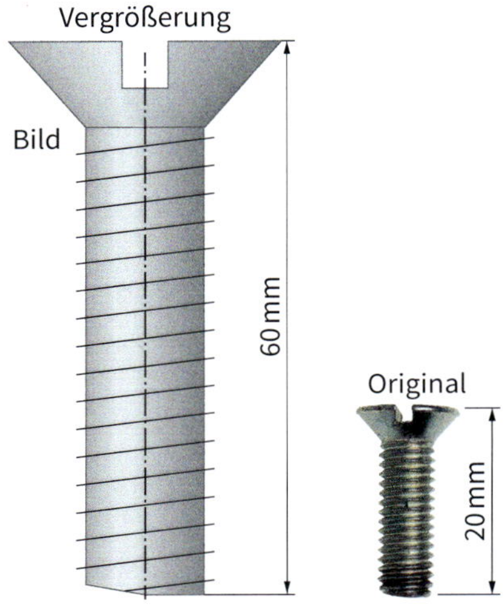

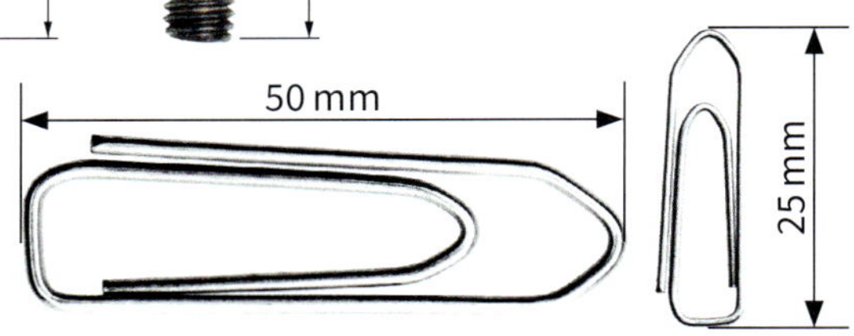

	Länge in mm		Verhältnis
	Bild	Original	Bild : Original
Schraube	60	20	60 : 20
			3 : 1
Schere	■	■	■
			■
Büro-klammer	■	■	■
			■

Der Maßstab gibt das Verhältnis einander entsprechender Streckenlängen in **Bild** und **Original** an. Dabei wird die Zahl für das Bild immer zuerst genannt.

Verkleinerung
Maßstab 1 : 3

1 cm im Bild ≙ 3 cm im Original

Vergrößerung
Maßstab 5 : 1

5 cm im Bild ≙ 1 cm im Original

2 In welchem Maßstab ist die abgebildete Figur vergrößert (verkleinert) worden? Was kannst du über die entsprechenden Winkel aussagen?

a)

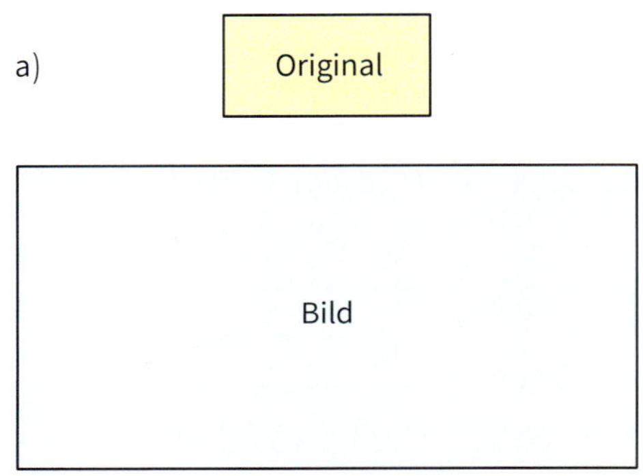

b)

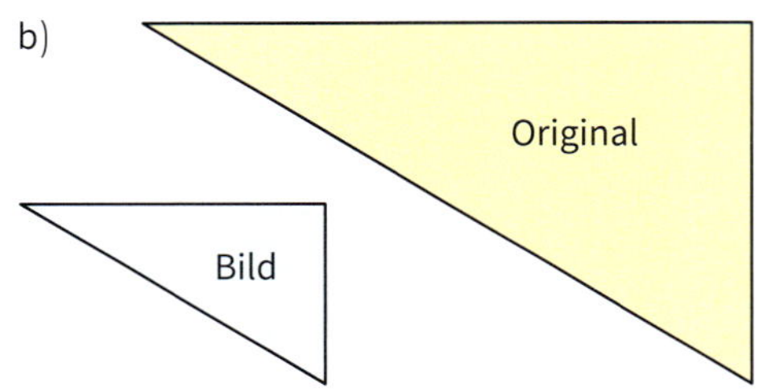

3 Übertrage die Figuren auf Karopapier.
a) Vergrößere jede Figur im Maßstab 2 : 1.
b) Verkleinere jede Figur im Maßstab 1 : 3.

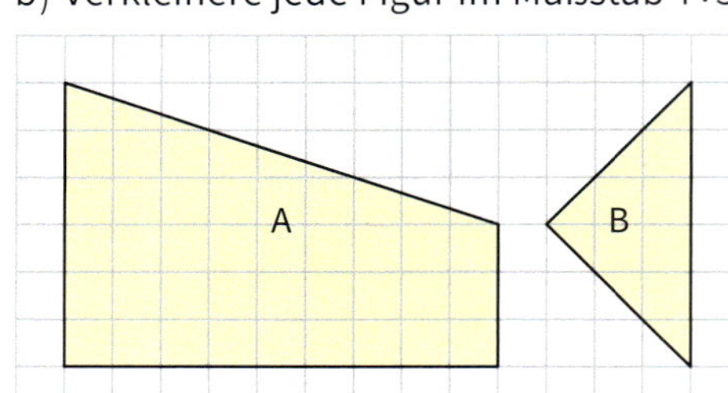

Maßstäbliches Vergrößern und Verkleinern

4 Übertrage die Figur auf Karopapier und fertige eine zweite Zeichnung im angegebenen Maßstab an.

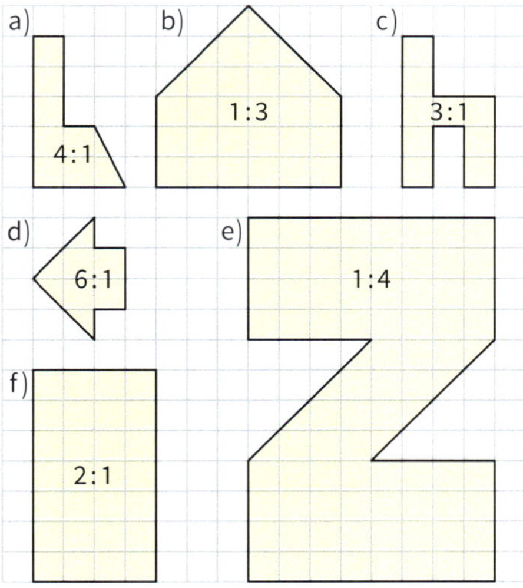

5 Ergänze die Tabelle in deinem Heft.

Verkleinerung

	Maßstab	Bild	Original
a)	1:2	3,5 cm	
b)	1:6	0,5 cm	
c)	1:10	6,8 cm	
d)		5 cm	100 cm
e)	1:100		3,50 m

Vergrößerung

	Maßstab	Bild	Original
f)	2:1	18 cm	
g)	4:1	10 cm	
h)	10:1	72 cm	
i)		6 cm	1,2 cm
k)	100:1		6 mm

6 Die Länge der Lok Baureihe 101 ist mit 19 575 mm angegeben.

Wie lang ist ein Modell, das im Maßstab 1:87 angefertigt wurde?

7 Zwei Orte haben auf einer Landkarte im Maßstab 1:1 000 000 eine Entfernung von 3,5 cm.
Im Beispiel wird gezeigt, wie diese Streckenlänge in die wirkliche Entfernung der beiden Orte umgerechnet wird.

Länge in der Zeichnung	Länge in der Wirklichkeit
1 cm	1 000 000 cm
3,5 cm	3,5 · 1 000 000 cm = 3 500 000 cm = 35 000 m = 35 km

3,5 cm ≙ 35 km
(„≙“ bedeutet „entspricht“)

Bestimme jeweils die wirkliche Streckenlänge.

Länge auf der Karte	Maßstab	Länge in Wirklichkeit
9 cm	1:10 000	
83 mm	1:25 000	
12,6 cm	1:200 000	
3,5 m	1:2,5	
36 mm	1:500	
2 cm	1:1,5 Mio.	

8 Die abgebildete Landkarte ist in einem Maßstab von 1:250 000 gezeichnet worden. Bestimme die Entfernung zwischen Scharbeutz und Neustadt (Luftlinie) in Kilometer.

Ähnlichkeit

1 a) Nael möchte mit einem Grafikprogramm die Größe von Bildern verändern.
Beschreibe, wie sie dabei vorgehen kann.
b) Bei welchem Bild handelt es sich um eine maßstäbliche Vergrößerung (Verkleinerung)?

Original B

Bild B1

Bild A1

Bild B2

Bild A2
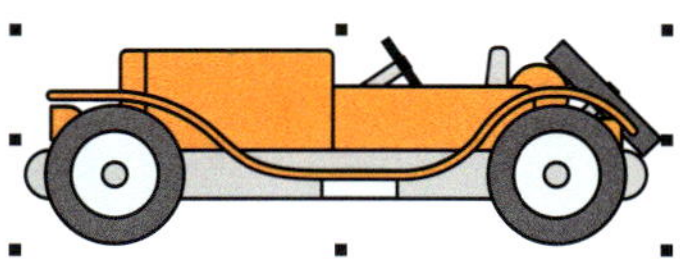

Bild A3
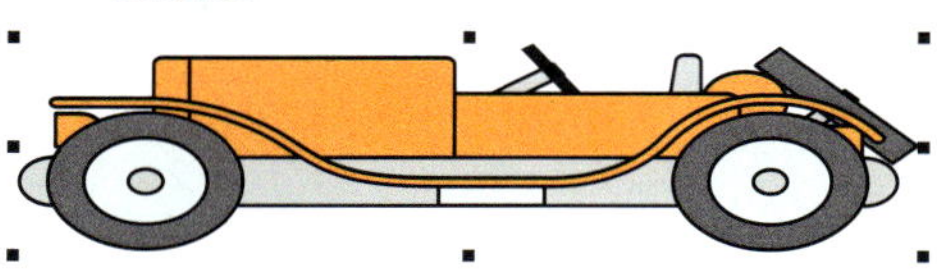

Bild B3

Ähnlichkeit

2 Das Dreieck D′ ist durch maßstäbliches Vergrößern aus dem Dreieck D hervorgegangen.

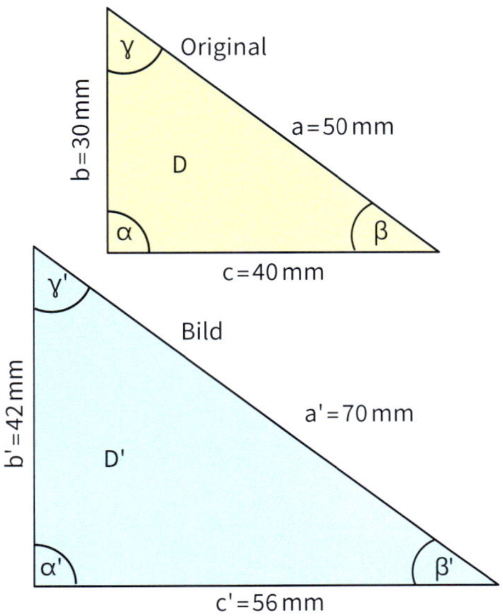

a) Im Beispiel sind die Längenverhältnisse entsprechender Seiten in den Dreiecken D′ und D berechnet worden.

$$\frac{a'}{a} = \frac{70}{50} = \frac{7}{5} = 1{,}4$$

$$\frac{b'}{b} = \frac{42}{30} = \frac{7}{5} = 1{,}4$$

Berechne auch das Verhältnis $\frac{c'}{c}$.
Was stellst du fest?

b) Vergleiche in beiden Dreiecken die Winkelgrößen miteinander.

> Figuren, die durch maßstäbliches Vergrößern oder Verkleinern entstanden sind, heißen **ähnlich**.
> In zueinander ähnlichen Figuren sind entsprechende Winkel gleich groß.
> Die Verhältnisse entsprechender Seiten in Bild- und Originalfigur sind gleich.
>
> $$\frac{a'}{a} = \frac{b'}{b} = \frac{c'}{c} = k$$
>
> $a' = k \cdot a \qquad b' = k \cdot b \qquad c' = k \cdot c$
>
> **k** wird auch **Ähnlichkeitsfaktor** genannt.

3 Bestimme den Ähnlichkeitsfaktor k.

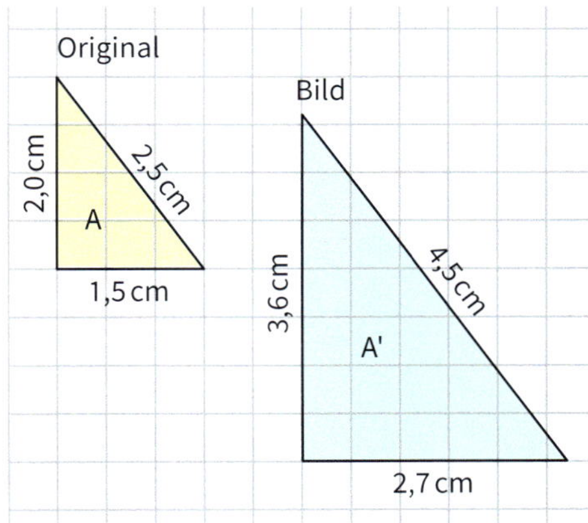

Video
WES-117455-001

4 Überprüfe die beiden Dreiecke A und B auf Ähnlichkeit (Maße in cm).

a)

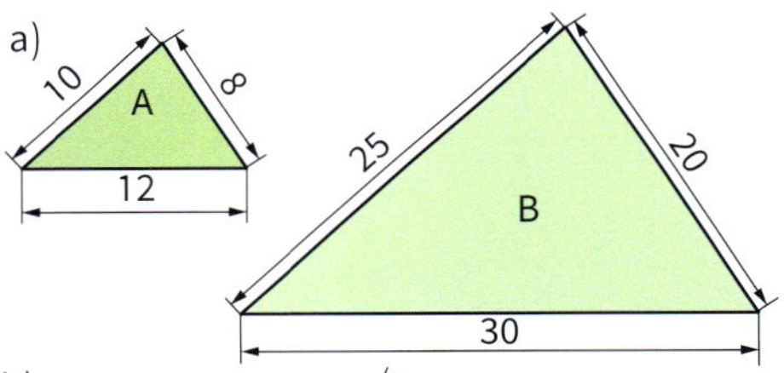

b)

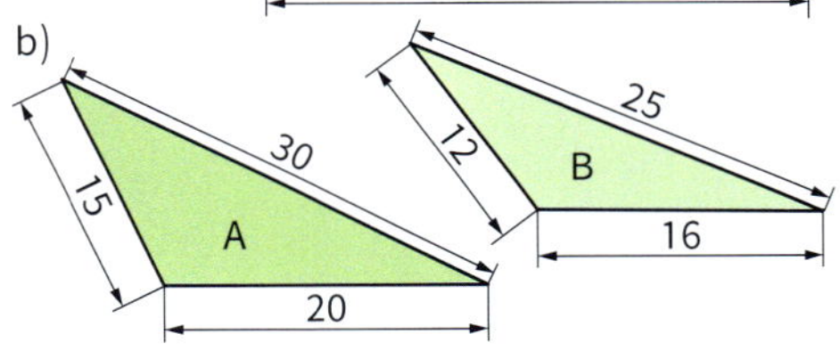

5 Sind die beiden Figuren ähnlich? Begründe deine Antwort.

a)

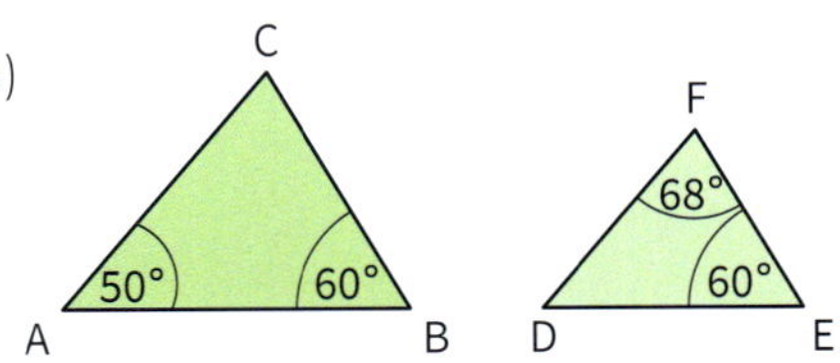

b)

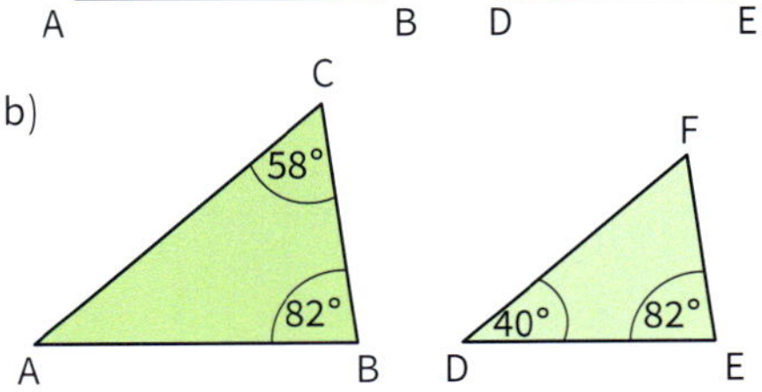

c)

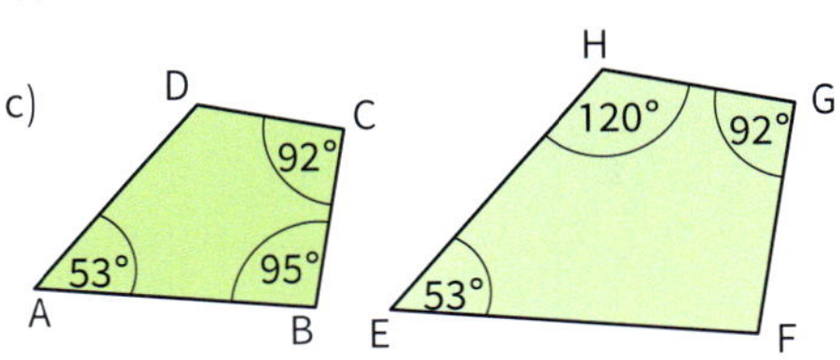

Ähnlichkeit

6 Die beiden Rechtecke sind ähnlich. Bestimme den Ähnlichkeitsfaktor k.

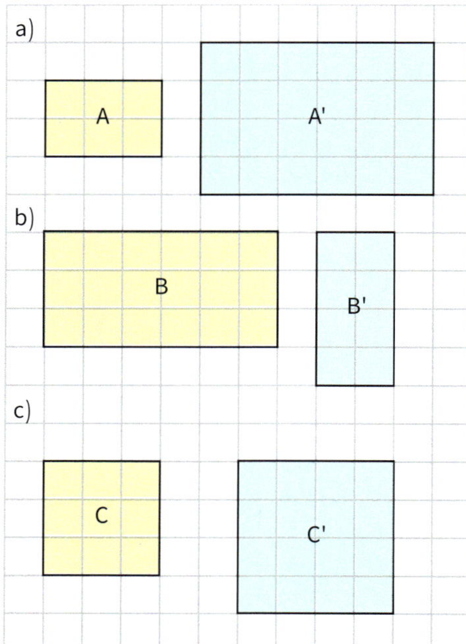

7 Die beiden Dreiecke sind ähnlich. Berechne den Ähnlichkeitsfaktor k. Berechne anschließend die fehlenden Seitenlängen des Bilddreiecks mithilfe von k.

a)

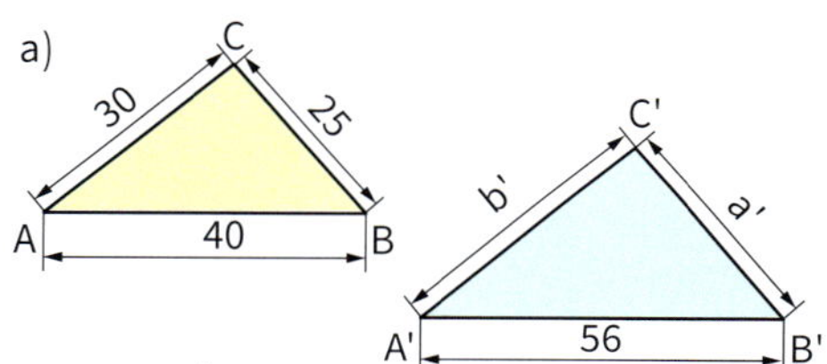

b)

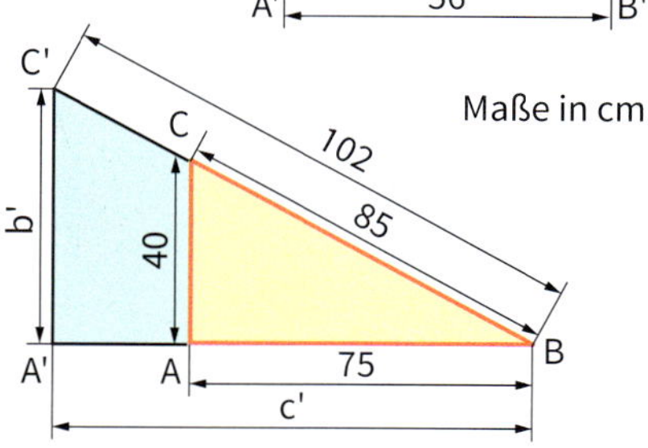

c)

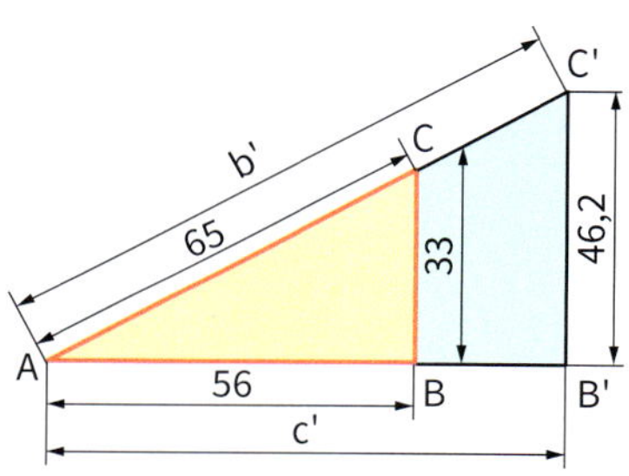

8 Gib mehrere Gründe dafür an, dass die beiden Figuren nicht ähnlich sind.

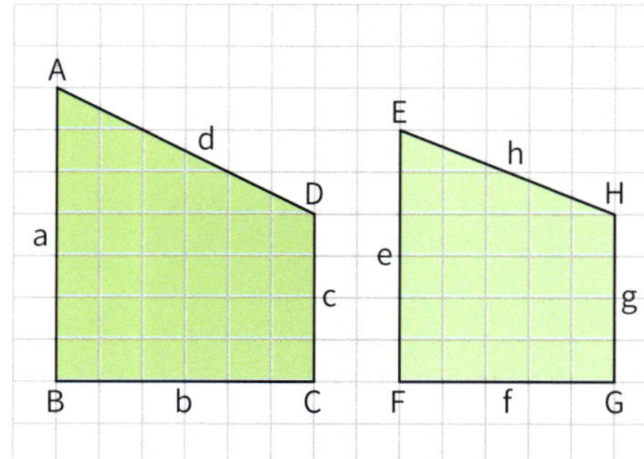

9 Tilda behauptet, dass die abgebildeten Rechtecke ähnlich sind. Hat sie recht? Begründe deine Meinung.

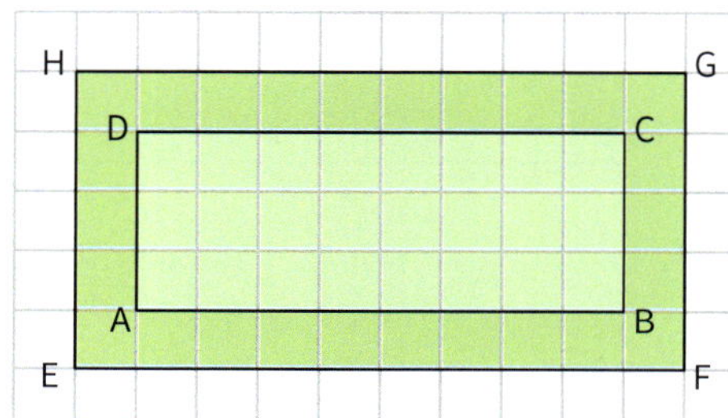

10 Das Wort „ähnlich" wird umgangssprachlich benutzt, wenn sich zwei Gegenstände oder Personen nur wenig unterscheiden.
Erkläre, ob die abgebildeten Personen auch „mathematisch ähnlich" sind.

a)

b)

Zentrische Streckung

1 Der Stab wirft auf die Leinwand einen Schatten, der größer ist als der Stab.

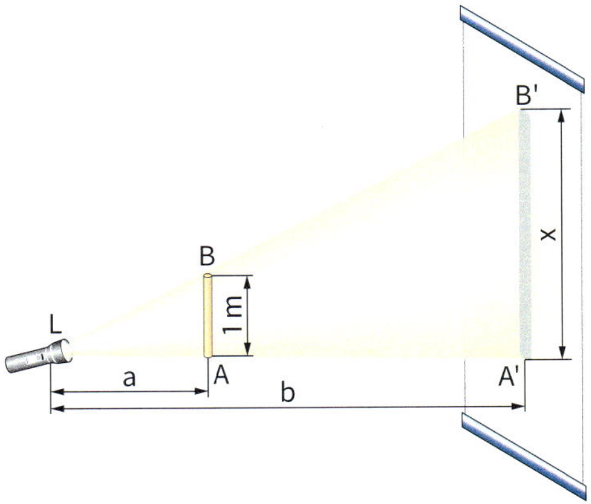

a) Was geschieht, wenn der Abstand b vergrößert (verkleinert) und der Abstand a beibehalten wird?

b) Wie lang ist der Schatten des Stabes auf der Leinwand, wenn der Abstand b 4 m beträgt?

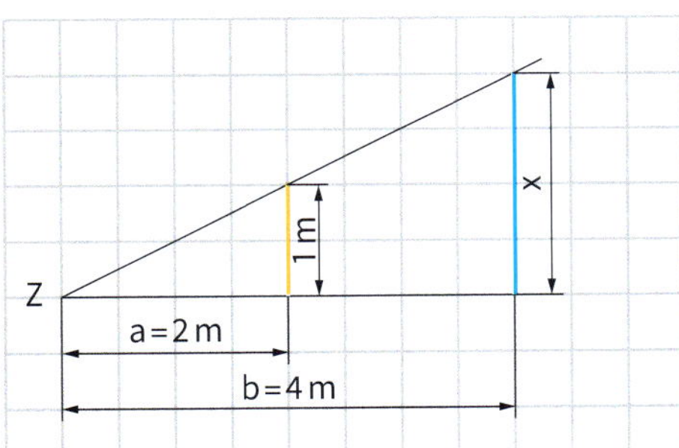

c) Wie lang ist der Schatten des Stabes auf der Leinwand, wenn b auf 6 m vergrößert wird?

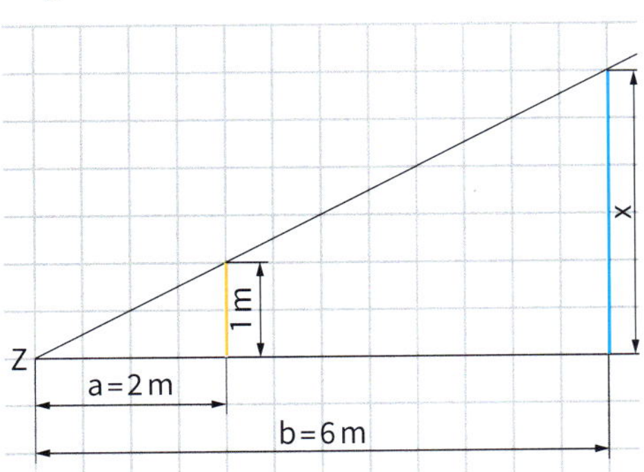

Schattenbilder lassen sich auch mathematisch konstruieren. Eine solche Konstruktion wird **zentrische Streckung** genannt.

Zentrische Streckung

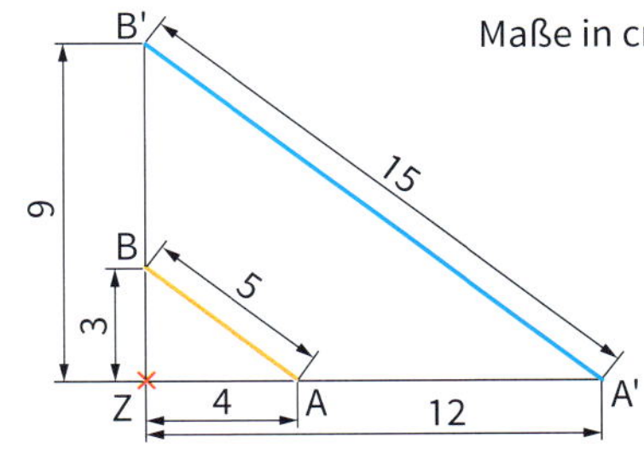

$\frac{\overline{ZA'}}{\overline{ZA}} = \frac{12}{4} = 3$ $\quad \overline{ZA'} = 3 \cdot \overline{ZA}$

$\frac{\overline{ZB'}}{\overline{ZB}} = \frac{9}{3} = 3$ $\quad \overline{ZB'} = 3 \cdot \overline{ZB}$

$\frac{\overline{A'B'}}{\overline{AB}} = \frac{15}{5} = 3$ $\quad \overline{A'B'} = 3 \cdot \overline{AB}$

Streckungsfaktor: $k = 3$

Bei einer zentrischen Streckung liegen Originalpunkt und Bildpunkt auf einer Geraden durch das Streckungszentrum Z. Der Streckungsfaktor wird k genannt.
Bei einer zentrischen Streckung sind Originalfigur und Bildfigur **ähnlich** zueinander.

Der Streckungsfaktor wird auch Ähnlichkeitsfaktor genannt.

2 Die Strecke $\overline{A'B'}$ ist durch eine zentrische Streckung aus $\overline{AB}$ hervorgegangen. Bestimme den Streckungsfaktor k. Berechne dann die fehlenden Längen.

a)

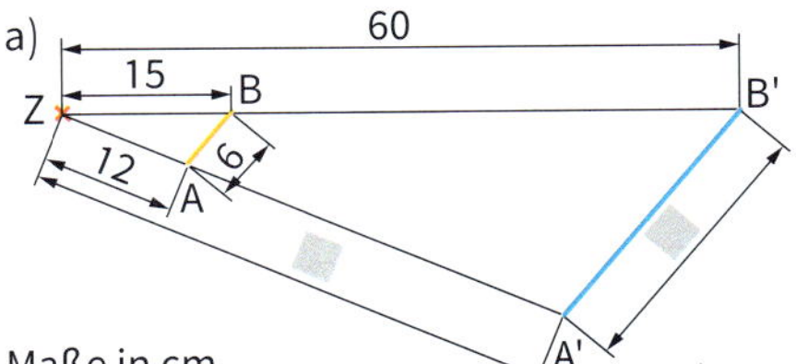

Maße in cm

b)

c)

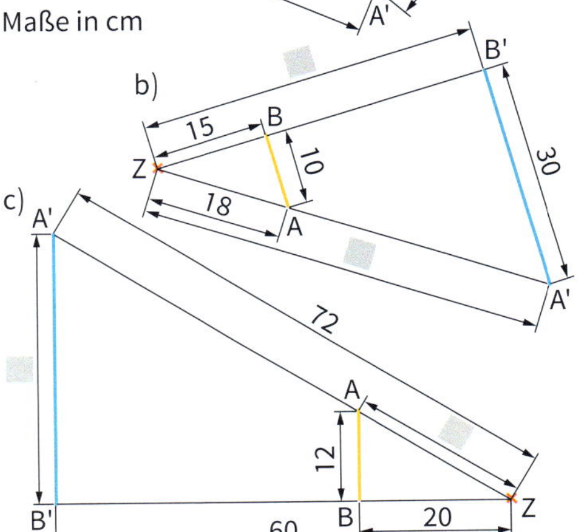

Zentrische Streckung ebener Figuren

Video
WES-117455-002

1 a) Beschreibe anhand der vier Abbildungen, wie das Dreieck ABC von Z aus mit k = 2 gestreckt wird.
b) Vergleiche jeweils die Größe der Winkel von Original- und Bildfigur miteinander. Wie liegen entsprechende Seiten zueinander?

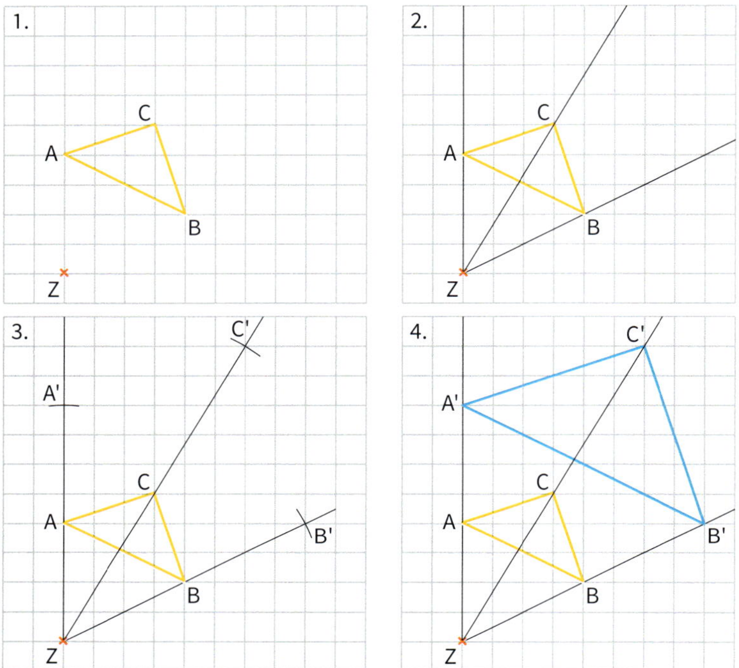

c) Übertrage Abbildung 1 in dein Heft und strecke das Dreieck ABC von Z aus mit dem Streckungsfaktor k = 3 (1,5).

2 Übertrage die Figur in dein Heft und strecke sie anschließend von Z aus mit dem angegebenen Faktor.

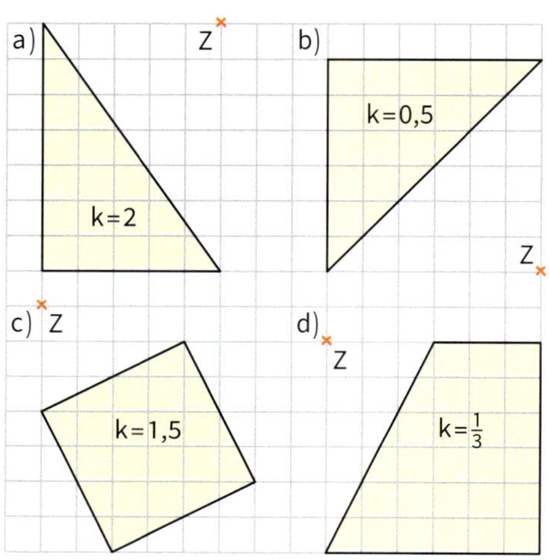

Video
WES-117455-003

Bei einer zentrischen Streckung sind die entsprechenden Winkel in Original- und Bildfigur gleich groß.
Original- und Bildstrecke liegen parallel zueinander.

3 a) Elli streckt das abgebildete Dreieck von Z aus mit k = 1,5. Welche Eigenschaft der zentrischen Streckung benutzt sie dabei?

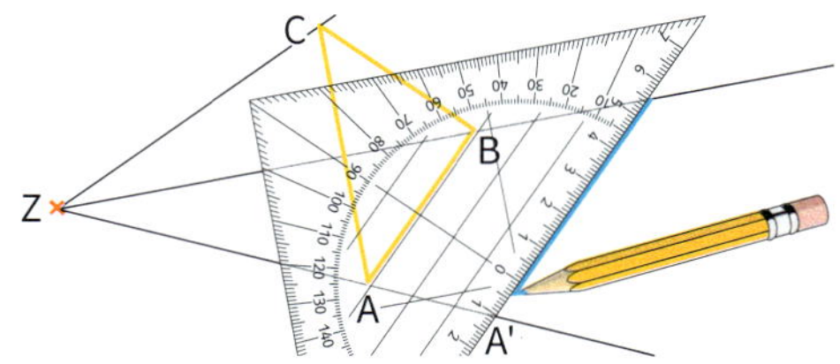

b) Übertrage die Figuren in dein Heft und konstruiere mithilfe dieser Eigenschaft die Bildfigur (k = 1,5).

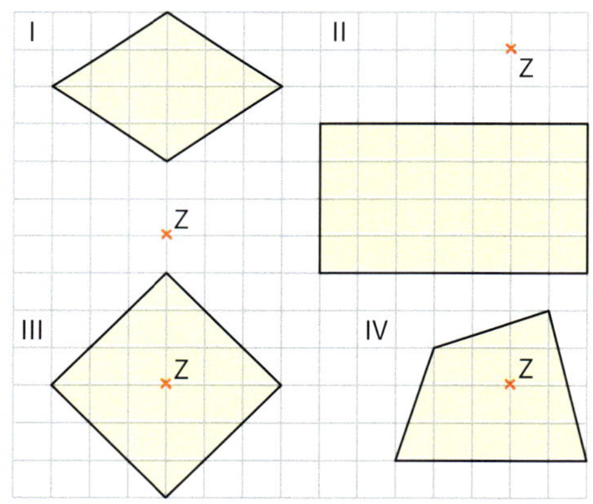

4 Zeichne die Figur mit den gegebenen Eckpunkten in ein Koordinatensystem (Einheit 1 cm) und verkleinere sie durch zentrische Streckung von Z aus mit dem angegebenen Faktor k. Gib die Koordinaten der Bildpunkte an.

	a)	b)	c)	d)
Z	(1 | −1)	(7 | −2)	(1 | 0)	(−2 | 4)
k	0,5	0,5	0,5	0,25
A	(−1 | 2)	(−2 | −6)	(−1 | −2)	(−4 | −2)
B	(3 | 2)	(−2 | 0)	(3 | −1)	(2 | −4)
C	(3 | 4)	(0 | −4)	(3 | 1)	(4 | 2)
D	(−1 | 4)		(−1 | 4)	(−2 | 2)

Flächeninhalt von Original- und Bildfigur

1 In der Abbildung ist das Quadrat ZABC mit der Seitenlänge 2 cm mit dem Faktor k = 3 von Z aus gestreckt worden.

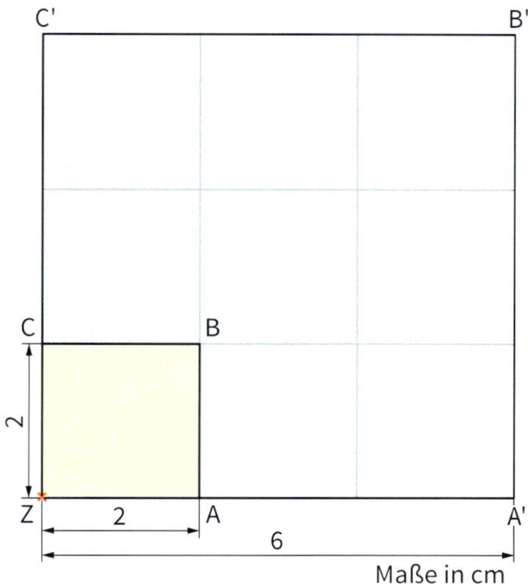

a) Vergleiche den Flächeninhalt der Originalfigur mit dem Flächeninhalt der Bildfigur.
b) Führe eine weitere Streckung des Originalquadrats mit dem Streckungsfaktor k = 4 durch. Vergleiche auch hier die Flächeninhalte von Originalfigur und Bildfigur. Was stellst du fest?

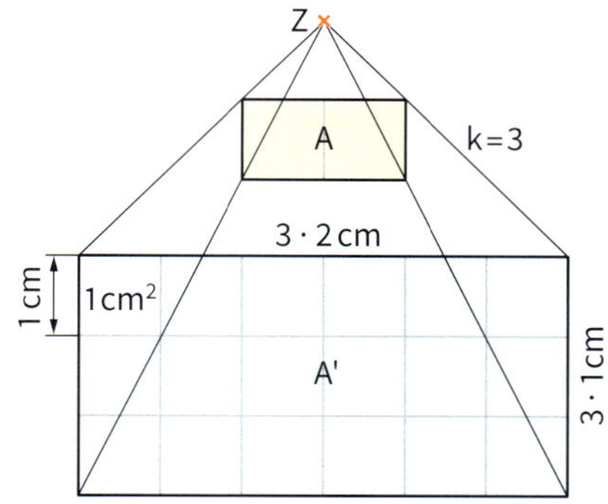

$A = 2\,cm \cdot 1\,cm$
$A = 2\,cm^2$
$A' = 3 \cdot 2\,cm \cdot 3 \cdot 1\,cm$
$A' = 3^2 \cdot 2\,cm^2$
$A' = 3^2 \cdot A$
$A' = k^2 \cdot A$

Bei einer zentrischen Streckung mit dem Streckungsfaktor **k** ist der Flächeninhalt der Bildfigur **k²**-mal so groß wie der Flächeninhalt der Originalfigur.

2 a) Zeichne ein 3 cm langes und 2 cm breites Rechteck ABCD und wähle Punkt A als Streckungszentrum. Strecke das Rechteck von Punkt A aus mit dem Faktor k = 3.
b) Bestimme den Flächeninhalt der Bildfigur A'B'C'D' und vergleiche ihn mit dem Flächeninhalt des ursprünglichen Rechtecks ABCD.
c) Wie verändert sich der Flächeninhalt bei dem Streckungsfaktor 4 (5, 6, 7)?

3 a) Zeichne ein Quadrat ABCD mit 4 cm Seitenlänge und strecke es von Punkt A aus mit $k = \frac{1}{2}$.
b) Vergleiche den Flächeninhalt der Bildfigur mit dem Flächeninhalt der Originalfigur.
c) Wie verändert sich der Flächeninhalt bei einem Streckungsfaktor $k = \frac{1}{4}$ $\left(\frac{1}{5}\right)$?

4 Ergänze die Tabelle in deinem Heft.

	a)	b)	c)	d)
k	4	3	5	▪
k^2	▪	▪	▪	0,25
A	25 cm²	108 cm²	▪	▪
A'	▪	▪	300 cm²	1,5 cm²

5 a) Wenn ich mit einem Fotokopiergerät eine Seite im DIN-A5-Format auf DIN A3 vergrößern möchte, muss ich den Faktor 2 bzw. den Faktor 200 % einstellen.
Wie verändern sich die Seitenlängen und der Flächeninhalt der Seite bei der Vergrößerung?
b) Wie verändert sich der Flächeninhalt, wenn ich den Faktor 50 % wähle?

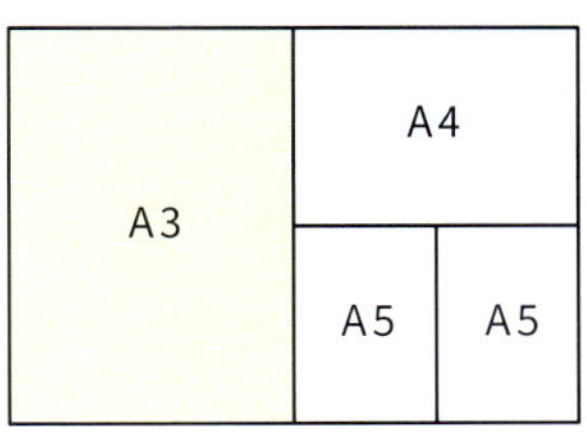

Arbeiten mit dem Computer: Zentrische Streckung

1 Paul möchte mit seinem Geometrieprogramm eine zentrische Streckung eines Dreiecks ABC durchführen. Der Streckungsfaktor k soll einstellbar sein. Er hat das Dreieck ABC gezeichnet und einen Punkt Z für das Streckungszentrum markiert.

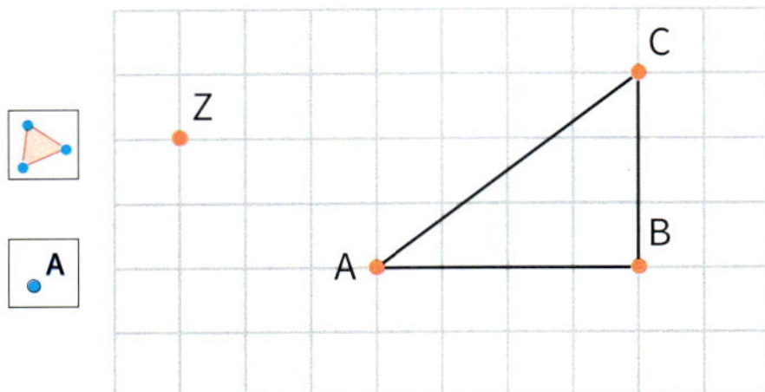

Dann hat er einen Schieberegler mit den abgebildeten Einstellungen eingefügt.

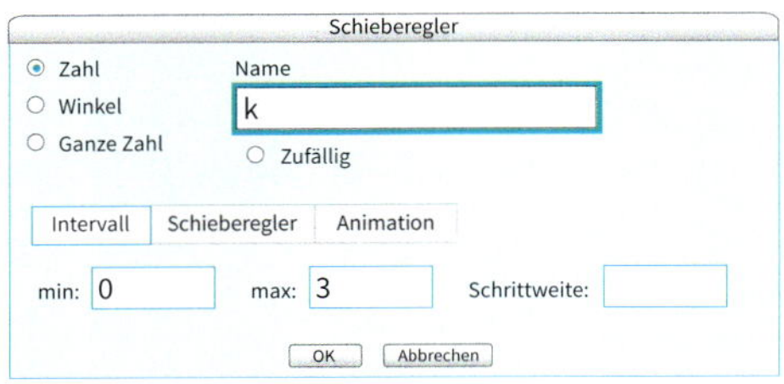

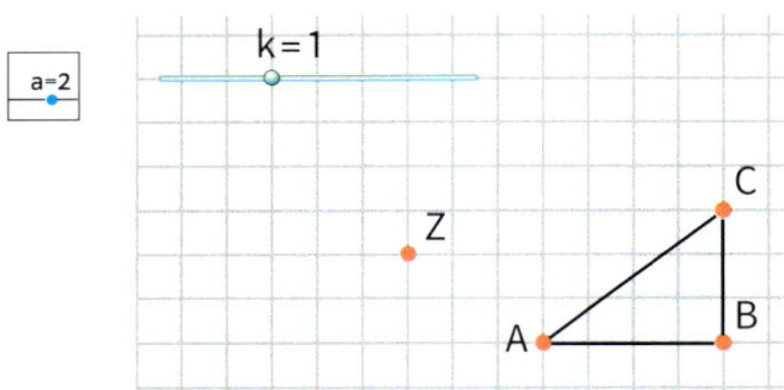

a) Verfahre wie Paul. Wähle dann das Werkzeug „Strecke zentrisch von Punkt aus“. Klicke zuerst das Dreieck und danach Punkt Z an.
Trage als Faktor k ein.
Bewege den Schieberegler und beobachte dabei die Größe des Bilddreiecks und den Faktor k.

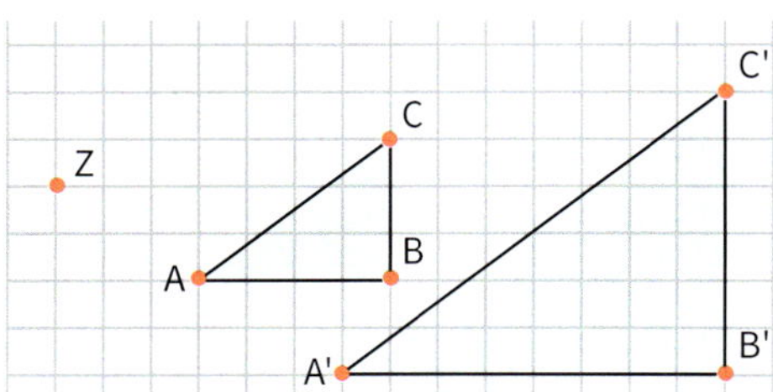

b) Zeichne zur besseren Veranschaulichung des Streckungsprozesses die abgebildeten Geraden ein und verändere k erneut.

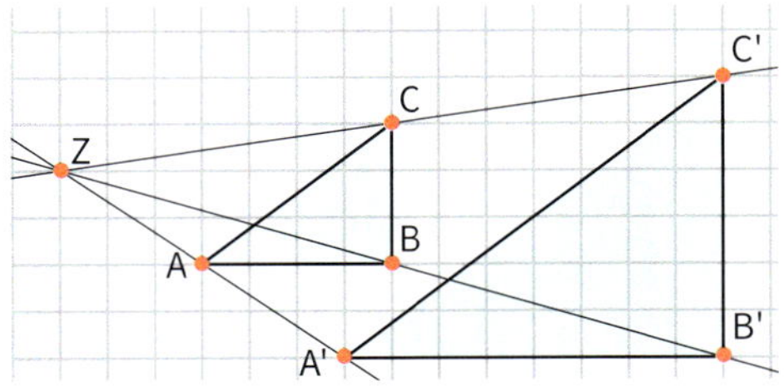

Was kannst du beobachten?

c) Paul hat für k den Wert 2 eingestellt und mit dem Werkzeug „Abstand oder Länge“ die Streckenlängen $\overline{ZA}$ und $\overline{ZA'}$ gemessen.

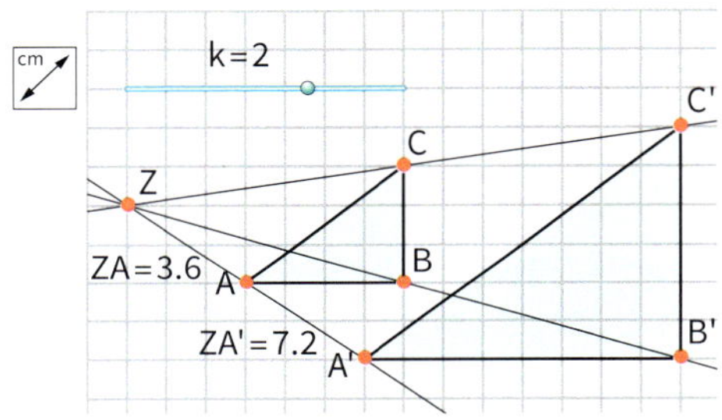

Wähle auch k = 2 und miss die Längen der Dreiecksseiten. Vergleiche die entsprechenden Streckenlängen in Bild- und Originaldreieck.
Vergleiche auch mit Pauls Messungen.
Verändere k auf den Wert 3 und vergleiche erneut. Was stellst du fest?

d) Paul hat mit dem Werkzeug „Fläche“ den Flächeninhalt des Dreiecks ABC bestimmt.

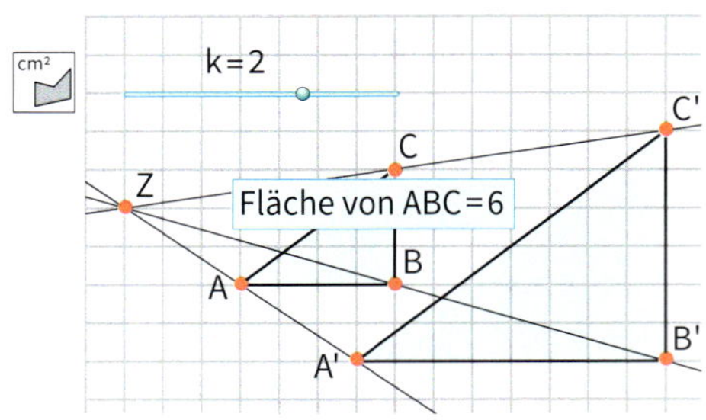

Bestimme den Flächeninhalt des Dreiecks A′B′C′ und vergleiche.
Verändere k auf den Wert 3. Vergleiche die Flächeninhalte. Welche Aussage kannst du treffen?

WISSEN KOMPAKT

Maßstab
Der Maßstab gibt das Verhältnis einander entsprechender Streckenlängen im Bild und Original an.

Vergrößerung
Maßstab 10 : 1
10 cm im Bild ≙ 1 cm im Original

Verkleinerung
Maßstab 1 : 10
1 cm im Bild ≙ 10 cm im Original

Ähnliche Figuren

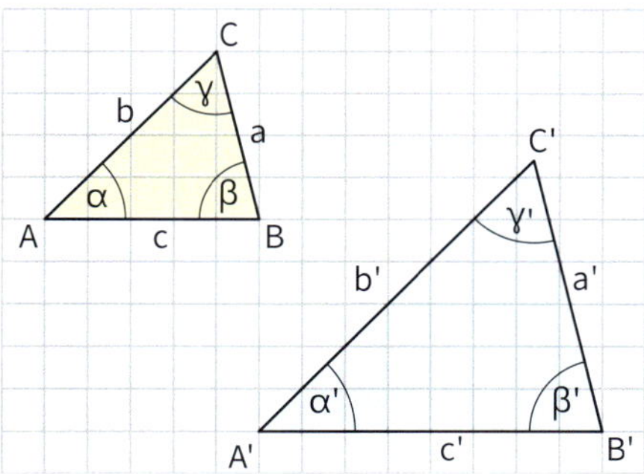

$a' = k \cdot a$ $\quad b' = k \cdot b$ $\quad c' = k \cdot c$

Figuren, die durch maßstäbliches Vergrößern oder Verkleinern entstanden sind, heißen **ähnlich**.

In zueinander ähnlichen Figuren sind entsprechende Winkel gleich groß.
Die Verhältnisse entsprechender Seiten in Original- und Bildfigur sind gleich.

$\alpha = \alpha'$
$\beta = \beta'$
$\gamma = \gamma'$

$\frac{a'}{a} = \frac{b'}{b} = \frac{c'}{c} = k$

k wird auch **Ähnlichkeitsfaktor** genannt.

Zentrische Streckung

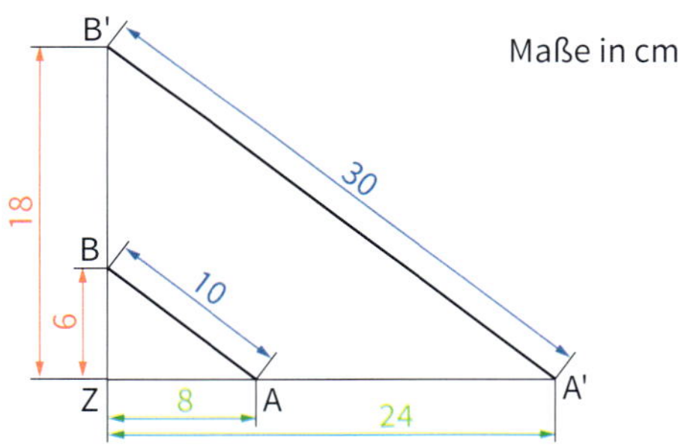

$\frac{\overline{ZA'}}{\overline{ZA}} = \frac{24}{8} = 3$ $\qquad \overline{ZA'} = 3 \cdot \overline{ZA}$

$\frac{\overline{ZB'}}{\overline{ZB}} = \frac{18}{6} = 3$ $\qquad \overline{ZB'} = 3 \cdot \overline{ZB}$

$\frac{\overline{A'B'}}{\overline{AB}} = \frac{30}{10} = 3$ $\qquad \overline{A'B'} = 3 \cdot \overline{AB}$

Der Streckungsfaktor beträgt 3.

Bei einer **zentrischen Streckung** liegen Original- und Bildpunkt auf einer Geraden durch das Streckungszentrum Z. Der Streckungsfaktor wird k genannt.

Bei einer zentrischen Streckung sind Originalfigur und Bildfigur **ähnlich** zueinander.

Bei einer zentrischen Streckung sind die entsprechenden Winkel in Original- und Bildfigur gleich groß.
Original- und Bildstrecke liegen parallel zueinander.

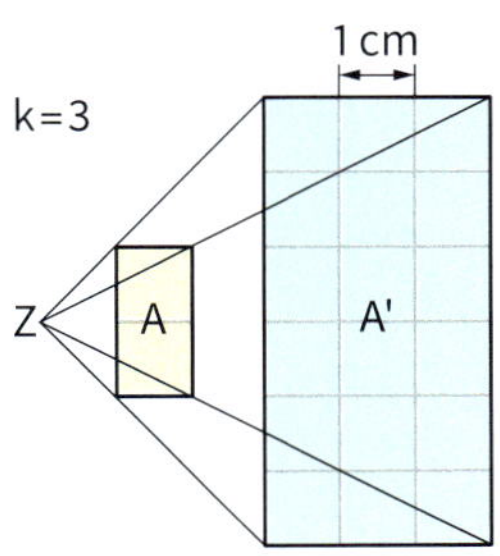

$A = 2\,cm^2$
$A' = 3^2 \cdot 2\,cm^2$
$A' = 18\,cm^2$

Bei einer zentrischen Streckung mit dem Streckungsfaktor k ist der **Flächeninhalt** der Bildfigur k^2-mal so groß wie der Flächeninhalt der Originalfigur.

$$\mathbf{A' = k^2 \cdot A}$$

ÜBEN

1 Übertrage die Figur auf Karopapier und fertige eine zweite Zeichnung im angegebenen Maßstab an.

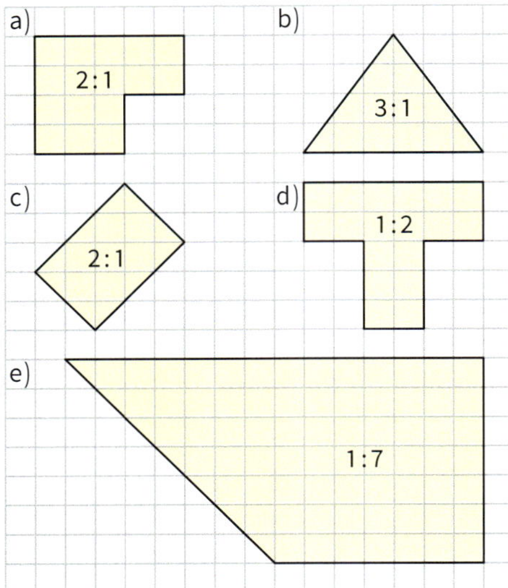

2 Auf einer Landkarte im Maßstab 1 : 1 000 000 beträgt die Entfernung zweier Städte 3 cm. Wie weit sind die Städte wirklich voneinander entfernt?

3 Eine Tischlerin hat eine Leiste auf 90 cm zugesägt. In ihrer Bauzeichnung hat die Leiste eine Länge von 18 cm. In welchem Maßstab ist die Zeichnung angefertigt worden?

4 Ein elektronisches Bauteil ist 4 mm lang. Es ist im Maßstab 6 : 1 gezeichnet worden. Wie lang ist es in der Zeichnung?

5 Eine Zeichnung einer 4 m langen Maschine soll auf einem DIN-A4-Blatt (21 cm x 29,7 cm) angefertigt werden. Welchen Maßstab sollte man wählen?

6 Überprüfe durch Messung, ob die beiden Figuren ähnlich sind.

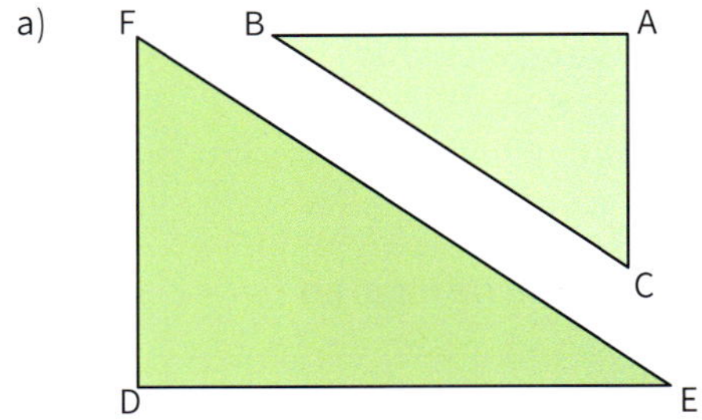

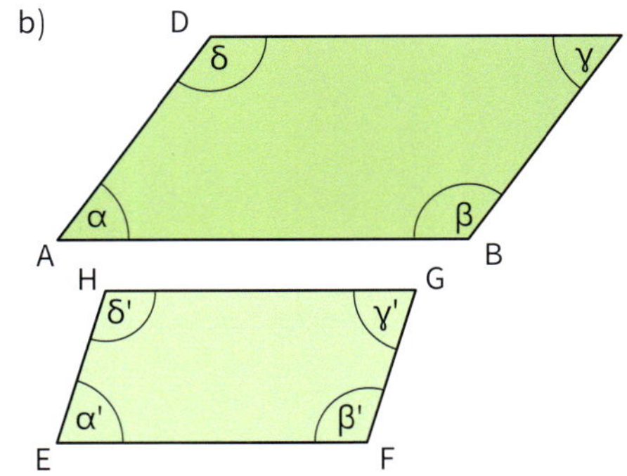

7 Das Rechteck ABCD hat die Seitenlängen a = 3 cm und b = 6 cm.
Zeichne ein ähnliches Rechteck mit b′ = 9 cm.

8 Das Originaldreieck ABC hat die Koordinaten A (3 | 1), B (9 | 3), C (1 | 5). Die Strecke $\overline{A'B'}$ des ähnlichen Bilddreiecks hat die Koordinaten A′ (7 | 5), B′ (10 | 6).
Ergänze das Bilddreieck in deinem Heft und gib k an.

9 Matteo behauptet: Zwei gleichseitige Dreiecke sind immer ähnlich.
a) Stimmt seine Behauptung? Begründe deine Antwort.
b) Gibt es noch andere geometrische Figuren, die unabhängig von ihrer Größe immer ähnlich sind?

10 Strecke $\overline{AB}$ von Z aus mit dem Faktor k.

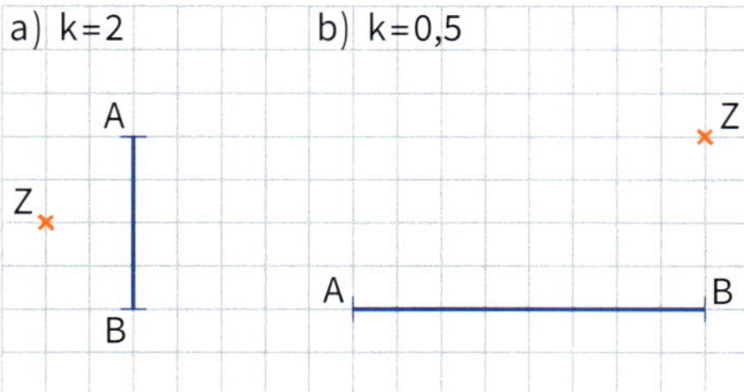

11 Strecke die Figur ABC mit dem Faktor k = 2 von Z aus. Vergleiche zur Kontrolle die Länge von Original- und Bildstrecken.

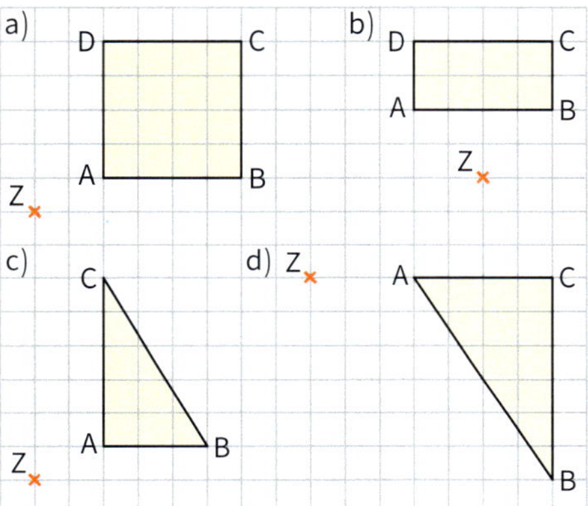

12 Übertrage die Figur in dein Heft und vergrößere sie um den angegebenen Streckungsfaktor k.

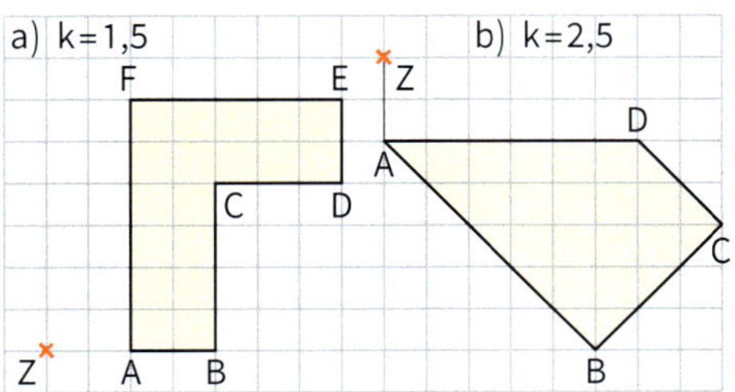

13 Übertrage die Figur in dein Heft und strecke sie von Z aus mit dem angegebenen Streckungsfaktor k.

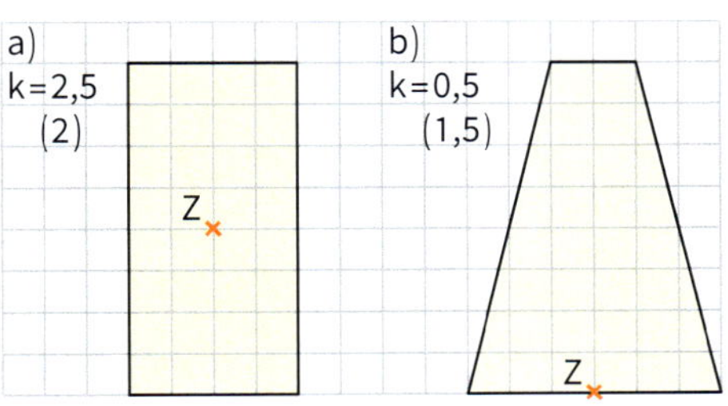

14 Bestimme den Streckungsfaktor k.

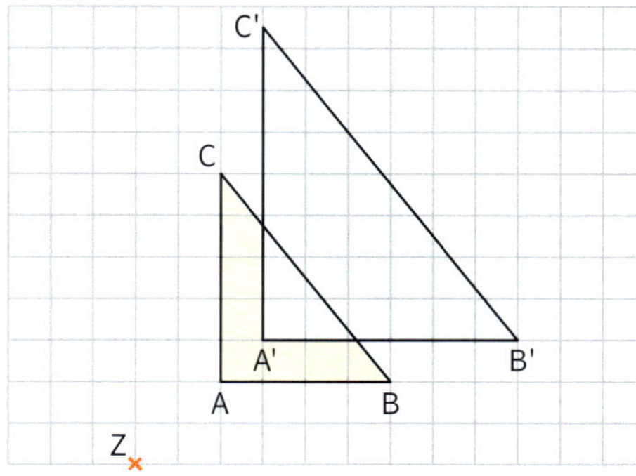

15 Zeichne das Dreieck ABC und das Dreieck A′B′C′ in ein Koordinatensystem (Einheit 1 cm).
Konstruiere das Streckungszentrum Z und bestimme den Streckungsfaktor k.
Gib die Koordinaten von Z an.

	a)	b)	c)
A	(2 | 0)	(−3 | 8)	(−2 | −3,5)
B	(4 | 2)	(1 | 5)	(−1 | −3,5)
C	(2 | 2)	(1 | 8)	(−2 | −2)
A′	(−0,5 | 0)	(0 | 7,5)	(0 | −5,5)
B′	(3,5 | 4)	(2 | 6)	(3 | −5,5)
C′	(−0,5 | 4)	(2 | 7,5)	(0 | −1)

16 Führe eine Streckung durch. Ein Bildpunkt ist angegeben.

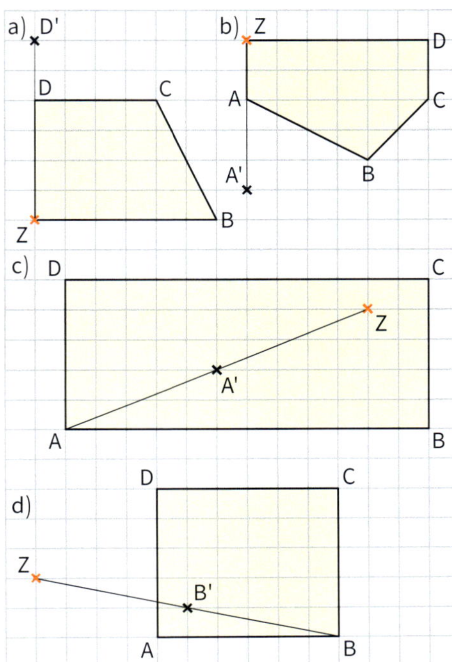

ÜBEN: Sachaufgaben

Die Aufgaben auf dieser Seite kannst du auch zusammen mit einem Partner bearbeiten. Hinweise dazu findest du auf Seite 223.

1 Im Beispiel wird gezeigt, wie du die Höhe eines Mastes mit einer Schattenlänge von 20,40 m berechnen kannst, wenn zur gleichen Zeit ein 1,80 m großer Mensch einen Schatten von 2,70 m wirft.

1. Fertige eine Skizze mit zwei ähnlichen Dreiecken an.

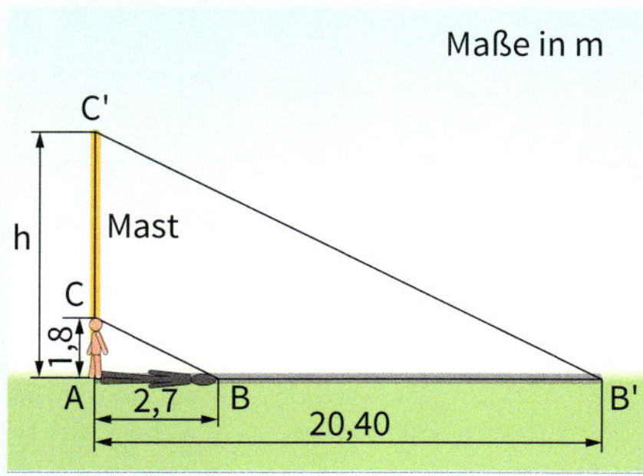

2. Die Dreiecke ABC und AB'C' sind ähnlich. Also gilt:

$$\frac{h}{1{,}8} = \frac{20{,}4}{2{,}7} \quad | \cdot 1{,}8$$

$$h = \frac{20{,}4 \cdot 1{,}8}{2{,}7}$$

$$h = 13{,}6$$

$$h = 13{,}6\ \text{m}$$

3. Antwort: Die Höhe des Mastes beträgt 13,60 m.

Der Schatten eines Baumes ist 12 m lang. Berechne die Höhe des Baumes.

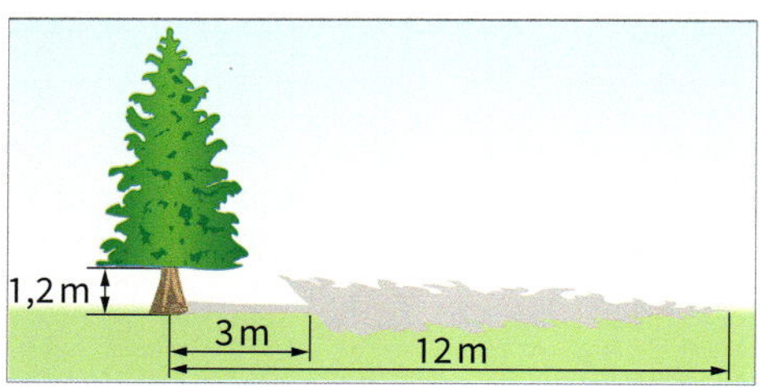

2 In einen Dachstuhl soll eine 0,8 m hohe Stütze eingefügt werden. In welcher Entfernung $\overline{ZA}$ ist die Stütze aufzustellen?

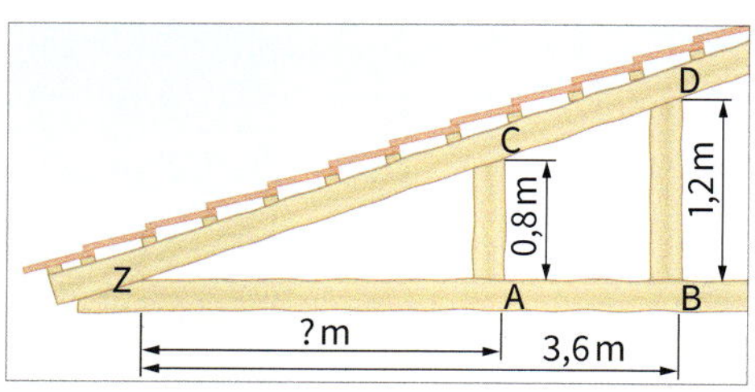

3 Unter der Leiter steht eine würfelförmige Kiste mit einer Kantenlänge von einem Meter.

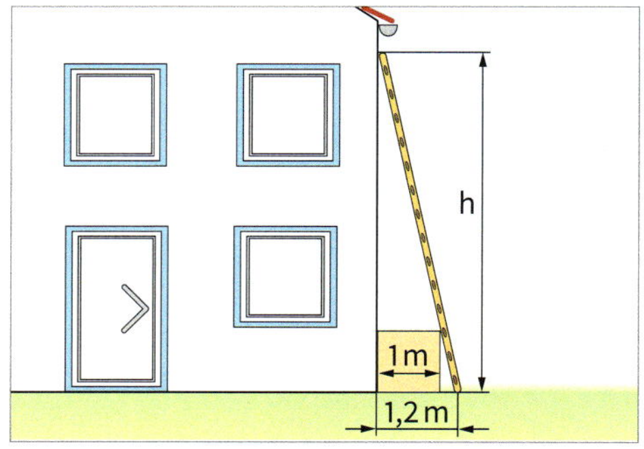

Wie hoch reicht die Leiter?

4 Mit einem Försterdreieck kann man die Höhe von Bäumen oder Gebäuden bestimmen.

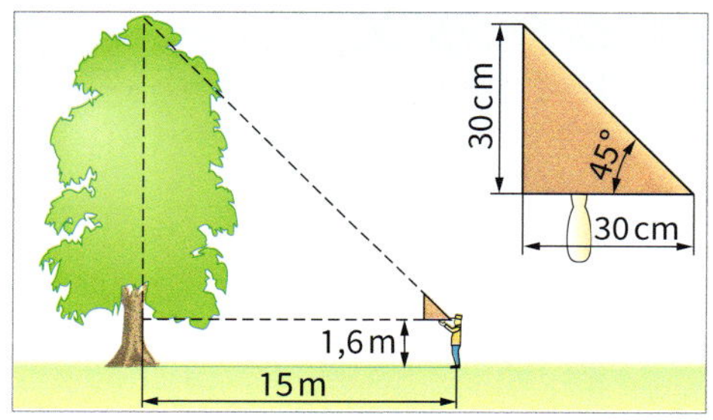

a) Erkläre die Funktionsweise des Försterdreiecks.
b) Bestimme die Höhe des abgebildeten Baumes.

5 Die Giebelwand eines Nurdachhauses wird, wie in der Zeichnung dargestellt, vermessen.

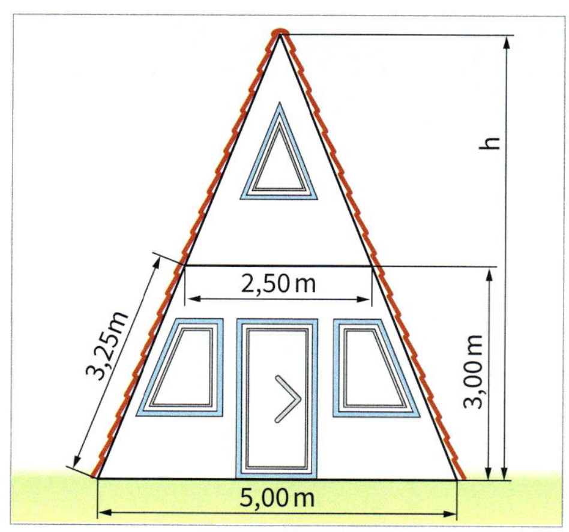

a) Berechne die Höhe h des Giebels.
b) Wie lang ist eine Dachkante?

VERTIEFEN: Jakobsstab

1 In der Abbildung siehst du einen Jakobsstab.

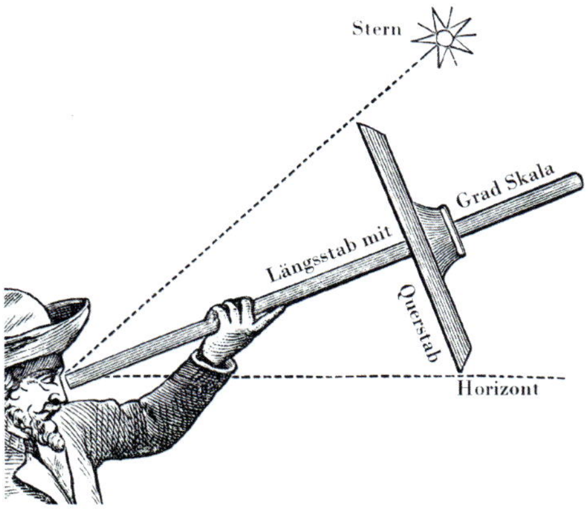

Der Jakobsstab wurde schon im 15. Jahrhundert zur Navigation in der Seefahrt eingesetzt.
Der Querstab wurde solange auf dem Längsstab verschoben, bis der Seefahrer gleichzeitig einen Fixstern oder die Sonne und den Horizont anpeilen konnte.
Auf der Gradskala des Längsstabes konnte dann ein Winkel abgelesen werden. Dieser Winkel diente zur Bestimmung des Breitengrades.

Mit dem unten abgebildeten vereinfachten Modell kann die Höhe von Gebäuden oder Bäumen ermittelt werden. Die Berechnung erfolgt mithilfe der Eigenschaften ähnlicher Dreiecke.

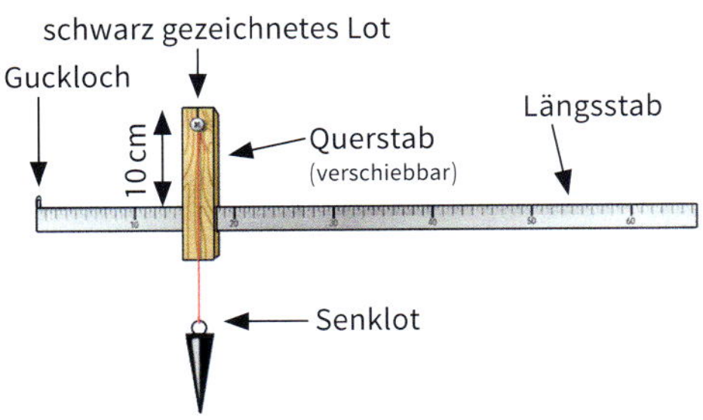

In der Abbildung wird der Einsatz des Jakobsstabes zur Höhenmessung gezeigt.

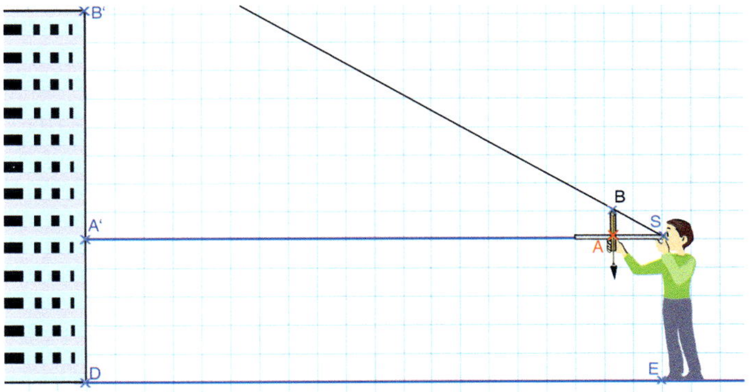

Über den oberen Punkt B des Querstabes wird die obere Kante des Gebäudes B′ angepeilt. Der Querstab wird solange auf dem Längsstab verschoben, bis die Peilung passt. Der Längsstab muss dabei waagerecht gehalten werden.

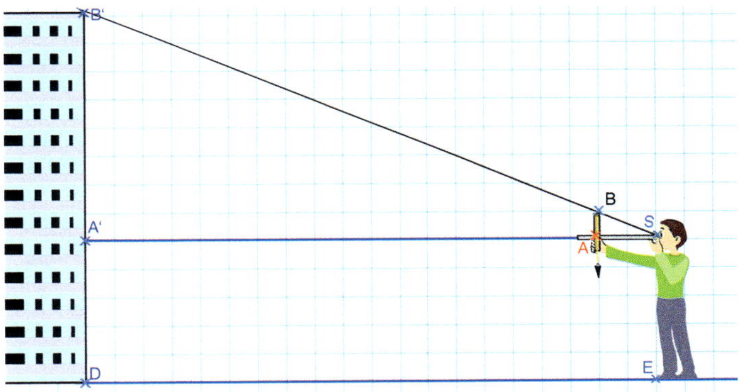

a) Erkläre das Prinzip des Jakobsstabes. Suche dazu ähnliche Dreiecke.
b) Berechne die Höhe der Gebäude bei folgenden Messwerten:

Gebäude 1: Abstand $\overline{DE} = 20\,m$
Augenhöhe $\overline{A'D} = 1{,}50\,m$
Länge des Querstabes $\overline{AB} = 10\,cm$
Strecke $\overline{AS} = 50\,cm$

Gebäude 2: Abstand $\overline{DE} = 30\,m$
Augenhöhe $\overline{A'D} = 1{,}50\,m$
Länge des Querstabes $\overline{AB} = 10\,cm$
Strecke $\overline{AS} = 40\,cm$

VERTIEFEN: Strahlensätze

Video
WES-117455-004

1 Tim möchte in einer Zimmerecke zwei Regalbretter anbringen. Tim weiß, dass die Schräge 270 cm lang ist.

a) Berechne die fehlenden Maße mithilfe der zentrischen Streckung.

b) Vergleiche die Maße in der Schräge mit den entsprechenden Maßen in der Senkrechten. Was fällt dir auf?

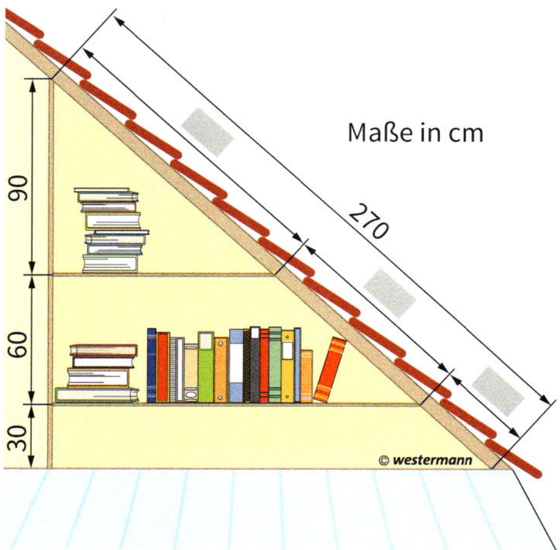

1. Strahlensatz

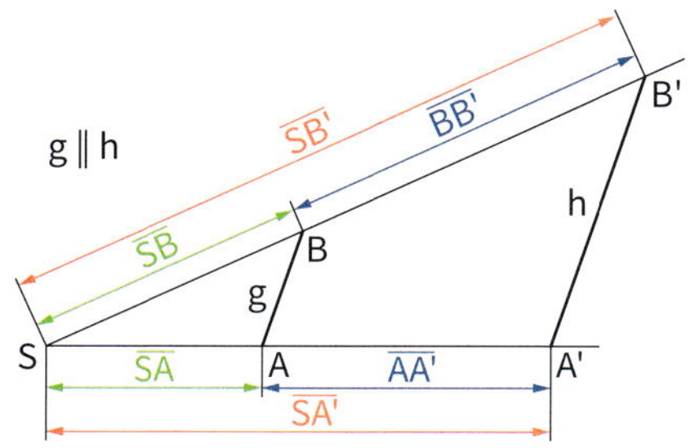

$\frac{\overline{SA'}}{\overline{SA}} = \frac{\overline{SB'}}{\overline{SB}}$ $\frac{\overline{SA}}{\overline{AA'}} = \frac{\overline{SB}}{\overline{BB'}}$ $\frac{\overline{SA'}}{\overline{AA'}} = \frac{\overline{SB'}}{\overline{BB'}}$

Werden zwei Strahlen (Halbgeraden) mit einem gemeinsamen Anfangspunkt von zwei Parallelen geschnitten, so verhalten sich die Längen von zwei Streckenabschnitten auf dem einen Strahl wie die Längen der entsprechenden Streckenabschnitte auf dem anderen Strahl.

2 Die Dreiecke SAB und SA′B′ sind ähnlich ($\overline{AB} \parallel \overline{A'B'}$). Ersetze die Platzhalter in den Gleichungen. Vergleiche dazu einander entsprechende Streckenabschnitte auf den Strahlen.

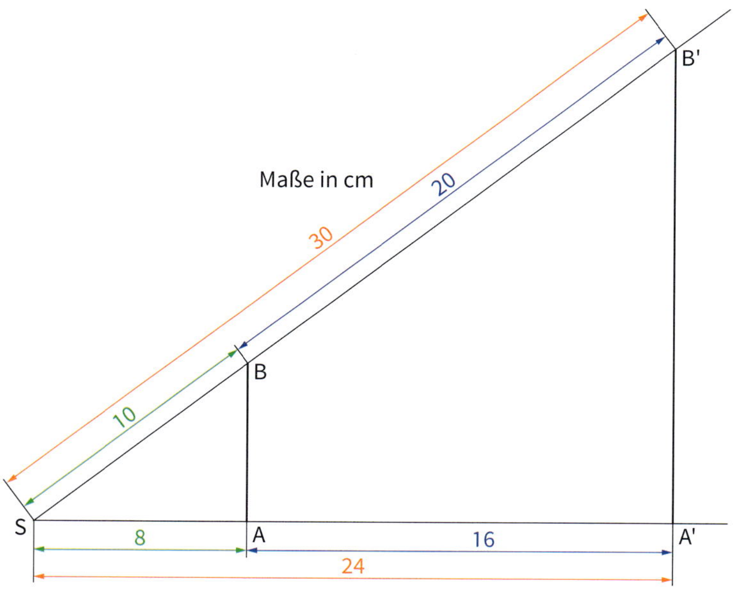

$\frac{24}{8} = \frac{30}{\square}$ $\frac{8}{16} = \frac{\square}{\square}$ $\frac{24}{16} = \frac{\square}{\square}$

3 Bestimme die rot gekennzeichnete Streckenlänge x (a ∥ b).

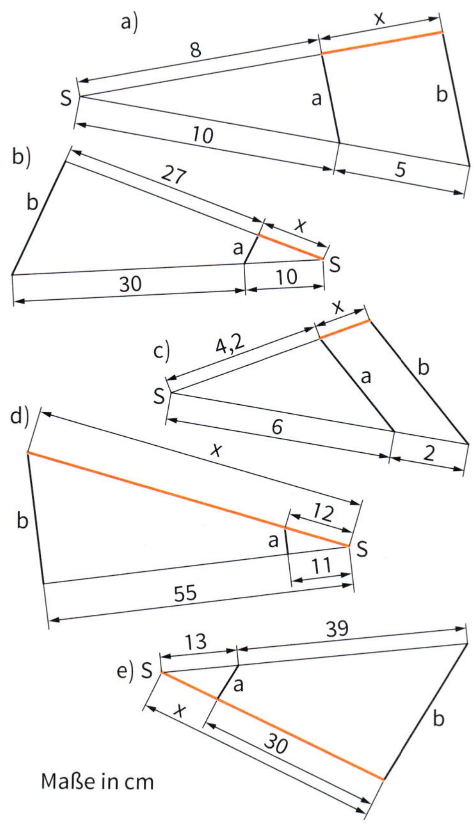

Maße in cm

VERTIEFEN: Strahlensätze

4 Die Dreiecke SAB und SA′B′ sind ähnlich ($\overline{AB} \parallel \overline{A'B'}$). Ersetze die Platzhalter in den Gleichungen jeweils durch die Länge des entsprechenden Abschnitts auf dem Strahl. Was stellst du fest?

Maße in cm

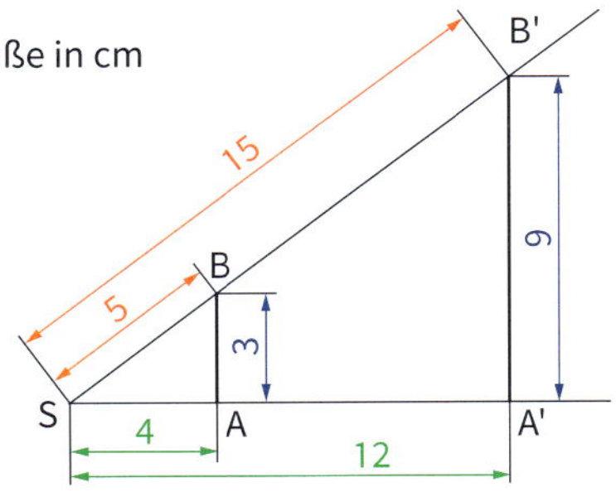

$\frac{9}{3} = \frac{12}{\square}$ $\quad$ $\frac{9}{3} = \frac{\square}{5}$

5 Ersetze die Platzhalter ($\overline{AB} \parallel \overline{A'B'}$).

a)

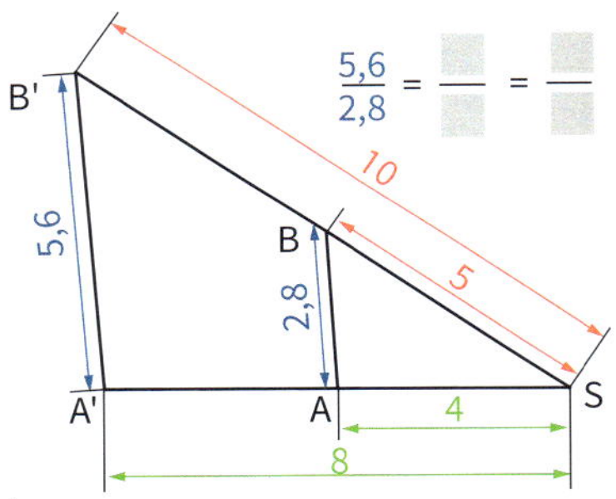

$\frac{5{,}6}{2{,}8} = \frac{\square}{\square} = \frac{\square}{\square}$

b)

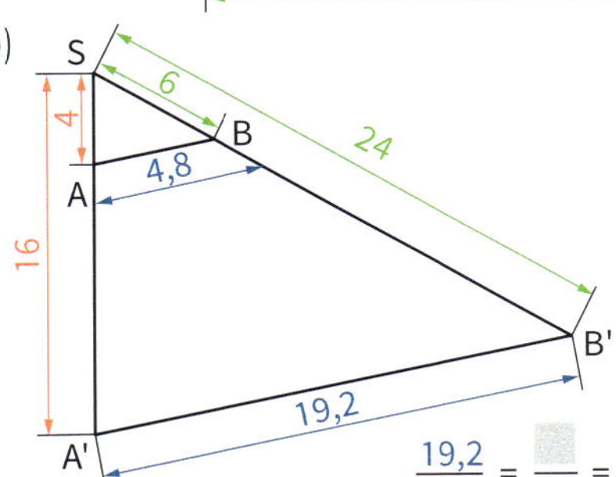

$\frac{19{,}2}{4{,}8} = \frac{\square}{\square} = \frac{\square}{\square}$

c)

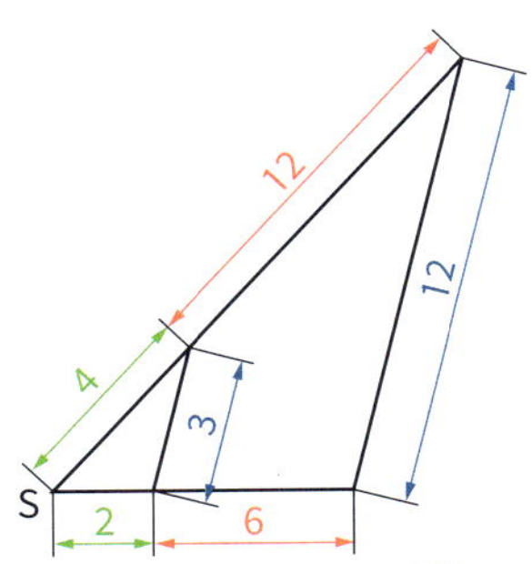

Maße in cm $\quad$ $\frac{12}{3} = \frac{\square}{\square}$ $\quad$ $\frac{12}{3} = \frac{\square}{\square}$

2. Strahlensatz

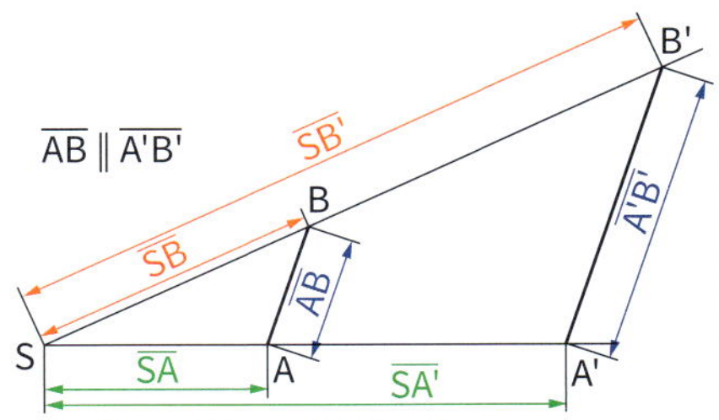

$\frac{\overline{A'B'}}{\overline{AB}} = \frac{\overline{SA'}}{\overline{SA}}$ $\quad$ $\frac{\overline{A'B'}}{\overline{AB}} = \frac{\overline{SB'}}{\overline{SB}}$

Werden zwei Strahlen (Halbgeraden) mit einem gemeinsamen Anfangspunkt von zwei Parallelen geschnitten, so verhalten sich die Längen der Streckenabschnitte auf den Parallelen wie die **vom Anfangspunkt aus** gemessenen Längen der entsprechenden Abschnitte auf jedem der Strahlen.

Video
WES-117455-005

6 Zwei Parallelen werden von zwei Strahlen geschnitten. Bestimme die rot gekennzeichnete Streckenlänge x.

a)

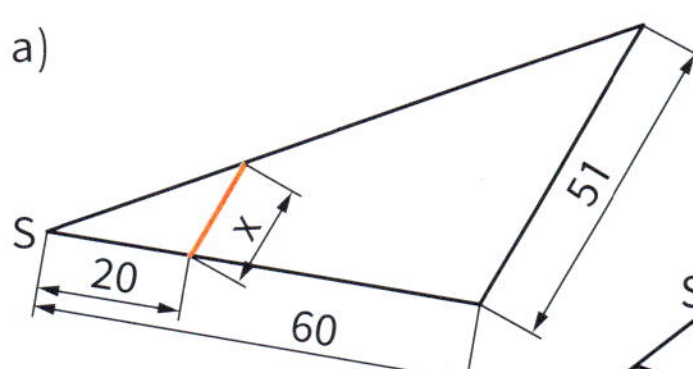

b)

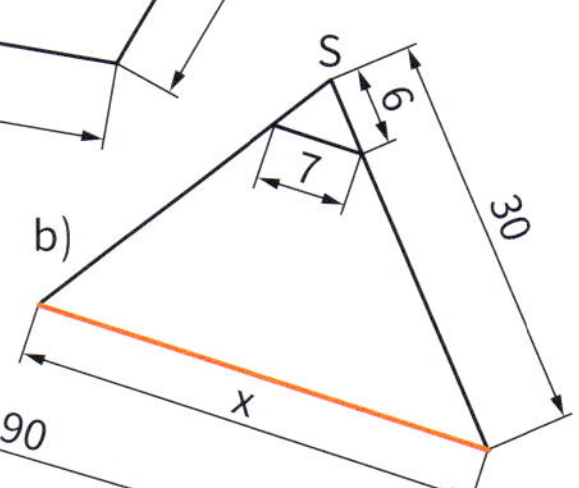

c)

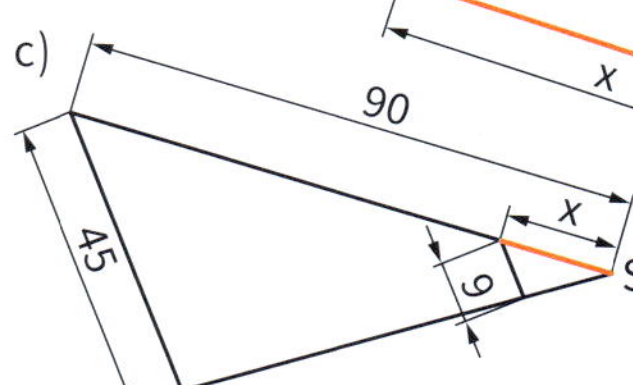

d)

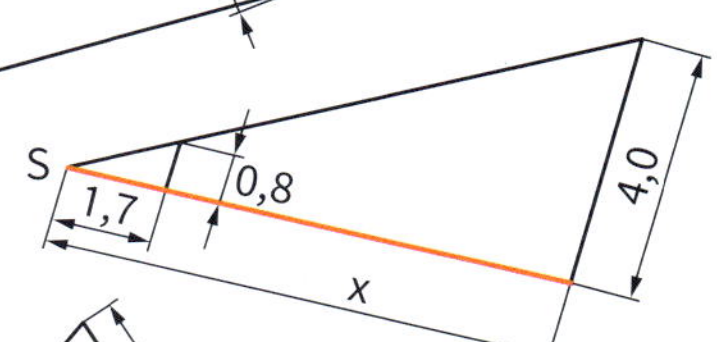

e)

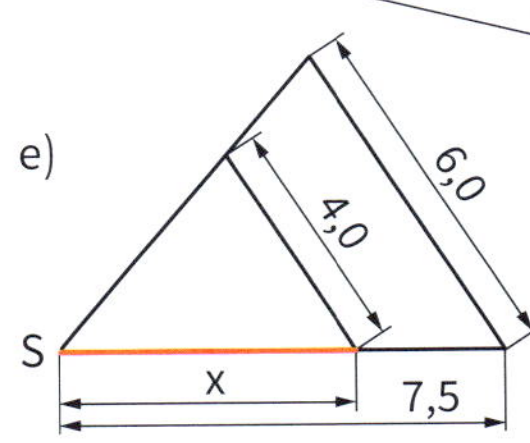

Maße in cm

VERTIEFEN: Strahlensätze

7 In den Beispielen werden Streckenlängen mithilfe der Strahlensätze berechnet.

Beispiel 1:

Maße in cm

$\overline{AB} \parallel \overline{CD}$

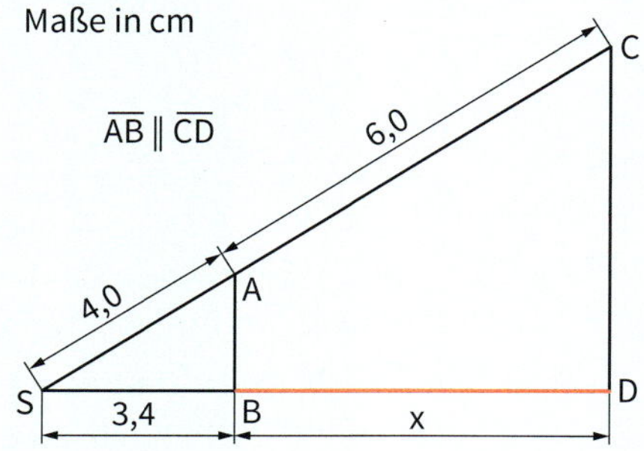

$$\frac{x}{3{,}4} = \frac{6}{4} \qquad | \cdot 3{,}4$$
$$x = \frac{6 \cdot 3{,}4}{4}$$
$$x = \frac{20{,}4}{4}$$
$$x = 5{,}1$$

Die Strecke x ist 5,1 cm lang.

Beispiel 2:

Maße in cm

$\overline{AB} \parallel \overline{CD}$

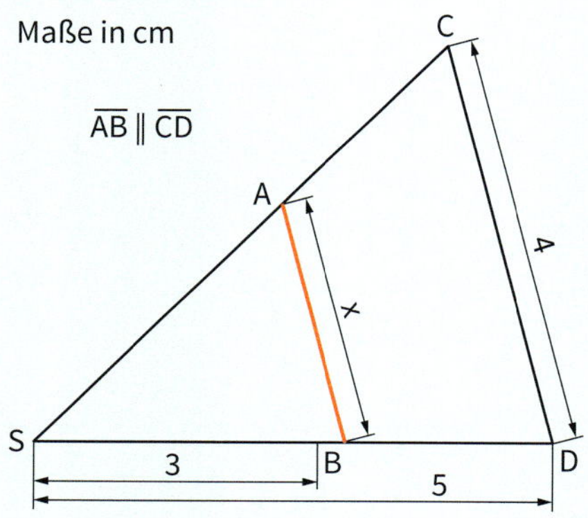

$$\frac{4}{x} = \frac{5}{3} \qquad | \cdot x$$
$$4 = \frac{5 \cdot x}{3} \qquad | \cdot 3$$
$$12 = 5x \qquad | : 5$$
$$x = 2{,}4$$

Die Strecke x ist 2,4 cm lang.

Erläutere die Beispiele.

8 Zwei Parallelen werden von zwei Strahlen geschnitten. Berechne die rot gekennzeichnete Streckenlänge.

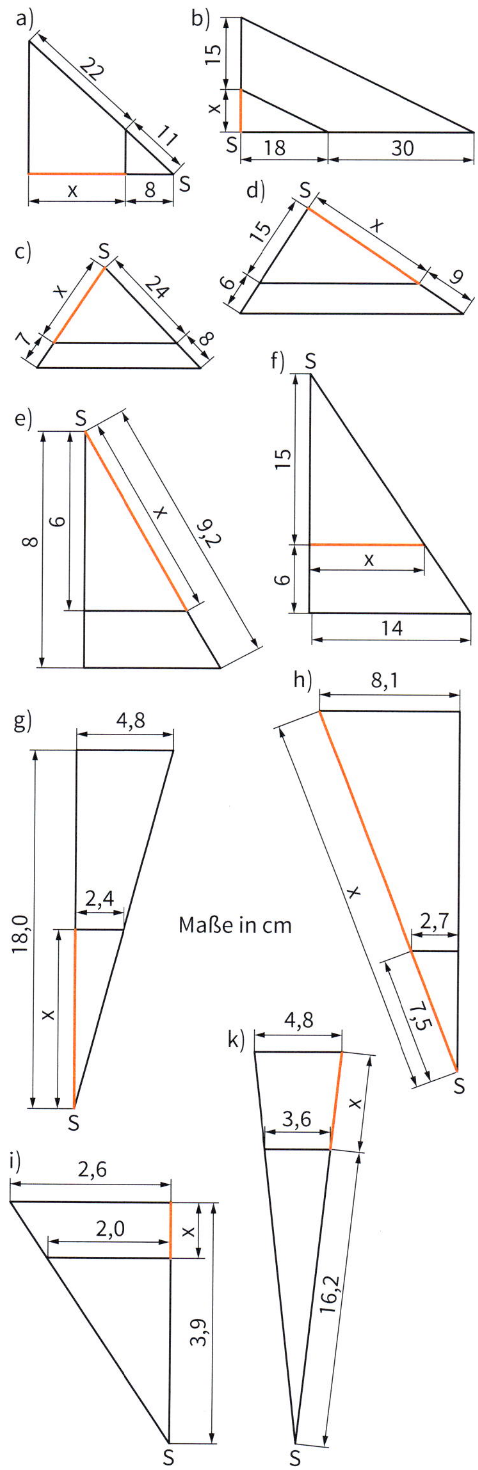

AUSGANGSTEST

1 Fertige eine zweite Zeichnung im angegebenen Maßstab an.

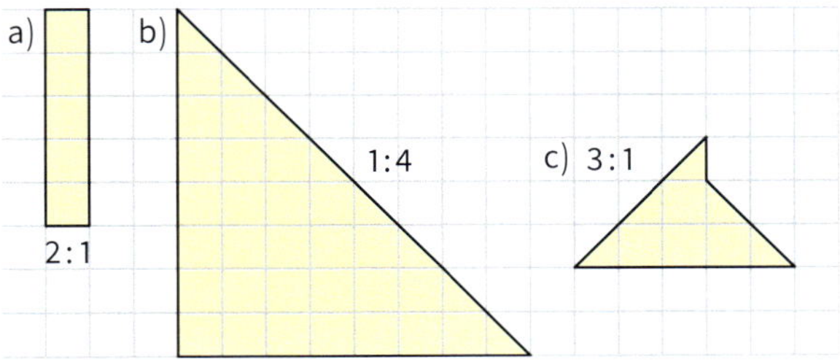

2 Ergänze die Tabelle.

	Maßstab	Bild	Original
a)	2:1		3 cm
b)	1:3	0,5 cm	
c)		34 cm	3,4 cm
d)	1:5		1 m
e)	1:100	23 cm	

3 Auf einer Landkarte im Maßstab 1 : 250 000 beträgt die Entfernung zweier Orte 7,3 cm. Berechne die wirkliche Entfernung.

4 Begründe durch eine Rechnung, dass die abgebildeten Dreiecke ähnlich sind.
Gib auch den Ähnlichkeitsfaktor k an.

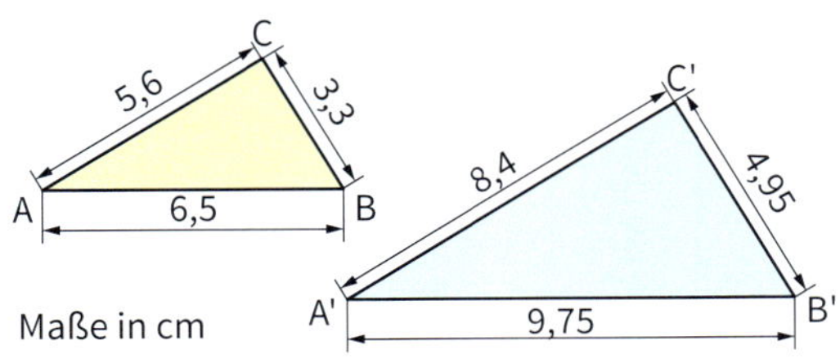

5 Zwei Parallelen werden von zwei Strahlen geschnitten. Berechne die Streckenlänge x.

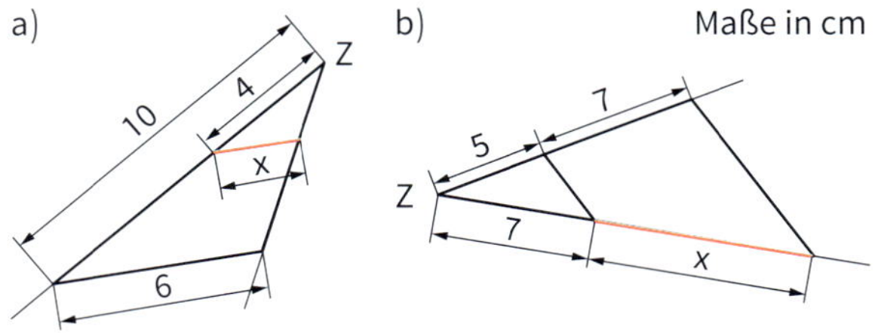

6 Übertrage die Figuren in dein Heft und strecke sie von Z aus mit dem angegebenen Streckungsfaktor k.

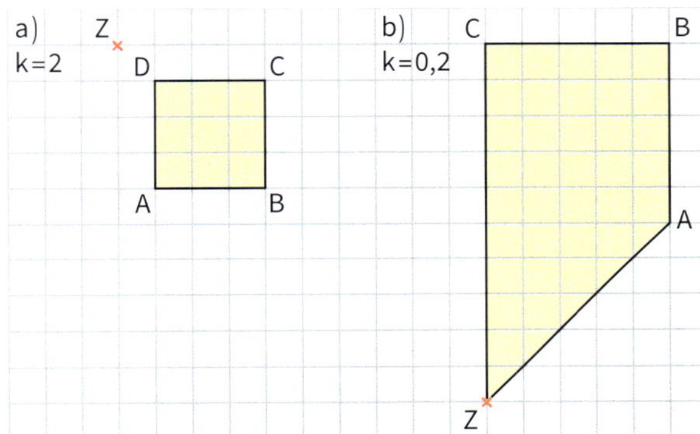

7 In der Giebelwand eines alten Hauses sollen die Balken a und b ersetzt werden. Berechne ihre Länge.

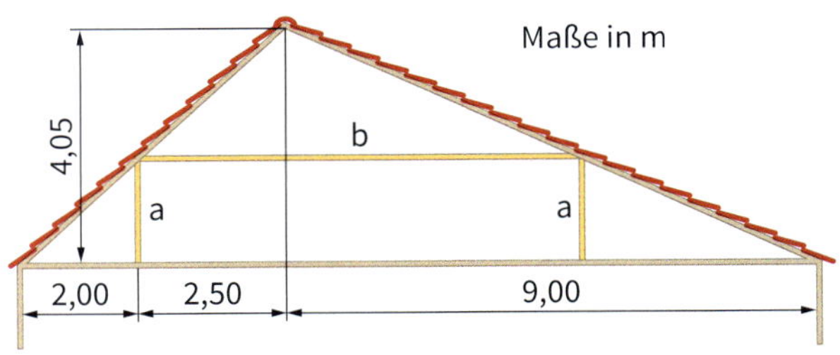

Ich kann …

	Aufgabe	Hilfen und Aufgaben	
Zeichnungen im angegebenen Maßstab vergrößern und verkleinern.	1	Seite 10, 11, 20	I
mit Maßstabsangaben rechnen.	2	Seite 11	I
Maßstabsaufgaben in Sachzusammenhängen lösen.	3	Seite 11, 20	I
die Ähnlichkeit von Figuren nachweisen und den Ähnlichkeitsfaktor k berechnen.	4	Seite 13, 14, 20	II
fehlende Längen mithilfe von Ähnlichkeit berechnen.	5	Seite 15	II
eine Figur zentrisch strecken.	6	Seite 16, 21	III
Sachaufgaben mithilfe von Ähnlichkeitsbeziehungen lösen.	7	Seite 22	III

2 Reelle Zahlen

Keramikfliesen wurden bereits vor 11 000 Jahren in Ägypten hergestellt. Sie werden als Wandverkleidung oder Bodenbelag verwendet. Kunstvoll gestaltete quadratische Fliesen können zu Mustern zusammengefügt werden und dienen als Schmuck für einen Raum oder ein Gebäude.

Bist du fit für dieses Kapitel?
Eingangstest auf
Seite 201

In diesem Kapitel ...

- *rechnest du mit Wurzeln.*
- *bestimmst du Näherungswerte für irrationale Zahlen.*
- *lernst du den Aufbau des Zahlensystems kennen.*

Quadrate

Um die Beziehung der Seitenlänge und dem Flächeninhalt eines Quadrates zu beschreiben, reichen die rationalen Zahlen nicht aus. Deshalb erweitern wir die Menge der rationalen Zahlen zur Menge der reellen Zahlen.

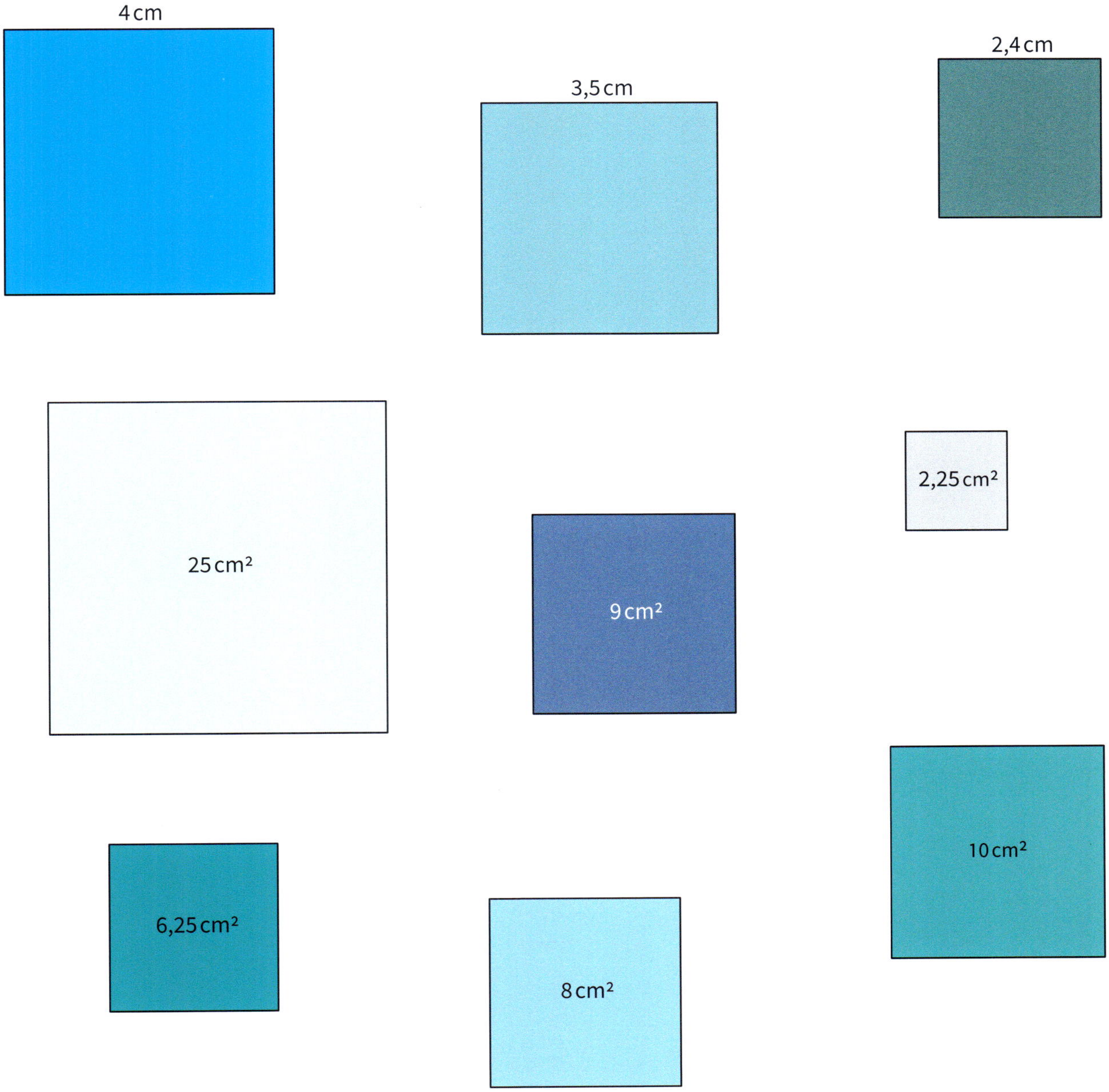

- Bei einigen Quadraten ist die Seitenlänge angegeben. Bestimme den Flächeninhalt.
- Bei den anderen Quadraten ist der Flächeninhalt angegeben. Kannst du die Seitenlänge bei jedem Quadrat genau bestimmen?

Ebene Figuren und flächengleiche Quadrate

Die Formeln zur Berechnung des Flächeninhalts ebener Figuren findest du auf Seite 219.

1 Berechne jeweils den Flächeninhalt der angegebenen Figur. Entnimm den Zeichnungen die Maße, die du dazu benötigst.

a) Bestimme die Seitenlänge des Quadrats, das den gleichen Flächeninhalt wie die angegebene Figur hat.

b) Bei diesen Figuren kannst du die Seitenlänge des Quadrats nicht genau angeben. Bestimme jeweils einen Näherungswert.

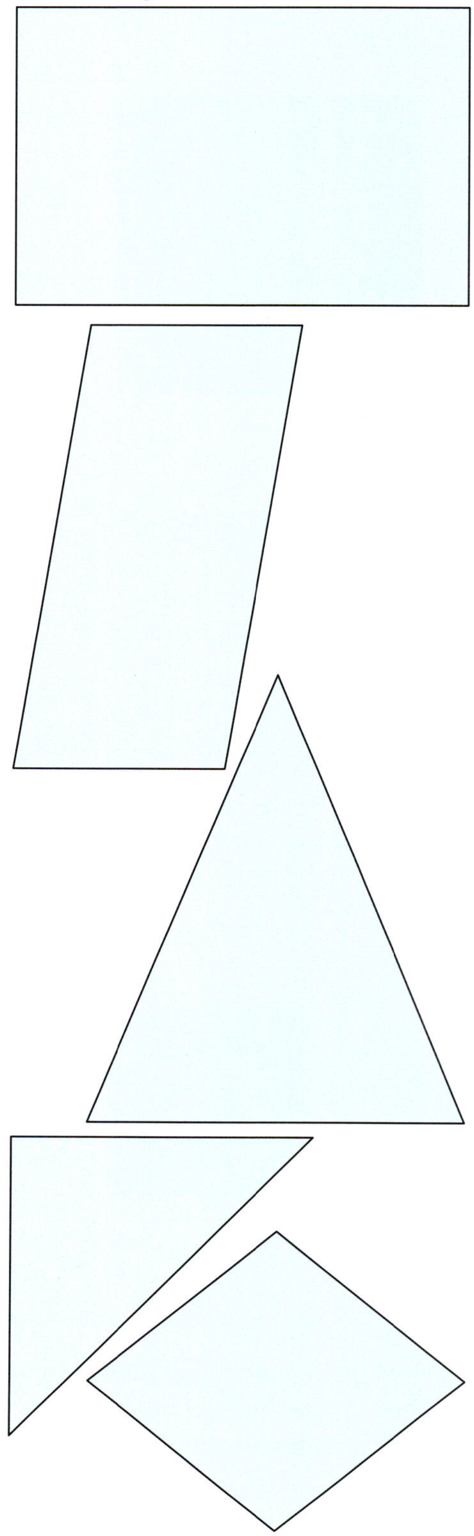

Quadratwurzeln

1 Im Beispiel wird der Flächeninhalt eines Quadrats bestimmt.

Flächeninhalt des Quadrats:

$A = 3 \cdot 3 = 3^2$ (lies: 3 hoch 2; die Zahl 3 wird quadriert)
$= 9$
$A = 9\,cm^2$

Gib den Flächeninhalt eines Quadrats mit der Seitenlänge 5 cm (7 cm) an.

> Ein Produkt aus zwei gleichen Faktoren kann als Quadrat geschrieben werden.
> Sind die Faktoren natürliche Zahlen, so heißt das Produkt **Quadratzahl**.
>
> $11 \cdot 11 = 11^2 = 121$
> $35 \cdot 35 = 35^2 = 1\,225$

2 In der Tabelle sind die Quadratzahlen von 1 bis 900 angegeben.

x	x^2	x	x^2
1	1	16	256
2	4	17	289
3	9	18	324
4	16	19	361
5	25	20	400
6	36	21	441
7	49	22	484
8	64	23	529
9	81	24	576
10	100	25	625
11	121	26	676
12	144	27	729
13	169	28	784
14	196	29	841
15	225	30	900

Schreibe als Quadrat und berechne.
a) $17 \cdot 17$ b) $22 \cdot 22$ c) $40 \cdot 40$

3 a) Der Flächeninhalt des Quadrats ist angegeben. Bestimme die Länge der Seite a. Begründe deine Lösung.

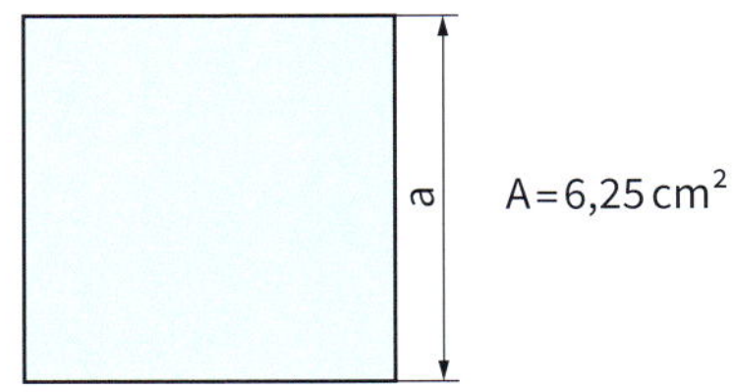

b) Der Flächeninhalt eines Quadrats beträgt $81\,cm^2$ ($49\,cm^2$, $100\,cm^2$). Bestimme die Seitenlänge des Quadrats und begründe deine Lösung.

Die Quadratwurzel aus 64 ist die positive Zahl, die beim Quadrieren 64 ergibt.

$\sqrt{64} = 8$, denn $8^2 = 8 \cdot 8 = 64$

Lies: Wurzel aus 64 ist gleich 8.

4 Bestimme jeweils die Wurzel aus den Quadratzahlen.

a) $\sqrt{81}$, $\sqrt{49}$, $\sqrt{36}$, $\sqrt{100}$
b) $\sqrt{121}$, $\sqrt{144}$, $\sqrt{324}$, $\sqrt{196}$
c) $\sqrt{400}$, $\sqrt{900}$, $\sqrt{225}$, $\sqrt{169}$
d) $\sqrt{484}$, $\sqrt{441}$, $\sqrt{576}$, $\sqrt{961}$
e) $\sqrt{256}$, $\sqrt{361}$, $\sqrt{625}$, $\sqrt{289}$
f) $\sqrt{676}$, $\sqrt{784}$, $\sqrt{729}$, $\sqrt{1\,024}$

Das Wurzelziehen wird auch Radizieren genannt (lateinisch radix, die Wurzel). Die Zahl unter der Wurzel wird deshalb Radikand genannt.

Quadratwurzeln

5 a) Quadriere 5 (7; 9) und ziehe aus dem Ergebnis die Quadratwurzel. Was stellst du fest?
b) Ziehe die Quadratwurzel aus 36 (49; 121) und quadriere das Ergebnis. Was stellst du fest?

6 Gib jeweils das Ergebnis an, ohne zu rechnen.
a) $\sqrt{8^2}$, $\sqrt{11^2}$, $\sqrt{113^2}$, $\sqrt{537^2}$
b) $(\sqrt{16})^2$, $(\sqrt{169})^2$, $(\sqrt{961})^2$, $(\sqrt{1\,444})^2$

7 Begründe die beiden Aussagen.

A Das Wurzelziehen (Radizieren) ist die Umkehrung des Quadrierens.

B Das Quadrieren ist die Umkehrung des Wurzelziehens (Radizierens).

8 a) Erläutere Tims und Darians Aussagen.

b) Begründe, dass du aus einer negativen Zahl keine Quadratwurzel ziehen kannst.

$\sqrt{a}$ ist die nichtnegative Zahl b, die beim Quadrieren a ergibt.
Die Zahl b heißt **Quadratwurzel** aus a.
Die Zahl a heißt **Radikand**.
Aus negativen Zahlen können wir keine Wurzel ziehen.

$\sqrt{25} = 5$, denn $5^2 = 25$
$\sqrt{81} = 9$, denn $9^2 = 81$
$\sqrt{0} = 0$, denn $0^2 = 0$
$\sqrt{12{,}25} = 3{,}5$, denn $3{,}5^2 = 12{,}25$
$\sqrt{\frac{4}{9}} = \frac{2}{3}$, denn $\left(\frac{2}{3}\right)^2 = \frac{4}{9}$

9 Berechne jeweils die Quadratwurzel im Kopf.

$\sqrt{\underbrace{3\,600}_{\text{2 Nullen}}} = \underbrace{60}_{\text{1 Null}}$, denn $60^2 = 3\,600$

$\sqrt{\underbrace{360\,000}_{\text{4 Nullen}}} = \underbrace{600}_{\text{2 Nullen}}$, denn $600^2 = 360\,000$

a) $\sqrt{4\,900}$, $\sqrt{8\,100}$
b) $\sqrt{6\,400}$, $\sqrt{12\,100}$
c) $\sqrt{90\,000}$, $\sqrt{40\,000}$
d) $\sqrt{250\,000}$, $\sqrt{1\,440\,000}$
e) $\sqrt{1\,000\,000}$, $\sqrt{16\,000\,000}$

10 Ziehe die Quadratwurzel aus den Brüchen.

$\sqrt{\frac{1}{16}} = \frac{1}{4}$, denn $\left(\frac{1}{4}\right)^2 = \frac{1}{4}\cdot\frac{1}{4} = \frac{1}{16}$

$\sqrt{\frac{9}{25}} = \frac{3}{5}$, denn $\left(\frac{3}{5}\right)^2 = \frac{3}{5}\cdot\frac{3}{5} = \frac{9}{25}$

a) $\sqrt{\frac{4}{9}}$, $\sqrt{\frac{16}{49}}$
b) $\sqrt{\frac{81}{100}}$, $\sqrt{\frac{121}{225}}$
c) $\sqrt{\frac{144}{289}}$, $\sqrt{\frac{169}{625}}$
d) $\sqrt{\frac{361}{400}}$, $\sqrt{\frac{400}{529}}$

11 Berechne jeweils die Quadratwurzel im Kopf.

$\sqrt{0{,}\underbrace{64}_{\text{2 Stellen nach dem Komma}}} = 0{,}\underbrace{8}_{\text{1 Stelle nach dem Komma}}$, denn $0{,}8^2 = 0{,}64$

$\sqrt{0{,}\underbrace{0064}_{\text{4 Stellen nach dem Komma}}} = 0{,}\underbrace{08}_{\text{2 Stellen nach dem Komma}}$, denn $0{,}08^2 = 0{,}0064$

a) $\sqrt{0{,}49}$, $\sqrt{0{,}36}$
b) $\sqrt{0{,}81}$, $\sqrt{0{,}25}$
c) $\sqrt{1{,}21}$, $\sqrt{1{,}69}$
d) $\sqrt{0{,}0016}$, $\sqrt{0{,}0009}$
e) $\sqrt{0{,}000001}$, $\sqrt{0{,}00000004}$

12 Bestimme die Quadratwurzeln mithilfe des Taschenrechners. Verwende die $\sqrt{\ }$ - Taste.
a) $\sqrt{3\,249}$, $\sqrt{3\,844}$
b) $\sqrt{35\,721}$, $\sqrt{44\,521}$
c) $\sqrt{459\,684}$, $\sqrt{695\,556}$

Irrationale Zahlen

1 a) Warum kannst du die Seitenlänge des Quadrats nicht sofort angeben?

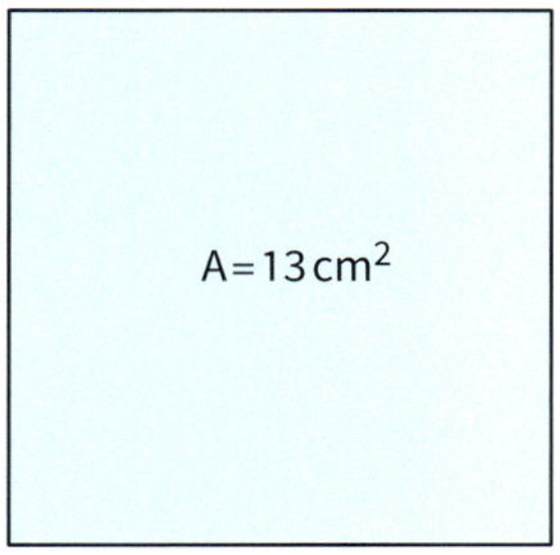

b) Begründe, dass die Maßzahl für die Seitenlänge des Quadrats zwischen 3 und 4 liegt.
c) Miss die Seitenlänge. Quadriere den gemessenen Wert und vergleiche ihn mit dem Flächeninhalt des Quadrats. Was stellst du fest?

2 a) Der Flächeninhalt eines Quadrats beträgt 7 cm². Begründe, dass die Maßzahl für die Seitenlänge des Quadrats zwischen 2 und 3 liegt.
b) Thea hat für die Zahl $\sqrt{7}$ die erste Stelle nach dem Komma bestimmt.

x	x^2
2,1	4,41
2,2	4,84
2,3	5,29
2,4	5,76
2,5	6,25
2,6	6,76
2,7	7,29

$\sqrt{7} \approx 2{,}6\ldots$

Erläutere, wie Thea vorgegangen ist.
c) Bestimme ebenso die erste Nachkommastelle von $\sqrt{5}$.

3 Im Beispiel siehst du, wie für $\sqrt{2}$ die zweite und dritte Nachkommastelle bestimmt werden können. Dieses Verfahren heißt **Intervallschachtelung**.
Erkläre die einzelnen Schritte der Intervallschachtelung mithilfe der Zeichnungen.

$\sqrt{2}$ liegt zwischen 1,4 und 1,5;
denn $1{,}4^2 = 1{,}96 < 2$
und $1{,}5^2 = 2{,}25 > 2$.
Wir sagen: $\sqrt{2}$ liegt im Intervall $[1{,}4;\ 1{,}5]$.

Wir bestimmen $\sqrt{2}$ genauer:
$\sqrt{2}$ liegt zwischen 1,41 und 1,42;
denn $1{,}41^2 = 1{,}9881 < 2$
und $1{,}42^2 = 2{,}0164 > 2$.
$\sqrt{2}$ liegt im Intervall $[1{,}41;\ 1{,}42]$.

Wir bestimmen $\sqrt{2}$ noch genauer:
$\sqrt{2}$ liegt zwischen 1,414 und 1,415;
denn $1{,}414^2 = 1{,}999396 < 2$
und $1{,}415^2 = 2{,}002225 > 2$.
$\sqrt{2}$ liegt im Intervall $[1{,}414;\ 1{,}415]$.

$\sqrt{2} = 1{,}414\ldots$

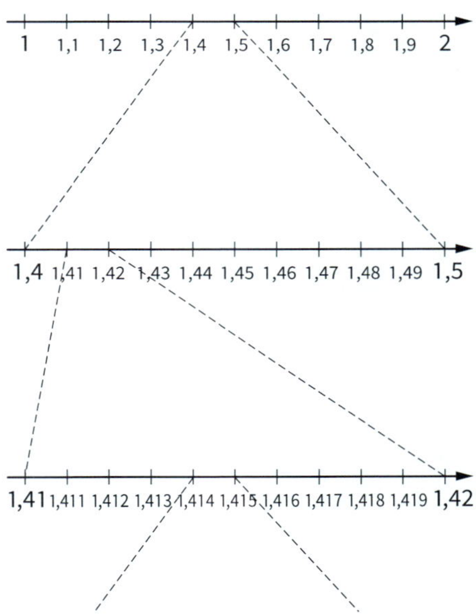

Im Intervall $[1{,}4;\ 1{,}5]$ liegen alle Zahlen, die größer oder gleich 1,4 und kleiner oder gleich 1,5 sind.

Bei jedem Schritt wird ein kleineres Intervall bestimmt, das in dem größeren Intervall des vorangegangenen Schrittes enthalten ist. Wenn wir dieses Verfahren immer weiter fortsetzen, wird die Länge der Intervalle beliebig klein und wir erhalten immer genauere Näherungswerte für $\sqrt{2}$.
Es gibt nur eine einzige Zahl, die in allen Intervallen enthalten ist. Im Beispiel ist das die Zahl, deren Quadrat genau 2 ist.

Irrationale Zahlen

Video
WES-117455-006

4 In der Zeichnung sind die ersten drei Schritte einer Intervallschachtelung für $\sqrt{7}$ dargestellt.

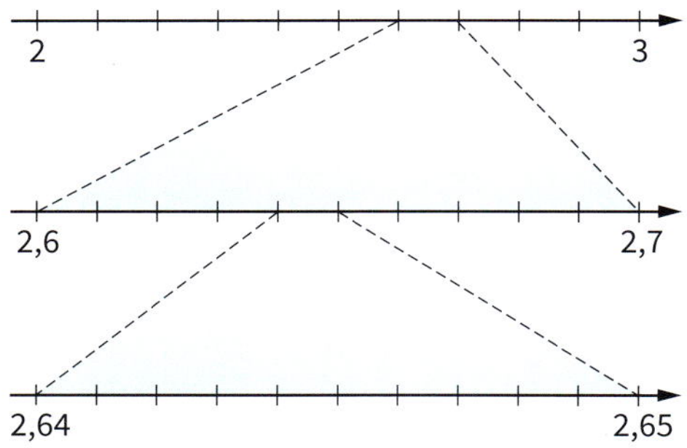

a) Gib die drei dargestellten Intervalle an.
b) Bestimme das vierte Intervall dieser Intervallschachtelung.
c) Begründe, dass $\sqrt{7}$ in jedem dieser Intervalle liegt.

5 Angegeben sind die ersten drei Schritte einer Intervallschachtelung für die Quadratwurzel einer natürlichen Zahl. Bestimme die natürliche Zahl.

a)

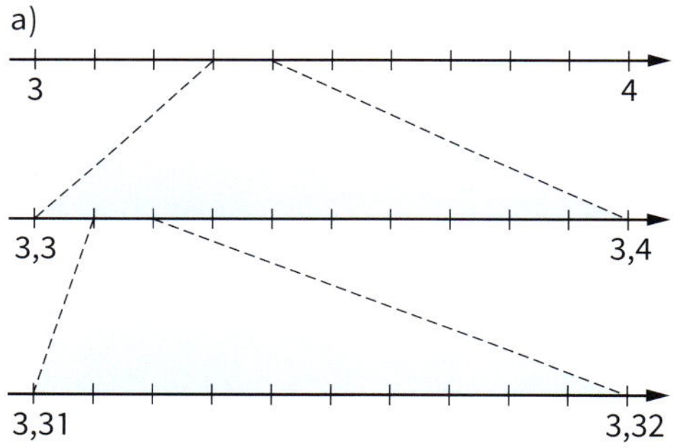

b)

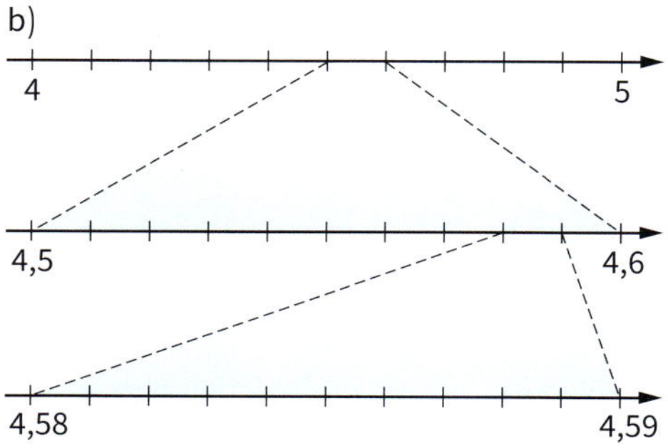

c) [4; 5]
[4,3; 4,4]
[4,35; 4,36]

d) [4; 5]
[4,7; 4,8]
[4,79; 4,8]

e) [10; 11]
[10,7; 10,8]
[10,72; 10,73]

f) [14; 15]
[14,5; 14,6]
[14,52; 14,53]

6 a) Für $\sqrt{3}$ zeigt der Taschenrechner die Zahl 1,732050808 an. Begründe mithilfe der dargestellten Rechnung, dass diese Zahl nicht der genaue Wert für $\sqrt{3}$ ist.

```
1,732050808 · 1,732050808
   1732050808
   12124355656
      5196152424
        3464101616
           8660254040
              13856406464
                 13856406464
3,000000001493452864
```

b) Mia hat zwölf Nachkommastellen von $\sqrt{3}$ bestimmt: $\sqrt{3} = 1{,}732050807568\ldots$

Begründe Mias und Naims Aussagen.

c) Begründe, dass auch eine Dezimalzahl mit mehr als zwölf Stellen nach dem Komma nicht der genaue Wert für $\sqrt{3}$ sein kann.

Die meisten Quadratwurzeln sind Zahlen, die nicht als endliche oder periodische Dezimalzahlen geschrieben werden können. Solche Zahlen heißen **irrationale Zahlen**.
Für irrationale Zahlen können Näherungswerte bestimmt werden, deren Genauigkeit schrittweise verbessert werden kann.

$\sqrt{2} = 1{,}414213562\ldots$
$\sqrt{5} = 2{,}236067977\ldots$
$\sqrt{6{,}5} = 2{,}549509756\ldots$

Rationale und irrationale Zahlen

1 In den Beispielen siehst du die ersten zwölf Nachkommastellen von drei rationalen und drei irrationalen Zahlen.

Rationale Zahlen:

$\frac{17}{80} = 0{,}2125$

$\frac{8}{11} = 0{,}727272727272\ldots$

$\frac{5}{36} = 0{,}138888888888\ldots$

Irrationale Zahlen:

$\sqrt{2} = 1{,}414213562373\ldots$

$\sqrt{11} = 3{,}316624790355\ldots$

$\sqrt{23} = 4{,}795831523312\ldots$

a) Welche Eigenschaften der rationalen Zahlen erkennst du?
b) Vergleiche die rationalen mit den irrationalen Zahlen. Was stellst du fest?

2 Überlege, ob die Dezimalzahl eine rationale oder eine irrationale Zahl darstellen kann.
a) 1,2727272727272727...
b) 4,1231056256176605...
c) 1,3783783783783783...
d) 1,2926829268292682...
e) 1,2857142857142857...
f) 6,4031242374328487...

3 Welche Quadratwurzeln sind rational, welche irrational? Entscheide dich mithilfe der Darstellung als Dezimalzahl.

$\sqrt{5{,}5225}$ $\sqrt{5{,}4225}$ $\sqrt{7{,}5}$
$\sqrt{1{,}225}$ $\sqrt{12{,}96}$ $\sqrt{40{,}96}$
$\sqrt{1{,}1025}$ $\sqrt{2{,}75}$ $\sqrt{30{,}25}$
$\sqrt{27{,}04}$ $\sqrt{1{,}6384}$ $\sqrt{10{,}25}$
$\sqrt{3{,}5225}$ $\sqrt{51{,}84}$ $\sqrt{5{,}0625}$

Rationale Zahlen sind endliche oder periodische Dezimalzahlen. Irrationale Zahlen sind unendliche, nicht periodische Dezimalzahlen.
Die rationalen und die irrationalen Zahlen bilden zusammen die **reellen Zahlen**. Die Menge aller reellen Zahlen wird mit ℝ bezeichnet.

4 Setze < oder > ein.

a)		b)		c)	
$\sqrt{32}$ ■ 6		$\sqrt{120}$ ■ 11		$\sqrt{222}$ ■ 15	
$\sqrt{84}$ ■ 9		$\sqrt{145}$ ■ 12		$\sqrt{395}$ ■ 20	
$\sqrt{53}$ ■ 7		$\sqrt{170}$ ■ 13		$\sqrt{905}$ ■ 30	

5 Gib an, welche Zahl am nächsten liegt

a) bei $\sqrt{50}$:	6	7	8	9
b) bei $\sqrt{85}$:	8	9	10	11
c) bei $\sqrt{110}$:	9	10	11	12
d) bei $\sqrt{56}$:	6,5	7	7,5	8
e) bei $\sqrt{133}$:	11	11,5	12	12,5
f) bei $\sqrt{83}$:	9	9,1	9,2	9,3

Überprüfe dein Ergebnis mit dem Taschenrechner.

6 Gib wie im Beispiel die beiden aufeinander folgenden natürlichen Zahlen an, zwischen denen die Quadratwurzel liegt.

■ < $\sqrt{78}$ < ■
64 < 78 < 81
$8^2 < 78 < 9^2$
$8 < \sqrt{78} < 9$

a) $\sqrt{31}$, $\sqrt{42}$
b) $\sqrt{67}$, $\sqrt{89}$
c) $\sqrt{78}$, $\sqrt{80}$
d) $\sqrt{150}$, $\sqrt{200}$

Überlege zunächst, zwischen welchen Quadratzahlen der Radikand liegt.

7 Ordne jeder reellen Zahl die zugehörige Markierung auf der Zahlengeraden zu.

a) $\sqrt{7}$ 2,72 $\sqrt{6}$ 2,53 $\sqrt{8}$

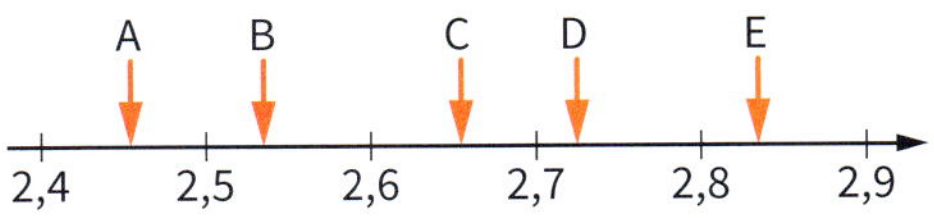

b) 3,55 $\sqrt{14}$ 3,65 $\sqrt{11}$ $\sqrt{12}$

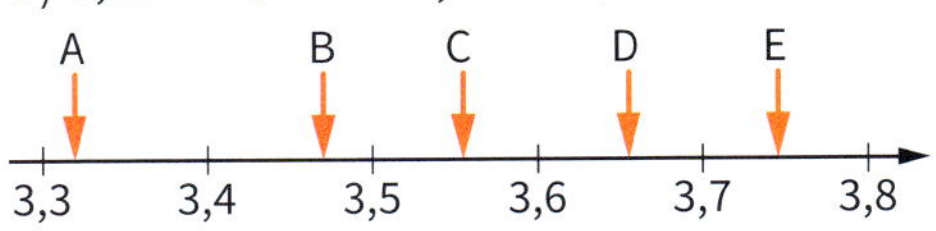

c) $\sqrt{23}$ $\sqrt{20}$ 4,88 $\sqrt{21}$ 4,62

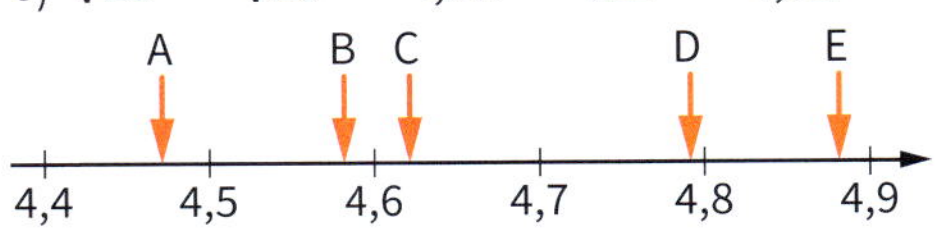

8 Ordne die Zahlen der Größe nach. Beginne mit der kleinsten Zahl.
a) 6,15; 6,05; 6,25; $\sqrt{37}$; $\sqrt{39}$
b) 11,21; 11,12; 11,22; $\sqrt{127}$; $\sqrt{123}$

Alle reellen Zahlen können der Größe nach geordnet und an der Zahlengeraden dargestellt werden.

Von den natürlichen zu den reellen Zahlen

Die Aufgaben auf dieser Seite kannst du auch zusammen mit einem Partner bearbeiten. Hinweise dazu findest du auf Seite 223.

Lies den Text in der rechten Spalte. Bearbeite dann die Aufgaben 1 bis 4.

1 Gib für jede Zahl an, zu welchen Zahlenmengen sie gehört.

$\sqrt{169}$ $\quad 0,111 \quad$ $\sqrt{105}$ $\quad 0,\overline{297}$

$-4,3 \quad -0,\overline{81} \quad 17 \quad -87$

$\sqrt{\frac{9}{25}} \quad -\frac{2}{7} \quad \frac{3}{11} \quad \sqrt{\frac{36}{121}} \quad \frac{\sqrt{3}}{2}$

$\sqrt{2709} \quad -\sqrt{1156} \quad -\sqrt{1036}$

2 a) Welche Zahlen gehören zu den natürlichen Zahlen, welche nicht?

$\sqrt{1369} \quad -5 \quad \sqrt{1200} \quad 103$

$\sqrt{38,44} \quad \frac{36}{4} \quad 1,5 \quad \sqrt{2116}$

b) Welche Zahlen gehören zu den rationalen Zahlen, welche nicht?

$5,\overline{6} \quad 7,251 \quad \sqrt{22,09} \quad -\frac{3}{5}$

$\sqrt{15,01} \quad -3,\overline{2} \quad \sqrt{32,49} \quad \frac{3}{\sqrt{2}}$

3 Bestimme
a) eine rationale Zahl, die keine ganze Zahl ist.
b) eine reelle Zahl, die keine rationale Zahl ist.
c) eine negative irrationale Zahl.
d) eine negative rationale Zahl, die keine ganze Zahl ist.
e) eine negative reelle Zahl, die keine irrationale Zahl ist.
f) eine Quadratwurzel, die eine rationale, aber keine ganze Zahl ist.

4 Entscheide, ob die Aussage wahr oder falsch ist.
a) Alle Brüche sind rationale Zahlen.
b) Alle rationalen Zahlen sind reelle Zahlen.
c) Alle negativen Zahlen sind irrationale Zahlen.
d) Alle irrationalen Zahlen sind negative Zahlen.
e) Alle positiven Zahlen sind natürliche Zahlen.
f) Einige Brüche sind irrationale Zahlen.
g) Einige irrationale Zahlen sind positive Zahlen.

Video
WES-117455-007

Grundlage unseres Zahlensystems sind die **natürlichen Zahlen.**
$\mathbb{N} = \{0, 1, 2, 3, 4, 5, ...\}$
Wir benutzen sie zum Zählen.

Wenn du natürliche Zahlen addierst oder multiplizierst, ist das Ergebnis wieder eine natürliche Zahl.
Aber viele Subtraktionsaufgaben, z. B. 7 − 12, kannst du mithilfe der natürlichen Zahlen nicht lösen.
Deshalb wird der Bereich der Zahlen zur Menge $\mathbb{Z}$ der **ganzen Zahlen** erweitert.
$\mathbb{Z} = \{..., -3, -2, -1, 0, 1, 2, 3, ...\}$

Aber auch im Bereich der ganzen Zahlen sind nicht alle Grundrechenarten durchführbar. Die Divisionsaufgaben 2 : 5 oder −6 : 4 kannst du auch mithilfe der ganzen Zahlen nicht lösen.
Also wird der Bereich der Zahlen zur Menge $\mathbb{Q}$ der **rationalen Zahlen** erweitert. Die Menge $\mathbb{Q}$ besteht aus allen endlichen oder periodischen Dezimalzahlen. Alle rationalen Zahlen können als Bruch dargestellt werden. Dabei steht im Zähler eine ganze Zahl und im Nenner eine natürliche Zahl außer null, z. B. $\frac{1}{5}$, $\frac{2}{3}$ oder $\frac{-1}{2}$.

Viele Quadratwurzeln, z. B. $\sqrt{2}$ oder $\sqrt{5}$, sind keine endlichen oder periodischen Dezimalzahlen. Sie sind irrationale Zahlen. Die rationalen und die irrationalen Zahlen bilden zusammen die Menge $\mathbb{R}$ der **reellen Zahlen.**

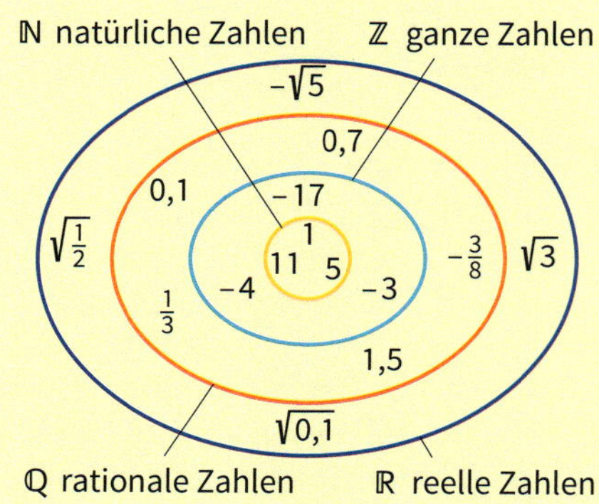

Rechnen mit Quadratwurzeln

1 Berechne und vergleiche die Ergebnisse. Was stellst du fest?

$\sqrt{16}+\sqrt{9}$ und $\sqrt{16+9}$	$\sqrt{169}-\sqrt{25}$ und $\sqrt{169-25}$
$\sqrt{36}+\sqrt{64}$ und $\sqrt{36+64}$	$\sqrt{289}-\sqrt{64}$ und $\sqrt{289-64}$
$\sqrt{16}\cdot\sqrt{9}$ und $\sqrt{16\cdot 9}$	$\sqrt{100}:\sqrt{4}$ und $\sqrt{100:4}$
$\sqrt{81}\cdot\sqrt{4}$ und $\sqrt{81\cdot 4}$	$\sqrt{225}:\sqrt{9}$ und $\sqrt{225:9}$

Für zwei verschiedene positive reelle Zahlen a und b gilt:

$\sqrt{a}+\sqrt{b}\neq\sqrt{a+b}$
$\sqrt{a}-\sqrt{b}\neq\sqrt{a-b}$

Für alle positiven reellen Zahlen a und b gilt:

$\sqrt{a}\cdot\sqrt{b}=\sqrt{a\cdot b}$
$\sqrt{a}:\sqrt{b}=\sqrt{a:b}$

2 Welche Fehler hat Fabian gemacht?

① $\sqrt{16}+\sqrt{9}=\sqrt{25}=5$
② $\sqrt{100}-\sqrt{36}=\sqrt{64}=8$
③ $\sqrt{2}+\sqrt{2}=\sqrt{4}=2$
④ $\sqrt{4}+\sqrt{4}=\sqrt{8}=4$
⑤ $\sqrt{25}-\sqrt{25}=\sqrt{0}=0$

3 Berechne die Produkte, indem du die beiden Wurzeln zu einer Wurzel zusammenfasst.

$\sqrt{2}\cdot\sqrt{50}=\sqrt{2\cdot 50}=\sqrt{100}=10$

a) $\sqrt{2}\cdot\sqrt{32}$; $\sqrt{2}\cdot\sqrt{72}$; $\sqrt{18}\cdot\sqrt{2}$
b) $\sqrt{3}\cdot\sqrt{27}$; $\sqrt{48}\cdot\sqrt{3}$; $\sqrt{5}\cdot\sqrt{80}$
c) $\sqrt{6}\cdot\sqrt{54}$; $\sqrt{6}\cdot\sqrt{150}$; $\sqrt{320}\cdot\sqrt{5}$

4 Berechne die Quotienten, indem du die beiden Wurzeln zu einer Wurzel zusammenfasst.

$\sqrt{80}:\sqrt{5}=\sqrt{80:5}=\sqrt{16}=4$

a) $\sqrt{162}:\sqrt{2}$; $\sqrt{98}:\sqrt{2}$; $\sqrt{242}:\sqrt{2}$
b) $\sqrt{300}:\sqrt{3}$; $\sqrt{192}:\sqrt{3}$; $\sqrt{150}:\sqrt{6}$
c) $\sqrt{108}:\sqrt{3}$; $\sqrt{405}:\sqrt{5}$; $\sqrt{275}:\sqrt{11}$

5 Beim Addieren und Subtrahieren kannst du gleiche Wurzeln zusammenfassen. Vereinfache die Terme.

$5\sqrt{2}+3\sqrt{2}=8\sqrt{2}$ $\quad 9\sqrt{3}-7\sqrt{3}=2\sqrt{3}$

a) $2\sqrt{5}+7\sqrt{5}$; $9\sqrt{7}-2\sqrt{7}$
b) $5\sqrt{11}-2\sqrt{11}$; $2\sqrt{13}+8\sqrt{13}$
c) $7\sqrt{15}+9\sqrt{17}+2\sqrt{15}-5\sqrt{17}$; $8\sqrt{23}+7\sqrt{29}-5\sqrt{23}-2\sqrt{29}$

6 Schreibe den Radikanden als Produkt und ziehe die Wurzel teilweise.

$\sqrt{242}=\sqrt{121\cdot 2}=\sqrt{121}\cdot\sqrt{2}=11\sqrt{2}$
$\sqrt{700}=\sqrt{100\cdot 7}=\sqrt{100}\cdot\sqrt{7}=10\sqrt{7}$

a) $\sqrt{200}$; $\sqrt{50}$; $\sqrt{32}$
b) $\sqrt{300}$; $\sqrt{48}$; $\sqrt{75}$
c) $\sqrt{45}$; $\sqrt{80}$; $\sqrt{180}$
d) $\sqrt{63}$; $\sqrt{175}$; $\sqrt{99}$

7 Ziehe die Wurzel teilweise und fasse dann zusammen.

$\sqrt{50}+\sqrt{162}$
$=\sqrt{25\cdot 2}+\sqrt{81\cdot 2}$
$=5\sqrt{2}+9\sqrt{2}$
$=14\sqrt{2}$

a) $\sqrt{24}+\sqrt{54}$; $\sqrt{50}+\sqrt{18}$
b) $\sqrt{48}-\sqrt{27}$; $\sqrt{300}-\sqrt{75}$
c) $\sqrt{125}+\sqrt{20}$; $\sqrt{180}-\sqrt{80}$
d) $\sqrt{200}-\sqrt{8}-\sqrt{98}$; $\sqrt{700}-\sqrt{28}-\sqrt{63}$

Dritte Wurzeln

1 Berechne jeweils das Volumen des Würfels. Erläutere wie du die Maßzahl bestimmt hast.

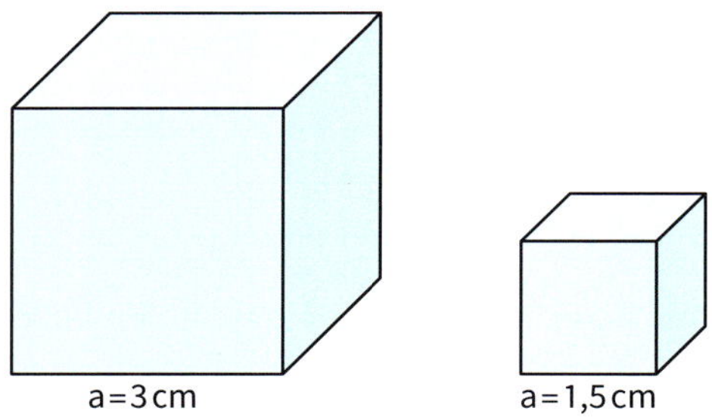

Ein Produkt aus drei gleichen Faktoren kann als dritte Potenz geschrieben werden.

$5 \cdot 5 \cdot 5 = 5^3$ *lies:* 5 hoch 3

Sind die Faktoren natürliche Zahlen, heißt das Produkt **Kubikzahl**.

x	x^3
1	1
2	8
3	27
4	64
5	125
6	216

x	x^3
7	343
8	512
9	729
10	1 000
11	1 331
12	1 728

2 a) Für jeden Würfel ist das Volumen angegeben. Bestimme jeweils die Kantenlänge.

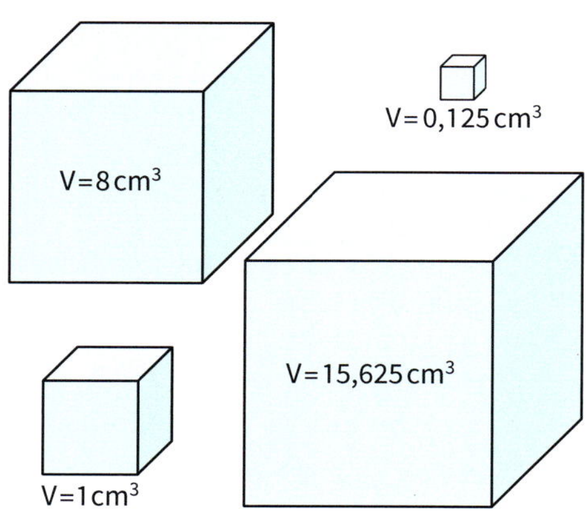

b) Das Volumen eines Würfels beträgt $125\,cm^3$ ($1\,000\,cm^3$, $8\,000\,cm^3$, $64\,cm^3$). Gib die Kantenlänge an.

Die dritte Wurzel (Kubikwurzel) aus 64 ist die positive Zahl, die als dritte Potenz 64 ergibt.

$\sqrt[3]{64} = 4$, denn $4^3 = 4 \cdot 4 \cdot 4 = 64$

Lies: Dritte Wurzel aus 64 ist gleich 4.

3 Bestimme jeweils die dritte Wurzel aus den Kubikzahlen.

$\sqrt[3]{8} = 2$, denn $2^3 = 8$

$\sqrt[3]{27\,000} = 30$, denn $30^3 = 27\,000$

a) $\sqrt[3]{27}$, $\sqrt[3]{125}$, $\sqrt[3]{512}$, $\sqrt[3]{1\,728}$

b) $\sqrt[3]{216}$, $\sqrt[3]{343}$, $\sqrt[3]{729}$, $\sqrt[3]{1\,000}$

c) $\sqrt[3]{8\,000}$, $\sqrt[3]{64\,000}$, $\sqrt[3]{216\,000}$, $\sqrt[3]{1\,000\,000}$

4 Gib jeweils das Ergebnis an, ohne zu rechnen.

a) $\sqrt[3]{8^3}$, $\sqrt[3]{105^3}$, $\sqrt[3]{3{,}4^3}$

b) $(\sqrt[3]{343})^3$, $(\sqrt[3]{9\,261})^3$, $(\sqrt[3]{6{,}859})^3$

5 Bestimme jeweils die dritte Wurzel aus der Dezimalzahl.

$\sqrt[3]{3\,375} = 15$, denn $15^3 = 3\,375$

$\sqrt[3]{3{,}375} = 1{,}5$, denn $1{,}5^3 = 3{,}375$

(3 Stellen nach dem Komma → 1 Stelle nach dem Komma)

$\sqrt[3]{0{,}003375} = 0{,}15$, denn $0{,}15^3 = 0{,}003375$

(6 Stellen nach dem Komma → 2 Stellen nach dem Komma)

a) $\sqrt[3]{0{,}125}$, $\sqrt[3]{0{,}216}$, $\sqrt[3]{0{,}027}$, $\sqrt[3]{0{,}064}$

b) $\sqrt[3]{0{,}512}$, $\sqrt[3]{0{,}008}$, $\sqrt[3]{0{,}343}$, $\sqrt[3]{1{,}331}$

c) $\sqrt[3]{0{,}000064}$, $\sqrt[3]{0{,}000027}$, $\sqrt[3]{0{,}000008}$, $\sqrt[3]{0{,}000001}$

6 Ziehe aus jedem Bruch die dritte Wurzel.

$\sqrt[3]{\frac{27}{1\,000}} = \frac{3}{10}$, denn $\left(\frac{3}{10}\right)^3 = \frac{27}{1\,000}$

a) $\sqrt[3]{\frac{1}{27}}$, $\sqrt[3]{\frac{1}{512}}$

b) $\sqrt[3]{\frac{125}{216}}$, $\sqrt[3]{\frac{343}{1\,000}}$

c) $\sqrt[3]{\frac{8}{1\,331}}$, $\sqrt[3]{\frac{27}{8\,000}}$

Dritte Wurzeln

7 a) Warum kannst du die Kantenlänge des Würfels nicht sofort angeben?

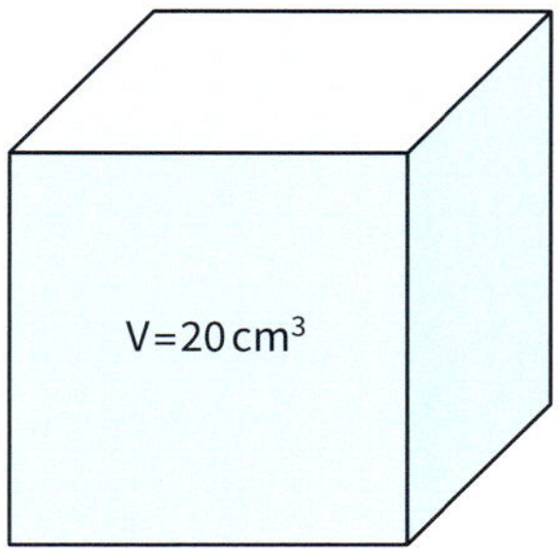

b) Begründe, dass die Kantenlänge des Würfels zwischen 2 und 3 liegt.

8 Die meisten dritten Wurzeln sind irrationale Zahlen, für die du mithilfe einer Intervallschachtelung immer genauere Näherungswerte bestimmen kannst.
Im Beispiel sind die ersten drei Schritte einer Intervallschachtelung für $\sqrt[3]{4}$ angegeben.

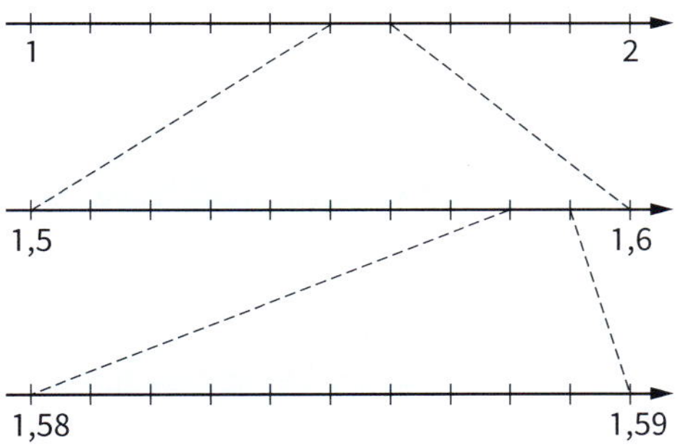

a) Überprüfe, dass $\sqrt[3]{4}$ in jedem der angegebenen Intervalle liegt.
b) Bestimme das vierte Intervall dieser Intervallschachtelung.

9 Angegeben sind jeweils die ersten Schritte einer Intervallschachtelung für die dritte Wurzel einer natürlichen Zahl. Bestimme die natürliche Zahl.

a) [3; 4]
[3,4; 3,5]
[3,41; 3,42]

b) [4; 5]
[4,6; 4,7]
[4,64; 4,65]

c) [8; 9]
[8,2; 8,3]
[8,25; 8,26]

d) [11; 12]
[11,5; 11,6]
[11,51; 11,52]

10 Welche dritten Wurzeln sind rationale Zahlen, welche sind irrationale Zahlen? Entscheide dich mithilfe der Darstellung als Dezimalzahl.

$\sqrt[3]{1\,000}$ $\sqrt[3]{100}$ $\sqrt[3]{81}$ $\sqrt[3]{64}$
$\sqrt[3]{1\,000\,000}$ $\sqrt[3]{0{,}001}$ $\sqrt[3]{800}$
$\sqrt[3]{270}$ $\sqrt[3]{27\,000}$ $\sqrt[3]{2{,}16}$ $\sqrt[3]{0{,}9}$

11 Gib wie im Beispiel die beiden aufeinander folgenden natürlichen Zahlen an, zwischen denen die dritte Wurzel liegt. Überlege zunächst, zwischen welchen Kubikzahlen der Radikand liegt.

$■ < \sqrt[3]{200} < ■$
$125 < 200 < 216$
$5^3 < 200 < 6^3$
$5 < \sqrt[3]{200} < 6$

a) $\sqrt[3]{50}$
$\sqrt[3]{90}$

b) $\sqrt[3]{600}$
$\sqrt[3]{800}$

12 Bestimme mit dem Taschenrechner Näherungswerte für die dritten Wurzeln. Runde auf zwei Stellen nach dem Komma.

$\sqrt[3]{56} = ■$

$\sqrt[3]{56} = 3{,}82586... \approx 3{,}83$

a) $\sqrt[3]{88}, \sqrt[3]{71}, \sqrt[3]{99}$
b) $\sqrt[3]{450}, \sqrt[3]{578}, \sqrt[3]{612}$

$\sqrt[3]{a}$ ist die nichtnegative Zahl b, die als dritte Potenz a ergibt.
Die Zahl b heißt **dritte Wurzel (Kubikwurzel) aus a**.
Die Zahl a heißt **Radikand**.

$\sqrt[3]{125} = 5$, denn $5^3 = 125$
$\sqrt[3]{27} = 3$, denn $3^3 = 27$
$\sqrt[3]{0} = 0$, denn $0^3 = 0$

Die meisten dritten Wurzeln sind irrationale Zahlen, für die Näherungswerte bestimmt werden können.

$\sqrt[3]{7} = 1{,}912931...$
$\sqrt[3]{1{,}2} = 1{,}062658...$

WISSEN KOMPAKT

$\sqrt{a}$ ist die nichtnegative Zahl b, die beim Quadrieren a ergibt.
Die Zahl b heißt Quadratwurzel aus a.
Die Zahl a heißt Radikand.
Aus einer negativen Zahl können wir keine Wurzel ziehen.

$\sqrt{36} = 6$, denn $6^2 = 36$
$\sqrt{121} = 11$, denn $11^2 = 121$
$\sqrt{0} = 0$, denn $0^2 = 0$

$\sqrt[3]{a}$ ist die nichtnegative Zahl b, die als dritte Potenz a ergibt.
Die Zahl b heißt dritte Wurzel aus a.

$\sqrt[3]{64} = 4$, denn $4^3 = 64$
$\sqrt[3]{512} = 8$, denn $8^3 = 512$

Die meisten Quadratwurzeln und dritten Wurzeln sind Zahlen, die nicht als endliche oder periodische Dezimalzahlen geschrieben werden können. Solche Zahlen heißen **irrationale Zahlen**.

$\sqrt{2} = 1{,}41421356\ldots$
$\sqrt{6} = 2{,}44948974\ldots$
$\sqrt[3]{7} = 1{,}91293118\ldots$

Die rationalen und die irrationalen Zahlen bilden zusammen die **reellen Zahlen**. Die Menge aller reellen Zahlen wird mit ℝ bezeichnet.

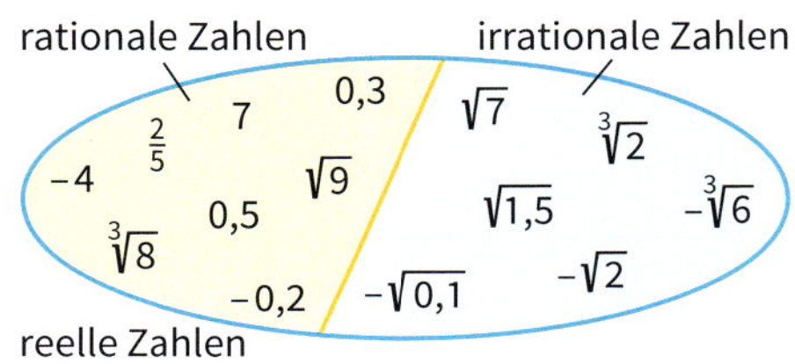

Die reellen Zahlen können der Größe nach geordnet und an der Zahlengeraden dargestellt werden.

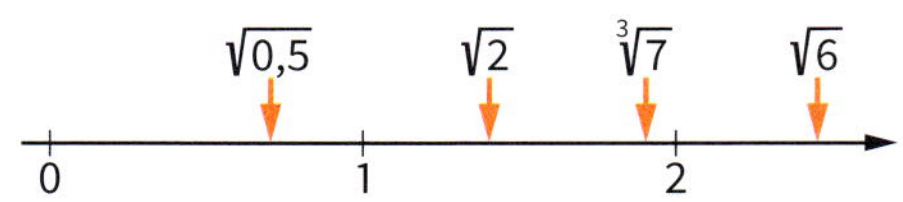

Mit einer Intervallschachtelung können schrittweise beliebig viele Nachkommastellen einer irrationalen Zahl bestimmt werden.

$\sqrt{3}$ liegt im Intervall $[1{,}7;\ 1{,}8]$,
denn $1{,}7^2 = 2{,}89 < 3$
und $1{,}8^2 = 3{,}24 > 3$.

$\sqrt{3}$ liegt im Intervall $[1{,}73;\ 1{,}74]$,
denn $1{,}73^2 = 2{,}9929 < 3$
und $1{,}74^2 = 3{,}0276 > 3$.

$\sqrt{3}$ liegt im Intervall $[1{,}732;\ 1{,}733]$,
denn $1{,}732^2 = 2{,}999824 < 3$
und $1{,}733^2 = 3{,}003289 > 3$.

$\sqrt{3} = 1{,}732\ldots$

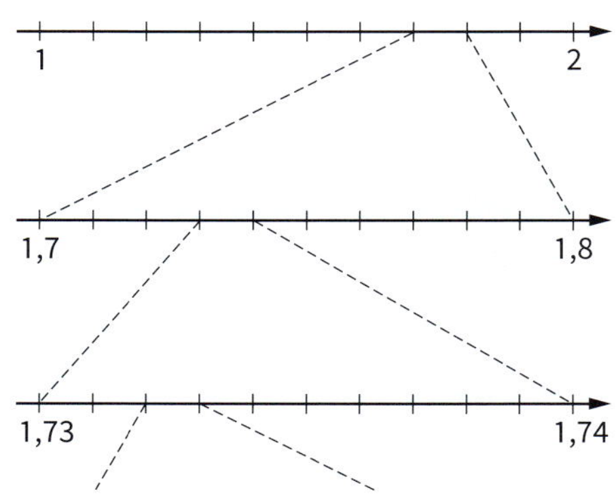

Für alle positiven reellen Zahlen a und b gilt:

$\sqrt{a} \cdot \sqrt{b} = \sqrt{a \cdot b}$
$\sqrt{a} : \sqrt{b} = \sqrt{a : b}$

$\sqrt{4} \cdot \sqrt{9} = 2 \cdot 3 = 6$
$\sqrt{4 \cdot 9} = \sqrt{36} = 6$
$\sqrt{100} : \sqrt{4} = 10 : 2 = 5$
$\sqrt{100 : 4} = \sqrt{25} = 5$

ÜBEN

1 Welche Zahlen sind rational, welche irrational?

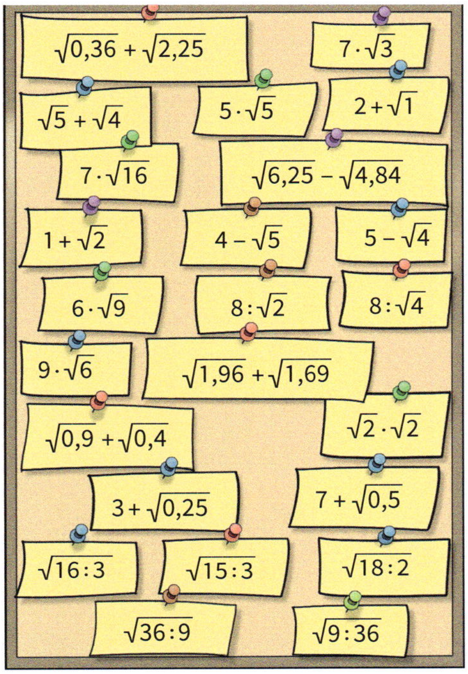

2 Gib die beiden aufeinander folgenden natürlichen Zahlen an, zwischen denen die Wurzel liegt.

a) $\sqrt{78}$; $\sqrt{67}$
b) $\sqrt{57}$; $\sqrt{92}$
c) $\sqrt{134}$; $\sqrt{153}$
d) $\sqrt[3]{50}$; $\sqrt[3]{70}$

3 Ordne die Zahlen der Größe nach. Verwende das <-Zeichen.

a) 4,8; $\sqrt{24}$; 4,9; $\sqrt{23}$; 4,7; $\sqrt{22}$
b) 3,2; $\sqrt{11}$; 3,6; $\sqrt{13}$; 3,65; $\sqrt{10}$

4 a) Gib drei rationale Zahlen an,
- die kleiner als $\sqrt{2}$ sind.
- die zwischen $\sqrt{5}$ und $\sqrt{7}$ liegen.
- die zwischen $-\sqrt{2}$ und $-\sqrt{3}$ liegen.

b) Gib drei irrationale Zahlen an,
- die kleiner als 1 sind.
- die größer als $\sqrt{23}$ sind.
- die zwischen 10 und 11 liegen.

5 a) Gib zwei irrationale Quadratwurzeln an, deren Produkt (Quotient) eine rationale Zahl ist. Es gibt mehrere Möglichkeiten.
b) Gib drei irrationale Quadratwurzeln an, deren Produkt eine rationale Zahl ist.

6 Fasse gleiche Quadratwurzeln zusammen.

a) $10\sqrt{6}+5\sqrt{6}$
$9\sqrt{7}-4\sqrt{7}$
$2\sqrt{3}+9\sqrt{3}$

b) $\sqrt{5}+11\sqrt{5}$
$7\sqrt{2}-3\sqrt{2}$
$8\sqrt{11}-\sqrt{11}$

c) $13\sqrt{7}+5\sqrt{5}-3\sqrt{5}-2\sqrt{7}+11\sqrt{5}$
$\sqrt{19}+\sqrt{8}+7\sqrt{19}-2\sqrt{8}+6\sqrt{19}$
$12\sqrt{6}+5\sqrt{2}-9\sqrt{6}+2\sqrt{6}-3\sqrt{2}$

7 Berechne.

a) $\sqrt{11}\cdot\sqrt{44}$
$\sqrt{13}\cdot\sqrt{52}$
$\sqrt{12}\cdot\sqrt{27}$

b) $\sqrt{162}:\sqrt{2}$
$\sqrt{192}:\sqrt{3}$
$\sqrt{150}:\sqrt{6}$

c) $\sqrt{60,5}\cdot\sqrt{8}$
$\sqrt{31,5}\cdot\sqrt{14}$
$\sqrt{21,6}\cdot\sqrt{15}$

d) $\sqrt{1,08}:\sqrt{3}$
$\sqrt{4,9}:\sqrt{10}$
$\sqrt{2,75}:\sqrt{11}$

8 Multipliziere wie im Beispiel die Klammern aus und vereinfache den Term.

$$\begin{aligned}&\sqrt{3}\left(\sqrt{12}+\sqrt{27}\right)\\ &=\sqrt{3}\cdot\sqrt{12}+\sqrt{3}\cdot\sqrt{27}\\ &=\sqrt{36}+\sqrt{81}\\ &=6+9\\ &=15\end{aligned}$$

a) $\sqrt{5}\left(\sqrt{5}+\sqrt{20}\right)$
$\sqrt{8}\left(\sqrt{18}+\sqrt{2}\right)$

b) $\sqrt{2}\left(\sqrt{32}-\sqrt{8}\right)$
$\sqrt{3}\left(\sqrt{27}-\sqrt{3}\right)$

c) $\sqrt{6}\left(\sqrt{54}-\sqrt{24}\right)$
$\sqrt{5}\left(\sqrt{180}-\sqrt{80}\right)$

d) $\sqrt{20}\left(\sqrt{125}+\sqrt{5}\right)$
$\sqrt{2}\left(\sqrt{392}-\sqrt{128}\right)$

e) $\left(\sqrt{180}-\sqrt{80}\right):\sqrt{5}$
$\left(\sqrt{363}-\sqrt{75}\right):\sqrt{3}$

f) $\left(\sqrt{72}+\sqrt{8}\right):\sqrt{2}$
$\left(\sqrt{175}-\sqrt{28}\right):\sqrt{7}$

9 Ziehe die Wurzel teilweise und fasse dann zusammen.

$$\sqrt{300}+\sqrt{108}=10\sqrt{3}+6\sqrt{3}=16\sqrt{3}$$

a) $\sqrt{200}+\sqrt{242}$
$\sqrt{27}+\sqrt{147}$
$\sqrt{180}-\sqrt{45}$

b) $\sqrt{288}-\sqrt{50}-\sqrt{8}$
$\sqrt{700}-\sqrt{28}+\sqrt{252}$
$\sqrt{75}-\sqrt{12}+\sqrt{507}$

10 Berechne.

$$\sqrt{\sqrt{256}}=\sqrt{16}=4$$

a) $\sqrt{\sqrt{81}}$
$\sqrt{\sqrt{625}}$

b) $\sqrt{\sqrt{1296}}$
$\sqrt{\sqrt{0,0016}}$

c) $\sqrt[3]{\sqrt{64}}$
$\sqrt[3]{\sqrt{729}}$

ÜBEN: Aufgaben aus der Geometrie

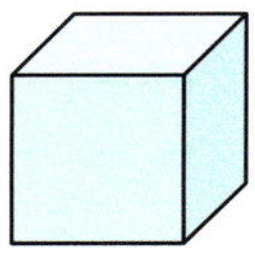

$O = 6a^2$

1 Der Oberflächeninhalt eines Würfels beträgt 150 cm² (240 000 mm²; 13,5 dm²; 7,26 m²; 365,04 cm²; 0,1944 m²). Berechne die Kantenlänge des Würfels.

2 Ein Würfel hat ein Volumen von 64 cm³ (8 000 cm³; 1 728 cm³; 10 941,048 cm³; 12,167 cm³; 42,875 cm³). Bestimme den Oberflächeninhalt des Würfels.

3 Der Flächeninhalt des roten Quadrats beträgt 5,29 cm² (342,25 cm²). Bestimme den Umfang des Rechtecks.

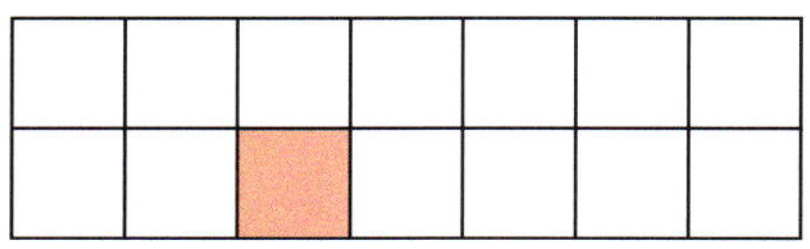

4 a) In jeder Spalte der Tabelle stehen die Maße eines Rechtecks. Bestimme die Seitenlänge des Quadrats, das den gleichen Flächeninhalt wie das Rechteck hat. Gib dabei an, ob die Maßzahl der Seitenlänge eine rationale oder eine irrationale Zahl ist.

Länge	18 cm	16 cm	2,7 m	2,4 m
Breite	8 cm	5 cm	1,2 m	1,5 m

b) Bestimme die Länge und die Breite eines Rechtecks, so dass das flächengleiche Quadrat eine Seitenlänge mit irrationaler (rationaler) Maßzahl hat.

5 a) In jeder Spalte der Tabelle stehen die Maße eines Quaders. Bestimme die Kantenlänge des Würfels, der das gleiche Volumen wie der Quader hat. Gib dabei an, ob die Maßzahl der Kantenlänge eine rationale oder eine irrationale Zahl ist.

Länge	25 cm	12 cm	1,8 m	3,5 m
Breite	5 cm	10 cm	1,6 m	2,5 m
Höhe	8 cm	5 cm	0,6 m	0,8 m

b) Bestimme die Maße eines Quaders, so dass der Würfel mit demselben Volumen eine Kantenlänge mit irrationaler (rationaler) Maßzahl hat.

6 Das abgebildete Rechteck ist in zehn Quadrate unterteilt. Bei drei Quadraten ist der Flächeninhalt angegeben. Bestimme den Flächeninhalt der übrigen Quadrate.

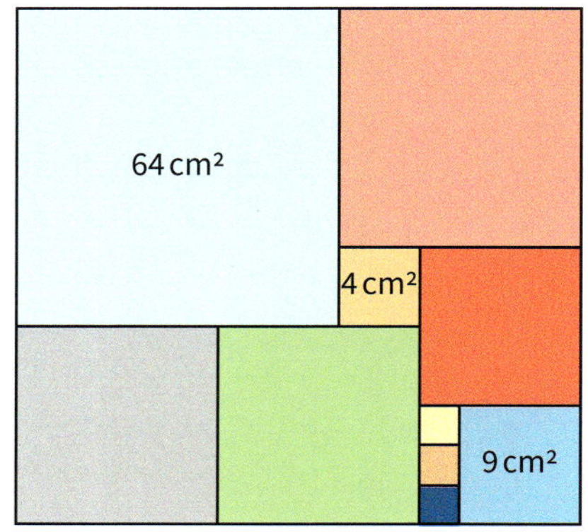

7 Überlege, wie sich die Seitenlänge eines Quadrats verändert, wenn der Flächeninhalt verdoppelt wird. Bestimme dazu die Seitenlängen der einzelnen Quadrate.

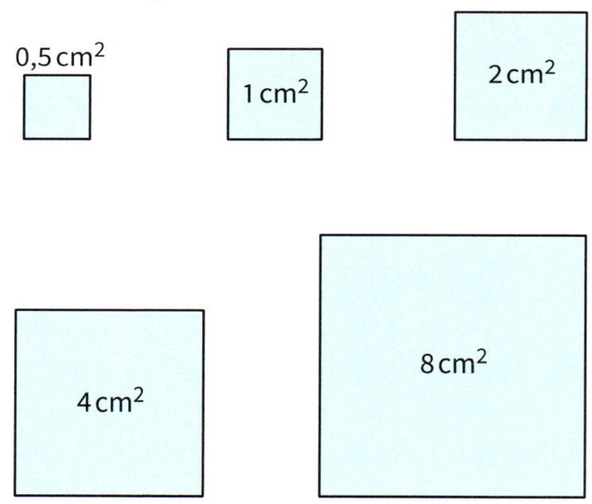

8 Überlege, wie sich die Kantenlänge eines Würfels verändert, wenn das Volumen verdoppelt wird. Bestimme dazu die Kantenlängen der einzelnen Würfel.

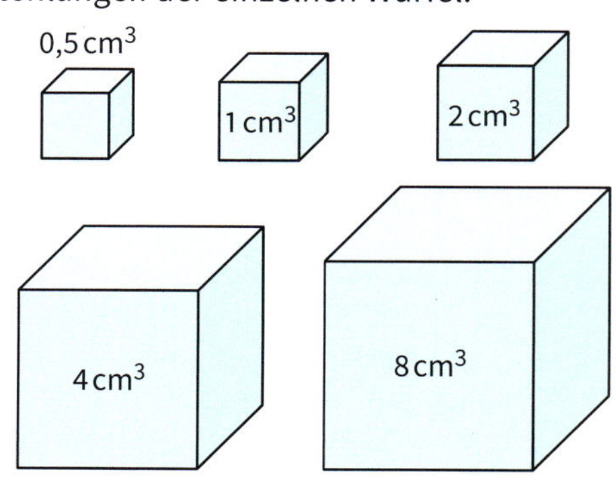

ÜBEN: Sachaufgaben

Die Aufgaben auf dieser Seite kannst du auch zusammen mit einem Partner bearbeiten. Hinweise dazu findest du auf Seite 223.

1 Eine quadratische Bodenfliese bedeckt eine Fläche von $5\,625\,cm^2$. Bestimme ihre Länge.

2 Der abgebildete Stapel mit quadratischen Tafeln Schokolade enthält insgesamt 208 quadratische Stücke Schokolade.

Wie viele Stücke liegen in jeder Tafel in einer Reihe?

3 Ein quaderförmiger Pappkarton mit quadratischer Grundfläche ist 20 cm hoch. Er hat ein Volumen von $3\,380\,cm^3$. Berechne die Länge der Grundkante.

4 Ein $1\,369\,m^2$ großes quadratisches Grundstück soll umzäunt werden. Dabei soll ein 4 m breiter Eingang offen bleiben. Wie viel Meter Zaun sind für die Einzäunung notwendig?

5 Das abgebildete Muster aus 36 quadratischen Keramikfliesen bedeckt eine Fläche von $0{,}5184\,m^2$. Bestimme die Maße einer einzelnen Fliese.

6 Die Schülerinnen und Schüler des 9. Jahrgangs der Sophie-Scholl-Schule stellen sich in 18 Reihen hintereinander auf. Dabei stehen in jeder Reihe acht Personen.
Wie viele Reihen ergäben sich, wenn die Anzahl der Personen in jeder Reihe genauso groß wäre wie die Anzahl der Reihen?

7 Zum Haus von Familie Demir gehört ein $115{,}2\,m^2$ großer Garten.
Auf einem Fünftel der Fläche des Gartens ist ein quadratisches Blumenbeet angelegt. Bestimme die Maße des Beetes.

8 Ein Blumenkübel mit quadratischer Grundfläche ist 50 cm hoch. Er ist mit 64,8 ℓ Blumenerde bis zum Rand gefüllt. Berechne die Länge und Breite des Kübels.

9 Zur Herstellung eines würfelförmigen Pappkartons ohne Deckel wurden $5\,200\,cm^2$ Wellpappe verwendet. Die Fläche, auf der zwei Schichten Pappe übereinander liegen, beträgt $80\,cm^2$. Bestimme die Maße des Pappkartons.

10 Frau Arslan legt 1 000 € in Aktien an. Im ersten Jahr steigt der Wert der Aktien um 32 %, im zweiten Jahr um 2 %.
Frau Ivanov legt dieselbe Summe für zwei Jahre zu einem festen Zinssatz an. Wie hoch muss der Zinssatz sein, damit Frau Ivanov am Ende des zweiten Jahres einen genauso großen Ertrag wie Frau Arslan hat?

VERTIEFEN: Heron-Verfahren

Bevor es Taschenrechner gab, war es nicht so leicht, gute Näherungswerte für irrationale Quadratwurzeln zu bestimmen.
Die griechischen Mathematiker benutzten vor 2 000 Jahren ein Verfahren, mit dem sie nur durch Anwenden der Addition und Division schnell gute Näherungswerte für Quadratwurzeln berechnen konnten.
Dieses Verfahren ist nach dem Mathematiker und Ingenieur Heron von Alexandrien (um 100 n. Chr.) benannt.

1 Im Beispiel siehst du, wie du mithilfe des Heron-Verfahrens einen Näherungswert für $\sqrt{15}$ berechnen kannst.
Nacheinander werden mehrere Rechtecke bestimmt, die alle den Flächeninhalt 15 cm^2 haben.
Dabei ist der Unterschied der Seitenlängen beim zweiten Rechteck kleiner als beim ersten, beim dritten noch kleiner als beim zweiten und so weiter, so dass die Gestalt der Rechtecke einem Quadrat immer ähnlicher wird.
Die Seitenlänge des letzten Rechtecks ist dann eine gute Näherung für $\sqrt{15}$.

a) Vergleiche das Ergebnis des Heron-Verfahrens mit dem Wert, den dein Taschenrechner für $\sqrt{15}$ angibt. Beurteile die Genauigkeit des Verfahrens.

b) Verbessere das Ergebnis, indem du den zweiten Schritt zwei Mal wiederholst. Runde die Werte, die dein Taschenrechner anzeigt, nicht. Vergleiche mit dem Ergebnis, das du mit der Wurzeltaste des Taschenrechners erhältst. Was stellst du fest?

c) Berechne Näherungswerte für $\sqrt{24}$ ($\sqrt{56}$, $\sqrt{20}$, $\sqrt{90}$, $\sqrt{30}$) mithilfe des Heron-Verfahrens.

1. Wähle zwei natürliche Zahlen x_1 und y_1 als Seitenlängen für ein Rechteck mit dem Flächeninhalt $A = 15\ cm^2$.

$x_1 = 3$

$y_1 = 5$

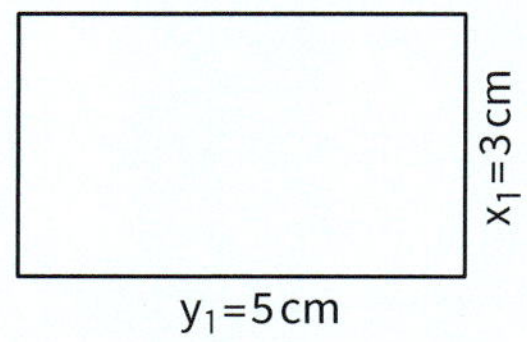

2. Bestimme zwei Zahlen x_2 und y_2 als Seitenlängen für ein zweites Rechteck mit $A = 15\ cm^2$.
Wähle für x_2 das arithmetische Mittel von x_1 und y_1.
Berechne y_2 mithilfe des Flächeninhalts des Rechtecks.

$x_2 = \frac{3+5}{2} = 4$

$y_2 = \frac{15}{4} = 3{,}75$

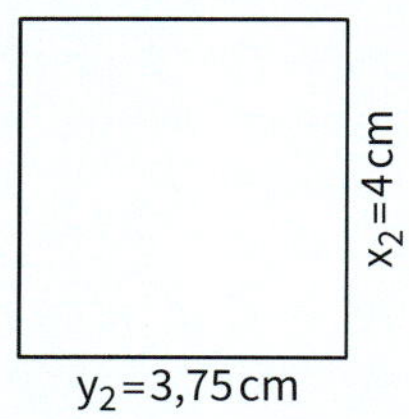

3. Wiederhole den zweiten Schritt.
Wähle für x_3 das arithmetische Mittel von x_2 und y_2.
Berechne y_3 mithilfe des Flächeninhalts des Rechtecks.

$x_3 = \frac{4+3{,}75}{2} = 3{,}875$

$y_3 = \frac{15}{3{,}875} \approx 3{,}871$

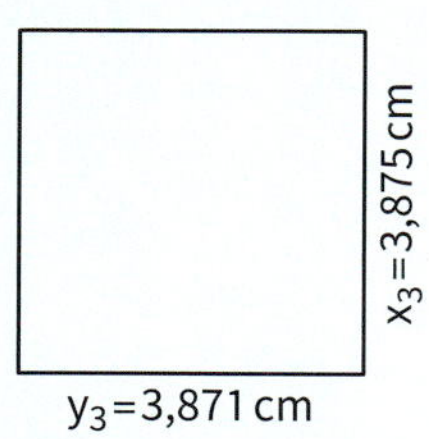

4. Wähle das arithmetische Mittel von x_3 und y_3 als Näherung für $\sqrt{15}$.

$x_4 = \frac{3{,}875+3{,}871}{2} = 3{,}873$

VERTIEFEN: Heron-Verfahren

2 Leila und Max haben das Heron-Verfahren mithilfe eines Tabellenkalkulationsprogramms durchgeführt.

	A	B	C	D	E
1	**Quadratwurzelberechnung** (Heron-Verfahren)				
2					
3	Wurzel aus	20			
4	x_1 =	5			
5					
6	Schritt	x	y	Mittelwert	Quadrat des Mittelwertes
7	1	5	4	4,50	20,25
8	2	4,50	4,4444444444	4,4722222222	20,0007716049
9	3	4,4722222222	4,4720496894	4,4721359558	20,0000000074
10	4	4,4721359558	4,4721359542	4,4721359550	20,0000000000

	A	B	C	D	E
1	**Quadratwurzelberechnung** (Heron-Verfahren)				
2					
3	Wurzel aus	20			
4	x_1 =	5			
5					
6	Schritt	x	y	Mittelwert	Quadrat des Mittelwertes
7	1	= B4	= B3 / B7	= (B7 + C7) / 2	= D7 * D7
8	2	= D7	= B3 / B8	= (B8 + C8) / 2	= D8 * D8
9	3	= D8	= B3 / B9	= (B9 + C9) / 2	= D9 * D9
10	4	= D9	= B3 / B10	= (B10 + C10) / 2	= D10 * D10

a) Beschreibe, wie Leila und Max vorgegangen sind.
b) Erstelle in einem Tabellenkalkulationsprogramm ein Rechenblatt zur Berechnung von $\sqrt{19}$ mit dem Heron-Verfahren.
c) Bestimme auf diese Weise Näherungswerte für weitere Quadratwurzeln.

3 Die Berechnung eines Näherungswertes für $\sqrt{a}$ mithilfe des Heron-Verfahrens kann in einer Formel zusammengefasst werden.
Dabei sind x_1 und $y_1 = \frac{a}{x_1}$ die Seitenlängen des ersten Rechtecks.

Berechnung von x_2:

$$x_2 = \frac{x_1 + y_1}{2} = \frac{x_1 + \frac{a}{x_1}}{2} = \left(x_1 + \frac{a}{x_1}\right) : 2$$

Berechnung von x_3, x_4, …

$$x_3 = \left(x_2 + \frac{a}{x_2}\right) : 2$$

$$x_4 = \left(x_3 + \frac{a}{x_3}\right) : 2$$

…

Erkläre die Bestimmung der Formeln für x_2, x_3 und x_4.
Gib die Formel zur Bestimmung von x_5 und x_6 an.

4 Leila hat die Formel für das Heron-Verfahren verwendet, um mithilfe eines Tabellenkalkulationsprogramms einen Näherungswert für $\sqrt{57}$ zu bestimmen.
Sie hat den Radikanden in Zelle A2 eingegeben und in Zelle C2 als ersten Näherungswert $x_1 = 8$.
Die Formel für das Heron-Verfahren hat Leila in Zelle C3 hinterlegt und mit der Maus in die Zellen darunter übertragen.

Start | Layout | Tabellen | Diagramme | SmartA

C3 =(C2+A2/C2)/2

	A	B	C
1	Radikand	Schritt	Quadratwurzel
2	57	1	8
3		2	7,5625
4		3	7,549845041
5		4	7,549834435
6		5	7,549834435
7			

a) Berechne ebenso einen Näherungswert für $\sqrt{73}$. Überprüfe mit dem Taschenrechner die Genauigkeit des Verfahrens.
b) Berechne Näherungswerte für weitere Quadratwurzeln. Setze dabei $x_1 = 1$.

VERTIEFEN: $\sqrt{2}$ als irrationale Zahl

1 Wir wollen zeigen, dass $\sqrt{2}$ nicht als Bruch $\frac{z}{n}$ mit natürlichen Zahlen z und n geschrieben werden kann. Dazu untersuchen wir zunächst die Primfaktoren von Quadratzahlen.

a) Jede natürliche Zahl ist entweder selbst eine Primzahl oder kann eindeutig als Produkt von mehreren Primzahlen geschrieben werden. Vergleiche die Primfaktorzerlegung einer natürlichen Zahl mit der ihrer Quadratzahl. Was stellst du fest?

Natürliche Zahl	Quadratzahl
$5 = 5$	$25 = 5 \cdot 5$
$6 = 2 \cdot 3$	$36 = 2 \cdot 3 \cdot 2 \cdot 3$
$9 = 3 \cdot 3$	$81 = 3 \cdot 3 \cdot 3 \cdot 3$
$30 = 2 \cdot 3 \cdot 5$	$900 = 2 \cdot 3 \cdot 5 \cdot 2 \cdot 3 \cdot 5$

Begründe, dass jede Quadratzahl eine gerade Anzahl von Primfaktoren hat.

b) Erkläre, die einzelnen Schritte der Umformung.

Annahme: $\sqrt{2}$ ist ein Bruch.

Dann gilt: $\sqrt{2} = \frac{z}{n}$

$$2 = \left(\frac{z}{n}\right)^2$$

$$2 = \frac{z^2}{n^2} \quad | \cdot n^2$$

$$2 \cdot n^2 = z^2$$

c) Begründe:
1. Die Zahl z^2 hat eine gerade Anzahl von Primfaktoren.
2. Die Zahl $2 \cdot n^2$ hat eine ungerade Anzahl von Primfaktoren.

Die Umformung zeigt: Wenn $\sqrt{2}$ ein Bruch $\frac{z}{n}$ ist, dann stellen z^2 und $2 \cdot n^2$ dieselbe Zahl dar. Diese Zahl kann in eine gerade Anzahl von Primfaktoren, aber auch in eine ungerade Anzahl von Primfaktoren zerlegt werden.
Das ist unmöglich, weil die Anzahl der Primfaktoren für jede Zahl eindeutig festgelegt ist.

Daher kann $\sqrt{2}$ nicht als Bruch $\frac{z}{n}$ geschrieben werden.
Also ist $\sqrt{2}$ keine rationale Zahl.

2 Paul hat zunächst das blaue Quadrat ABCD mit der Diagonalen $\overline{AC}$ gezeichnet und dann mit Zirkel und Lineal das rote Quadrat ACEF konstruiert.

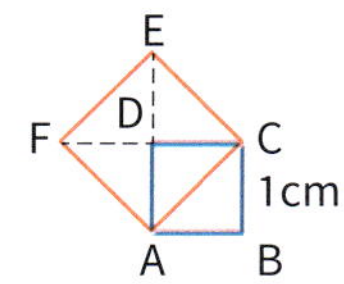

a) Begründe, dass der Flächeninhalt des roten Quadrats doppelt so groß ist wie der des blauen Quadrats. Gib den Flächeninhalt des blauen (roten) Quadrats an.

b) Bestimme die Länge der Strecke $\overline{AC}$.

c) Begründe Pauls Aussage.

3 Jeder rationalen Zahl entspricht genau ein Punkt auf der Zahlengeraden.

a) Gib fünf rationale Zahlen an, die zwischen 1 und 2 (zwischen 1,4 und 1,5; zwischen 1,41 und 1,42) liegen.

b) Begründe: Auf der Zahlengeraden liegen zwischen zwei rationalen Zahlen unendlich viele weitere rationale Zahlen.

c) Ayla hat ein Quadrat auf Millimeterpapier gezeichnet und die Diagonale des Quadrats mit dem Zirkel auf der Zahlengeraden abgetragen.
Gib die Länge der Diagonalen an.

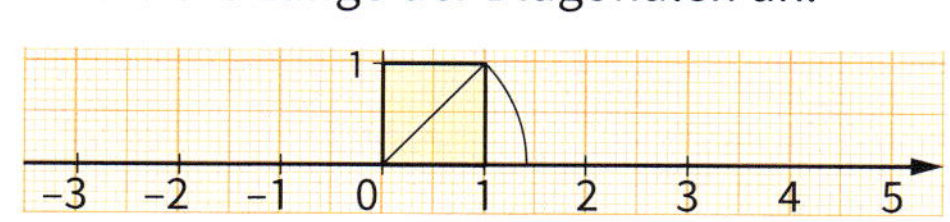

d) Begründe die Aussagen.

A Die rationalen Zahlen liegen auf der Zahlengeraden ganz dicht beieinander.

B Zwischen den rationalen Zahlen liegen unendlich viele irrationale Zahlen.

AUSGANGSTEST

1 Bestimme die Wurzeln im Kopf.

a) $\sqrt{196}$ $\sqrt{324}$ b) $\sqrt{2500}$ $\sqrt{8100}$ c) $\sqrt{0,49}$ $\sqrt{1,69}$

d) $\sqrt{0,0004}$ $\sqrt{0,0144}$ e) $\sqrt[3]{216}$ $\sqrt[3]{8000}$ f) $\sqrt[3]{0,008}$ $\sqrt[3]{0,000001}$

2 a) Ein Rechteck ist 20 cm lang und 45 cm breit. Berechne die Seitenlänge des Quadrats, das den gleichen Flächeninhalt wie das Rechteck hat.
b) Das Volumen eines Würfels beträgt 512 cm^3. Berechne den Oberflächeninhalt des Würfels.

3 In der Zeichnung sind die ersten drei Schritte einer Intervallschachtelung für $\sqrt{5}$ dargestellt.

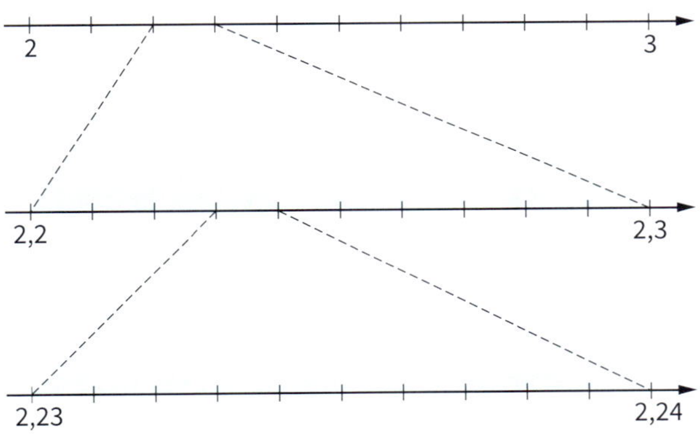

a) Gib das vierte Intervall dieser Intervallschachtelung an.
b) Begründe, dass $\sqrt{5}$ in allen vier Intervallen liegt.

4 Gib die beiden aufeinander folgenden natürlichen Zahlen an, zwischen denen die Quadratwurzel liegt.

a) $\sqrt{39}$ b) $\sqrt{55}$

5 Fasse zu einer Wurzel zusammen und berechne.

a) $\sqrt{7}\cdot\sqrt{28}$ $\sqrt{3}\cdot\sqrt{108}$ b) $\sqrt{72}:\sqrt{8}$ $\sqrt{147}:\sqrt{3}$ c) $\sqrt{1,5}\cdot\sqrt{6}$ $\sqrt{80}\cdot\sqrt{1,8}$

6 Welche Zahlen sind rational, welche sind irrational?

$\sqrt{9}$ $\sqrt{8}$ $\sqrt[3]{8}$ $\sqrt{2,5}$ $\sqrt{2,25}$
$\sqrt{0,04}$ $\sqrt{0,4}$ $\sqrt[3]{512}$ $\sqrt{1,21}$
$\sqrt{\frac{4}{25}}$ $\sqrt{\frac{1}{2}}$ $\sqrt[3]{\frac{1}{27}}$
$2+\sqrt{1}$ $7\cdot\sqrt{7}$ $1+\sqrt{2}$ $\sqrt{7}\cdot\sqrt{112}$

7 Entscheide, ob die Aussage wahr oder falsch ist.
a) Jede irrationale Zahl ist eine reelle Zahl.
b) Jede reelle Zahl ist eine irrationale Zahl.
c) Jede endliche Dezimalzahl ist eine rationale Zahl.
d) Jede reelle Zahl ist eine rationale oder eine irrationale Zahl.

8 a) Bestimme die Kantenlänge des Würfels mit einem Volumen von 1 cm^3 (3 cm^3, 9 cm^3).
b) Wie verändert sich die Kantenlänge eines Würfels, wenn sein Volumen verdreifacht wird?

Ich kann …

Ich kann …	Aufgabe	Hilfen und Aufgaben	
einfache Wurzeln im Kopf bestimmen.	1	Seite 31, 32, 38	
Berechnungen in der Geometrie durchführen, bei denen Wurzeln auftreten.	2	Seite 42	
das Verfahren der Intervallschachtelung durchführen.	3	Seite 33, 34, 40	I
bestimmen, zwischen welchen natürlichen Zahlen eine irrationale Zahl liegt.	4	Seite 35, 41	
mit Quadratwurzeln rechnen.	5	Seite 37, 41	
rationale und irrationale Zahlen unterscheiden.	6, 7	Seite 35, 36, 40, 41	II
irrationale Zahlen zur Lösung geometrischer Probleme verwenden.	8	Seite 42	III

3 Kreis und Kreisteile

Linus und Zoe möchten einen Fahrradcomputer am Rad anbringen und einstellen.

Bist du fit für dieses Kapitel? Eingangstest auf Seite 201

In diesem Kapitel ...

- *schätzt und berechnest du den Umfang und den Flächeninhalt eines Kreises.*
- *ermittelst du den Flächeninhalt eines Kreissektors und die Länge eines Kreisbogens.*
- *löst du Sachaufgaben zu Kreisen und Kreisteilen.*

Fahrradcomputer

Fahrräder können nachträglich mit kleinen Fahrradcomputern ausgestattet werden, die die momentane Geschwindigkeit, die gefahrenen Kilometer, die Durchschnittsgeschwindigkeit und vieles mehr anzeigen können.

Beim Einbau des Fahrradcomputers musst du den Sensor (A) an der Gabel des Rades befestigen.
Auf gleicher Höhe wird an einer Speiche ein kleiner Magnet, der Impulsgeber angebracht.
Der Sensor zählt, wie viele Umdrehungen das Rad bei einer bestimmten gefahrenen Strecke gemacht hat.

- Welche Größe müssen Linus und Zoe noch in den Fahrradcomputer eingeben, damit dieser die gefahrene Strecke berechnen und anzeigen kann?

- Warum müssen bei unterschiedlichen Reifengrößen verschiedene Werte eingegeben werden?

Umfang eines Kreises

1 Schülerinnen und Schüler der Klasse 9 a wollen den Zusammenhang zwischen Durchmesser und Umfang verschieden großer Fahrradreifen untersuchen.

a) Beschreibe, wie in den Abbildungen der Außendurchmesser und der Reifenumfang bestimmt werden.

b) Die Ergebnisse werden in einer Tabelle festgehalten. Ergänze die Tabelle in deinem Heft.

	I	II	III	IV
Außendurchmesser d (cm)	46	51	61	66
Radumfang u (cm)	145	160	192	207
$\frac{\text{Radumfang u}}{\text{Außendurchmesser d}}$	3,15	■	■	■

Leo hat für Reifen I berechnet, dass der Umfang u ungefähr dreimal so groß ist wie der Durchmesser d. Berechne den Quotienten $\frac{u}{d}$ für die anderen Reifen. Was stellst du fest?

2 Die Schülerinnen und Schüler führen Messungen an Gegenständen mit Kreisflächen durch.

a) Beschreibe, welche Messungen sie an den Gegenständen vornehmen.

b) Die Ergebnisse der Messungen notieren sie in einer Tabelle. Vervollständige die Tabelle in deinem Heft. Runde $\frac{u}{d}$ auf eine Stelle nach dem Komma.

Gegenstand	Durchmesser d (cm)	Umfang u (cm)	$\frac{u}{d}$
Münze	2,5	7,9	$\frac{7,9}{2,5} \approx 3,2$
Glas	6,0	18,8	$\frac{18,8}{6,0} \approx 3,1$
Dose	7,5	23,7	■
Teller	10,0	31,6	■
Schale	18	56,4	■
DVD	12,0	37,6	■
Papierkorb	32,0	100,0	■
Topf	21,5	67,5	■

c) Bevely sagt: „Zum doppelten Durchmesser gehört der doppelte Umfang.“ Jason stellt fest: „Zum dreifachen Durchmesser gehört der dreifache Umfang.“ Überprüfe anhand der Tabelle, ob die Aussagen stimmen.

d) Begründe, warum u und d zueinander proportional sind.

Umfang eines Kreises

Die Kreiszahl π

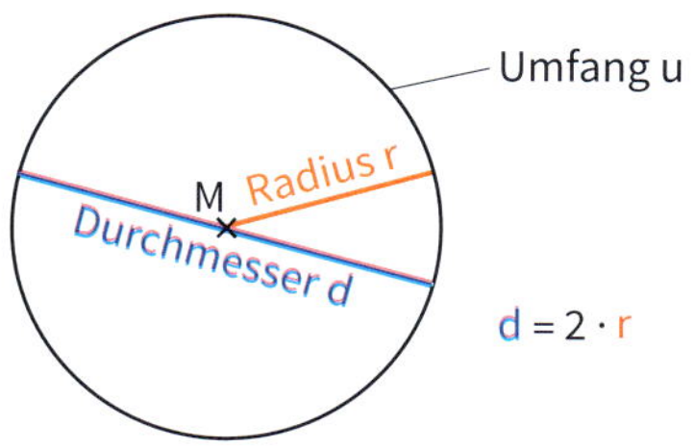

Umfang und Durchmesser eines Kreises sind zueinander proportional. Der Proportionalitätsfaktor $\frac{u}{d}$ wird mit dem griechischen Buchstaben **π** (*lies:* pi) bezeichnet. π wird Kreiszahl genannt.

$\frac{u}{d} = \pi$ $\pi \approx 3{,}14$

Umfang eines Kreises
Der Umfang eines Kreises ist ungefähr dreimal so groß wie der Durchmesser eines Kreises.

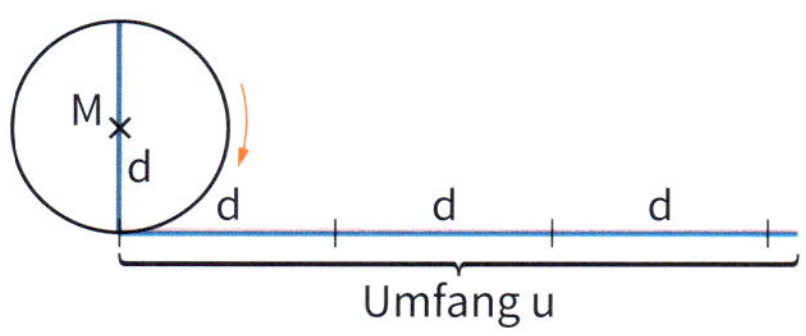

$u = \pi \cdot d$
$u = \pi \cdot 2 \cdot r$
$u = 2 \cdot \pi \cdot r$

3 Die Kreiszahl π lässt sich nicht als endliche oder als periodische Dezimalzahl schreiben, π ist eine irrationale Zahl.
π = 3,141592653589793238462643…
a) Wie viele Nachkommastellen liefert dein Taschenrechner, wenn du die π-Taste drückst?

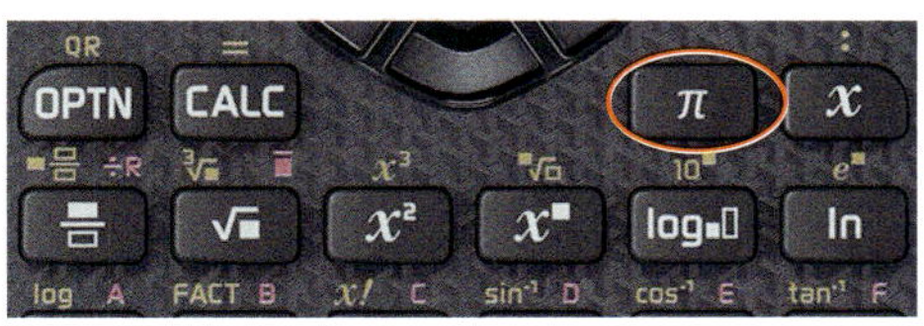

b) Vergleiche den Wert in der Anzeige des Taschenrechners mit dem oben angegebenen Wert. Was stellst du fest?

4 Im Beispiel siehst du, wie du mithilfe der π-Taste deines Taschenrechners den Umfang eines Kreises berechnen kannst.

Gegeben: r = 13,0 cm
Gesucht: u

$u = 2 \cdot \pi \cdot r$
$u = 2 \cdot \pi \cdot 13{,}0$

2×π×13,0
81,68140899

$u \approx 81{,}7$

Der Umfang beträgt ungefähr 81,7 cm.

Du kannst bei deinem Taschenrechner zwischen unterschiedlichen Ausgabeformen wechseln.

Berechne den Umfang des Kreises. Runde dein Ergebnis auf eine Stelle nach dem Komma.

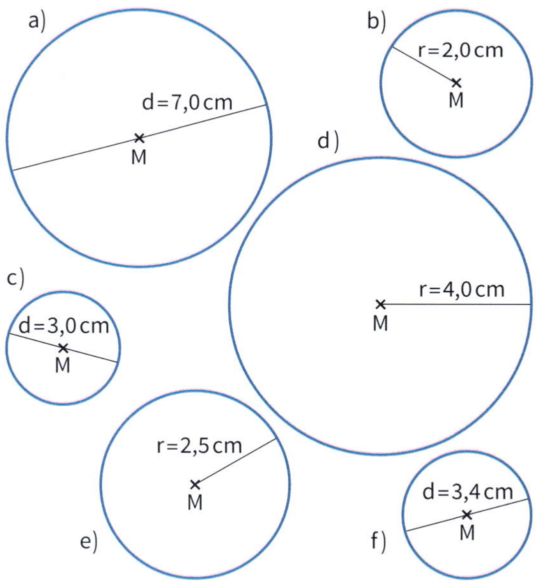

5 Berechne den Umfang des Kreises. Runde dein Ergebnis auf zwei Stellen nach dem Komma.

	a)	b)	c)	d)
d	64 m	▢	7,5 dm	▢
r	▢	4,8 m	▢	0,08 m

	e)	f)	g)	h)
d	2,8 m	▢	3,5 km	▢
r	▢	0,65 m	▢	32 mm

DGS
WES-117455-008

Flächeninhalt eines Kreises

1 a) Bestimme bei den Abbildungen 1 und 2 jeweils den Flächeninhalt A der gefärbten Fläche. Zeige dann mithilfe von Abbildung 3, dass für den Flächeninhalt A des Kreises gilt: $A \approx 3\,r^2$.

1 2 3

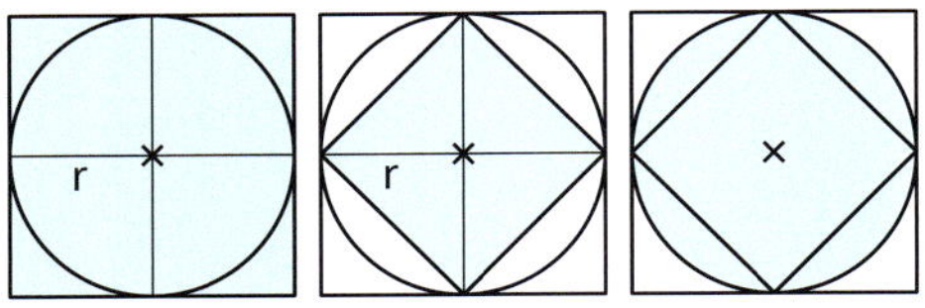

b) Schätze den Flächeninhalt der Kreise mit der Faustformel: $A \approx 3\,r^2$.

I II

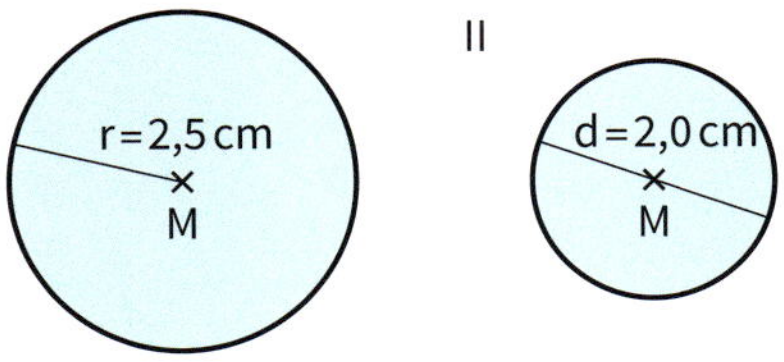

2 Marie möchte den Flächeninhalt A eines Kreises mit dem Radius r = 5 cm schätzen.

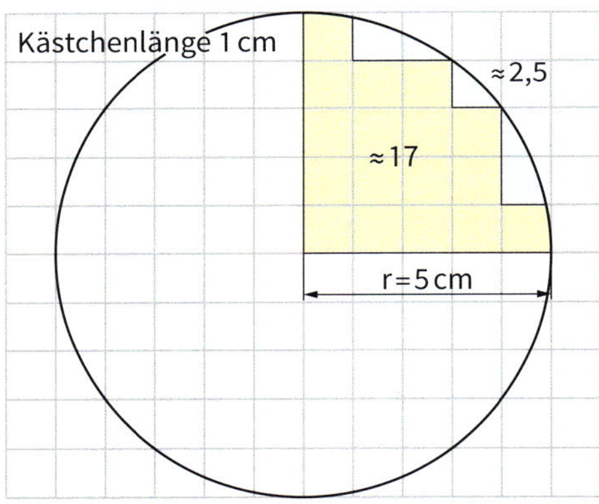

Sie stellt fest, dass in den farbig markierten Viertelkreis ungefähr 19,5 Einheitsquadrate passen. Für den Flächeninhalt des ganzen Kreises berechnet sie:

$A \approx 19{,}5 \cdot 4$

$\mathbf{A \approx 78\,cm^2}$

a) Die Formel für den Flächeninhalt eines Kreises lautet: $\mathbf{A = \pi \cdot r^2}$. Überprüfe Maries Schätzung mithilfe der Formel und vergleiche die Werte.

b) Wähle einen Kreis mit dem Radius r = 4 cm und verfahre wie Marie. Notiere den Flächeninhalt, den du durch Auszählen bestimmt hast und vergleiche ihn mit dem Wert, den du mit der Formel $\mathbf{A = \pi \cdot r^2}$ berechnen kannst.

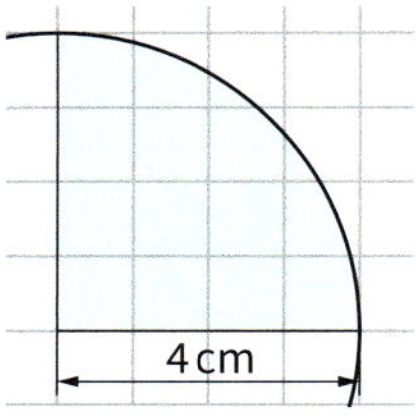

3 In der Abbildung wird ein Kreis in gleich große Teile zerlegt. Ein Teil wird zusätzlich halbiert. Mit den einzelnen Teilen wird wie abgebildet eine Figur gelegt.

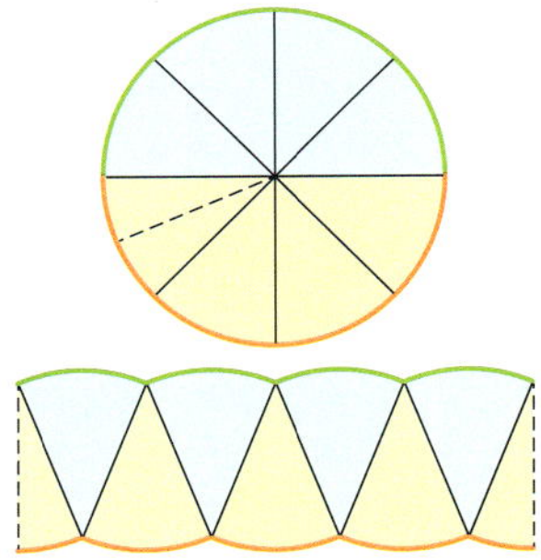

Je mehr Kreisteile gebildet werden, umso genauer nähert sich die Figur einem Rechteck an.

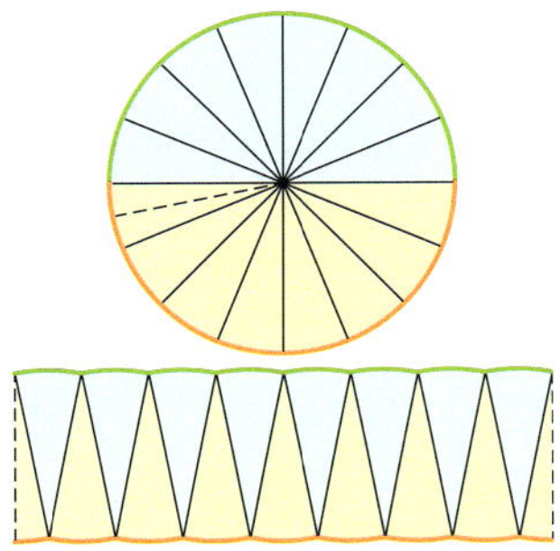

Erläutere, wie im Folgenden die Formel $\mathbf{A = \pi \cdot r^2}$ für die Berechnung der Kreisfläche entwickelt wird.

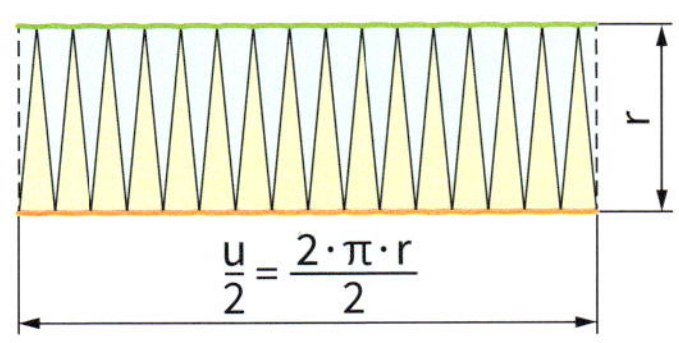

$$A = \frac{u}{2} \cdot r = \frac{2 \cdot \pi \cdot r}{2} \cdot r = \pi \cdot r \cdot r$$

$$A = \pi \cdot r^2$$

Flächeninhalt eines Kreises

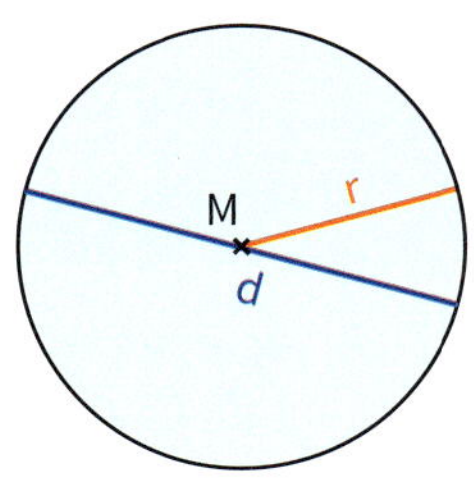

$\mathbf{A = \pi \cdot r^2}$

Flächeninhalt eines Kreises

4 Pia und Lukas haben jeweils den Flächeninhalt eines Kreises mit dem Durchmesser d = 25 cm berechnet.

Pia
1. $r = \frac{d}{2}$

$r = \frac{25}{2} = 12{,}5$

2. $A = \pi \cdot r^2$

$A = \pi \cdot 12{,}5^2$

$A \approx 491$

Flächeninhalt des Kreises: $A \approx 491\ cm^2$

Lukas

$A = \pi \cdot \left(\frac{d}{2}\right)^2$

$A = \pi \cdot \left(\frac{25}{2}\right)^2 \approx 491$

Flächeninhalt des Kreises: $A \approx 491\ cm^2$

Vergleiche ihre Lösungswege miteinander.

5 In dem folgenden Beispiel wird mithilfe eines Taschenrechners der Flächeninhalt des Kreises mit r = 1,65 m berechnet.

Gegeben: r = 1,65 m
Gesucht: A

$A = \pi \cdot r^2$

$A = \pi \cdot 1{,}65^2$

$A \approx 8{,}55$

Der Flächeninhalt beträgt ungefähr $8{,}55\ m^2$.

Bestimme den Flächeninhalt des Kreises. Runde sinnvoll.

a) r = 38 cm
b) r = 6,40 m
c) r = 0,85 dm
d) d = 24 m
e) d = 1,50 m
f) d = 0,56 m
g) r = 0,01 km
h) d = 254 mm
i) r = 0,56 m
k) r = 1,2 km

6 Auf einem Grundstück soll eine kreisförmige Fläche (d = 5 m) mit farbigen Steinen gepflastert werden.
Für einen Quadratmeter werden 50 Steine benötigt.
Wie viele Steine werden für diese Fläche mindestens benötigt?

7 Die kreisförmige Fläche (d = 28 m) des Verkehrskreisels soll mit Rasen eingesät werden.

Auf einem Quadratmeter müssen dafür 24 g Saatgut verteilt werden.

8 Der abgebildete quadratische Platz soll gepflastert werden. In der Mitte des Platzes wird ein kreisförmiges Blumenbeet angelegt.

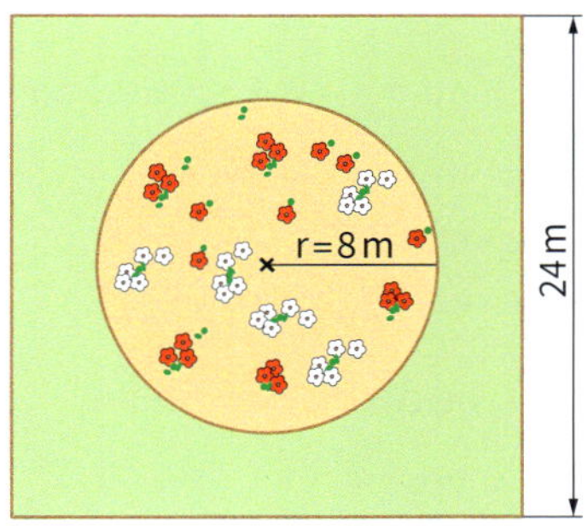

Für die Pflasterarbeiten wird mit 33 € pro Quadratmeter gerechnet.

9 Im Stadtpark wird innerhalb einer rechteckigen Fläche (Länge: 54 m, Breite: 28 m) ein kreisförmiges Blumenbeet (d = 7,50 m) angelegt.
Eine Pflanze benötigt $0{,}15\ m^2$ Fläche. Die restliche Fläche des Rechtecks wird mit Gras eingesät.

Flächeninhalt und Umfang zusammengesetzter Figuren

1 Du berechnest den Flächeninhalt A einer zusammengesetzten Figur, indem du die Flächeninhalte der Teilflächen addierst oder subtrahierst.
Den Umfang u einer zusammengesetzten Figur berechnest du, indem du die Längen der Begrenzungslinien addierst.

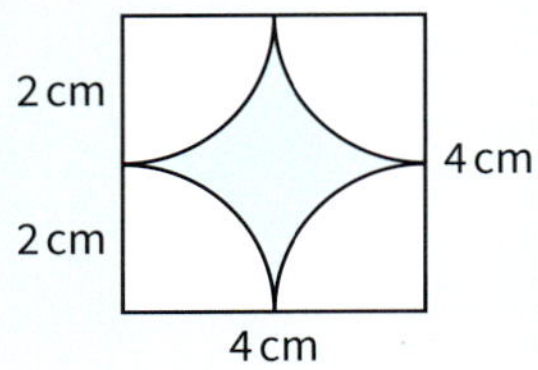

Flächeninhalt des Quadrats:

$A_{Quadrat} = a^2 = 4^2 = 16$

Flächeninhalt eines Viertelkreises:

$A_{Viertelkreis} = \frac{1}{4} \cdot \pi \cdot r^2 = \frac{1}{4} \cdot \pi \cdot 2^2$

$A_{Viertelkreis} \approx 3{,}14$

Flächeninhalt der blauen Fläche:

$A_{blaue\ Fläche} = A_{Quadrat} - 4 \cdot A_{Viertelkreis}$

$A_{blaue\ Fläche} \approx 16 - 12{,}56$

$A_{blaue\ Fläche} \approx 3{,}44$

Umfang der blauen Fläche:

$u_{Viertelkreis} = \frac{1}{4} \cdot 2 \cdot \pi \cdot r = \frac{1}{4} \cdot 2 \cdot \pi \cdot 2$

$u_{Viertelkreis} \approx 3{,}14$

$u_{blaue\ Fläche} = 4 \cdot u_{Viertelkreis} \approx 4 \cdot 3{,}14$

$u_{blaue\ Fläche} \approx 12{,}56$

Die blaue Fläche hat einen Flächeninhalt von 3,44 cm² und einen Umfang von 12,56 cm.

Erläutere das Beispiel.

2 Berechne den Flächeninhalt und den Umfang der gefärbten Fläche.

a)

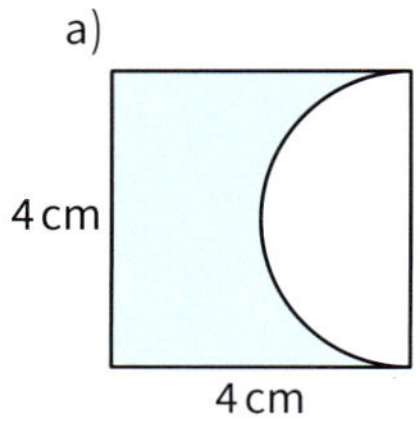

b)

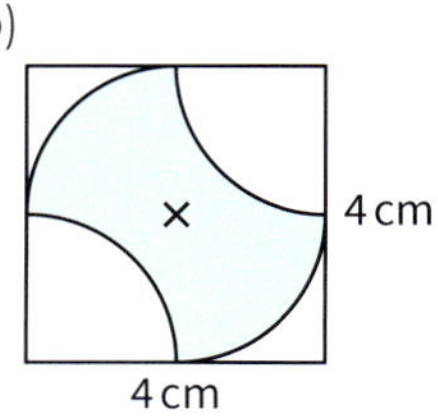

3 Berechne den Flächeninhalt und den Umfang der Figur.

a)

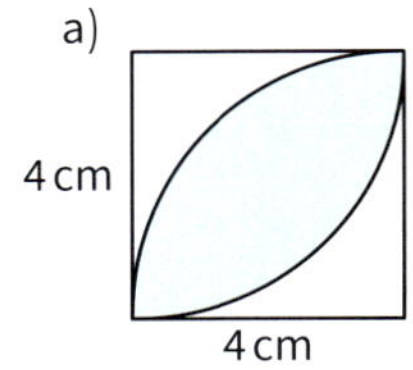

b)

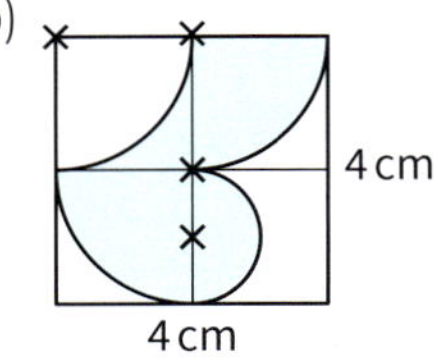

c)

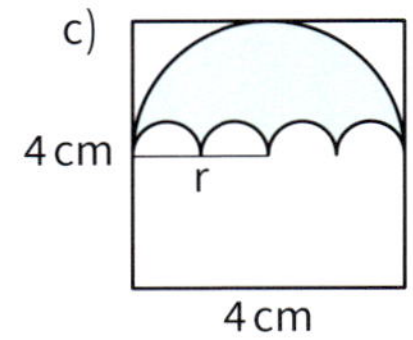

d)

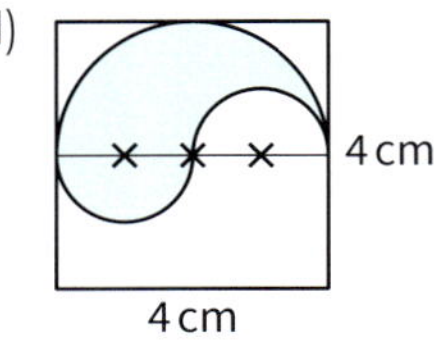

Lösungen zu Aufgabe 3:
12,56 4,72 6,28 8,71 9,14 12,56
14,56 12,56

4 Diana und Erdin berechnen den Flächeninhalt der links abgebildeten Figur.

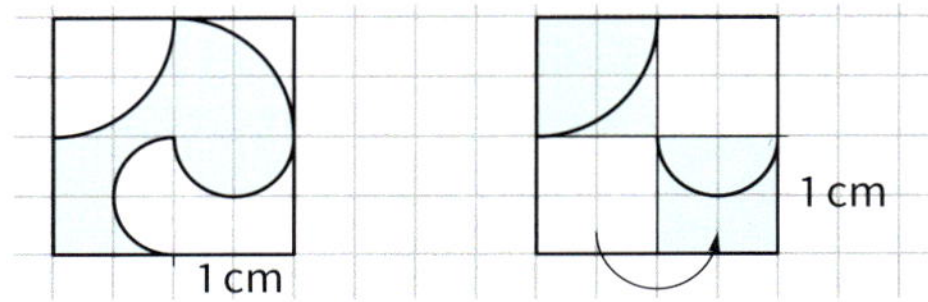

Diana verschiebt die Kreisteile und bildet so zwei Quadrate.

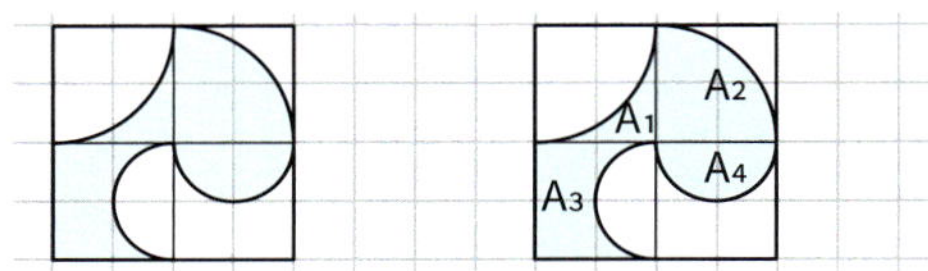

Erdin teilt die Figur in Kreisteile. Er berechnet die Flächeninhalte der Teilfiguren und addiert sie anschließend.

a) Berechne den Flächeninhalt der zusammengesetzten Figur einmal so wie Diana und einmal so wie Erdin und vergleiche deine Ergebnisse.

b) Diskutiere mit einem Partner, welcher Lösungsweg einfacher ist.

5 In das abgebildete Quadrat mit der Seitenlänge 4 cm sind zwei Halbkreise und eine Diagonale eingezeichnet. Berechne den Inhalt der gefärbten Fläche.

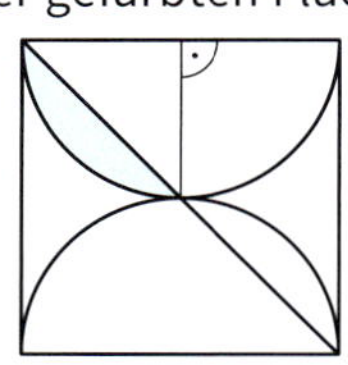

Flächeninhalt und Umfang zusammengesetzter Figuren

6 Berechne den Flächeninhalt der gefärbten Fläche.

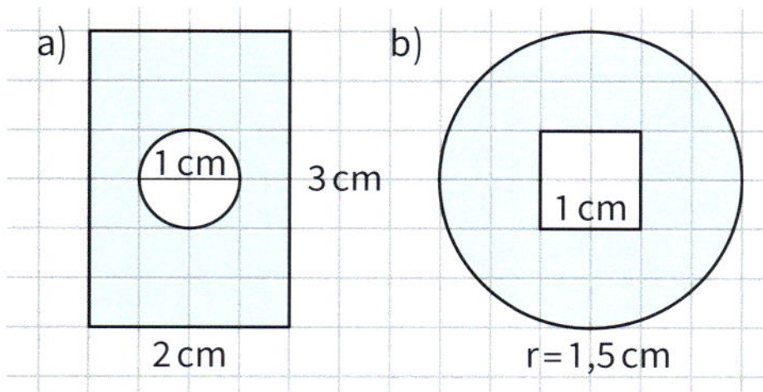

7 Wie verändert sich der Flächeninhalt des Kettenanhängers je nach Lage des Loches? Vermute und besprich deine Ideen mit einem Partner.

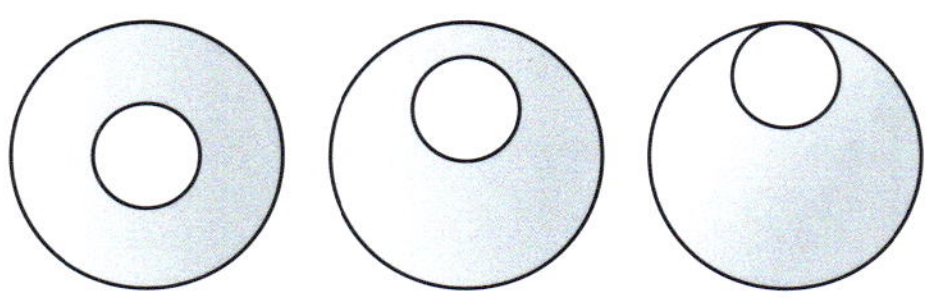

8 Berechne den Flächeninhalt des farbigen Kreisrings. Erläutere deinen Lösungsweg.

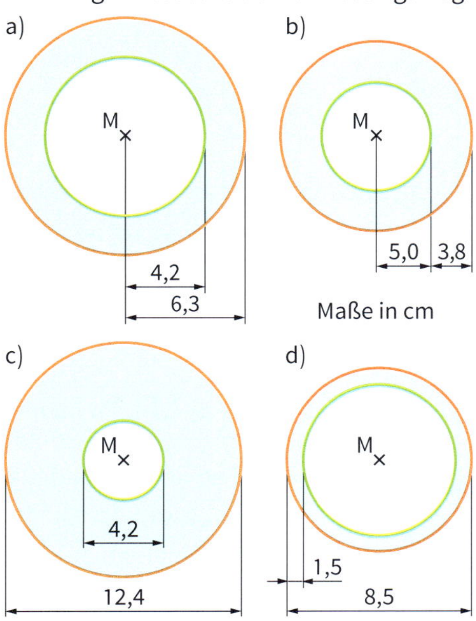

Flächeninhalt eines Kreisrings

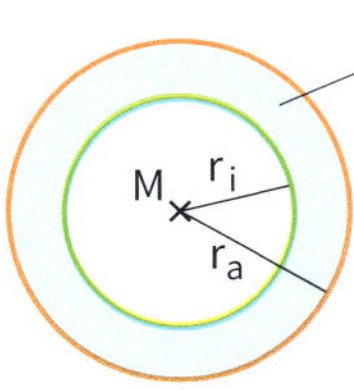

$$A = \pi \cdot r_a^2 - \pi \cdot r_i^2$$

9 Berechne den Flächeninhalt eines Kreisrings. Runde sinnvoll.

Gegeben: $r_a = 7{,}24\,m$, $r_i = 5{,}68\,m$
Gesucht: A

$A = \pi \cdot r_a^2 - \pi \cdot r_i^2$
$A = \pi \cdot 7{,}24^2 - \pi \cdot 5{,}68^2$

$\pi \times 7{,}24^2 - \pi \times 5{,}68^2$
63,31942825

$A \approx 63{,}3$

Der Flächeninhalt beträgt ungefähr $63{,}3\,m^2$.

	r_a	r_i	d_a	d_i
a)	3,6 cm	2,3 cm	■	■
b)	■	■	5,4 cm	3,6 cm
c)	0,87 m	0,78 m	■	■
d)	■	3,9 m	10,8 m	■
e)	375 cm	■	■	610 cm

10 Aus einem quadratischen Blechstück ($a = 8{,}0\,cm$) soll ein möglichst großer 1,5 cm breiter Kreisring ausgeschnitten werden.
Wie viel Quadratzentimeter Blech bleiben als Verschnitt übrig?

11 Um eine Buche mit 1,20 m Durchmesser soll eine 40 cm breite Sitzbank aus Holz gebaut werden.

a) Berechne den Flächeninhalt der Sitzfläche.
b) Wie viel Quadratmeter Holz werden für die Herstellung benötigt? Für Verschnitt werden 30 % hinzugerechnet.

12 Der äußere Umfang eines Kreisrings beträgt 12,60 m, der innere Umfang 9,50 m. Berechne den Flächeninhalt des Kreisrings.

Kreissektor und Kreisbogen

1 Die Schülerinnen und Schüler der Klasse 9 d wollen für ein Schulfest Glücksräder bauen.

a) Wie groß ist der Winkel, der zu jedem Feld des abgebildeten Glücksrades gehört?
b) Welcher Winkel muss gewählt werden, um Glücksräder mit 10 (12, 15) Feldern anzufertigen?

2 In dem abgebildeten Kreis sind ein Kreissektor und der zugehörige Kreisbogen farbig gekennzeichnet.

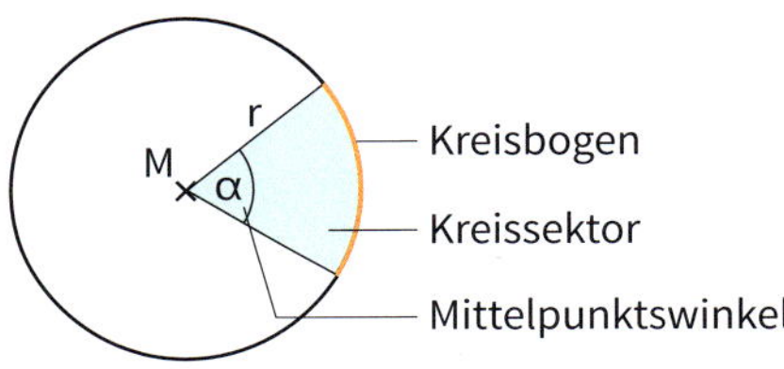

Ein Kreissektor wird häufig auch als Kreisausschnitt bezeichnet.

Wovon hängen die Größe des Kreissektors und die Länge des Kreisbogens ab?

3 a) Bestimme in den abgebildeten Kreisen jeweils die Größe des Mittelpunktswinkels α, den Flächeninhalt A_α des Kreissektors und die Länge b_α des Kreisbogens. Erläutere deinen Lösungsweg.

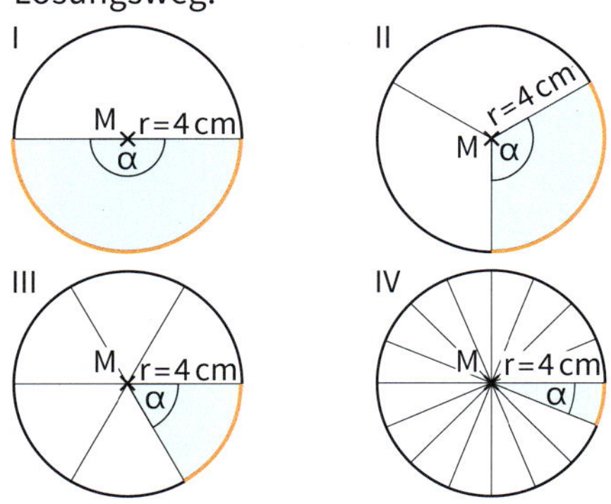

b) Wie verändert sich der Flächeninhalt A_α eines Kreissektors (die Länge b_α eines Kreisbogens), wenn du die Größe von α verdoppelst (verdreifachst, halbierst)?

4 In einem Kreis mit dem festen Radius r sind die Zuordnungen
α → Flächeninhalt A_α und
α → Bogenlänge b_α jeweils proportional.

α in Grad	A_α	α in Grad	b_α
360	$\pi \cdot r^2$	360	$2 \cdot \pi \cdot r$
1	$\frac{\pi \cdot r^2}{360}$	1	$\frac{2 \cdot \pi \cdot r}{360}$
α	$\frac{\pi \cdot r^2}{360} \cdot \alpha$	α	$\frac{2 \cdot \pi \cdot r}{360} \cdot \alpha$

Begründe anhand der entsprechenden Zuordnungstabelle die Formel für den Flächeninhalt des Kreissektors

$$A_\alpha = \frac{\pi \cdot r^2}{360°} \cdot \alpha$$

und die Formel für die Länge des Kreisbogens

$$b_\alpha = \frac{2 \cdot \pi \cdot r}{360°} \cdot \alpha.$$

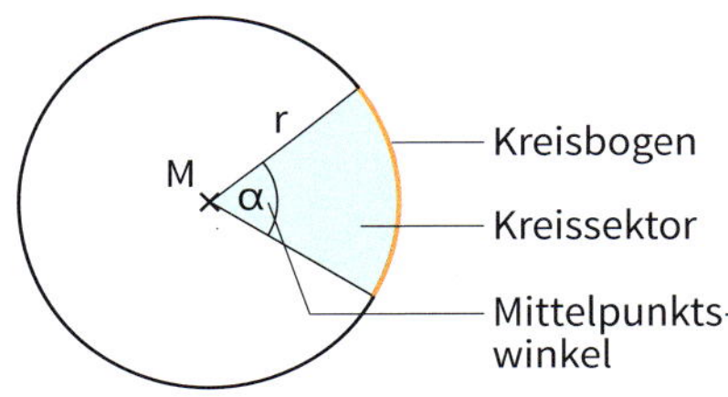

Flächeninhalt eines Kreissektors

$$A_\alpha = \frac{\pi \cdot r^2}{360°} \cdot \alpha \qquad A_\alpha = \pi \cdot r^2 \cdot \frac{\alpha}{360°}$$

Länge eines Kreisbogens

$$b_\alpha = \frac{2 \cdot \pi \cdot r}{360°} \cdot \alpha \qquad b_\alpha = 2 \cdot \pi \cdot r \cdot \frac{\alpha}{360°}$$

$$b_\alpha = \frac{\pi \cdot r}{180°} \cdot \alpha \qquad b_\alpha = \pi \cdot r \cdot \frac{\alpha}{180°}$$

5 Berechne den Flächeninhalt des Kreissektors und die Länge des Kreisbogens.

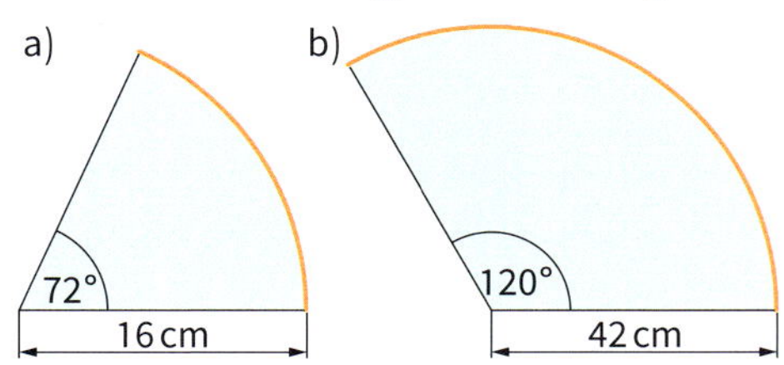

6 Ein Baukran besitzt einen 14 m langen Tragarm. Der Kran schwenkt um 55°. Berechne die Länge der Strecke, die die Spitze des Tragarms dabei zurücklegt.

Arbeiten mit dem Computer: Die Kreiszahl π

1 Ulyana möchte die Kreiszahl π mithilfe ihres Geometrieprogrammes möglichst genau bestimmen.
Dazu hat sie zunächst ein regelmäßiges Sechseck in einen Kreis ($r = 10\,cm$) einbeschrieben.
Dafür hat sie die Werkzeuge „Winkel mit fester Größe“ und „Regelmäßiges Vieleck“ benutzt.

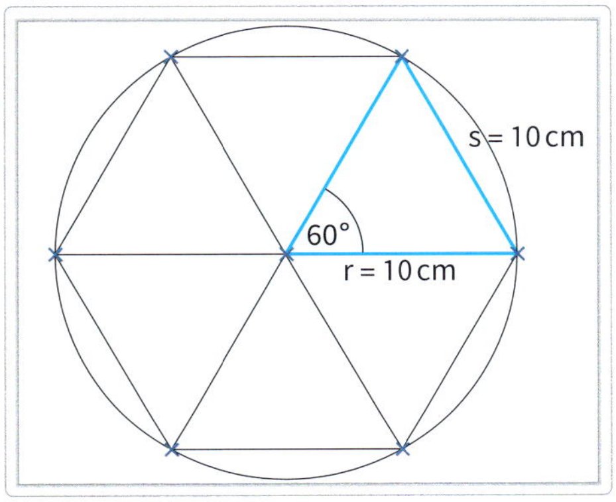

Ulyana hat den Umfang des Sechsecks berechnet. Dann hat sie das Verhältnis vom Umfang des Sechsecks zum Durchmesser des Kreises $\left(\frac{u}{d}\right)$ bestimmt.
So erhält sie einen ersten Näherungswert für π.

$$\frac{u}{d} = \frac{60}{20} \qquad \frac{u}{d} = 3$$

Um einen genaueren Näherungswert für π zu bestimmen, hat sie ein regelmäßiges Zwölfeck in den Kreis einbeschrieben und die Länge von s ($s \approx 5{,}1764\,cm$) mit dem Werkzeug gemessen.

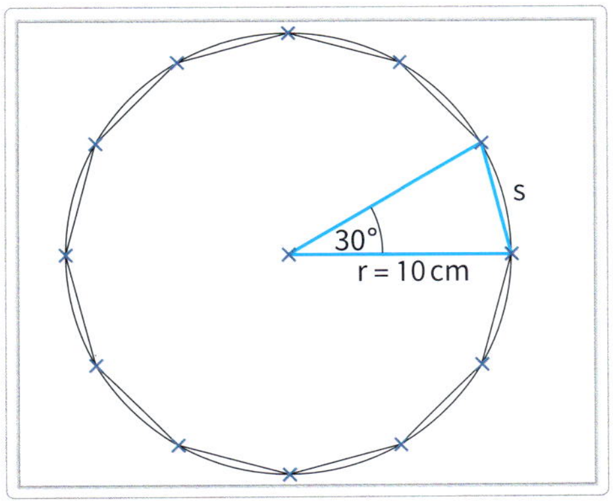

a) Verfahre wie Ulyana. Setze „Runden“ bei den Einstellungen auf „4 Dezimalstellen“.
b) Berechne den Umfang des Zwölfecks und das Verhältnis $\frac{u}{d}$.

2 Berechne einen Näherungswert für π, indem du das Verhältnis $\frac{u}{d}$ bei einem 24-Eck berechnest.

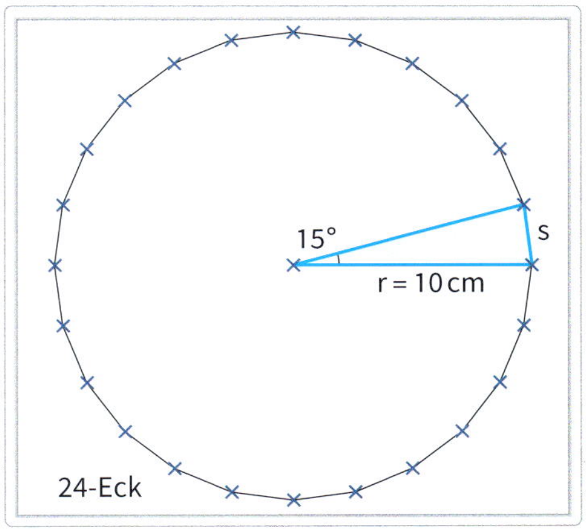

Vergleiche mit den Werten vom Sechseck und Zwölfeck.

3 Um einen noch genaueren Näherungswert für π zu bestimmen, musst du Vielecke konstruieren, die einem Kreis immer ähnlicher werden.
Bei einem 72-Eck kannst du nur einen Ausschnitt betrachten.

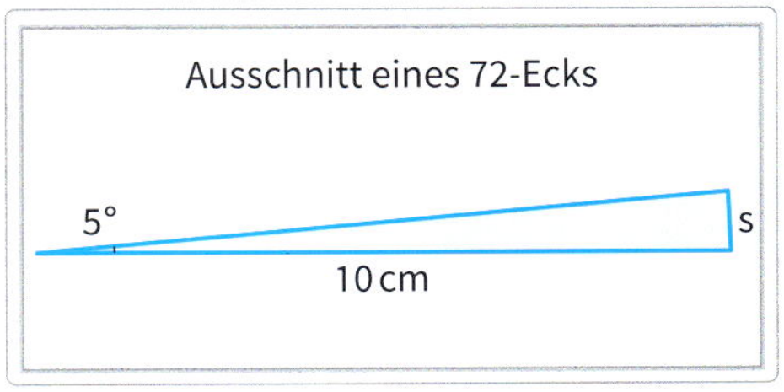

a) Berechne einen Näherungswert für π mithilfe eines 72-Ecks.
b) Berechne einen Näherungswert für π mithilfe eines 360-Ecks.
Vergleiche mit dem genauen Wert für π.
c) Berechne einen Näherungswert für π mithilfe eines 3 600-Ecks.
Setze „Runden“ bei den Einstellungen auf „10 Dezimalstellen“.
Vergleiche mit dem genauen Wert für π.

WISSEN KOMPAKT

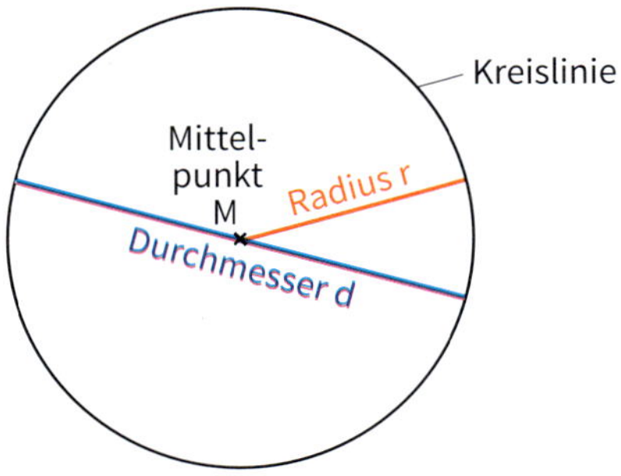

Eine Strecke vom Mittelpunkt M zu einem Punkt der Kreislinie heißt **Radius r**.

Der **Durchmesser d** verläuft durch den Mittelpunkt des Kreises.
Der Durchmesser d ist doppelt so lang wie der Radius r.

$$\mathbf{d = 2 \cdot r}$$

Kreiszahl π

Das Verhältnis des Umfangs u eines Kreises zu seinem Durchmesser d ist bei allen Kreisen gleich.
Der Quotient u : d heißt Kreiszahl und wird mit dem griechischen Buchstaben π (*lies:* pi) bezeichnet.

$$\pi = \frac{u}{d}$$

Die Kreiszahl π lässt sich nicht als endliche oder periodische Dezimalzahl darstellen, π ist eine irrationale Zahl:

$$\pi = 3{,}14159265358979323846264338327950288419716939937\ldots$$

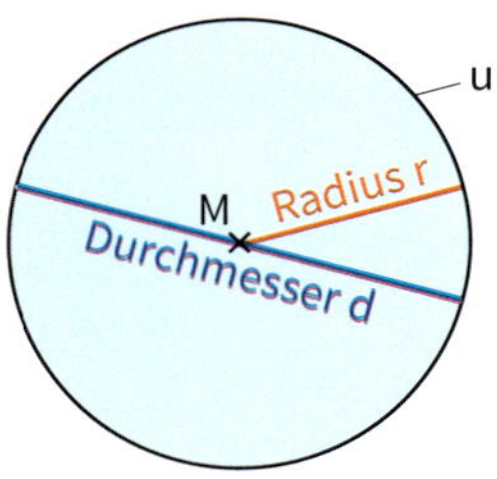

Umfang eines Kreises

$$u = \pi \cdot d$$

$$u = 2 \cdot \pi \cdot r$$

Flächeninhalt eines Kreises

$$A = \pi \cdot r^2$$

$$A = \pi \cdot \left(\frac{d}{2}\right)^2$$

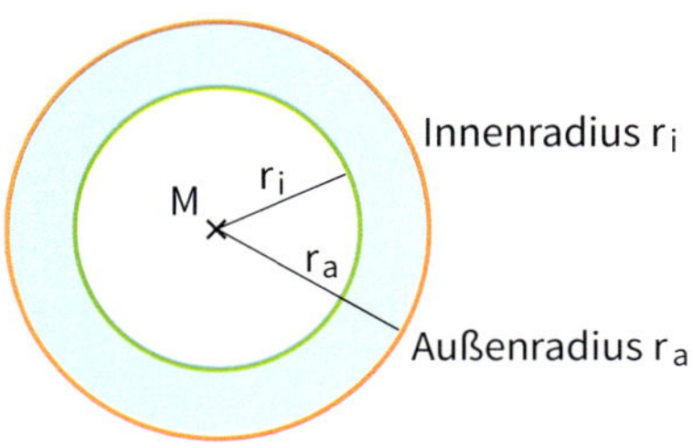

Flächeninhalt eines Kreisrings

$$A = \pi \cdot r_a^2 - \pi \cdot r_i^2$$

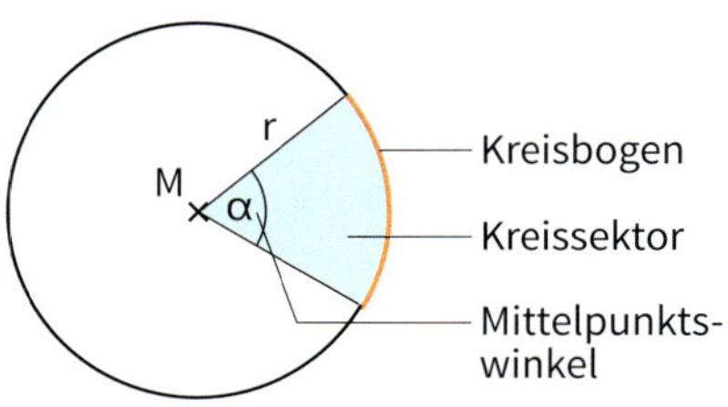

Flächeninhalt eines Kreissektors

$$A_\alpha = \frac{\pi \cdot r^2}{360°} \cdot \alpha \qquad A_\alpha = \pi \cdot r^2 \cdot \frac{\alpha}{360°}$$

Länge eines Kreisbogens

$$b_\alpha = \frac{\pi \cdot r}{180°} \cdot \alpha \qquad b_\alpha = \pi \cdot r \cdot \frac{\alpha}{180°}$$

ÜBEN

1 Berechne den Umfang und den Flächeninhalt des Kreises. Runde dein Ergebnis auf zwei Stellen nach dem Komma.

	a)	b)	c)	d)
d	68 m		8,6 dm	
r		5,2 cm		0,9 m

2 Ein kreisförmiges Blumenbeet mit d = 3,20 m wird mit 25 cm langen Randsteinen eingefasst.

3 Ein kreisförmiger Sitzplatz (d = 2,50 m) soll neu gepflastert werden.

Für einen Quadratmeter werden 39 Steine benötigt.

4 Das Rad einer historischen Dampflokomotive hat einen Durchmesser von 1,40 m.

Bestimme die Länge der Strecke, die das Rad bei einer Umdrehung zurücklegt.

5 a) Ergänze die Tabelle im Heft.

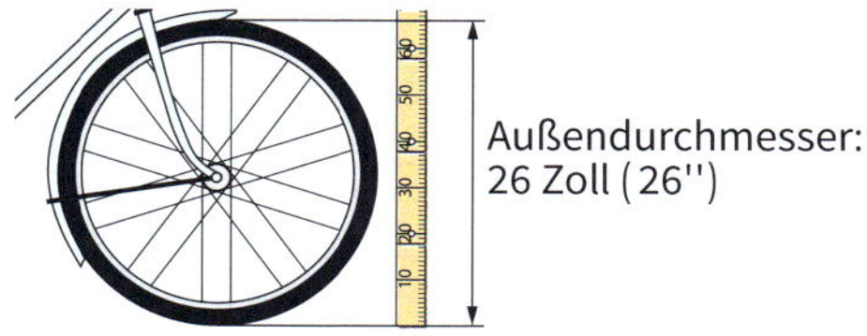

Die Zollbezeichnung (z. B. 26 x 2.0) gibt den ungefähren Außendurchmesser mit 26 Zoll und die Reifenbreite mit 2.0 Zoll an. (Zoll: altes Längenmaß, 1″ ≈ 2,54 cm)

Reifengröße (in Zoll)	24 x 1.75	26 x 1.9	28 x 1.5
Radumfang			

b) Emma findet auf einem Reifen die Größenangabe 28 x 1.75.
Bestimme die Länge der Strecke, die dieser Reifen bei 1 000 Umdrehungen zurücklegt.

6 Mit einem Messrad werden Entfernungen gemessen.

Der Durchmesser des abgebildeten Messrades beträgt 318,5 mm. Notiere für diesen Wert eine Erklärung.

7 Das Rotorblatt einer älteren Windkraftanlage ist 25 m lang.
Das Rotorblatt einer Anlage aus dem Jahr 2016 ist doppelt so lang.

Vergleiche die Inhalte der Kreisflächen, die jeweils von den Rotoren überstrichen werden (Windernteflächen), miteinander. Was stellst du fest?

ÜBEN

Die Aufgaben auf dieser Seite kannst du auch in Gruppenarbeit bearbeiten. Hinweise dazu findest du auf Seite 224 und 225.

8 In der Tabelle findest du für verschiedene Rohre den Innendurchmesser und die Wandstärke.

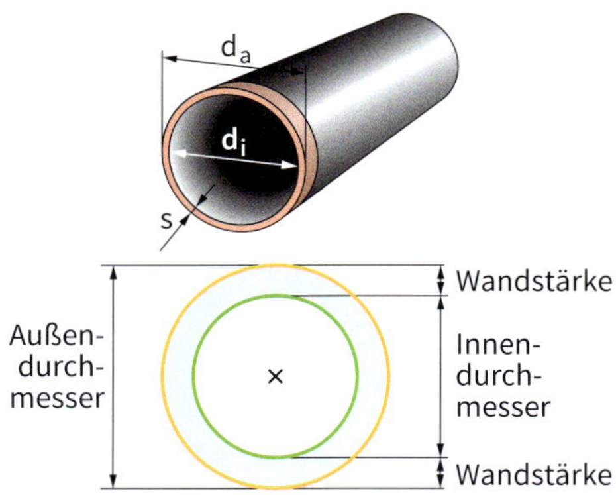

	a)	b)	c)
Innendurchmesser	100 mm	125 mm	200 mm
Wandstärke	7 mm	12 mm	8,4 mm

Berechne den äußeren Umfang des Rohres.

9 Berechne Umfang und Flächeninhalt der Figur. Runde dein Ergebnis auf zwei Stellen nach dem Komma.

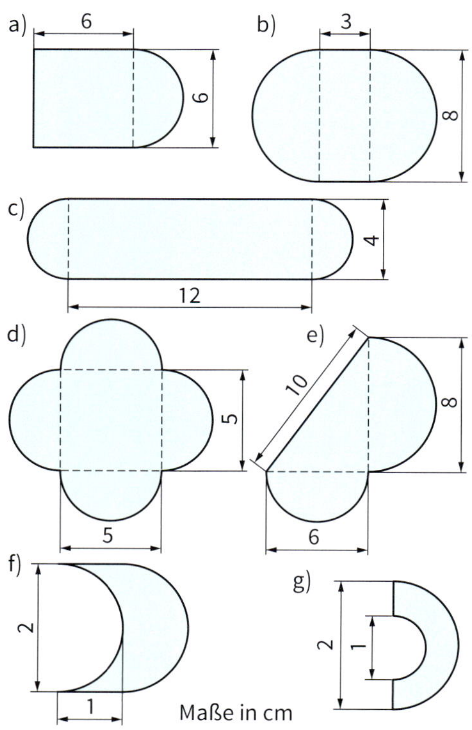

10 Die Bodenfläche des Schwimmbeckens soll mit Fliesen belegt werden.

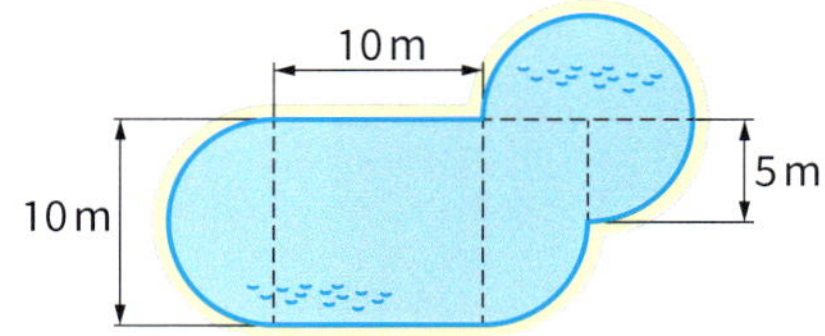

Wie viel Quadratmeter Bodenfläche müssen insgesamt gefliest werden? Schätze zunächst und berechne dann genau.

11 In dem Beispiel wird aus dem gegebenen Umfang eines Kreises sein Radius berechnet.

Gegeben: $u = 72{,}48\,\text{m}$
Gesucht: r

$$u = 2 \cdot \pi \cdot r$$
$$72{,}48 = 2 \cdot \pi \cdot r \qquad |:(2 \cdot \pi)$$
$$r = \frac{72{,}48}{2 \cdot \pi}$$

$r \approx 11{,}54$

Der Radius beträgt ungefähr 11,54 m.

Bestimme jeweils die fehlenden Größen des Kreises. Runde dein Ergebnis auf zwei Stellen nach dem Komma.

	a)	b)	c)	d)
r	■	■	0,6 m	■
d	■	■	■	■
u	96 m	4 000 m	■	670 m

12 In einer Höhe von 1,50 m über dem Erdboden umfassen acht Schülerinnen und Schüler den Stamm einer Eiche.

Schätze den Durchmesser in der angegebenen Höhe.

ÜBEN

13 Berechne die fehlenden Größen des Kreises. Runde sinnvoll.

	a)	b)	c)	d)
r	15 cm	■	■	■
d	■	46 cm	■	■
u	■	■	3,5 m	0,1 m
A	■	■	■	■

14 Bei einem 28-Zoll-Rad hat jeder Reifen einen Außendurchmesser von 28 Zoll. Das abgebildete 28-Zoll-Fahrrad wird mit einer Übersetzung von 2,00 gefahren.

1 Zoll (1″) ≈ 2,54 cm

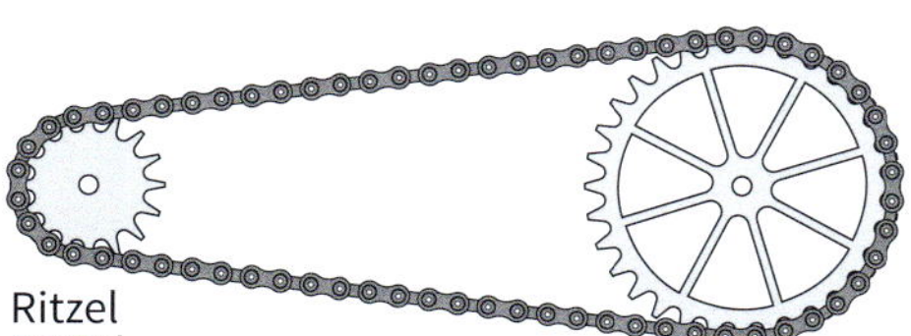

Ritzel
16 Zähne
(am Hinterrad)

Kettenblatt
32 Zähne
(an der Tretkurbel)

Übersetzung: $\frac{32}{16} = 2{,}00$

a) Wie viele Umdrehungen macht das Hinterrad, wenn das vordere Kettenblatt eine volle Umdrehung macht?
b) Welche Strecke legt das Rad bei 100 vollen Tretkurbelumdrehungen zurück?
c) Wie viele Tretkurbelumdrehungen muss man machen, um eine Strecke von einem Kilometer zurückzulegen?

15 Bei einer Offshore-Windkraftanlage legt die Spitze eines Rotorblattes bei einer Umdrehung eine Strecke von 691,16 m zurück.
a) Berechne die Länge des Rotorblattes.
b) Wie groß ist die sogenannte „Ernteflächen“?

16 Berechne anhand der Abbildung den Inhalt der Fläche, die vom 28 cm langen Wischerblatt eines Heckscheibenwischers erfasst wird.
Der Scheibenwischer schwenkt in einem Winkel von 150°.

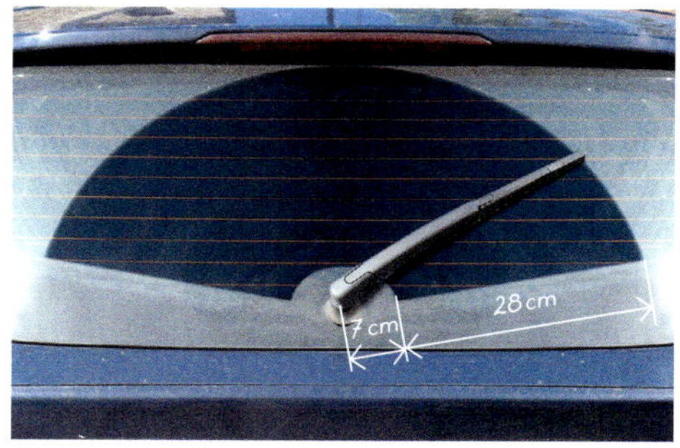

17 Bei Laufwettbewerben in der Leichtathletik wird die Länge einer Laufbahn mithilfe des Laufradius berechnet. Dieser ist 20 cm größer als der Bahnradius.
Eine Laufbahn ist 1,22 m breit.

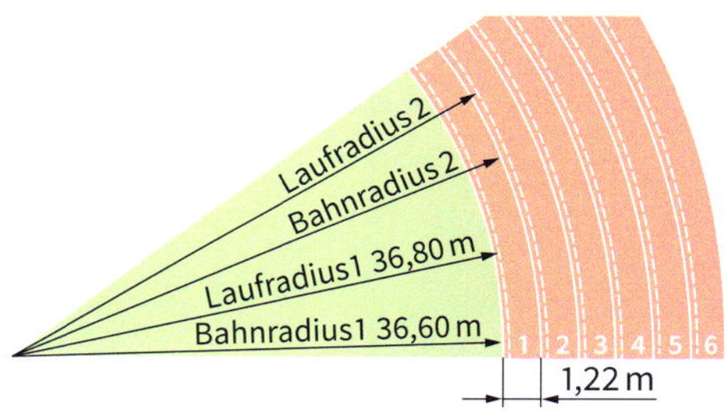

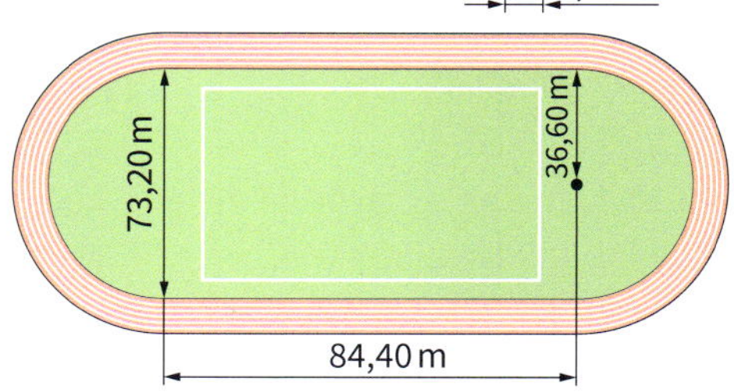

Welche Kurvenvorgaben müssen die Läuferinnen und Läufer bei einem 400-m-Lauf auf den Bahnen zwei bis vier erhalten?

VERTIEFEN: Die Kreiszahl π

Leonard Euler (1707 – 1783) verwendete erstmals den griechischen Buchstaben „pi“ (von perimetros, dt. Umfang).

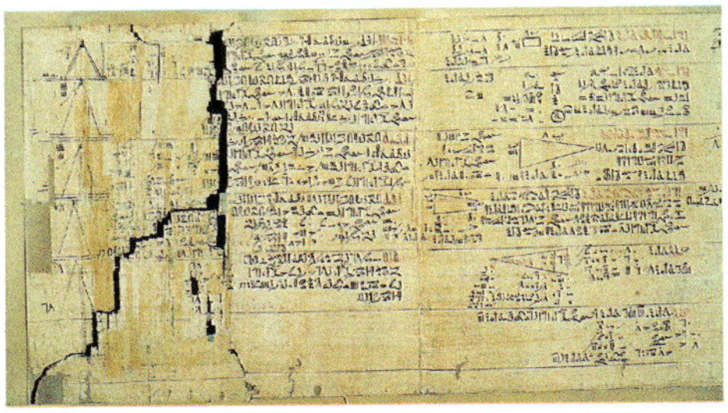

1 Das altägyptische Papyrus Rhind (17. Jahrhundert v. Chr.) gilt als das älteste bekannte Rechenbuch der Welt.
Beide Seiten des etwa 5,5 m langen und 32 cm breiten Papyrus sind mit über 80 Aufgaben und beispielhaften Lösungen beschrieben. In einer dieser Aufgaben wird für die Zahl π der Näherungswert $\left(\frac{16}{9}\right)^2 \approx 3{,}16$ ermittelt.

Der Grieche Archimedes stellte 250 v. Chr. systematische Berechnungen an, um einen genaueren Näherungswert für die Zahl π zu erhalten.

Archimedes von Syrakus Mathematiker

Der Umfang eines jeden Kreises ist dreimal so groß wie der Durchmesser und noch um etwas größer, nämlich um weniger als $\frac{1}{7}$, aber mehr als $\frac{10}{71}$ des Durchmessers.

Stimmt das? Überprüfe die Aussage von Archimedes.

Die Tabelle zeigt Näherungswerte, mit denen früher gerechnet wurde.

	Näherungswert für π
Babylonier (2000 v. Chr.)	$\frac{10}{3}$
Ägypter (1650 v. Chr.)	$\left(\frac{16}{9}\right)^2$
Archimedes (287 – 212 v. Chr.)	$\frac{22}{7}$
Ptolemäus (85 – 165)	$\frac{377}{120}$
Tsu Ch'ung Chi (430 – 510)	$\frac{355}{113}$

Wandle die Werte jeweils in eine Dezimalzahl um. Runde auf die vierte Nachkommastelle. Was stellst du fest?

Gottfried Wilhelm Leibniz 1646 – 1716

2 Der Philosoph und Mathematiker Gottfried Wilhelm Leibniz stellte die folgende Reihe auf, die sich beliebig weit fortsetzen lässt und sich dabei dem Wert von π immer besser annähert.

$$\frac{\pi}{4} = 1 - \frac{1}{3} + \frac{1}{5} - \frac{1}{7} + \frac{1}{9} - \frac{1}{11} + \dots$$

Versuche einen auf eine Nachkommastelle genauen Näherungswert für π zu berechnen. Benutze dazu deinen Taschenrechner.

3 In den Jahren 1943 bis 1946 wurde in Pennsylvania in den USA der Rechner ENIAC gebaut.
Er berechnete im Jahr 1949 für die Zahl π über 2 000 Stellen.

	Anzahl der bekannten Nachkommastellen von π
1949	107 374 000
1989	51 539 600 000
1999	206 158 430 000
2013	12 411 000 000 000

Wie viele Nachkommastellen der Zahl π sind heute bekannt? Die Antwort findest du im Internet.

AUSGANGSTEST

1 Berechne Umfang und Flächeninhalt des Kreises. Runde dein Ergebnis auf zwei Nachkommastellen.
a) r = 5,4 cm b) r = 7,5 m c) d = 18 m

2 Berechne Umfang und Flächeninhalt der Figur. Runde dein Ergebnis auf zwei Nachkommastellen.

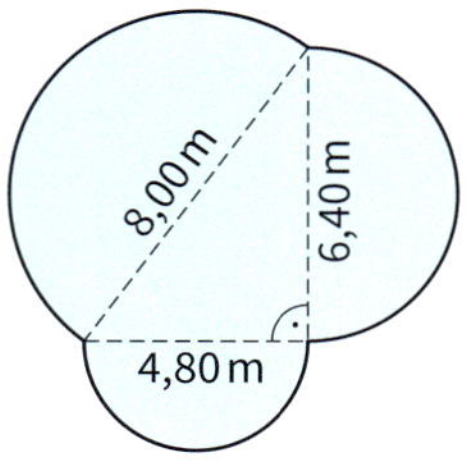

3 Aus der rechteckigen Blechplatte sollen wie abgebildet zwei gleich große Kreisflächen geschnitten werden.

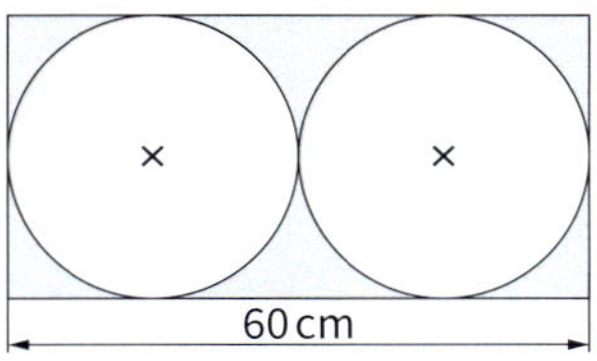

Wie viel Quadratzentimeter Blech bleiben als Verschnitt übrig?

4 Berechne die Bogenlänge b_α und den Flächeninhalt A_α des gefärbten Kreissektors.

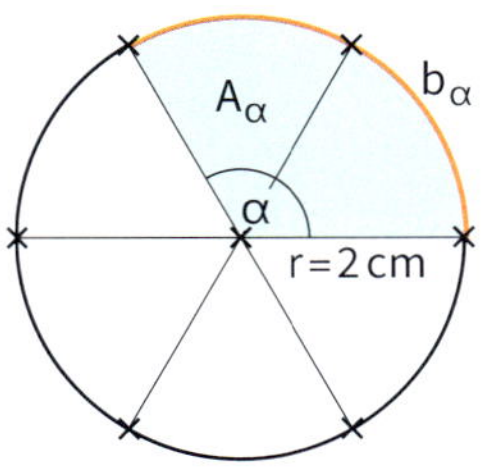

5 Aus dem quadratischen Blechstück soll wie abgebildet ein möglichst großer 2 cm breiter Kreisring geschnitten werden.

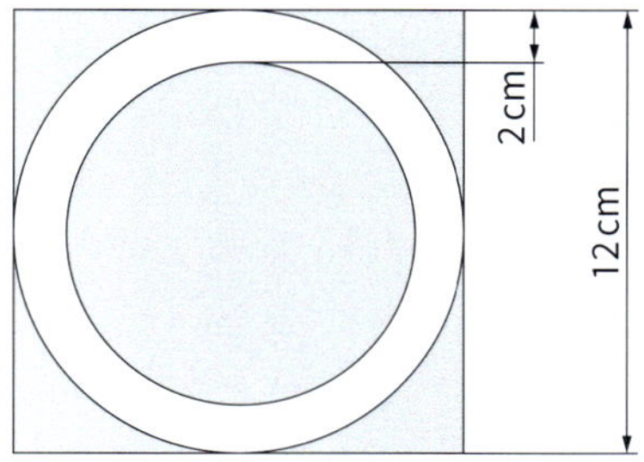

Berechne den Inhalt der Restfläche.

6 In einem Park soll wie abgebildet eine kreisförmige Rasenfläche um ein Wasserbecken angelegt werden.

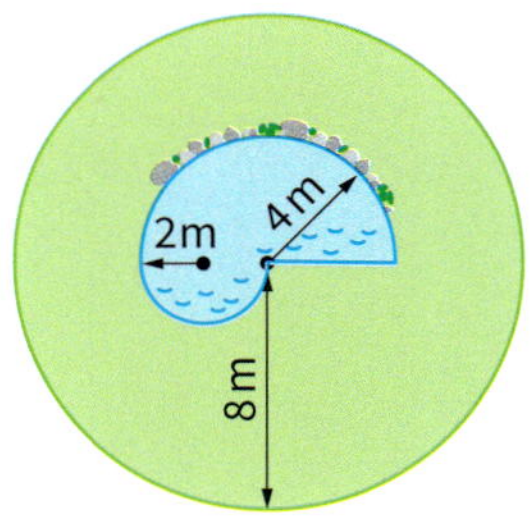

a) Für 1 m² der Rasenfläche werden 30 g Grassamen benötigt.
b) Das Wasserbecken soll mit Steinen eingefasst werden. Ein Stein ist 25 cm lang.

7 Ein Kreis und ein Quadrat haben den gleichen Umfang. Welche Figur hat den größeren Flächeninhalt? Begründe deine Lösung anhand eines Beispiels durch eine Rechnung.

Ich kann ...

Ich kann ...	Aufgabe	Hilfen und Aufgaben	
den Umfang und den Flächeninhalt eines Kreises berechnen.	1	Seite 51, 52, 53, 59	I
den Umfang und den Flächeninhalt einer Kreisfigur berechnen.	2	Seite 60	
Sachaufgaben zum Flächeninhalt und Umfang eines Kreises lösen.	3	Seite 53, 59	II
die Bogenlänge und den Flächeninhalt eines Kreissektors berechnen.	4	Seite 56	
Sachaufgaben zum Flächeninhalt eines Kreisringes lösen.	5	Seite 55, 60	
Sachaufgaben zum Flächeninhalt einer Kreisfigur lösen.	6	Seite 60	
anhand einer Beispielrechnung begründen, dass ein Quadrat bei gleichem Umfang einen kleineren Flächeninhalt als ein Kreis hat.	7	Seite 53	III

4 Lineare Funktionen

Familie Weber hat ihre Stromrechnung für das Jahr 2024 erhalten. Obwohl ihr Jahresverbrauch ungefähr konstant geblieben ist, muss sie eine Nachzahlung leisten und monatlich höhere Abschläge bezahlen. Frau und Herr Weber überlegen zusammen mit ihren Kindern Till und Lara, wie sie die Kosten für die elektrische Energie senken können.

Bist du fit für dieses Kapitel? Eingangstest auf Seite 202

In diesem Kapitel …

- *stellst du lineare Zusammenhänge in Graphen, Tabellen und Termen dar.*
- *beschreibst und zeichnest du die Graphen linearer Funktionen.*
- *modellierst du Sachsituationen durch lineare Funktionen.*

Kosten für die elektrische Energie

Frau Weber recherchiert zusammen mit ihrem Mann im Internet, ob es günstigere Tarife bei anderen Stromanbietern gibt.

Till und Lara überlegen, welche Geräte im Haushalt einen hohen Verbrauch an elektrischer Energie haben. Dazu informieren sie sich anhand von Betriebsanleitungen und Typenschildern über die elektrische Leistung der Haushaltsgeräte (W: Watt, kW: Kilowatt, 1 kW = 1 000 W).

- Überprüfe die Stromrechnung für Familie Weber.
- Informiere dich im Internet über die Strompreise in deiner Region.
- Lege eine Liste mit elektrischen Geräten und ihrer Leistung in deinem Haushalt an.

Kosten für die elektrische Energie

1 Der abgebildete Heizlüfter hat eine Leistung von 2 kW (Kilowatt).

Till hat ausgerechnet, wie viel Euro es kostet, wenn der Heizlüfter eine Stunde in Betrieb ist. Um die genutzte Energie zu berechnen, musste er erst die Leistung des Geräts mit der Betriebsdauer multiplizieren.

Die genutzte elektrische Energie ist das Produkt aus Leistung und Zeit.

Leistung: 2 kW
Betriebsdauer: 1 h
genutzte Energie: 2 kW · 1 h = 2 kWh

Energiekosten: 1 kWh kostet 0,40 €.
2 kWh kosten 0,80 €.

Berechne die Kosten für eine Betriebsdauer von 2 (3, 4, 5, 6) Stunden. Übertrage dazu die Tabelle in dein Heft und ergänze sie.

Betriebsdauer (h)	1	2	3	4	5	6
Kosten (€)	0,80	▪	▪	▪	▪	▪

2 Eine Kochzone des Cerankochfeldes hat eine Leistung von 2,5 kW.

a) Berechne die Kosten für eine Betriebsdauer von 1 Stunde (2, 3, 4, 5, 6 Stunden). Trage deine Ergebnisse in eine Tabelle ein.
b) Begründe, dass die Zuordnung „Betriebsdauer → Kosten" proportional ist.

3 Lara und Till wollen die Energiekosten für einen Fernseher und einen Gaming-PC miteinander vergleichen. Sie haben für den Fernseher die Kosten für eine Betriebsdauer von einer Stunde berechnet. Sie sind von einem Preis von 40 ct für eine Kilowattstunde (kWh) genutzte elektrische Energie ausgegangen.

Fernseher

Leistung: 150 W = 0,15 kW
Betriebsdauer: 1 h
genutzte Energie: 0,15 kW · 1 h = 0,15 kWh
Energiekosten: 40 ct · 0,15 = 6,0 ct

Dann haben sie zu der Zuordnung „Betriebsdauer → Kosten" für den Fernseher eine Tabelle angelegt und ausgefüllt.

Betriebsdauer (h)	0	1	2	4	6	8
Kosten (ct)	0	6	12	24	36	48

Dann haben sie die Wertepaare als Punkte in ein Koordinatensystem eingetragen und durch die eingetragenen Punkte eine Gerade gezeichnet.

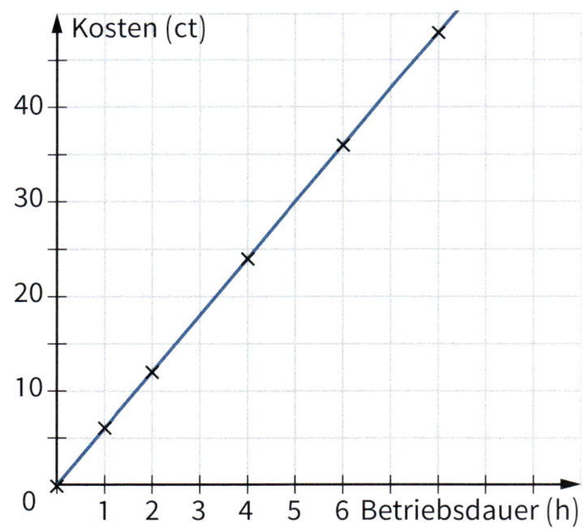

a) Lege auch für den Gaming-PC (Leistung 250 W) eine Tabelle an.
b) Übertrage das Koordinatensystem in dein Heft und zeichne die Graphen für beide Geräte ein.
c) Wie kannst du anhand der Graphen erkennen, bei welchem Gerät die Kosten pro Stunde Betriebsdauer am größten sind?

Kosten für die elektrische Energie

4 Ein Halogenscheinwerfer hat eine Leistung von 500 W = 0,5 kW.

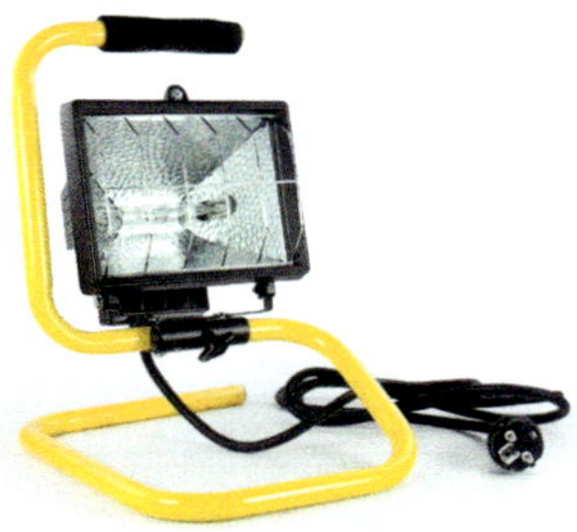

Im Beispiel wird gezeigt, wie du zu jeder Betriebsdauer x (in Stunden) die zugeordneten Kosten y (in Euro) berechnen kannst.

Halogenscheinwerfer
Leistung: 500 W = 0,5 kW
Betriebsdauer: 1 h
genutzte Energie: 0,5 kW · 1 h = 0,5 kWh
Energiekosten: 0,40 € · 0,5 = 0,20 €

Betriebsdauer (h)	Kosten (€)
2	0,20 · 2 = 0,40
3	0,20 · 3 = 0,60
4	0,20 · 4 = 0,80
...	...
...	...
x	0,20 · x = y

Kosten y = 0,20 · x

Ein Wäschetrockner hat eine Leistung von 1,2 kW, eine Klimaanlage von 1,0 kW und eine Luft-Wasser-Wärmepumpe im Durchschnitt 3,0 kW.

a) Gib für jedes Gerät jeweils die Gleichung an, mit der du zu jeder Betriebsdauer x (in h) die Kosten y (in €) berechnen kannst.
b) Lege eine Tabelle an und berechne jeweils die Kosten für 0 bis 10 Betriebsstunden.
c) Trage die Wertepaare als Punkte in ein Koordinatensystem ein und zeichne jeweils die zugehörige Gerade (x-Achse: 1 cm ≙ 1 h; y-Achse: 1 cm ≙ 1 €).

5 Herr Weber hat im Internet das folgende Angebot gefunden.

RIVA – Ihr Stromversorger
Arbeitspreis brutto: 30 ct/kWh
Grundpreis brutto: 240 €/Jahr

Er berechnet die Kosten bei einem Jahresverbrauch von 2 500 kWh für die beiden Anbieter Energon (siehe S. 64) und RIVA.

Energon
0,40 € · 2 500 + 120 € = 1 120 €

RIVA
0,30 € · 2 500 + 240 € = 990 €

a) Erläutere die Berechnungen von Herrn Weber.
b) Um die Angebote auch bei einem anderen Jahresverbrauch vergleichen zu können, hat Herr Weber für Energon eine Tabelle angelegt und die berechneten Werte dann in ein Koordinatensystem eingetragen.

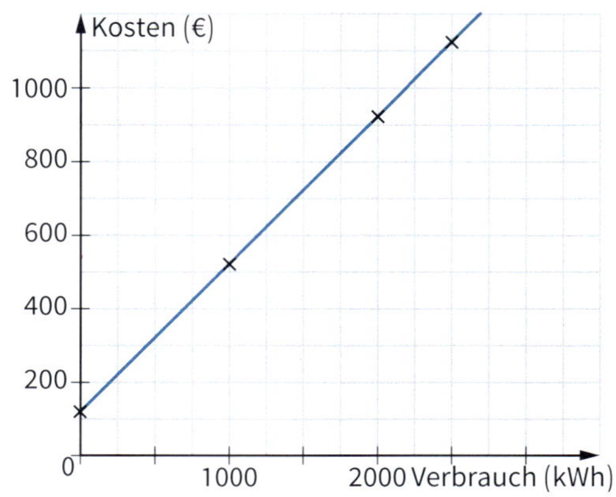

Warum verläuft die Gerade nicht durch den Ursprung?
c) Lege auch für RIVA eine Tabelle an und berechne die Kosten für einen Jahresverbrauch von 0 (1 000, 2 000, 2 500) kWh.
d) Zeichne die Geraden für beide Stromanbieter in ein Koordinatensystem.
e) Welche Bedeutung hat der Schnittpunkt beider Geraden?

Funktionen als eindeutige Zuordnungen

Video
WES-117455-009

1 Vergleiche die in den Tabellen und Pfeildiagrammen dargestellten Zuordnungen.

A elektrisches Gerät ⟶ Leistung

elektrisches Gerät	Leistung (W)
Ceranfeld	2 500
Kompaktanlage	80
Wäschetrockner	1 200
Wärmepumpe	3 000
Smartspeaker	3

B Standort ⟶ elektrisches Gerät

Standort	elektrisches Gerät
Keller	Wäschetrockner, Tiefkühltruhe
Küche	Ceranfeld, Wasserkocher
Wohnzimmer	Spielekonsole, TV-Receiver

C Spielekonsole ⟶ Hersteller

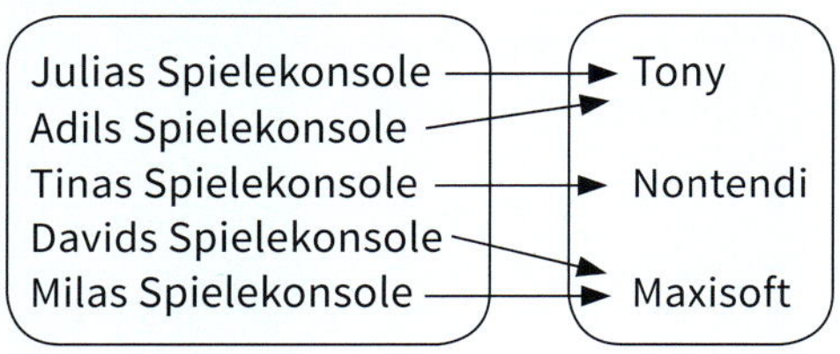

D Leistung ⟶ Kosten pro Stunde

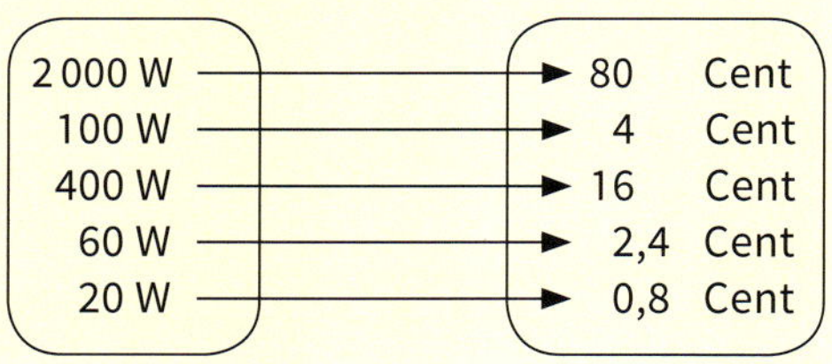

E Anbieter ⟶ Tarif

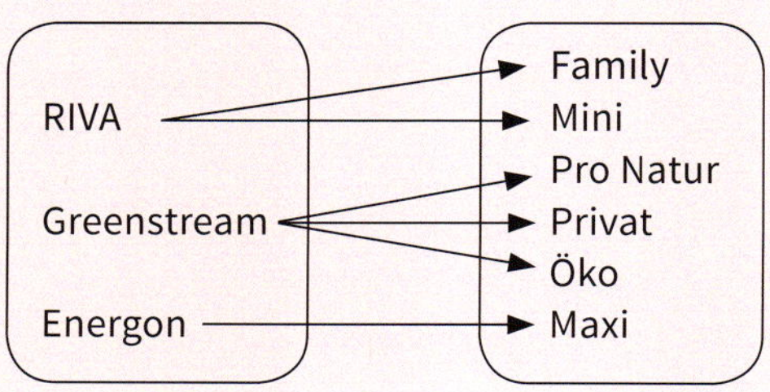

Schüler ⟶ Lebensalter

Wertetabelle

Vorname	Alter (Jahre)
Lina	14
Felix	16
Luis	15
Bahira	14
Yasin	16

Pfeildiagramm

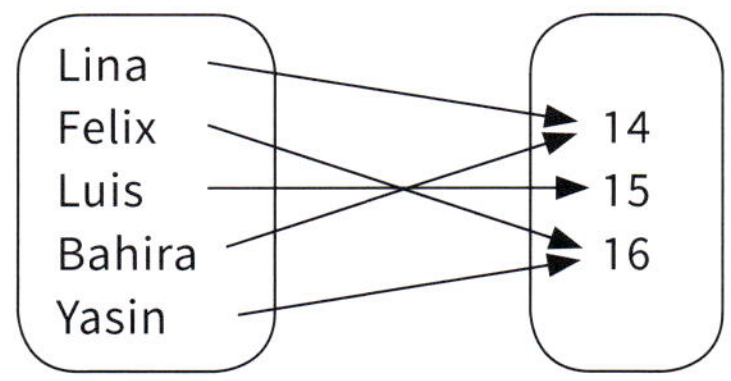

Definitionsmenge **Wertemenge**

Eine Funktion ist eine eindeutige Zuordnung. Jedem Element der Definitionsmenge (**D**) wird genau ein Element der Wertemenge (**W**) zugeordnet. Beide Elemente bilden ein Wertepaar. *Beispiel:* (Lina; 14)

Für die Darstellung einer Funktion im Pfeildiagramm gilt:

Von jedem Element der Definitionsmenge geht **genau ein** Pfeil aus.

Bei jedem Element der Wertemenge endet **mindestens ein** Pfeil.

2 Bestimme Definitionsmenge und Wertemenge der in der Tabelle dargestellten Funktion und zeichne das zugehörige Pfeildiagramm.

a)

Punkte	Note
26	4
45	2
38	3
18	5
36	3
48	2
40	3

b)

Vorname	Nachname
Arif	Celik
Nuran	Celik
Ella	Meyer
Jonas	Fischer
Yulia	Melnik
Elias	Peters
Vadim	Koval

Funktionen im Koordinatensystem

Note ⟶ Anzahl der Arbeiten

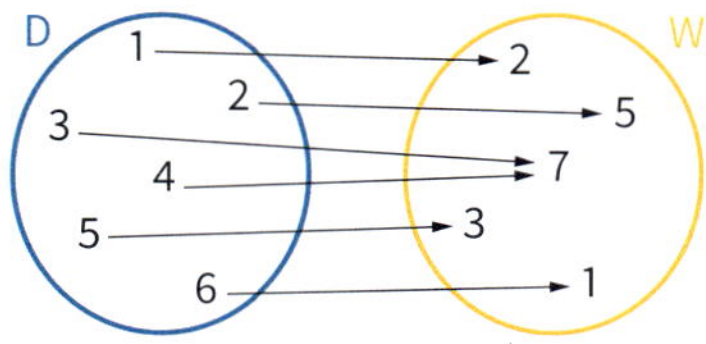

Definitionsmenge: D = {1, 2, 3, 4, 5, 6}
Wertemenge: W = {1, 2, 3, 5, 7}

Graph der Funktion

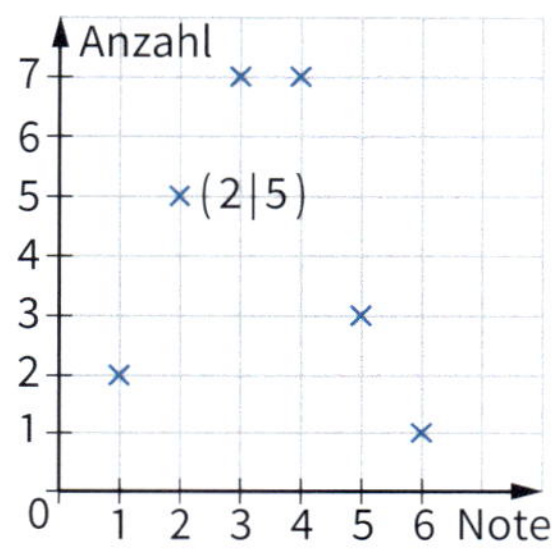

Bei der Darstellung von Funktionen im Koordinatensystem ist es üblich, die Elemente der Definitionsmenge ($x \in D$) auf der x-Achse und die Elemente der Wertemenge ($y \in W$) auf der y-Achse einzutragen.

1 Zeichne den Graphen der Funktion.

a) **Stückzahl ⟶ Preis**

Stückzahl	1	2	3	4	5
Preis (€)	0,90	1,80	2,70	3,60	4,50

Stückzahl	6	7	8	9	10
Preis (€)	5,40	6,30	7,20	8,10	9,00

(x-Achse: 1 cm ≙ 1; y-Achse: 1 cm ≙ 1 €)

b) **Tageszeit ⟶ Temperatur**

Zeit (h)	2	4	6	8	10	12
Temperatur (°C)	−2	−3	−2	1	3	6

Zeit (h)	14	16	18	20	22	24
Temperatur (°C)	8	5	1	0	−1	−3

(x-Achse: 1 cm ≙ 2 h; y-Achse: 1 cm ≙ 2 °C)

2 Bestimme anhand des Funktionsgraphen die Definitionsmenge und die Wertemenge.

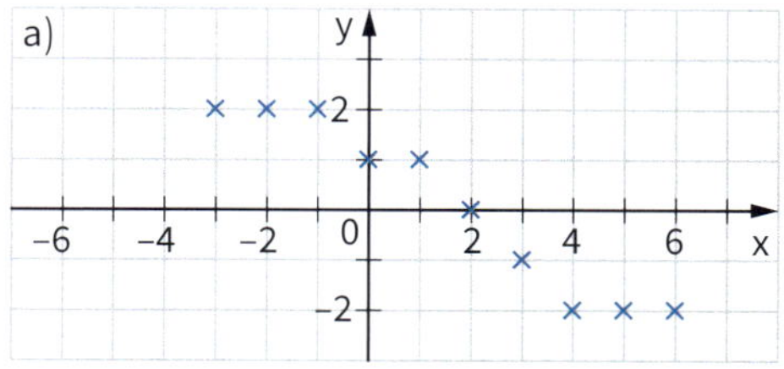

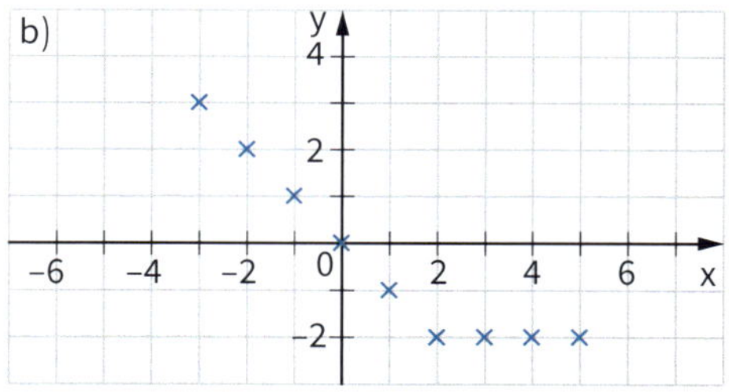

3 Handelt es sich bei dem Graphen um einen Funktionsgraphen? Begründe. Gib im Falle eines Funktionsgraphen die Definitionsmenge und die Wertemenge an.

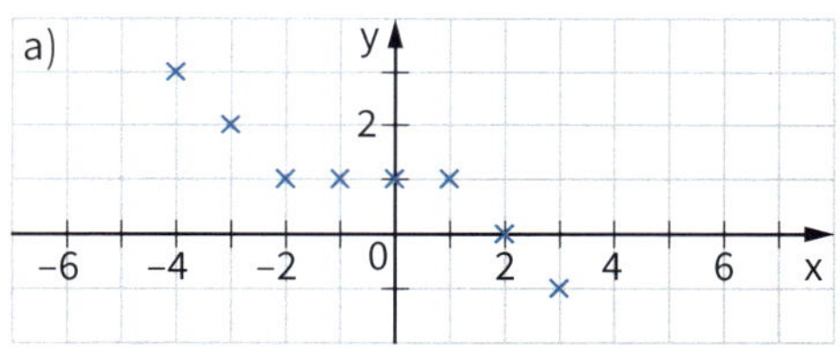

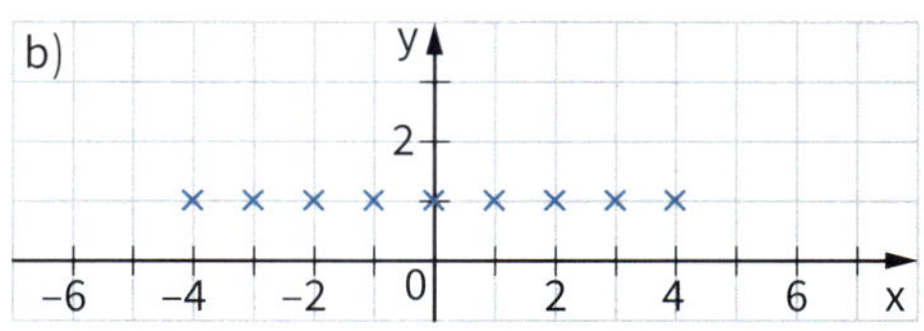

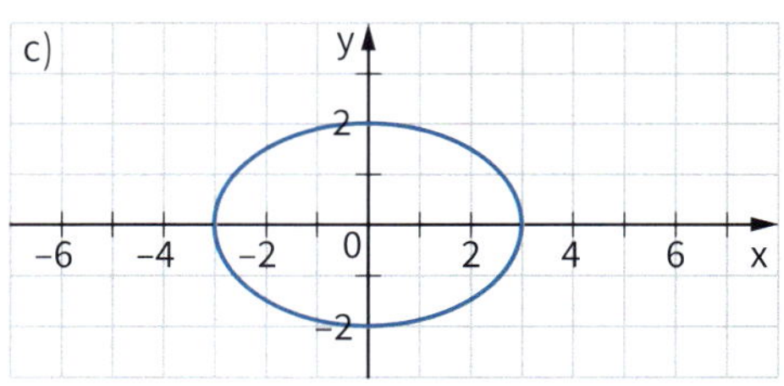

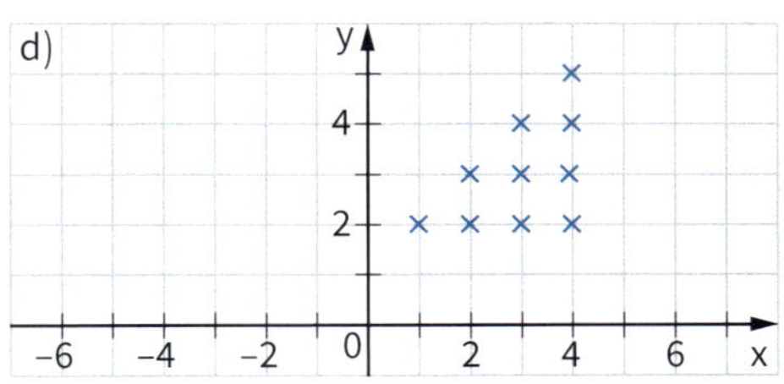

Für die Darstellung einer Funktion im Koordinatensystem gilt: Auf jeder Parallelen zur y-Achse liegt höchstens ein Punkt.

Funktionsgleichung

1 Im Beispiel wird die Vorschrift, nach der einem Element x der Definitionsmenge ein Element y der Wertemenge zugeordnet wird, mit Worten (einem Term) beschrieben.

x	1	2	3	4	5	6	7	8	9	10
y	3	6	9	12	15	18	21	24	27	30

Jeder Zahl wird das Dreifache zugeordnet: $x \longrightarrow 3x$

Gib zu der angegebenen Wertetabelle die Zuordnungsvorschrift in Worten (mit einem Term) an.

x	1	2	3	4	5	6	7	8	9	10	11
y	5	10	15	20	25	30	35	40	45	50	55

2 Gib die Zuordnungsvorschrift mithilfe des Funktionsterms an.

Jeder Zahl wird das Sechsfache vermindert um 5 zugeordnet:

das Sechsfache der Zahl:	$6x$
vermindert um 5:	-5
Funktionsterm:	$6x-5$
Zuordnungsvorschrift:	$x \longrightarrow 6x-5$

a) Jeder Zahl wird das Siebenfache (Zwölffache) zugeordnet.
b) Jeder Zahl wird das Vierfache vermindert um 2 (das Siebenfache vermindert um 9) zugeordnet.

3 Durch die Wertetabelle ist eine Funktion gegeben. Die Zuordnungsvorschrift kann auch mithilfe einer Funktionsgleichung angegeben werden.

x	1	2	3	4	5	6
y	3	5	7	9	11	13

$x \longrightarrow 2x+1$
Funktionsgleichung: $y = 2x + 1$

Gib die Funktionsgleichung an.

x	1	2	3	4	5	6	7
y	4	7	10	13	16	19	22

Zuordnungsvorschriften für Funktionen lassen sich häufig mithilfe von **Funktionsgleichungen** angeben.

$y = 2,5x$

Um Funktionen unterscheiden zu können, werden sie mit kleinen Buchstaben f, g, ... bezeichnet.

f: $y = 2,5x$ $\quad f(x) = 2,5x$ (*lies:* f von x)
g: $y = 2x - 4$ $\quad g(x) = 2x - 4$

Die Funktion f ordnet der Zahl 4 die Zahl 10 zu. Der **Funktionswert** an der Stelle x = 4 ist 10.

$4 \rightarrow 2,5 \cdot 4$
$y = 10$
$f(4) = 10$ (*lies:* f von 4)

Die Funktionswerte werden bei der Darstellung im Koordinatensystem auf der y-Achse eingetragen.

4 Berechne die Funktionswerte.
a) $f(x) = 5x - 7$; $f(2), f(4), f(-5), f(-110)$
b) $g(x) = 5,9x$; $g(3), g(6), g(-12), g(0,5)$
c) $f(x) = -x$; $f(0), f(-4), f(0,7), f(-1,4)$
d) $g(x) = x^2$; $g(-8), g(0,4), g(2,1), g(1,5)$
e) $f(x) = 0,5x - 4$; $f(0), f(-2), f(3,5), f(-1)$

5 Gib für die folgenden Zuordnungen die Funktionsgleichung an.
Vervollständige anschließend die abgebildete Wertetabelle in deinem Heft.

x	−3	−2	−1	0	1	2	3	4	5
y = f(x)	■	■	■	■	■	■	■	■	■

a) Jeder Zahl wird das Achtfache (Dreizehnfache) zugeordnet.
b) Jeder Zahl wird das Sechsfache vermindert um 3 (das Vierfache vermindert um 11) zugeordnet.
c) Jeder Zahl wird das Doppelte vermehrt um 1,8 (Neunfache vermehrt um 4,2) zugeordnet.
d) Jeder Zahl wird ihr Quadrat vermehrt um 1 zugeordnet.
e) Jeder Zahl wird ihre Hälfte vermehrt um 6 zugeordnet.

Lineare Funktionen mit der Funktionsgleichung $f(x) = m \cdot x$

1 a) Im Koordinatensystem siehst du einen Ausschnitt des Graphen der Funktion f. Ihre Definitionsmenge ist die Menge der reellen Zahlen ($D = \mathbb{R}$).
Auch dieser Ausschnitt wird als Funktionsgraph bezeichnet.
Warum kannst du den Funktionsgraphen nicht vollständig zeichnen?

$f(x) = 0{,}8x$

x	−2	−1	0	1	2	3
y	−1,6	−0,8	0	0,8	1,6	2,4

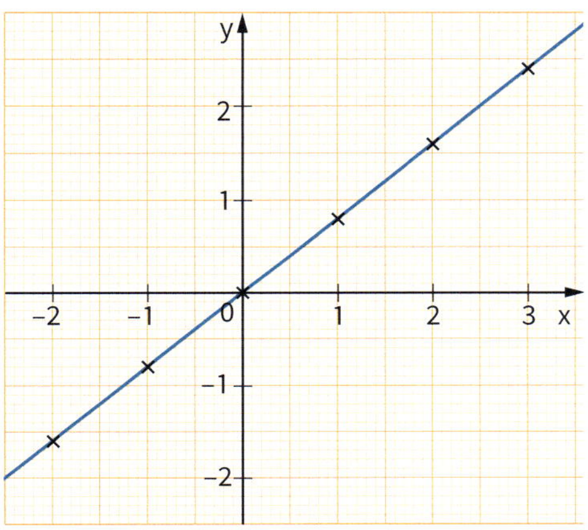

b) Zeichne die Graphen folgender Funktionen in ein Koordinatensystem:
$g(x) = 2x$ ($D = \mathbb{R}$) $h(x) = 3x$ ($D = \mathbb{R}$)
Gibt es bei g und h gemeinsame Wertepaare?

2 Die Funktion f hat die Funktionsgleichung $f(x) = 2{,}5x$ ($D = \mathbb{R}$).
Zeichne den Funktionsgraphen. Überlege zunächst, wie viele Wertepaare du brauchst, um den Graphen von f zeichnen zu können.

3 Die folgenden Funktionen haben eine Funktionsgleichung der Form $y = mx$.
$f(x) = 0{,}5x$; $g(x) = -0{,}5x$;
$h(x) = 1{,}5x$; $k(x) = -1{,}5x$
($D = \mathbb{R}$)
a) Zeichne die Graphen der Funktionen in ein Koordinatensystem.
b) Wie verläuft der Funktionsgraph, wenn der Faktor m vor x größer (kleiner) als Null ist?

Funktionen mit der Funktionsgleichung y = m x

$f(x) = 0{,}6x$; $m = 0{,}6$
$g(x) = -1{,}2x$; $m = -1{,}2$

x	−1,5	0	1,5
f(x)	−0,9	0	0,9
g(x)	1,8	0	−1,8

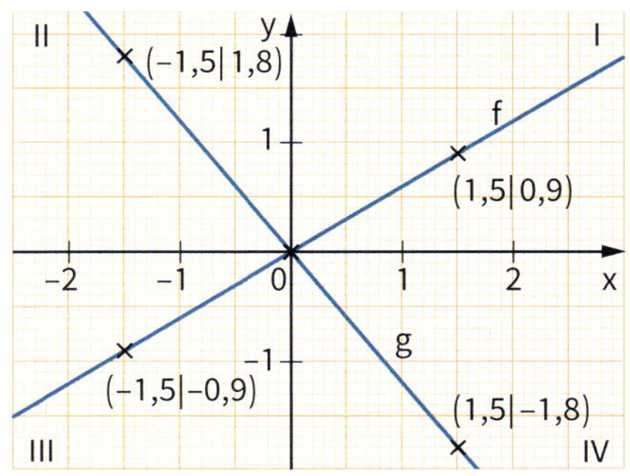

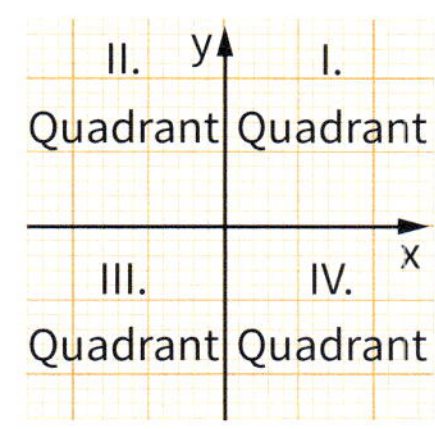

Für die Funktionen mit der Funktionsgleichung $y = mx$ und der Definitionsmenge $D = \mathbb{R}$ gilt:
Die Funktionsgraphen sind **Geraden** durch den **Ursprung**. Für **m > 0** verläuft die Gerade durch den **I. und III. Quadranten**, für **m < 0** durch den **II. und IV. Quadranten**.
Wird die Definitionsmenge einer Funktion nicht angegeben, so vereinbaren wir: **D = ℝ**.

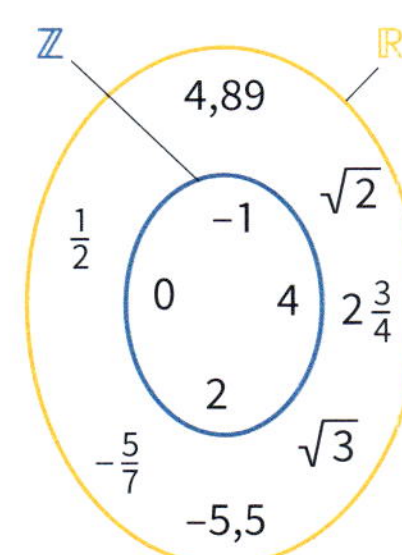

4 Zeichne die Graphen der zugehörigen Funktionen in dasselbe Koordinatensystem. Zeichne die Graphen so, dass sie jeweils in zwei Quadranten zu sehen sind.
a) $f(x) = 4x$ b) $g(x) = -2x$
c) $h(x) = 1{,}8x$ d) $k(x) = -x$

5 a) Betrachte die Wertetabelle der Funktion f mit der Gleichung $y = 3x$.
Vergleiche: $f(2)$ mit $f(3)$, $f(3)$ mit $f(4)$, $f(-4)$ mit $f(-3)$, $f(-2)$ mit $f(-1)$.
Was fällt dir auf?

x	−4	−3	−2	−1	0	1	2	3	4
y = f(x)	−12	−9	−6	−3	0	3	6	9	12

b) Vergleiche $f(15{,}4)$ mit $f(16{,}4)$.

Steigung und Steigungsdreiecke

Video
WES-117455-010

1 a) Die Funktion f hat die Funktionsgleichung $f(x) = 5x$. Vervollständige die Wertetabelle in deinem Heft.

x	−4	−3	−2	−1	0	1	2	3	4	5
f(x)	■	■	■	■	■	■	■	■	■	■

b) Wie verändern sich jeweils die Funktionswerte, wenn der x-Wert um 1 (2, 3, 4) größer wird?

2 a) Die eingezeichneten Dreiecke heißen **Steigungsdreiecke**.
Gib jeweils die Längen der Dreiecksseiten in x-Richtung und in y-Richtung an (in Längeneinheiten).

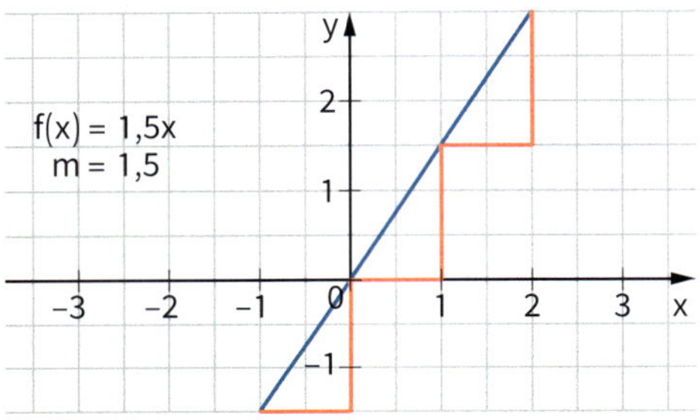

Eine Längeneinheit im Koordinatensystem ist der Abstand zwischen 0 und 1.

b) Übertrage das Koordinatensystem mit dem Graphen in dein Heft. Zeichne Steigungsdreiecke mit einer Seitenlänge von 2 Längeneinheiten in x-Richtung. Wie lang ist dann jeweils die Seitenlänge in y-Richtung?

3 Die Funktion g hat die Funktionsgleichung $g(x) = 0{,}6x$.
a) Zeichne den Graphen der Funktion für x-Werte zwischen −5 und 10.
b) Zeichne an den Graphen Steigungsdreiecke mit einer Seitenlänge in x-Richtung von einer Längeneinheit (zwei, drei, vier Längeneinheiten). Bestimme die Seitenlänge in y-Richtung.
c) Die Seitenlänge eines Steigungsdreiecks in y-Richtung beträgt drei Längeneinheiten. Bestimme die Seitenlänge in x-Richtung.

Video
WES-117455-011

Bei einer Funktion f mit der Funktionsgleichung $f(x) = m \cdot x$ gibt **m** die **Steigung** der Geraden an.

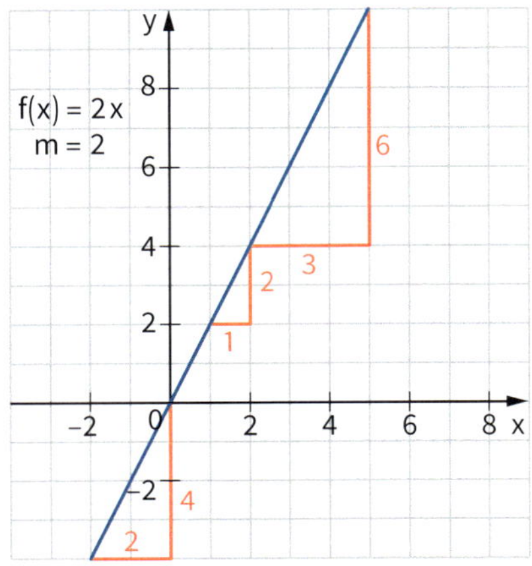

Steigungsdreiecke

Längeneinheiten in x-Richtung	Längeneinheiten in y-Richtung
1	2 · 1 = 2
2	2 · 2 = 4
3	2 · 3 = 6

m = 2

4 Im Beispiel siehst du, wie du bei einer positiven Steigung ($m > 0$) den Funktionsgraphen einer Funktion f mit der Funktionsgleichung $f(x) = m \cdot x$ zeichnen kannst.

f(x) = 2,2x; m = 2,2

Gehe vom Ursprung (0 | 0) aus
1 Längeneinheit nach rechts, dann
2,2 Längeneinheiten nach oben.

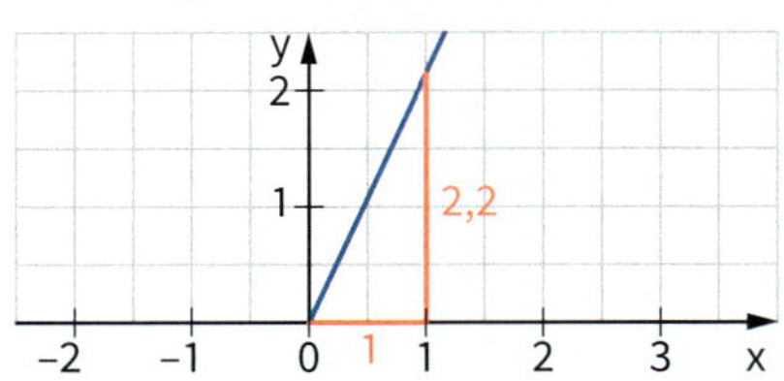

Zeichne die Graphen mithilfe eines Steigungsdreiecks in ein Koordinatensystem.
a) $f(x) = 3{,}5x$
$g(x) = 1{,}8x$
b) $f(x) = 1x$
$g(x) = 0{,}7x$

Steigung und Steigungsdreiecke

5 Im Koordinatensystem siehst du den Graphen der Funktion f mit der Funktionsgleichung $f(x) = -2x$.

a) Gib jeweils die Längen der Dreieckseiten in x-Richtung und in y-Richtung an (in Längeneinheiten).

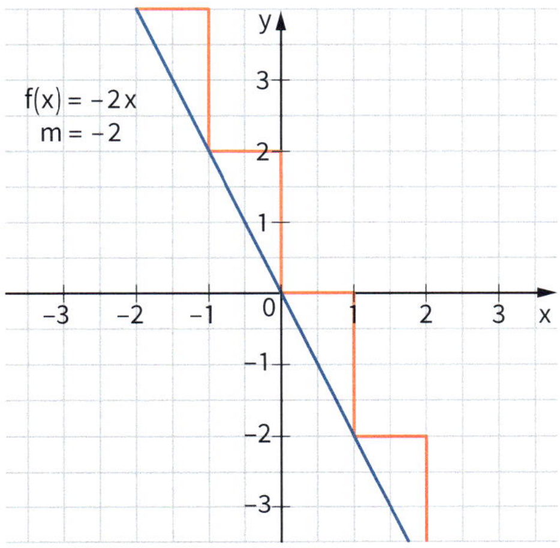

b) Übertrage das Koordinatensystem mit dem Graphen in dein Heft. Zeichne Steigungsdreiecke mit einer Seitenlänge von 2 Längeneinheiten in x-Richtung. Wie lang ist jeweils die Dreieckseite in y-Richtung?

6 Im Beispiel siehst du, wie du bei einer negativen Steigung ($m < 0$) den Funktionsgraphen einer Funktion f mit der Funktionsgleichung $f(x) = m \cdot x$ zeichnen kannst.

$f(x) = -1{,}7x$; $m = -1{,}7$

Gehe vom Ursprung (0 | 0) aus
1 Längeneinheit nach rechts, dann
1,7 Längeneinheiten nach unten.

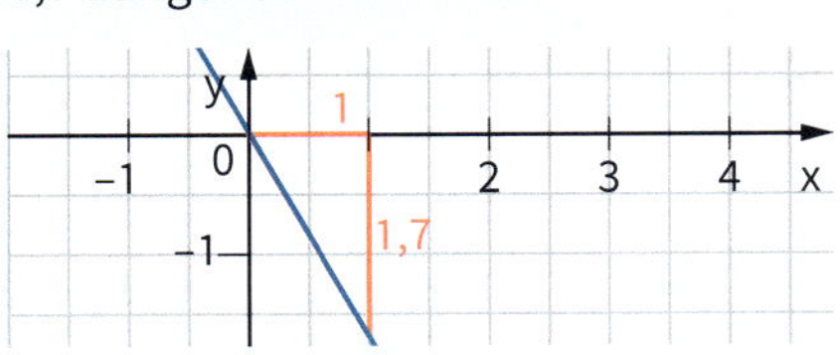

Zeichne die Graphen mithilfe eines Steigungsdreiecks in ein Koordinatensystem.

a) $f(x) = -3x$
$g(x) = -1{,}5x$

b) $f(x) = -1x$
$g(x) = -4x$

c) $f(x) = -0{,}4x$
$g(x) = -0{,}2x$

d) $f(x) = -0{,}6x$
$g(x) = -0{,}8x$

7 Lies aus dem Koordinatensystem die Steigungen der Geraden ab. Gib jeweils die Funktionsgleichung an.

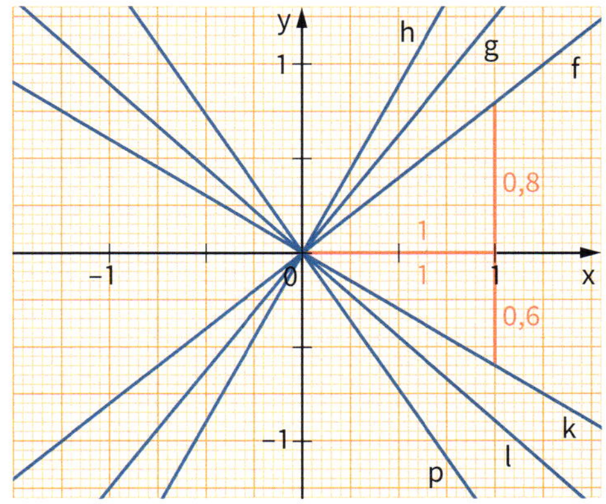

Steigungsdreieck der Funktion f:
1 Längeneinheit nach rechts
0,8 Längeneinheiten nach oben
($m > 0$)
$m = 0{,}8$

Funktionsgleichung von f: $f(x) = 0{,}8x$

Steigungsdreieck der Funktion k:
1 Längeneinheit nach rechts
0,6 Längeneinheiten nach unten
($m < 0$)
$m = -0{,}6$

Funktionsgleichung von k: $k(x) = -0{,}6x$

8 Im Beispiel siehst du, wie du ein Steigungsdreieck zeichnen kannst, wenn die Steigung als Bruch angegeben ist.

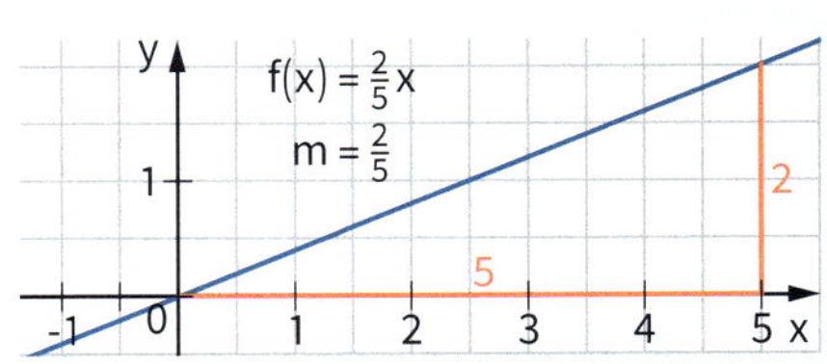

Nenner 5: 5 Längeneinheiten nach rechts
Zähler 2: 2 Längeneinheiten nach oben

Oft ist es sinnvoll, größere Steigungsdreiecke zu zeichnen.

Zeichne die Funktionsgraphen.

a) $f(x) = \frac{3}{4}x$

b) $g(x) = \frac{1}{3}x$

c) $f(x) = -\frac{2}{3}x$

d) $g(x) = -\frac{1}{4}x$

Lineare Funktionen mit der Funktionsgleichung $f(x) = m \cdot x + n$

Video
WES-117455-012

1 Im Koordinatensystem siehst du die Graphen der Funktionen f und g.

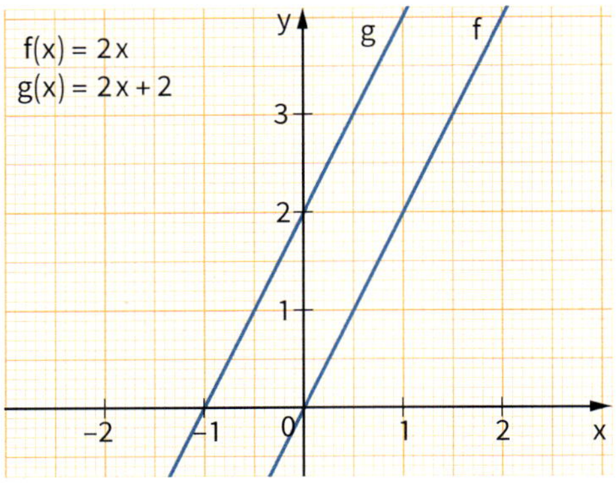

a) Beschreibe die Lage der beiden Graphen zueinander.
b) Übertrage die Graphen in dein Heft und bestimme jeweils die Steigung.

2 Die Funktionen h und k haben die Funktionsgleichungen $h(x) = 2{,}5\,x$ und $k(x) = 2{,}5\,x - 2$.
a) Übertrage die Wertetabelle in dein Heft und vervollständige sie. Berechne dazu zunächst die Funktionswerte von h. Vergleiche die Funktionswerte von h und k miteinander.

x	−4	−3	−2	−1	0	1	2	3	4	5
h(x)	■	■	■	■	■	■	■	■	■	■
k(x)	■	■	■	■	■	■	■	■	■	■

b) Zeichne die beiden Funktionsgraphen in ein Koordinatensystem. Was stellst du fest?

3 a) Zeichne die Graphen folgender Funktionen in ein Koordinatensystem:
$f(x) = 2x - 4$; $g(x) = 1{,}5x - 3$;
$h(x) = 2x + 2$; $k(x) = 3x - 3$.
b) Wo schneiden die Funktionsgraphen jeweils die y-Achse?

4 Gib die Koordinaten des Schnittpunkts der Geraden mit der y-Achse an.
a) $f(x) = 2x + 3$
b) $g(x) = x + 2$
c) $f(x) = 1{,}5x - 3$
d) $g(x) = -2x + 3$
e) $f(x) = -x - 2$
f) $g(x) = 2x + 0{,}5$
g) $f(x) = -2x - 3$
h) $g(x) = -1{,}5x - 3$
i) $f(x) = -x + 2$
k) $g(x) = -2x + 3$

Funktionsgleichung von f:
$f(x) = 1{,}5\,x + 2{,}5$

x	−1	0	1
f(x)	1	2,5	4

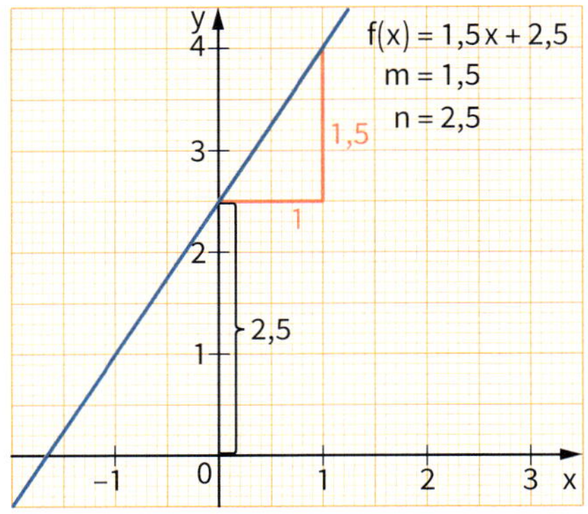

1,5 gibt die Steigung der Geraden an.

m = 1,5

2,5 ist die y-Koordinate des Schnittpunktes mit der y-Achse und heißt **y-Achsenabschnitt** n.

n = 2,5

Schnittpunkt mit der y-Achse: $(0 \mid n)$

Funktionen mit der Funktionsgleichung $y = m\,x + n$ heißen **lineare Funktionen**. Ihre Funktionsgraphen sind Geraden.
Dabei gibt m die Steigung und n den y-Achsenabschnitt an; m und n können beliebige reelle Zahlen sein ($m, n \in \mathbb{R}$).

Für $n = 0$ ergibt sich die Form $f(x) = m\,x$.

5 Prüfe, ob es sich jeweils um die Funktionsgleichung einer linearen Funktion handelt. Gib die Steigung m und den y-Achsenabschnitt n an.

a) $f(x) = 3x + 4$
$g(x) = 5x + 3$
$h(x) = 4x - 7$

b) $f(x) = -2x + 3$
$g(x) = -3x - 4$
$h(x) = 1{,}5x - 8$

c) $f(x) = -4{,}2x$
$g(x) = 0{,}2x + 1{,}8$
$h(x) = x$

d) $f(x) = 3$
$g(x) = -\frac{1}{2}$
$h(x) = 3x + 4$

Lineare Funktionen mit der Funktionsgleichung $f(x) = m \cdot x + n$

6 Im Beispiel siehst du, wie du den Graphen einer linearen Funktion f mithilfe des y-Achsenabschnitts und der Steigung m zeichnen kannst.

$f(x) = -2x + 1{,}5$

1. Markiere den y-Achsenabschnitt n = 1,5.

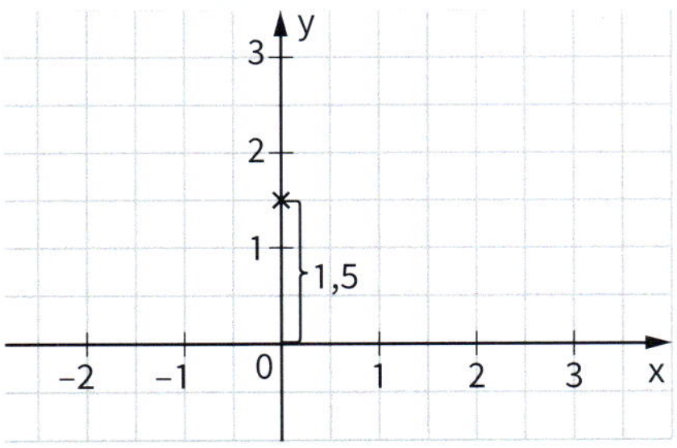

2. Zeichne das Steigungsdreieck zu m = –2.

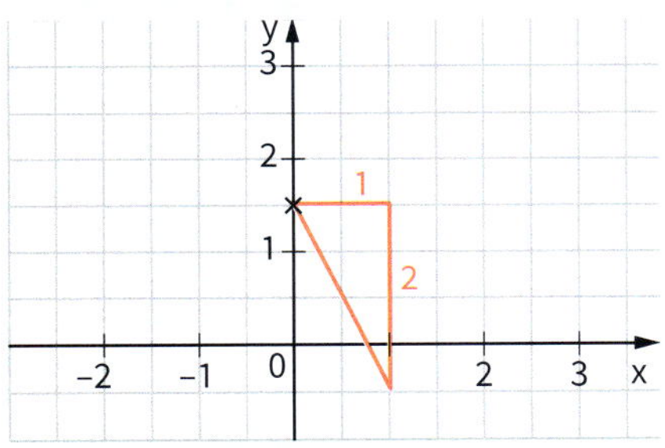

3. Zeichne den Funktionsgraphen.

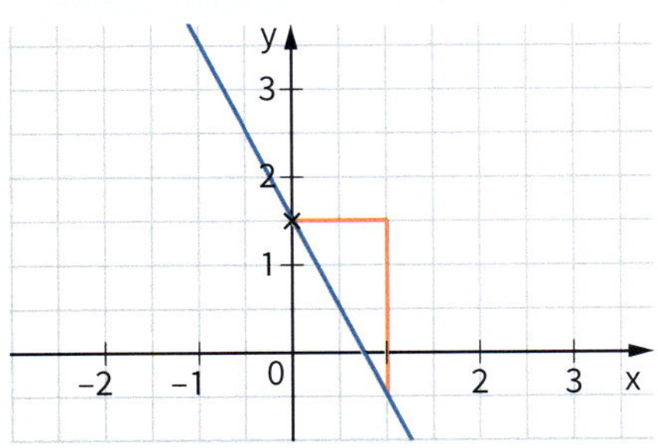

Zeichne die Funktionsgraphen wie im Beispiel in ein Koordinatensystem.

a) $f(x) = -2x + 5$
$g(x) = -2x + 3$
$h(x) = -2x + 1$

b) $f(x) = 1{,}5x - 4$
$g(x) = 1{,}5x - 1$
$h(x) = 1{,}5x + 1$

c) $f(x) = 3x - 4$
$g(x) = 3x + 1$
$h(x) = -1x + 6$

d) $f(x) = -1x - 2{,}5$
$g(x) = 1x + 4{,}5$
$h(x) = 2x - 1$

7 a) Lies aus dem Koordinatensystem jeweils den y-Achsenabschnitt n und die Steigung m ab. Gib die Funktionsgleichung an.

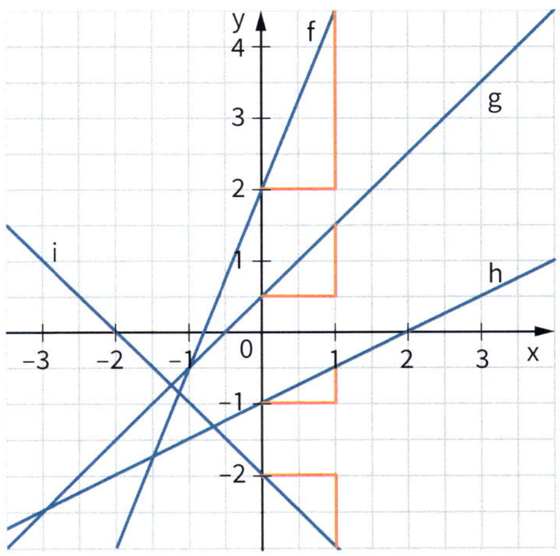

Funktion f
y-Achsenabschnitt: n = 2
Steigung: m = 2,5
Funktionsgleichung von $f(x) = 2{,}5x + 2$

b) Bestimme für die Funktionen g, h und i auch jeweils die x-Koordinate des Schnittpunktes mit der x-Achse. Weil der zugehörige y-Wert 0 ist, wird diese x-Koordinate **Nullstelle** genannt.

Die x-Koordinate des Schnittpunkts mit der x-Achse wird auch als x-Achsenabschnitt bezeichnet.

8 a) Lies aus dem Koordinatensystem jeweils den y-Achsenabschnitt n und die Steigung m ab. Gib dann die Funktionsgleichung der Funktion an.

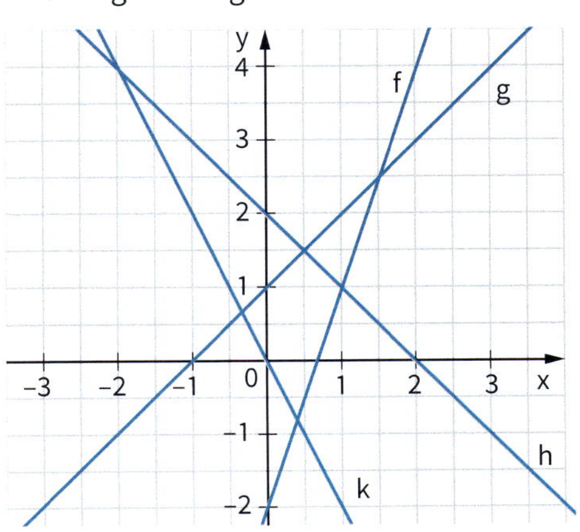

b) Bestimme für die Funktionen g, k und h auch jeweils die Nullstelle der Funktion.

Lineare Funktionen mit der Funktionsgleichung $f(x) = m \cdot x + n$

9 Zeichne den Funktionsgraphen in ein Koordinatensystem. Bestimme anhand des Funktionsgraphen zu dem angegebenen Funktionswert den zugehörigen x-Wert.

a) $f(x) = 3x - 1$; Funktionswert: 5
b) $g(x) = 2x - 4$; Funktionswert: 4
c) $h(x) = x + 2{,}5$; Funktionswert: $-1{,}5$
d) $f(x) = -2x - 1$; Funktionswert: 2,5
e) $g(x) = 4x - 7$; Funktionswert: 3
f) $h(x) = -5x + 8$; Funktionswert: -2

10 Trage die Punkte P und Q in ein Koordinatensystem ein und zeichne anschließend die Gerade durch P und Q. Lies den y-Achsenabschnitt n und die Steigung m ab und gib die zugehörige Funktionsgleichung an.

a) $P(6|-1)$; $Q(-4|4)$
b) $P(2|7)$; $Q(-5|0)$
c) $P(2|-5)$; $Q(-3|5)$
d) $P(-5|-6{,}5)$; $Q(6|-1)$
e) $P(3|-2{,}5)$; $Q(-1|5{,}5)$
f) $P(4|3)$; $Q(-4|1)$

11 In dem Beispiel wird überprüft, ob die Punkte $P(6|-9)$ und $Q(-4|25)$ auf dem Funktionsgraphen von f liegen.

Funktionsgleichung: $f(x) = -3{,}5x + 11$

Berechnen der Funktionswerte:
$P(6|-9)$: $f(6) = -3{,}5 \cdot 6 + 11 = -10$
$Q(-4|25)$: $f(-4) = -3{,}5 \cdot (-4) + 11 = 25$

Vergleich mit den y-Koordinaten:
$P(6|-9)$: $f(6) = -10$ $\quad -10 = -9$ (f)
$Q(-4|25)$: $f(-4) = 25$ $\quad 25 = 25$ (w)

Ergebnis:
P liegt nicht auf dem Graphen von f.
Q liegt auf dem Graphen von f.

Überprüfe, ob die Punkte auf dem Funktionsgraphen von f liegen.

a) $f(x) = -6{,}5x + 24$; $P(2|11)$; $Q(-4|6)$
b) $f(x) = 4{,}5x - 19$; $P(-4|-1)$; $Q(12|35)$
c) $f(x) = \frac{2}{3}x - 6$; $P(18|6)$; $Q(-21|20)$
d) $f(x) = -\frac{4}{5}x + 1{,}4$; $P(3|2)$; $Q(-9|8{,}8)$

Eine **konstante Funktion** ist eine lineare Funktion mit der Steigung m = 0. Ihr Funktionsgraph ist eine Parallele zur x-Achse.

$$f(x) = 2{,}5$$
$$f(x) = 0 \cdot x + 2{,}5; \quad m = 0$$

x	−2	−1	0	1	2
y	2,5	2,5	2,5	2,5	2,5

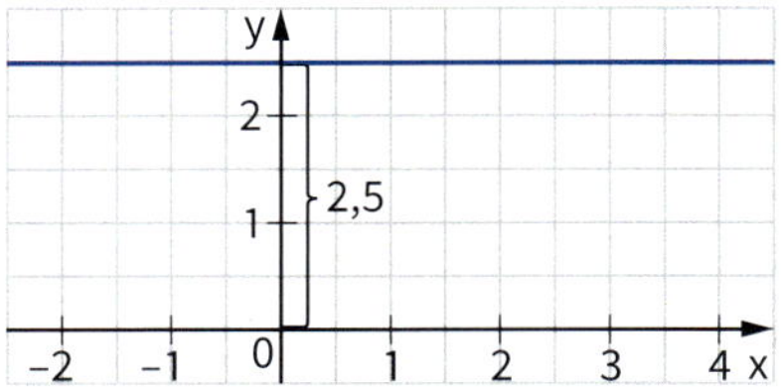

12 Zeichne den Graphen der folgenden Funktion.

a) $f(x) = 4{,}6$
b) $g(x) = 2{,}8$
c) $h(x) = -3{,}4$
d) $f(x) = -0{,}8$
e) $g(x) = 0$
f) $f(x) = \frac{3}{4}$

13 Überprüfe, ob der Punkt P auf dem Graphen der im Koordinatensystem dargestellten Funktion liegt.
Bestimme dazu zunächst die Funktionsgleichung.

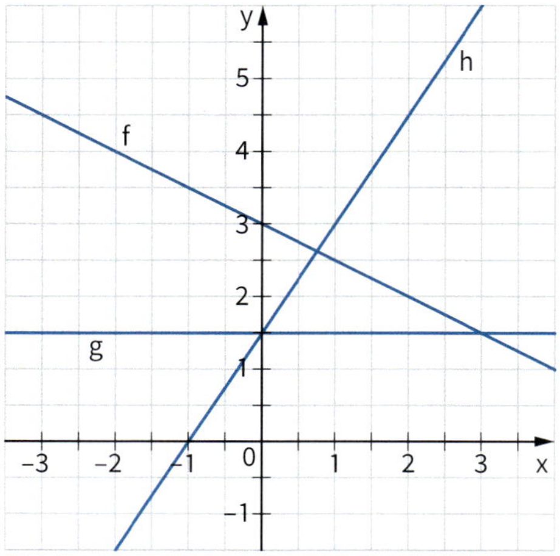

a) f; $P(-5|10)$
b) g; $P(56|1{,}5)$
c) h; $P(3|7{,}5)$
d) f; $P(22|-8)$
e) g; $P(-50|2{,}5)$
f) h; $P(10|16{,}5)$

Sachaufgaben

Mathematisch modellieren
Lineare Funktionen

So kannst du Sachaufgaben zu linearen Funktionen lösen:

Ein Gefäß soll mit Wasser gefüllt werden. Der Wasserstand zu Beginn des Füllvorgangs beträgt 12 cm. Durch das zufließende Wasser erhöht sich der Wasserstand pro Minute um 5 cm.

1. Überlege zunächst, welche Größen einander zugeordnet werden.

   Der Zeitdauer x (in min) wird der Wasserstand y (in cm) zugeordnet. $y = f(x)$

2. Bestimme den y-Achsenabschnitt n. Welchen Wert nimmt y für $x = 0$ an?

   Zeitdauer (min) → Wasserstand (cm)
   Zum Zeitpunkt $x = 0$ beträgt der Wasserstand 12 cm. $n = 12$

3. Bestimme die Steigung. Wie verändert sich y, wenn x um 1 größer wird?

   Pro Minute steigt der Wasserstand um 5 cm. $m = 5$

4. Gib die Gleichung der linearen Funktion an.

   $y = 5x + 12$ oder $f(x) = 5x + 12$

1 Frau Kostic muss ihr Auto auftanken.

Im Tank befinden sich vor dem Tankvorgang noch fünf Liter Kraftstoff, während des Tankens fließen pro Sekunde 1,5 Liter Kraftstoff in den Tank.

a) Begründe, dass der Tankvorgang mit der Funktionsgleichung $y = 1{,}5x + 5$ beschrieben werden kann. Was gibt dabei x an, was y? Was ist die Bedeutung von 1,5 und 5?
b) Wie viel Liter Kraftstoff befinden sich nach 20 Sekunden im Tank?
c) Zeichne den Graphen der Funktion in ein Koordinatensystem.
(x-Achse: 1 cm ≙ 2 Sekunden,
y-Achse: 1 cm ≙ 5 Liter)
d) Der Tankinhalt fasst maximal 65 ℓ Kraftstoff. Nach wie vielen Sekunden ist der Tank voll? Ermittle anhand des Graphen.

2 Für den Sommerurlaub will Familie Schnieders einen Wohnwagen leihen.

Die Mietkosten sind dabei von der Ausstattung und der Größe abhängig.

Typ	Servicepauschale (€)	Tagespreis (€)
Tobby 420	80	55
Camp 500	90	65

a) Berechne die Kosten für eine Mietdauer von 14 (21) Tagen für jeden Wohnwagentyp.
b) Bestimme für jeden Typ die Gleichung der Funktion, die der Anzahl der Miettage x die Kosten y zuordnet.
c) Die Familie möchte höchstens 800 € für die Miete des Wohnwagens ausgeben. Ermittle durch Probieren, für wie viele Tage die Familie jeden Wohnwagen mieten kann.

Die Aufgaben auf dieser und der nächsten Seite kannst du auch in Partner- oder Gruppenarbeit bearbeiten. Beachte dazu die Hinweise auf Seite 223 und 224.

Sachaufgaben

3 Die abgebildete Befüllanlage ist mit 500 Tonnen Kies gefüllt.

Pro Tag werden 60 Tonnen Kies abgefüllt.

a) Die Zuordnung „Zeit (d) → vorhandene Kiesmenge (t)“ ist eine lineare Funktion. Gib die Funktionsgleichung an (Zeit: x, vorhandene Kiesmenge: y).

b) Zeichne den Funktionsgraphen.

4 Die abgebildete Wasserpumpe wird mit Benzin betrieben.

Der Tank fasst 4 Liter Benzin. Der Verbrauch pro Stunde beträgt 1,6 Liter.

a) Begründe, dass der Tankinhalt y (in ℓ) in Abhängigkeit von der Betriebsdauer x (in h) mithilfe der folgenden Funktionsgleichung beschrieben werden kann:
$y = -1{,}6x + 4$ oder $f(x) = -1{,}6x + 4$.

b) Zeichne den Graphen der Funktion in ein Koordinatensystem (x-Achse: 6 cm ≙ 1 h, y-Achse: 1 cm ≙ 0,5 ℓ).

c) Ermittle anhand des Graphen, wie viele Stunden die Pumpe mit diesem Tankinhalt betrieben werden kann.

5 Ein Gartenschwimmbecken fasst 20 000 ℓ Wasser.

3 000 Liter Wasser sind bereits eingefüllt. Pro Stunde kommen 1 000 Liter dazu.

a) Gib die Funktionsgleichung für den Füllvorgang an (Zeit: x (in h), Füllmenge: y (in ℓ)).

b) Zeichne den Graphen der Funktion in ein Koordinatensystem (x-Achse: 1 cm ≙ 2 h, y-Achse: 1 cm ≙ 2 000 ℓ).

c) Wie viel Liter Wasser sind nach vier Stunden im Becken?

d) Wie lange dauert der Füllvorgang?

e) Wie verändert sich der Graph der Funktion, wenn zu Beginn des Füllvorgangs bereits 5 000 ℓ Wasser im Becken sind (nur 800 ℓ Wasser pro Stunde hinzukommen)?

6 Eine Gruppe Jugendlicher legt nach einer Pause die letzte Etappe ihrer Radtour zurück. Das Weg-Zeit-Diagramm zeigt den zugehörigen Graphen.

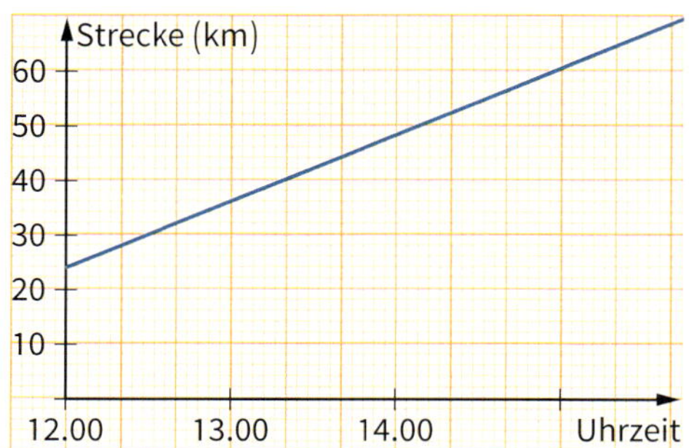

a) Beschreibe den Graphen.

b) Bestimme die Funktionsgleichung. Was gibt die Steigung hier an?

c) Frau Dengel startet um 13.30 Uhr am Anfang der Strecke und trifft im Ziel um 15.00 Uhr auf die Jugendgruppe. Bestimme ihre Durchschnittsgeschwindigkeit.

Arbeiten mit dem Computer: Lineare Funktionen

1 Leni möchte den Graphen einer allgemeinen linearen Funktion mit der Funktionsgleichung $y = m\,x$ zeichnen und m anschließend verändern. Dazu hat sie im Eingabefenster ihres Geometrie- und Algebraprogramms die zugehörige Funktionsgleichung $y = m\,x$ eingegeben.

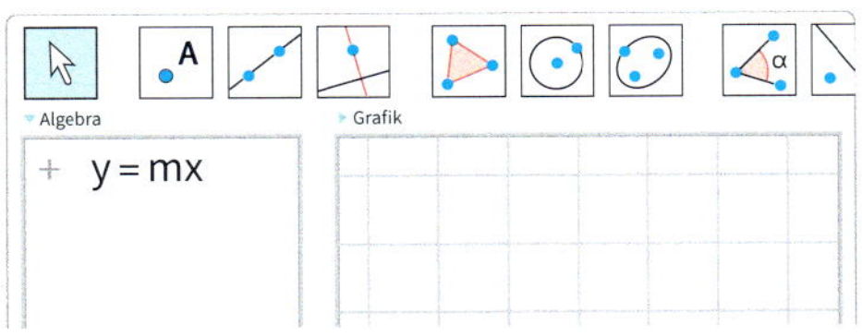

Nach dem Abschluss der Eingabe erscheint automatisch ein Schieberegler für m im Algebrafenster und der Graph zu $m = 1$ im Geometriefenster.

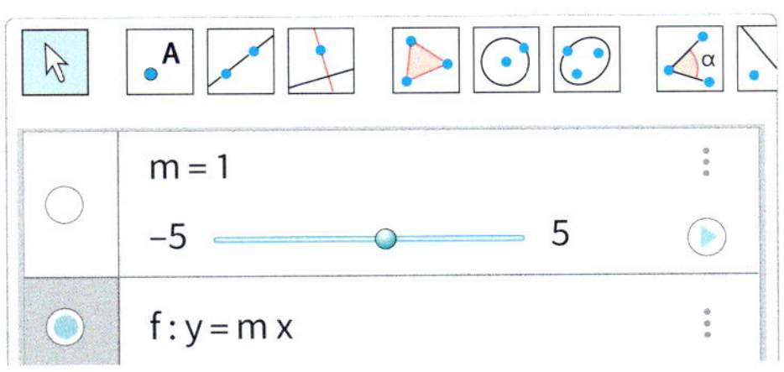

Durch einen Klick auf den weißen Punkt links vom Schieberegler erscheint der Schieberegler auch im Geometriefenster.

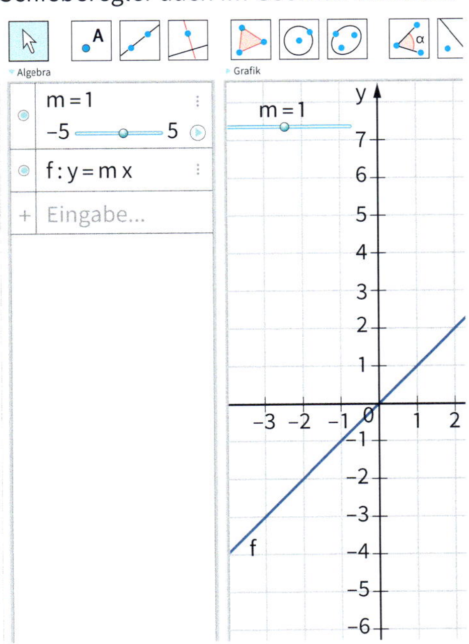

Erzeuge wie Leni den Graphen der Funktion. Verändere dann mithilfe des Schiebereglers m. Wie verändert sich die Gerade?

2 Um den Graphen einer allgemeinen linearen Funktion mit der Funktionsgleichung $y = m\,x + n$ zeichnen zu können, hat Leni im Eingabefenster ihres Geometrie- und Algebraprogramms die zugehörige Funktionsgleichung $y = m\,x + n$ eingegeben. Nach dem Abschluss der Eingabe erscheinen die Schieberegler für m und n automatisch im Algebrafenster und der Graph zu $m = 1$ und $n = 1$ im Geometriefenster. Durch Klicks auf die weißen Punkte links von den Schiebereglern erscheinen diese dann auch im Geometriefenster.

DGS
WES-117455-013

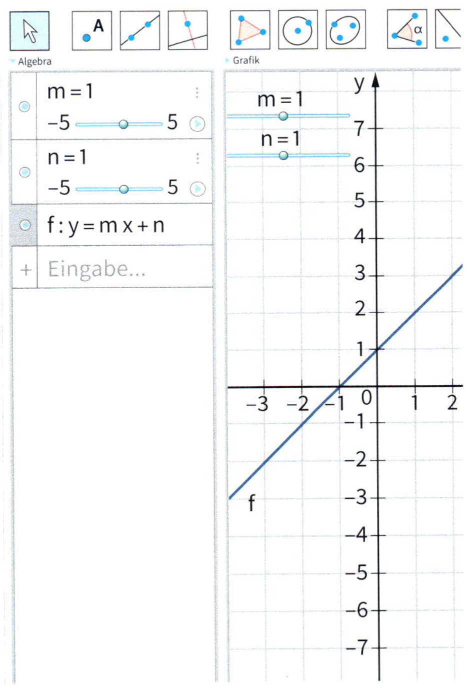

a) Verfahre wie Leni. Betätige die Schieberegler und verändere die Werte für m und n. Beschreibe, wie sich der Graph verändert.

b) Verändere durch einen Rechte-Maus-Klick auf den Schieberegler für m im Menü „Einstellungen" das Intervall für die Werte –3 bis 3 und die Schrittweite auf 0,1. Schalte durch einen weiteren Klick auf den Schieberegler im Menü „Einstellungen" die Animation ein und betrachte, wie sich Graph und Funktionsgleichung verändern.

c) Verfahre genauso mit dem Schieberegler für n.

WISSEN KOMPAKT

Eine **Funktion** ist eine **eindeutige Zuordnung**. Jedem Element x der **Definitionsmenge** (**D**) wird genau ein Element $y = f(x)$ der **Wertemenge** (**W**) zugeordnet. Beide Elemente bilden ein Wertepaar.

Zuordnungsvorschrift in Worten: Jeder Zahl $x \in D$ wird das Doppelte zugeordnet.

Pfeildiagramm

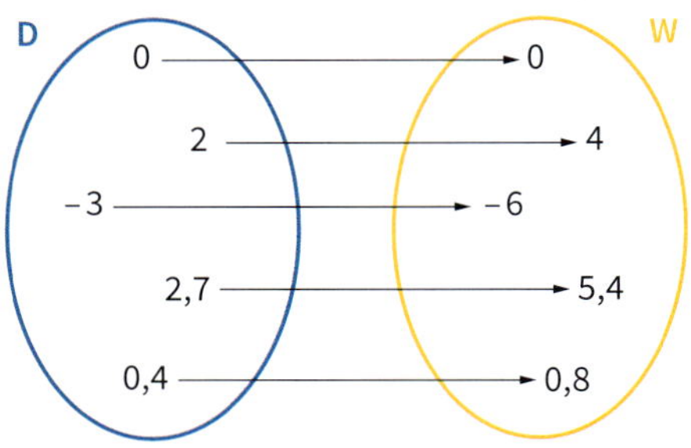

Wertetabelle

x	y
0	0
2	4
-3	-6
2,7	5,4
0,4	0,8

Wertepaar (2,7 | 5,4)

Koordinatensystem

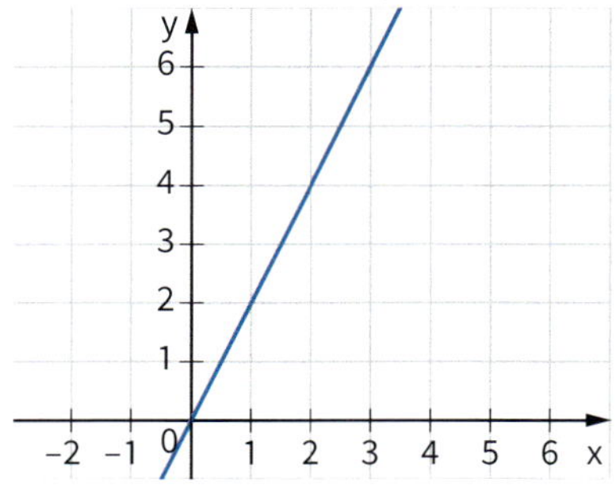

Zuordnungsvorschriften für Funktionen lassen sich häufig mithilfe von **Funktionsgleichungen** angeben.

Zuordnungsvorschrift in Worten: Jeder Zahl x wird das Doppelte zugeordnet.

Funktionsgleichung: $y = 2x$ oder $f(x) = 2x$

Funktionswert an der Stelle x = 3: $f(3) = 2 \cdot 3 = 6$ *lies:* f von 3 gleich 6

Wird die Definitionsmenge einer Funktion nicht angegeben, so gilt $D = \mathbb{R}$.

Funktionen mit der Funktionsgleichung $\mathbf{f(x) = m\,x}$ sind besondere lineare Funktionen. Die zugehörigen Funktionsgraphen sind **Geraden durch den Ursprung**.
m gibt die **Steigung** der Geraden an.

Funktionsgleichung: $f(x) = 2x$

Steigung: $m = 2$

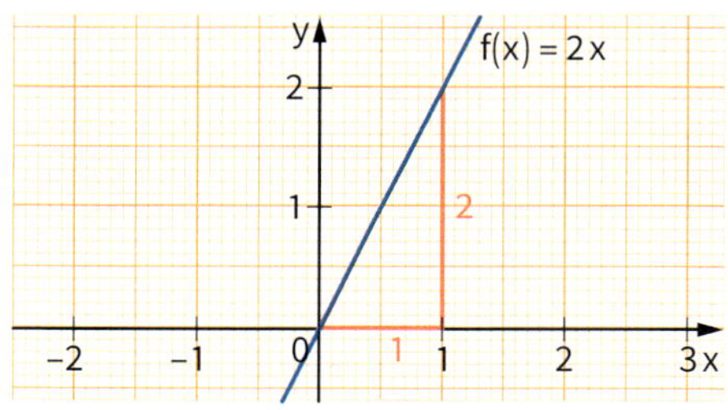

Funktionen mit der Funktionsgleichung
$\mathbf{f(x) = m\,x + n}$ heißen lineare Funktionen.
Ihre Funktionsgraphen sind **Geraden**.
m gibt die **Steigung** der Geraden und **n** den **y-Achsenabschnitt** an.

Funktionsgleichung: $f(x) = -0{,}75x + 1{,}5$
Steigung: $m = -0{,}75$
y-Achsenabschnitt: $n = 1{,}5$
Schnittpunkt mit der y-Achse: (0 | 1,5)

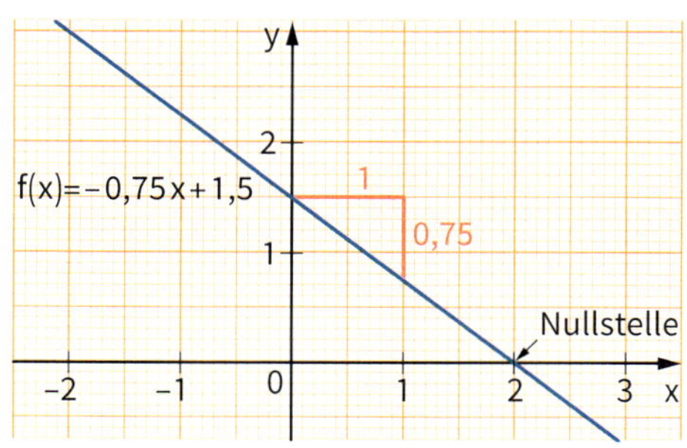

Die x-Koordinate des Schnittpunktes mit der x-Achse wird **Nullstelle** (x-Achsenabschnitt) der Funktion genannt.
Schnittpunkt mit der x-Achse: (2 | 0)

Nullstelle von f: $x = \boxed{2}$
$f(2) = -0{,}75 \cdot \boxed{2} + 1{,}5 = 0$

ÜBEN

1 Zeichne den Graphen der Funktion f in ein Koordinatensystem ($D = \mathbb{Q}$). Lege dazu zunächst eine Wertetabelle mit mindestens sechs Werten an.
a) $f(x) = 2{,}6\,x$ b) $f(x) = -4{,}1\,x$
c) $f(x) = \frac{2}{5}x$ d) $f(x) = -\frac{1}{4}x$

2 Überprüfe wie im Beispiel, ob die Punkte auf dem Funktionsgraphen von f liegen.

$f(x) = 4{,}5\,x$	$f(x) = 4{,}5\,x$
$P(4\,\vert\,18)$	$Q(-2\,\vert\,-8)$
$f(4) = 4{,}5 \cdot 4$	$f(-2) = 4{,}5 \cdot (-2)$
$f(4) = 18$	$f(-2) = -9$
$18 = 18$ (w)	$-9 = -8$ (f)
P liegt auf dem Graphen.	Q liegt nicht auf dem Graphen.

a) $f(x) = 2{,}5\,x$; $P(4\,|\,12)$; $Q(-2\,|\,-5)$
b) $f(x) = -3{,}5\,x$; $P(-6\,|\,21)$; $Q(4\,|\,-14)$
c) $f(x) = \frac{4}{5}x$; $P(-10\,|\,-8)$; $Q(4\,|\,3{,}6)$
d) $f(x) = -\frac{2}{3}x$; $P(-6\,|\,4)$; $Q(9\,|\,-7)$

3 Zeichne den Graphen der Funktion f ohne Wertetabelle in ein Koordinatensystem ($D = \mathbb{Q}$).
a) $f(x) = 2{,}7\,x$ b) $f(x) = -1{,}7\,x$
c) $f(x) = \frac{2}{7}x$ d) $f(x) = -\frac{3}{5}x$

4 Bestimme die Funktionsgleichung zu jedem im Koordinatensystem eingezeichneten Graphen.

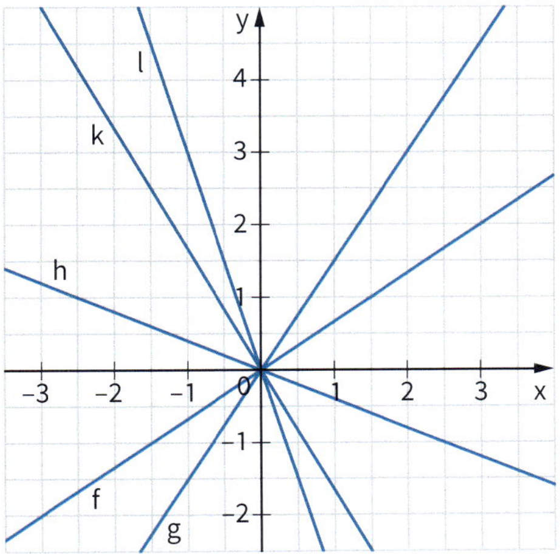

5 Zeichne den Graphen der Funktion f in ein Koordinatensystem ($D = \mathbb{Q}$). Lege dazu zunächst eine Wertetabelle mit mindestens sechs Werten an.
a) $f(x) = 2{,}6\,x + 1$ b) $f(x) = -4{,}1\,x + 2$
c) $f(x) = 0{,}7\,x - 3$ d) $f(x) = -0{,}3\,x - 0{,}6$

6 Zeichne den Graphen der Funktion f ohne Wertetabelle in ein Koordinatensystem ($D = \mathbb{Q}$). Bestimme dann die Nullstelle der Funktion.
a) $f(x) = 2{,}5\,x - 5$ b) $f(x) = -1{,}5\,x + 6$
c) $f(x) = 0{,}5\,x + 2{,}5$ d) $f(x) = -\frac{3}{4}x + 4$

7 Bestimme die Funktionsgleichungen der im Koordinatensystem eingezeichneten Graphen.

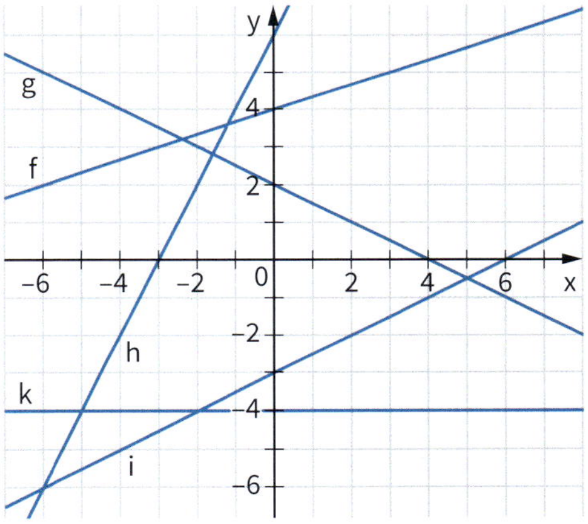

8 Zeichne die Gerade durch die angegebenen Punkte P und Q. Bestimme dann die zugehörige Funktionsgleichung.
a) $P(2\,|\,3)$; $Q(6\,|\,5)$ b) $P(1\,|\,9)$; $Q(6\,|\,4)$
c) $P(-2\,|\,8)$; $Q(4\,|\,-4)$ d) $P(-4\,|\,3)$; $Q(6\,|\,-2)$

9 Berechne den zum y-Wert zugehörigen x-Wert wie im Beispiel.

$y = f(x) = 26$
$f(x) = 3\,x + 2$

$3\,x + 2 = 26 \quad |-2$
$3\,x = 24 \quad |:3$
$x = 8$

a) $f(x) = 1{,}5\,x - 4$; $y = 5$
b) $f(x) = 2{,}5\,x + 7$; $y = 27$
c) $f(x) = 0{,}5\,x - 7$; $y = -5$

ÜBEN: Preise für Trink- und Schmutzwasser

Die Aufgaben auf dieser Seite kannst du auch in einer Gruppe bearbeiten. Beachte dazu die Hinweise auf Seite 224.

1 Die Kosten für Wasser und Abwasser werden von der Gemeinde festgesetzt.
1 m^3 Wasser kostet einschließlich Schmutzwassergebühr und ohne Zählergebühren 4,47 €.

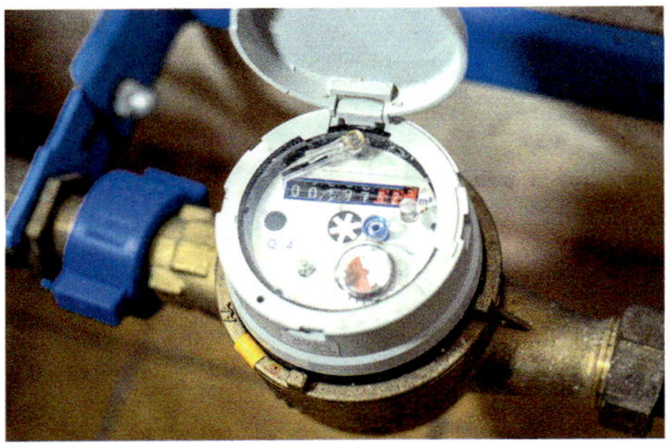

Pro-Kopf-Verbrauch in Liter pro Tag

Zweck	Liter
Toilettenspülung	42
Baden, Duschen	39
Wäsche waschen	18
Kochen, Trinken	4
Geschirr spülen	8
Körperpflege	8
Putzen	4
Blumen, Garten, Auto	9

Lara und Till berechnen die täglichen Kosten für Baden und Duschen in einem Vier-Personen-Haushalt. Sie runden die Kosten auf zwei Nachkommastellen.

$4 \cdot 39\,\ell = 156\,\ell$
$156\,\ell = 0{,}156\,m^3$ Wasser kosten
$4{,}47\,€ \cdot 0{,}156 \approx 0{,}70\,€$

a) Berechne die Wasserkosten für Baden und Duschen in einem Vier-Personen-Haushalt für eine Woche (einen Monat, ein Jahr).
b) Bestimme die Gleichung der Funktion, die der Zeitdauer x (in Tagen) die Kosten y (in €) zuordnet.
c) Zeichne den Graphen der Funktion.
d) Bestimme jeweils die Gleichungen der Funktion „Zeitdauer → Kosten" für die anderen genannten Zwecke.

2 a) Überprüfe mithilfe der Angaben in der Abrechnung den Preis für einen Kubikmeter Wasser aus Aufgabe 1.

Stadtwerke

Wasser-Abrechnung

Frischwasser:
Verbrauch: 134 m^3
Preis pro m^3 (einschließlich 7 % Mehrwertsteuer): 1,93 €
Verbrauchspreis:
$134\,m^3 \cdot 1{,}93\,€/m^3 = 258{,}62\,€$

jährlicher Grundpreis (einschließlich 7 % Mehrwertsteuer): 65,64 €

Gesamtpreis Frischwasser: **324,26 €**

Schmutzwasser:
Preis pro m^3: 2,54 €
Verbrauch: 134 m^3
Gesamtpreis Schmutzwasser:
$134\,m^3 \cdot 2{,}54\,€/m^3 =$ **340,36 €**

b) Bestimme die Gleichung der Funktion, die der Wassermenge x (in m^3) die Gesamtkosten y (in €) zuordnet. Übertrage die Wertetabelle in dein Heft und vervollständige sie.

Wassermenge (m^3)	20	40	60	80	100
Kosten (€)					

Wassermenge (m^3)	120	140	160	180
Kosten (€)				

c) Zeichne den Graphen der Funktion.

3 In einer anderen Gemeinde beträgt der Jahresgrundpreis 50 € und der Verbrauchspreis pro Kubikmeter 5 € (jeweils einschließlich Mehrwertsteuer).
a) Bestimme die Gleichung zur Berechnung der Gesamtkosten und zeichne den zugehörigen Graphen.
b) Wo schneidet die Gerade die y-Achse? Wodurch wird die Steigung der Geraden bestimmt?
c) Welche Gemeinde hat die günstigeren Preise? Begründe deine Meinung.

VERTIEFEN: x-Koordinate berechnen

1 Im Beispiel wird die fehlende x-Koordinate des Punktes P, der auf dem Graphen der angegebenen linearen Funktion liegt, bestimmt. Dazu wird zunächst der Graph gezeichnet und dann die fehlende Koordinate abgelesen. Anschließend werden zur Probe die beiden Koordinaten von P in die Funktionsgleichung eingesetzt.

$P(x|2{,}5)$; $f(x) = 0{,}5x - 1$

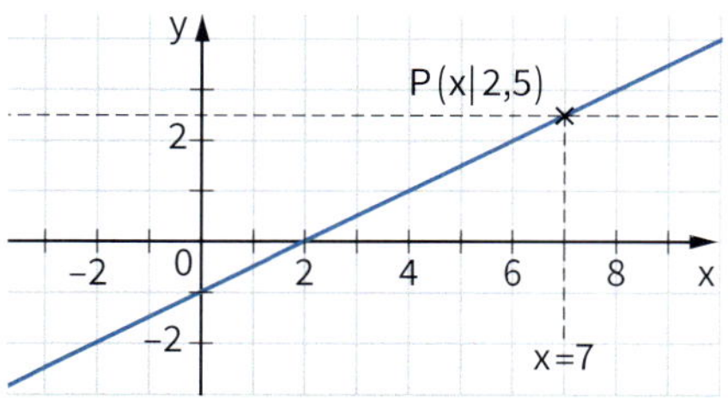

$P(7|2{,}5)$

$f(x) = 0{,}5x - 1$

$2{,}5 = 0{,}5 \cdot 7 - 1$

$2{,}5 = 2{,}5 \quad (w)$

Verfahre wie im Beispiel.

a) $f(x) = 3x - 4$; $\quad P(x|5)$

b) $f(x) = -2x + 1$; $\quad P(x|0)$

c) $f(x) = 1{,}5x - 2$; $\quad P(x|-5)$

d) $f(x) = -0{,}5x + 4$; $\quad P(x|0)$

2 Im Beispiel wird die fehlende x-Koordinate des Punktes P, der auf dem Graphen von f liegt, berechnet.

$P(x|39)$; $f(x) = -3x + 6$

Die Koordinaten des Punktes P müssen die Funktionsgleichung erfüllen.

$f(x) = -3x + 6 \qquad f(x) = 39$

$-3x + 6 = 39 \quad |-6$

$-3x = 33 \quad |:(-3)$

$x = -11$

$f(-11) = 39 \qquad P(-11|39)$

Der Funktionswert $y = 39$ wird an der Stelle $x = -11$ angenommen.

Berechne die x-Koordinate von P.

a) $P(x|-9)$; $\quad f(x) = -1{,}5x - 3$

b) $P(x|4)$; $\quad f(x) = 2{,}5x + 9$

c) $P(x|0)$; $\quad f(x) = 0{,}8x - 2{,}4$

3 Zeichne den Graphen der angegebenen linearen Funktion. Bestimme anhand des Graphen die Stelle x, an der der Graph die x-Achse schneidet.

a) $f(x) = -0{,}5x + 4$ b) $f(x) = 2x - 4$

c) $f(x) = 0{,}5x - 3$ d) $f(x) = -2{,}5x - 5$

e) $f(x) = 1{,}5x - 4{,}5$ f) $f(x) = -1{,}5x + 6$

g) $f(x) = -2x - 5$ h) $f(x) = -3x - 7{,}5$

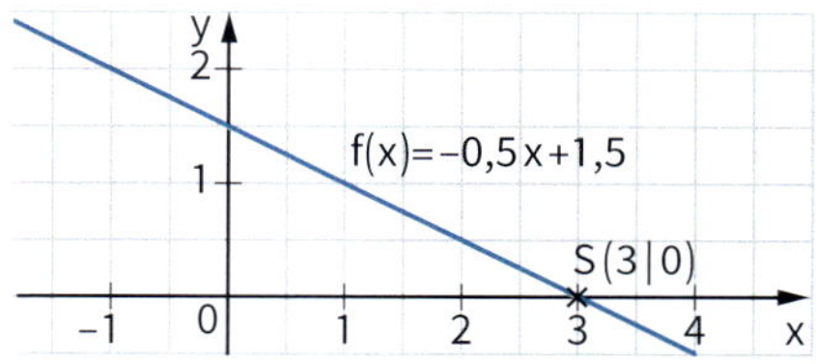

Der Schnittpunkt S des Funktionsgraphen einer linearen Funktion f mit der x-Achse hat die y-Koordinate **0**: **S (x | 0)**.

Es gilt die Gleichung: **f (x) = 0**

$f(x) = -0{,}5x + 1{,}5 \qquad S(3|0)$

$f(3) = -0{,}5 \cdot 3 + 1{,}5$

$f(3) = 0$

Nullstelle von f: x = 3

Die **x-Koordinate** von S wird **Nullstelle** (x-Achsenabschnitt) der Funktion f genannt.

4 Berechne die Nullstelle wie im Beispiel.

$f(x) = -0{,}5x + 1{,}6$

$f(x) = 0$

$-0{,}5x + 1{,}6 = 0 \quad |-1{,}6$

$-0{,}5x = -1{,}6 \quad |:(-0{,}5)$

$x = 3{,}2$

Nullstelle von f: $x = 3{,}2$

a) $f(x) = 2x - 8{,}4$ b) $f(x) = 5x + 19$

c) $f(x) = -4x - 17$ d) $f(x) = \frac{2}{3}x + 2{,}4$

e) $f(x) = -\frac{2}{3}x - 8$ f) $f(x) = -\frac{7}{8}x - 16$

5 Gibt es lineare Funktionen, die keine Nullstelle (unendlich viele Nullstellen) haben? Begründe deine Antwort.

VERTIEFEN: Funktionsgleichungen berechnen

1 Eine Gerade mit positiver Steigung m verläuft durch die Punkte P und Q. Berechne wie im Beispiel die Steigung mithilfe der Koordinaten von P und Q.

Punkte: P(2 | 1); Q(5 | 3)

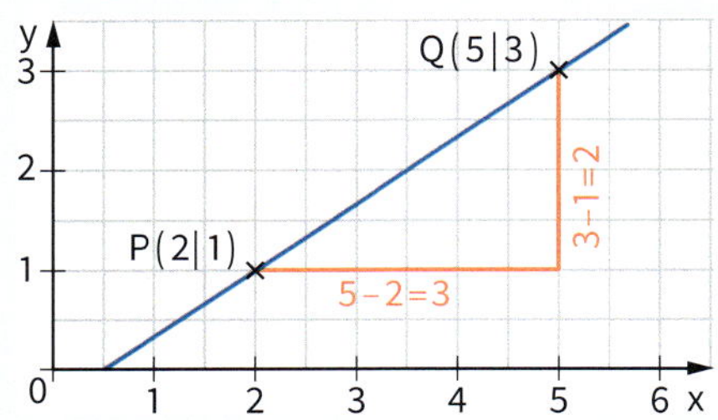

$m = \frac{3-1}{5-2} = \frac{2}{3}$

a) P(1 | 2); Q(5 | 4) b) P(2 | 0); Q(4 | 3)
c) P(2 | 1); Q(7 | 9) d) P(−2 | −1); Q(3 | 5)

2 Eine Gerade mit negativer Steigung m verläuft durch die Punkte P und Q. Berechne wie im Beispiel die Steigung mithilfe der Koordinaten von P und Q. Entscheide dich für einen Lösungsweg.

Punkte: P(1 | 4); Q(5 | 2)

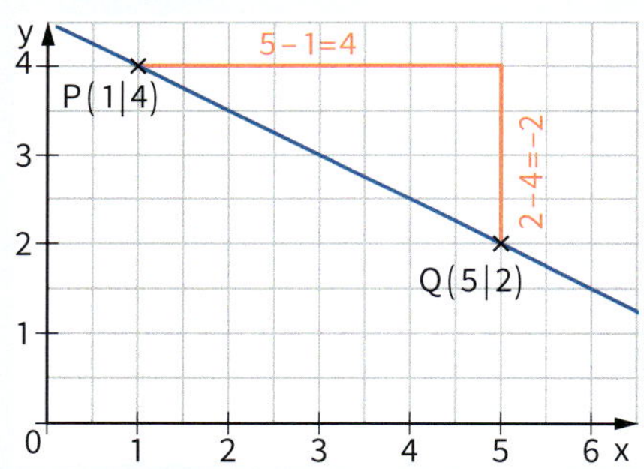

$m = \frac{2-4}{5-1} = \frac{-2}{4} = -0{,}5$

$m = \frac{4-2}{1-5} = \frac{2}{-4} = -0{,}5$

a) P(2 | 6); Q(4 | 3) b) P(1 | 7); Q(5 | 2)
c) P(−1 | 4); Q(3 | 1) d) P(−2 | 5); Q(2 | −4)

Für die Steigung einer Geraden durch die Punkte $P(x_1 | y_1)$ und $Q(x_2 | y_2)$ gilt allgemein (für $x_1 \neq x_2$):

$$\mathbf{m = \frac{y_2 - y_1}{x_2 - x_1}}$$

3 Im Beispiel siehst du, wie die Funktionsgleichung einer Geraden berechnet wird, die durch die Punkte P(−2 | 3) und Q(3 | 1) geht.

Punkte: P(−2 | 3); Q(3 | 1)

1. Berechne die Steigung m aus den Koordinaten der Punkte P und Q.

   $m = \frac{y_2 - y_1}{x_2 - x_1} = \frac{1-3}{3-(-2)} = \frac{-2}{5} = -0{,}4$

2. Berechne den y-Achsenabschnitt n. Setze dazu die Koordinaten von P (oder Q) sowie die Steigung m in die Funktionsgleichung f(x) = m x + n ein.

   $f(-2) = -0{,}4 \cdot (-2) + n$ und $f(-2) = 3$

   $-0{,}4 \cdot (-2) + n = 3$
   $0{,}8 + n = 3 \quad | -0{,}8$
   $n = 2{,}2$

3. Setze die Werte für m und n in die Funktionsgleichung f(x) = m x + n ein.

   $f(x) = -0{,}4\,x + 2{,}2$

Berechne die Funktionsgleichung der Geraden durch P und Q.

a) P(−1 | 6); Q(1 | 2)
b) P(−2 | 4); Q(4 | 1)
c) P(−2 | 1); Q(2 | −5)
d) P(−2 | −1); Q(8 | −5)
e) P(3 | 9); Q(5 | 14)
f) P(2 | 1); Q(−3 | −7)

4 Überprüfe durch Rechnung, ob die Punkte P, Q und R auf einer Geraden liegen. Berechne dazu zunächst die Funktionsgleichung der Geraden, die durch zwei der drei Punkte geht. Überprüfe dann, ob die Koordinaten des dritten Punktes die Funktionsgleichung erfüllen,

a) P(2 | 2); Q(5 | 11); R(−1 | −7)
b) P(0 | 3); Q(4 | 13); R(52 | 133)
c) P(−3 | 14); Q(2 | 9); R(4 | 6)
d) P(−4 | 22); Q(0 | −2); R(3 | −20)
e) P(5 | −1); Q(1 | −3); R(−1 | −3)
f) P(7 | −3); Q(−1 | 9); R(3 | 3)

AUSGANGSTEST

1 Zeichne den Graphen der Funktion ohne Wertetabelle in ein Koordinatensystem ($D = \mathbb{Q}$).
a) $y = 1{,}5x$ b) $y = 1{,}5x + 3$
c) $y = -2x - 1$ d) $y = \frac{3}{4}x - 3{,}5$

2 Die Funktion f hat die Funktionsgleichung $y = 0{,}5x - 1$. Zeichne den Graphen von f in ein Koordinatensystem. Bestimme anhand des Graphen zu dem Funktionswert 1 (2; –0,5; 0; 1,5) den zugehörigen x-Wert.

3 Bestimme die Funktionsgleichungen der im Koordinatensystem eingezeichneten Graphen.

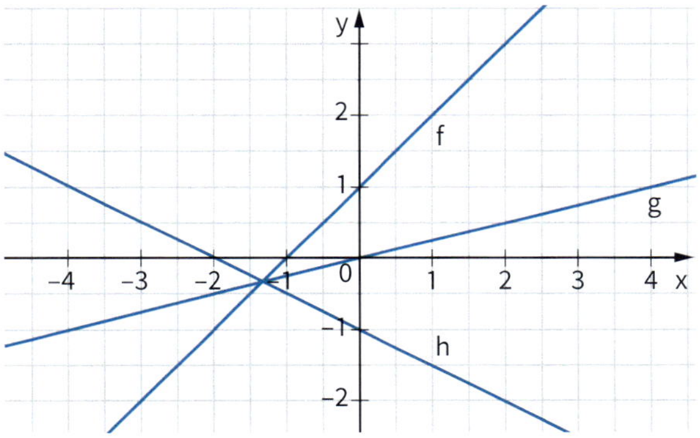

4 Berechne die Funktionsgleichung der Geraden durch P und Q.
a) P(2 | 3); Q(7 | 13) b) P(–3 | 5); Q(1 | –7)

5 Die Flurbeleuchtung eines Mehrfamilienhauses verbraucht pro Stunde 0,3 kW elektrische Energie. Ersetzt man die Energiesparlampen durch LED-Lampen, sinkt der Energiebedarf auf 0,12 kWh. Eine Kilowattstunde elektrische Energie kostet 0,28 €.
a) Berechne für beide Beleuchtungsarten die Kosten bei einer Betriebsdauer von 5 h (12 h, 20 h, 160 h).
b) Gib jeweils die Gleichung der Funktion an, die der Betriebsdauer x (in h) die Kosten y (in €) zuordnet.
c) Zeichne für beide Beleuchtungsarten den Graphen der Funktion.

6 Ein Energieversorgungsunternehmen bietet den Tarif „Standard 02“ an. Der Grundpreis pro Monat beträgt einschließlich der Umsatzsteuer 7,50 €, der Arbeitspreis beträgt 40 Cent pro Kilowattstunde.
a) Berechne die Gesamtkosten bei einem Jahresverbrauch von 1 000 kWh (2 000 kWh, 4 000 kWh, 5 000 kWh).
b) Gib die Gleichung der Funktion an, die dem jährlichen Verbrauch x (in kWh) die Gesamtkosten y (in €) zuordnet.
c) Zeichne den Graphen der Funktion.
d) Im Tarif „Super“ beträgt der Grundpreis pro Monat 25 € und der Arbeitspreis 30 Cent pro Kilowattstunde (einschließlich Umsatzsteuer). Bei welchem Jahresverbrauch ist dieser Tarif günstiger als der Tarif „Standard 02“?

Ich kann …

	Aufgabe	Hilfen und Aufgaben	
Graphen zu linearen Funktionen mit der Funktionsgleichung $f(x) = mx + n$ zeichnen.	1, 2	Seite 71 – 76, 81	I
zu einem vorgegebenen Funktionswert anhand des Graphen den zugehörigen x-Wert ablesen.	2	Seite 76	
die Funktionsgleichung linearer Funktionen der Form $f(x) = mx + n$ anhand des Graphen bestimmen.	3	Seite 75, 81	II
die Funktionsgleichung einer Geraden durch zwei Punkte P und Q berechnen.	4	Seite 76, 81, 84	
Sachsituationen mithilfe linearer Funktionen beschreiben.	5, 6	Seite 77, 78, 82	
Sachprobleme mithilfe linearer Funktionen lösen.	6	Seite 77, 78, 82	III

5 Lineare Gleichungssysteme

Energieversorgungsunternehmen bieten elektrische Energie zu unterschiedlichen Preisen (Tarifen) an. Die Gesamtkosten bestehen in der Regel aus festen Kosten (dem Grundpreis) und verbrauchsabhängigen Kosten (dem Verbrauchspreis). Der Verbrauch wird in Kilowattstunden (kWh) angegeben.

Herr Weber sucht in einem Vergleichsportal nach einem neuen Stromtarif.

Bist du fit für dieses Kapitel? Eingangstest auf Seite 202

In diesem Kapitel ...

- *lernst du, dass lineare Gleichungen mit zwei Variablen ein lineares Gleichungssystem bilden.*
- *löst du lineare Gleichungssysteme grafisch, rechnerisch und durch Probieren.*
- *löst du Sachaufgaben mithilfe linearer Gleichungssysteme.*

Wir vergleichen Kosten für die elektrische Energie

Im Koordinatensystem wird für beide Tarife der Zusammenhang zwischen dem Jahresverbrauch an Energie und den zugehörigen Kosten grafisch dargestellt.

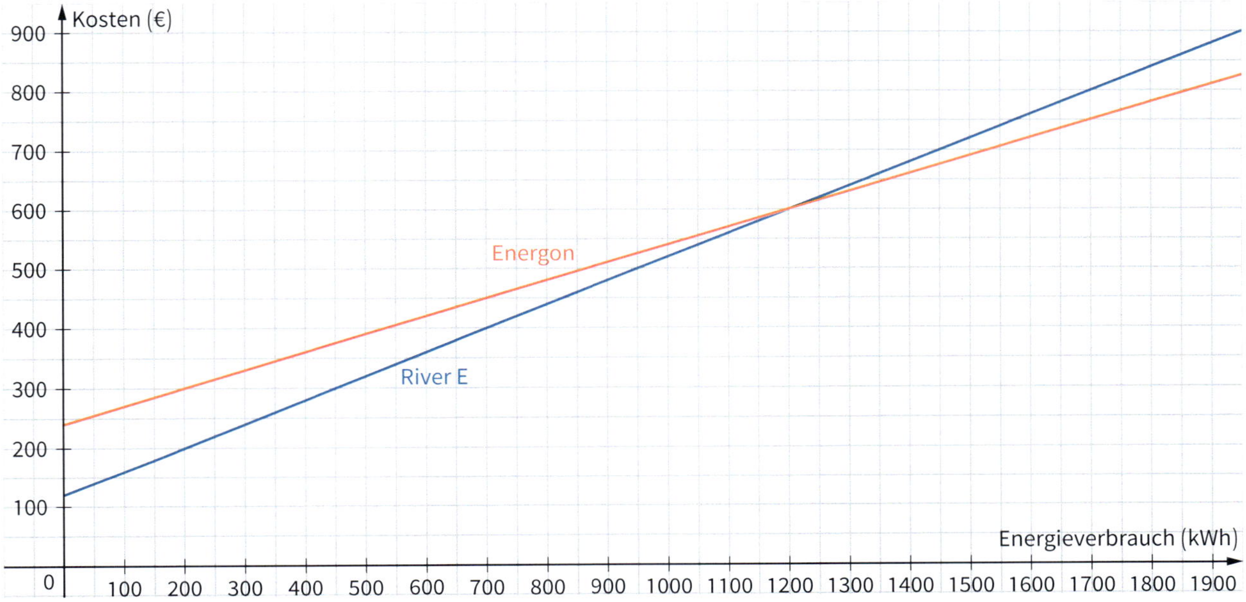

- Welche Informationen kannst du den einzelnen Graphen entnehmen?
- Welche Bedeutung hat der Schnittpunkt?

Im Internet findest du mehrere Vergleichsportale mit unterschiedlichen Energieversorgungsunternehmen und ihren Tarifangeboten.

- Vergleiche die unterschiedlichen Tarifangebote in deiner Region.

Lineare Gleichungen – lineare Funktionen

Video
WES-117455-014

1 Der Umfang eines Rechtecks beträgt 20 cm.

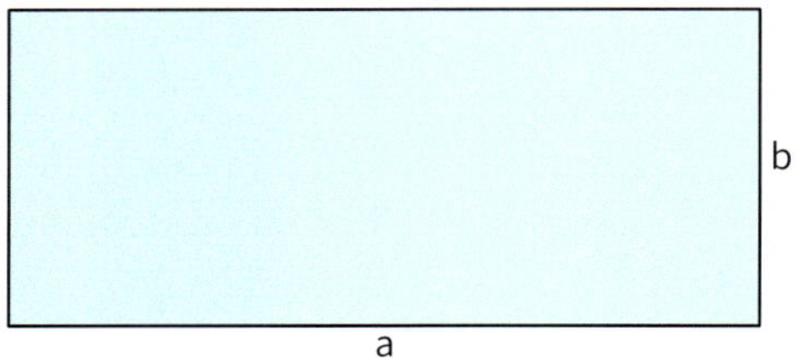

$2a + 2b = 20$

a) Bestimme jeweils zu der angegebenen Länge a die zugehörige Breite b.

Länge a (cm)	6	6,5	7	7,5	8	8,5	9
Breite b (cm)	▪	▪	▪	▪	▪	▪	▪

b) Wähle drei weitere Längen und bestimme jeweils die zugehörige Breite.
c) Wie viele unterschiedliche Rechtecke gibt es, die einen Umfang von 20 cm haben?

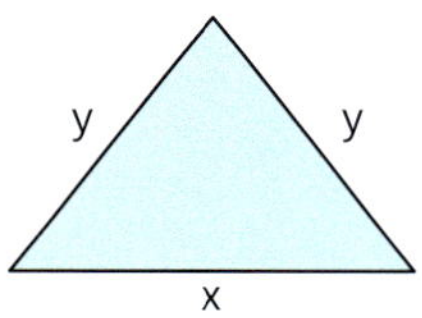

2 Der Umfang eines gleichschenkligen Dreiecks beträgt 40 cm. Diese Bedingung lässt sich auch als lineare Gleichung mit zwei Variablen schreiben:

$$x + 2y = 40$$

Das Zahlenpaar (16 | 12) ist eine Lösung der Gleichung:

$$x + 2y = 40$$
$$16 + 2 \cdot 12 = 40 \quad w$$

a) Überprüfe durch Einsetzen, ob das Zahlenpaar (15 | 13) Lösung der Gleichung ist.
b) Gib vier weitere Zahlenpaare an, die Lösungen der Gleichung sind.

3 Die lineare Gleichung $2x - y = 10$ enthält zwei Variablen.
a) Überprüfe jeweils durch Einsetzen, ob die Zahlenpaare (8 | 6), (−2 | −14), (6,2 | 2,2), (1,8 | −7,4), $\left(5\frac{1}{6} \middle| \frac{1}{3}\right)$ Lösungen der Gleichung sind.
b) Gib fünf weitere Zahlenpaare an, die Lösungen der Gleichung sind.

Lineare Gleichungen mit zwei Variablen

$6x + 2y = 140$ $\qquad a = 4b - 5$

$0{,}6y - 0{,}8 = 0{,}2x$ $\qquad \frac{1}{2}u = \frac{1}{4}v + \frac{1}{8}$

Bei einer linearen Gleichung mit zwei Variablen kann jede der Variablen durch eine reelle Zahl ersetzt werden.

x-Wert	y-Wert	Einsetzen in $3x - 2y = 7$	
5	4	$3 \cdot 5 - 2 \cdot 4 = 7$	w
4	2,5	$3 \cdot 4 - 2 \cdot 2{,}5 = 7$	w
2	1	$3 \cdot 2 - 2 \cdot 1 = 7$	f

Die Lösungen der Gleichung sind Zahlenpaare.

L = {(5 | 4), (4 | 2,5), (1,5 | −1,25), ...}

Die Lösungsmenge L besteht aus unendlich vielen Zahlenpaaren.

4 Überprüfe durch Einsetzen, ob die Zahlenpaare Lösungen der Gleichung sind.

a) $3x + 2y = 120$ (10 | 45), (60 | −30)
b) $7x - 5y = 9$ (1 | 2), (−3 | −6)
c) $0{,}5x + 3 = 2y$ (12 | 5), (4,8 | 2,7)
d) $2a = 3b + 6$ (−1 | −3), (3 | 0)
e) $\frac{1}{2}u - v = -2$ (−4 | 0), (−1,2 | 1,4)
f) $\frac{1}{2}a - \frac{1}{4}b = 6$ (14 | 2), $\left(-\frac{1}{2} \middle| -25\right)$

5 Bei der linearen Gleichung $y = 3x + 2$ erhältst du zu jedem x-Wert den zugehörigen y-Wert, indem du den x-Wert in die Gleichung einsetzt und den y-Wert ausrechnest. Übertrage die Tabelle in dein Heft und vervollständige sie.

x	4	5	5,5	6,2	−4	−3,8	−0,7
y	$3 \cdot 4 + 2$	▪	▪	▪	▪	▪	▪
(x | y)	(4 | 14)	▪	▪	▪	▪	▪	▪

Lineare Gleichungen – lineare Funktionen

6 Die lineare Gleichung $2y - 4x = 18$ hat Jakub durch Auflösen nach y in ihre Normalform $y = 2x + 9$ umgeformt. Danach hat er durch Einsetzen den zu $x = 4$ zugehörigen y-Wert bestimmt.

Gleichung: $2y - 4x = 18 \quad | +4x$

$2y = 4x + 18 \quad | :2$

Normalform: $y = 2x + 9$

x-Wert $\boxed{4}$ eingesetzt: $y = 2 \cdot \boxed{4} + 9$

$y = 17$

Probe: $2 \cdot 17 - 4 \cdot 4 = 18$ w

Das Zahlenpaar $(4 | 17)$ ist eine Lösung der Gleichung.

a) Berechne mithilfe der Normalform den zum x-Wert 2 (−4; 4,3; −6,3) gehörigen y-Wert und gib die Lösung an.
b) Mache die Probe. Setze dazu die Lösungen in die Ausgangsgleichung ein und zeige, dass sie diese in eine wahre Aussage überführen.

7 Forme die Gleichung in die Normalform um, indem du nach y auflöst. Berechne den zum x-Wert 3 (11; −2; 0,6) gehörigen y-Wert. Zeige durch Einsetzen, dass das zugehörige Zahlenpaar auch eine Lösung der Ausgangsgleichung ist.

a) $12x + 6y = 42$
b) $4y + 4x = -8$
c) $4y - 8x = 64$
d) $2y - 6x = -18$
e) $6x + 2y = 0$
f) $3y - 15x = 0$
g) $6 - y = 3x$
h) $12 - 4y = 36x$

8 Der Umfang eines Rechtecks beträgt 50 cm.
a) Schreibe die zugehörige lineare Gleichung auf. Benutze a für die Länge und b für die Breite des Rechtecks.
b) Forme die Gleichung in die Normalform um, indem du nach b auflöst.
c) Berechne mithilfe der Normalform die zu der Länge a = 7,5 cm (11,2 cm) gehörige Breite b und gib die Lösung an.

Eine lineare Gleichung mit zwei Variablen kann in die Normalform **y = m x + n** umgeformt werden.

$4y + 6x = 20 \quad | -6x$

$4y = -6x + 20 \quad | :4$

$y = -1,5x + 5$

x-Wert $\boxed{7}$ eingesetzt:

$y = -1,5 \cdot \boxed{7} + 5$

$y = -5,5$

Das Zahlenpaar $(7 | -5,5)$ ist eine Lösung der Gleichung $4y + 6x = 20$.

Lösungen der Normalform sind auch Lösungen der Ausgangsgleichung.

9 Forme um in die Normalform.

$4x - 2y = 6 \quad | -4x$

$-2y = -4x + 6 \quad | :(-2)$

$y = 2x - 3$

a) $12x - 6y = 24$
b) $6x - 4y = -12$
c) $7y + 21x = 84$
d) $-8x + 4y = 100$
e) $-18y - 54x = 90$
f) $3x - 1,5y = 6$
g) $10x - 2,5y = 5$
h) $3x + 0,5y = -4$

10 Löse nach y auf und bestimme den zum x-Wert gehörigen y-Wert. Mache die Probe.

a)

Ausgangsgleichung	x-Wert
$8x + 2y = 16$	5
$4y - 16x = 20$	13
$15x - 5y = 25$	−7
$12x - 3y = -51$	2,4

b)

Ausgangsgleichung	x-Wert
$9y - 36x = -81$	3,6
$75x + 15y = 105$	−2,6
$3y - 21 = 6x$	4,9
$11y + 66 = 121x$	$\frac{1}{2}$

Lineare Gleichungen – lineare Funktionen

11 Die lineare Gleichung $y = 0{,}5x + 2$ kann auch als Funktionsgleichung einer linearen Funktion aufgefasst werden. Der zugehörige Funktionsgraph ist eine Gerade.

Gleichung:	$y = 0{,}5x + 2$
Steigung:	$m = 0{,}5$
y-Achsenabschnitt:	$n = 2$

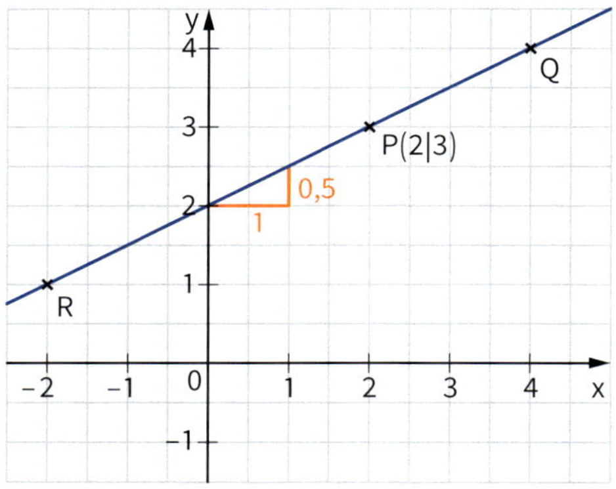

Der Punkt P (2 | 3) liegt auf dieser Geraden. Setzt du seine Koordinaten in die Gleichung ein, erhältst du eine wahre Aussage.

Punkt der Geraden:	P(2 | 3)
Funktionsgleichung:	$y = 0{,}5x + 2$
Setze ein:	
$x = 2,\ y = 3$	$3 = 0{,}5 \cdot 2 + 2$
	$3 = 3$ w

Bestimme mithilfe der Zeichnung die Koordinaten der Punkte Q und R. Setze ihre Koordinaten jeweils in die Funktionsgleichung ein und prüfe, ob du eine wahre Aussage erhältst.

12 Eine lineare Gleichung mit zwei Variablen hat die Normalform $y = -2x + 3$.

a) Zeichne den Graphen der linearen Funktion mit dieser Funktionsgleichung.

b) Berechne durch Einsetzen in die Normalform den zum x-Wert 3 (– 1; 1,5; – 0,5; – 1,5) gehörenden y-Wert. Trage das Zahlenpaar als Punkt in dein Koordinatensystem ein. Was stellst du fest?

13 Zeichne den zu der linearen Gleichung gehörigen Graphen. Bestimme mithilfe deiner Zeichnung die fehlenden Koordinaten der Punkte P (3 | y) und Q (– 1 | y). Überprüfe, ob die Koordinaten der Punkte P und Q auch Lösungen der Gleichung sind.

a) $y = 2x - 1$
b) $y = 1{,}5x - 3$
c) $y = x + 2$
d) $y = 2{,}5x - 4$
e) $y = -2x + 2$
f) $y = -1{,}5x + 1$
g) $y = -x - 2{,}5$
h) $y = -3x + 6{,}5$

Die Normalform einer linearen Gleichung mit zwei Variablen kann als Funktionsgleichung einer linearen Funktion aufgefasst werden.

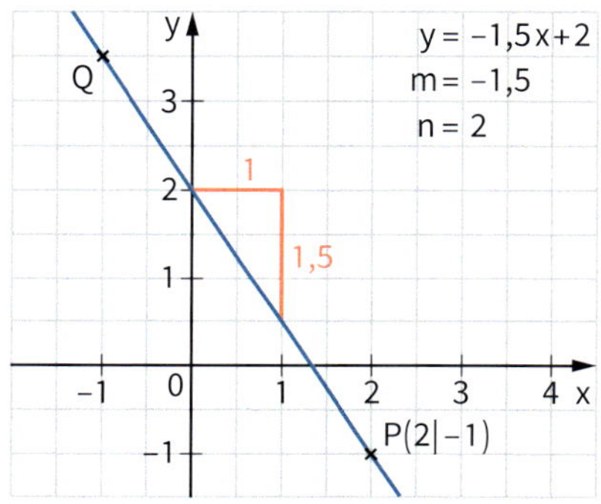

Funktionsgleichung: $y = -1{,}5x + 2$

Für den zu der linearen Gleichung gehörigen Funktionsgraphen gilt: Die Koordinaten eines Punktes der Geraden sind eine Lösung der Gleichung.

Punkt der Geraden: P (2 | – 1)
x = 2 und y = – 1 eingesetzt:

$-1 = -1{,}5 \cdot 2 + 2$
$-1 = -1$ w

Ein Zahlenpaar, das die Gleichung erfüllt, liegt als Punkt auf der Geraden.

x-Wert – 1 eingesetzt:

$y = -1{,}5 \cdot (-1) + 2$
$y = 3{,}5$

Lösung der Gleichung: (– 1 | 3,5)
Q (– 1 | 3,5) ist ein Punkt der Geraden.

Grafische Lösung linearer Gleichungssysteme

1 Ein Rechteck mit den Seitenlängen x und y erfüllt die in der Tabelle beschriebenen Bedingungen.

Text	Gleichung
Der Umfang eines Rechtecks beträgt 20 cm.	$2x + 2y = 20$
Die Seitenlänge y ist um 2 cm größer als die Seitenlänge x.	$y = x + 2$

a) Löse die erste Gleichung nach y auf und zeichne anschließend die beiden Graphen.
b) Lies die Koordinaten des Schnittpunktes ab und setze sie in beide Gleichungen ein. Was stellst du fest?

2 Die beiden linearen Gleichungen $y = 2x + 1$ und $y = -x + 7$ bilden zusammen ein lineares Gleichungssystem.

I $y = 2x + 1$
II $y = -x + 7$

Zeichne die beiden zugehörigen Geraden in ein Koordinatensystem und bestimme den Schnittpunkt S beider Geraden. Zeige durch Einsetzen, dass die Koordinaten des Schnittpunktes eine Lösung beider Gleichungen sind.

3 Bestimme grafisch die Lösung des Gleichungssystems, indem du die zugehörigen Geraden zeichnest und ihren Schnittpunkt bestimmst.
Mache die Probe, indem du die Koordinaten des Schnittpunktes in beide Gleichungen einsetzt.

a) $y = 2x - 1$
$y = -x + 5$

b) $y = x + 2$
$y = -3x + 6$

c) $y = 1{,}5x - 4$
$y = -x + 6$

d) $y = 3x - 1$
$y = 0{,}5x + 4$

e) $y = -0{,}5x - 0{,}5$
$y = -x + 2$

f) $y = 1{,}5x - 1$
$y = 2x - 3$

Lösungen zu Aufgabe 3:
(4 | 2) (2 | 5) (2 | 3) (1 | 3) (4 | 5) (5 | −3)

Zwei lineare Gleichungen mit zwei Variablen bilden ein **lineares Gleichungssystem**.

Lineares Gleichungssystem:
I $y = x - 2{,}5$
II $y = -0{,}5x + 2$

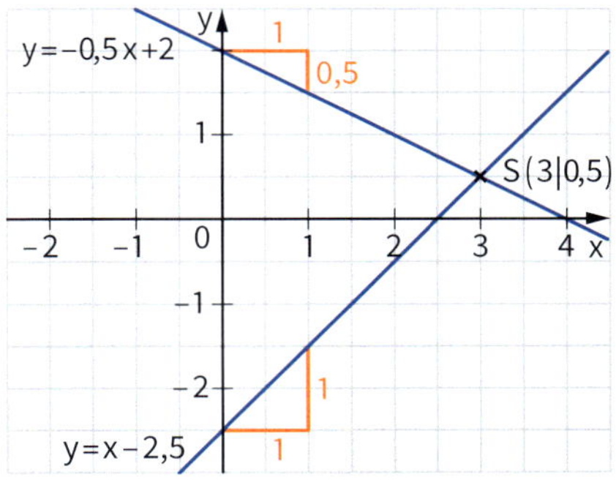

Schnittpunkt: S (3 | 0,5)

Einsetzen der Schnittpunktkoordinaten:

I $0{,}5 = 3 - 2{,}5$ w
II $0{,}5 = -0{,}5 \cdot 3 + 2$ w

Lösungsmenge: $L = \{(3 | 0{,}5)\}$

Für ein lineares Gleichungssystem aus zwei Gleichungen mit zwei Variablen gilt: Die Koordinaten des Schnittpunktes S der zugehörigen Geraden erfüllen beide Gleichungen. Sie sind die Lösung des linearen Gleichungssystems.

Video
WES-117455-015

4 Bestimme grafisch die Lösung des Gleichungssystems. Forme beide Gleichungen zunächst jeweils in ihre Normalform um. Mache die Probe, indem du die Koordinaten des Schnittpunktes in beide Ausgangsgleichungen einsetzt.

a) $2x + 2y = 14$
$6x - 3y = 15$

b) $3x + 3y = 6$
$5y + 15x = -10$

c) $9 - 3y = 3x$
$2y - x = -9$

d) $4y - 2x = -3$
$2y + x = -4{,}5$

e) $4x + 4y = -8$
$x - 2y = -8$

f) $3x - 6y = 12$
$3x + 6y = 24$

Lösungen zu Aufgabe 4:
(4 | 3) (5 | −2) (−4 | 2) (−1,5 | −1,5)
(6 | 1) (−2 | 4)

Grafische Lösung linearer Gleichungssysteme

I $y = 0{,}5x + 1$
II $y = 0{,}5x - 1$

5 Die beiden linearen Gleichungen $y = 0{,}5x + 1$ und $y = 0{,}5x - 1$ bilden ein lineares Gleichungssystem.

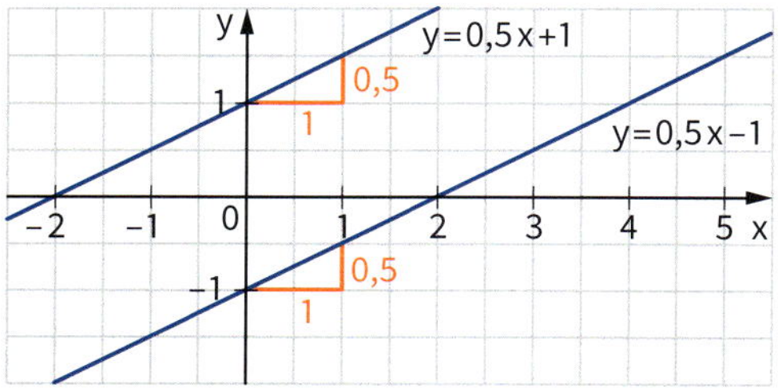

Bestimme grafisch die Lösungsmenge. Was stellst du fest? Begründe deine Antwort.

6 Die beiden linearen Gleichungen $4y - 8x = -16$ und $14x - 7y = 28$ bilden ein lineares Gleichungssystem.
a) Forme beide Gleichungen jeweils in ihre Normalform um und bestimme grafisch die Lösungsmenge. Was stellst du fest? Begründe deine Antwort.
b) Gib drei Lösungen des Gleichungssystems an.

Video
WES-117455-016

Lösungsmenge linearer Gleichungssysteme

Die Lösungsmenge linearer Gleichungssysteme mit zwei Variablen kann keine, eine oder unendlich viele Lösungen enthalten.

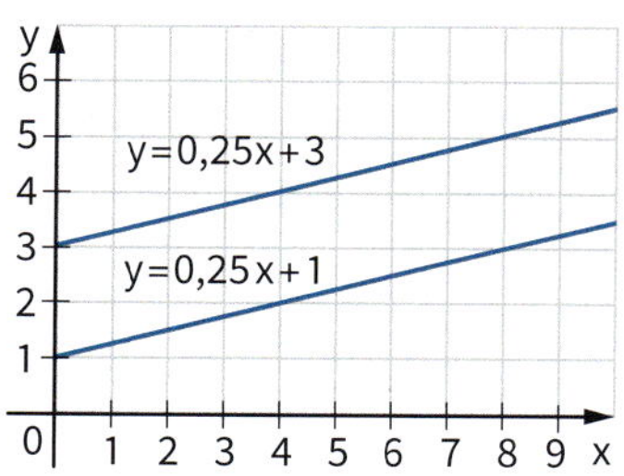

keine Lösung: L = { }

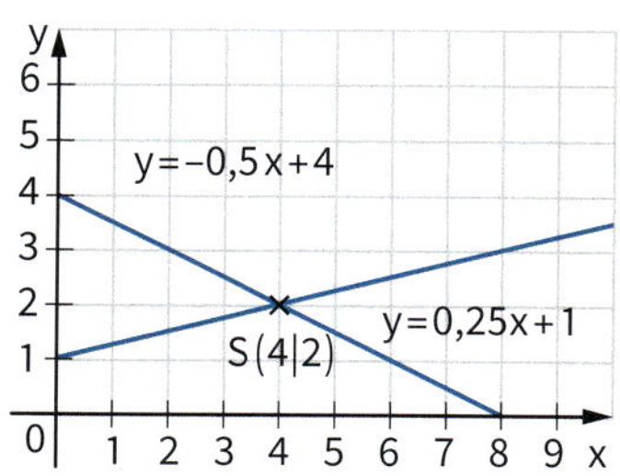

eine Lösung: L = {(4 | 2)}

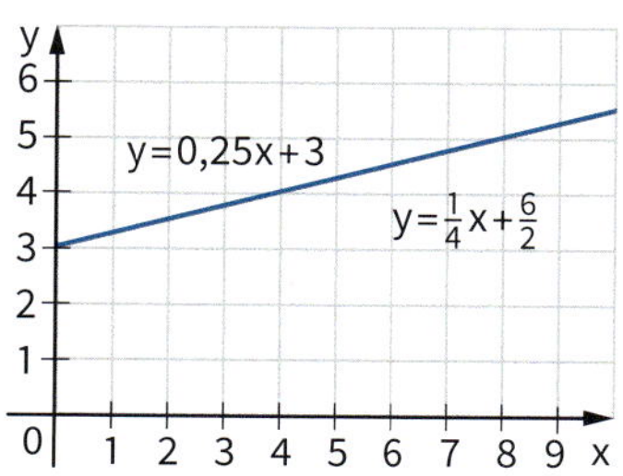

Für unendlich viele Lösungen gilt:
Die Koordinaten jedes Punktes der Geraden sind eine Lösung des Gleichungssystems.

unendlich viele Lösungen: L = {(x | y); x, y ∈ ℝ; y = 0,25 x + 3}

7 Forme beide Gleichungen des linearen Gleichungssystems in ihre Normalformen um. Entscheide anhand der Geradengleichungen, ob es keine Lösung oder unendlich viele Lösungen gibt.

a) $6x - 4y = -8$
$2y - 3x = -1$

b) $5x - 2y = 3$
$4y - 10x = -6$

c) $4y + 2x = 8$
$-3 - 2y = x$

d) $5y - 10x = -20$
$12x - 6y = 24$

e) $6x - 3y = -15$
$0{,}2y - 0{,}4x = 1$

f) $3y + 3x = 6$
$4 - 2x = 2y$

8 Forme beide Gleichungen des linearen Gleichungssystems in ihre Normalformen um. Entscheide anhand der Geradengleichungen, wie viele Lösungen das Gleichungssystem hat. Gibt es eine Lösung, so bestimme diese grafisch.

a) $2y - 6x = -10$
$y + x = 7$

b) $3y + 6x = -12$
$2y - 10 = 2x$

c) $4y - 2x = 16$
$2y + x = 4$

d) $2y - 3x = 6$
$6y - 6 = 6x$

e) $4y + 10 = 6x$
$3x - 2y = 5$

f) $5y - 2x = 5$
$3y + 9 = 6x$

g) $2y + 2 = 2x$
$4 - 4y = 12x$

h) $3y + x = 6$
$2x + 6y = 18$

i) $3y - x = 6$
$2y + 4 = 6x$

k) $7y - 2x = 28$
$7y + 2x = 14$

Lösungen zu Aufgabe 8:
(3 | 4) (−2 | 3) (0,5 | −0,5) (−3 | 2) (2,5 | 2) (1,5 | 2,5) (−3,5 | 3) (−4 | −3)

Gleichsetzungsverfahren

1 Die zum linearen Gleichungssystem

I $y = -0{,}5x + 2{,}5$

II $y = 1{,}5x - 1{,}5$

gehörenden Geraden schneiden sich in $S(2\,|\,1{,}5)$.

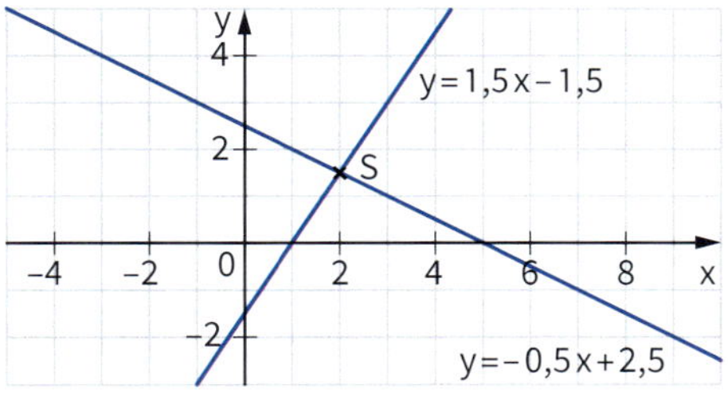

Die Koordinaten von S erfüllen beide Funktionsgleichungen.

Schnittpunkt $S(2\,|\,1{,}5)$:

Einsetzen in I: $1{,}5 = -0{,}5 \cdot 2 + 2{,}5$ w

Einsetzen in II: $1{,}5 = 1{,}5 \cdot 2 - 1{,}5$ w

Lösung des linearen Gleichungssystems:

$L = \{(2\,|\,1{,}5)\}$

Die Lösung kannst du auch rechnerisch bestimmen.

I $y = -0{,}5x + 2{,}5$

II $y = 1{,}5x - 1{,}5$

Da die linken Seiten beider Gleichungen gleich sind, gilt das auch für die rechten Seiten.

$$-0{,}5x + 2{,}5 = 1{,}5x - 1{,}5$$

a) Löse die Gleichung $-0{,}5x + 2{,}5 = 1{,}5x - 1{,}5$ nach x auf.

b) Bestimme den zugehörigen y-Wert. Was stellst du fest?

2 Bestimme rechnerisch die Lösung des Gleichungssystems. Setze dazu die rechten Seiten beider Gleichungen gleich.

a) $y = 0{,}5x + 5$
$y = 2{,}5x - 7$

b) $y = 3x - 15$
$y = -0{,}5x + 13$

c) $y = 1{,}5x - 20$
$y = -x + 5$

d) $y = -1{,}5x$
$y = -3x - 18$

Lösungen zu Aufgabe 2:

(10 | −5) (−12 | 18) (6 | 8) (8 | 9)

3 Im Beispiel siehst du, wie du die Lösung eines linearen Gleichungssystems durch eine Rechnung bestimmen kannst.

Lineares Gleichungssystem:

I $4x + 2y = 10$

II $6x - 3y = 3$

1. Forme jede Gleichung in ihre Normalform um.

I	$4x + 2y = 10$	$\|-4x$
I′	$2y = -4x + 10$	$\|:2$
I′	$y = -2x + 5$	
II	$6x - 3y = 3$	$\|-6x$
II′	$-3y = -6x + 3$	$\|:(-3)$
II′	$y = 2x - 1$	

2. Setze die rechten Seiten gleich und löse nach x auf.

$-2x + 5 = 2x - 1$	$\|-2x$
$-4x + 5 = -1$	$\|-5$
$-4x = -6$	$\|:(-4)$
$x = \boxed{1{,}5}$	

3. Bestimme den y-Wert, indem du den x-Wert in eine der beiden Normalformen einsetzt.

in II′ $y = 2 \cdot \boxed{1{,}5} - 1$
$y = 2$

4. Mache die Probe, indem du die Lösung in beide Ausgangsgleichungen einsetzt.

I $4x + 2y = 10$
$4 \cdot 1{,}5 + 2 \cdot 2 = 10$
$10 = 10$ w

II $6x - 3y = 3$
$6 \cdot 1{,}5 - 3 \cdot 2 = 3$
$3 = 3$ w

5. Gib die Lösungsmenge an.

$L = \{(1{,}5\,|\,2)\}$

Bestimme wie im Beispiel rechnerisch die Lösung des Gleichungssystems. Mache auch die Probe.

Video
WES-117455-017

a) $2y - 8x = 4$
$2y + 50 = 20x$

b) $6x + 3y = 6$
$4x - y = -47$

c) $2y + 3x = 2$
$8x - 34 = -2y$

d) $6y = -18x$
$7x = y - 53$

e) $3y + 30 = -3x$
$8x + 4y = 24$

f) $5y + 30 = -20x$
$6x + 2y = -18$

Lösungen zu Aufgabe 3:

(3 | −18) (6,4 | −8,6) (−7,5 | 17) (16 | −26)
(4,5 | 20) (−5,3 | 15,9)

Gleichsetzungsverfahren

4 Im Beispiel werden die Gleichungen jeweils nach dem gleichen Vielfachen von y aufgelöst.

$$\begin{array}{ll} \text{I} & 3y - 5x = 4 \\ \text{II} & 3y + 2x = 11 \end{array}$$

$$\begin{array}{llll} \text{I} & 3y - 5x = 4 & \text{II} & 3y + 2x = 11 \\ \text{I}' & 3y = 5x + 4 & \text{II}' & 3y = -2x + 11 \end{array}$$

$$5x + 4 = -2x + 11$$

a) Warum darfst du die rechten Seiten beider Gleichungen gleichsetzen?
b) Bestimme die Lösungsmenge des Gleichungssystems.

5 Löse nach gleichen Vielfachen von y auf und wende das Gleichsetzungsverfahren an. Mache die Probe, indem du die Lösung in beide Ausgangsgleichungen einsetzt.

a) $3y - 5x = 11$
$3y + 1 = 11x$

b) $7y - 11x = 30$
$10x - 7y = -33$

c) $5x + 11y = 46$
$11y - 26 = -10x$

d) $4x - 6y = -72$
$6y + 5x = 18$

6 Löse wie im Beispiel nach Vielfachen von y auf. Bestimme dann die Lösungsmenge mithilfe des Gleichsetzungsverfahrens.

Lineares Gleichungssystem:

$$\begin{array}{ll} \text{I} & 7x - 3y = -2 \\ \text{II} & 2y + 4x = 23 \end{array}$$

1. Löse beide Gleichungen nach Vielfachen von y auf.

$$\begin{array}{llll} \text{I} & 7x - 3y = -2 \quad |-7x & \text{II} & 2y + 4x = 23 \quad |-4x \\ \text{I}' & -3y = -7x - 2 & \text{II}' & 2y = -4x + 23 \end{array}$$

2. Multipliziere beide Gleichungen so, dass du das gleiche Vielfache von y erhältst.

$$\begin{array}{llll} \text{I}' & -3y = -7x - 2 \quad |\cdot(-2) & \text{II}' & 2y = -4x + 23 \quad |\cdot 3 \\ \text{I}' & 6y = 14x + 4 & \text{II}' & 6y = -12x + 69 \end{array}$$

a) $6x + 4y = 23$
$10x + 3y = -2$

b) $4y + 9x = 9$
$-11x - 6y = -26$

c) $6y - 26 = -2x$
$7x + 11y = 46$

d) $10{,}5y + 6x = 36$
$-3y + 12x = -72$

Lösungen zu Aufgabe 6:
$(-4{,}5 \mid 6)$ $(-5 \mid 13{,}5)$ $(-3{,}5 \mid 11)$ $(-0{,}5 \mid 4{,}5)$

7 Die Beispiele zeigen, wie du beim Gleichsetzungsverfahren erkennen kannst, ob das Gleichungssystem keine oder unendlich viele Lösungen hat.

$$\begin{array}{ll} \text{I} & 6x + 4y = 12 \\ \text{II} & -2y = 3x - 4 \end{array}$$

$$\begin{array}{llll} \text{I} & 6x + 4y = 12 & \text{II} & -2y = 3x - 4 \\ \text{I}' & 4y = -6x + 12 & \text{II}' & 4y = -6x + 8 \end{array}$$

$$\begin{array}{ll} -6x + 12 = -6x + 8 & |+6x \\ 12 = 8 & \text{f} \end{array}$$

keine Lösung

$$\begin{array}{ll} \text{I} & 2x + y = 4 \\ \text{II} & 3y = -6x + 12 \end{array}$$

$$\begin{array}{llll} \text{I} & 2x + y = 4 & \text{II} & 3y = -6x + 12 \\ \text{I}' & y = -2x + 4 & \text{II}' & y = -2x + 4 \end{array}$$

$$\begin{array}{ll} -2x + 4 = -2x + 4 & |+2x \\ 4 = 4 & \text{w} \end{array}$$

unendlich viele Lösungen

Entscheide mithilfe des Gleichsetzungsverfahrens, wie viele Lösungen das Gleichungssystem hat. Existiert nur eine Lösung, so gib diese an.

a) $10 - 4x = 6y$
$4{,}5y - 7{,}5 = -3x$

b) $6x - 4{,}5y = 3{,}5$
$4 - 8x = -6y$

c) $5y + 14 = 9x$
$13x - 7y = 25$

d) $5y + 2 = 9x$
$4 - 13{,}5x = -7{,}5y$

e) $11x + 25 = 18y$
$12y - 4x = 104$

f) $8x - 9y = 12$
$6x - 9 = 6{,}75y$

Keine Lösung
Ergibt sich nach dem Umformen eine nicht erfüllbare Gleichung, so hat das Gleichungssystem keine Lösung.

Unendlich viele Lösungen
Ergibt sich nach dem Umformen eine allgemeingültige Gleichung, so hat das Gleichungssystem unendliche viele Lösungen.

Einsetzungsverfahren

1 Ein Rechteck mit den Seitenlängen x und y erfüllt die in der Tabelle beschriebenen Bedingungen.

Text	Gleichung
Der Umfang eines Rechtecks beträgt 69 cm.	I $2x + 2y = 69$
Die Seitenlänge y ist doppelt so groß wie die Seitenlänge x.	II $y = 2x$

Begründe, warum du in Gleichung I für $2y$ den Term $2 \cdot 2x$ einsetzen kannst. Ersetze 2 y durch $2 \cdot 2x$ und löse nach x auf. Bestimme dann y und gib die Lösung des Gleichungssystems an.

2 Im Beispiel wird mithilfe des Einsetzungsverfahrens rechnerisch die Lösungsmenge eines linearen Gleichungssystems bestimmt.

Lineares Gleichungssystem:

I $7y + 3x = 48$
II $3y = 9x$

1. Löse die Gleichung II nach y auf.

II $3y = 9x \quad | :3$
II′ $y = \boxed{3x}$

2. Setze anstelle von y den Term 3 x in die Gleichung I ein und löse nach x auf.

I $7y + 3x = 48$
$7 \cdot \boxed{3x} + 3x = 48$
$24x = 48$
$x = 2$

3. Bestimme y, indem du den x-Wert x = 2 in II′ einsetzt.

II′ $y = 3x$
$y = 3 \cdot 2 = 6$

4. Mache die Probe, indem du die Lösung in beide Ausgangsgleichungen einsetzt.

I $7 \cdot 6 + 3 \cdot 2 = 48$ II $3 \cdot 6 = 9 \cdot 2$
$48 = 48$ w $18 = 18$ w

5. Gib die Lösungsmenge an.

$L = \{(2 \mid 6)\}$

Erläutere die Rechnung.

3 Bestimme mithilfe des Einsetzungsverfahrens die Lösungsmenge des Gleichungssystems.

Video
WES-117455-018

a) $5y - 9x = 24$
$y = 3x$

b) $2y + 3x = 42$
$y = 9x$

c) $4x - 2y = 5$
$2y - 6x = 0$

d) $5x - 6y = 50$
$4y - 10x = 0$

e) $3y = -12x$
$10x + 7y = -36$

f) $2y - 77 = 4x$
$4y + 6x = 0$

g) $6y = 4x$
$9y - 7{,}5x = -9$

h) $8x - 19y = 2$
$7y = 3x$

Lösungen zu Aufgabe 3:
$(-14 \mid -6)$ $(6 \mid 4)$ $(-11 \mid 16{,}5)$ $(2 \mid -8)$
$(4 \mid 12)$ $(2 \mid 18)$ $(-2{,}5 \mid -7{,}5)$ $(-5 \mid -12{,}5)$

4 Bestimme die Lösung mithilfe des Einsetzungsverfahrens. Löse dazu wie im Beispiel nach y auf.
Beachte, dass der Term, den du für y einsetzt, in Klammern stehen muss.

I $11x - 3y = 6$
II $2y - 6x = 4$

II $2y - 6x = 4 \quad | +6x$
II′ $2y = 6x + 4 \quad | :2$
II′ $y = 3x + 2$

Eingesetzt in I: $11x - 3y = 6$
$11x - 3 \cdot (3x + 2) = 6$
$11x - 9x - 6 = 6$

a) $11x - 3y = 6$
$2y - 6x = 4$

b) $2y - 4x = 12$
$17x - 5y = -9$

c) $7x + 8y = 5$
$3y + 3x = 24$

d) $4y + 16x = 4$
$3y - 6x = 39$

e) $19x - 3y = 62$
$2y + 6x = -4$

f) $7x - 2y = 1$
$3y + 9x = 18$

g) $9x - 4y = 5$
$2y - 5x = 0$

h) $4x - 10y = 65$
$-y - 7x = 25$

Lösungen zu Aufgabe 4:
$(-2 \mid 9)$ $(59 \mid -51)$ $(3 \mid 12)$ $(6 \mid 20)$ $(1 \mid 3)$
$(2 \mid -8)$ $(-2{,}5 \mid -7{,}5)$ $(-5 \mid -12{,}5)$

Additionsverfahren

1 Im Beispiel wird mithilfe des **Additionsverfahrens** rechnerisch die Lösungsmenge eines linearen Gleichungssystems bestimmt.

Lineares Gleichungssystem:

$$\begin{array}{ll} \text{I} & 12x - 28y = 52 \\ \text{II} & 4x + 2y = 40 \end{array}$$

1. Forme beide Gleichungen so um, dass bei anschließender Addition beider Gleichungen eine Variable herausfällt.

$$\begin{array}{lll} \text{II} & 4x + 2y = 40 & |\cdot(-3) \\ \text{II}' & -12x - 6y = -120 & \end{array}$$

2. Addiere beide Gleichungen.

$$\begin{array}{ll} \text{I} & 12x - 28y = 52 \\ \text{II}' & \underline{-12x - 6y = -120} \\ \text{III} & -34y = -68 \end{array}$$

3. Löse nach der noch vorhandenen Variablen auf.

$$\begin{array}{lll} \text{III} & -34y = -68 & |:(-34) \\ & y = 2 & \end{array}$$

4. Setze den berechneten Wert in eine der beiden Ausgangsgleichungen ein und bestimme den Wert der anderen Variablen.

$y = 2$ eingesetzt in II:

$$\begin{array}{ll} \text{II} & 4x + 2\cdot 2 = 40 \\ & 4x = 36 \\ & x = 9 \end{array}$$

5. Mache die Probe, indem du die Lösung in beide Ausgangsgleichungen einsetzt.

$$\begin{array}{ll} \text{I} & 12x - 28y = 52 \\ & 12\cdot 9 - 28\cdot 2 = 52 \\ & 52 = 52 \text{ w} \end{array}$$

$$\begin{array}{ll} \text{II} & 4x + 2y = 40 \\ & 4\cdot 9 + 2\cdot 2 = 40 \\ & 40 = 40 \text{ w} \end{array}$$

6. Gib die Lösungsmenge an.

$L = \{(9\,|\,2)\}$

Erläutere die Rechnung.

Video
WES-117455-019

2 Bestimme die Lösungsmenge mithilfe des Additionsverfahrens.

a) $3x - 2y = 5$
$4x + 2y = 44$

b) $7x + 4y = 9$
$x - 4y = 79$

c) $3x + 2y = 5$
$7x - 2y = 15$

d) $5x - 3y = -21$
$2x + 3y = 42$

e) $3x - 6y = -60$
$4x + 3y = 52$

f) $11x + 4y = 47$
$x - 12y = -39$

g) $7x + 6y = 107$
$9x + 3y = 114$

h) $5x - 3y = -43$
$6x + 9y = 24$

i) $-7x + 6y = -6$
$10x - 3y = 3$

k) $-2x - 5y = -1$
$2x + 1y = -3$

Lösungen zu Aufgabe 2:
$(3\,|\,12)$ $(4\,|\,12)$ $(3\,|\,3{,}5)$ $(11\,|\,-17)$ $(2\,|\,-0{,}5)$
$(11\,|\,5)$ $(7\,|\,8)$ $(-2\,|\,1)$ $(-5\,|\,6)$ $(0\,|\,-1)$

3 Forme beide Gleichungen so um wie im Beispiel und bestimme dann die Lösung.

$$\begin{array}{ll} \text{I} & 7x - 3y = -2 \\ \text{II} & 2y + 4x = 23 \end{array}$$

$$\begin{array}{lll} \text{I} & 7x - 3y = -2 & |\cdot 2 \\ \text{I}' & 14x - 6y = -4 & \\ \text{II} & 2y + 4x = 23 & |\cdot 3 \\ \text{II}' & 12x + 6y = 69 & \end{array}$$

$$\begin{array}{ll} \text{I}' & 14x - 6y = -4 \\ \text{II}' & 12x + 6y = 69 \end{array}$$

a) $10x - 5y = -5$
$-3x + 3y = -6$

b) $-3x - 10y = 1{,}5$
$-9x - 3y = 4{,}5$

c) $3x + 6y = 6$
$9x - 5y = 6{,}5$

d) $23x + 9y = 35$
$-6x - 6y = 42$

e) $-6{,}5x + 4y = 35$
$-9{,}5x + 7y = 20$

f) $-7x - 15y = -15$
$5x - 11y = 65$

g) $3x - 12y = 6$
$9x - 9y = -36$

h) $7x - 2y = -10$
$8{,}5x - 6y = -5$

i) $3x - 4y = 1$
$4x + 3y = 43$

k) $9x + 3y = 3$
$2x - 5y = -39$

l) $7x + 6y = -19$
$10x - 8y = 6$

m) $5x - 9y = -49$
$7x + 12y = 202$

Lösungen zu Aufgabe 3:
$(10\,|\,11)$ $(-22\,|\,-27)$ $(-3\,|\,-5)$ $(7\,|\,-14)$
$(-2\,|\,7)$ $(-1\,|\,-2)$ $(1\,|\,0{,}5)$ $(7{,}5\,|\,-2{,}5)$
$(-6\,|\,-2)$ $(-2\,|\,-2)$ $(7\,|\,5)$ $(-0{,}5\,|\,0)$

Lineare Gleichungssysteme mit dem Computer lösen

1 Anja möchte lineare Gleichungssysteme mithilfe eines Tabellenkalkulationsprogrammes lösen. Sie hat dazu ein lineares Gleichungssystem auf ein Tabellenblatt geschrieben.

	A	B	C	D	E	F
1	Lineare Gleichungssysteme mit zwei Variablen					
2						
3	I	6	x+	2	y=	52
4	II	7	x+	3	y=	68

Anja entscheidet sich für das Additionsverfahren als Lösungsverfahren und möchte anhand des Beispiels ein allgemeines Lösungsverfahren entwickeln. Wichtig sind dabei nur die Inhalte der Zellen **B3**, **B4**, **D3**, **D4**, **F3** und **F4**. Bei den Umformungsschritten arbeitet Anja mit den Adressen der entsprechenden Zellen, nicht mit den Inhalten. In der folgenden Abbildung sind die Formeln auf dem Tabellenblatt sichtbar gemacht worden.

	A	B	C	D	E	F
1	Lineare Gleichungssysteme mit zwei Variablen					
2						
3	I	6	x+	2	y=	52
4	II	7	x+	3	y=	68
5						
6	I'	=B3*D4	x+	=D3*D4	y=	=F3*D4
7	II'	=B4*-D3	x+	=D4*-D3	y=	=F4*-D3

Die nächste Abbildung zeigt die zugehörigen Zellinhalte.

	A	B	C	D	E	F
1	Lineare Gleichungssysteme mit zwei Variablen					
2						
3	I	6	x+	2	y=	52
4	II	7	x+	3	y=	68
5						
6	I'	18	x+	6	y=	156
7	II'	-14	x+	-6	y=	-136

Bei der Addition der beiden neuen Gleichungen I′ und II′ fällt y heraus.

	A	B	C	D	E	F
1	Lineare Gleichungssysteme mit zwei Variablen					
2						
3	I	6	x+	2	y=	52
4	II	7	x+	3	y=	68
5						
6	I'	18	x+	6	y=	156
7	II'	-14	x+	-6	y=	-136
8						
9	III	4	x		=	20
10			x		=	5

In der Zelle B9 steht nun **=B6+B7**, in der Zelle **F9** steht **=F6+F7**. Wenn Anja in die Zelle **F10 =F9/B9** einträgt, erhält sie den gesuchten x-Wert.

	A	B	C	D	E	F
1	Lineare Gleichungssysteme mit zwei Variablen					
2						
3	I	6	x+	2	y=	52
4	II	7	x+	3	y=	68
5						
6	I'	18	x+	6	y=	156
7	II'	-14	x+	-6	y=	-136
8						
9	III	4	x		=	20
10			x		=	5
11						
12	Einsetzen in I:					
13		30	+	2	y=	52
14				2	y=	22
15		Lösung:			y=	11

In die Zelle B13 trägt sie **=B3*F10** ein, in **D13** und **D14** jeweils **=D3**, in **F13 =F3** und in die Zelle **F14 =F13–B13**. In der Zelle **F15** steht dann mit dem Eintrag **=F14/D3** der gesuchte y-Wert.

a) Vergleiche die einzelnen Darstellungen und erläutere die Umformungsschritte.

b) Lege ein Tabellenblatt wie Anja an und bestimme damit die Lösung des linearen Gleichungssystems.

c) Bestimme mithilfe des angelegten Tabellenblatts die Lösungen der folgenden linearen Gleichungssysteme. Schreibe dazu in die Zellen **B3**, **B4**, **D3**, **D4**, **F3** und **F4** die entsprechenden Zahlen.

I $17x - 11y = 262$
II $-23x + 27y = -512$

I $2x + 5y = -12$
II $-3x + 2y = 18$

I $0{,}8x - 1{,}2y = 12$
II $-2x + 3y = 6$

I $-10{,}8x - 9{,}4y = -87$
II $13{,}2x + 6{,}2y = 27$

I $0{,}24x - 1{,}82y = 28{,}92$
II $-1{,}2x + 9{,}1y = -144{,}6$

I $0{,}6x - 1{,}5y = 4{,}5$
II $-2{,}4x + 4{,}0y = -9$

d) Was geschieht, wenn das eingegebene lineare Gleichungssystem keine (unendlich viele) Lösungen hat?

Lineare Gleichungssysteme mit dem Computer lösen

2 Oskar möchte lineare Gleichungssysteme mithilfe eines Geometrieprogramms lösen. Hierzu gibt er in die Eingabezeile die folgende Gleichung ein und bestätigt diese mit der Enter-Taste.

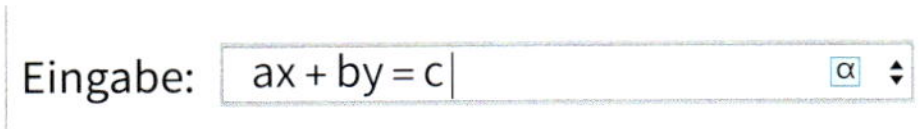

Für die Variablen a, b und c erstellt Oskar Schieberegler, indem er auf die Schaltfläche „Erstelle Schieberegler“ klickt.

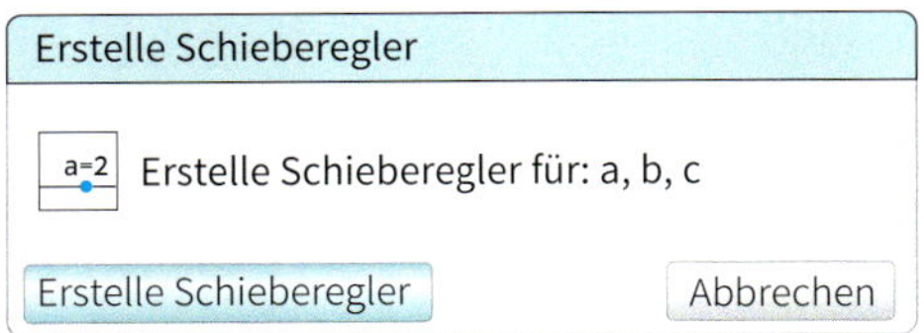

Die Variablen a, b und c sind zu Beginn auf 1 eingestellt. Hiermit wird somit die Gleichung $1x + 1y = 1$ dargestellt, die als Gerade gl1 angezeigt wird.

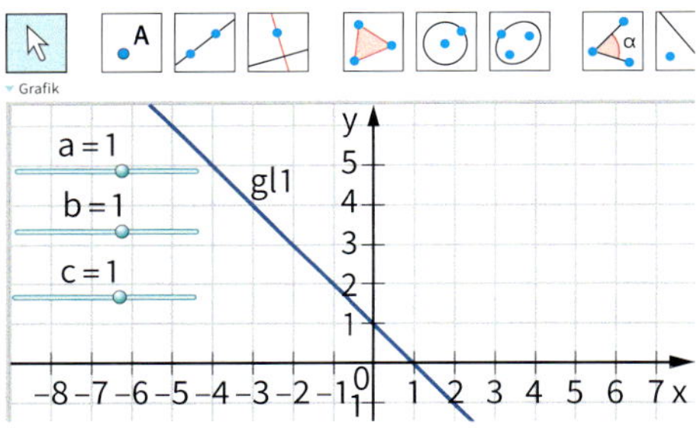

Für die zweite Gleichung gibt Oskar nun in die Eingabezeile ein:

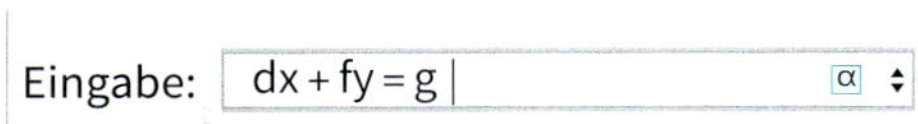

Auch für diese Gleichung erstellt er sich Schieberegler. Damit die Gleichungen nicht identisch sind, stellt er den Wert für die Variable b auf drei. Er erhält das Gleichungssystem:

I $1x + 3y = 1$
II $1x + 1y = 1$

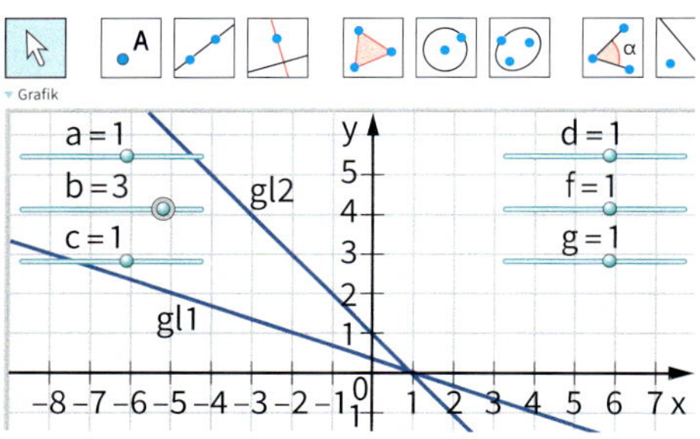

Mithilfe der Punkt-Schaltfläche wählt Oskar nun den Schnittpunkt der Geraden aus.

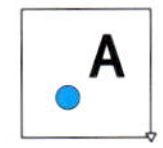

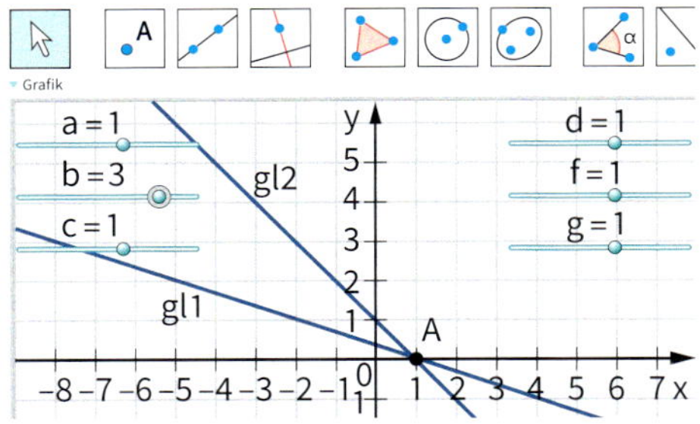

Die Lösung des Gleichungssystems ist dann durch die Koordinaten des Punkts A gegeben: $A = (1 \mid 0)$
Oskar möchte nun die Lösung des folgenden linearen Gleichungssystems bestimmen.

I $-1x + 2y = 1$
II $2x - 1y = -2$

Er stellt hierzu die Regler auf $a = -1$, $b = 2$, $c = 1$, $d = 2$, $f = -1$ und $g = -2$ und liest die Lösung von den Koordinaten des Schnittpunkts A ab:

$$A = (-1 \mid 0)$$

a) Führe die gleichen Schritte wie Oskar durch.

b) Bestimme mithilfe der Schieberegler die Lösungen der folgenden linearen Gleichungssysteme.

I $-2x + 0{,}4y = 2{,}8$
II $-2x - 0{,}9y = 2{,}8$

I $-1x - 1y = -3$
II $1x + 1y = 1$

I $1{,}5x - 1y = -2$
II $2x + 2y = -1$

I $4{,}5x + 4y = 1$
II $-4{,}5x - 4y = -1$

I $2x + 0{,}2y = 5$
II $-3x + 1y = -1$

c) Was geschieht, wenn das eingegebene lineare Gleichungssystem keine (unendlich viele) Lösungen hat?

WISSEN KOMPAKT

Zwei lineare Gleichungen mit zwei Variablen bilden ein **lineares Gleichungssystem**.

I $3x - 3y = 4{,}5$
II $x + 2y = 3$

Grafisches Lösungsverfahren

zugehörige Geraden:

I′ $y = x - 1{,}5$
II′ $y = -0{,}5x + 1{,}5$

Schnittpunkt: $S(2\,|\,0{,}5)$

Lösungsmenge: $L = \{(2\,|\,0{,}5)\}$

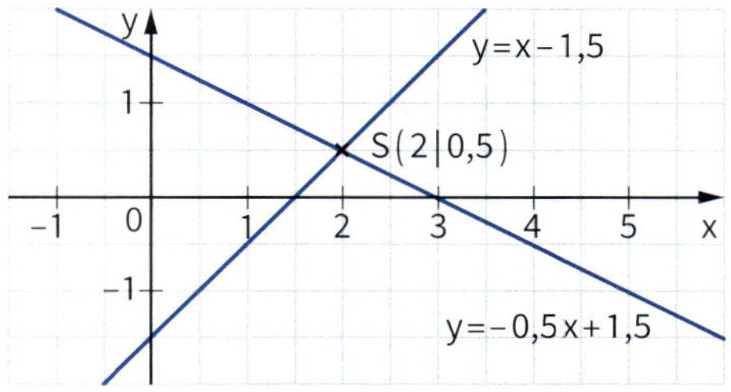

Für ein lineares Gleichungssystem aus zwei Gleichungen mit zwei Variablen gilt:
Die Koordinaten des Schnittpunktes S der zugehörigen Geraden erfüllen beide Gleichungen. Sie sind die Lösung des linearen Gleichungssystems.
Für die Lösungsmenge linearer Gleichungssysteme mit zwei Variablen unterscheidet man drei Fälle:

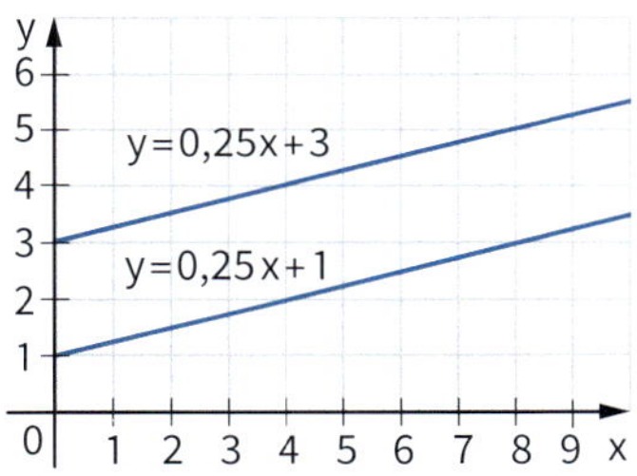

keine Lösung
$L = \{\ \}$

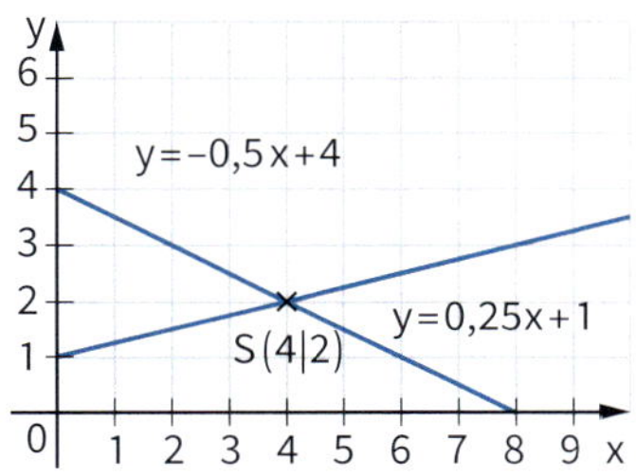

eine Lösung
$L = \{(4\,|\,2)\}$

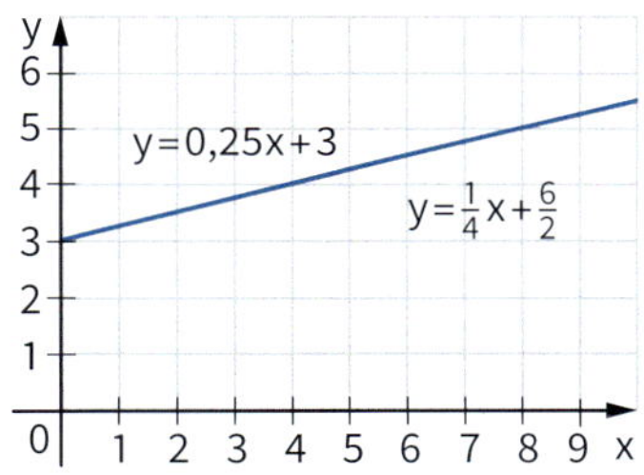

unendlich viele Lösungen
$L = \{(x\,|\,y);\ x, y \in \mathbb{R};\ y = 0{,}25x + 3\}$

Gleichsetzungsverfahren

Lineares Gleichungssystem:

I $3x - 3y = 4{,}5$
II $x + 2y = 3$

Löse beide Gleichungen nach gleichen Vielfachen einer Variablen auf.

I′ $y = x - 1{,}5$
II′ $y = -0{,}5x + 1{,}5$

Setze dann die beiden anderen Seiten gleich.

$x - 1{,}5 = -0{,}5x + 1{,}5$

Löse die Gleichung nach der Variablen auf.

$x - 1{,}5 = -0{,}5x + 1{,}5 \quad |+0{,}5x\,|+1{,}5$
$1{,}5x = 3$
$x = 2$

Bestimme den Wert für die zweite Variable, indem du den Wert für die erste Variable in eine der beiden Ausgangsgleichungen einsetzt.

in I: $3 \cdot 2 - 3y = 4{,}5$
$-3y = -1{,}5$
$y = 0{,}5$

Gib die Lösungsmenge an.

$L = \{(2\,|\,0{,}5)\}$

Mache die **Probe**, indem du die Lösung in beide Ausgangsgleichungen einsetzt.

I $3x - 3y = 4{,}5$
$3 \cdot 2 - 3 \cdot 0{,}5 = 4{,}5$
$4{,}5 = 4{,}5$ w

II $x + 2y = 3$
$2 + 2 \cdot 0{,}5 = 3$
$3 = 3$ w

WISSEN KOMPAKT

Einsetzungsverfahren

Lineares Gleichungssystem:	I $4x + 3y = 0$ II $6x + 2y = -10$
Löse eine Gleichung nach einer Variablen auf.	I′ $4x = -3y$ I′ $x = -0{,}75y$
Setze den Term dafür in die andere Gleichung ein und löse die Gleichung nach der Variablen auf.	in II: $6 \cdot (-0{,}75y) + 2y = -10$ $-4{,}5y + 2y = -10$ $-2{,}5y = -10$ $y = 4$
Bestimme den Wert für die zweite Variable, indem du den Wert für die erste Variable einsetzt.	in I′: $x = -0{,}75 \cdot 4$ $x = -3$
Gib die Lösungsmenge an.	$L = \{(-3 \mid 4)\}$

Mache die **Probe**, indem du die Lösung in beide Ausgangsgleichungen einsetzt.

Additionsverfahren

Lineares Gleichungssystem:	I $3x + 2y = -2$ II $7x + 3y = 17$
Multipliziere eine oder beide Gleichungen so, dass bei ihrer anschließenden Addition eine Variable herausfällt.	I $3x + 2y = -2 \quad \mid \cdot 3$ I′ $9x + 6y = -6$ II $7x + 3y = 17 \quad \mid \cdot (-2)$ II′ $-14x - 6y = -34$
Löse die Gleichung nach der Variablen auf.	I′ $9x + 6y = -6$ II′ $-14x - 6y = -34$ III $-5x = -40$ $x = 8$
Bestimme den Wert für die zweite Variable, indem du den Wert für die erste Variable in eine der beiden Gleichungen einsetzt.	in I: $3 \cdot 8 + 2y = -2$ $2y = -26$ $y = -13$
Gib die Lösungsmenge an.	$L = \{(8 \mid -13)\}$

Mache die **Probe**, indem du die Lösung in beide Ausgangsgleichungen einsetzt.

Lösungsmenge linearer Gleichungssysteme

Keine Lösung:	Ergibt sich nach dem Umformen eine nicht erfüllbare Gleichung, so hat das Gleichungssystem keine Lösung.
Eine Lösung:	Du kannst die Gleichung nach einer Variablen auflösen, ihren Wert bestimmen und anschließend den Wert der zweiten Variablen berechnen.
Unendlich viele Lösungen:	Ergibt sich nach dem Umformen eine allgemeingültige Gleichung, so hat das Gleichungssystem unendlich viele Lösungen.

ÜBEN

1 Forme beide Gleichungen des linearen Gleichungssystems jeweils in ihre Normalform um. Entscheide anhand der Geradengleichungen, wie viele Lösungen das Gleichungssystem hat. Gibt es eine Lösung, so bestimme diese grafisch. Mache die Probe, indem du die Koordinaten des Schnittpunktes in beide Ausgangsgleichungen einsetzt.

$$\begin{array}{ll} \text{I} & 2y - x = 1 \\ \text{II} & 2x + 4y = 22 \end{array}$$

I′ $2y = x + 1$ II′ $4y = -2x + 22$

I′ $y = 0{,}5x + 0{,}5$ II′ $y = -0{,}5x + 5{,}5$

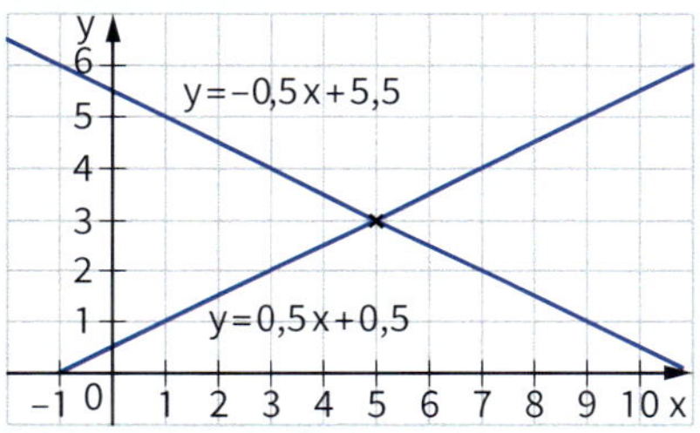

S(5 | 3)

in I: $2 \cdot 3 - 5 = 1$; $1 = 1$ w

in II: $2 \cdot 5 + 4 \cdot 3 = 22$; $22 = 22$ w

a) $2y - 6x = -18$; $y + x = 7$

b) $3y + 6x = 3$; $2y - 10 = -8x$

c) $4y - 2x = -14$; $2y + x = -1$

d) $2y - 3x = 1$; $4y + 4 = 4x$

e) $4y + 14 = 6x$; $3x - 2y = 7$

f) $2y - 5x = -5$; $4y + 2 = 6x$

g) $2y + 1 = -4x$; $4 - 4y = -4x$

h) $4y + 8x = 6$; $4x + 2y = 11$

i) $3y - x = 2$; $2y + 7 = 4x$

k) $2y + 7x = 14$; $4y - 2x = -20$

l) $x - 2y = -11{,}5$; $-y - x = -2$

m) $2x + 3y = 9$; $27 - 9y = 6x$

n) $2x - 4y = 23$; $1y - 3x = -2$

o) $-3x + 5y = -6$; $2y + 2x = 4$

2 Im Beispiel wird eine Sachaufgabe durch systematisches Probieren gelöst.

In einer Jugendherberge gibt es 20 Zimmer mit vier oder sechs Betten. Insgesamt stehen 100 Betten zur Verfügung. Wie viele 4-Bett-Zimmer und wie viele 6-Bett-Zimmer gibt es?

x: Anzahl der 4-Bett-Zimmer, y: Anzahl der 6-Bett-Zimmer

$$\begin{array}{ll} \text{I} & x + y = 20 \\ \text{II} & 4x + 6y = 100 \end{array}$$

x	y	Anzahl der Betten
20	0	$20 \cdot 4 + 0 \cdot 6 = 80$
15	5	$15 \cdot 4 + 5 \cdot 6 = 90$
10	10	$10 \cdot 4 + 10 \cdot 6 = 100$ ✓

Es gibt zehn 4-Bett-Zimmer und zehn 6-Bett-Zimmer.

Erläutere das Beispiel.

3 Löse die Sachaufgabe durch systematisches Probieren.

a) Der Umfang eines Rechtecks beträgt 30 cm. Die Seite a ist 3 cm kürzer als die Seite b.
Bestimme die Länge jeder Seite.

b) In einem Rechteck ist die Seite a 8 cm länger als die Seite b. Der Umfang beträgt 60 cm.
Bestimme die Länge jeder Seite.

4 Auf dem Jahrmarkt ist Vlatka insgesamt neunmal Karussell oder Autoscooter gefahren. Dafür hat sie insgesamt 25,50 € bezahlt. Eine Fahrt mit dem Karussell kostet 2,50 €, eine Fahrt mit dem Autoscooter 3,00 €.

Wie oft ist Vlatka Karussell gefahren, wie oft Autoscooter? Löse die Sachaufgabe durch systematisches Probieren.

ÜBEN

Video
WES-117455-020

5 Bestimme die Lösungsmenge des Gleichungssystems mithilfe aller drei rechnerischen Lösungsverfahren. Vergleiche die Lösungswege. Welches Verfahren ist hier am besten geeignet?

a) $y = 3{,}5x + 8$
$y = 2x - 4$

b) $y = -0{,}5x$
$y = -2x - 36$

c) $7x - 6y = 53$
$40 + 2y = 4x$

d) $12x + 4y = -10{,}4$
$8x - 16y = 8$

6 Bestimme die Lösungsmenge des Gleichungssystems. Wähle dazu ein geeignetes rechnerisches Lösungsverfahren.

a) $3x - 2y = -42$
$2x + 5y = 48$

b) $6x + 2y = -4$
$-7x - 3y = 16$

c) $4x - 3y = 3$
$3x = 2y$

d) $4x + 3y = 83$
$5x - 2y = 29$

e) $7y - 5x = -2$
$-6y + 15x = 216$

f) $-3x - 4y = 35$
$6x + 2y = 68$

g) $16x - 9y = 33$
$-15x + 27y = 99$

h) $3x + 35y = 282$
$5x + 7y = 162$

i) $7x - 3y = 19$
$3y - 10x = -13$

k) $6x + 14y = 78$
$x - 2y = 0$

l) $7x - 8y = 43$
$14x = 18y + 81$

m) $12x + 2y = 30$
$7y + 18x = 117$

n) $11x + 2y = -6{,}5$
$6x + 57 = 4y$

o) $5y - 127 = 3x$
$2x + 2y = -18$

7 Entscheide mithilfe eines geeigneten rechnerischen Lösungsverfahrens, wie viele Lösungen das Gleichungssystem hat.
Existiert nur eine Lösung, gib diese an.

a) $24x + 17y = 30$
$-9x - 11y = 72$

b) $12x - 20y = 16$
$9x - 15y = 12$

c) $13x + 14y = -57$
$-19x - 21y = 100$

d) $16x - 24y = 26$
$-40x + 60y = 66$

e) $6x - 12y = 24$
$-9x + 18y = -36$

f) $-17x + 34y = -66$
$3x - 6y = 12$

g) $11x - 8 = 3y$
$y + 13x = 19$

h) $4x + 26 = y$
$21 - 11y = 6x$

i) $9x + 15y = -132$
$6x - 10y = 238$

k) $39x - 52y = 104$
$-9x + 12y = -24$

l) $x - 19 = y$
$-7x = 13y + 15$

m) $12x - 17 = -11y$
$-5y - 102 = -10x$

n) $24x + 12y = 18$
$-16x - 8y = -12$

o) $8x + 4y = 344$
$12x - 14y = 252$

p) $7x - 4y = 3$
$-2y + 6x = 8$

q) $6x + 30 = -3y$
$-2y + x = -36$

r) $1{,}5x - 0{,}5y = 0$
$4x - 2y = -17$

s) $6x - 8y = 16$
$3y - 6x = -6$

8 Löse die Klammern auf und fasse gleichartige Terme zusammen.
Entscheide dann mithilfe eines geeigneten Lösungsverfahrens, wie viele Lösungen das Gleichungssystem hat.
Existiert nur eine Lösung, gib diese an.

a) $6(2x - 1) + 5y = -22 - (2x + 2y)$
$8y - 5(2x - 3) = 2(8 + 2y) - (18x + 11)$

b) $5x - 2(7 + 3x) - 2y = 3(-25 - 3y)$
$-2y + 9(2x - 4) - 13x = 5y - 5(2 + y - x)$

c) $3x - [3y - 4(3x - 9)] = -3(x + 9y + 2)$
$22 - [(4x - 6y) + 8] = 2(27 - 10x - 13y)$

d) $6y - 2[5x - (2y - 15)] = 4y - 6(2x - 2)$
$4[3y - (6x - 5)] = 76 - 7(3x - y)$

ÜBEN: Zahlenrätsel

1 Im Beispiel siehst du, wie ein Zahlenrätsel mithilfe eines linearen Gleichungssystems gelöst wird.

Die Summe zweier Zahlen beträgt 69.
Die Differenz der beiden Zahlen ist 13.
Wie heißen die beiden Zahlen?

1. Lege fest, welche Zahl du mit x und welche Zahl du mit y bezeichnest.

   x ist die größere Zahl
   y ist die kleinere Zahl

2. Forme die Texte in Gleichungen um.

Text	Gleichung
Die Summe zweier Zahlen beträgt 69.	$x + y = 69$
Die Differenz der beiden Zahlen ist 13.	$x - y = 13$

3. Bestimme die Lösungsmenge mithilfe eines geeigneten Verfahrens.

   $L = \{(41|28)\}$

4. Formuliere eine Antwort.

   Die größere Zahl ist 41, die kleinere Zahl ist 28.

Löse das Zahlenrätsel wie im Beispiel.

a) Die Summe zweier Zahlen beträgt 35, ihre Differenz ist 17.
b) Die Summe zweier Zahlen beträgt 92. Das Doppelte der ersten Zahl und die Hälfte der zweiten Zahl ergeben zusammen 124.
c) Addiere zu einer Zahl 5, so erhältst du das Vierfache einer zweiten Zahl. Das Doppelte der ersten Zahl vermindert um 6 ergibt auch das Vierfache der zweiten Zahl.
d) Das Doppelte einer Zahl ist um 7 größer als das Dreifache einer zweiten Zahl. Die Summe beider Zahlen ist um 2 kleiner als das Dreifache der zweiten Zahl.
e) Addiere zu einer Zahl 7, um das Fünffache einer zweiten Zahl zu erhalten. Das Dreifache der ersten Zahl vermindert um 9 ergibt auch das Fünffache der zweiten Zahl.

2 Bestimme die Lösung des Zahlenrätsels.

a) Multiplizierst du eine Zahl mit 3 und addierst zu dem Produkt 4, so erhältst du das Doppelte einer zweiten Zahl vermindert um 1. Das Doppelte der ersten Zahl ist der Nachfolger der zweiten Zahl.
b) Das Produkt aus einer Zahl und 2,5 ist um 8 größer als das Doppelte einer zweiten Zahl. Das Fünffache der zweiten Zahl ist um 2 kleiner als das Vierfache der ersten.
c) Zwei Zahlen haben die Summe 40. Die erste Zahl ist um 8 größer als die zweite. Bestimme beide Zahlen.
d) Die Summe zweier Zahlen ist 49, ihr Quotient ist 6.
e) Die Differenz zweier Zahlen beträgt 20. Das Doppelte der ersten Zahl ist das Zehnfache der zweiten Zahl.

3 Bestimme, wie viele Einzelzimmer und wie viele Doppelzimmer das Hotel hat.

Strandhotel
108 Einzel- und Doppelzimmer
(156 Betten) mit Blick auf das Meer
Die Zimmer sind komfortabel eingerichtet.

4 Jonas hält auf seinem Bauernhof Hühner und Kaninchen. Es sind zusammen 37 Tiere mit insgesamt 106 Beinen. Bestimme, wie viele Kaninchen und wie viele Hühner er hat.

5 Formuliere zu dem angegebenen linearen Gleichungssystem ein Zahlenrätsel.

a) $x + 3y = 42$
$3x - 2y = 16$

b) $4x + 3y = 8{,}40$
$5x + 4y = 10{,}70$

Die Aufgaben auf den Seiten 103 bis 105 kannst du allein oder mit einem Partner in einer Arbeitsstunde bearbeiten. Wähle zunächst zwei Aufgaben von Seite 103, dann zwei Aufgaben von Seite 104. Wenn du diese erfolgreich bearbeitet hast, wähle weitere Aufgaben von Seite 104 oder 105.

ÜBEN: Geometrieaufgaben

1 Bestimme, wie groß die Winkel in einem gleichschenkligen Dreieck sind, wenn jeder Basiswinkel doppelt so groß ist wie der Winkel in der Spitze.

2 In einem rechtwinkligen Dreieck ist einer der spitzen Winkel um 8° größer als der andere spitze Winkel.
Wie groß ist jeder Winkel?

3 Von den Winkeln eines Parallelogramms ist der eine um 60° größer als der andere. Berechne die Größen aller Winkel des Parallelogramms.

4 Der Umfang eines gleichschenkligen Dreiecks beträgt 29 cm. Jeder Schenkel ist um 4 cm länger als die Basis.
Berechne die Seitenlängen.

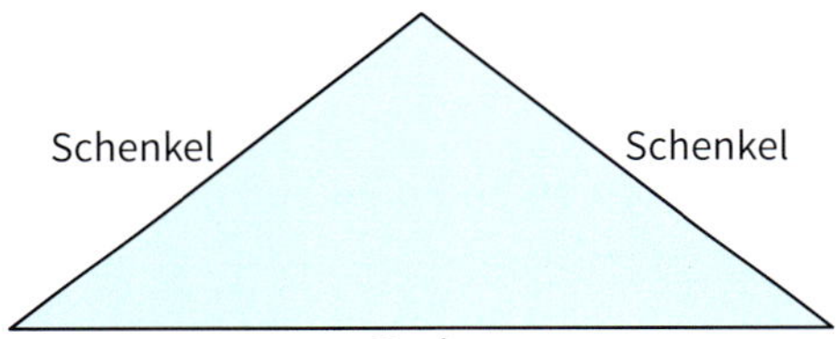

5 Der Umfang eines Parallelogramms beträgt 48 cm. Die Länge einer Seite ist um 6 cm größer als die Länge der anderen Seite.
Wie lang sind die Seiten des Parallelogramms?

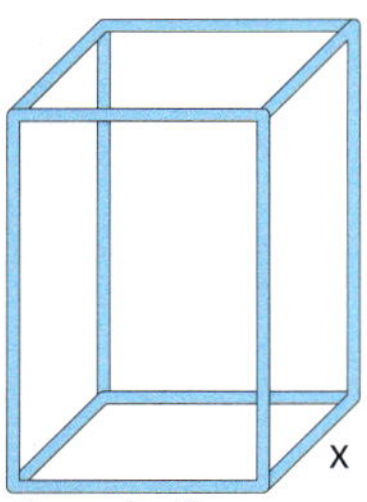

6 a) Aus einem Draht von 1,4 m Länge wurde das Kantenmodell eines Quaders mit quadratischer Grundfläche hergestellt.
Die Höhe y ist um 5 cm länger als die Grundseite x.
Bestimme die Kantenlängen.
b) Wie groß sind die Kantenlängen, wenn der Draht eine Länge von 1,2 m hat und die Höhe y viermal so lang wie die Grundseite x ist?

7 Ein Draht von 75 cm Länge soll zu einem gleichschenkligen Dreieck gebogen werden, bei dem die Länge der Grundseite halb so groß ist wie die Länge eines Schenkels.
Bestimme die Längen der Dreiecksseiten.

8 Die Mittellinie eines Trapezes ist 12 cm lang. Die eine der parallelen Seiten ist um 2 cm länger als die andere.
Berechne die Länge der parallelen Seiten.

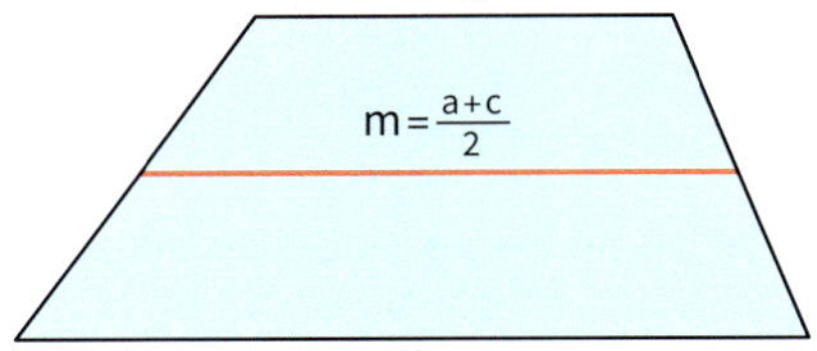

9 Bei einem Drachen ist eine Diagonale um 2 cm kürzer als die andere Diagonale. Der Flächeninhalt des Drachen beträgt 12 cm².
Bestimme die Längen der Diagonalen des Drachen.

10 Verkürzt man die Grundstückslänge eines rechteckigen Grundstücks um 4 m, nimmt der Flächeninhalt um 80 m² ab.

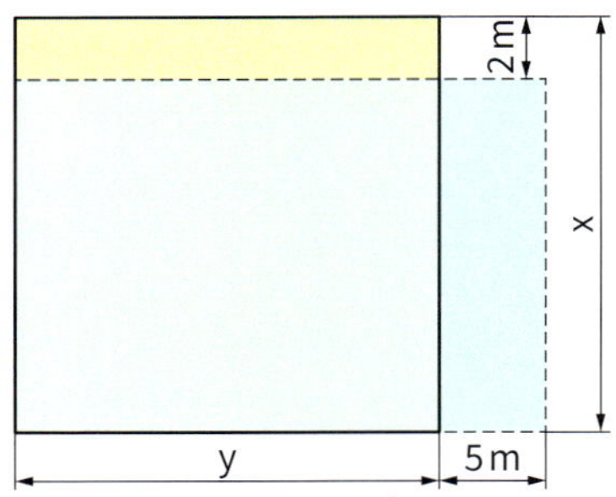

Verkürzt man die Grundstücksbreite um 2 m und vergrößert die Länge um 5 m, nimmt der Flächeninhalt um 30 m² zu.
Bestimme die ursprüngliche Breite und Länge des Grundstücks.

11 Vergrößert man in einem Rechteck die Länge der kürzeren Seite um 3 cm und verkleinert die Länge der längeren Seite um 2 cm, so erhält man ein Quadrat, dessen Flächeninhalt um 14 cm² größer ist als die Fläche des Rechtecks.
Bestimme die Seitenlängen des Rechtecks.

ÜBEN: Sachaufgaben

1 In der Cafeteria bezahlt Herr Vogt für drei belegte Brötchen und zwei Tassen Kaffee zusammen 6,50 €. Frau Heuer werden für eine Tasse Kaffee und zwei belegte Brötchen 4,00 € berechnet. Bestimme jeweils den Preis für eine Tasse Kaffee und ein belegtes Brötchen.

2 Für die Urlaubsfahrt nach Amerika tauscht Herr Stanzel 500 US-Dollar und 800 kanadische Dollar ein. Die Bank berechnet ihm insgesamt 960,50 €. Seine Tochter Eva muss für 20 US-Dollar und 50 kanadische Dollar 51,11 € bezahlen. Berechne die Wechselkurse für 100 US-Dollar und 100 kanadische Dollar.

3 Silkes Mutter leiht sich bei einer Autovermietung für zwei Tage einen Wagen.

Die Kosten für den Leihwagen setzen sich aus einer Grundgebühr pro Tag und den Kosten für jeden zurückgelegten Kilometer zusammen.
Für eine zurückgelegte Strecke von 170 km muss Silkes Mutter nach zwei Tagen insgesamt 95,50 € bezahlen.

Leihgebühr pro Tag (in €):	x
Anzahl der Tage:	2
Kosten pro km (in €):	y
Anzahl der km:	170
Gesamtkosten (in €):	95,50
Gleichung I:	$2x + 170y = 95{,}50$

Tians Vater bezahlt für den gleichen Wagen nach sechs Tagen und 540 km Fahrstrecke 291 €. Berechne die Grundgebühr pro Tag und die Kosten pro zurückgelegtem Kilometer.

4 Die Kosten für eine Taxifahrt setzen sich aus der Grundgebühr und den Kosten für jeden zurückgelegten Kilometer zusammen (ohne Wartezeit).
Für eine 16 km lange Fahrt mit dem Taxi (ohne Wartezeit) bezahlt Herr Schulte 27,50 €.
Frau Schäfers bezahlt nach einer 12 km langen Taxifahrt (ohne Wartezeit) 21,50 €.
Wie hoch sind die Grundgebühr und die Kosten für einen zurückgelegten Kilometer?

Video
WES-117455-021

5 Für einen Jahresverbrauch von 125 m^3 Frischwasser wird Familie Krüger einschließlich der Grundgebühr für den Zähler ein Nettopreis von 377,50 € berechnet. Familie Busse zahlt für einen Jahresverbrauch von 140 m^3 Frischwasser einen Nettopreis von 415,60 €.

Berechne den Nettopreis für den Wasserzähler pro Jahr und den Nettopreis für 1 m^3 Frischwasser.

6 Für einen Jahresverbrauch von 2 600 m^3 Erdgas wird Familie Kamp einschließlich Grundgebühr 1 782,50 € berechnet. Familie Plass bezahlt bei einem Verbrauch von 2 900 m^3 Erdgas im Jahr beim gleichen Tarif 1 977,50 €.

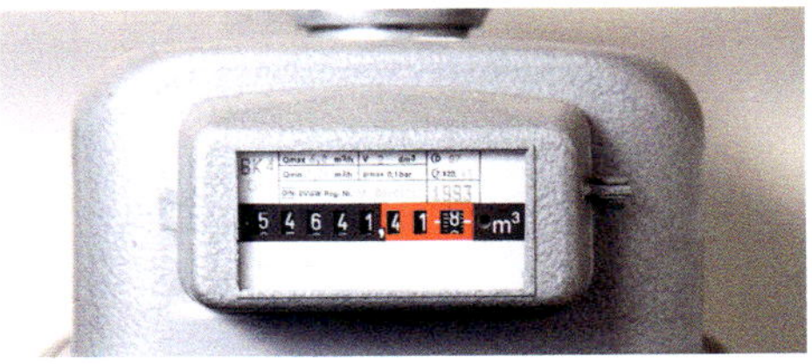

Wie hoch sind der Preis für die Zählergebühr und der Preis für 1 m^3 Erdgas?

Informiere dich über die aktuellen Preise für Wasser und Gas.

VERTIEFEN: Lineare Gleichungssysteme mit drei Variablen

1 Im Beispiel siehst du, wie du mithilfe des Additionsverfahrens die Lösung eines linearen Gleichungssystems mit drei Gleichungen und drei Variablen bestimmen kannst.

Lineares Gleichungssystem:

I $2x - 3y + 4z = 62$
II $3x + 2y - 3z = -32$
III $7x + 5y + 5z = 56$

1. Forme die Gleichungen I und II so um, dass bei anschließender Addition die Variable z herausfällt.
   I $2x - 3y + 4z = 62 \quad | \cdot 3$
   II $3x + 2y - 3z = -32 \quad | \cdot 4$

   I′ $6x - 9y + 12z = 186$
   II′ $12x + 8y - 12z = -128$
   IV $18x - y = 58$

2. Forme die Gleichungen I und III so um, dass bei anschließender Addition die Variable z herausfällt.
   I $2x - 3y + 4z = 62 \quad | \cdot 5$
   III $7x + 5y + 5z = 56 \quad | \cdot (-4)$

   I′ $10x - 15y + 20z = 310$
   III′ $-28x - 20y - 20z = -224$
   V $-18x - 35y = 86$

3. Bestimme die Lösung des linearen Gleichungssystems mit den Variablen x und y, das aus den Gleichungen IV und V besteht.
   $x = 3 \qquad y = -4$

4. Setze die für x und y berechneten Werte in eine der Ausgangsgleichungen ein und bestimme z.
   in I: $2 \cdot 3 - 3 \cdot (-4) + 4z = 62$
   $18 + 4z = 62 \quad | -18$
   $4z = 44 \quad | :4$
   $z = 11$

5. Gib die Lösungsmenge an.
   $L = \{(3 \mid -4 \mid 11)\}$

a) Erläutere den Lösungsweg.
b) Bestimme die Lösung des linearen Gleichungssystems aus den Gleichungen IV und V.

2 Bestimme die Lösungsmenge des Gleichungssystems mithilfe des Additionsverfahrens.

a) I $3x + 3y - 2z = -7$
II $4x + 5y - 4z = -13$
III $7x - 2y + 6z = 10$

b) I $6x + 2y + 4z = 12$
II $10x - 5y - 3z = -19$
III $7x + 3y + 10z = 8$

c) I $9x - 11y + 7z = 28$
II $6x + 10y - 14z = -8$
III $5x - 4y + 3z = 22$

3 Es ist oft sinnvoller, die Gleichungen so umzuformen, dass bei anschließender Addition eine andere Variable als z herausfällt.

a) Wende das Additionsverfahren so an, dass zunächst die Variable y herausfällt. Bestimme die Lösungsmenge.
I $5x - 3y + 2z = 18$
II $4x + 6y + 7z = 60$
III $-3x - 6y - 8z = -46$

b) Bei der Anwendung des Additionsverfahrens hast du bisher nur die Gleichungen I und II und die Gleichungen I und III addiert. Gib zwei weitere Möglichkeiten an.

4 Das Additionsverfahren geht zurück auf den deutschen Mathematiker Carl Friedrich Gauß und ist auch als Gaußscher Algorithmus bekannt.

Informiere dich im Internet über Carl Friedrich Gauß und seinen Algorithmus.

AUSGANGSTEST

1 Bestimme grafisch die Lösungsmenge des Gleichungssystems. Mache die Probe, indem du die Koordinaten des Schnittpunktes in beide Ausgangsgleichungen einsetzt.

a) $y = 0{,}5x + 3$
$y = -2{,}5x$

b) $y = -x + 1{,}5$
$y = -1{,}5x + 3{,}5$

c) $2y + 4 = x$
$4y - 16 = 10x$

d) $3x = 4y + 6$
$x - 0{,}5y = -0{,}5$

2 Bestimme die Lösung durch systematisches Probieren oder ein geeignetes Lösungsverfahren.

a) Ein Draht von 180 cm Länge soll zu einem Rechteck gebogen werden.
Dabei soll die längere Rechteckseite um 15 cm länger werden als die kürzere. Berechne die Länge beider Rechteckseiten.

b) Der Umfang eines gleichschenkligen Dreiecks beträgt 67 cm. Die Länge der Grundseite ist um 4 cm größer als die Länge jedes Schenkels. Berechne die Seitenlängen.

3 Entscheide rechnerisch, wie viele Lösungen das Gleichungssystem hat. Existiert nur eine Lösung, so gib diese an.

a) $3y + 7x = -35$
$-26 - 6y = 10x$

b) $2y - 8x = -14$
$12x - 21 = 3y$

c) $3x + 9y = 42$
$14y + 2x = 80$

d) $4y - 6x = 16$
$6y - 22 = 9x$

4 Bestimme die Lösungsmenge des Zahlenrätsels.

a) Die Summe zweier Zahlen beträgt 29.
Die Differenz aus dem Doppelten der ersten Zahl und der zweiten Zahl ergibt 16.

b) Die Differenz zweier Zahlen ist um 15 kleiner als das Doppelte der ersten Zahl.
Die Summe aus dem Achtfachen der ersten Zahl und dem Zehnfachen der zweiten Zahl ergibt 100.

5 Für eine Geschäftsreise nach Südamerika tauscht Frau Schneider 1 500 Brasilianische Real (BRL) und 1 600 Argentinische Peso (ARS) für insgesamt 624,50 € ein. Ihr Geschäftspartner kauft 2 000 BRL und 1 800 ARS für zusammen 801,00 €. Berechne jeweils die Wechselkurse für 100 Brasilianische Real und für 100 Argentinische Peso.

6 Für einen Jahresverbrauch von 108 m^3 Frischwasser muss Familie Dengel einschließlich der Grundgebühr 576,92 € bezahlen. Familie Schippling wird für 95 m^3 515,30 € berechnet.
Berechne den Preis für die Grundgebühr und für 1 m^3 Frischwasser.

Ich kann ...

	Aufgabe	Hilfen und Aufgaben	
lineare Gleichungssysteme mit zwei Variablen grafisch lösen.	1	Seite 91, 92, 101	I
lineare Gleichungssysteme mit zwei Variablen durch systematisches Probieren lösen.	2	Seite 101	I
lineare Gleichungssysteme mit zwei Variablen mit einem geeigneten rechnerischen Verfahren lösen.	2, 3	Seite 93–96, 99, 100, 102	I
Aussagen über die Anzahl der Lösungen linearer Gleichungssysteme mit zwei Variablen machen.	3	Seite 94, 100, 102	II
Zahlenrätsel durch lineare Gleichungssysteme mit zwei Variablen modellieren und lösen.	4	Seite 103	II
Sachprobleme durch lineare Gleichungssysteme mit zwei Variablen modellieren und lösen.	5, 6	Seite 105	III

6 Satz des Pythagoras

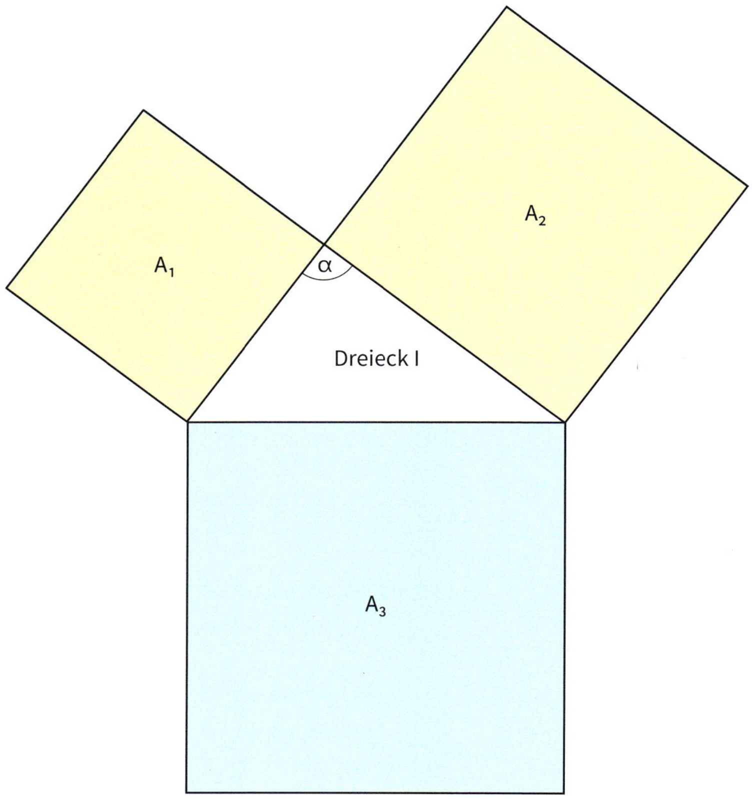

Bist du fit für dieses Kapitel?
Eingangstest auf
Seite 203

In diesem Kapitel …

- *lernst du den Satz des Pythagoras kennen.*
- *wendest du den Satz des Pythagoras an, um Seitenlängen in rechtwinkligen Dreiecken zu berechnen.*
- *überprüfst du mithilfe des Satzes des Pythagoras, ob Dreiecke rechtwinklig sind.*

Quadrate über Dreiecksseiten untersuchen

In den Abbildungen siehst du ein spitzwinkliges, ein rechtwinkliges und ein stumpfwinkliges Dreieck. Über der längsten Dreiecksseite ist jeweils ein blaues Quadrat errichtet, über den beiden anderen Seiten jeweils ein gelbes Quadrat.

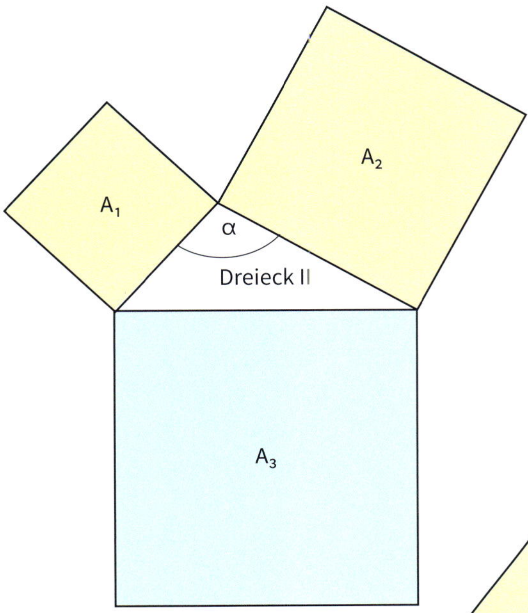

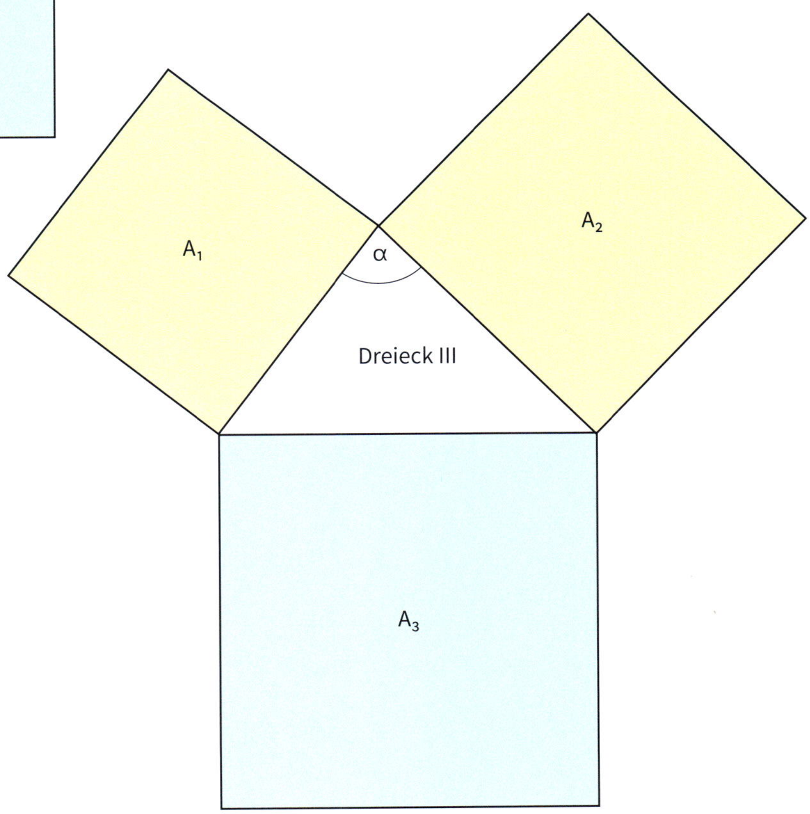

- Vergleiche für jedes Dreieck den Flächeninhalt des blauen Quadrats mit der Summe der Flächeninhalte der gelben Quadrate. Was fällt dir auf?

Satz des Pythagoras

Pythagoras von Samos, griechischer Mathematiker und Philosoph (6. Jahrhundert vor Chr.)

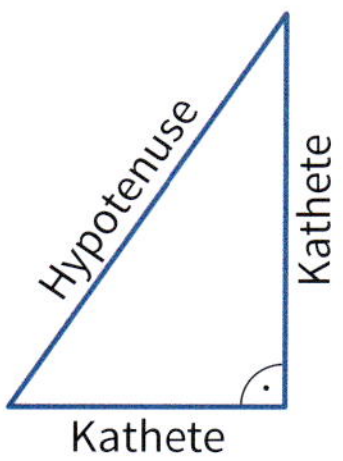

1 In einem rechtwinkligen Dreieck heißen die Seiten, die den rechten Winkel bilden, **Katheten**.
Die Seite, die dem rechten Winkel gegenüber liegt, heißt **Hypotenuse**.

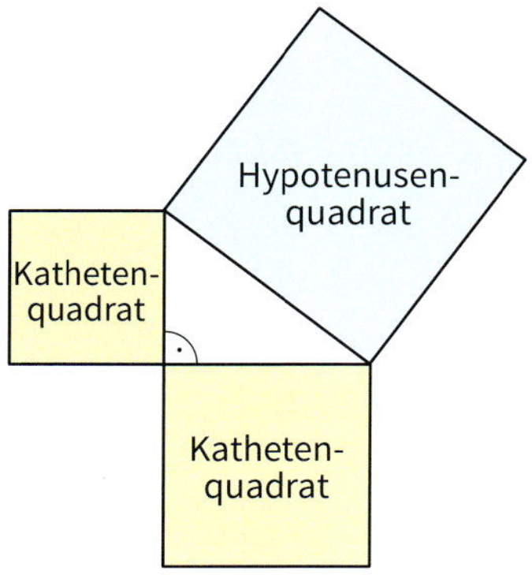

Miss in den rechtwinkligen Dreiecken I, II und III jeweils die Längen der Katheten und die Länge der Hypotenuse.
Bestimme zunächst die Lage des rechten Winkels.

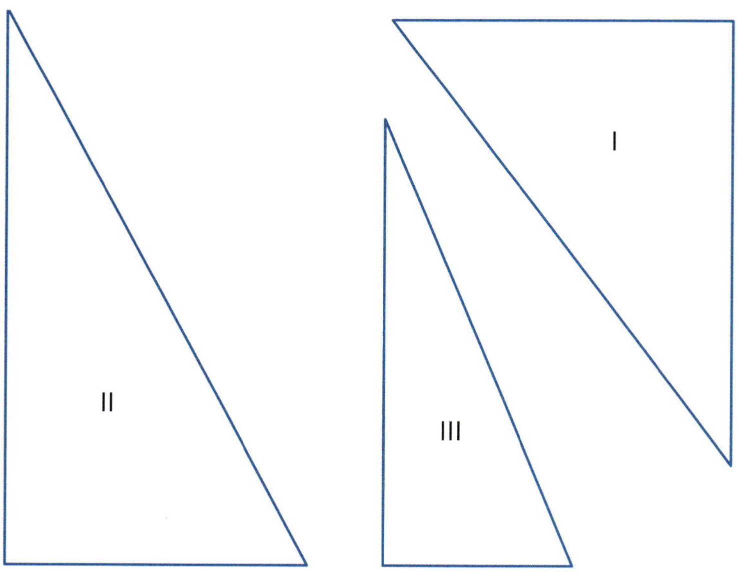

Ergänze die Tabelle. Was stellst du fest?

Dreieck	Flächeninhalte der Kathetenquadrate	Flächeninhalt des Hypotenusenquadrats
I	$6 \cdot 6 =$	
	$4{,}5 \cdot 4{,}5 =$	
II		
III		

Satz des Pythagoras
In jedem rechtwinkligen Dreieck haben die beiden Kathetenquadrate zusammen den gleichen Flächeninhalt wie das Hypotenusenquadrat.

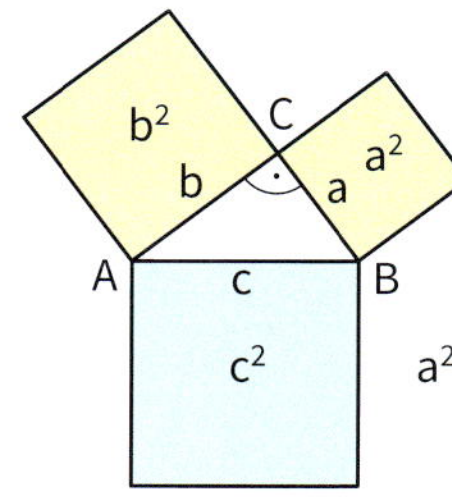

$a^2 + b^2 = c^2$

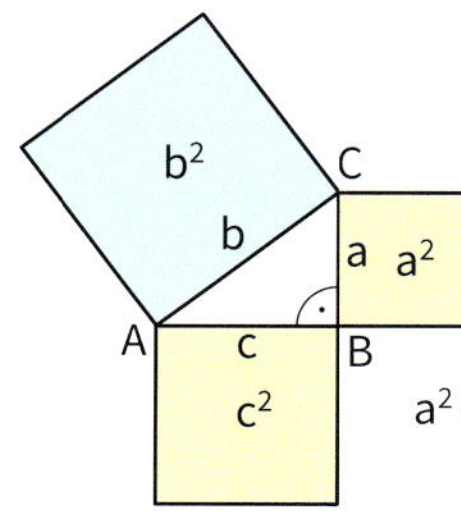

$a^2 + c^2 = b^2$

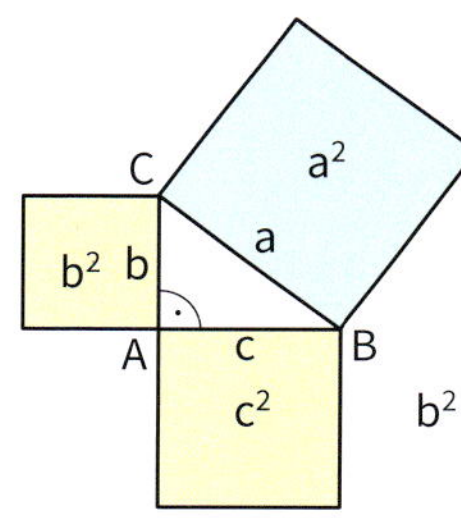

$b^2 + c^2 = a^2$

2 Formuliere für das Dreieck den Satz des Pythagoras als Gleichung. Bestimme zunächst die Lage des rechten Winkels.

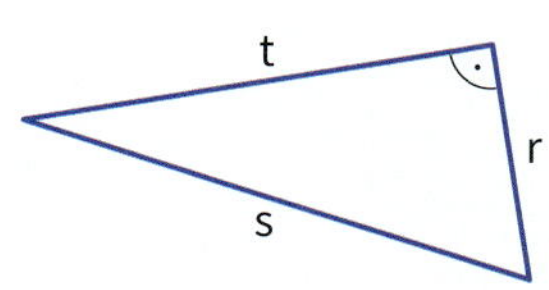

Hypotenuse: s Katheten: r, t
Gleichung: $r^2 + t^2 = s^2$

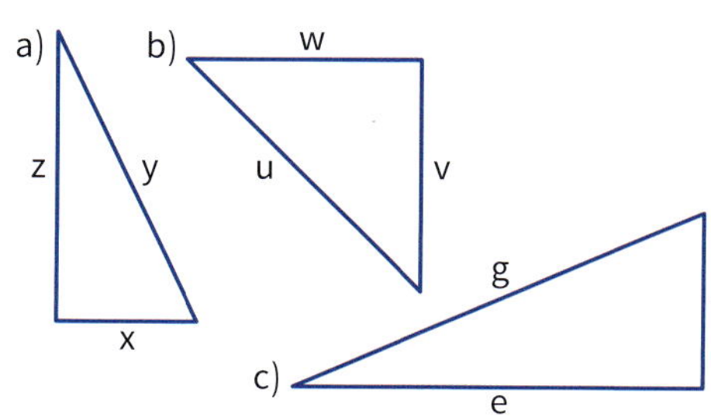

Berechnungen in rechtwinkligen Dreiecken

1 In dem Beispiel wird aus den gegebenen Längen der Katheten die Länge der Hypotenuse berechnet.

Gegeben: $a = 11{,}3\,\text{m}$; $b = 6{,}8\,\text{m}$; $\gamma = 90°$
Gesucht: c

Planfigur:

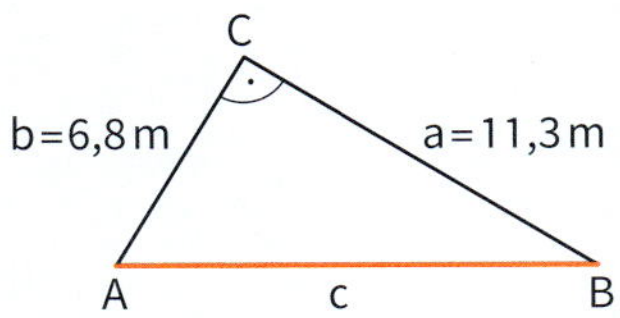

$c^2 = a^2 + b^2$

$c = \sqrt{a^2 + b^2}$

$c = \sqrt{11{,}3^2 + 6{,}8^2}$

$c \approx 13{,}2$

Die Seite c ist ungefähr 13,2 m lang.

Erläutere das Beispiel.

2 Berechne in dem abgebildeten Dreieck die Länge der Hypotenuse.

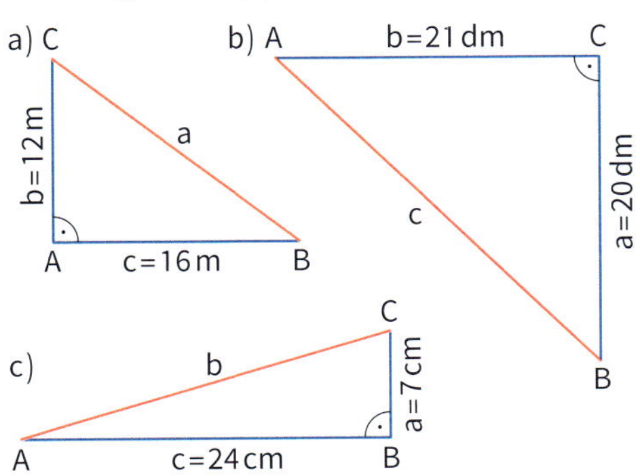

3 Berechne die fehlende Seitenlänge in dem Dreieck ABC. Fertige zunächst eine Planfigur an.

a) $a = 7{,}4\,\text{cm}$; $c = 5{,}5\,\text{cm}$; $\beta = 90°$
b) $b = 4{,}8\,\text{cm}$; $c = 2{,}5\,\text{cm}$; $\alpha = 90°$
c) $a = 3{,}5\,\text{m}$; $b = 12{,}0\,\text{m}$; $\gamma = 90°$
d) $a = 55\,\text{cm}$; $c = 132\,\text{cm}$; $\beta = 90°$

4 In dem Beispiel wird aus der gegebenen Länge der Hypotenuse und der Länge einer Kathete die Länge der anderen Kathete berechnet.

Gegeben: $a = 4{,}1\,\text{m}$; $c = 0{,}9\,\text{m}$; $\alpha = 90°$
Gesucht: b

Planfigur:

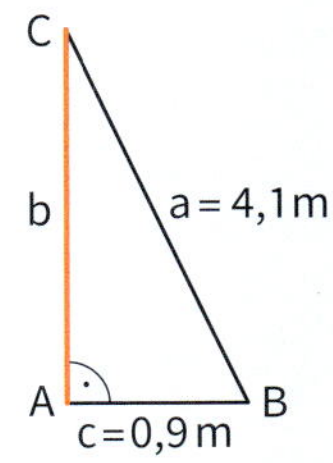

$a^2 = b^2 + c^2 \quad | -c^2$

$a^2 - c^2 = b^2$

$b = \sqrt{a^2 - c^2}$

$b = \sqrt{4{,}1^2 - 0{,}9^2}$

$b = 4{,}0$

Die Seite b ist 4,0 m lang.

Erläutere das Beispiel.

5 Bestimme in dem Dreieck ABC die fehlende Seitenlänge. Überlege zunächst, welche Seite des Dreiecks die Hypotenuse ist.

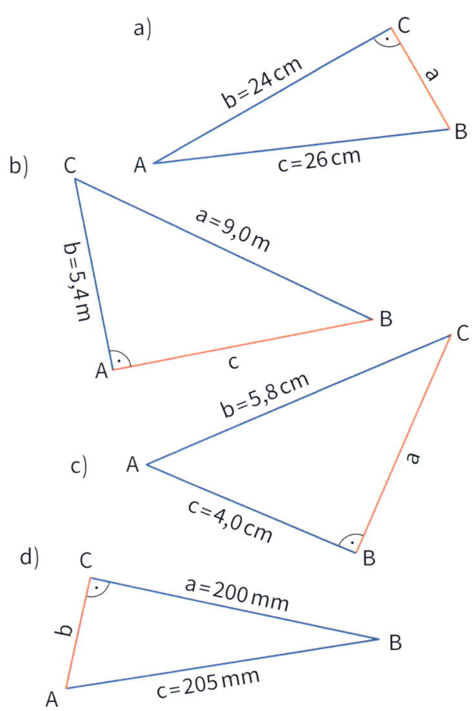

Sind in einem rechtwinkligen Dreieck zwei Seitenlängen gegeben, so kannst du mit dem Satz des Pythagoras die Länge der dritten Seite berechnen.

Berechnungen in rechtwinkligen Dreiecken

6 Berechne die fehlende Seitenlänge in dem Dreieck ABC. Fertige zunächst eine Planfigur an.

a)	b)	c)	d)
a = 2,1 dm	a = 135 m	b = 4,8 cm	b = 250 m
b = 7,5 dm	c = 108 m	c = 6,0 cm	c = 70 m
β = 90°	α = 90°	γ = 90°	β = 90°

7 Berechne die fehlende Seitenlänge in dem Dreieck ABC. Bestimme zunächst die Lage des rechten Winkels.

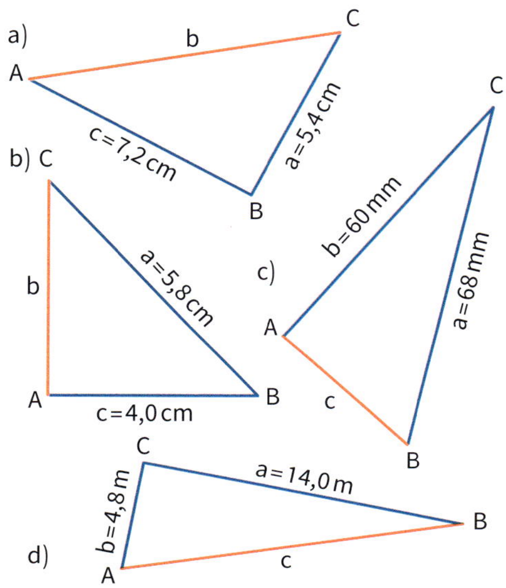

8 Berechne die fehlende Seitenlänge in dem Dreieck ABC. Fertige zunächst eine Planfigur an.

a)	b)	c)	d)
b = 10,4 m	a = 11,0 cm	a = 30 dm	a = 17 cm
c = 7,8 m	c = 26,4 cm	b = 34 dm	c = 8 cm
α = 90°	β = 90°	β = 90°	α = 90°

e)	f)	g)	h)
a = 105 m	a = 10,2 m	b = 24,4 m	b = 21 m
b = 273 m	c = 9,0 m	c = 24,0 m	c = 29 m
β = 90°	α = 90°	β = 90°	γ = 90°

Lösungen zu Aufgabe 8:
16 252 4,8 13,0 20 4,4 15 28,6

9 Berechne in dem rechtwinklig-gleichschenkligen Dreieck ABC (γ = 90°) die fehlende Seitenlänge.

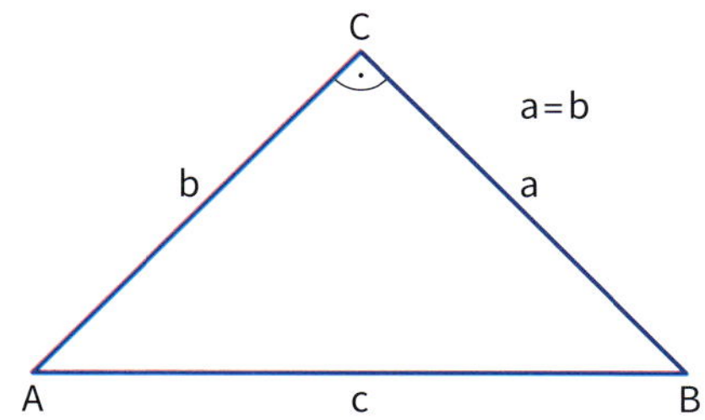

a) a = 1,85 m b) b = 7,8 cm
c) c = 65 mm

10 Sven hat bei seiner Berechnung Fehler gemacht. Beschreibe, welchen Fehler Sven gemacht hat und schreibe die richtige Lösung in dein Heft.

a)

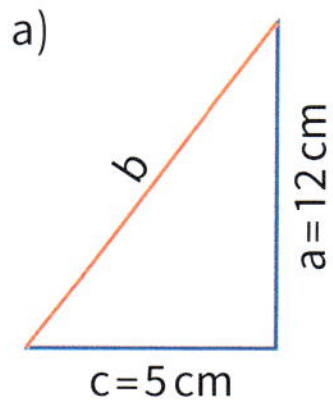

$b^2 = a^2 + c^2$
$b^2 = 12^2 + 5^2$
$b^2 = 144 + 25$
$b = 169$

b)

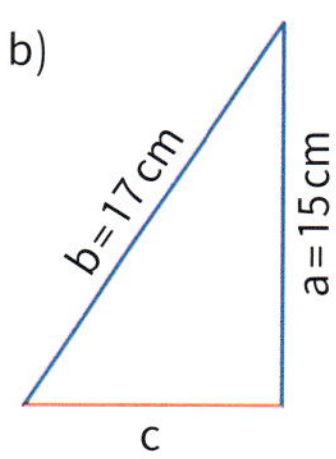

$a^2 + b^2 = c^2$
$15^2 + 17^2 = c^2$
$225 + 289 = c^2$
$514 = c^2$
$\sqrt{514} = c$
$23 \approx c$

c)

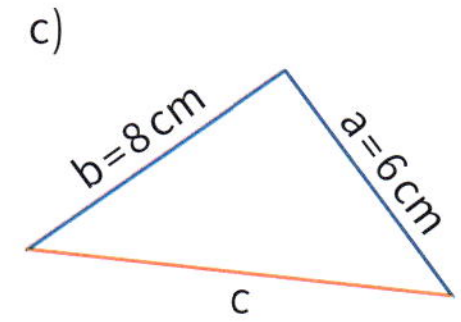

$c^2 = a^2 + b^2$
$c^2 = 6^2 + 8^2$
$c = 6 + 8$
$c = 14$

d)

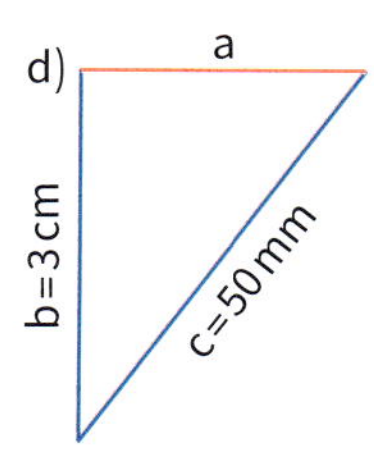

$a^2 = c^2 - b^2$
$a^2 = 50^2 - 3^2$
$a^2 = 2500 - 9$
$a^2 = 2491$
$a = \sqrt{2491}$
$a \approx 50$

Umkehrung des Satzes von Pythagoras

Umkehrung des Satzes des Pythagoras

Wenn für die Seiten a, b und c eines Dreiecks ABC die Gleichung $\mathbf{c^2 = a^2 + b^2}$ gilt, dann ist das Dreieck ABC rechtwinklig mit c als Hypotenuse.
a und b sind senkrecht (orthogonal) zueinander.

1 a) Beschreibe mithilfe der Informationen und Bilder, wie die Seilspanner in Ägypten einen rechten Winkel absteckten.

Im alten Ägypten wurden die Landstreifen, die sich auf beiden Seiten des Nils erstreckten, jährlich überschwemmt.
Daher mussten die Felder dort jedes Jahr neu vermessen werden. Für die Neuvermessung der Felder mussten rechte Winkel abgesteckt werden.
Das war die Aufgabe der Seilspanner. Sie benutzten dazu ein Seil, das durch Knoten in zwölf gleich lange Abschnitte eingeteilt war.

b) Zeige durch eine Rechnung, dass die Seilspanner tatsächlich einen rechten Winkel abgesteckt haben.

2 Eine Arbeitsgruppe einer 9. Klasse steckt mithilfe einer Schnur und drei Holzpflöcken ein Dreieck mit folgenden Längen ab: 65 cm, 72 cm und 97 cm.
Mit einem Geodreieck kontrollieren sie, ob ihr Dreieck rechtwinklig ist.

Vier weitere Arbeitsgruppen der 9. Klasse haben auch Schnüre aufgespannt. Die Länge zwischen zwei Pflöcken ist jeweils in der Tabelle angegeben.

Dreieck	Länge zwischen den Pflöcken
I	27 cm; 36 cm; 45 cm
II	100 cm; 230 cm; 260 cm
III	45 cm; 200 cm; 205 cm
IV	150 cm; 70 cm; 170 cm

Überprüfe durch eine Rechnung, ob sie jeweils einen rechten Winkel abgesteckt haben.

3 An einem Seil sind wie abgebildet durch Knoten drei Abschnitte markiert. Lässt sich mithilfe dieser Abschnitte ein rechtwinkliges Dreieck aufspannen?

a)
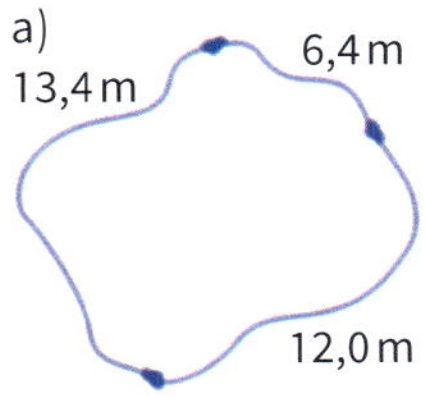

b)
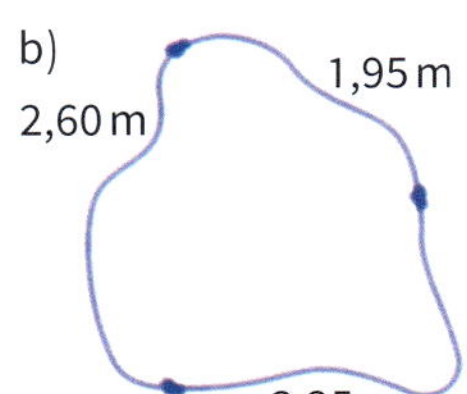

Rechtwinklige Dreiecke legen

1 Marnie hat versucht aus acht Streichhölzern ein rechtwinkliges Dreieck zu legen.

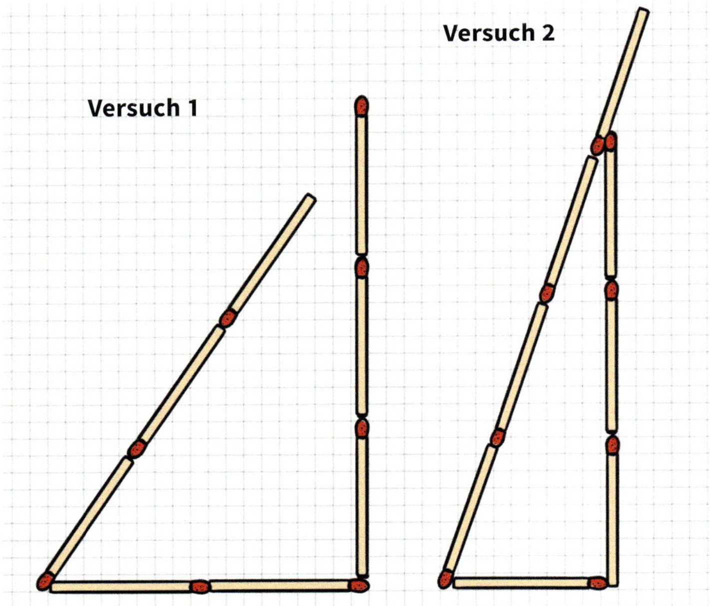

Ihre Freundin Franzi meint: „Das kann gar nicht funktionieren. Jedes Streichholz entspricht einem Abschnitt. Also müssten die Anzahlen der Streichhölzer für jede Seite den Satz des Pythagoras erfüllen." Sie erstellt eine Tabelle und rechnet:

Versuch 1	$3^2 + 2^2$ $= 9 + 4$ $= 13$	3^2 $= 9$
Versuch 2	$3^2 + 1^2$ $= 9 + 1$ $= 10$	4^2 $= 16$

a) Erläutere die Argumentation von Franzi.
b) Versuche mit 9 (10, 11) Streichhölzern ein rechtwinkliges Dreieck zu legen. Begründe mithilfe des Satzes des Pythagoras, ob das möglich ist oder nicht.
c) Begründe, weshalb es möglich ist, mit 12 Streichhölzern ein rechtwinkliges Dreieck zu legen.
d) Gib eine weitere Streichholzanzahl an, mit der du ein rechtwinkliges Dreieck legen kannst. Begründe, weshalb das möglich sein muss.

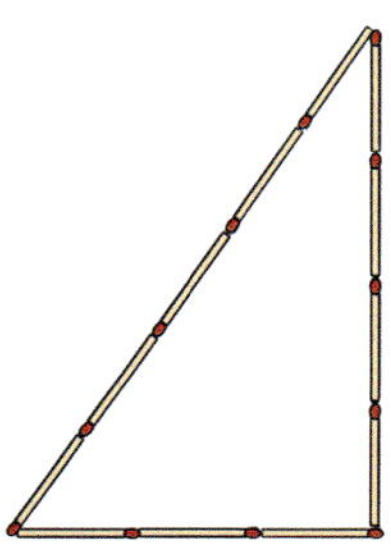

2 a) Benni hat eine Kette aus 14 Büroklammern gebildet. Er möchte die Kette so aufspannen, dass ein rechtwinkliges Dreieck entsteht.

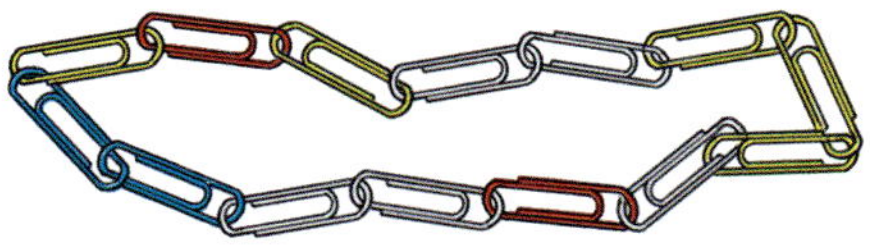

Unten sind zwei Versuche abgebildet.

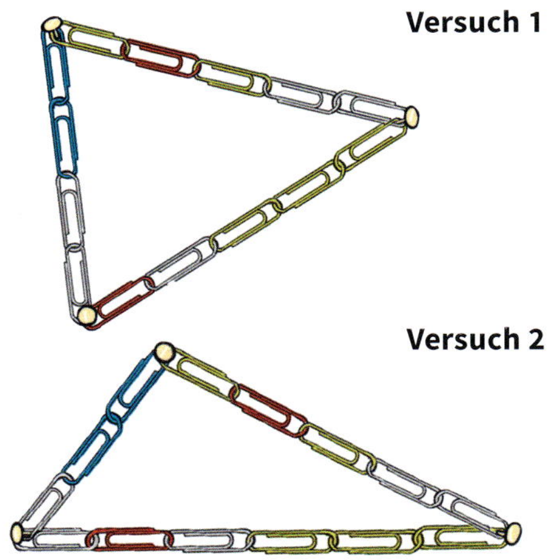

Betrachte die aufgespannten Dreiecke. Warum ist es Benni nicht gelungen, ein rechtwinkliges Dreieck aus seiner Kette zu legen?
b) Janne hat auch ein Dreieck aufgespannt.

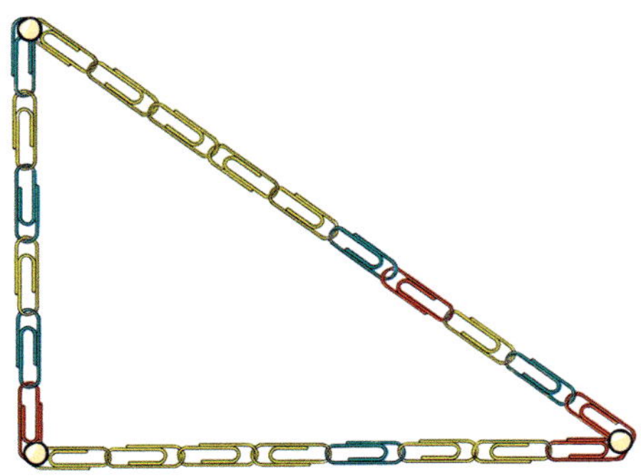

Warum ist Jannes Dreieck rechtwinklig?
c) Versuche selbst, ein rechtwinkliges Dreieck aufzuspannen. Überlege, aus wie vielen Büroklammern die Kette bestehen muss und ob es noch andere Möglichkeiten gibt.

Sachaufgaben

Mathematisch modellieren

Sachaufgaben mithilfe des Satzes des Pythagoras lösen

Aufgabe:
Die Befestigung eines Fallrohres in 4,50 m Höhe muss erneuert werden.
Eine 5,20 m lange Leiter wird 2,00 m von der Hauswand entfernt aufgestellt.
In welcher Höhe liegt die Leiter an der Wand an?

1. Stelle fest, welche Angaben und Informationen du benötigst, um die Aufgabe zu bearbeiten.

Länge der Leiter: 5,20 m
Abstand von der Wand: 2,00 m

2. Zeichne eine Planfigur.
Bestimme in ihr ein rechtwinkliges Dreieck, in dem zwei gegebene Seitenlängen und die gesuchte Seitenlänge vorkommen.
Markiere die gesuchte Größe.

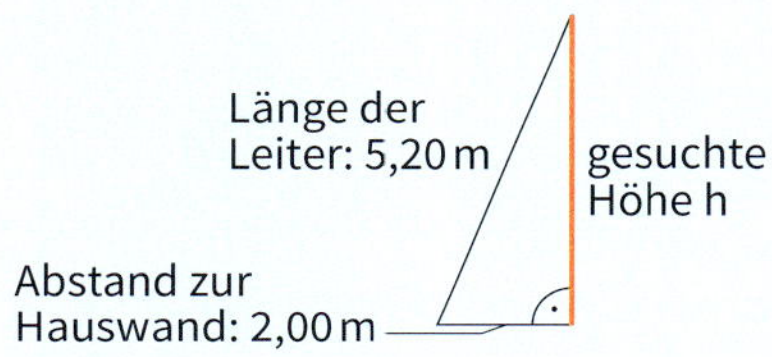

3. Formuliere für das rechtwinklige Dreieck den Satz des Pythagoras als Gleichung.
Berechne die gesuchte Seitenlänge.

$$2{,}00^2 + h^2 = 5{,}20^2$$
$$h^2 = 5{,}20^2 - 2{,}00^2$$
$$h = \sqrt{5{,}20^2 - 2{,}00^2}$$
$$h = 4{,}80$$

4. Prüfe, ob dein Ergebnis sinnvoll ist, und formuliere eine Antwort.

Die Leiter liegt in 4,80 m Höhe an der Wand an.

1 Eine Leiter liegt in einer Höhe von 11,90 m an einer Wand an. Das untere Leiterende steht dabei 3,80 m von der Wand entfernt auf dem Erdboden. Wie lang ist die Leiter?

2 Ein 48 cm breiter Monitor hat eine Bildschirmdiagonale von 58 cm.

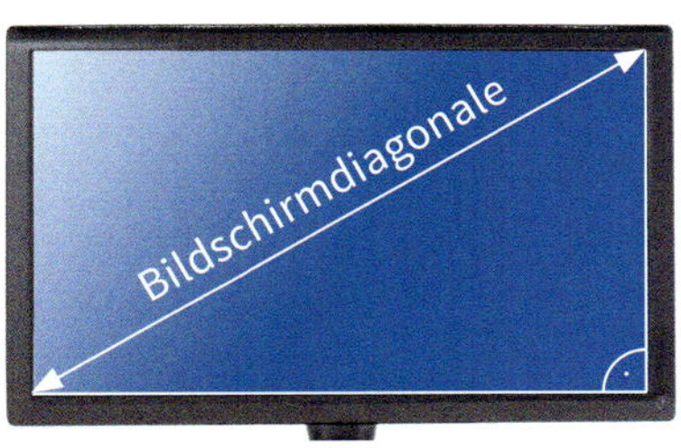

Welche Höhe hat der Monitor?

3 a) An einem Sendemast ist in 30 m Höhe ein 45 m langes Stahlseil befestigt.

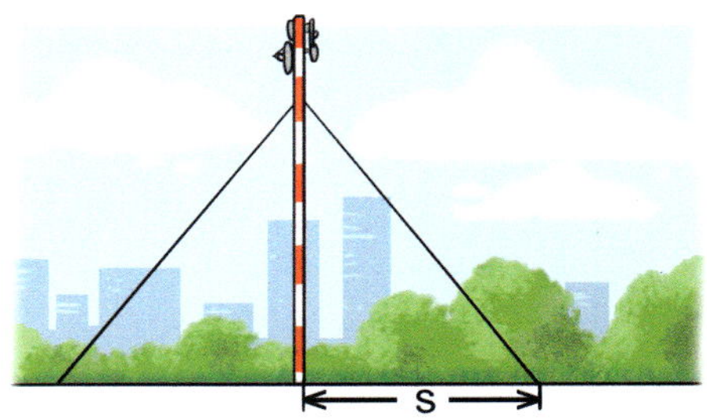

Wie viele Meter vom Fußpunkt des Mastes entfernt ist das Seil verankert?

b) Ein 190 m langes Seil ist 108 m von einem Mast entfernt am Boden verankert. In welcher Höhe ist das Seil am Mast befestigt?

Die Aufgaben kannst du auch in Gruppenarbeit bearbeiten. Hinweise dazu findest du auf Seite 224.

Sachaufgaben

4 Ein starker Sturm hat eine Lärche in einer Höhe von 5,50 m so abgeknickt, dass ihre Spitze 12,50 m vom Stamm entfernt den Waldboden berührt.

Wie hoch war der Baum?

5 Eine Fußgängerin läuft in einem Park wie abgebildet über die Rasenfläche.

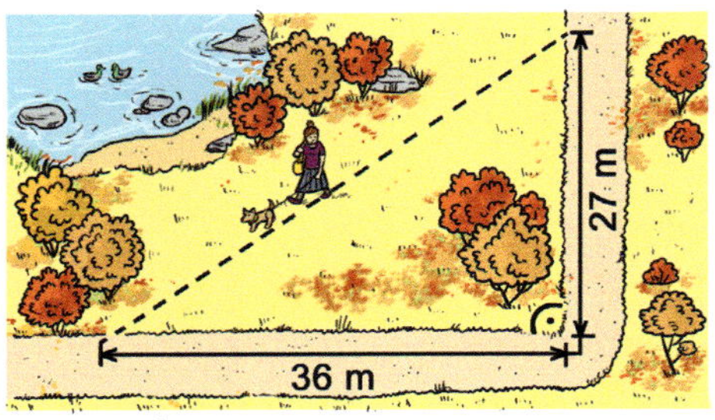

Um wie viele Meter verkürzt sich dadurch ihr Weg?

6 Eine Feuerwehr will ein 13,50 m hoch gelegenes Fenster erreichen. Der Abstand des Fußes der Leiter zur Hauswand beträgt 3,60 m.

Wie weit muss die Leiter ausgefahren werden, wenn sie auf einem 1,60 m hohen Wagen steht?

7 Frau Müller stellt eine drei Meter lange Leiter an eine Hauswand. Das untere Leiterende ist einen Meter von der Wand entfernt. In welcher Höhe berührt die Leiter die Wand?

8 In 50 m Entfernung vom abgebildeten Busch hält Marta an einer 70 m langen, straff gespannten Schnur einen Drachen.

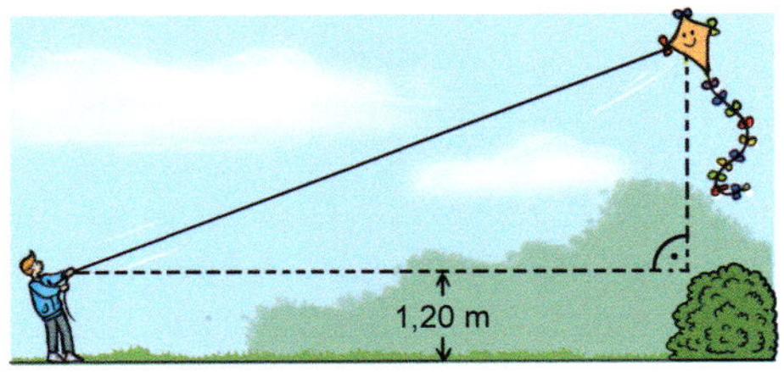

a) Wie hoch fliegt der Drachen?
b) Erläutere, warum die berechnete Höhe nur einen Näherungswert darstellt.

9 Die Drehleiter des abgebildeten Feuerwehrwagens kann 19,50 m ausgefahren werden.

Der Abstand der Leiter von der Hauswand soll 7,50 m betragen. Begründe, ob die Drehleiter (vollständig ausgefahren) ein 20 m hoch gelegenes Fenster erreichen kann.

10 Eine Seilbahn überwindet einen Höhenunterschied von 450 m. Auf einer Karte (Maßstab 1 : 50 000) beträgt die Entfernung zwischen Tal- und Bergstation 4 cm.

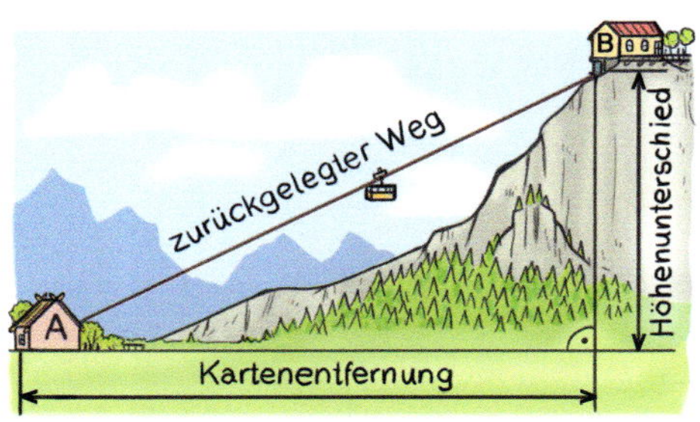

Berechne die Länge des Weges, den die Seilbahn in der Wirklichkeit zurücklegt.

Lösungen zu den Aufgaben 4 bis 7:
18 2,83 19,16 12,43

Arbeiten mit dem Computer: Der Satz des Pythagoras

1 Mithilfe eines Geometrieprogramms kannst du den Satz des Pythagoras überprüfen. Nutze dafür den Satz des Thales. Gehe dabei wie folgt vor.

a) Erzeuge über einer Strecke $\overline{AB}$ einen Halbkreis.

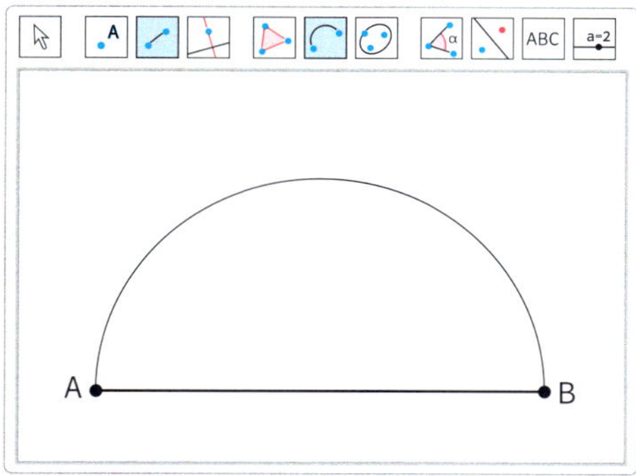

b) Setze einen Punkt C in beliebiger Lage auf den Halbkreis. Verbinde die Punkte A, B und C zu einem Dreieck ABC und bestimme die Größe des Winkels bei C.

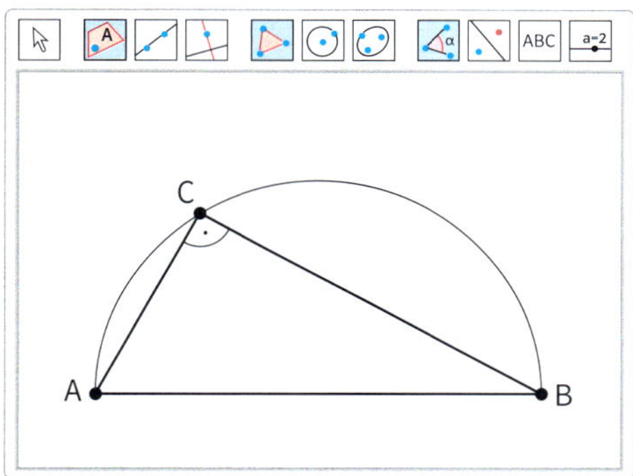

c) Zeichne ein Quadrat über der Kathete $\overline{AC}$.

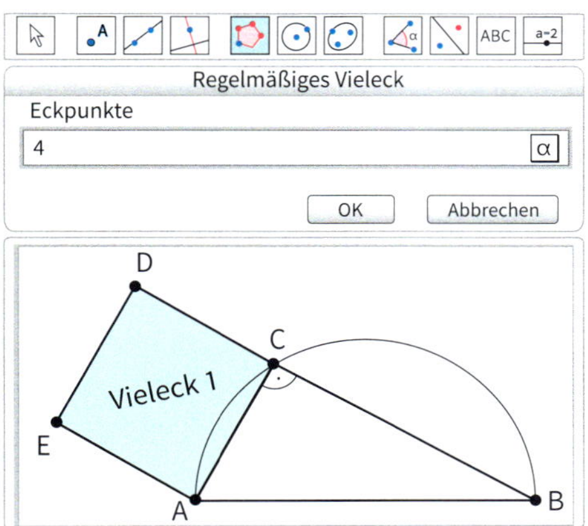

d) Erzeuge entsprechend zunächst ein Quadrat über der Kathete $\overline{BC}$ und anschließend ein Quadrat über der Hypotenuse $\overline{AB}$.

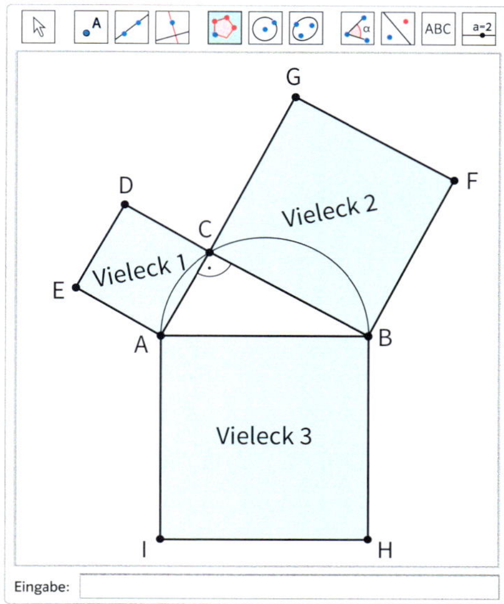

e) Bestimme jeweils den Flächeninhalt der Kathetenquadrate und des Hypotenusenquadrats.

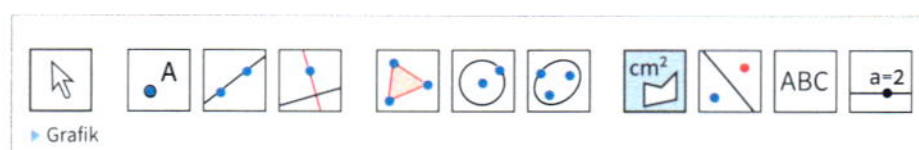

Runde die Ergebnisse auf zwei Dezimalstellen. Stelle dazu unter dem Menüpunkt „Einstellungen" das Runden auf zwei Dezimalstellen.

f) Bilde die Summe der Flächeninhalte der beiden Kathetenquadrate. Gib dazu in der Eingabezeile der Algebraspalte „sum=Vieleck1+Vieleck2" ein. Das Ergebnis der Rechnung findest du in der Algebraspalte. Vergleiche das Ergebnis mit dem Flächeninhalt des Hypotenusenquadrats. Was stellst du fest?

g) Verändere zunächst die Lage des Punktes C. Was stellst du fest? Verändere anschließend die Lage der Punkte A und B. Was stellst du nun jeweils fest?

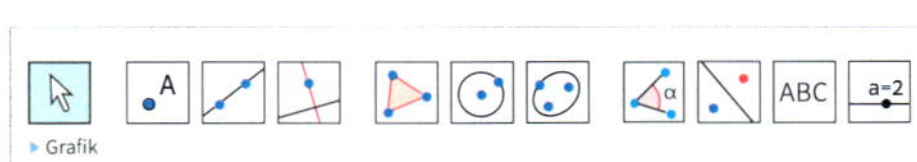

Thales von Milet

Satz des Thales:
Jeder Winkel im Halbkreis ist ein rechter Winkel.

DGS
WES-117455-022

Beweise

1 Die Seiten des abgebildeten Quadrats ABCD sind durch Punkte jeweils in die Abschnitte a und b unterteilt worden.

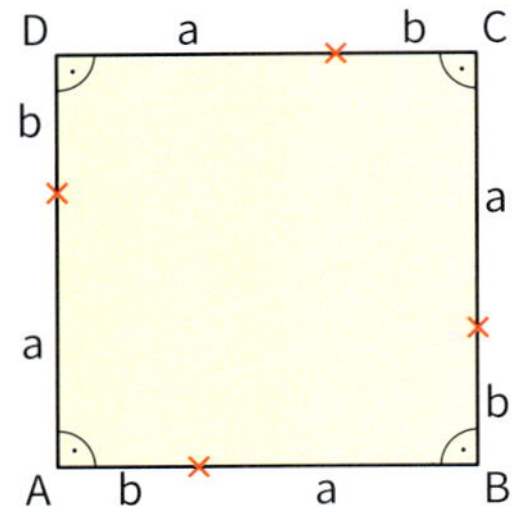

Anschließend wurden die Punkte wie abgebildet zu einem Viereck verbunden.

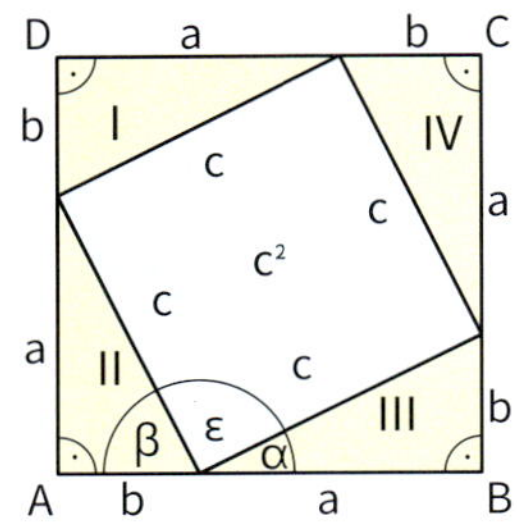

Die rechtwinkligen Dreiecke I, II, III und IV sind kongruent, da sie jeweils in den beiden Seiten a und b sowie dem eingeschlossenen Winkel übereinstimmen.

a) Begründe, dass es sich bei dem blauen Viereck auch um ein Quadrat handelt. Gehe dazu wie folgt vor.
   1. Begründe, dass alle Seiten des blauen Vierecks gleich groß sind.
   2. Begründe, dass die Winkel α und β zusammen 90° ergeben.
   3. Begründe, dass der Winkel ε 90° groß ist.

b) Der Flächeninhalt des großen Quadrats lässt sich auf zwei verschiedene Arten berechnen. Begründe.

Möglichkeit 1: $A_{\text{großes Quadrat}} = (a + b)^2$

Möglichkeit 2: $A_{\text{großes Quadrat}} = c^2 + 4 \cdot \frac{a \cdot b}{2}$

c) Mithilfe der Ergebnisse aus a) und b) kann nun bewiesen werden, dass gilt: $a^2 + b^2 = c^2$. Erläutere die einzelnen Schritte des Beweises.

1. $(a + b)^2 = c^2 + 4 \cdot \frac{a \cdot b}{2}$
2. $(a + b)^2 = c^2 + 2ab$
3. $a^2 + 2ab + b^2 = c^2 + 2ab$
4. $a^2 + b^2 = c^2$

2 Zwei kongruente rechtwinklige Dreiecke I und II wurden so angeordnet wie in der Abbildung.

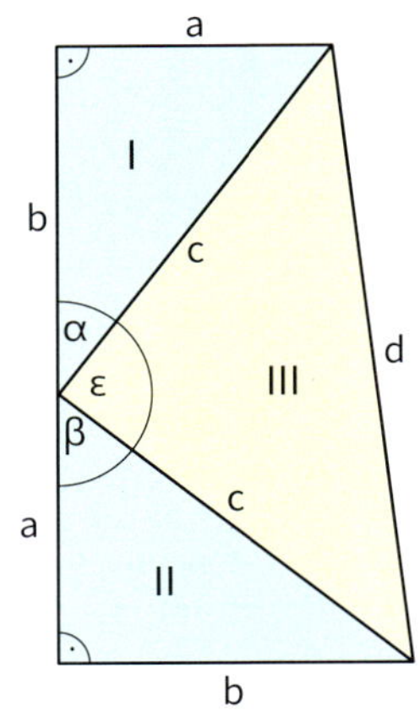

Durch die Ergänzung einer weiteren Strecke d ist ein Trapez mit den beiden parallelen Seiten a und b und der Höhe a + b entstanden.

a) Begründe, dass es sich bei dem Dreieck III auch um ein rechtwinkliges Dreieck handelt.

b) Der Flächeninhalt des Trapezes lässt sich auf zwei verschiedene Arten berechnen. Begründe.

Möglichkeit 1: $A_{\text{Trapez}} = \frac{(a + b)}{2} \cdot (a + b)$

Möglichkeit 2: $A_{\text{Trapez}} = 2 \cdot \frac{a \cdot b}{2} + \frac{c^2}{2}$

c) Mithilfe der Ergebnisse aus a) und b) kann nun bewiesen werden, dass gilt: $a^2 + b^2 = c^2$. Erläutere die ersten Schritte und vervollständige den Beweis.

1. $\frac{a + b}{2} \cdot (a + b) = 2 \cdot \frac{a \cdot b}{2} + \frac{c^2}{2}$
2. $\frac{a + b}{2} \cdot (a + b) = ab + \frac{c^2}{2}$
3. $\frac{1}{2}(a + b)^2 = ab + \frac{c^2}{2}$

Für den Satz des Pythagoras gibt es viele verschiedene Beweise. Der Beweis aus Aufgabe 2 stammt von James A. Garfield, dem 20. Präsidenten der Vereinigten Staaten. Vor seiner Karriere als Politiker war Garfield unter anderem Mathematiklehrer.

WISSEN KOMPAKT

Rechtwinkliges Dreieck

In einem **rechtwinkligen Dreieck** heißen die Seiten, die den rechten Winkel bilden, **Katheten**. Die dritte Seite heißt **Hypotenuse**. Sie liegt dem rechten Winkel gegenüber und ist die längste Seite.

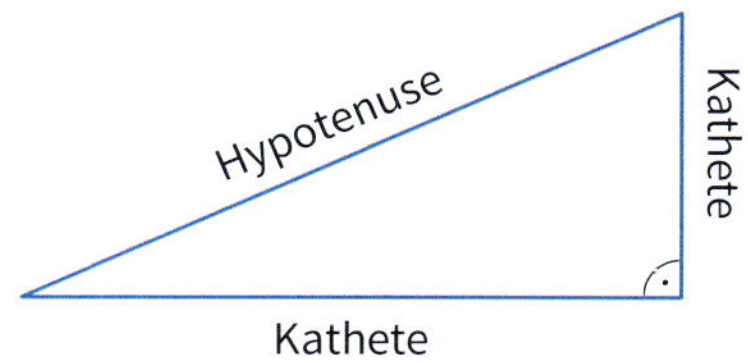

Satz des Pythagoras

In jedem rechtwinkligen Dreieck haben die beiden Kathetenquadrate zusammen den gleichen Flächeninhalt wie das Hypotenusenquadrat.

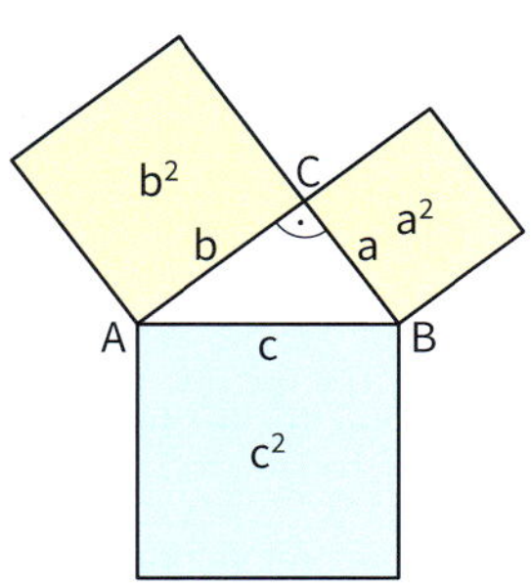

$a^2 + b^2 = c^2$

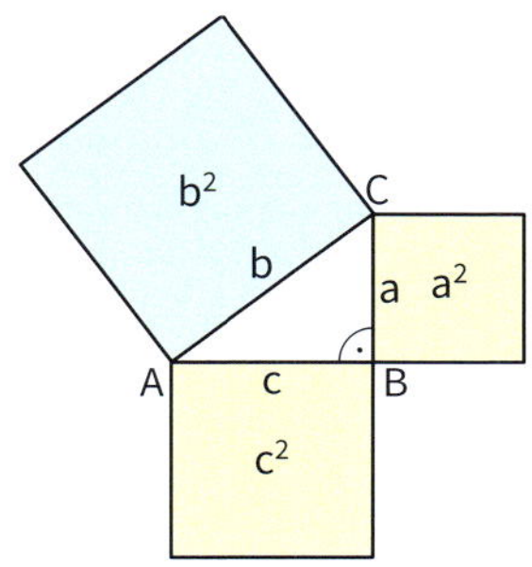

$a^2 + c^2 = b^2$

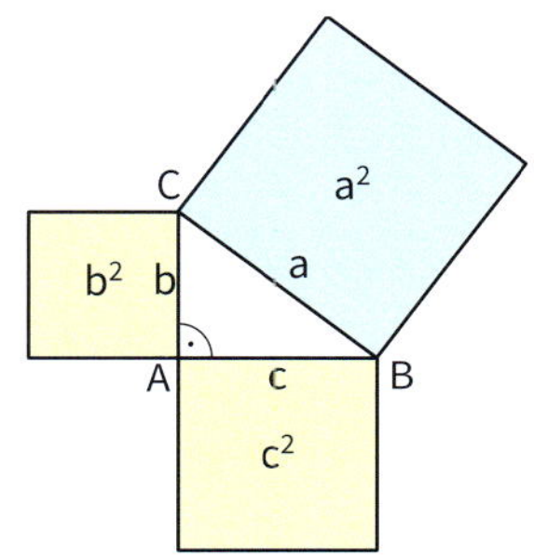

$b^2 + c^2 = a^2$

Berechnung der Länge der Hypotenuse

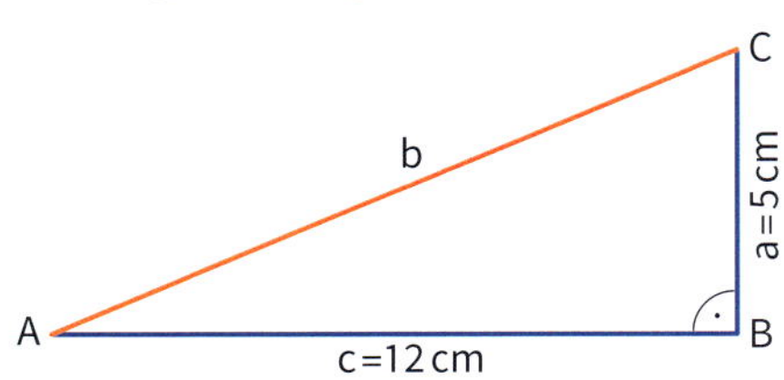

$$a^2 + c^2 = b^2$$
$$b^2 = a^2 + c^2$$
$$b = \sqrt{a^2 + c^2}$$
$$b = \sqrt{5^2 + 12^2}$$
$$b = 13$$

Die Hypotenuse b ist 13 cm lang.

Berechnung der Länge einer Kathete

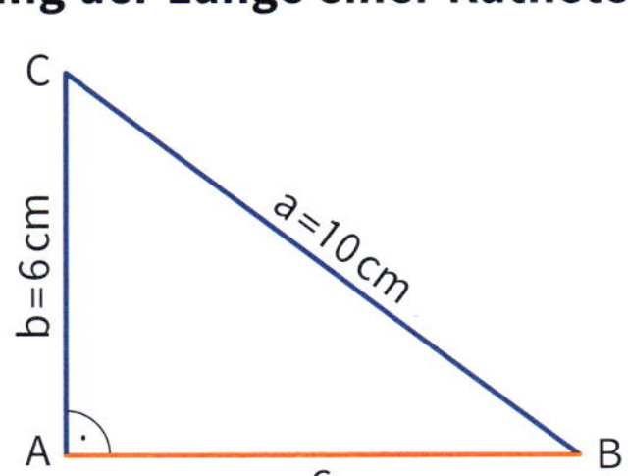

$$b^2 + c^2 = a^2 \qquad | - b^2$$
$$c^2 = a^2 - b^2$$
$$c = \sqrt{a^2 - b^2}$$
$$c = \sqrt{10^2 - 6^2}$$
$$c = 8$$

Die Kathete c ist 8 cm lang.

Umkehrung des Satzes des Pythagoras

Wenn für die Seiten a, b und c eines Dreiecks ABC die Gleichung $c^2 = a^2 + b^2$ gilt, dann ist das Dreieck ABC rechtwinklig mit c als Hypotenuse.

ÜBEN

1 Bestimme in dem abgebildeten Dreieck zunächst die Lage des rechten Winkels. Formuliere anschließend für das Dreieck den Satz des Pythagoras als Gleichung.

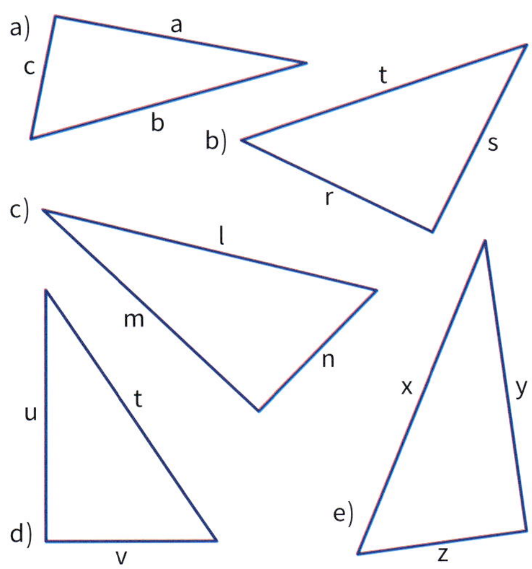

2 Berechne die fehlende Seitenlänge.

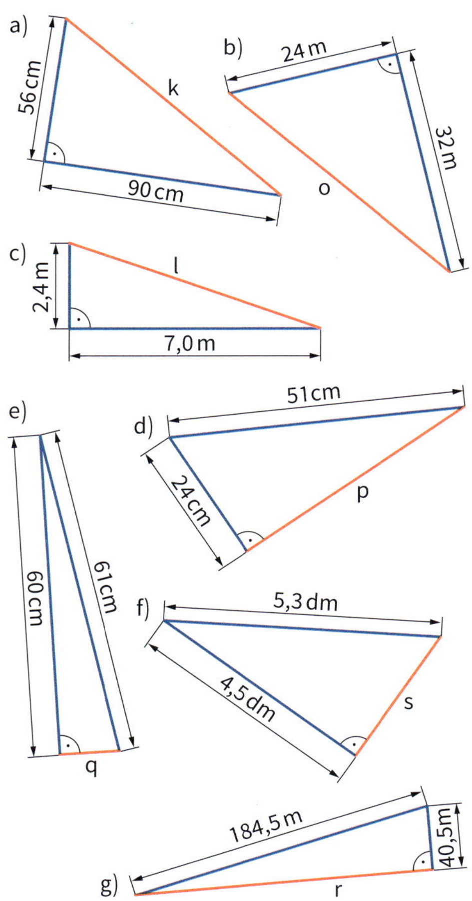

3 Berechne die fehlende Seitenlänge in dem Dreieck ABC.

a)	b)	c)	d)
b = 5,2 m	a = 5,5 cm	a = 15 dm	b = 42 cm
c = 3,9 m	c = 13,2 cm	b = 17 dm	c = 58 cm
α = 90°	β = 90°	β = 90°	γ = 90°

e)	f)	g)	h)
a = 8,5 cm	a = 35 m	a = 5,1 m	b = 6,1 m
c = 4,0 cm	b = 91 m	c = 4,5 m	c = 6,0 m
α = 90°	β = 90°	α = 90°	β = 90°

4 a) Berechne anhand der Abbildung den Abstand der beiden Punkte A(2|1) und B(6|4). Übertrage die Abbildung in dein Heft und kontrolliere den Abstand durch Messen.

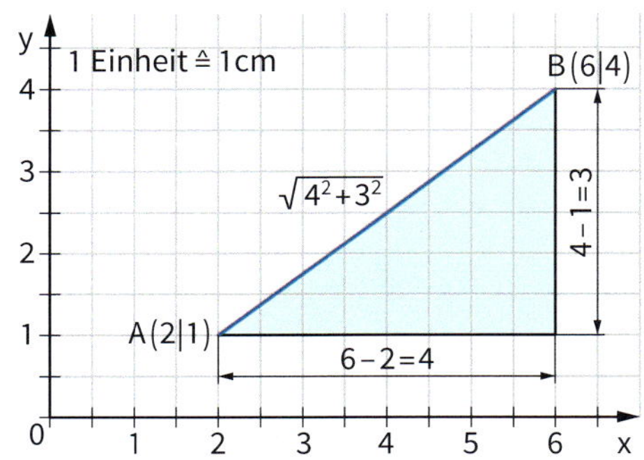

b) Mit dem Satz des Pythagoras kann rechnerisch der Abstand zwischen zwei Punkten in einem Koordinatensystem bestimmt werden. Beschreibe mithilfe von Teilaufgabe a), wie man dazu vorgehen muss.
Überlege anschließend, welche Vorteile das rechnerische Vorgehen gegenüber dem Messen hat.

c) In einem Koordinatensystem (Einheit 1 cm) sind zwei Punkte gegeben. Berechne den Abstand zwischen diesen Punkten.

I) A(1|2) und B(6|5)
II) C(1|−1) und D(3|−5)
III) E(−2|0) und F(−3|−5)

5 In einem Koordinatensystem (Einheit 1 cm) ist das Dreieck ABC mit A(2|−4), B(6|−1) und C(−4|4) gegeben. Berechne den Flächeninhalt des Dreiecks. Beachte die Lage des rechten Winkels.

ÜBEN

6 Berechne die fehlenden Größen in dem gleichschenkligen Dreieck ABC.

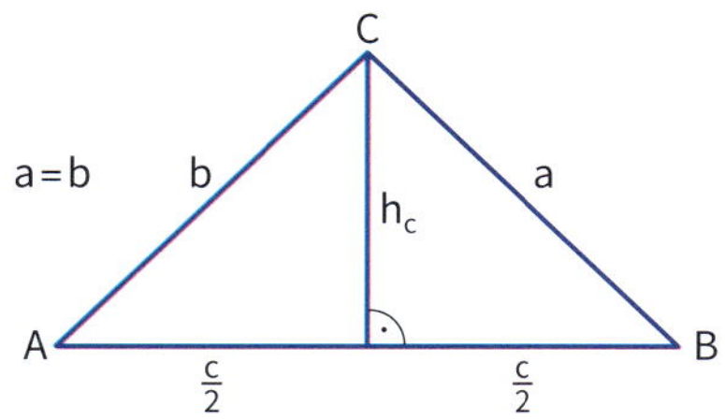

	a)	b)	c)	d)
a	■	■	8,7 dm	26,5 m
c	7,2 m	16,8 m	12,6 dm	■
h_c	2,7 m	13,5 m	■	22,5 m

7 a) Überprüfe jeweils durch eine Rechnung, ob das Dreieck ABC mit den vorgegebenen Seitenlängen rechtwinklig ist.
I) a = 9 cm, b = 12 cm und c = 7 cm
II) a = 13 cm, b = 12 cm und c = 5 cm
III) a = 45 m, b = 51 m und c = 24 m
IV) a = 260 cm, b = 240 cm und c = 1 m

b) Bestimme für alle rechtwinkligen Dreiecke aus a) jeweils die Lage des rechten Winkels.

8 In dem Rechteck ABCD ist a = 64 m.
Die Länge der Diagonalen e beträgt 80 m. Berechne den Umfang und den Flächeninhalt des Rechtecks.

9 Berechne den Umfang und den Flächeninhalt des gleichschenkligen Trapezes ABCD (b = d).

a)

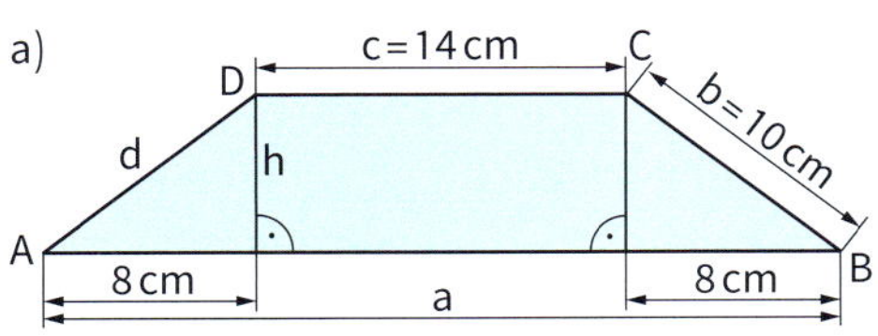

b)

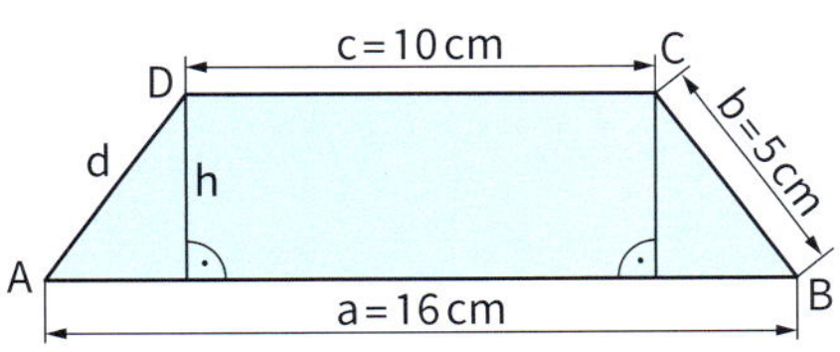

10 Berechne den Umfang und den Flächeninhalt des Drachens.

a)

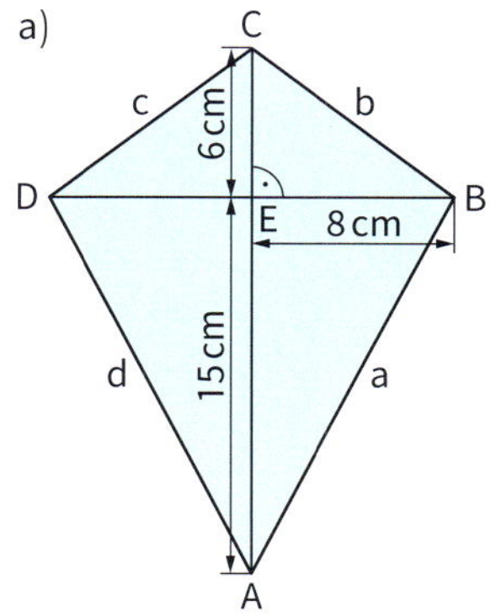

b)

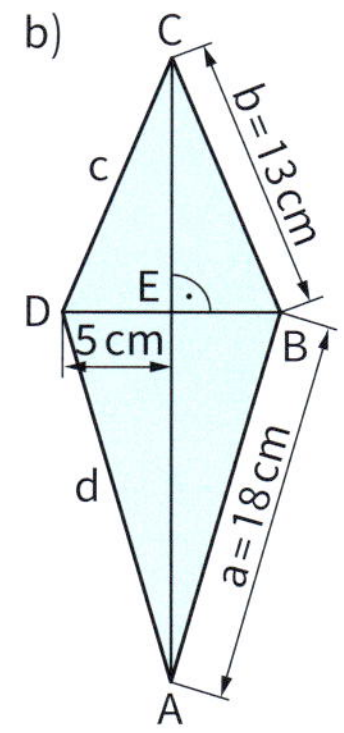

11 In dem Beispiel wird gezeigt, dass für die Länge der Flächendiagonale e eines Quadrats mit der Seitenlänge a gilt:

$$\mathbf{e = a \cdot \sqrt{2}}$$

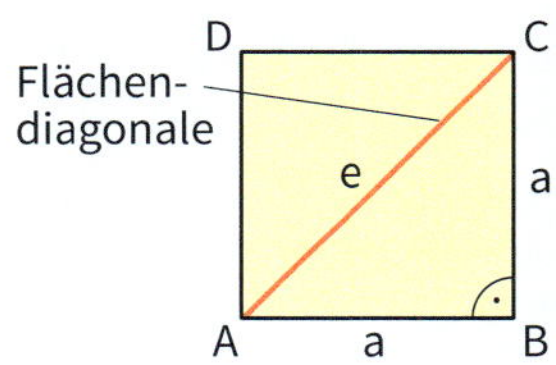

$e^2 = a^2 + a^2$

$e^2 = 2\,a^2$

$e = \sqrt{2\,a^2}$

$e = a\sqrt{2}$

Berechne die fehlenden Größen (a, e) in dem Quadrat ABCD.

a) a = 17,5 m
b) a = 56,4 cm
c) e = 18,5 dm

12

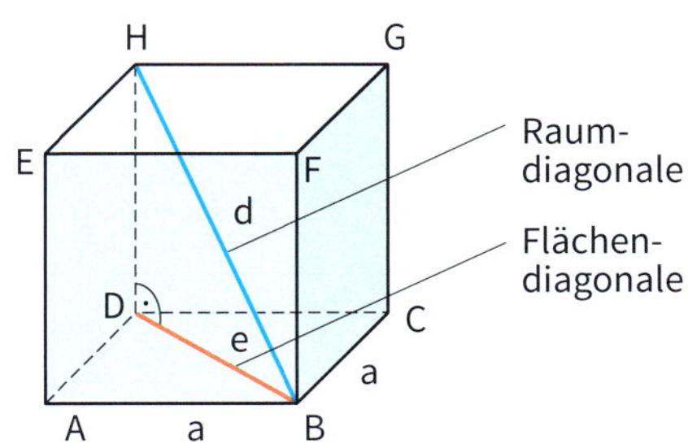

a) Zeige, dass für die Raumdiagonale d eines Würfels ABCD mit der Kantenlänge a gilt:

$$\mathbf{d = a \cdot \sqrt{3}}$$

b) Berechne die Raumdiagonale d eines Würfels mit der Kantenlänge a = 9 cm (13 cm, 24 m).

c) Die Raumdiagonale eines Würfels ist 41,6 cm (22,5 cm) lang. Berechne die Kantenlänge a des Würfels.

ÜBEN: Sachaufgaben

Die Aufgaben kannst du auch in Gruppenarbeit bearbeiten. Hinweise dazu findest du auf Seite 224.

1 Aus einem Baumstamm soll ein Balken mit einer quadratischen (rechteckigen) Grundfläche gesägt werden.
Welchen Durchmesser muss der Baumstamm mindestens haben?

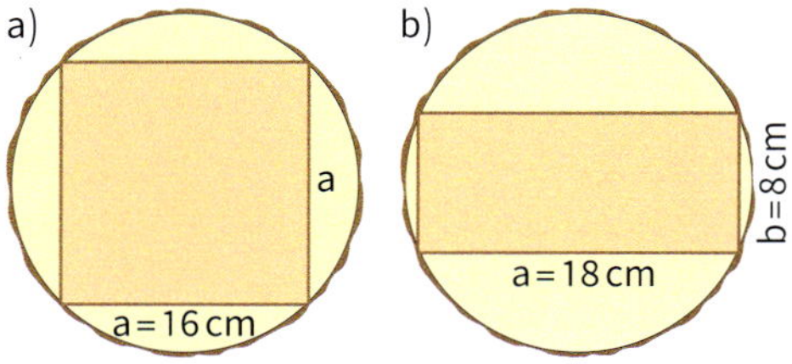

2 Das abgebildete trapezförmige Grundstück soll verkauft werden.

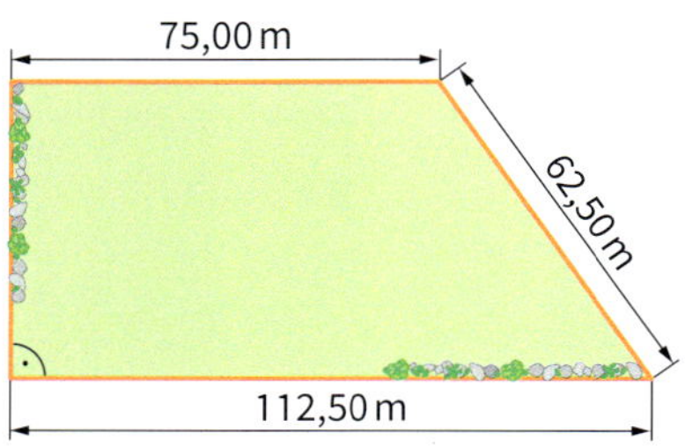

Der Besitzer verlangt 72 € für einen Quadratmeter. Wie viel Euro müssen insgesamt für das Grundstück bezahlt werden?

3 Welche Höhe darf der Schrank höchstens haben, damit er wie abgebildet durch Kippen aufgestellt werden kann?

4 Berechne für das abgebildete Gebäude die Länge eines Dachsparrens. Ein Dachsparren soll insgesamt 40 cm überstehen.

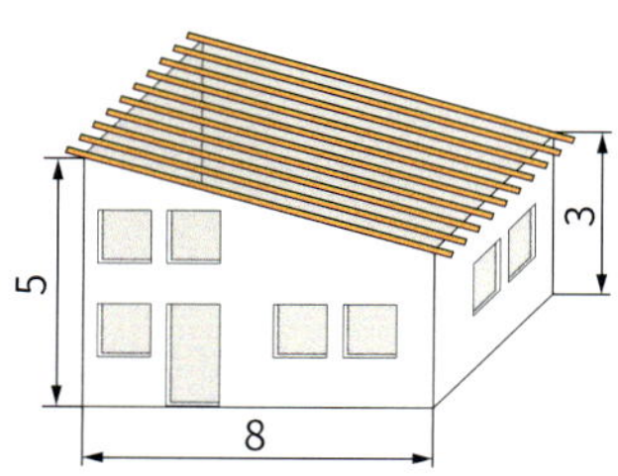

Maße in m

5 Lisa möchte ein quadratisches Beet anlegen. Dazu steckt sie diese Fläche zunächst mit Randsteinen ab, die später das Beet begrenzen.
Um die an den Ecken sich berührenden Randsteine rechtwinklig auszurichten, misst sie auf dem einen Randstein 30 cm ab und auf dem anderen 40 cm und markiert diese Stellen.
Dann richtet sie die beiden Randsteine so aus, dass die Markierungen 50 cm Abstand haben.

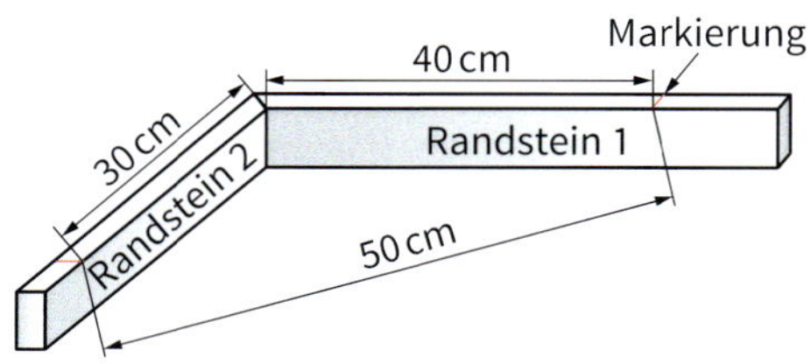

Erkläre, warum sie mithilfe dieses Verfahrens tatsächlich einen rechten Winkel erhält.

6 Wie lang muss der Strohhalm mindestens sein, damit er nicht in die Getränkepackung rutschen kann?

7 Das rote Auto ist 4,70 m lang und 2 m breit. Der Abstand zum vorderen und hinteren Pkw beträgt jeweils 30 cm.

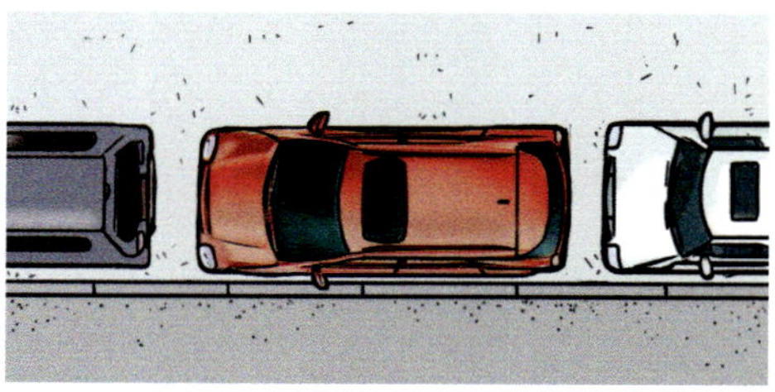

Kann ein geübter Fahrer mit dem Auto ausparken? Begründe deine Antwort.

VERTIEFEN: Katheten- und Höhensatz

1 In dem abgebildeten rechtwinkligen Dreieck ABC ($\gamma = 90°$) teilt die Höhe h_c die Hypotenuse c in die **Hypotenusenabschnitte q** und **p**.

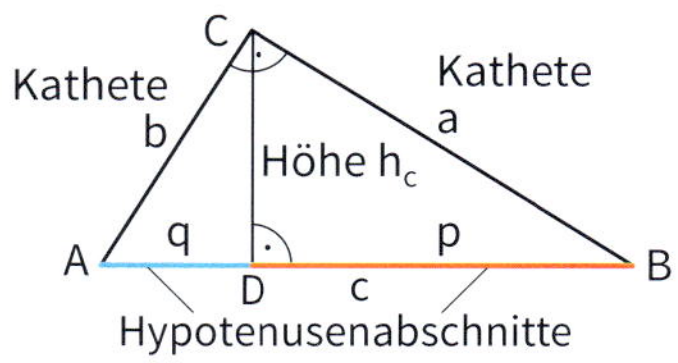

a) Konstruiere aus den gegebenen Seitenlängen a und b das rechtwinklige Dreieck ABC ($\gamma = 90°$). Zeichne die Höhe h_c ein.
b) Ergänze die Tabelle im Heft. Was stellst du fest?

	I	II	III	IV
a	6 cm	3 cm	6,0 cm	7,5 cm
b	8 cm	4 cm	4,5 cm	10,0 cm
c	10 cm			
q				
p				
a^2				
$c \cdot p$				
b^2				
$c \cdot q$				

Kathetensatz

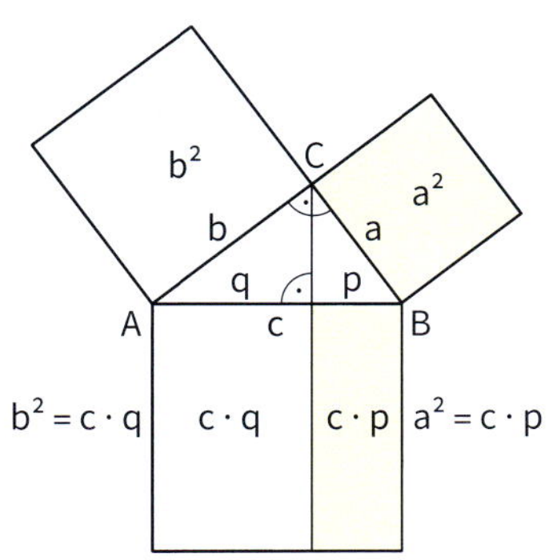

In einem rechtwinkligen Dreieck ist der Flächeninhalt des Quadrats über einer Kathete gleich dem Flächeninhalt des Rechtecks aus der Hypotenuse und dem der Kathete anliegenden Hypotenusenabschnitt.

2 Berechne mithilfe des Kathetensatzes jeweils die fehlenden Größen (a, b, c, p, q) in dem rechtwinkligen Dreieck ABC ($\gamma = 90°$).
a) a = 30,00 m; c = 50,00 m
b) c = 12,00 m; p = 4,32 m
c) a = 35,00 m; p = 9,80 m
d) c = 300,00 m; q = 276,48 m
e) b = 7,00 m; q = 1,96 m

3 Konstruiere aus den in der Tabelle angegebenen Seitenlängen jeweils das rechtwinklige Dreieck ABC ($\gamma = 90°$). Zeichne die Höhe h_c ein. Markiere q und p. Ergänze die Tabelle im Heft. Was stellst du fest?

	I	II	III	IV
a	5,4 cm	9,0 cm	7,1 cm	10,8 cm
b	3,6 cm	4,5 cm	7,1 cm	7,2 cm
q				
p				
h_c				
h_c^2				
$p \cdot q$				

Höhensatz

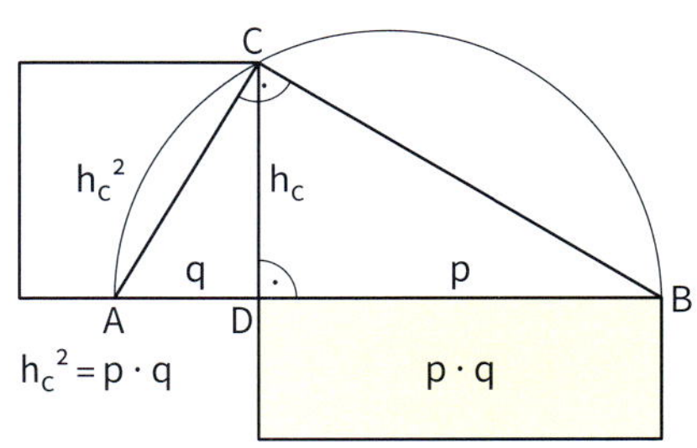

In einem rechtwinkligen Dreieck ist der Flächeninhalt des Quadrats über der Höhe gleich dem Flächeninhalt des Rechtecks aus den beiden Hypotenusenabschnitten.

4 Berechne mithilfe des Höhensatzes die fehlenden Größen (h_c, q, p) in einem rechtwinkligen Dreieck ABC ($\gamma = 90°$).
a) q = 3,2 cm; p = 1,8 cm
b) h_c = 4,8 cm; q = 6,4 cm
c) h_c = 7,2 cm; p = 5,4 cm

VERTIEFEN: Katheten- und Höhensatz

5 In dem Beispiel werden mithilfe der Satzgruppe des Pythagoras aus den Seitenlängen $a = 6$ cm und $c = 9$ cm die fehlenden Größen b, p, q und h_c in einem rechtwinkligen Dreieck ABC ($\gamma = 90°$) berechnet.

1. Fertige eine Planfigur an und kennzeichne die gegebenen Stücke.

   Gegeben: $a = 6$ cm, $c = 9$ cm, $\gamma = 90°$

   Planfigur:

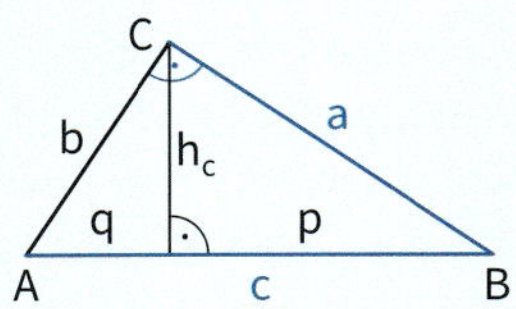

2. Berechne b nach dem Satz des Pythagoras.

$$a^2 + b^2 = c^2 \quad | -a^2$$
$$b^2 = c^2 - a^2$$
$$b = \sqrt{c^2 - a^2}$$
$$b = \sqrt{9^2 - 6^2} \approx 6{,}7$$
$$b \approx 6{,}7 \text{ cm}$$

3. Berechne p nach dem Kathetensatz.

$$a^2 = c \cdot p \quad | :c$$
$$\frac{a^2}{c} = p$$
$$p = \frac{6^2}{9} = 4$$
$$p = 4 \text{ cm}$$

4. Berechne q aus $q + p = c$.

$$q + p = c \quad | -p$$
$$q = c - p$$
$$q = 9 - 4 = 5$$
$$q = 5 \text{ cm}$$

5. Berechne h_c nach dem Höhensatz.

$$h_c^2 = p \cdot q$$
$$h_c = \sqrt{p \cdot q}$$
$$h_c = \sqrt{4 \cdot 5} \approx 4{,}5$$
$$h_c \approx 4{,}5 \text{ cm}$$

Die in diesem Beispiel dargestellten Lösungsschritte stellen eine Möglichkeit dar, die Größen b, p, q und h_c zu berechnen.
Bestimme b, p, q und h_c für ein rechtwinkliges Dreieck ABC ($\gamma = 90°$) mit $a = 8$ cm und $c = 12$ cm.

6 Berechne die fehlenden Größen a, b, c, p, q und h_c in einem rechtwinkligen Dreieck ABC ($\gamma = 90°$).
Wähle dazu zunächst eine Gleichung aus, in der zwei Größen gegeben sind.

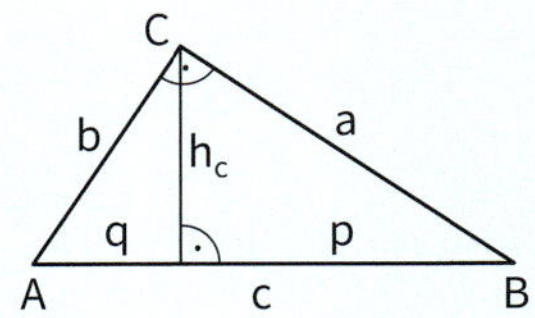

1. $a^2 + b^2 = c^2$
2. $a^2 = c \cdot p$
3. $b^2 = c \cdot q$
4. $h_c^2 = p \cdot q$
5. $c = q + p$

a) $a = 15$ cm; $c = 25$ cm
b) $a = 60$ cm; $b = 45$ cm
c) $a = 7{,}5$ cm; $p = 4{,}5$ cm
d) $c = 32{,}5$ m; $q = 20{,}8$ m
e) $q = 3{,}2$ m; $h_c = 2{,}4$ m
f) $p = 6{,}4$ m; $q = 3{,}6$ m

7 Der **Satz des Pythagoras** lässt sich mithilfe des Kathetensatzes beweisen.
Erläutere die einzelnen Schritte.

Im ΔABC gilt:	$a^2 = c \cdot p$
	$b^2 = c \cdot q$
Also gilt:	$a^2 + b^2 = c \cdot p + c \cdot q$
Daraus folgt:	$a^2 + b^2 = c \cdot (p + q)$
	$a^2 + b^2 = c \cdot c$
	$a^2 + b^2 = c^2$

8 Der **Höhensatz** lässt sich auch mithilfe des Satzes von Pythagoras und des Kathetensatzes beweisen.
Erläutere die ersten Schritte des Beweises und vervollständige ihn.

1. $h_c^2 = b^2 - q^2$ $\qquad b^2 = c \cdot q$
2. $h_c^2 = c \cdot q - q^2$

VERTIEFEN: Pythagoreische Zahlentripel

1 Die Abbildung zeigt eine Tontafel mit Schriftzeichen in Keilschrift, die zwischen 1800 und 1650 vor Christus im alten Babylon angefertigt wurde.

Der Altertumsforscher Otto Neugebauer fand 1945 heraus, dass es sich bei den Zeichen auf der Tontafel um so genannte pythagoreische Zahlentripel handelt. Recherchiere dazu im Internet.

Drei positive ganze Zahlen a, b und c, die die Gleichung $a^2 + b^2 = c^2$ erfüllen, bilden ein **pythagoreisches Tripel**.

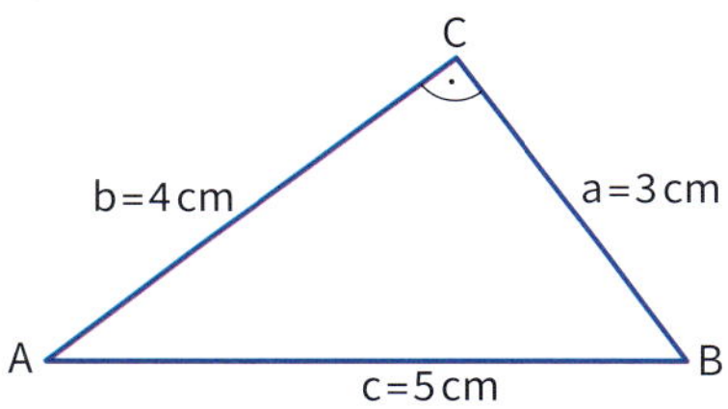

Ein Dreieck ABC mit den Seitenlängen a = 3 cm, b = 4 cm und c = 5 cm ist rechtwinklig.
Die positiven ganzen Zahlen 3, 4 und 5 erfüllen die Gleichung $a^2 + b^2 = c^2$.
Die Zahlen 3, 4 und 5 bilden ein **pythagoreisches Tripel**.

2 Überprüfe, welches Tripel in der Tabelle ein pythagoreisches Zahlentripel ist.

a)	b)	c)
(15, 8, 17)	(12, 16, 20)	(9, 40, 41)

d)	e)	f)
(12, 16, 24)	(11, 60, 61)	(16, 30, 34)

g)	h)	i)
(24, 10, 25)	(32, 24, 40)	(21, 20, 30)

k)	l)	m)
(45, 28, 53)	(27, 36, 44)	(7, 24, 25)

3 Notiere die einzelnen Zahlentripel, die durch die dargestellten Dreiecke veranschaulicht werden (1 Kästchenlänge entspricht 1 LE). Was stellst du fest?

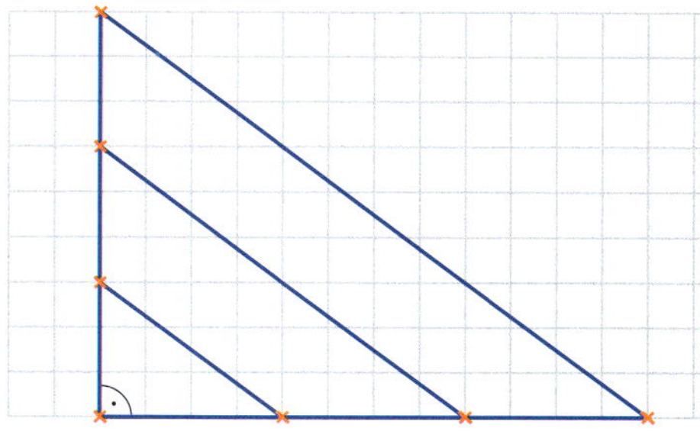

4 a) Aus den pythagoreischen Zahlentripeln (5, 12, 13) und (15, 8, 17) entwickelt Laura jeweils weitere Zahlentripel.

Pythagoreische Zahlentripel

(5, 12, 13)	(15, 8, 17)
(38, 84, 91)	(60, 32, 68)
(45, 108, 117)	(180, 98, 204)
(65, 144, 156)	(195, 104, 221)

Überprüfe, ob sie richtig gerechnet hat. Beschreibe deinen Lösungsweg.

b) Bilde von dem pythagoreischen Zahlentripel (7, 24, 25) ausgehend drei weitere Zahlentripel.
Erläutere deinen Lösungsweg.

5 Ein pythagoreisches Zahlentripel wird als **pythagoreisches Grundtripel** bezeichnet, wenn seine Zahlen teilerfremd sind. Übertrage die Tabelle in dein Heft und ordne die folgenden Zahlentripel jeweils ihrem Grundtripel zu.

Grundtripel	abgeleitete Zahlentripel
(3, 4, 5)	(12, 16, 20), (39, 52, 65)
(5, 12, 13)	(35, 84, 91)
(15, 8, 17)	▒
(7, 24, 25)	▒

Zahlentripel:
~~(12, 16, 20)~~ ~~(35, 84, 91)~~ (45, 24, 51)
(100, 240, 260) ~~(39, 52, 65)~~ (84, 288, 300)
(60, 32, 68) (35, 120, 125) (75, 40, 85)
(48, 64, 80) (55, 132, 143) (21, 72, 75)
(105, 56, 119) (33, 44, 55) (40, 96, 104)

VERTIEFEN: Pythagoreische Zahlentripel

6 Es gilt: Wähle zwei beliebige natürliche Zahlen u und v. Dabei muss u größer als v sein. Mit folgenden drei Formeln kannst du ein pythagoreisches Zahlentripel (a, b, c) finden:

$a = u^2 - v^2$
$b = 2uv$
$c = u^2 + v^2$

a) In dem Beispiel wird für u = 4 und für v = 3 ein pythagoreisches Zahlentripel berechnet.

Wähle u = 4 und v = 3.

$a = u^2 - v^2$	$b = 2uv$	$c = u^2 + v^2$
$a = 4^2 - 3^2$	$b = 2 \cdot 4 \cdot 3$	$c = 4^2 + 3^2$
$a = 7$	$b = 24$	$c = 25$

Probe: $a^2 + b^2 = c^2$
$7^2 + 24^2 = 25^2$
$625 = 625$

Die Zahlen 7, 24 und 25 bilden ein pythagoreisches Zahlentripel.

Vervollständige die Tabelle im Heft und ergänze sie um zehn weitere Zeilen. Beachte dabei, dass u größer als v sein muss.
Überprüfe durch eine Rechnung, ob die Zahlen a, b und c ein pythagoreisches Zahlentripel bilden.

u	v	$a = u^2 - v^2$	$b = 2uv$	$c = u^2 + v^2$
2	1	3	4	5
3	1	8	6	10
3	2	5	12	13
4	1	■	■	■
4	2	■	■	■
4	3	■	■	■
5	1	■	■	■
5	2	■	■	■

b) Auf dem Zettel ist der Beweis der Aussage dargestellt. Erläutere die einzelnen Schritte des Beweises.

$$(u^2 - v^2)^2 \qquad + (2uv)^2$$
$$= u^4 - 2u^2v^2 + v^4 + 4u^2v^2$$
$$= u^4 + 2u^2v^2 + v^4$$
$$= (u^2 + v^2)^2$$

7 a) Stelle fest, welche Zahlentripel in deiner Tabelle (Aufgabe 6) Grundtripel sind.
Lege dazu eine Tabelle an.

Grundtripel	Zahlenpaar (u, v)
■	■
■	■

Vergleiche die Zahlenpaare (u, v) miteinander. Welche gemeinsame Eigenschaft haben sie? Betrachte dazu die für u und v eingesetzten Zahlen.

b) Lässt sich aus den Zahlenpaaren (28, 11), (44, 40) und (67, 53) jeweils ein pythagoreisches Grundtripel bilden? Begründe deine Antwort.

c) Ergänze zu einem Zahlenpaar (u, v), aus dem du ein pythagoreisches Grundtripel bilden kannst.

I	II	III	IV
(11, v)	(126, v)	(u, 35)	(u, 6)

8 Mithilfe der Erkenntnisse aus Aufgabe 6 und eines Tabellenkalkulationsprogramms kannst du schnell pythagoreische Zahlentripel berechnen.

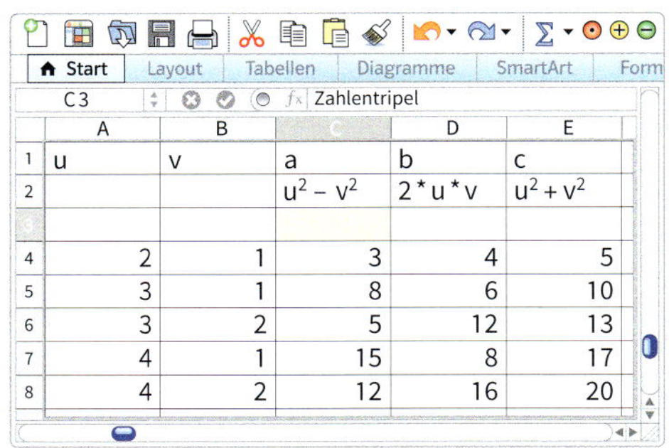

	A	B	C	D	E
1	u	v	a	b	c
2			$u^2 - v^2$	2 * u * v	$u^2 + v^2$
3					
4	2	1	3	4	5
5	3	1	8	6	10
6	3	2	5	12	13
7	4	1	15	8	17
8	4	2	12	16	20

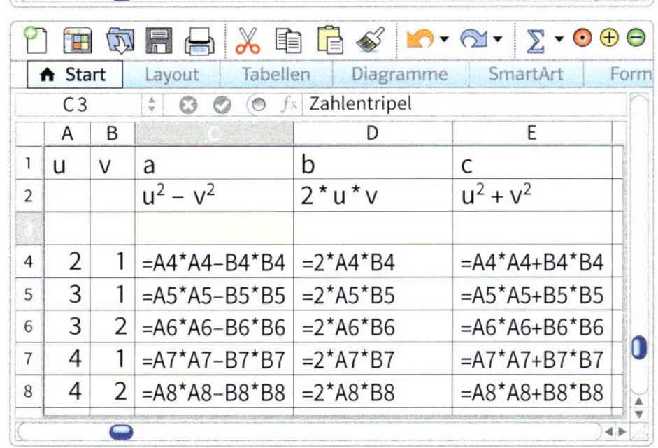

	A	B	C	D	E
1	u	v	a	b	c
2			$u^2 - v^2$	2 * u * v	$u^2 + v^2$
3					
4	2	1	=A4*A4-B4*B4	=2*A4*B4	=A4*A4+B4*B4
5	3	1	=A5*A5-B5*B5	=2*A5*B5	=A5*A5+B5*B5
6	3	2	=A6*A6-B6*B6	=2*A6*B6	=A6*A6+B6*B6
7	4	1	=A7*A7-B7*B7	=2*A7*B7	=A7*A7+B7*B7
8	4	2	=A8*A8-B8*B8	=2*A8*B8	=A8*A8+B8*B8

AUSGANGSTEST

1 Formuliere für das rechtwinklige Dreieck den Satz des Pythagoras als Gleichung. Bestimme zunächst die Lage des rechten Winkels.

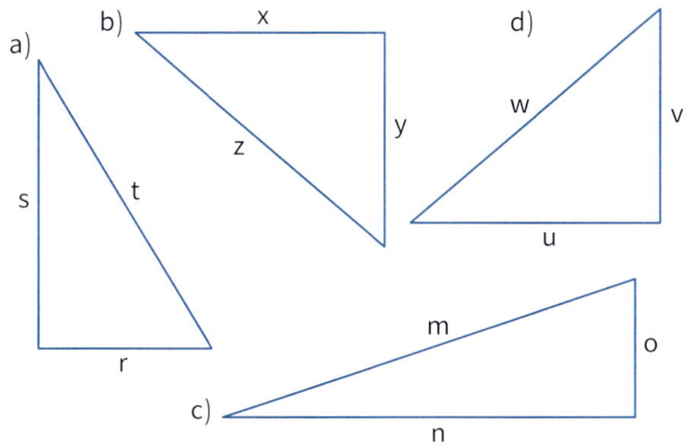

2 Berechne die fehlende Seitenlänge.

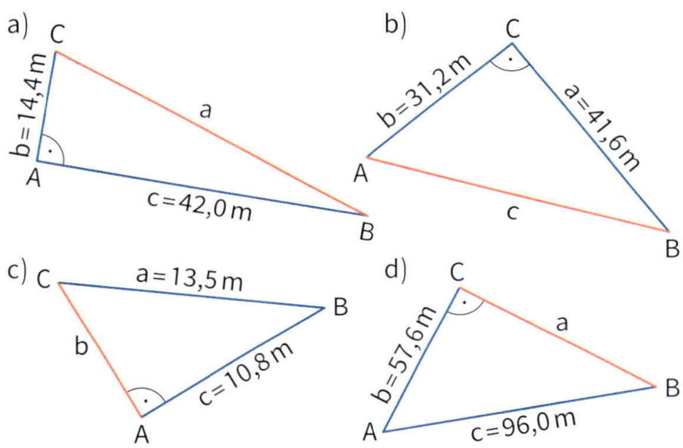

3 Berechne die fehlende Seitenlänge in dem Dreieck ABC. Fertige eine Planfigur an.

a) $b = 15{,}6\,\text{cm}$; $c = 11{,}7\,\text{cm}$; $\alpha = 90°$
b) $a = 27{,}5\,\text{cm}$; $c = 66{,}0\,\text{cm}$; $\beta = 90°$
c) $a = 8{,}2\,\text{cm}$; $c = 1{,}8\,\text{cm}$; $\alpha = 90°$
d) $a = 6{,}3\,\text{m}$; $b = 22{,}5\,\text{m}$; $\beta = 90°$

4 Eine 7,50 m lange Leiter lehnt an einer Hauswand. Der Fuß der Leiter steht 2,10 m von der Wand entfernt auf dem Erdboden. In welcher Höhe liegt die Leiter an der Hauswand an?

5 Das abgebildete Dach soll einen Belag aus Zinkblech erhalten.

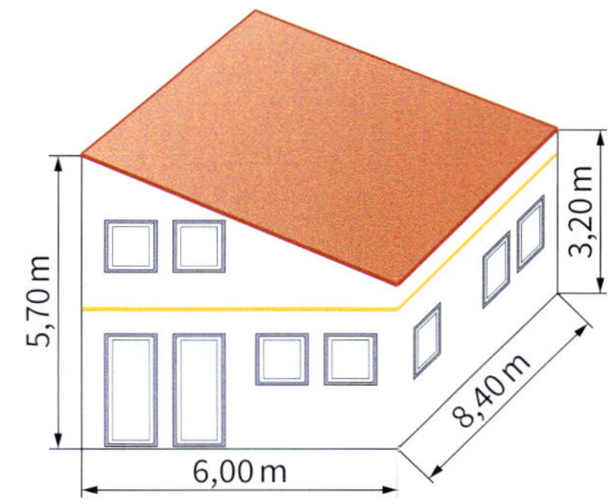

Die Dachdeckerin verlangt für das Eindecken 100 € pro Quadratmeter. Für Verschnitt rechnet sie 10 % der Dachfläche hinzu.

6 In dem Rechteck ABCD ist a = 288 m. Die Länge der Diagonalen e beträgt 360 m. Berechne den Umfang des Rechtecks.

7 Berechne die Länge der Raumdiagonalen d des Quaders mit a = 3,20 m, b = 2,40 m und c = 4,20 m.

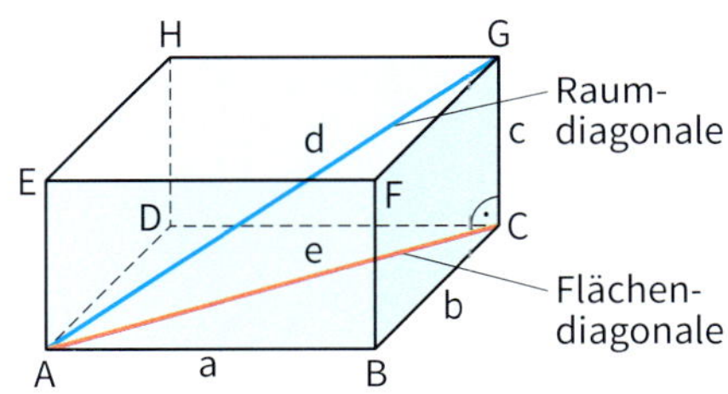

Ich kann …

	Aufgabe	Hilfen und Aufgaben	
für ein rechtwinkliges Dreieck den Satz des Pythagoras als Gleichung formulieren.	1	Seite 110, 120	I
in einem rechtwinkligen Dreieck die fehlende Länge berechnen.	2, 3	Seite 111, 112, 120, 121	I
Sachaufgaben mithilfe des Satzes des Pythagoras lösen.	4, 5	Seite 115, 116, 122	II
in ebenen Figuren den Satz des Pythagoras anwenden.	6	Seite 121	II
in dreidimensionalen Figuren den Satz des Pythagoras anwenden.	7	Seite 121	III

7 Körper

Die größte der drei abgebildeten Pyramiden ist die Cheopspyramide. Sie ist heute ungefähr 139 m hoch. Die Seitenlänge ihrer Grundfläche beträgt 230,4 m.

Bist du fit für dieses Kapitel? Eingangstest auf Seite 203

In diesem Kapitel …

- *zeichnest du Schrägbilder und Netze von Zylindern, Pyramiden und Kegeln.*
- *berechnest du das Volumen und den Oberflächeninhalt von Zylindern, Pyramiden, Kegeln, Kugeln und zusammengesetzten Körpern.*
- *löst du Sachaufgaben mit Zylindern, Pyramiden, Kegeln, Kugeln und zusammengesetzten Körpern.*

Bauwerke

Der Gasbehälter des Galileums in Solingen hat einen Durchmesser von 26 m. Er diente früher als Gasspeicher.

Ein modernes Getreidesilo aus Stahl hat einen Durchmesser von ungefähr 14 m und eine Höhe von 16 m.

Die Glaspyramide am Louvre in Paris ist 21,64 m hoch und 180 Tonnen schwer. Die Höhe einer Dreiecksfläche beträgt 27,96 m.

Ein Turmdach wird mit Biberschwanzziegeln eingedeckt. Für einen Quadratmeter Dachfläche werden etwa 35 Ziegel benötigt.

- Formuliere zu jeder Abbildung eine Sachaufgabe, in der der Flächeninhalt des Mantels, der Oberflächeninhalt oder das Volumen des Körpers berechnet werden muss.

Körper beschreiben

1 Die geometrischen Körper Prisma, Zylinder, Pyramide, Kegel und Kugel kannst du in vielen Gegenständen in deiner Umwelt wiederfinden.

a) Ordne die geometrischen Körper den einzelnen Gegenständen zu. Ergänze die Tabelle.

Geometrischer Körper	Gegenstände
Prisma	
Zylinder	

b) Nenne weitere Gegenstände aus deiner Umwelt, die die Form eines Prismas, eines Zylinders, eines Kegels oder einer Kugel haben.

2 Welche geometrischen Körper erkennst du in der Abbildung?

a)
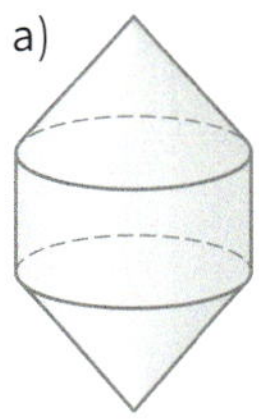
b)
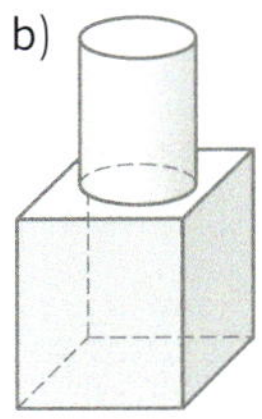
c)
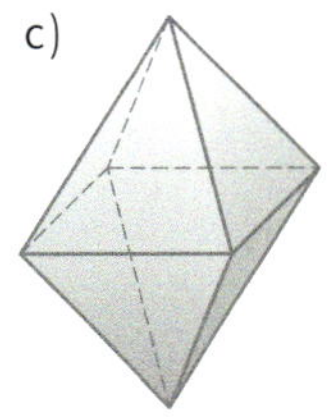

3 Die Begrenzungsflächen von Körpern können unterschiedliche Formen haben. Bei welchen Körpern findest du

a) rechteckige Flächen,
b) quadratische Flächen,
c) dreieckige Flächen,
d) runde Flächen,
e) gewölbte Flächen?

Prisma
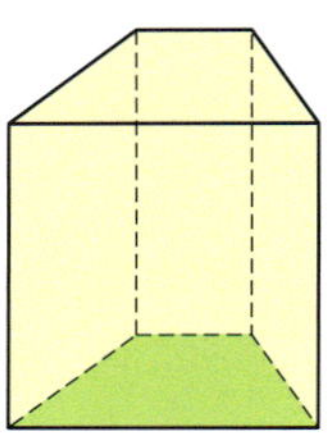
Zylinder

Pyramide
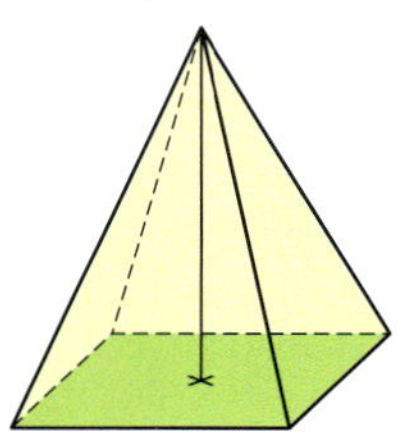
Kegel
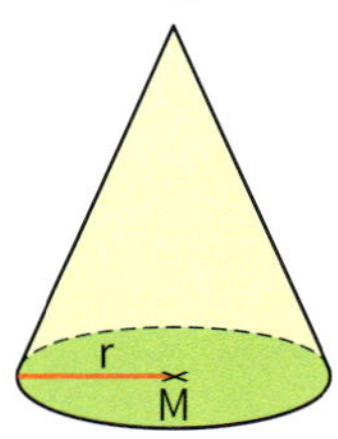

Kugel
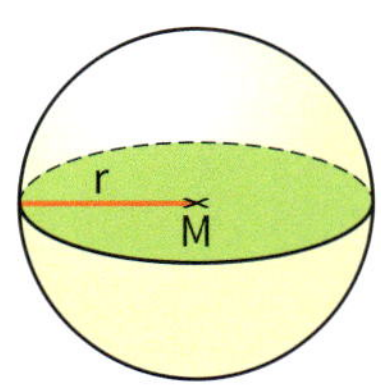

Eigenschaften und Schrägbild eines Zylinders

1 Die abgebildeten geometrischen Körper heißen Zylinder.

Beschreibe ihre Form und ihre Begrenzungsflächen und die Lage von Grund- und Deckfläche zueinander.

2 a) Welche abgebildeten Gegenstände aus dem Baumarkt haben die Form eines Zylinders, welche haben die Form eines Prismas? Beschreibe die Unterschiede.

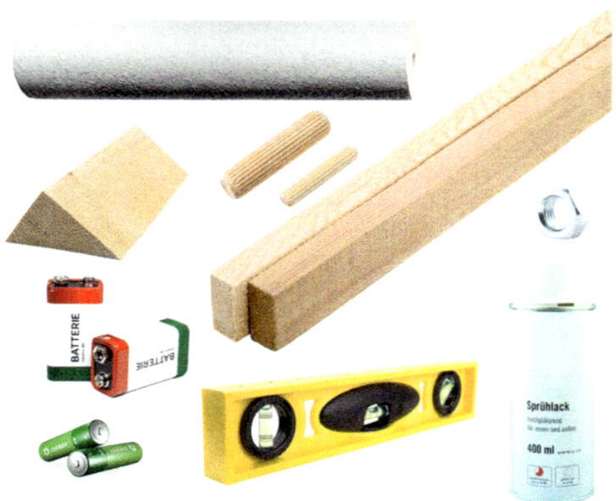

b) Nenne Gegenstände aus deinem Umfeld, die die Form eines Zylinders haben.

Ein Körper heißt **Zylinder**, wenn er von zwei kongruenten und parallelen **Kreisflächen** und von einer **rechteckigen Mantelfläche** begrenzt wird.

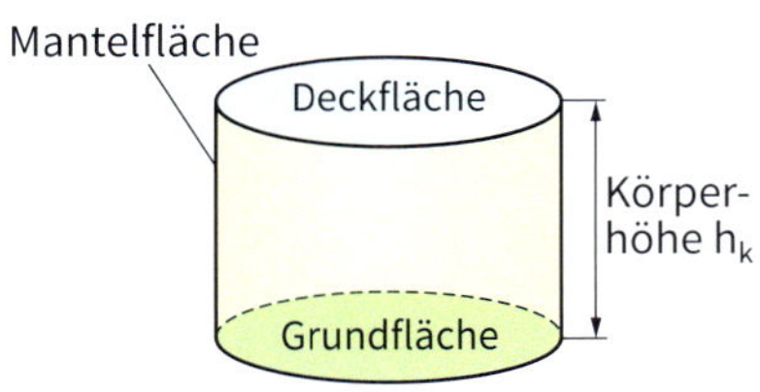

Der Abstand von Grund- und Deckfläche heißt Körperhöhe h_k des Zylinders.

3 Djamila möchte das Schrägbild eines Zylinders mit $r = 2\,cm$ und $h_k = 2{,}5\,cm$ skizzieren.

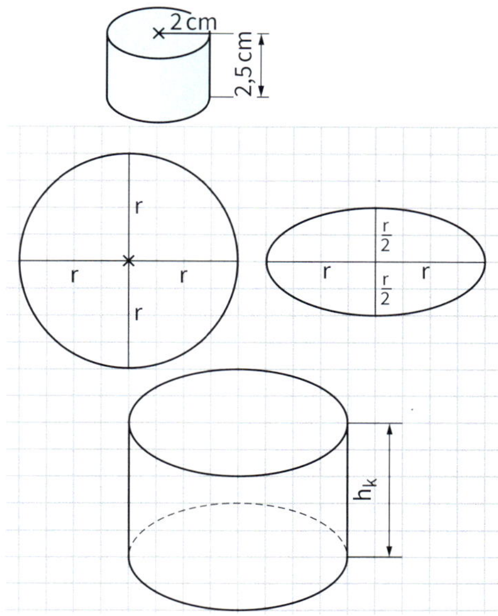

Erläutere, wie Djamila das Schrägbild des Zylinders skizziert hat.

4 Skizziere das Schrägbild eines Zylinders mit den angegebenen Maßen.
a) $r = 3\,cm$; $h_k = 4\,cm$
b) $r = 6\,cm$; $h_k = 1\,cm$

5 Unten siehst du, wie das Schrägbild eines liegenden Zylinders ($r = 2\,cm$; $h_k = 6\,cm$) gezeichnet wird.

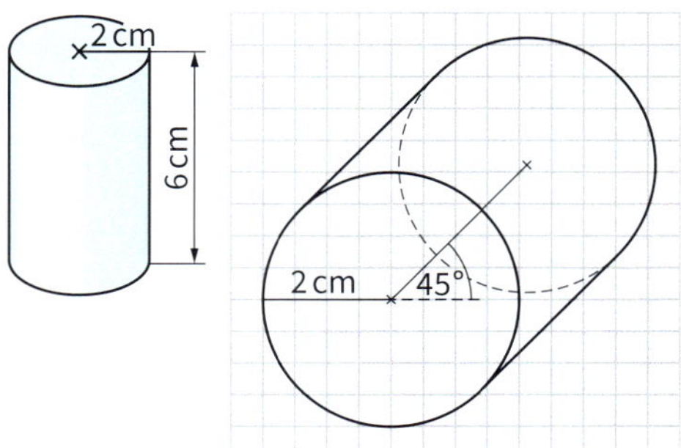

Erläutere die Vorgehensweise.

6 Zeichne das Schrägbild des liegenden Zylinders.
a) $r = 3\,cm$; $h_k = 8\,cm$
b) $r = 4\,cm$; $h_k = 4\,cm$
c) $r = 1\,cm$; $h_k = 10\,cm$

Netz eines Zylinders

1 Klebe ein DIN-A4-Blatt an den beiden kürzeren Seiten zusammen. Die Überlappung für die Verklebung soll einen Zentimeter betragen.

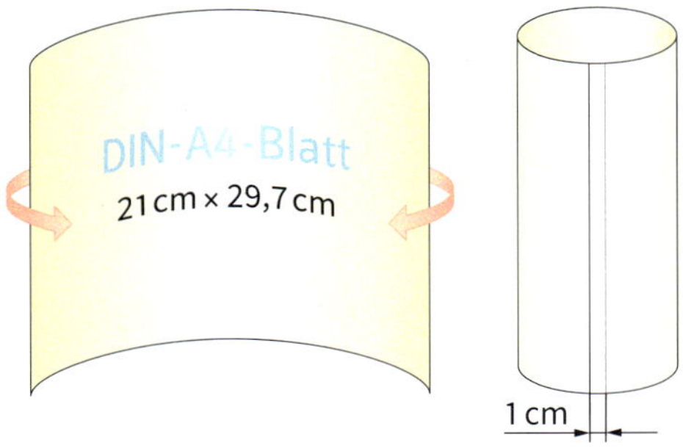

Es entsteht eine Papierrolle, die die Form eines Zylinders hat.
Die Papierrolle soll mit einem kreisförmigen Deckel versehen werden.

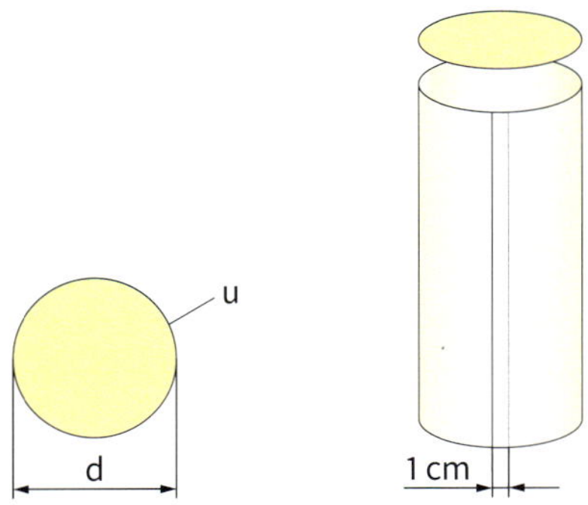

a) Wie lang ist der Umfang des Deckels?
b) Bestimme den Durchmesser.

2 Matheo hat eine zylinderförmige Verpackung aufgetrennt und die einzelnen Teile nebeneinander gelegt.

Er erhält das Netz eines Zylinders. Beschreibe die einzelnen Flächen, aus denen sich das Netz zusammensetzt. Welche Fläche ist die Mantelfläche? Wo sind Grund- und Deckfläche?

Video
WES-117455-023

3 Aylin hat das Netz eines Zylinders mit $r = 1\,cm$ und $h_k = 3\,cm$ gezeichnet.

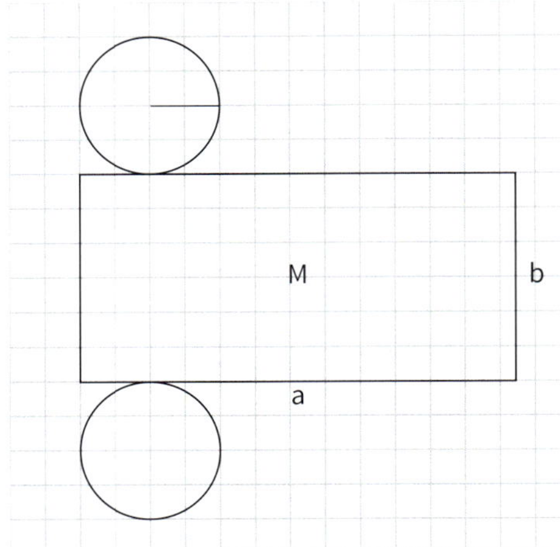

a) Beschreibe, wie sie die Länge a und die Breite b der Mantelfläche M bestimmt hat.
b) Skizziere ein Schrägbild des Zylinders.

4 Zeichne ein Netz des Zylinders. Entnimm die Maße der Zeichnung.

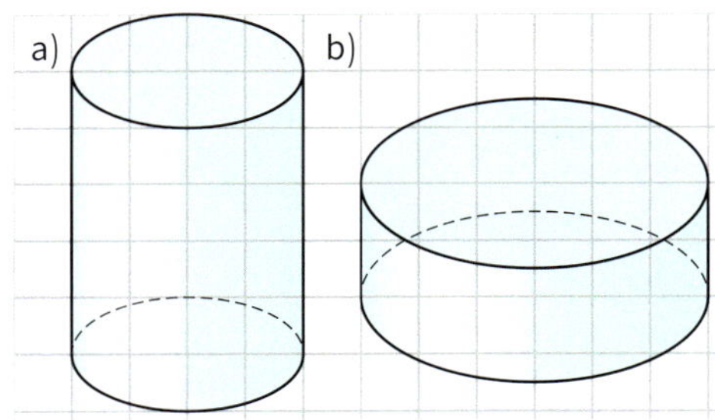

5 a) Welche der abgebildeten Figuren sind keine Zylindernetze?

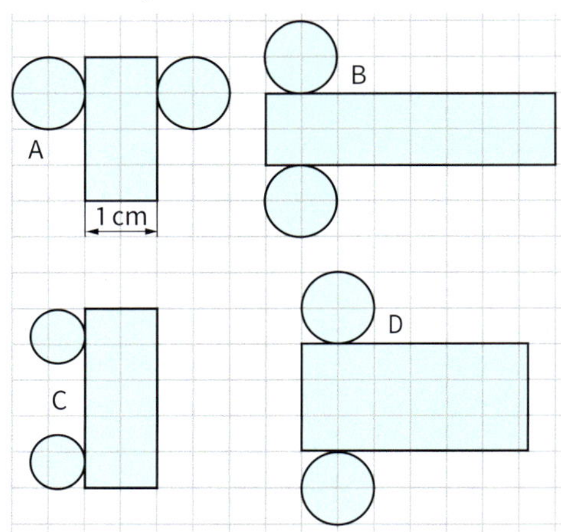

b) Begründe deine Meinung.

Oberflächeninhalt eines Zylinders

1 Ein Unternehmen stellt zylinderförmige Konservendosen aus Weißblech her.

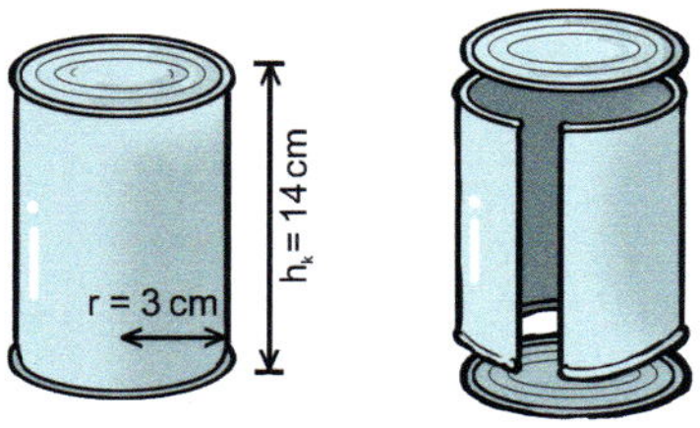

Um den Materialbedarf für die Herstellung einer Dose zu ermitteln, muss ihr Oberflächeninhalt berechnet werden.

Gegeben: $h_k = 14\,cm$; $r = 3\,cm$

$G = \pi \cdot r^2$
$G = \pi \cdot 3^2$
$G \approx 28{,}3$

$M = 2 \cdot \pi \cdot r \cdot h_k$
$M = 2 \cdot \pi \cdot 3 \cdot 14$
$M \approx 263{,}9$

$\mathbf{O = 2 \cdot G + M}$
$O \approx 2 \cdot 28{,}3 + 263{,}9$
$O \approx 320{,}5$
$O \approx 320{,}5\,cm^2$

Der Oberflächeninhalt einer Dose beträgt $320{,}5\,cm^2$.

Erkläre, wie im Beispiel der Oberflächeninhalt berechnet wird.

2 Berechne den Flächeninhalt der Grundfläche, den Flächeninhalt des Mantels und den Oberflächeninhalt des Zylinders.

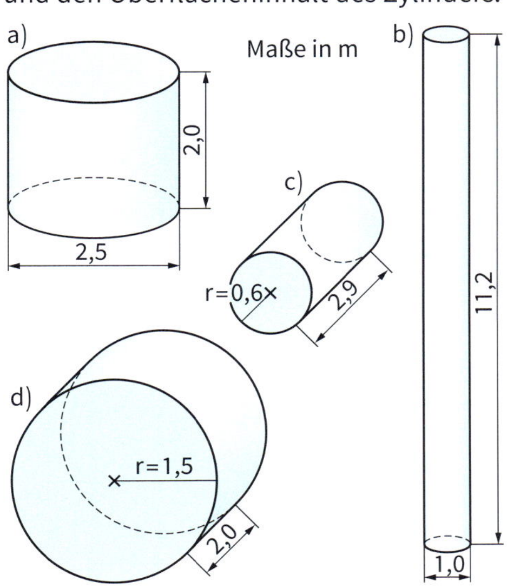

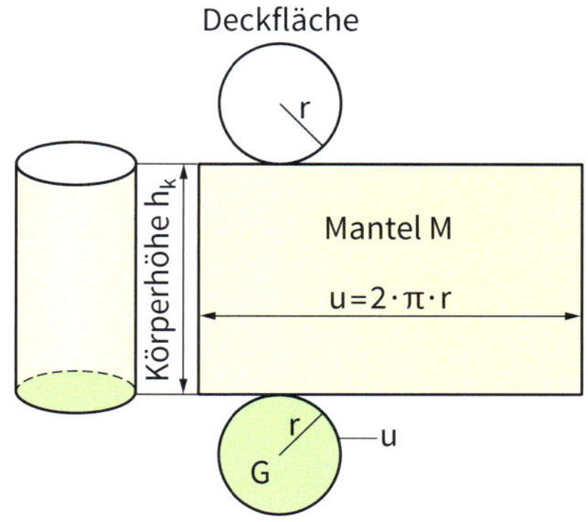

Flächeninhalt der Grundfläche:
$G = \pi \cdot r^2$

Flächeninhalt des Mantels:
$M = 2 \cdot \pi \cdot r \cdot h_k$

Oberflächeninhalt eines Zylinders:
$O = 2 \cdot G + M$
$O = 2 \cdot \pi \cdot r^2 + 2 \cdot \pi \cdot r \cdot h_k$

3 Berechne den Oberflächeninhalt wie im Beispiel. Runde auf eine Nachkommastelle.

Gegeben: $h_k = 8\,m$; $r = 5\,m$

$O = 2 \cdot \pi \cdot r^2 + 2 \cdot \pi \cdot r \cdot h_k$
$O = 2 \cdot \pi \cdot 5^2 + 2 \cdot \pi \cdot 5 \cdot 8$
$O \approx 408{,}4$
$O \approx 408{,}4\,m^2$

a) $h_k = 21\,m$; $r = 1{,}20\,m$
b) $h_k = 1{,}95\,m$; $r = 0{,}30\,m$
c) $h_k = 1\,m$; $r = 20\,cm$
d) $h_k = 3\,cm$; $r = 1\,m$

Lösungen zu Aufgabe 3:
4,2 6,5 167,4 1,5

4 Berechne die fehlenden Größen des Zylinders. Runde auf zwei Nachkommastellen.

	r	h_k	G	M	O
a)	■	9 m	■	20 m²	■
b)	2 m	■	■	70 m²	■
c)	■	5 m	21 m²	■	■
d)	5 m	6 m	■	■	■
e)	■	1 m	■	6,5 m²	■

Oberflächeninhalt eines Zylinders

5 Eine Entsorgungsfirma muss 50 Abfalltonnen mit einem neuen Anstrich versehen.

Eine Tonne hat einen Durchmesser von 70 cm und eine Höhe von 90 cm. Für einen Quadratmeter Anstrich rechnet man 0,2 Liter Farbe.

6 Eine Druckerei wird beauftragt, für 80 000 zylindrische Dosen jeweils einen Papiermantel anzufertigen. Der Durchmesser einer Dose beträgt 7,8 cm und die Höhe misst 10,6 cm.
Wie viel Quadratmeter Papier müssen insgesamt bedruckt werden?

7 Eine Firma stellt zwei unterschiedliche Werbeflächen zur Verfügung.

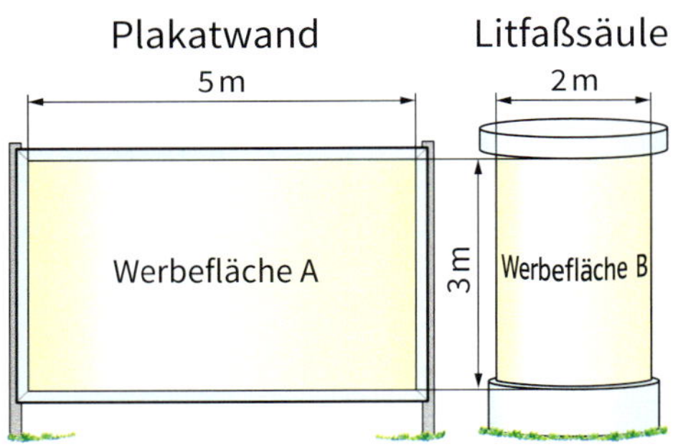

Ein Kunde möchte eine der beiden Flächen für Plakatwerbung mieten. Welche Fläche ist größer?

Eine Litfaßsäule ist eine aufgestellte Säule, an die Plakate geklebt werden. Sie wurde 1854 vom Berliner Drucker Ernst Litfaß erfunden.

8 Wie groß muss der Durchmesser einer vier Meter hohen Litfaßsäule sein, damit die Werbefläche 25 m² beträgt?

Lösungen zu den Aufgaben 5 bis 8:
1,99 2078 Säule 27,5

9 Die zylinderförmige Walze einer Baumaschine hat einen Durchmesser von 1,20 m und ist 2,50 m breit.

a) Wie groß ist die Fläche, die bei fünf Umdrehungen gewalzt wird?
b) Wie viele Umdrehungen macht die Walze, wenn ein 2,50 m breiter und 34 m langer Weg zweimal gewalzt werden soll?

10 Wie verändert sich der Flächeninhalt des Mantels, wenn der Durchmesser eines Zylinders verdoppelt wird?

11 Bei einem Zylinder ist der Durchmesser d doppelt so groß wie die Körperhöhe h_k.
Der Radius des Zylinders beträgt einen Meter.
Berechne den Oberflächeninhalt.

12 Herr Wolf will seine oben offene Regentonne innen und außen streichen. Die Farbe wird in zwei Lagen aufgetragen.

Für wie viel Quadratmeter muss er Farbe einkaufen?

13 Die abgebildete Viehtränke soll innen neu verzinkt werden.

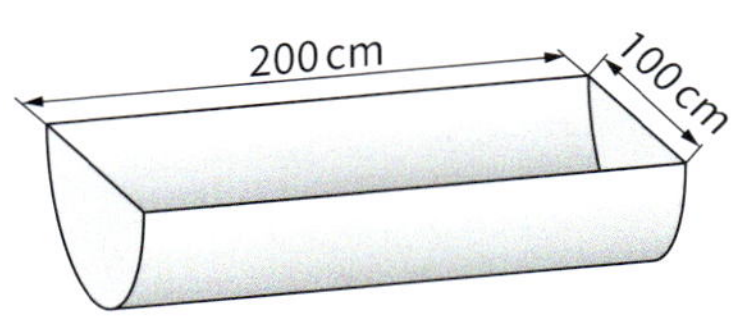

Wie viel Quadratmeter müssen bei der Verzinkung eingeplant werden?

Volumen eines Zylinders

1 Der abgebildete Zylinder passt genau in den grünen Quader. Der blaue Quader passt genau in den Zylinder.

Maße in cm

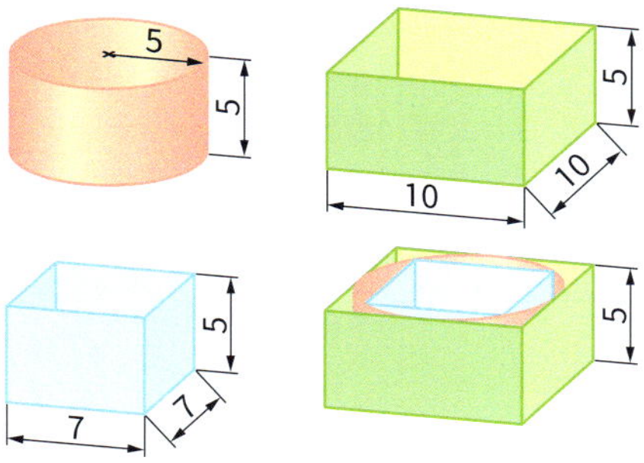

Gib einen Schätzwert für das Volumen des Zylinders an.
Ihr könnt diese Aufgabe als Ich-Du-Wir-Aufgabe bearbeiten.

2 Für das Volumen eines Prismas gilt:

$$\mathbf{V = G \cdot h_k}$$

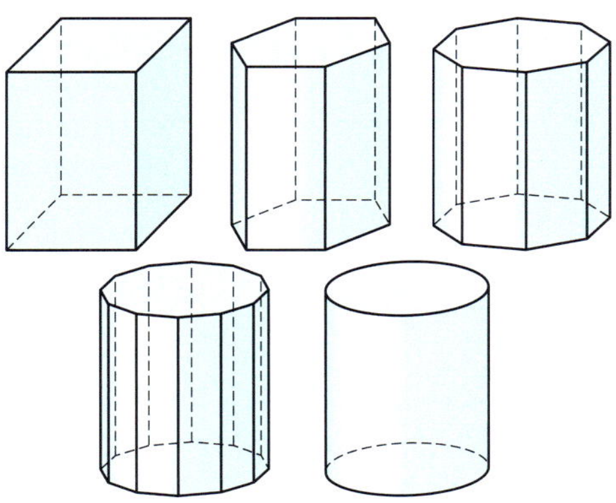

Begründe anhand der abgebildeten Körper, dass diese Formel auch für das Volumen des Zylinders gilt.

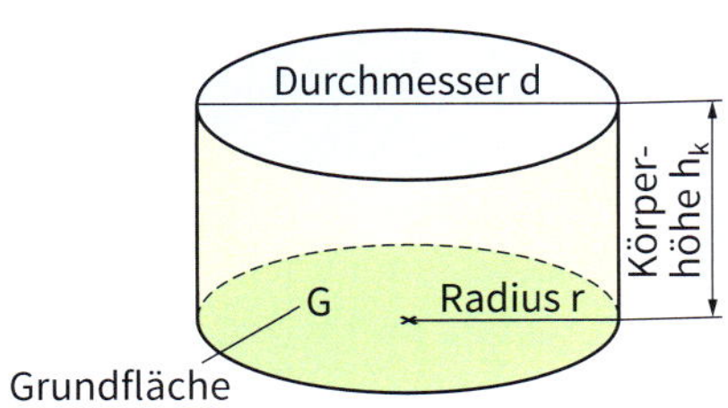

Volumen eines Zylinders

$V = G \cdot h_k$

$V = \pi \cdot r^2 \cdot h_k$

3 Berechne das Volumen des Zylinders wie im Beispiel.

Gegeben: $h_k = 1{,}1$ cm; $r = 2{,}3$ cm

Inhalt der Grundfläche:
$G = \pi \cdot r^2$
$G = \pi \cdot 2{,}3^2$
$G \approx 16{,}6$

Volumen des Zylinders:
$V = G \cdot h_k$
$V \approx 16{,}6 \cdot 1{,}1$
$V \approx 18{,}3$
$V \approx 18{,}3\ \text{cm}^3$

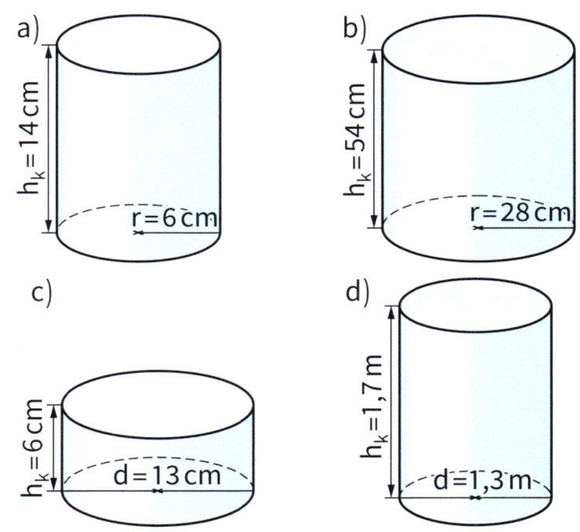

4 Berechne das Volumen des Zylinders wie im Beispiel.

Gegeben: $h_k = 8$ cm; $r = 4{,}3$ cm

$V = \pi \cdot r^2 \cdot h_k$
$V = \pi \cdot 4{,}3^2 \cdot 8$
$V \approx 464{,}7$
$V \approx 464{,}7\ \text{cm}^3$

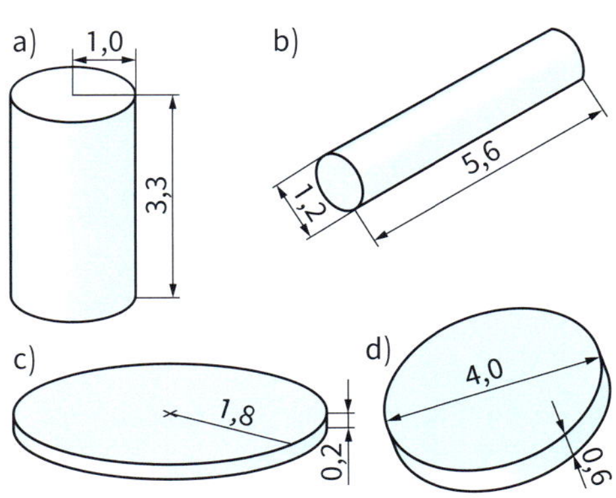

Maße in m

Eigenschaften und Schrägbild einer Pyramide

1 Beschreibe die einzelnen Pyramiden. Benutze dabei die Begriffe „Grundfläche", „Seitenfläche", „Ecke" und „Kante".

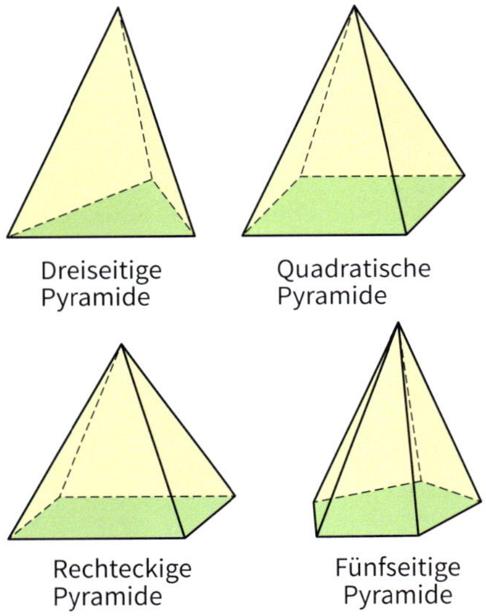

Nenne weitere Pyramiden, die sich von den hier abgebildeten Pyramiden unterscheiden.

2 Welche Pyramide hat
a) acht Kanten?
b) vier Ecken?
c) sechs Seitenflächen?
d) sechs Begrenzungsflächen?
e) zehn Kanten?

3 Eine Pyramide hat immer dreieckige Seitenflächen. Wovon ist ihre Anzahl abhängig?

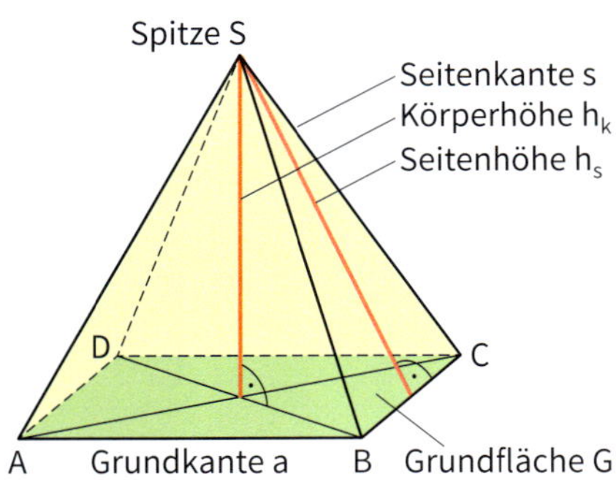

Die **Grundfläche** einer Pyramide ist ein **Vieleck**, ihre Seitenflächen sind Dreiecke.

4 Im Beispiel wird gezeigt, wie du das Schrägbild einer Pyramide mit quadratischer Grundfläche zeichnen kannst. Sie hat die Maße a = 4 cm und h_k = 1,5 cm.

1. Beginne mit der Grundfläche. Bedenke, dass die Länge der nach hinten laufenden Kanten auf die Hälfte gekürzt wird. Ergänze die Diagonalen.
2. Zeichne die Höhe ein. Beginne am Diagonalenschnittpunkt.

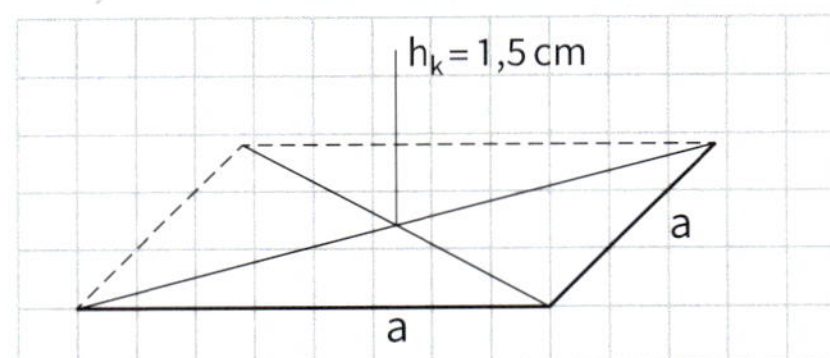

3. Vervollständige das Schrägbild.

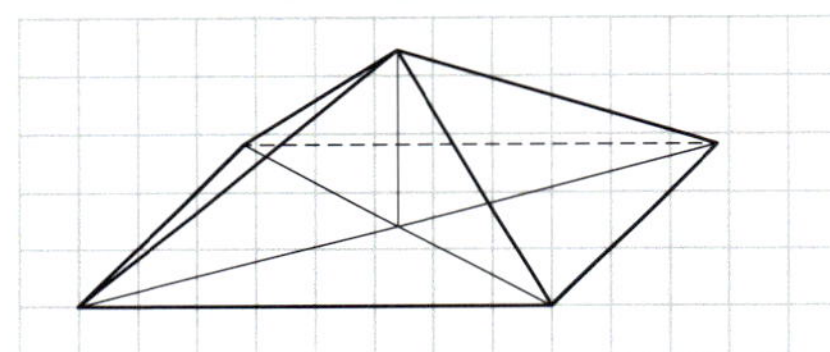

Zeichne das Schrägbild der quadratischen Pyramide mit den Maßen a = 5 cm und h_k = 6 cm.

5 In der Abbildung siehst du drei Schrägbilder von Pyramiden mit gleicher Grundfläche und unterschiedlichen Körperhöhen.

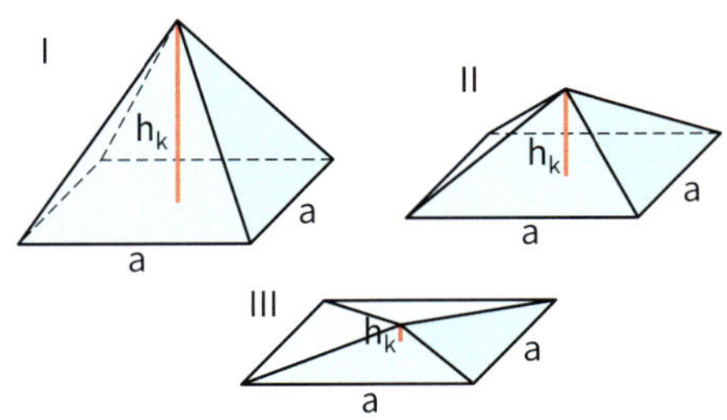

a) Wie viele Seitenflächen sind im Schrägbild jeweils von außen sichtbar?
b) Zeichne drei Schrägbilder einer Pyramide mit quadratischer Grundfläche (a = 6 cm) und unterschiedlichen Höhen, so dass 2 (3, 4) Seitenflächen von außen sichtbar sind.

Netz einer Pyramide

1 Ordne jeder Pyramide ihr Netz zu.

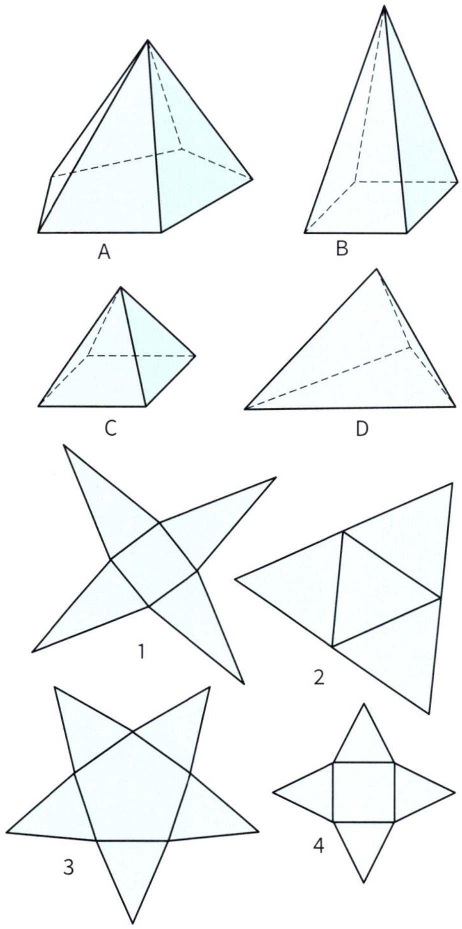

2 Ergänze in deinem Heft zum Netz einer quadratischen Pyramide.

a)

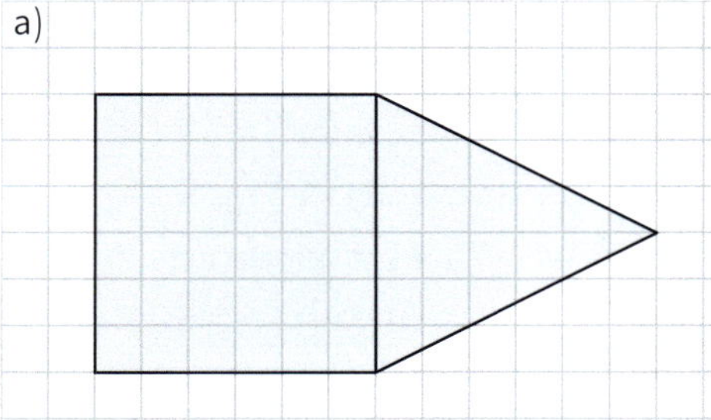

b)

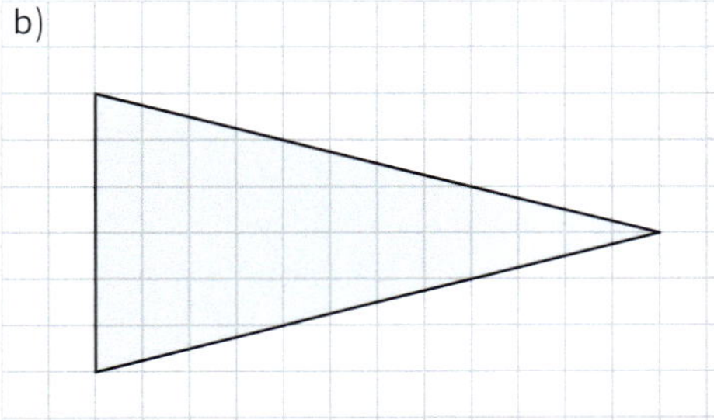

3 Zeichne ein Netz einer quadratischen Pyramide mit a = 3 cm und h_s = 4 cm.

4 Bei welcher Figur handelt es sich um das Netz einer quadratischen Pyramide?

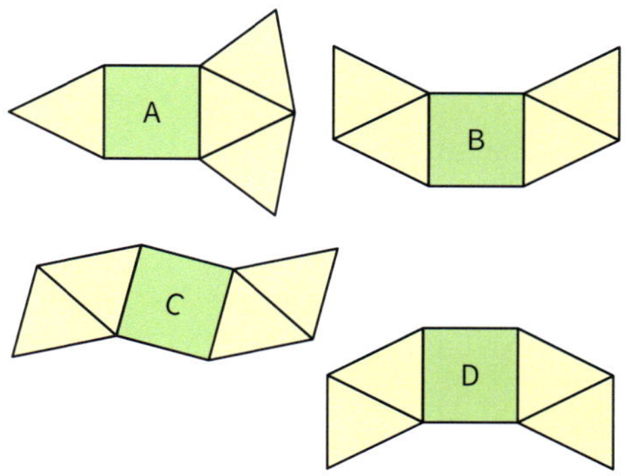

5 Welche Figur kann zum Modell einer quadratischen Pyramide gefaltet werden? Begründe deine Meinung.

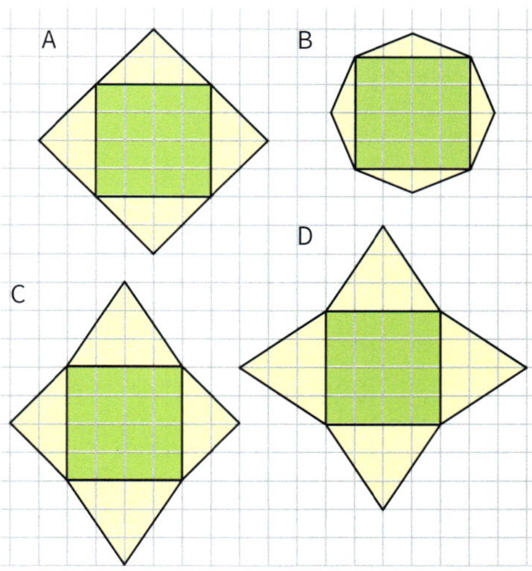

6 In der Abbildung siehst du ein Netz einer Pyramide. Zeichne ein Schrägbild dieser Pyramide.
Die Körperhöhe beträgt 2 cm.

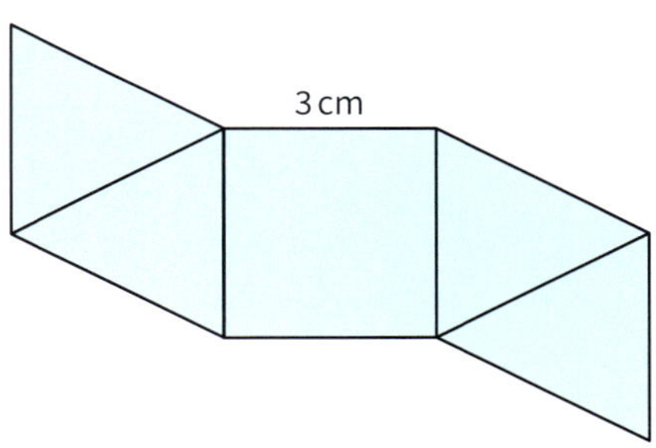

Oberflächeninhalt einer Pyramide

1 Die Abbildungen zeigen das Schrägbild und das Netz einer quadratischen Pyramide.

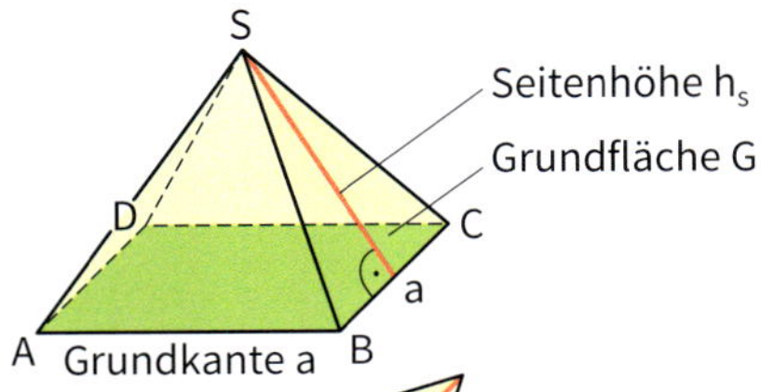

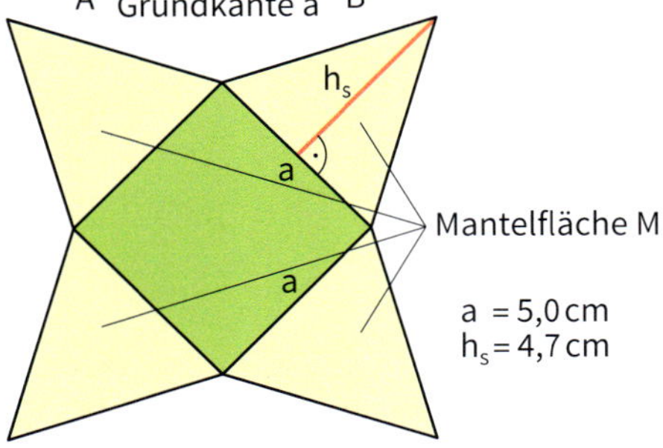

a) Beschreibe die Flächen, aus denen sich die Oberfläche der Pyramide zusammensetzt.
b) Erläutere, wie der Oberflächeninhalt der Pyramide im Beispiel berechnet wird.

1. Inhalt der Grundfläche
   $G = 5 \cdot 5$
   $G = 25$
2. Flächeninhalt des Mantels
   $M = 4 \cdot \frac{5{,}0 \cdot 4{,}7}{2}$
   $M = 4 \cdot 11{,}75$
   $M = 47$
3. Oberflächeninhalt der Pyramide
   $O = G + M$
   $O = 25 + 47$
   $O = 72$
   $O = 72\,\text{cm}^2$

Der Oberflächeninhalt der Pyramide beträgt 72 cm².

Oberflächeninhalt einer Pyramide

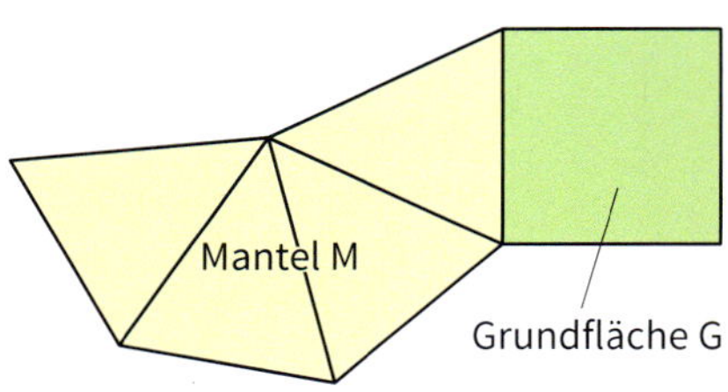

O = G + M

2 In der Abbildung siehst du das Netz einer Pyramide. Bestimme den Oberflächeninhalt der Pyramide.

a)
a = 12,5 cm
h_s = 13,4 cm

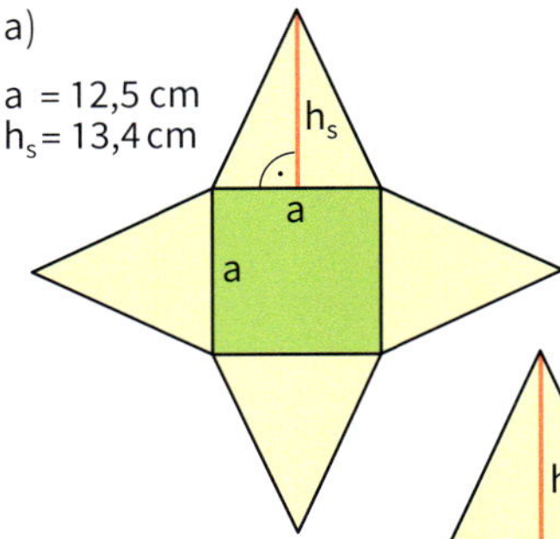

b)
a = 18,0 cm
h = 15,6 cm
h_s = 19,5 cm

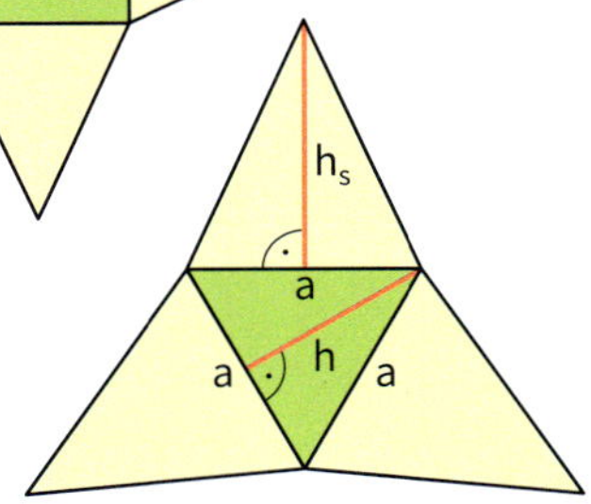

3 Berechne den Oberflächeninhalt der quadratischen Pyramide.

	a)	b)	c)	d)
a	4,0 cm	13,8 dm	8,40 m	56,8 cm
h_s	3,6 cm	21,1 dm	13,70 dm	42,3 cm

4 Zeichne das Netz der quadratischen Pyramide und berechne ihren Oberflächeninhalt.
a) a = 3 cm; h_s = 3 cm
b) a = 2 cm; h_s = 5 cm

5 Berechne den Oberflächeninhalt der abgebildeten rechteckigen Pyramide.

a = 9,0 cm
b = 4,0 cm
h_a = 6,1 cm
h_b = 7,3 cm

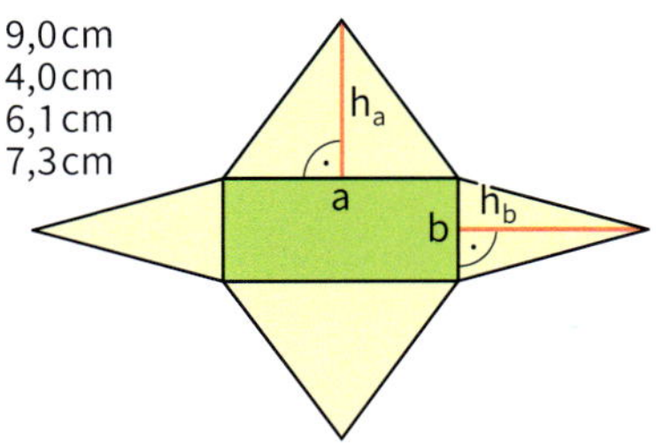

Lösungen zu den Aufgaben 2 und 5:
120,1 491,25 666,9

6 Zeichne ein Netz der rechteckigen Pyramide und berechne ihren Oberflächeninhalt.
a = 5 cm; b = 4 cm; h_a = 3,6 cm; h_b = 3,9 cm

Oberflächeninhalt einer Pyramide

7 Berechne den Oberflächeninhalt der abgebildeten Pyramide.

$a = 1{,}90\,m$
$b = 3{,}50\,m$
$h_a = 3{,}34\,m$
$h_b = 3{,}00\,m$

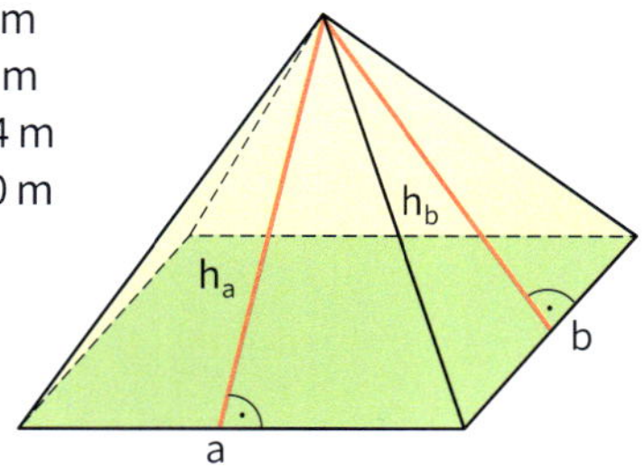

8 Im Beispiel siehst du, wie du den Oberflächeninhalt einer quadratischen Pyramide berechnen kannst, wenn die Seitenlänge a der Grundfläche und die Körperhöhe h_k gegeben sind.

Gegeben: $a = 8\,cm$; $h_k = 7\,cm$

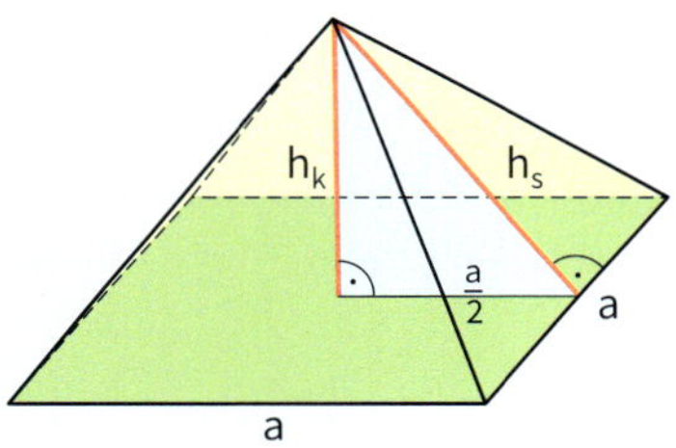

1. Seitenhöhe h_s

$$h_k^2 + \left(\frac{a}{2}\right)^2 = h_s^2$$
$$7^2 + 4^2 = h_s^2$$
$$h_s = \sqrt{49 + 16}$$
$$h_s \approx 8{,}1$$
$$h_s \approx 8{,}1\,cm$$

2. Mantelflächeninhalt M

$$M = 4 \cdot \frac{a \cdot h_s}{2}$$
$$M \approx 4 \cdot \frac{8 \cdot 8{,}1}{2}$$
$$M \approx 129{,}6$$
$$M \approx 129{,}6\,cm^2$$

3. Oberflächeninhalt O

$$O = G + M$$
$$O \approx 8 \cdot 8 + 129{,}6$$
$$O \approx 193{,}6$$
$$O \approx 193{,}6\,cm^2$$

Berechne den Oberflächeninhalt der quadratischen Pyramide mit $a = 12\,cm$ und $h_k = 13\,cm$.

9 Berechne den Oberflächeninhalt der quadratischen Pyramide. Berechne zuerst die Höhe h_s einer Seite.

a)

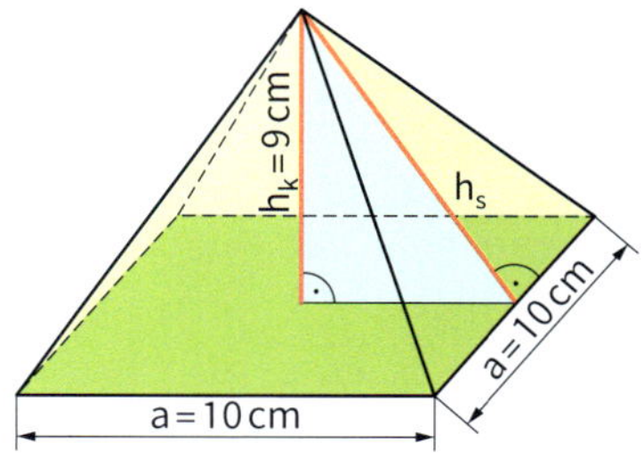

b)

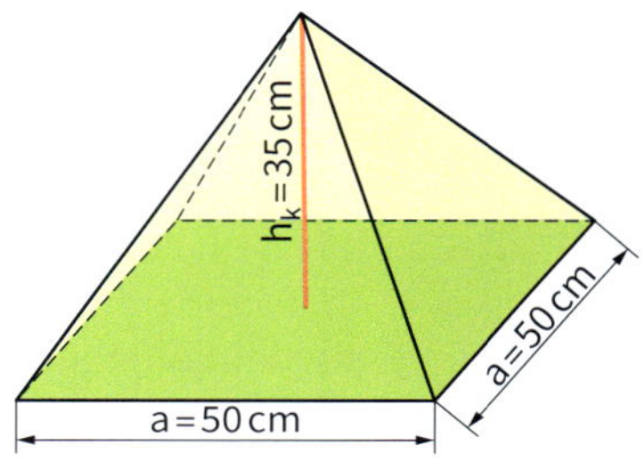

10 Berechne den Oberflächeninhalt der rechteckigen Pyramide. Berechne zuerst h_a und h_b.

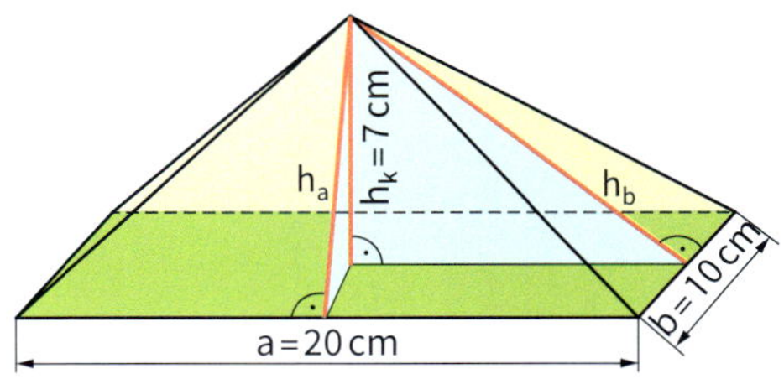

11 Das abgebildete Netz einer Pyramide besteht aus gleichseitigen Dreiecken.
a) Wie heißt diese Pyramide?
b) Berechne ihren Oberflächeninhalt.

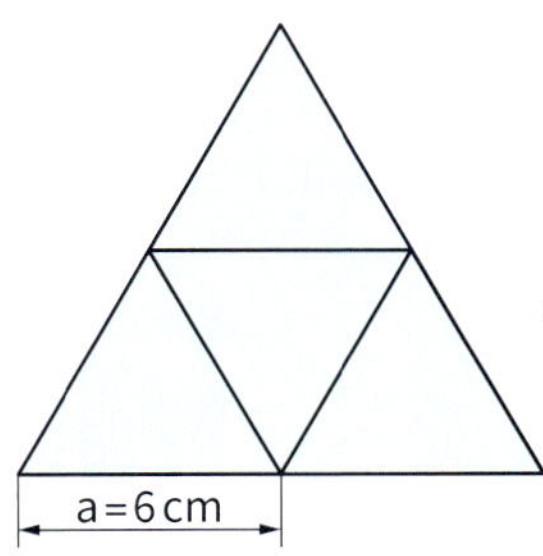

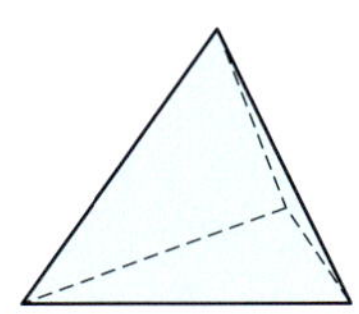

Lösungen zu den Aufgaben 9 bis 11:
62,4 306 494 6800

Volumen einer Pyramide

1 Die Grundfläche und die Körperhöhe des abgebildeten Quaders und der abgebildeten Pyramide sind gleich groß. Um das Volumen der Pyramide zu bestimmen, füllt Emily die Pyramide zunächst vollständig mit Wasser.
Anschließend gießt sie das Wasser aus der Pyramide in den Quader.

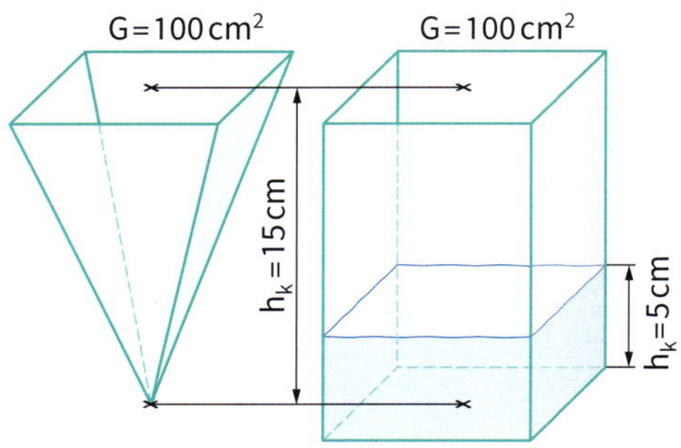

a) Wie viele Pyramidenfüllungen braucht sie, bis der Quader vollständig gefüllt ist?
b) Berechne das Volumen der Pyramide. Beschreibe deinen Lösungsweg.

2 Berechne zunächst das Volumen des vollständigen Quaders und dann das Volumen der Pyramide.

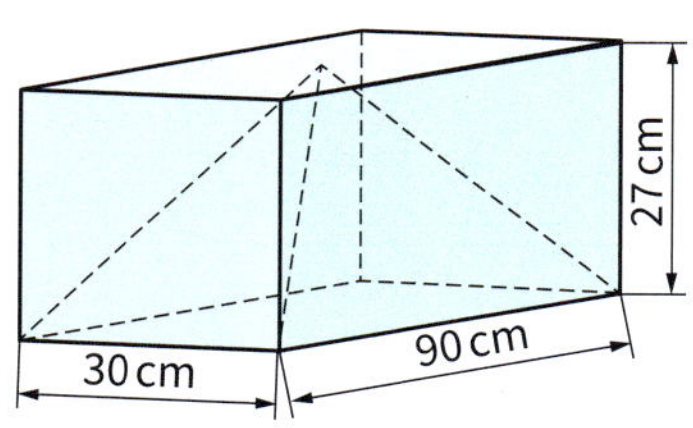

3 Das Volumen einer Pyramide kannst du mit der Formel

$$V = \frac{1}{3} \cdot G \cdot h_k$$

berechnen. Erkläre die Formel.

Volumen einer Pyramide

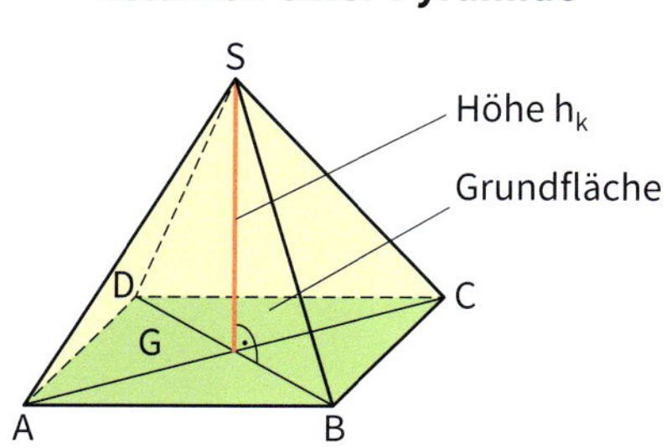

$$\mathbf{V = \frac{1}{3} \cdot G \cdot h_k}$$

4 Im Beispiel wird gezeigt, wie du das Volumen einer quadratischen Pyramide berechnen kannst.

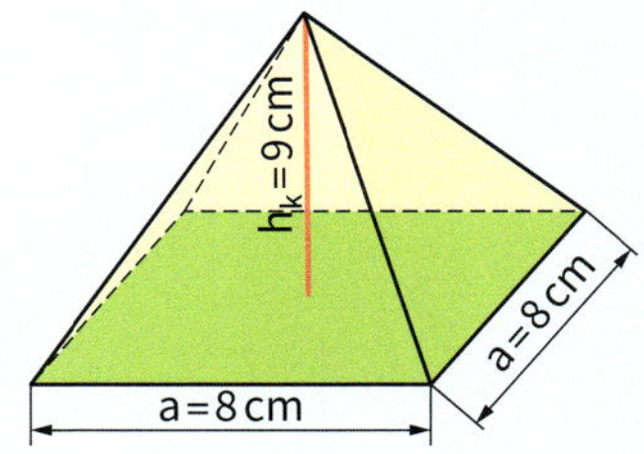

$G = a^2$
$G = 8^2$
$G = 64$
$G = 64\,cm^2$

$V = \frac{1}{3} \cdot G \cdot h_k$
$V = \frac{1}{3} \cdot 64 \cdot 9$
$V = 192$
$V = 192\,cm^3$

Berechne das Volumen der quadratischen Pyramide mit a = 12 m und h_k = 20 m (a = 1,50 m und h_k = 40 cm).

5 Die abgebildete Pyramide hat als Grundfläche ein Rechteck. Berechne ihr Volumen.

a)

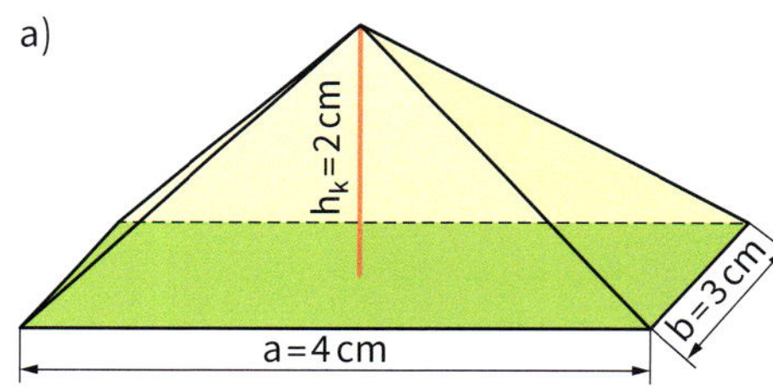

b)

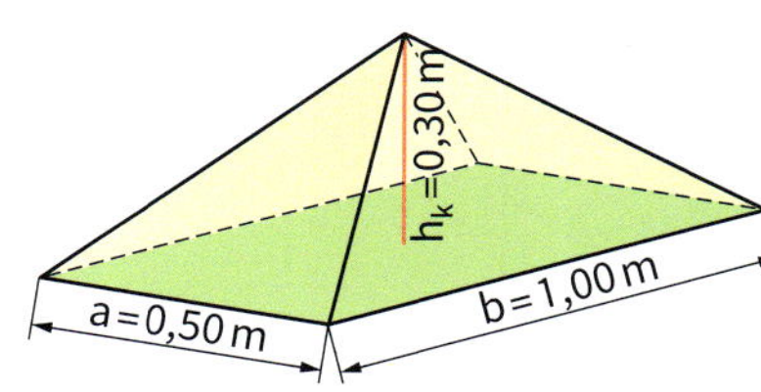

6 Berechne das Volumen der Pyramide.

a)

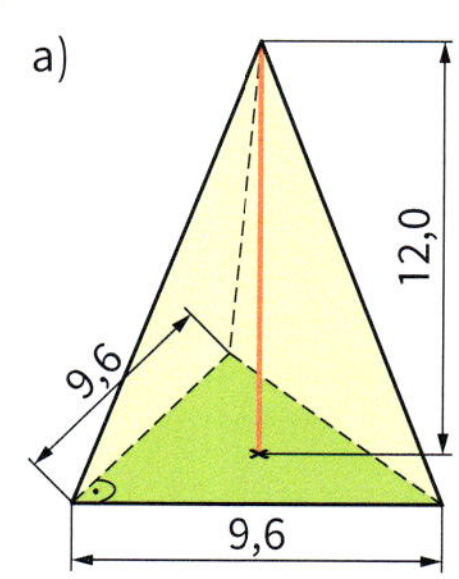

b)

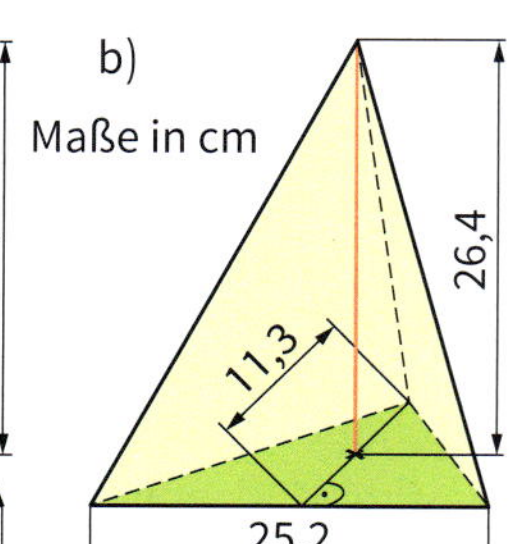

Eigenschaften und Schrägbild eines Kegels

1 Unten siehst du Objekte, die die Form eines Kegels haben.

A

B

C

D

a) Was haben diese Objekte gemeinsam, was unterscheidet sie?
b) Nenne weitere kegelförmige Gegenstände aus deiner Umwelt.

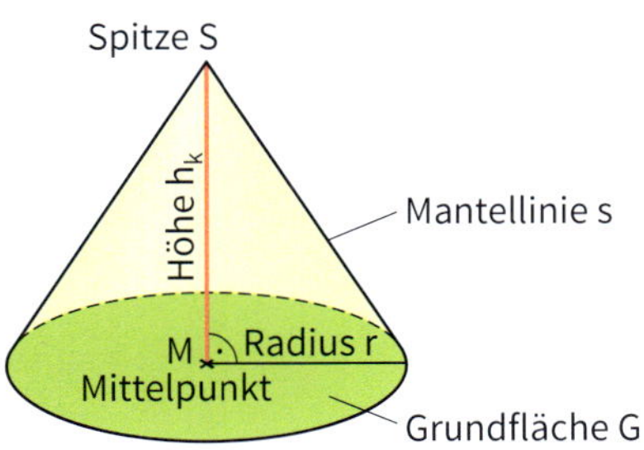

Die **Grundfläche** eines Kegels ist eine **Kreisfläche**.
Die Strecke, die die Spitze S mit einem Punkt des Grundkreises verbindet, heißt **Mantellinie s**.
Der Abstand zwischen der Spitze S und dem Mittelpunkt M des Grundkreises heißt **Höhe h_k** des Kegels.

2 Im Beispiel wird gezeigt, wie du das Schrägbild eines Kegels skizzieren kannst.

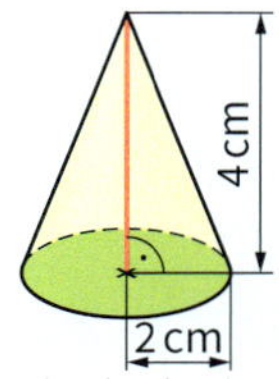

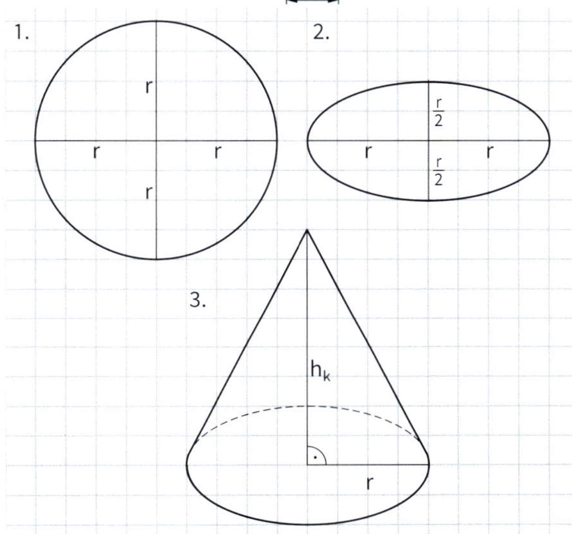

Erläutere das Beispiel.

3 Skizziere ein Schrägbild des Kegels in deinem Heft.

a)
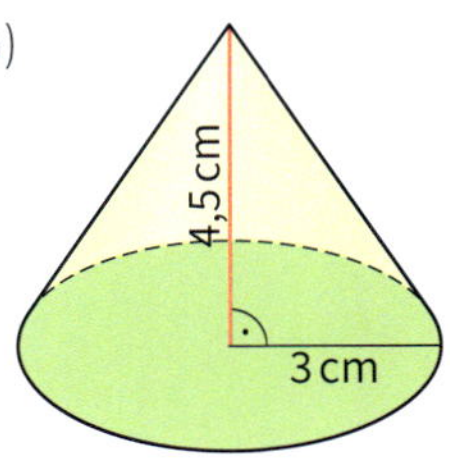

b)
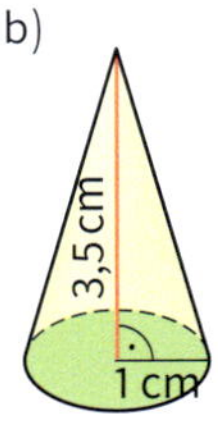

4 Miron hat das Schrägbild eines Kegels mit geringer Körperhöhe und großer Grundfläche skizziert.

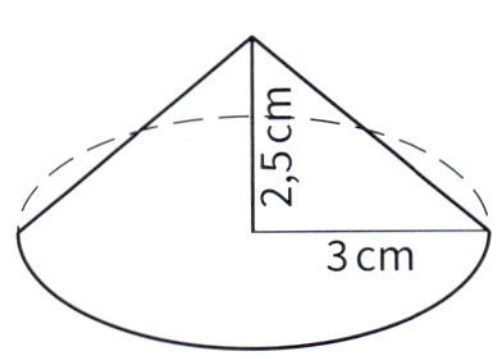

Beschreibe seinen Fehler.

Oberflächeninhalt eines Kegels

1 Wird der Mantel eines Kegels längs einer Mantellinie aufgeschnitten und abgerollt, so entsteht ein Kreissektor.

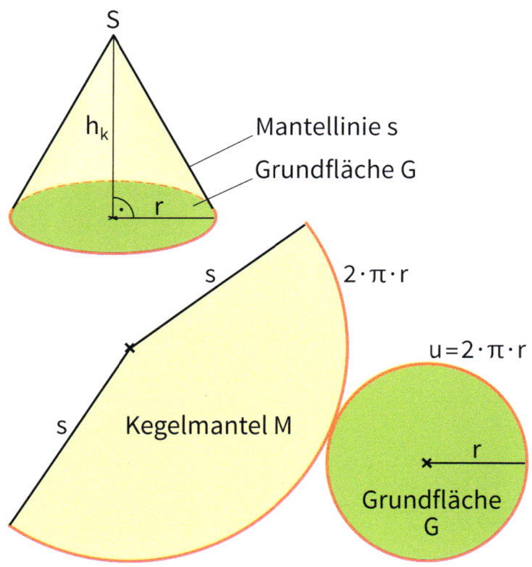

a) Beschreibe, wie in den folgenden Abbildungen der Kegelmantel zerlegt und anschließend wieder zusammengesetzt wird.

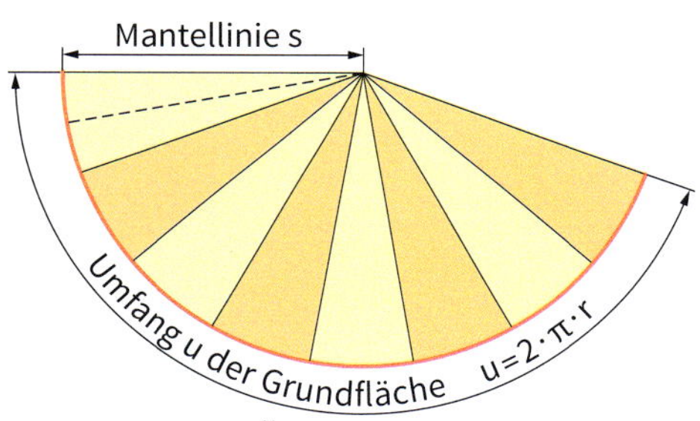

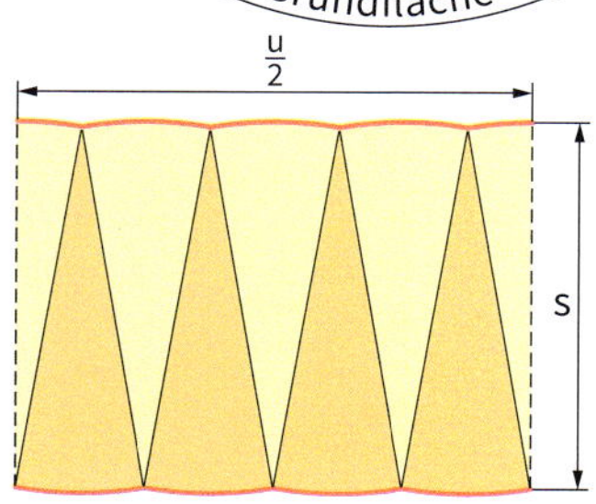

b) Führe in Gedanken diese Zerlegung des Mantels in immer mehr Teile durch. Welcher geometrischen Figur nähert sich dann die zusammengesetzte Figur? Leite eine Formel für den Flächeninhalt des Mantels her.

c) Der Radius r eines Kegels beträgt 3,4 cm, seine Mantellinie s misst 7,6 cm. Berechne den Flächeninhalt des Mantels und den Oberflächeninhalt des Kegels.

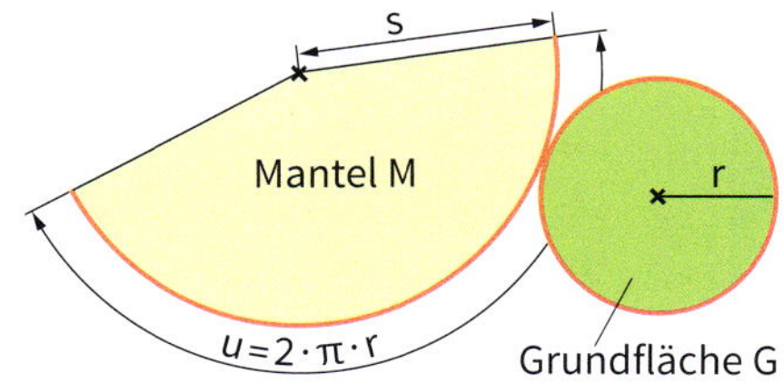

Flächeninhalt eines Kegelmantels

$$M = \pi \cdot r \cdot s$$

Oberflächeninhalt eines Kegels

$$O = G + M$$

$$O = \pi \cdot r^2 + \pi \cdot r \cdot s$$

2 Berechne den Flächeninhalt des Mantels und den Oberflächeninhalt des Kegels.

a)
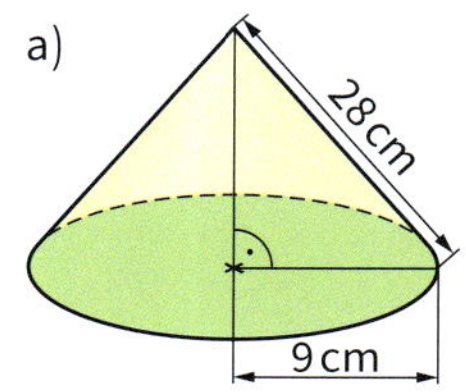

b)
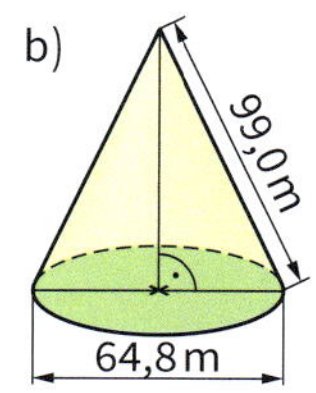

3 Ein Turm hat ein kegelförmiges Dach. Der Radius der Grundfläche beträgt 5,60 m. Das 10,50 m hohe Dach soll mit Kupferblech eingedeckt werden.
Wie viel Quadratmeter Kupferblech werden für das Dach mindestens benötigt?

4 Ein Kegelmantel wird längs einer Mantellinie (s = 6 cm) aufgeschnitten. Die Halbkreisfläche zeigt den Mantel.

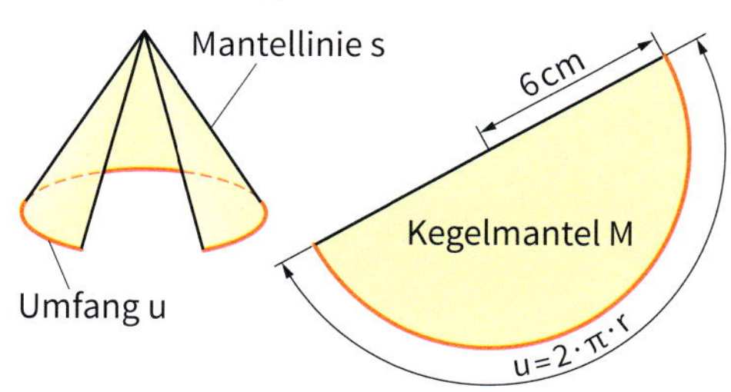

a) Bestimme den Umfang der Kegelgrundfläche. Berechne anschließend den Radius der Grundfläche.

b) Wie groß ist der Flächeninhalt des Mantels und der Oberflächeninhalt des Kegels?
Diese Aufgabe kannst du mit einem Partner lösen. Hinweise zur Partnerarbeit findest du auf Seite 223.

Volumen eines Kegels

1 Die Grundfläche G und die Höhe h_k des Kegels und des Zylinders sind gleich groß. Der Kegel wird mit Wasser gefüllt. Danach wird das Wasser in den Zylinder gegossen. Das Bild zeigt den Zylinder, nachdem eine Kegelfüllung Wasser eingegossen wurde.

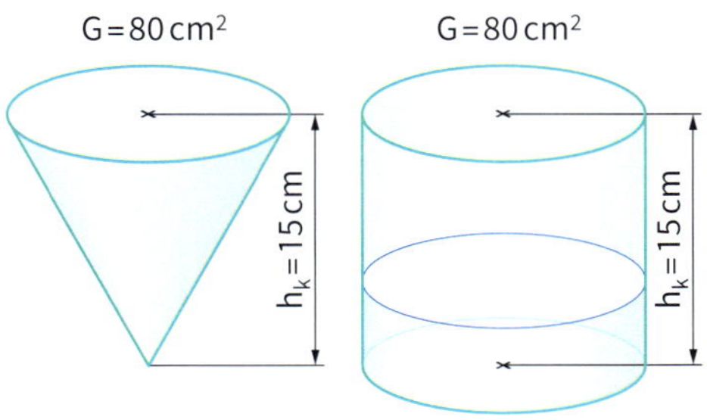

Um den Zylinder vollständig zu füllen, muss der Vorgang noch zweimal wiederholt werden.
Bestimme das Volumen des Kegels. Erläutere deinen Lösungsweg.

2 Die Grundfläche und die Höhe der abgebildeten Körper sind jeweils gleich groß.

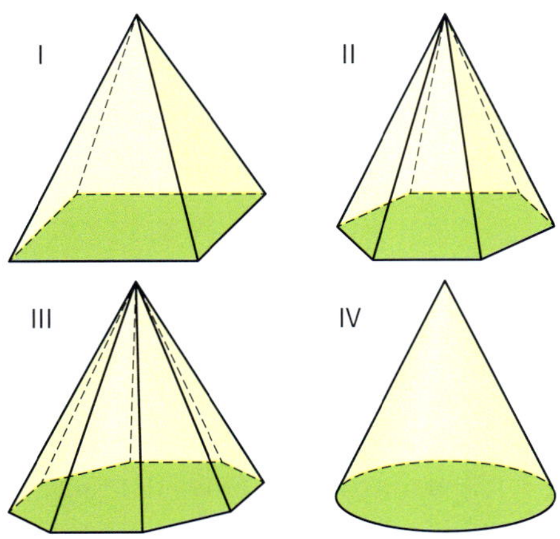

Beschreibe jeweils die Grundfläche der abgebildeten Körper. Erläutere anhand der Abbildungen, dass die Formel $V = \frac{1}{3} \cdot G \cdot h_k$ auch für das Volumen eines Kegels gilt.

Volumen eines Kegels

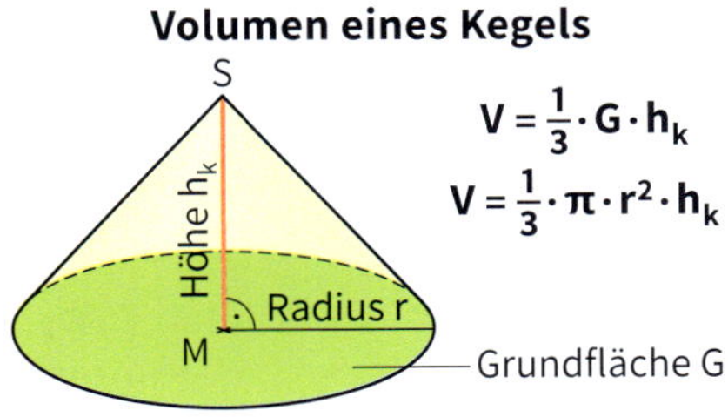

$$V = \frac{1}{3} \cdot G \cdot h_k$$
$$V = \frac{1}{3} \cdot \pi \cdot r^2 \cdot h_k$$

3 Erläutere, wie im folgenden Beispiel das Volumen eines Kegels berechnet wird.

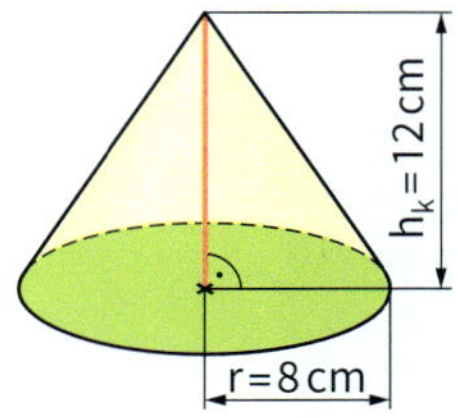

1. Inhalt der Grundfläche
$G = \pi \cdot r^2$
$G = \pi \cdot 8^2$
$G \approx 201{,}06$

2. Volumen des Kegels
$V = \frac{1}{3} \cdot G \cdot h_k$
$V \approx \frac{1}{3} \cdot 201{,}06 \cdot 12$
$V \approx 804{,}24$

Das Volumen des Kegels beträgt ungefähr $804{,}24\,cm^3$.

4 Berechne das Volumen des Kegels.

a)
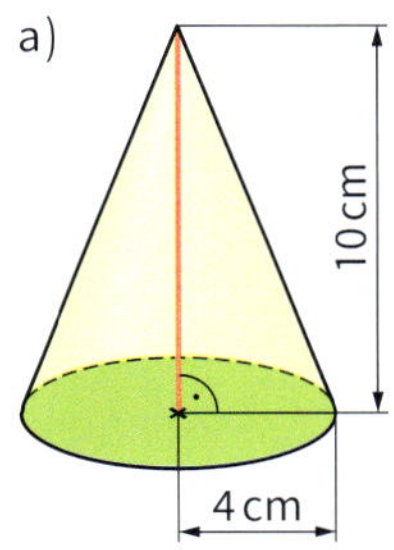

b)
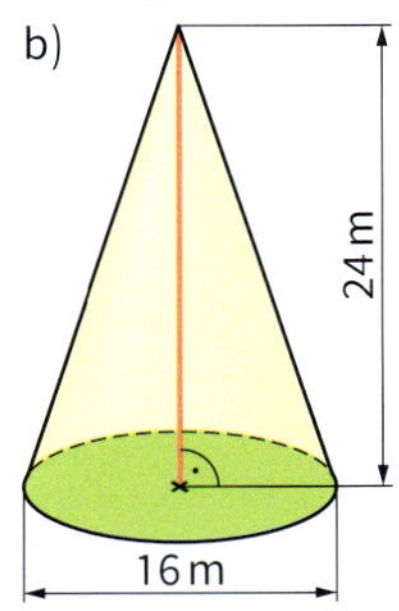

c)
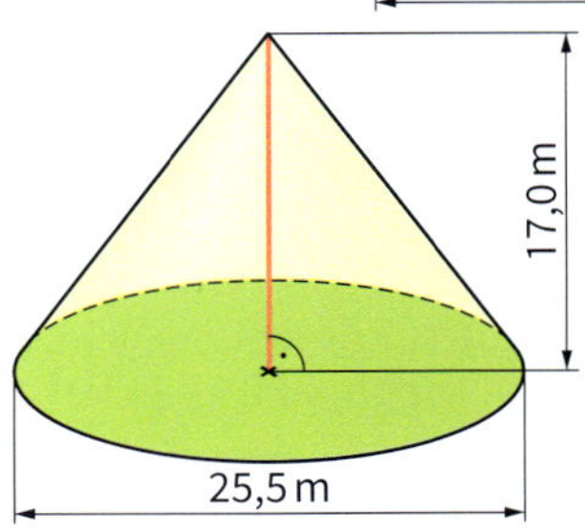

5 Körniges Material (Sand, Kohle, …) lässt sich zu einem Kegel aufschütten.
a) Der Durchmesser eines Sandkegels beträgt 18 m, seine Höhe 5 m. Berechne das Volumen des Kegels.
b) Ein Sandkegel hat ein Volumen von $232\,m^3$. Seine Höhe beträgt 3,25 m. Wie groß ist die Grundfläche des Kegels?

Volumen einer Kugel

1 Viele Gegenstände in deiner Umwelt haben die Form einer Kugel.

Nenne weitere Beispiele für kugelförmige Körper.

Bei einer Kugel ist der Abstand vom Mittelpunkt zu einem beliebigen Punkt P der Oberfläche der Kugelradius r.

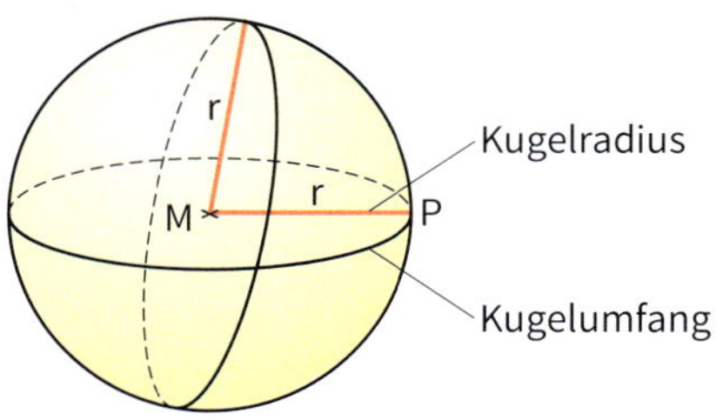

Die Kreise auf der Kugeloberfläche, deren Mittelpunkte jeweils mit dem Kugelmittelpunkt zusammenfallen, heißen **Großkreise**.
Als **Umfang einer Kugel** bezeichnet man den Umfang eines Großkreises.

2 Ein kugelförmiger Fesselballon hat einen Innendurchmesser von 22 m. Er fasst ungefähr 5 600 m^3 Gas.

Nenne weitere Beispiele, in denen das Volumen einer Kugel berechnet werden muss.

3 Der Radius des abgebildeten Kegels, seine Höhe und der Radius der abgebildeten Halbkugel sind gleich groß.

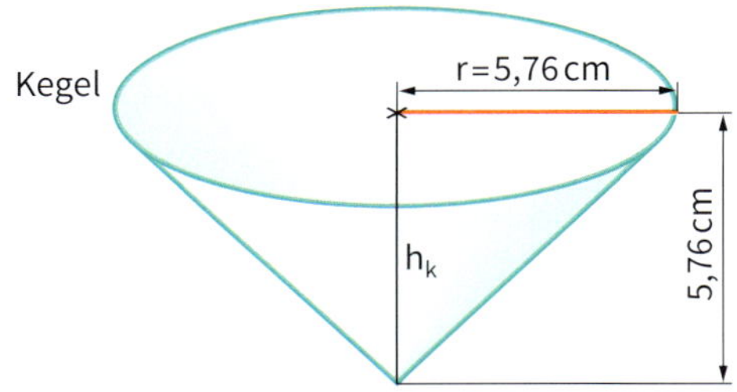

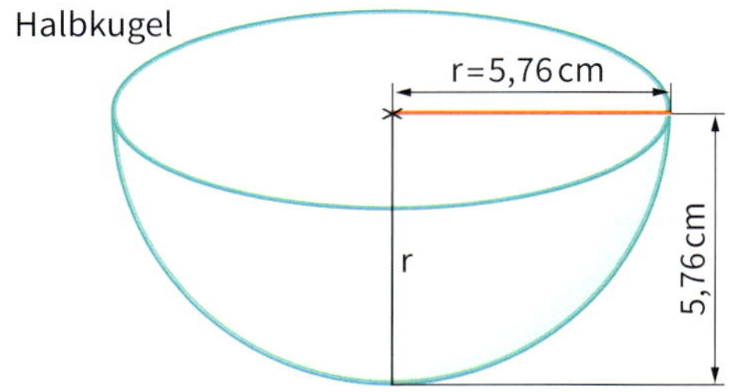

Der Kegel wird mit Wasser gefüllt. Durch Umgießen kannst du zeigen, dass der Inhalt des Kegels zweimal in die Halbkugel passt.

a) Erläutere die Schritte, die zu der Formel für das Volumen einer Halbkugel führen.

$$V_{Halbkugel} = 2 \cdot \underbrace{\tfrac{1}{3} \cdot \pi \cdot r^2 \cdot h_k}_{Kegelvolumen}$$

$$V_{Halbkugel} = \tfrac{2}{3} \cdot \pi \cdot r^2 \cdot r$$

$$V_{Halbkugel} = \tfrac{2}{3} \cdot \pi \cdot r^3$$

b) Berechne das Volumen der Kugel mit r = 5,76 cm. Beschreibe deinen Lösungsweg.

4 Berechne das Volumen der Kugel mit dem angegebenen Radius (Durchmesser).
a) r = 5,4 cm b) r = 3,8 dm c) r = 76 mm
d) d = 9,8 cm e) d = 1,2 m f) d = 0,80 m

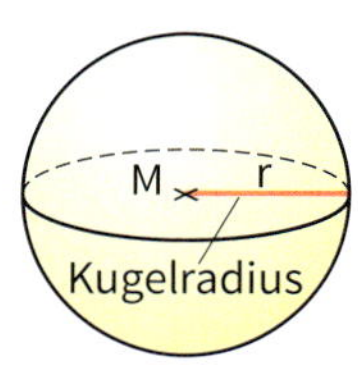

Volumen einer Kugel

$$V = \frac{4}{3} \cdot \pi \cdot r^3$$

Oberflächeninhalt einer Kugel

1 a) Eine Kugel lässt sich wie abgebildet in Körper zerlegen, die wie Pyramiden aussehen. Wodurch unterscheiden sich diese Zerlegungskörper von richtigen Pyramiden?

b) Wie groß sind die Grundflächen dieser Zerlegungskörper zusammen?

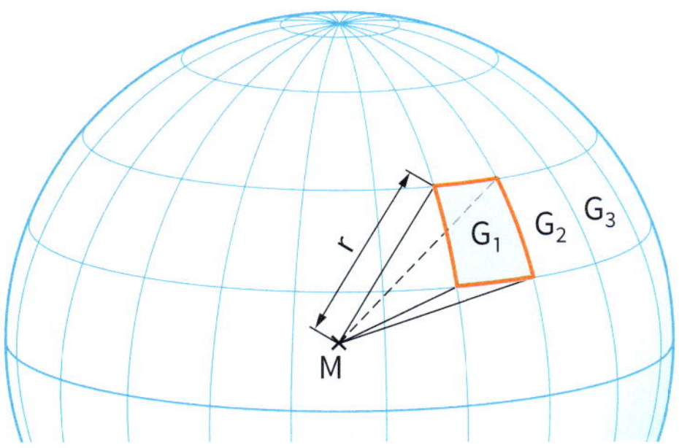

c) Lässt du in Gedanken die Grundfläche eines Zerlegungskörpers immer kleiner werden, so kannst du dir diesen Körper als eine Pyramide mit ebener Grundfläche vorstellen. Die Höhe h_k dieser Pyramide nähert sich dabei dem Radius r der Kugel.
Erläutere, wie im Folgenden die Formel $O = 4 \cdot \pi \cdot r^2$ für den Inhalt der Kugeloberfläche hergeleitet wird.

1.

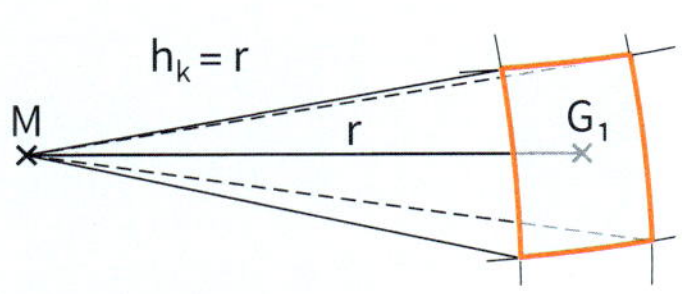

$V_{Pyr} = \frac{1}{3} \cdot G_1 \cdot r$

2. $V = \frac{1}{3} \cdot G_1 \cdot r + \frac{1}{3} \cdot G_2 \cdot r + \frac{1}{3} \cdot G_3 \cdot r + \ldots$

$V = \frac{1}{3} \cdot r \cdot (G_1 + G_2 + G_3 + \ldots)$

3. $V = \frac{1}{3} \cdot r \cdot (G_1 + G_2 + G_3 + \ldots)$

$V = \frac{1}{3} \cdot r \cdot O$

4. $V = \frac{1}{3} \cdot r \cdot O$

$\frac{4}{3} \cdot \pi \cdot r^3 = \frac{1}{3} \cdot r \cdot O \quad | : \left(\frac{1}{3} \cdot r\right)$

$4 \cdot \pi \cdot r^2 = O$

$O = 4 \cdot \pi \cdot r^2$

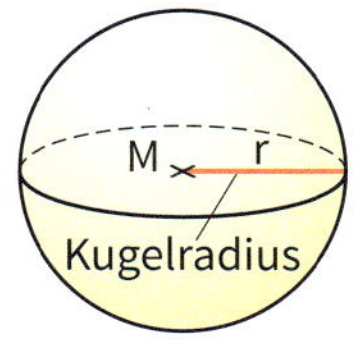

Oberflächeninhalt einer Kugel

$$\mathbf{O = 4 \cdot \pi \cdot r^2}$$

2 Berechne den Oberflächeninhalt der Kugel mit dem angegebenen Radius (Durchmesser).

a) r = 25 cm b) r = 6,4 m c) r = 100 m
d) d = 46,4 cm e) d = 0,78 m f) d = 0,5 m

3 In dem Beispiel wird mithilfe des Taschenrechners aus dem Oberflächeninhalt einer Kugel ihr Radius berechnet.

Gegeben: $O = 310\,m^2$
Gesucht: r

$O = 4 \cdot \pi \cdot r^2 \quad | : (4 \cdot \pi)$

$\frac{O}{4 \cdot \pi} = r^2$

$r = \sqrt{\frac{O}{4 \cdot \pi}}$

$r = \sqrt{\frac{310}{4 \cdot \pi}}$

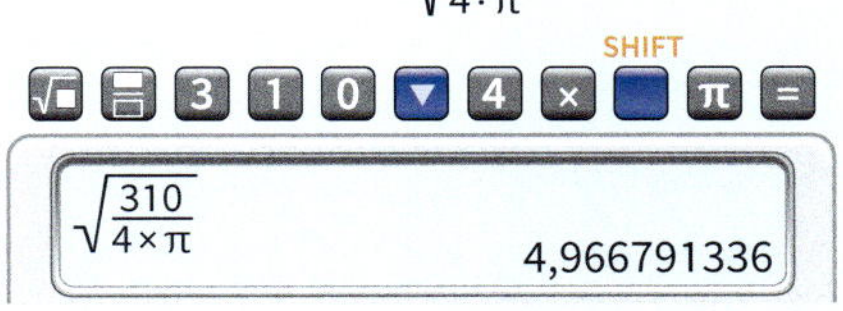

$r \approx 5{,}0\,m$

Der Radius ist ungefähr 5,0 m lang.

Berechne die fehlenden Größen der Kugel.

	a)	b)	c)
r	0,74 m	■	■
d	■	■	■
O	■	78,54 m²	366,44 m²

	d)	e)	f)
r	■	■	■
d	3,24 m	■	■
O	■	12,57 m²	80 425 km²

Lösungen zu Aufgabe 3:
5,00 10,80 2,00 160,00 32,98 6,88
80,00 5,40 1,48 2,50 1,00 1,62

WISSEN KOMPAKT

Zylinder

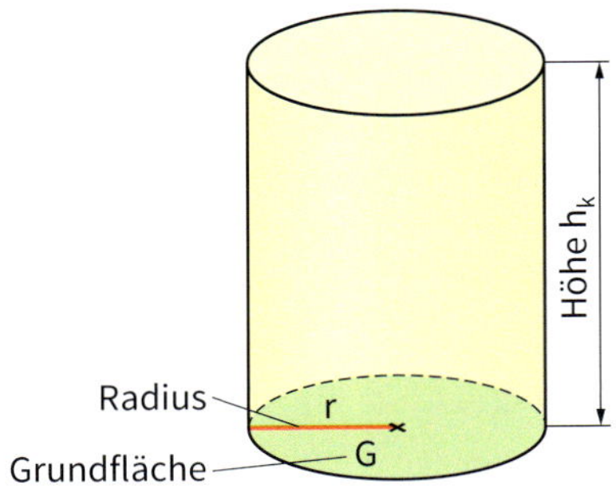

Volumen

$$V = G \cdot h_k$$
$$V = \pi \cdot r^2 \cdot h_k$$

Flächeninhalt des Mantels

$$M = u \cdot h_k$$
$$M = 2 \cdot \pi \cdot r \cdot h_k$$

Oberflächeninhalt

$$O = 2 \cdot G + M$$
$$O = 2 \cdot \pi \cdot r^2 + 2 \cdot \pi \cdot r \cdot h_k$$
$$O = 2 \cdot \pi \cdot r \cdot (r + h_k)$$

Pyramide

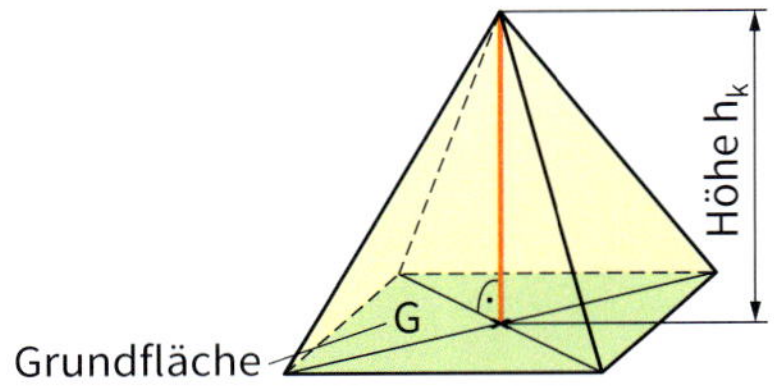

Volumen

$$V = \frac{1}{3} \cdot G \cdot h_k$$

Oberflächeninhalt

$$O = G + M$$

Kegel

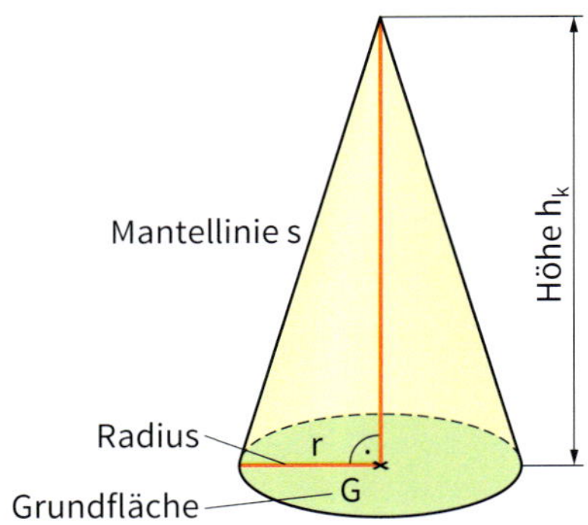

Volumen

$$V = \frac{1}{3} \cdot G \cdot h_k$$
$$V = \frac{1}{3} \cdot \pi \cdot r^2 \cdot h_k$$

Flächeninhalt des Mantels

$$M = \pi \cdot r \cdot s$$

Oberflächeninhalt

$$O = G + M$$
$$O = \pi \cdot r^2 + \pi \cdot r \cdot s$$
$$O = \pi \cdot r \cdot (r + s)$$

Kugel

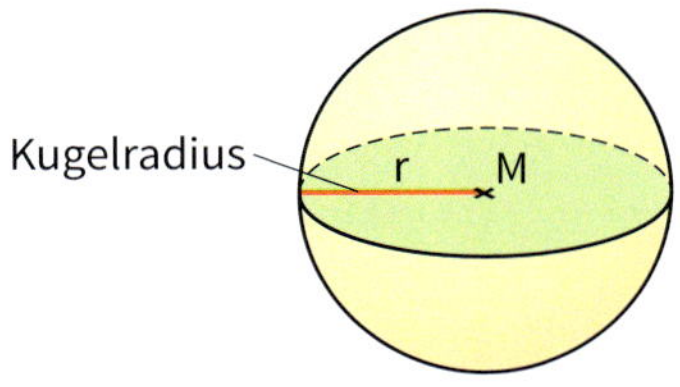

Volumen

$$V = \frac{4}{3} \cdot \pi \cdot r^3$$

Oberflächeninhalt

$$O = 4 \cdot \pi \cdot r^2$$

ÜBEN

1 Jakob hat begonnen, das Netz eines Zylinders zu zeichnen.

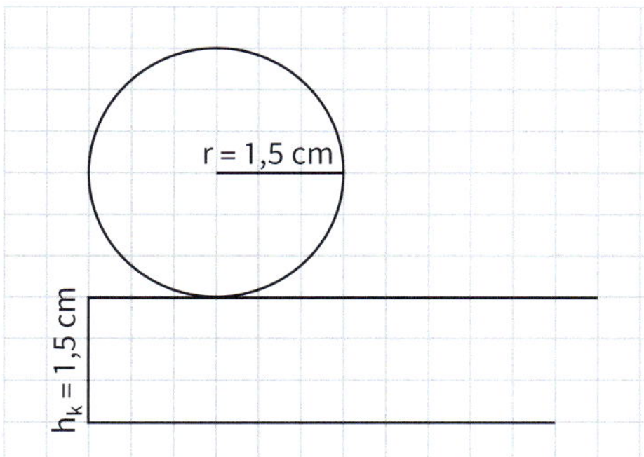

Vervollständige das Netz in deinem Heft.

2 Zeichne das Schrägbild und das Netz eines Zylinders mit den Maßen r = 2 cm und h_k = 5 cm.

3 Berechne das Volumen, den Inhalt der Mantelfläche und den Oberflächeninhalt des Zylinders.

a)

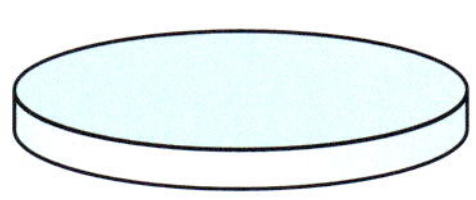

d = 7,6 m
h_k = 0,7 m

b)

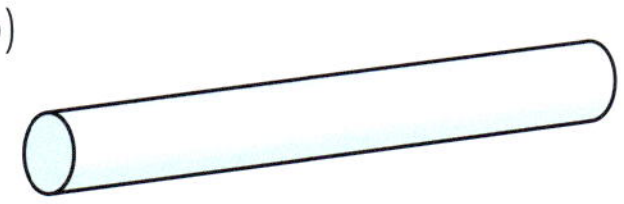

r = 42 cm
h_k = 11 m

4 Berechne die fehlenden Größen des Zylinders.

	a)	b)	c)	d)
r	5,20 m	■	5,0 cm	1,00 m
d	■	■	■	■
h_k	3,00 m	6,20 m	■	■
G	■	90,00 m²	■	■
M	■	■	300,0 cm²	■
O	■	■	■	■
V	■	■	■	9,00 m³

5 Ein Zylinder mit dem Radius 3 cm hat einen Oberflächeninhalt von 94,2 cm². Berechne den Inhalt der Mantelfläche.

6 Berechne die Höhe eines Zylinders mit einem Volumen von 6 283,2 cm³ und einer Grundfläche von 314,2 cm².

7 Zeichne das Schrägbild und das Netz einer quadratischen Pyramide mit a = 3,5 cm und h_k = 4 cm.

8 Berechne den Oberflächeninhalt der abgebildeten Pyramide.

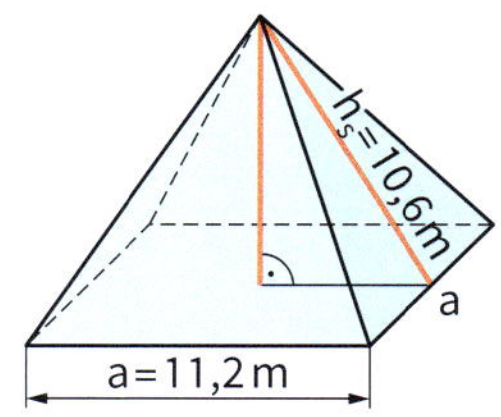

9 Berechne den Oberflächeninhalt der rechteckigen Pyramide mit a = 24,5 m, b = 16,8 m, h_a = 15,5 m und h_b = 17,9 m.

10 Berechne den Oberflächeninhalt der abgebildeten Pyramide.

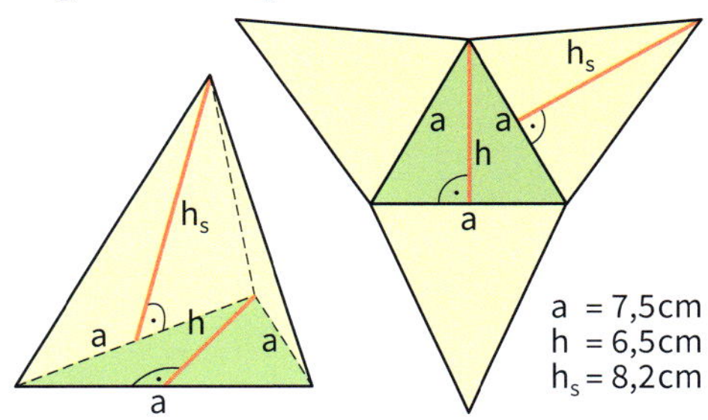

11 Bestimme das Volumen der Pyramide.

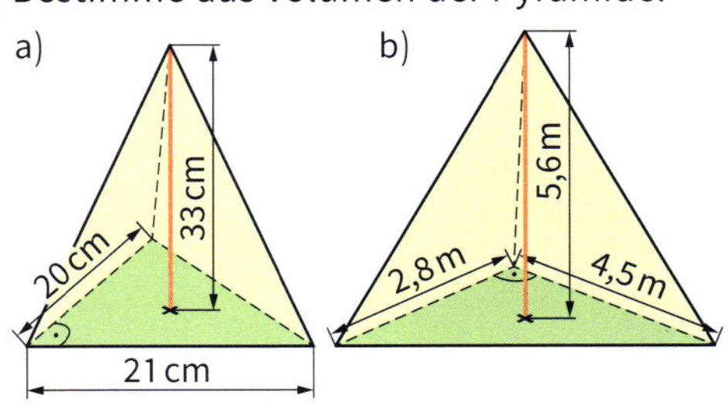

12 Bestimme das Volumen und den Oberflächeninhalt der abgebildeten Pyramide mit den angegebenen Maßen. Für deine Rechnung benötigst du den Satz des Pythagoras.

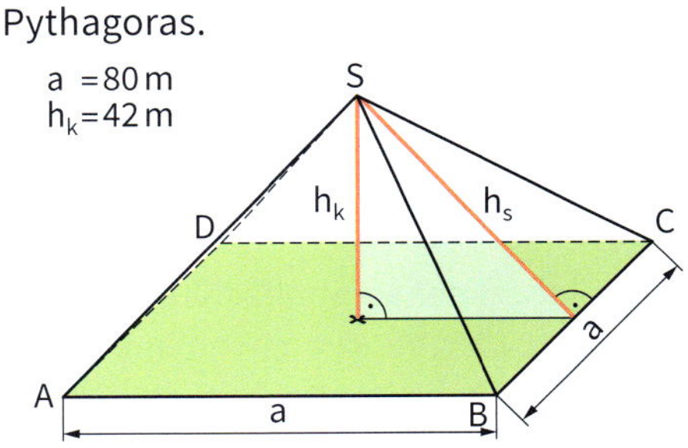

ÜBEN

13 Zeichne das Schrägbild des Kegels.
a) $r = 3{,}5\,cm$ und $h_k = 3\,cm$
b) $r = 2\,cm$ und $h_k = 6{,}5\,cm$

14 Ordne jedem Kegel sein Netz zu.

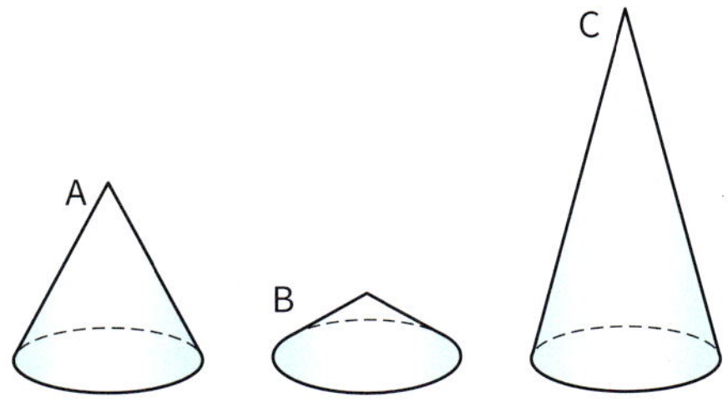

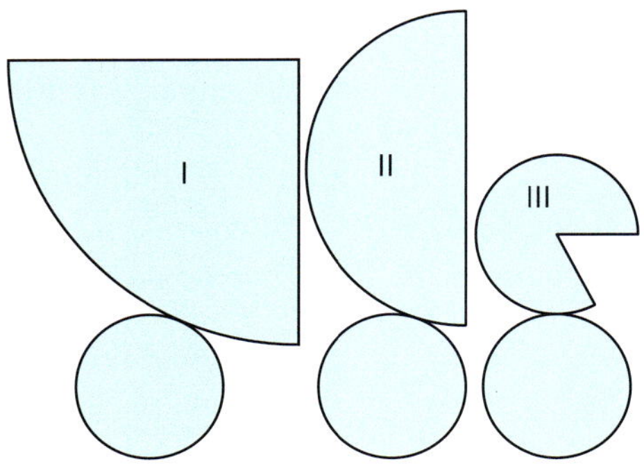

Beschreibe deinen Lösungsweg.

15 Berechne das Volumen und den Oberflächeninhalt des Kegels.

a)

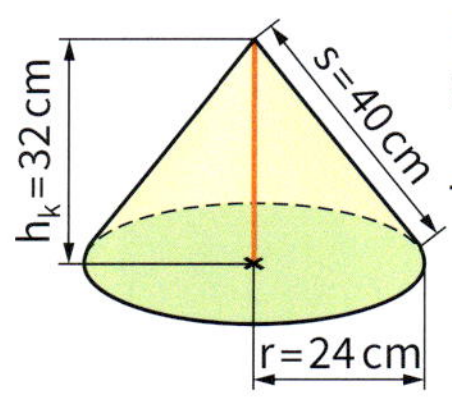

b)

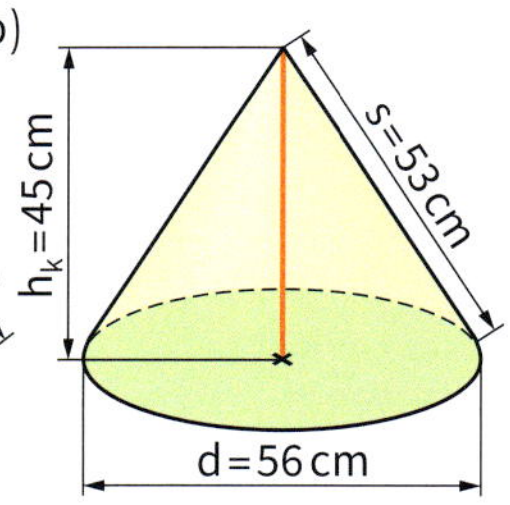

16 Berechne die Mantelfläche eines Kegels mit $r = 10\,cm$ und $s = 15\,cm$ ($r = 1\,m$; $s = 1{,}80\,m$).

17 Ein Kegel hat ein Volumen von $37{,}7\,m^3$. Er ist 3 m hoch.
a) Berechne den Inhalt seiner Grundfläche.
b) Berechne seinen Radius.

18 Der Inhalt der Mantelfläche eines Kegels beträgt $200\,cm^2$. Die Seitenlinie s ist 10 cm lang. Berechne den Oberflächeninhalt des Kegels.

19 Im Beispiel wird der Inhalt der Mantelfläche M eines Kegels berechnet, wenn der Radius r und die Körperhöhe h_k gegeben sind.

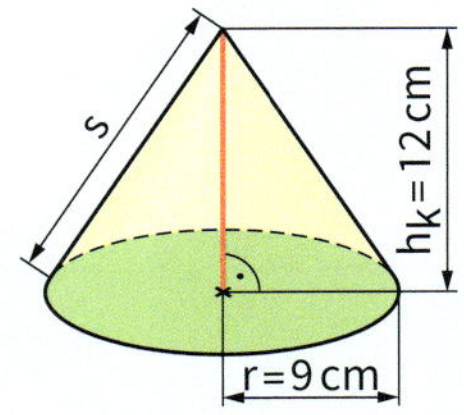

Berechnung von s:	Berechnung von M:
$r^2 + h_k^2 = s^2$	$M = \pi \cdot r \cdot s$
$9^2 + 12^2 = s^2$	$M = \pi \cdot 9 \cdot 15$
$s = \sqrt{9^2 + 12^2}$	$M \approx 424{,}1$
$s = \sqrt{225}$	$M \approx 424{,}1\,cm^2$
$s = 15$	
$s = 15\,cm$	

Berechne den Inhalt der Mantelfläche eines Kegels mit $r = 8\,cm$ und $h_k = 15\,cm$.

20 Berechne die fehlenden Größen des Kegels.

	a)	b)	c)
r	7 cm	6 cm	■
s	■	■	■
h_k	24 cm	■	30 cm
M	■	1 400 cm²	■
O	■	■	■
V	■	■	400 cm³

21 Berechne den Umfang und den Oberflächeninhalt der Kugel.

a)

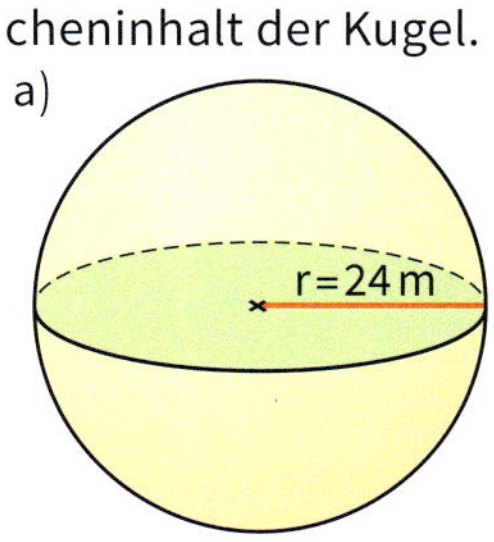

b)

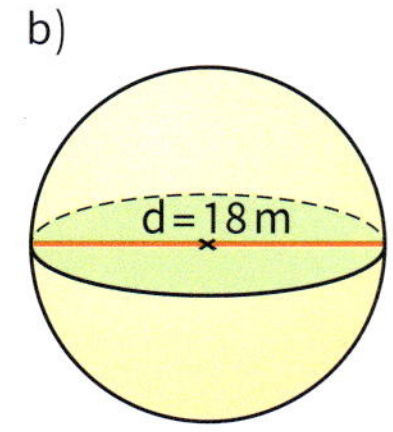

22 Eine Kugel hat einen Oberflächeninhalt O von $1\,256{,}6\,cm^2$.
a) Berechne ihren Radius r.
b) Berechne ihr Volumen V.

ÜBEN: Zusammengesetzte Körper und Teilkörper

1 Berechne den Oberflächeninhalt und das Volumen des zusammengesetzten Körpers. Beachte, dass bei zusammengesetzten Körpern Begrenzungsflächen, die aufeinander liegen, nicht zur Oberfläche gehören.

a)

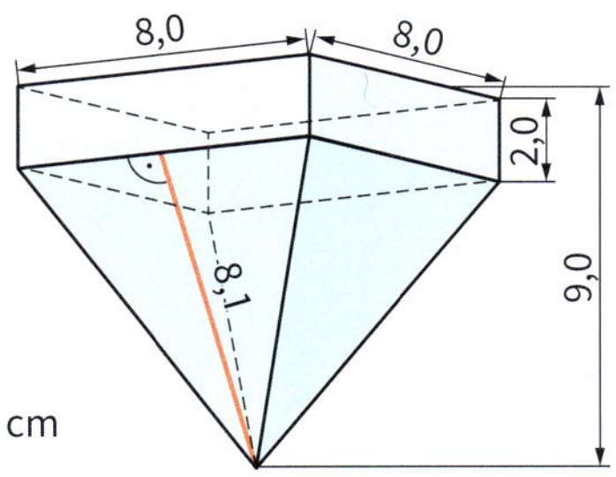

Maße in cm

b)

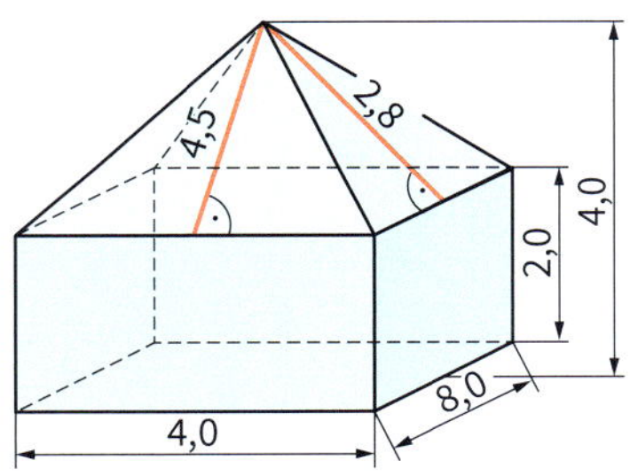

c)

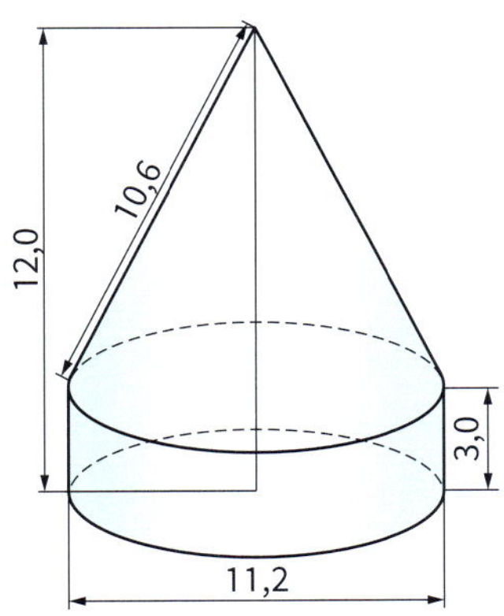

d)

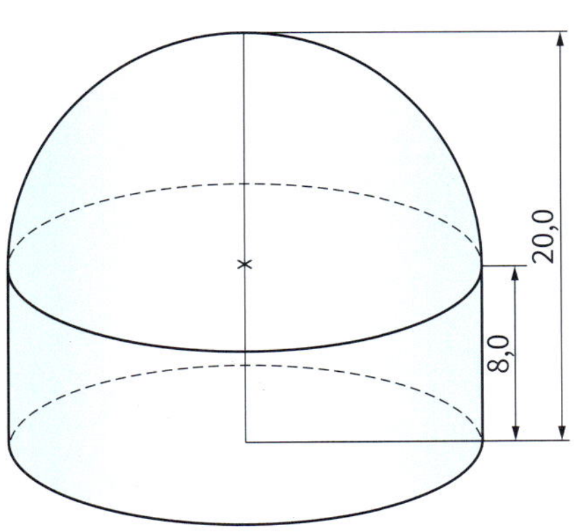

2 Berechne den Oberflächeninhalt und das Volumen des Teilkörpers.

a)

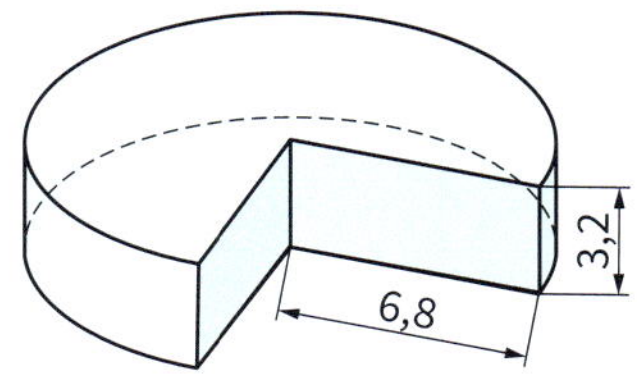

b)

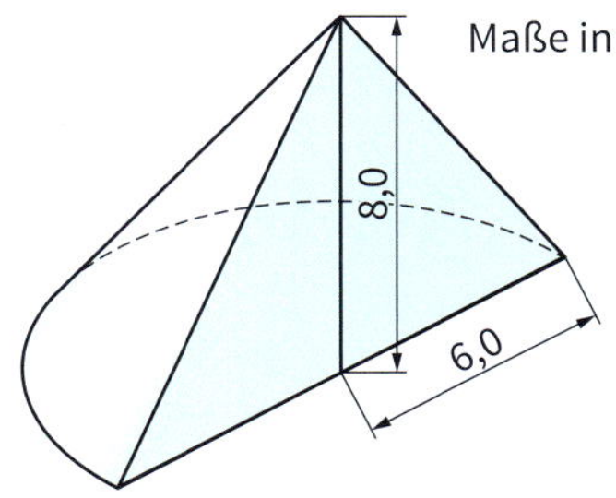

Maße in cm

Die Aufgaben kannst du auch in Gruppenarbeit bearbeiten. Hinweise dazu findest du auf Seite 224.

3 Der abgebildete Körper ist ein Pyramidenstumpf. Berechne sein Volumen und seinen Oberflächeninhalt.

Maße in cm

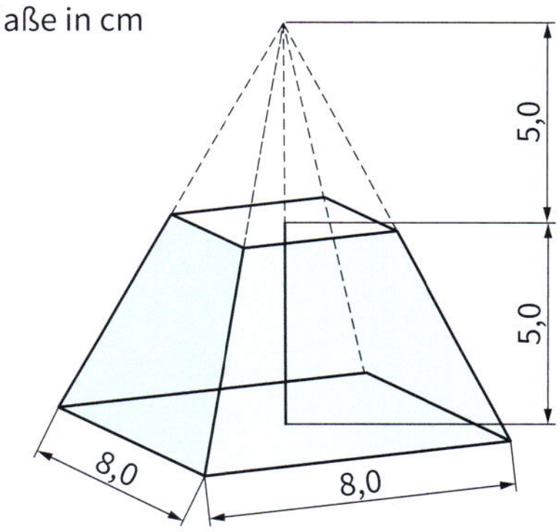

4 Ein Oktaeder wird von acht gleichseitigen kongruenten Dreiecken begrenzt. Die Kantenlänge eines Oktaeders beträgt 12 cm (20 cm). Berechne sein Volumen und seinen Oberflächeninhalt.

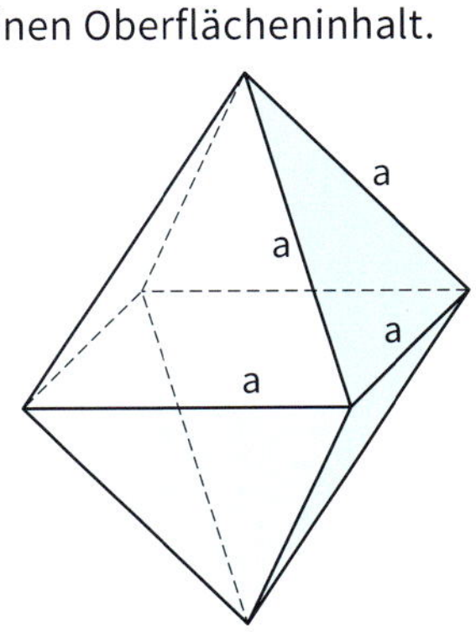

ÜBEN: Sachaufgaben

Mathematisch modellieren

Sachaufgaben zur Körperberechnung

Aufgabe:
Ein 3,20 m hohes pyramidenförmiges Dach soll mit Dachziegeln eingedeckt werden. Die Grundfläche des Daches ist ein Quadrat mit einer Seitenlänge von 12 m. Für einen Quadratmeter Dachfläche werden 15 Dachziegel benötigt.
Wie viele Dachziegel werden für die Dachfläche mindestens benötigt?

1. Stelle fest, welche Angaben und Informationen du benötigst, um die Aufgabenstellung zu bearbeiten.

Geometrischer Körper: quadratische Pyramide
Grundkante: $a = 12\,m$
Körperhöhe: $h_k = 3{,}20\,m$
Anzahl der Ziegel pro m^2: 15

2. Überlege, welche Größen des Körpers du berechnen musst. Notiere die zugehörige Formel.

Inhalt der Mantelfläche:
$M = 4 \cdot \frac{a \cdot h_s}{2}$

Fertige zunächst eine Skizze an.

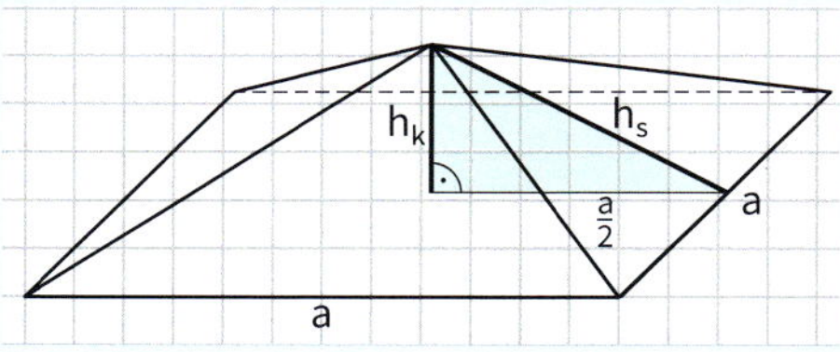

3. Bestimme fehlende Stücke gegebenenfalls durch eine Zwischenrechnung.

$\left(\frac{a}{2}\right)^2 + h_k^2 = h_s^2$
$h_s^2 = 6^2 + 3{,}2^2$
$h_s = \sqrt{6^2 + 3{,}2^2}$
$h_s = 6{,}8$ $\qquad h_s = 6{,}80\,m$

4. Führe die notwendigen Berechnungen durch.

1. $M = 4 \cdot \frac{12 \cdot 6{,}8}{2}$
   $M = 163{,}2$ $\qquad M = 163{,}2\,m^2$
2. $163{,}2 \cdot 15 = 2\,448$

5. Überprüfe, ob das Ergebnis sinnvoll ist, und formuliere eine Antwort.

Mindestens 2 448 Ziegel werden zum Eindecken des Daches benötigt.

1 Frau Hasse lässt ihr Haus neu eindecken. Für einen Quadratmeter der Dachfläche werden 15 Dachpfannen benötigt.
Wie viele Dachpfannen müssen mindestens angeliefert werden?

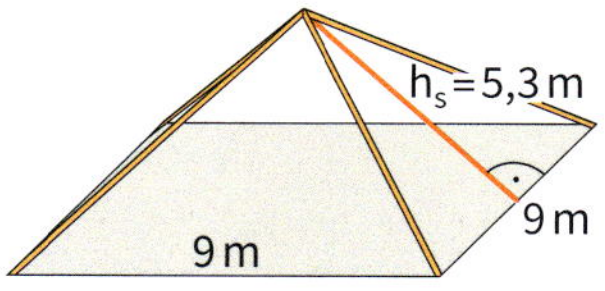

ÜBEN: Sachaufgaben

2 Die Cheopspyramide ist die größte aller ägyptischen Pyramiden. Ihre Seitenlänge beträgt 230,4 m und ihre Höhe 139 m (ursprünglich 146,5 m). Sie hat heute ein Volumen von ungefähr 2 500 000 m^3.

Überprüfe diese Angabe durch eine Rechnung.

3 Die Baukosten für ein Haus werden anhand des umbauten Raumes berechnet. Für den ausgebauten pyramidenförmigen Dachraum mussten 86 400 € bezahlt werden.

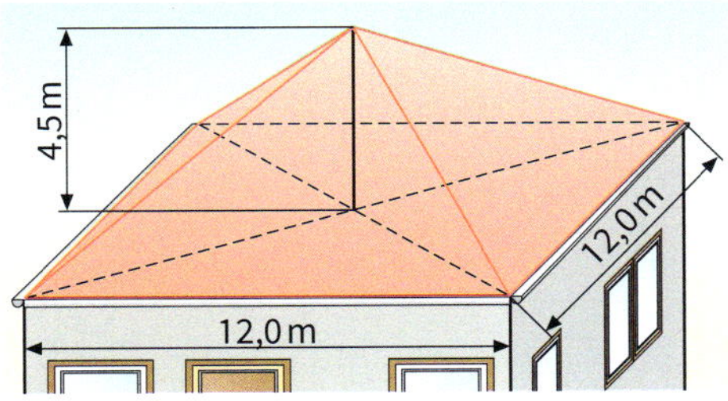

Bestimme die Baukosten für einen Kubikmeter des umbauten Dachraumes.

4 Das abgebildete Gebäude wurde für 1 319 808 Euro verkauft.

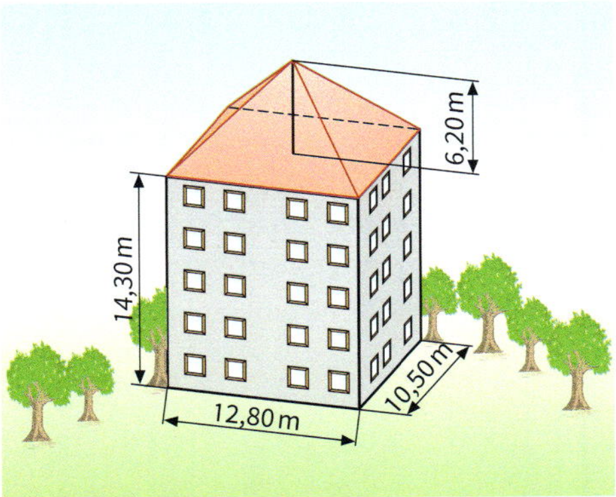

Wie viel Euro mussten für einen Kubikmeter umbauten Raum bezahlt werden?

5 Ein Glas hat die abgebildeten Innenmaße.

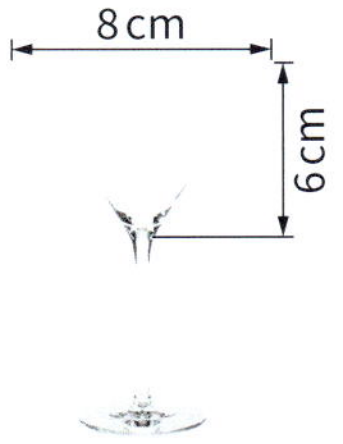

Berechne das Volumen der Flüssigkeit, wenn das Glas bis zum oberen Rand gefüllt wird.

6 Der Durchmesser eines kugelförmigen Fesselballons beträgt 18 m. Der Ballon wird mit Helium gefüllt. Ein Liter Helium wiegt 0,1785 g. Berechne die Masse des Gases.

7 Ein kugelförmiger Gasbehälter (d = 47,30 m) wurde aus Stahlblech hergestellt.

Wie viel Quadratmeter Blech wurden für seine Herstellung mindestens verarbeitet?

8 Das aufgespannte Dach eines Sonnenschirms hat die Form eines Kegels.

Seine Mantellinie ist 1,15 m lang. Der Durchmesser des Kegels beträgt 2,20 m. Der Sonnenschirm besteht aus einem Kunststoff. Ein Quadratmeter dieses Stoffes wiegt 285 g. Wie schwer ist der Stoff des Schirms?

Die Aufgaben auf Seite 151 und 152 kannst du auch in Gruppenarbeit bearbeiten. Hinweise dazu findest du auf Seite 224.

ÜBEN: Sachaufgaben

9 Die drei abgebildeten Kegel stehen auf dem Dach der Bundeskunsthalle in Bonn.

Tilda schätzt die Höhe eines Kegels auf 20 m und den Radius der Grundfläche auf 4 m. Welches Volumen hat ein Kegel nach ihren Schätzungen?

10 Eine Rolle mit Haushaltspapier hat einen Durchmesser von 13 cm.
Das Papier ist 26 cm breit. Der Durchmesser der leeren Rolle beträgt 4 cm.

Wie viel Kubikzentimeter Papier befinden sich auf der Rolle?

11 Hannes möchte einen Hut für Karneval aus Pappe basteln. Sein Kopfumfang beträgt 57 cm.
Die Höhe des kegelförmigen Hutes soll 24 cm betragen.

Berechne den Materialbedarf in Quadratzentimeter für den Hut.

Jeder Stoff hat eine bestimmte Dichte.

$$\text{Dichte} = \frac{\text{Masse}}{\text{Volumen}}$$

$$\rho = \frac{m}{V}$$

Griechischer Buchstabe: rho (ρ)

Die Dichte gibt die Masse von einem Kubikzentimeter in Gramm an.

Stoff	Dichte $\left(\frac{g}{cm^3}\right)$	Stoff	Dichte $\left(\frac{g}{cm^3}\right)$
Kupfer	8,9	Stahl	7,9
Eisen	7,2 bis 7,9	Wasser	1
Zink	7,1	Blei	11,3

12 Kim hat in ihrer Ausbildung einen Zylinder aus Stahl gefertigt. Berechne die Masse.

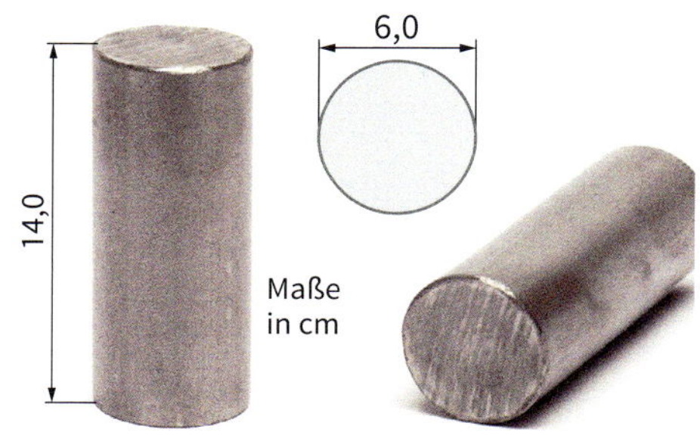

13 In eine Kupferplatte wurde ein Loch mit einem Radius von 1,5 cm gebohrt. Bestimme die Masse des abgebildeten Gegenstands.

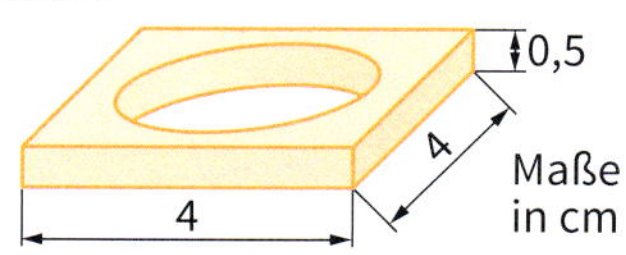

14 Ein quaderförmiger Strohballen der Größe 96 cm x 38 cm x 46 cm wiegt 14 kg. Der abgebildete zylinderförmige Strohballen hat einen Durchmesser d von 1,60 m und eine Körperhöhe h_k von 1,20 m. Berechne seine Masse in kg.

ÜBEN: Oberflächeninhalt und Volumen schätzen

1 Tipis haben eine fast kreisförmige Grundfläche.

a) Wie viele Quadratmeter Stoff braucht man ungefähr zur Herstellung dieses Tipis?
b) Schätze auch das Luftvolumen im Zelt.

2 Yuri behauptet: „Die Kugel ist aus Granit. Sie wiegt bestimmt über eine Tonne."

1 m^3 Granit wiegt 2,7 t.

3 Schätze das Volumen der Milchdose.

4 Das Dach des Gartenpavillons hat die Form einer Sechseckpyramide. Es soll neu gestrichen werden.

Wie viel Quadratmeter muss die Malerin für den Anstrich ungefähr einplanen?

Probleme mathematisch lösen

Volumen und Oberflächeninhalt schätzen

1. Suche nach Objekten in der Umgebung, deren Länge, Flächeninhalt oder Volumen du bereits kennst oder gut schätzen kannst und vergleiche sie mit dem zu schätzenden Gegenstand.
2. Wenn du das Volumen oder den Oberflächeninhalt nicht direkt schätzen kannst, schätze eine Länge und ermittle den Schätzwert für das Volumen oder den Oberflächeninhalt mithilfe einer Formel und einer Überschlagsrechnung.
3. Überlege, ob das Ergebnis der Schätzung sinnvoll ist.

VERTIEFEN: Satz von Cavalieri

1 Das abgebildete Prisma wurde in Scheiben zerlegt. Werden die einzelnen Scheiben parallel zur Grundfläche verschoben, so entsteht ein Stufenkörper.

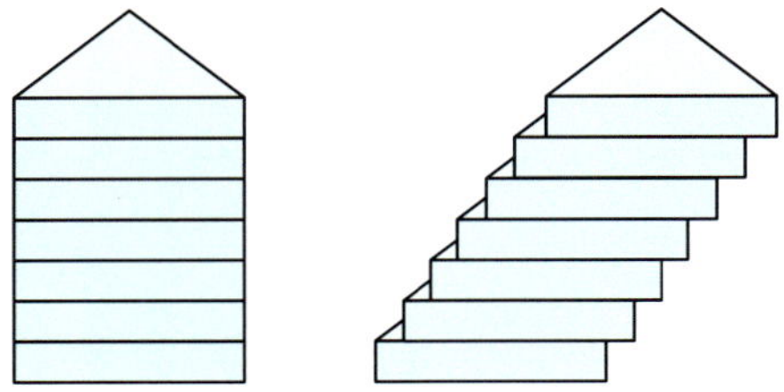

Vergleiche das Volumen des Stufenkörpers mit dem des Prismas.

2 Vergleiche die abgebildeten Stufenkörper miteinander. Was kannst du über ihr Volumen aussagen?

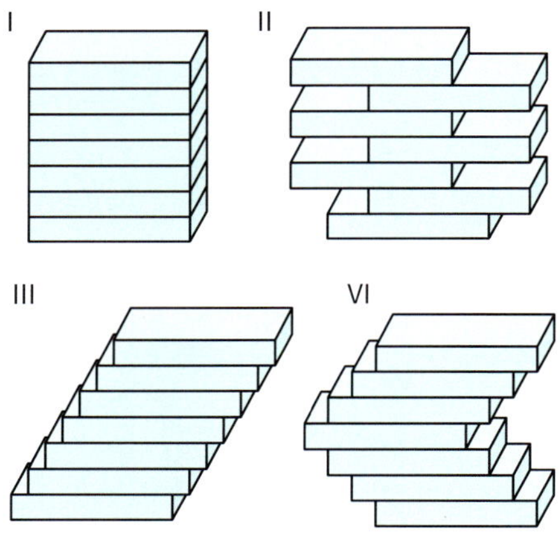

Bonaventura Cavalieri (1598 – 1647), italienischer Mathematiker

3 Vergleiche die Volumina der abgebildeten Körper miteinander.

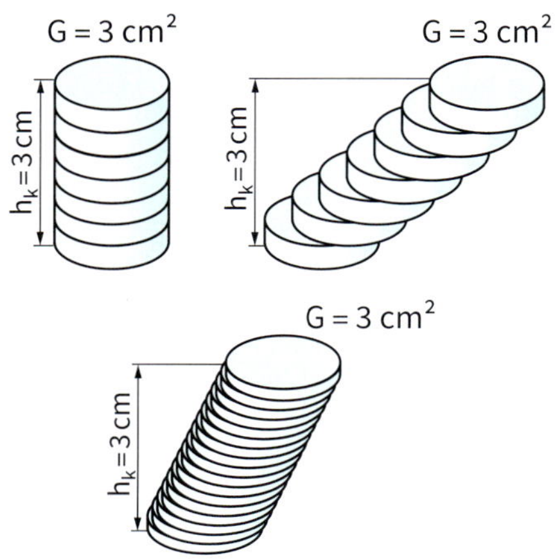

Wie verändert sich das Volumen, wenn die Körper in dünnere Scheiben zerlegt werden?

4 Die abgebildeten Körper haben gleich große Grundflächen und stimmen in den Höhen überein. Für jeden Schnitt parallel zur Grundfläche entstehen in gleicher Höhe gleich große Schnittflächen.

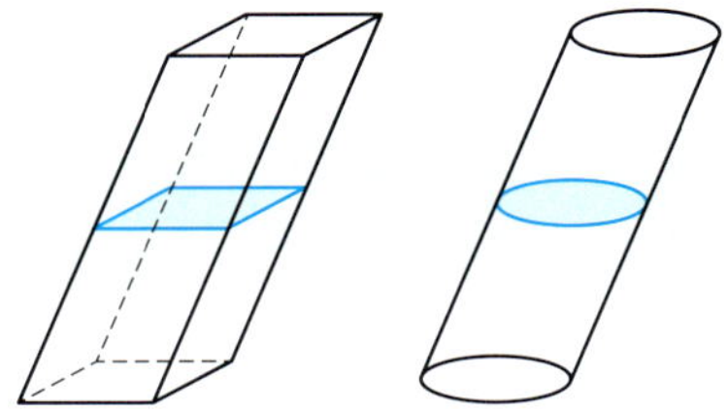

Welche Vermutung über das Volumen der beiden Körper kannst du formulieren?

Satz von Cavalieri
Haben zwei Körper die gleiche Höhe und den gleichen Grundflächeninhalt und haben alle zur Grundfläche parallelen Schnittflächen in gleicher Höhe den gleichen Flächeninhalt, so haben die beiden Körper das gleiche Volumen.

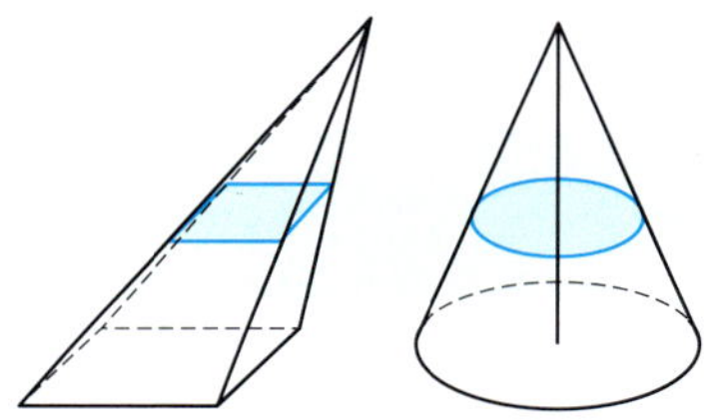

5 Die abgebildeten Körper haben alle den gleichen Grundflächeninhalt und die gleiche Höhe.

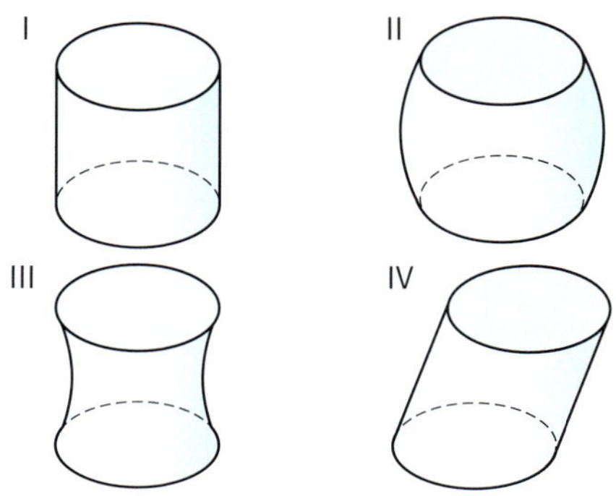

a) Welche Körper haben das gleiche Volumen?
b) Begründe deine Meinung.

AUSGANGSTEST

1 a) Zeichne das Schrägbild und das Netz der Pyramide.

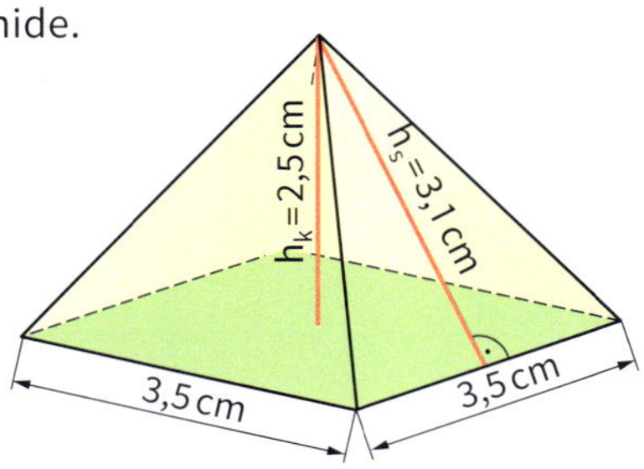

b) Berechne das Volumen und den Oberflächeninhalt der Pyramide.

2 Berechne das Volumen und den Oberflächeninhalt der rechteckigen Pyramide. Fertige vorher eine Skizze an.
$a = 6$ cm; $h_a = 4,5$ cm; $b = 4$ cm; $h_b = 5$ cm; $h_k = 4$ cm

3 Berechne das Volumen und den Oberflächeninhalt des Körpers.

a)

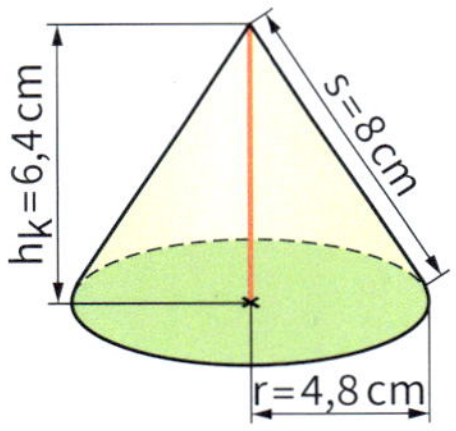

b)

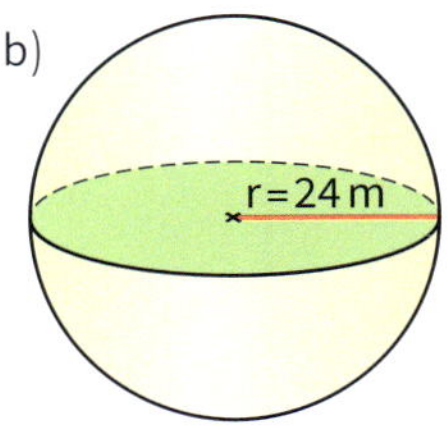

c)

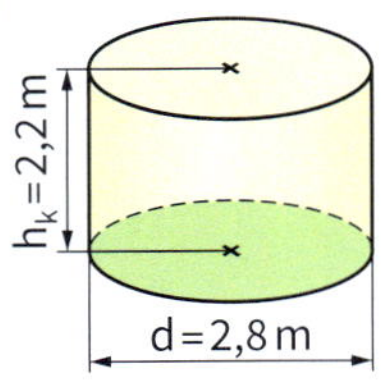

4 Berechne das Volumen des zusammengesetzten Körpers.

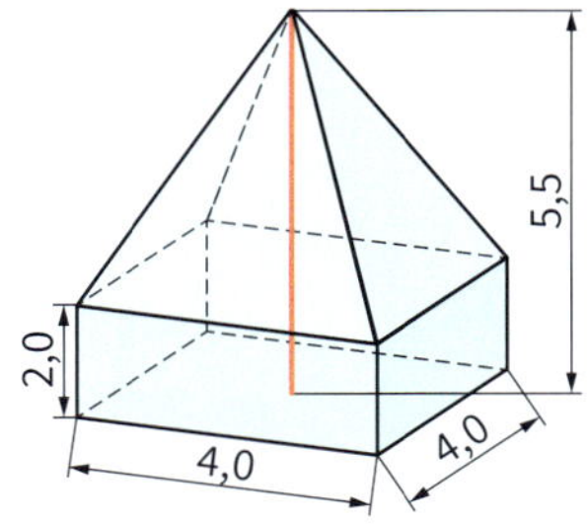

Maße in cm

5 Berechne das Volumen und den Oberflächeninhalt des zusammengesetzten Körpers.

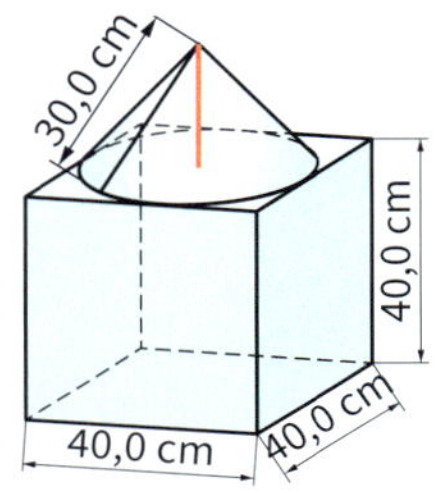

6 Schätze das Volumen der beiden Glascontainer. Beschreibe, wie du vorgegangen bist.

Ich kann …

Ich kann …	Aufgabe	Hilfen und Aufgaben	
das Schrägbild und das Netz einer Pyramide zeichnen.	1	Seite 136, 137, 147	I
das Volumen und den Oberflächeninhalt von rechteckigen Pyramiden berechnen.	1, 2	Seite 138 – 140, 147	I
das Volumen und den Oberflächeninhalt eines Kegels, einer Kugel und eines Zylinders berechnen.	3	Seite 133 – 135, 142 – 145, 147, 148	I
das Volumen und den Oberflächeninhalt eines zusammengesetzten Körpers berechnen.	4	Seite 149	I
das Volumen und den Oberflächeninhalt von zusammengesetzten Körpern mithilfe des Satzes von Pythagoras berechnen.	5	Seite 149	II
das Volumen eines zylinderförmigen Gegenstands schätzen und beschreiben, wie ich dabei vorgegangen bin.	6	Seite 153	III

8 Große und kleine Zahlen

Von den acht Planeten unseres Sonnensystems waren Merkur, Venus, Mars, Jupiter und Saturn bereits im Altertum bekannt, denn diese Planeten kann man mit bloßem Auge sehen.

Uranus und Neptun wurden erst 1781 bzw. 1846 entdeckt, als die Wissenschaftler über leistungsfähige Fernrohre verfügten.

Bist du fit für dieses Kapitel? Eingangstest auf Seite 204

In diesem Kapitel ...

- *rechnest du mit Zehnerpotenzen.*
- *lernst du die wissenschaftliche Schreibweise kennen.*
- *löst du Sachaufgaben mit großen und kleinen Zahlen.*

Das Sonnensystem

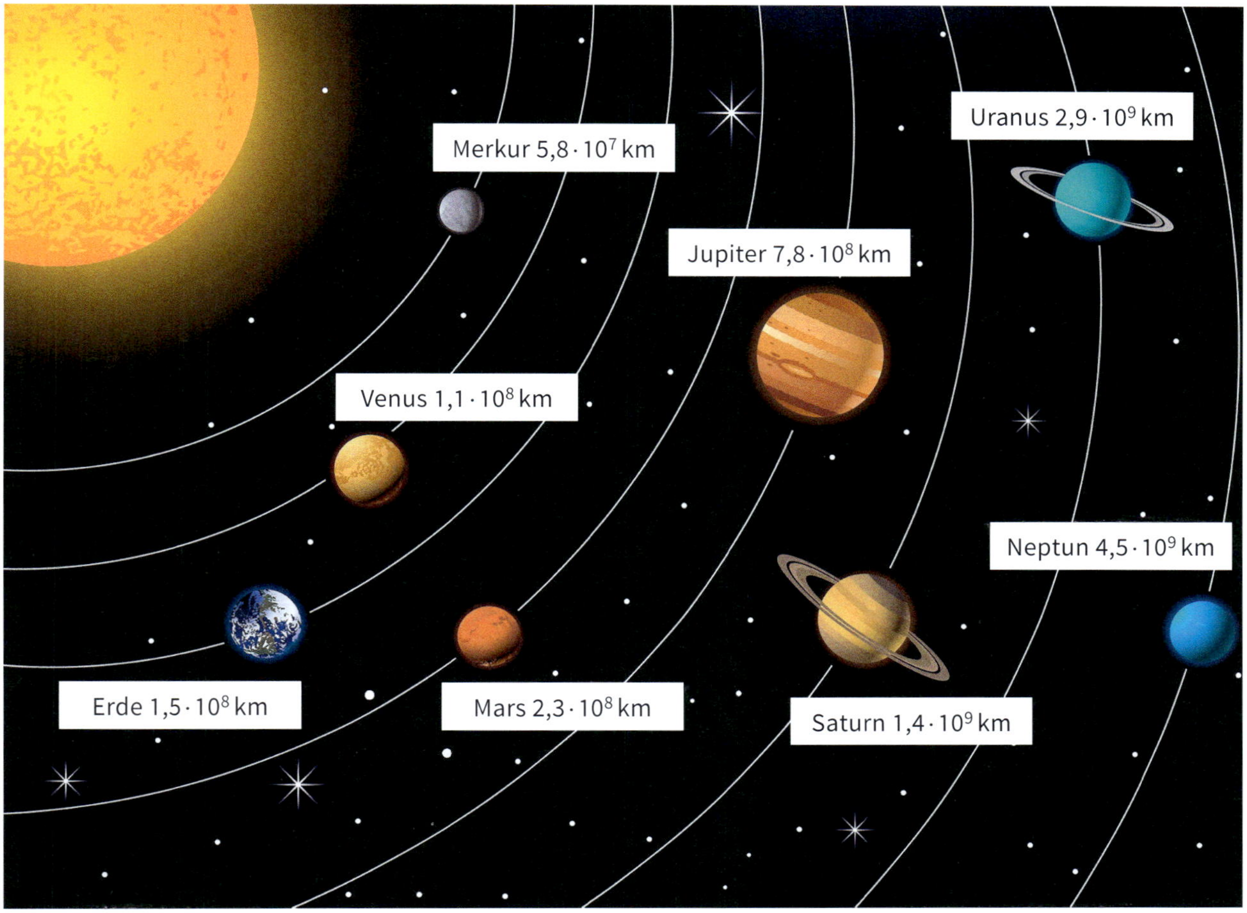

Planet	Symbol	Anzahl der Monde
Merkur	☿	–
Venus	♀	–
Erde	♁	1
Mars	♂	2
Jupiter	♃	63
Saturn	♄	61
Uranus	⛢	27
Neptun	♆	13

- Welche Planeten haben viele Monde, welche gar keine?
- Welcher Planet hat die größte (kleinste) Entfernung von der Sonne?
- Warum ist die Entfernung der Planeten von der Sonne mithilfe von Zehnerpotenzen angegeben?

Das Sonnensystem

1 In der Tabelle findest du einige Daten zu den Planeten unseres Sonnensystems. Die Angaben sind gerundet.

Planet	mittlere Entfernung zur Sonne (km)	Durchmesser (km)	Masse (t)
Merkur	$5{,}8 \cdot 10^7$	$4{,}9 \cdot 10^3$	$3{,}3 \cdot 10^{20}$
Venus	$1{,}1 \cdot 10^8$	$1{,}2 \cdot 10^4$	$4{,}9 \cdot 10^{21}$
Erde	$1{,}5 \cdot 10^8$	$1{,}3 \cdot 10^4$	$6 \cdot 10^{21}$
Mars	$2{,}3 \cdot 10^8$	$6{,}8 \cdot 10^3$	$6{,}4 \cdot 10^{20}$
Jupiter	$7{,}8 \cdot 10^8$	$1{,}4 \cdot 10^5$	$1{,}9 \cdot 10^{24}$
Saturn	$1{,}4 \cdot 10^9$	$1{,}2 \cdot 10^5$	$5{,}7 \cdot 10^{23}$
Uranus	$2{,}9 \cdot 10^9$	$5{,}1 \cdot 10^4$	$8{,}7 \cdot 10^{22}$
Neptun	$4{,}5 \cdot 10^9$	$5 \cdot 10^4$	10^{23}

a) Gib die Entfernungen der einzelnen Planeten von der Sonne wie im Beispiel an.

Entfernung der Erde von der Sonne:

$1{,}5 \cdot 10^8$ km
$= 1{,}5 \cdot 10 \cdot 10 \cdot 10 \cdot 10 \cdot 10 \cdot 10 \cdot 10 \cdot 10$ km
$= 1{,}5 \cdot 100\,000\,000$ km
$= 150\,000\,000$ km

lies: hundertfünfzig Millionen Kilometer

b) Prüfe die Aussagen.

A Der Durchmesser des Saturn ist zehnmal so groß wie der der Venus.

B Die Masse des Saturn ist 95-mal so groß wie die der Erde.

C Die Entfernung des Neptun von der Sonne ist 30-mal so groß wie die der Erde von der Sonne.

D Der Durchmesser des Uranus ist 7,5-mal so groß wie der des Mars.

c) Ordne die Planeten nach ihrer Masse.

2 Diesem Text kannst du einige Informationen über die Sonne entnehmen.

Der Durchmesser der Sonne ist 109-mal so groß wie der der Erde, ihre Masse entspricht dem 333 000-Fachen der Erdmasse.
Die Sonne besteht vor allem aus Wasserstoff und Helium. An ihrer Oberfläche herrscht eine Temperatur von 5 500 °C, in ihrem Kern sind es 15 000 000 °C.
Durch die hohe Temperatur und den großen Druck im Inneren der Sonne werden Wasserstoffatome zu Heliumatomen verschmolzen. Dabei wird Energie in Form elektromagnetischer Strahlung frei.
Wissenschaftler schätzen das Alter der Sonne auf $4{,}5 \cdot 10^9$ Jahre. Ihre gegenwärtige Gestalt behält sie voraussichtlich noch $5{,}5 \cdot 10^9$ Jahre, dann bläht sie sich zu einem roten Riesenstern auf. Eine halbe Milliarde Jahre später fällt die Sonne wieder in sich zusammen und leuchtet nur noch schwach.

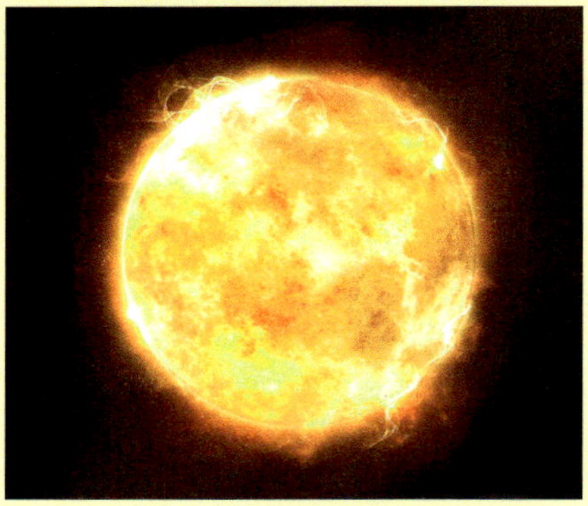

a) Berechne den Durchmesser (die Masse) der Sonne.
b) Bestimme das Lebensalter der Sonne, wenn sie zusammenfällt, und gib es in Worten an.
c) Schreibe die Temperatur an der Oberfläche (im Inneren) der Sonne mithilfe von Zehnerpotenzen.

Zehnerpotenzen

Potenzen mit der Basis 10 heißen **Zehnerpotenzen**.

$10^4 = 10 \cdot 10 \cdot 10 \cdot 10 = 10\,000$
$10^5 = 10 \cdot 10 \cdot 10 \cdot 10 \cdot 10 = 100\,000$

1 Gib als Potenz an.
a) $10 \cdot 10 \cdot 10 \cdot 10 \cdot 10 \cdot 10$
b) $10 \cdot 10 \cdot 10 \cdot 10 \cdot 10 \cdot 10 \cdot 10$
c) $10 \cdot 10 \cdot 10 \cdot 10 \cdot 10 \cdot 10 \cdot 10 \cdot 10 \cdot 10$
d) $10 \cdot 10 \cdot 10 \cdot 10 \cdot 10 \cdot 10 \cdot 10 \cdot 10$

2 Berechne.

$$10^9 = 1\underbrace{000\,000\,000}_{\text{9 Nullen}}$$

a) 10^3 b) 10^6 c) 10^2 d) 10^8 e) 10^{11}

Zehn	$10^1 = 10$
Hundert	$10^2 = 100$
Tausend	$10^3 = 1\,000$
eine Million	$10^6 = 1\,000\,000$
eine Milliarde	$10^9 = 1\,000\,000\,000$

3 Gib als Zehnerpotenz an.
a) Zehntausend
zehn Millionen
zehn Milliarden
b) Hunderttausend
hundert Millionen
hundert Milliarden

4 Gib als Zehnerpotenz an.
a) das Hundertfache von Hundert
b) das Tausendfache von Hundert
c) das Tausendfache von Tausend
d) das Zehnfache von Hunderttausend

5 a) Im Beispiel werden zwei Zehnerpotenzen multipliziert. Erläutere, wie du den Exponenten des Produkts bestimmen kannst.

$$10^3 \cdot 10^2 = \underbrace{10 \cdot 10 \cdot 10}\cdot\underbrace{10 \cdot 10}$$
$$= 10^{3+2}$$
$$= 10^5$$

b) Bestimme jeweils das Produkt.
$10^5 \cdot 10^4$ $10^3 \cdot 10^8$ $10^7 \cdot 10^6$

6 a) Im Beispiel werden zwei Zehnerpotenzen dividiert. Erläutere, wie du den Exponenten des Quotienten bestimmen kannst.

$$\frac{10^5}{10^3} = \frac{\cancel{10} \cdot \cancel{10} \cdot \cancel{10} \cdot 10 \cdot 10}{\cancel{10} \cdot \cancel{10} \cdot \cancel{10}} = 10^{5-3} = 10^2$$

b) Im Beispiel werden die Terme $\frac{10^3}{10^5}$ und $\frac{10^4}{10^4}$ auf zwei verschiedene Arten vereinfacht.

Durch Kürzen

$$\frac{10^3}{10^5} = \frac{\cancel{10} \cdot \cancel{10} \cdot \cancel{10}}{\cancel{10} \cdot \cancel{10} \cdot \cancel{10} \cdot 10 \cdot 10} = \frac{1}{10 \cdot 10} = \frac{1}{10^2}$$

$$\frac{10^4}{10^4} = \frac{\cancel{10} \cdot \cancel{10} \cdot \cancel{10} \cdot \cancel{10}}{\cancel{10} \cdot \cancel{10} \cdot \cancel{10} \cdot \cancel{10}} = \frac{1}{1} = 1$$

Durch Subtraktion der Exponenten

$$\frac{10^3}{10^5} = 10^{3-5} = 10^{-2}$$

$$\frac{10^4}{10^4} = 10^{4-4} = 10^0$$

Erläutere anhand des Beispiels, warum es sinnvoll ist zu vereinbaren:

$$\mathbf{10^{-2} = \frac{1}{10^2}} \quad \text{und} \quad \mathbf{10^0 = 1}$$

Für alle natürlichen Zahlen gilt:

$$\mathbf{10^{-n} = \frac{1}{10^n}} \qquad \mathbf{10^0 = 1}$$

7 Schreibe als Bruch und als Dezimalzahl.

$$10^{-6} = \frac{1}{10^6} = \frac{1}{1\,000\,000} = 0{,}000001$$

a) 10^{-3} b) 10^{-4} c) 10^{-7} d) 10^{-8} e) 10^{-5}

8 Schreibe den Bruch als Potenz.
a) $\frac{1}{1\,000}$ b) $\frac{1}{100}$ c) $\frac{1}{1\,000\,000}$

9 Schreibe als Potenz.
a) 0,0001 b) 0,000001 c) 0,1

ein Zehntel	$\frac{1}{10} = \frac{1}{10^1} = 10^{-1}$
ein Hundertstel	$\frac{1}{100} = \frac{1}{10^2} = 10^{-2}$
ein Tausendstel	$\frac{1}{1\,000} = \frac{1}{10^3} = 10^{-3}$
ein Millionstel	$\frac{1}{1\,000\,000} = \frac{1}{10^6} = 10^{-6}$
ein Milliardstel	$\frac{1}{1\,000\,000\,000} = \frac{1}{10^9} = 10^{-9}$

Zehnerpotenzen

In den Naturwissenschaften werden sehr große und sehr kleine Zahlen mithilfe von Zehnerpotenzen übersichtlich dargestellt. Dabei ist der Faktor vor der Zehnerpotenz größer oder gleich 1 und kleiner als 10. Diese Darstellung heißt **wissenschaftliche Schreibweise**.

$3\,000\,000 = 3 \cdot 10^6$

$460\,000 = 4{,}6 \cdot 10^5$

$0{,}008 = 8 \cdot 10^{-3}$

$0{,}000037 = 3{,}7 \cdot 10^{-5}$

10 Berechne wie in den Beispielen.

$5 \cdot 10^6 = 5 \cdot 1\,000\,000 = 5\,000\,000$

$2{,}5 \cdot 10^4 = 2{,}5 \cdot 10\,000 = 25\,000$

$1{,}78 \cdot 10^3 = 1{,}78 \cdot 1\,000 = 1\,780$

a) $3 \cdot 10^3$; $4 \cdot 10^2$; $5 \cdot 10^5$

b) $6{,}5 \cdot 10^2$; $4{,}3 \cdot 10^3$; $3{,}2 \cdot 10^4$

c) $3{,}6 \cdot 10^4$; $4{,}8 \cdot 10^3$; $1{,}2 \cdot 10^6$

d) $1{,}7 \cdot 10^5$; $6{,}3 \cdot 10^4$; $2{,}9 \cdot 10^8$

e) $1{,}6 \cdot 10^3$; $2{,}4 \cdot 10^6$; $8{,}2 \cdot 10^5$

f) $1{,}32 \cdot 10^5$; $3{,}25 \cdot 10^6$; $8{,}71 \cdot 10^4$

11 Schreibe wie in den Beispielen mithilfe von Zehnerpotenzen. Dabei soll der Faktor vor der Zehnerpotenz größer als 1 und kleiner als 10 sein.

$200\,000\,000 = 2 \cdot 100\,000\,000 = 2 \cdot 10^8$

$5\,100\,000 = 5{,}1 \cdot 1\,000\,000 = 5{,}1 \cdot 10^6$

$257\,000 = 2{,}57 \cdot 100\,000 = 2{,}57 \cdot 10^5$

a) 20 000; 300 000; 5 000 000

b) 71 000; 230 000; 38 000

c) 5 300 000; 87 000 000; 3 700 000

d) 120 000 000; 4 300 000 000; 13 000 000 000

e) 43 500 000 000; 6 110 000 000; 825 000 000 000

12 Berechne ohne Taschenrechner. Achte darauf, dass beim Ergebnis der Faktor vor der Zehnerpotenz größer als 1 und kleiner als 10 ist.

$6 \cdot 125 \cdot 10^4 = 750 \cdot 10^4 = 7{,}5 \cdot 10^6$

a) $4 \cdot 5 \cdot 10^3$; $5 \cdot 6 \cdot 10^4$; $200 \cdot 5 \cdot 10^5$

b) $2{,}5 \cdot 16 \cdot 10^4$; $0{,}5 \cdot 22 \cdot 10^7$; $6{,}25 \cdot 80 \cdot 10^8$

13 Schreibe als Dezimalzahl.

$4 \cdot 10^{-3} = 4 \cdot \frac{1}{1\,000} = 0{,}004$

$2{,}5 \cdot 10^{-4} = 2{,}5 \cdot \frac{1}{10\,000} = 0{,}00025$

$6{,}92 \cdot 10^{-5} = 6{,}92 \cdot \frac{1}{100\,000} = 0{,}0000692$

a) $5 \cdot 10^{-4}$; $8 \cdot 10^{-6}$; $2 \cdot 10^{-2}$

b) $2 \cdot 10^{-3}$; $7 \cdot 10^{-8}$; $9 \cdot 10^{-4}$

c) $5{,}5 \cdot 10^{-4}$; $3{,}1 \cdot 10^{-4}$; $6{,}2 \cdot 10^{-7}$

d) $2{,}2 \cdot 10^{-4}$; $9{,}5 \cdot 10^{-3}$; $5{,}3 \cdot 10^{-2}$

e) $1{,}44 \cdot 10^{-4}$; $1{,}55 \cdot 10^{-7}$; $3{,}88 \cdot 10^{-5}$

f) $1{,}02 \cdot 10^{-6}$; $2{,}41 \cdot 10^{-8}$; $7{,}18 \cdot 10^{-9}$

14 Schreibe mithilfe von Zehnerpotenzen. Dabei soll der Faktor vor der Zehnerpotenz größer als 1 und kleiner als 10 sein.

$0{,}000007 = 7 \cdot \frac{1}{1\,000\,000} = 7 \cdot 10^{-6}$

$0{,}0018 = 1{,}8 \cdot \frac{1}{1\,000} = 1{,}8 \cdot 10^{-3}$

$0{,}0000211 = 2{,}11 \cdot \frac{1}{100\,000} = 2{,}11 \cdot 10^{-5}$

a) 0,004; 0,0002; 0,00007

b) 0,0003; 0,08; 0,009

c) 0,0056; 0,00021; 0,089

d) 0,0000057; 0,00000083; 0,000000025

e) 0,0000032; 0,000000048; 0,0000000017

f) 0,0000273; 0,000000183; 0,0000000251

g) 0,00000322; 0,0000000147; 0,000000481

15 Mithilfe der $\times 10^x$-Taste kannst du Zehnerpotenzen in den Taschenrechner eingeben.

$5{,}2 \cdot 10^7 \cdot 3{,}5 \cdot 10^4 =$ ▢

$5{,}2 \cdot 10^7 \cdot 3{,}5 \cdot 10^4 = 1{,}82 \cdot 10^{12}$

Berechne mit dem Taschenrechner.

a) $12 \cdot 4{,}5 \cdot 10^{15}$; $20 \cdot 1{,}35 \cdot 10^{17}$; $2 \cdot 10^{11} \cdot 3{,}2 \cdot 10^4$; $6 \cdot 10^7 \cdot 5{,}5 \cdot 10^9$

b) $250 \cdot 3{,}2 \cdot 10^{-8}$; $160 \cdot 1{,}5 \cdot 10^{-7}$; $5 \cdot 10^{-5} \cdot 6{,}4 \cdot 10^{-3}$; $6 \cdot 10^{-6} \cdot 1{,}5 \cdot 10^{-4}$

Große und kleine Einheiten

1 Elektrische Energie wird in Zukunft vor allem auf dem Meer gewonnen.
Im Jahr 2015 ging der Windpark Nordsee Süd-Ost, nördlich der Insel Helgoland in Betrieb. Er besteht aus 80 Windkraftanlagen mit einer maximalen Gesamtleistung von 288 Megawatt. Ein Megawatt entspricht einer Million Watt.

Gib die Gesamtleistung des Windparks mithilfe von Zehnerpotenzen in Watt an.

2 Auch zur Bezeichnung besonders großer Einheiten werden bestimmte Vorsilben verwendet. Dabei entspricht jeder Vorsilbe eine bestimmte Zehnerpotenz.

Vorsilbe	Potenz	Beispiele	
Kilo	10^3	Kilotonne	$1\,kt = 10^3\,t$
		Kilowatt	$1\,kW = 10^3\,W$
Mega	10^6	Megatonne	$1\,Mt = 10^6\,t$
		Megawatt	$1\,MW = 10^6\,W$
Giga	10^9	Gigatonne	$1\,Gt = 10^9\,t$
		Gigawatt	$1\,GW = 10^9\,W$
Tera	10^{12}	Teratonne	$1\,Tt = 10^{12}\,t$
		Terawatt	$1\,TW = 10^{12}\,W$

Gib in der Einheit an, die in Klammern steht.

a) 56 kW (W)
3 MW (W)
1,7 GW (W)

b) 23 Mt (t)
7,5 kt (t)
0,5 Gt (t)

c) 3,8 GW (W)
2,1 TW (W)
0,03 GW (W)

d) 21 800 kt (Mt)
1 200 Mt (Gt)
500 Gt (Tt)

3 Um sehr kleine Längen auszudrücken, verwenden die Naturwissenschaftler Einheiten, die kleiner als ein Millimeter sind. Die Wellenlängen des farbigen Lichts zum Beispiel werden in Nanometer (nm) angegeben. 1 nm entspricht 10^{-9} m.

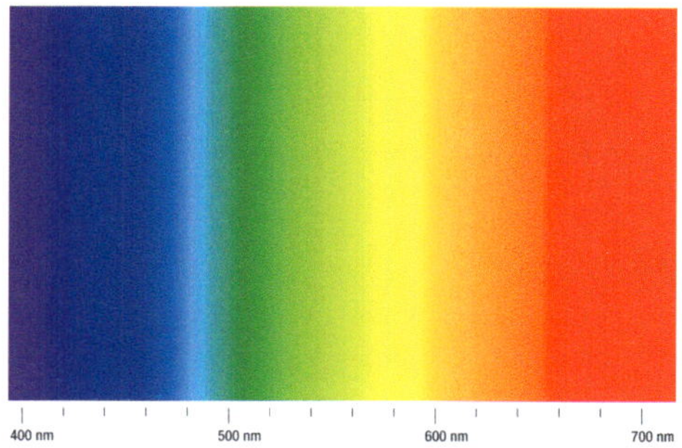

Gib die Wellenlänge des roten (gelben, blauen) Lichts in Meter an.

4 Einheiten für sehr kleine Größen werden mithilfe bestimmter Vorsilben gebildet. Dabei gibt jede dieser Vorsilben eine bestimmte Zehnerpotenz an.

Vorsilbe	Potenz	Beispiele	
Milli	10^{-3}	Millimeter	$1\,mm = 10^{-3}\,m$
		Milligramm	$1\,mg = 10^{-3}\,g$
Mikro	10^{-6}	Mikrometer	$1\,\mu m = 10^{-6}\,m$
		Mikrogramm	$1\,\mu g = 10^{-6}\,g$
Nano	10^{-9}	Nanometer	$1\,nm = 10^{-9}\,m$
		Nanogramm	$1\,ng = 10^{-9}\,g$
Pico	10^{-12}	Picometer	$1\,pm = 10^{-12}\,m$
		Picogramm	$1\,pg = 10^{-12}\,g$

a) Gib in Meter an.

$12\,\mu m = 12 \cdot 10^{-6}\,m = 0{,}000012\,m$

7 mm	3 µm	23 nm
62 mm	69 µm	640 nm
2,7 mm	4,5 µm	15 pm

b) Gib in Gramm an.

3 mg	8 µg	11 ng
41 mg	57 µg	750 ng
0,4 mg	340 µg	300 pg

Sachaufgaben

1 Die Tabelle gibt die Fläche von fünf afrikanischen Staaten an. Notiere die Angaben in wissenschaftlicher Schreibweise.

Kongo	$2\,340\,000\ km^2$
Mali	$1\,240\,000\ km^2$
Namibia	$824\,000\ km^2$
Kenia	$580\,000\ km^2$
Togo	$57\,000\ km^2$

2 Gib die Zahl in wissenschaftlicher Schreibweise an.

a) Vor 65 Millionen Jahren starben die Dinosaurier aus.
b) Im Jahr 2021 wurden weltweit 1 950 Millionen Tonnen Stahl produziert.
c) Am 1. Januar 2023 lebten acht Milliarden Menschen auf der Erde.
d) Die Erde ist über $4\frac{1}{2}$ Milliarden Jahre alt.
e) Experten schätzen den gesamten Schaden der Wirtschaftskrise des Jahres 2008 auf 10 Billionen Dollar.
f) Das menschliche Gehirn verfügt über 200 Milliarden Zellen.

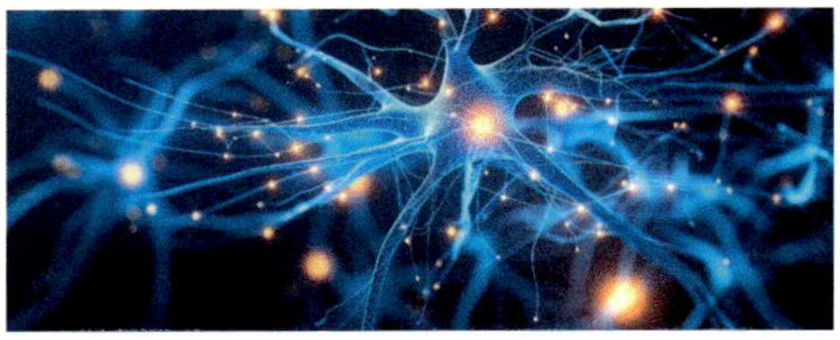

3 Das Erdreich lebt. In einem Kubikmeter Erdboden befinden sich durchschnittlich 150 Tausendfüßler, 200 Regenwürmer, 100 000 Springschwänze, eine Milliarde Pilze und $6 \cdot 10^{13}$ Bakterien.

Regenwurm

Springschwanz

Gib die Anzahl der Tausendfüßler (Regenwürmer, Springschwänze, Pilze, Bakterien) in $1\,000\ m^3$ Erdboden in wissenschaftlicher Schreibweise an.

4 Die Tabelle gibt die Wasservorräte der Erde an.

Weltmeere	$1{,}34 \cdot 10^9\ km^3$
Polareis, Gletscher	$2{,}44 \cdot 10^7\ km^3$
Grundwasser	$1{,}05 \cdot 10^7\ km^3$
Seen und Flüsse	$9{,}31 \cdot 10^4\ km^3$
Atmosphäre	$1{,}3 \cdot 10^4\ km^3$

a) Bestimme die Gesamtmenge aller Wasservorräte der Erde.
b) Wie viel Prozent der gesamten Wasservorräte befindet sich in den Weltmeeren?
c) Trinkwasser kann nur aus dem Grundwasser und aus Seen und Flüssen gewonnen werden.
Wie viel Prozent der gesamten Wasservorräte der Erde steht für die Trinkwassergewinnung zur Verfügung?

5 Sauberes Trinkwasser ist für die Ernährung und die Gesundheit der Menschen unentbehrlich.
Im Jahr 2023 ist eine neue Trinkwasserverordnung erlassen worden. Sie legt für zahlreiche Substanzen fest, wie viel davon höchstens in einem Liter Trinkwasser enthalten sein darf.

Substanz	Höchstwert
Blei	0,1 mg/ℓ
Arsen	0,01 mg/ℓ
Nickel	0,02 mg/ℓ
Quecksilber	0,001 mg/ℓ
Cadmium	0,003 mg/ℓ
Vinylchlorid	0,0005 mg/ℓ
Benzopyren	0,00001 mg/ℓ

Gib die Höchstwerte in wissenschaftlicher Schreibweise an.

Sachaufgaben

6 a) Die Erde bewegt sich mit einer durchschnittlichen Geschwindigkeit von $30\,\frac{km}{s}$ um die Sonne.
Wie viele Kilometer legt sie an einem Tag (in einem Jahr) zurück?
b) Die mittlere Entfernung der Erde von der Sonne beträgt $1{,}5 \cdot 10^8$ km.
Welche Strecke legt die Erde bei einem Umlauf um die Sonne zurück?
c) Vergleiche die Ergebnisse von a) und b). Warum sind beide Rechnungen ungenau?

7 Schwefelwasserstoff hat einen unangenehmen Geruch. Die Nase des Menschen kann diesen Duft wahrnehmen, wenn die Konzentration mehr als vier Nanogramm je Kubikzentimeter Luft beträgt.
Der Chemieraum der Schule ist 10 m lang, 8 m breit und 3,50 m hoch. Der Geruch von Schwefelwasserstoff ist überall im Raum wahrzunehmen.
Wie viel Gramm Schwefelwasserstoff sind mindestens hergestellt worden?

8 Bei einem Schiffsunglück sind 1 000 m³ Öl ins Meer gelangt. Die Ölschicht auf dem Wasser ist 10 µm dick. Wie groß ist die Wasserfläche, die von Öl bedeckt ist?

9 Die Kante eines würfelförmigen Kristalls ist 3 nm lang.

a) Gib die Kantenlänge des Kristalls in Meter an.
b) Berechne das Volumen des Kristalls. Gib das Ergebnis in Kubikmeter an.
c) Wie viel Quadratmeter beträgt der Oberflächeninhalt des Kristalls?

10 Die Autobahnbrücke über das Moseltal ist 258 m lang. Wenn die Temperatur um 1 °C steigt, dehnt sich ein Meter Beton um 12 µm aus.

Um wie viel Zentimeter unterscheidet sich die Länge der Brücke bei 30 °C von ihrer Länge bei – 10 °C?

11 Ein Zuckerwürfel hat die Masse 2,5 g. Er wird in einer Tasse Kaffee (einer Flasche Fruchtsaft, einem Tanklastzug mit Milch, im Bodensee) gelöst.

Gib an, wie viel Gramm Zucker jeweils in einem Liter Flüssigkeit enthalten sind.

12 Die Masse eines Wassermoleküls beträgt ungefähr $3 \cdot 10^{-29}$ g. Bei 4 °C hat ein Gramm Wasser ein Volumen von einem Kubikzentimeter.
a) Wie viele Wassermoleküle befinden sich in einem Kubikzentimeter Wasser?
b) Auf der Erde gibt es etwa $1{,}38 \cdot 10^{21}$ ℓ Wasser. Wie viele Moleküle sind das?

Die Aufgaben auf dieser Seite kannst du auch in Gruppenarbeit bearbeiten. Hinweise dazu findest du auf Seite 224 und 225.

WISSEN KOMPAKT

Ein Produkt aus gleichen Faktoren kann als Potenz geschrieben werden.

$10^3 = 10 \cdot 10 \cdot 10 = 1\,000$

Potenzen mit der Basis 10 heißen **Zehnerpotenzen**.

$10^5 = 10 \cdot 10 \cdot 10 \cdot 10 \cdot 10 = 100\,000$

Zehnerpotenz 10^4 (Basis: 10, Exponent: 4)

$10^1 = 10$

Für alle natürlichen Zahlen gilt:

$$10^{-n} = \frac{1}{10^n} = \frac{1}{\underbrace{10 \cdot 10 \cdot \ldots \cdot 10}_{n \text{ Faktoren}}}$$

$10^0 = 1$

$$10^{-3} = \frac{1}{10 \cdot 10 \cdot 10} = \frac{1}{1\,000} = 0{,}001$$

$$10^{-4} = \frac{1}{10 \cdot 10 \cdot 10 \cdot 10} = \frac{1}{10\,000} = 0{,}0001$$

In **wissenschaftlicher Schreibweise** werden große und kleine Zahlen mithilfe von **Zehnerpotenzen** ausgedrückt.

Dabei ist der Faktor vor der Zehnerpotenz immer größer oder gleich 1 und kleiner als 10.

$20\,000\,000 = 2 \cdot 10^7$

$350\,000 = 3{,}5 \cdot 10^5$

$0{,}007 = 7 \cdot 10^{-3}$

$0{,}00015 = 1{,}5 \cdot 10^{-4}$

Einheiten für sehr große und sehr kleine Größen werden mithilfe bestimmter Vorsilben gebildet. Jede dieser Vorsilben gibt eine bestimmte Zehnerpotenz an.

Kilo	10^3	Milli	10^{-3}
Mega	10^6	Mikro	10^{-6}
Giga	10^9	Nano	10^{-9}
Tera	10^{12}	Pico	10^{-12}

1 kW = 10^3 W = 1 000 W
1 MW = 10^6 W = 1 000 000 W
1 GW = 10^9 W = 1 000 000 000 W
1 TW = 10^{12} W = 1 000 000 000 000 W

1 mm = 10^{-3} m = 0,001 m
1 µm = 10^{-6} m = 0,000001 m
1 nm = 10^{-9} m = 0,000000001 m
1 pm = 10^{-12} m = 0,000000000001 m

ÜBEN

1 Berechne.

a) $3 \cdot 10^4$; $4 \cdot 10^3$; $2 \cdot 10^5$
b) $3{,}2 \cdot 10^3$; $1{,}5 \cdot 10^4$; $9{,}7 \cdot 10^6$
c) $1{,}55 \cdot 10^4$; $2{,}38 \cdot 10^3$; $3{,}25 \cdot 10^6$

2 Schreibe jeweils in wissenschaftlicher Schreibweise.

a) 4 000; 90 000; 300 000
b) 12 000; 840 000; 310 000
c) 5 600; 16 000; 920 000
d) 0,04; 0,002; 0,0007
e) 0,0037; 0,084; 0,0096
f) 0,00062; 0,0021; 0,000089
g) 71 000 000; 830 000 000; 5 500 000
h) 52 000 000 000; 5 900 000 000; 811 000 000 000
i) 0,0000008; 0,00000004; 0,000000021
k) 0,000000073; 0,00000099; 0,00000000534

3 Schreibe jeweils als Dezimalzahl.

a) $3 \cdot 10^{-3}$; $4 \cdot 10^{-4}$; $2 \cdot 10^{-5}$
b) $5 \cdot 10^{-3}$; $8 \cdot 10^{-6}$; $9 \cdot 10^{-4}$
c) $7 \cdot 10^{-4}$; $9 \cdot 10^{-5}$; $2 \cdot 10^{-9}$
d) $4{,}1 \cdot 10^{-4}$; $5{,}4 \cdot 10^{-3}$; $3{,}8 \cdot 10^{-2}$
e) $4{,}4 \cdot 10^{-4}$; $5{,}1 \cdot 10^{-7}$; $8{,}2 \cdot 10^{-5}$
f) $2{,}5 \cdot 10^{-6}$; $1{,}9 \cdot 10^{-8}$; $8{,}5 \cdot 10^{-9}$

4 Gib die Zahlen in wissenschaftlicher Schreibweise an.

a) neun Milliarden
b) siebenhundert Millionen
c) achtzehntausend
d) dreiunddreißig Milliarden
e) sieben Tausendstel
f) neun Milliardstel
g) siebenundfünfzig Tausendstel
h) dreiundsechzig Millionstel

5 Druck wird in der Einheit Bar (bar) und der Einheit Pascal (Pa) gemessen.

> 1 bar = 100 000 Pa = 10^5 Pa
> 1 Pa = 0,00001 bar = 10^{-5} bar

a) Gib in Bar an: 700 000 Pa (300 000 Pa; 420 000 Pa; 170 000 Pa)
b) Gib in Pascal an: 5 bar (7 bar; 1,5 bar; 1,9 bar)

6 Gib die Zahl in wissenschaftlicher Schreibweise mithilfe von Zehnerpotenzen an.

a) Die größte Entfernung des Neptun zur Erde beträgt 4,7 Millionen Kilometer.
b) Ein Mensch hat etwa 25 Billionen rote Blutkörperchen.
c) Durch Erbschaften und Vermächtnisse wurde im Jahr 2022 in Deutschland Vermögen von 60 Milliarden Euro übertragen.
d) Mit 17,1 Millionen Quadratkilometern Fläche ist Russland das größte Land der Erde.
e) Im Erntejahr 2023/24 wurden weltweit 1,22 Milliarden Tonnen Mais geerntet.
f) Im Jahr 2024 lebten in der Europäischen Union 450 Millionen Menschen.

7 Gib die Maßzahl als Dezimalzahl an.

a) Ein Haar hat einen Durchmesser von 10^{-5} m.
b) Ein Bakterium ist 10^{-6} m lang.
c) Die Wellenlänge des Ultraschalls beträgt $4 \cdot 10^{-6}$ m.
d) Auf einer Betonwand ist eine $5 \cdot 10^{-4}$ m dicke Farbschicht aufgetragen.
e) Eine Kugel ist mit einer $3 \cdot 10^{-6}$ m dicken Goldauflage überzogen.
f) Rotes Licht hat eine Wellenlänge von $7{,}5 \cdot 10^{-7}$ m.
g) Das Herpesvirus ist $1{,}1 \cdot 10^{-7}$ m groß.
h) Der Faden eines Spinnennetzes ist $1{,}2 \cdot 10^{-6}$ m dick.

8 Gib in der Einheit an, die in Klammern steht.

a) 7 µm (m); 23 nm (m)
b) 5 µg (g); 12 ng (g)
c) 45 nm (m); 72 nm (m)
d) 4 MW (W); 2 GW (W)
e) 12 MW (W); 33 GW (W)
f) 21 kt (t); 19 kt (t)

ÜBEN: Der Makrokosmos

Makrokosmos ist die Bezeichnung für die Welt des riesig Großen.

$$\text{Dichte} = \frac{\text{Masse}}{\text{Volumen}}$$

1 Die Tabelle gibt jeweils die Masse und das Volumen von Erde und Mond an.

	Masse (t)	Volumen (m^3)
Erde	$6 \cdot 10^{21}$	$1{,}1 \cdot 10^{21}$
Mond	$7{,}35 \cdot 10^{19}$	$2{,}2 \cdot 10^{19}$

a) Bestimme jeweils die durchschnittliche Dichte von Erde und Mond.
b) Die Dichte des Mondes beträgt etwa drei Fünftel der Dichte der Erde. Überprüfe diese Behauptung.

2 Eine astronomische Einheit (AE) ist die mittlere Entfernung von Erde und Sonne.

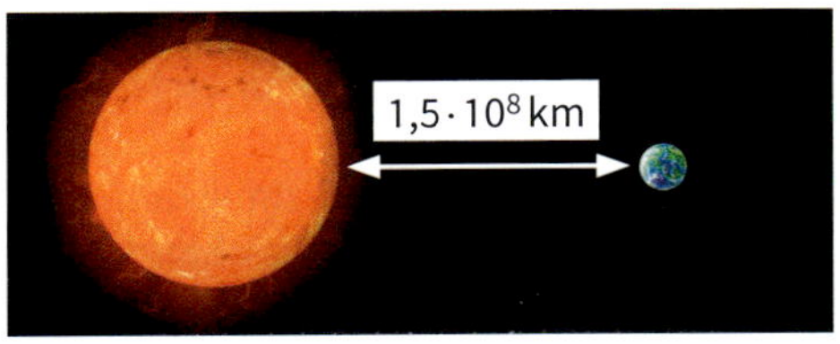

Neptun, der äußerste Planet des Sonnensystems, ist $4{,}5 \cdot 10^9$ km von der Sonne entfernt. Bei Jupiter, dem größten Planeten, beträgt die Entfernung $7{,}8 \cdot 10^8$ km. Wie viele astronomische Einheiten sind das jeweils?

3 Am 5.9.1977 startete die Raumsonde Voyager 1, erkundete Jupiter und Saturn und flog dann über den Rand des Planetensystems hinaus. Aus einer Entfernung von 160 astronomischen Einheiten sendet sie im Jahr 2023 immer noch Signale zur Erde.

a) Gib die Entfernung der Raumsonde von der Erde in Kilometer an. Verwende die wissenschaftliche Schreibweise.
b) Das Licht legt 300 000 km in einer Sekunde zurück. Wie lange dauert es, bis ein Lichtsignal der Raumsonde die Erde erreicht?

4 Die großen Entfernungen im Weltraum werden in Lichtjahren (Lj) gemessen. Ein Lichtjahr ist die **Länge der Strecke**, die das Licht in einem Jahr (a) zurücklegt.

Zeit	**Länge der Strecke**
1 s	300 000 km
1 min	$300\,000 \cdot 60$ km
1 h	$300\,000 \cdot 60 \cdot 60$ km
1 d	$300\,000 \cdot 60 \cdot 60 \cdot 24$ km
1 a	$300\,000 \cdot 60 \cdot 60 \cdot 24 \cdot 365$ km
	$= 9\,460\,800\,000\,000$ km
	$\approx 9{,}5 \cdot 10^{12}$ km

$1\ \text{Lj} = 9{,}5 \cdot 10^{12}\ \text{km}$

Die Tabelle gibt die Entfernung einiger Sterne von der Erde an.

Stern	Sternbild	Entfernung
Altair	Adler	16 Lj
Wega	Leier	26 Lj
Pollux	Zwillinge	36 Lj
Antares	Skorpion	500 Lj
Polarstern	Kleiner Wagen	800 Lj
Rigel	Orion	880 Lj

Gib die Entfernung der Sterne in Kilometer an. Verwende die wissenschaftliche Schreibweise.

5 Eine Ansammlung von Sternen und Planetensystemen bezeichnen die Wissenschaftler als Galaxie. Der Weltraum besteht aus zahlreichen Galaxien. Die Galaxie, zu der unser Sonnensystem gehört, heißt Milchstraße.
Centaurus A ist eine andere spiralförmige, besonders energiegeladene Galaxie. Sie ist von der Erde $8 \cdot 10^6$ Lj entfernt. Wie viele Kilometer sind das?

ÜBEN: Der Mikrokosmos

1 Das Blut des Menschen besteht aus flüssigem Blutplasma und den darin schwimmenden Blutkörperchen. Man unterscheidet rote und weiße Blutkörperchen sowie Blutplättchen.

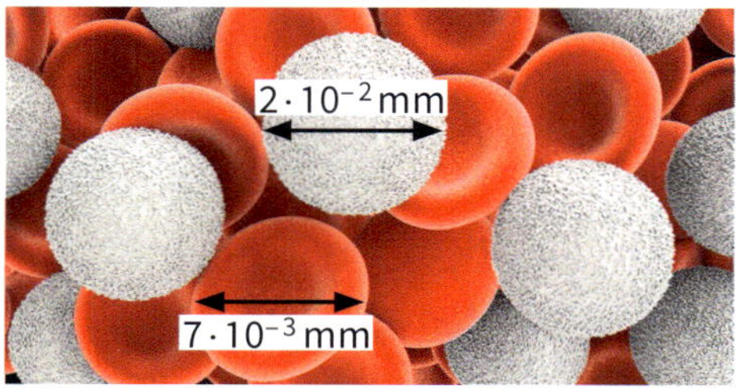

Gib den Durchmesser der weißen (roten) Blutkörperchen als Dezimalzahl an.

2 Escherichia coli ist ein Darmbakterium. Sein Gewicht beträgt $1{,}1 \cdot 10^{-12}$ g.

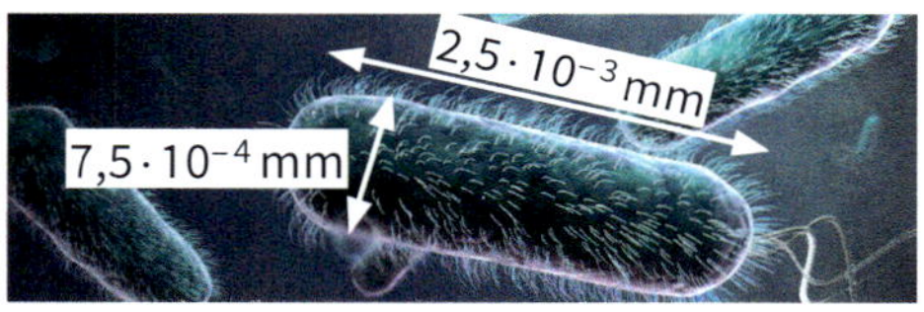

Gib Länge, Durchmesser und Gewicht mithilfe von Dezimalzahlen an.

3 Zahlreiche Krankheiten beim Menschen werden durch Virusinfektionen hervorgerufen.

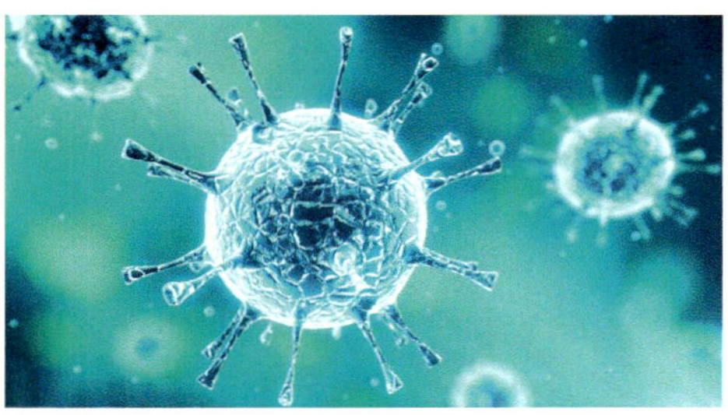

In der Tabelle sind die Größen einiger Viren angegeben.

Krankheit	Größe des Virus
Masern	0,00013 mm
Grippe	0,0001 mm
Röteln	0,00007 mm
Herpes	0,00011 mm

Gib die Größe der Viren in wissenschaftlicher Schreibweise an.

4 Atome sind die Grundbausteine der Materie. Der Physiker Ernest Rutherford entwickelte die Vorstellung, dass Atome aus einem Atomkern und einer Atomhülle bestehen. In der Atomhülle bewegen sich die Elektronen.

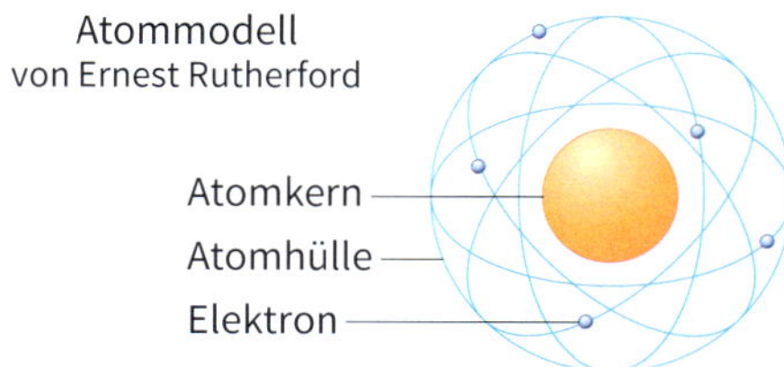

In der Tabelle sind die Radien der Atome von sechs chemischen Elementen angegeben.

Element	Zeichen	Radius (mm)
Eisen	Fe	$1{,}24 \cdot 10^{-7}$
Kohlenstoff	C	$7{,}7 \cdot 10^{-8}$
Kupfer	Cu	$1{,}28 \cdot 10^{-7}$
Sauerstoff	O	$6{,}6 \cdot 10^{-8}$
Wasserstoff	H	$5 \cdot 10^{-7}$
Stickstoff	N	$7 \cdot 10^{-8}$

Gib den Radius jeweils als Dezimalzahl an.

5 Das Rastertunnelmikroskop macht Atome auf einer Metalloberfläche sichtbar. Die Masse von Atomen wird in der Einheit u (abgeleitet vom englischen Wort *unit*) angegeben:

$$1\ \text{u} = 1{,}66054 \cdot 10^{-27}\ \text{kg}$$

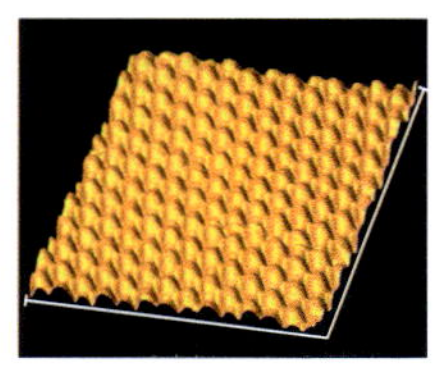

0,00000000369 m
$= 3{,}69 \cdot 10^{-9}$ m

Die Tabelle gibt die Masse der Atome von vier chemischen Elementen an.

Element	Zeichen	Masse (u)
Kohlenstoff	C	12
Sauerstoff	O	16
Schwefel	S	32
Wasserstoff	H	1

Gib die Masse jeweils in Kilogramm an. Benutze die wissenschaftliche Schreibweise.

VERTIEFEN: Sehr große Zahlen

Bezeichnungen für große Zahlen

eintausend	10^3
eine Million	10^6
eine Milliarde	10^9
eine Billion	10^{12}
eine Billiarde	10^{15}
eine Trillion	10^{18}
eine Trilliarde	10^{21}
eine Quadrillion	10^{24}
eine Quadrilliarde	10^{27}
eine Quintillion	10^{30}

Zehntausend war die größte Zahl, für die die altgriechische Sprache ein eigenes Zahlwort kannte: *myrioi*. Größere Zahlen mussten mithilfe zusammengesetzter Zahlwörter ausgedrückt werden.
Erst im späten Mittelalter entstand die Bezeichnung Million aus dem lateinischen Wort *mille* für tausend und der Endung *-one* für groß. Million bedeutet also „große Tausend“.
Im Jahr 1484 schlug der französische Mathematiker Nicolas Chuquet die Wörter Billion, Trillion, Quadrillion usw. zur Bezeichnung noch größerer Zahlen vor. Einige Jahrzehnte später fügte Jacques Peletier, ein anderer französischer Mathematiker, dem System Chuquets die Bezeichnungen Milliarde, Billiarde, Trilliarde usw. hinzu.

1 Stelle die Zahl in wissenschaftlicher Schreibweise mithilfe von Zehnerpotenzen dar.
a) fünf Trillionen
b) achtundfünfzig Trillionen
c) vierhundertzehn Trilliarden
d) eine Trilliarde achthundert Trillionen
e) fünfhundertzwanzig Quadrillionen
f) vier Trillionen neunhundert Billionen

2 Schreibe die Zahlen in Worten.

a)	b)	c)
$3 \cdot 10^{18}$	$4 \cdot 10^{19}$	$1{,}5 \cdot 10^{21}$
$8 \cdot 10^{21}$	$6 \cdot 10^{25}$	$6{,}5 \cdot 10^{22}$
$7 \cdot 10^{30}$	$5 \cdot 10^{14}$	$4{,}5 \cdot 10^{24}$

1938 beschäftigte sich der amerikanische Mathematiker Edward Kasner mit großen Zahlen. Er suchte eine Bezeichnung für die Zahl 10^{100}.
Bei einem Spaziergang fragte er seinen neunjährigen Neffen. Der erfand das Wort **Googol**. Seitdem wird die Zahl, die aus einer Eins und hundert Nullen besteht, so bezeichnet.

10 000 000 000 000 000 000 000
000 000 000 000 000 000 000 000
000 000 000 000 000 000 000 000
000 000 000 000 000 000 000 000
000 000

3 Gib mithilfe von Zehnerpotenzen an:
a) das Doppelte von Googol
b) das Zehnfache von Googol
c) ein Zehntel Googol
d) ein Tausendstel Googol
e) die Hälfte von Googol
f) ein Viertel von Googol

4 a) Begründe, dass Googol gleich $(10^{10})^{10}$ ist.
b) Begründe, dass Googol gleich $10^{(10^2)}$ ist.

5 Klara liest gerne. Sie besitzt 70 verschiedene Bücher. Sie überlegt, in wie vielen unterschiedlichen Reihenfolgen sie ihre Bücher im Regal anordnen kann.

a) Begründe: Es gibt $70 \cdot 69 \cdot 68 \cdot \ldots \cdot 3 \cdot 2 \cdot 1$ Möglichkeiten. Für diese Zahl schreibt man kurz 70! (*lies*: 70 Fakultät).
b) Berechne diese Zahl. Verwende dazu dein Geometrie- und Algebraprogramm. Vergleiche sie mit Googol.

AUSGANGSTEST

1 Berechne.

a) 10^5 ; 10^7
b) $3 \cdot 10^3$; $8 \cdot 10^4$
c) $7{,}2 \cdot 10^2$; $2{,}5 \cdot 10^6$
d) $1{,}55 \cdot 10^5$; $2{,}31 \cdot 10^3$

2 Schreibe als Dezimalzahl.

a) 10^{-5} ; 10^{-2}
b) $5 \cdot 10^{-3}$; $2 \cdot 10^{-4}$
c) $2{,}4 \cdot 10^{-5}$; $1{,}5 \cdot 10^{-3}$
d) $4{,}25 \cdot 10^{-6}$; $1{,}22 \cdot 10^{-4}$

3 Gib in wissenschaftlicher Schreibweise an.

a) 100 000 ; 40 000 000
b) 37 000 ; 430 000
c) 520 000 ; 8 900 000
d) 145 000 ; 3 250 000

e) 0,01 ; 0,0001
f) 0,0062 ; 0,00071
g) 0,00099 ; 0,0000011
h) 0,00135 ; 0,0331

4 Gib die Länge ohne Zehnerpotenz an.

a) Der Radius des Saturn beträgt $6 \cdot 10^5$ km.
b) Die mittlere Entfernung der Venus von der Sonne beträgt $1{,}1 \cdot 10^8$ km.
c) Eine Bakterienzelle ist $3 \cdot 10^{-6}$ m lang.
d) Röntgenstrahlen haben eine Wellenlänge von $2 \cdot 10^{-10}$ m.

5 Gib jeweils den Atomradius der in der Tabelle angegebenen chemischen Elemente in Meter an. Verwende die wissenschaftliche Schreibweise.

Element	Zeichen	Atomradius (m)
Stickstoff	N	0,00000000007
Chlor	Cl	0,000000000099
Calcium	Ca	0,000000000197

6 Gib die Entfernungen in Kilometer an. Verwende die wissenschaftliche Schreibweise.

a) Sirius ist ein Stern im Sternbild Großer Hund. Er ist 8,8 Lichtjahre (Lj) von der Erde entfernt. ($1\,\text{Lj} = 9{,}5 \cdot 10^{12}$ km)
b) Beteigeuze ist ein roter Riesenstern im Sternbild Orion. Seine Entfernung zur Erde beträgt 700 Lichtjahre.

7 Gib die Länge in Meter an. Verwende die wissenschaftliche Schreibweise.

a) Eine Bakterienzelle ist 3 µm lang.
b) Die Wellenlänge des roten Lichts beträgt 700 nm.

8 Ein Windrad hat eine Leistung von 8 MW. Gib die Leistung mithilfe einer Zehnerpotenz in Watt an.

9 Die Venus bewegt sich mit einer durchschnittlichen Geschwindigkeit von $35\,\frac{\text{km}}{\text{s}}$ auf einer kreisförmigen Bahn um die Sonne. Ihre mittlere Entfernung von der Sonne beträgt $1{,}1 \cdot 10^8$ km.
Wie viele Tage benötigt sie für einen Umlauf um die Sonne?

Ich kann …

Ich kann …	Aufgabe	Hilfen und Aufgaben	
Zehnerpotenzen berechnen.	1, 2, 4	Seite 159, 160, 165	I
große und kleine Zahlen in wissenschaftlicher Schreibweise darstellen.	3, 5	Seite 160, 165	
mit großen und kleinen Zahlen im Sachzusammenhang rechnen.	6	Seite 162, 163, 166, 167	II
mit großen und kleinen Einheiten rechnen.	7, 8	Seite 161, 165	
komplexe Sachaufgaben mit großen Zahlen lösen.	9	Seite 163, 166	III

9 Statistische Erhebungen

Die Schülerinnen und Schüler wollen in Gruppen statistische Erhebungen durchführen.
Wie könnte eine statistische Erhebung in den vorgeschlagenen Bereichen aussehen?

Bist du fit für dieses Kapitel? Eingangstest auf Seite 204

In diesem Kapitel ...

- *planst du statistische Erhebungen und führst sie durch.*
- *wertest du statistische Erhebungen aus und präsentierst die Ergebnisse.*
- *vergleichst du die Ergebnisse statistischer Erhebungen.*

Einzelne Schritte bei einer statistischen Erhebung

Eine statistische Erhebung planen

Eine statistische Erhebung durchführen

Eine statistische Erhebung auswerten

Das Ergebnis einer statistischen Erhebung präsentieren

- Entscheidet euch in Gruppen für ein mögliches Thema.
- Plant die einzelnen Schritte sorgfältig.
- Auf den nächsten beiden Seiten findet ihr Hinweise zur Planung und Auswertung.

Eine Umfrage planen

1 Plant in Gruppen eine Umfrage zu einem Thema. Überlegt, wen ihr befragen wollt und entwerft einen Fragebogen.

Mögliche Themenbereiche:
Schulweg
Digitale Medien
Soziale Netzwerke

Modellieren – Eine Umfrage planen

1. Welche Personengruppe soll befragt werden?

Schülerinnen und Schüler des 9. Jahrgangs

Jugendliche von 10 bis 16 Jahren

Erwachsene

beliebige Personen

2. Wie sollen die Personen aus der betroffenen Gruppe ausgewählt werden?

- Alle Schülerinnen und Schüler einer Klasse (eines Jahrgangs, der Schule) werden befragt.
- Eine zufällige Auswahl von Personen wird befragt.

3. Worauf ist beim Entwurf des Fragebogens zu achten?

Stelle keine Fragen, deren Antworten du nicht auswerten kannst.

~~Wie kann das Umweltbewusstsein verstärkt werden?~~

~~Warum wird das Freizeitverhalten von Jugendlichen untersucht?~~

Wenn mehr als eine Antwort gegeben werden kann, muss das deutlich gemacht werden.

Welche Ballsportarten betreibst du? Du kannst mehrere Antworten ankreuzen.
☐ Fußball
☐ Handball
☐ Basketball
☐ Volleyball

Mit welchem Gerät gehst du am häufigsten ins Internet?
☐ Computer
☐ Laptop
☐ Tablet
☐ Smartphone

Bei vorgegebenen Antworten muss es zu jedem möglichen Befragungsergebnis auch eine Ankreuzmöglichkeit geben.

Wie viele Paar Sportschuhe hast du? Bitte kreuze die passende Antwort an.
0 ☐ 1 ☐
2 ☐ 3 ☐
4 ☐ mehr als 4 ☐

Wie lang ist dein Schulweg? Bitte kreuze die passende Anwort an.
weniger als 2 km ☐
von 2 km bis unter 5 km ☐
von 5 km bis unter 10 km ☐
mindestens 10 km ☐

Eine Umfrage durchführen und auswerten

1 a) Führt in Gruppen eine geplante Umfrage durch und wertet sie aus.

b) Stellt die Ergebnisse der Umfrage grafisch dar.

Modellieren – Eine Umfrage auswerten und die Ergebnisse darstellen

1. Worauf ist bei der Auswertung der Fragebögen zu achten?

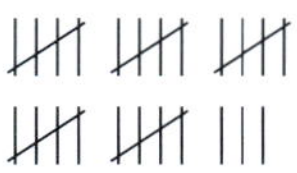

Bei der Auswertung sollte zunächst mit Strichlisten gearbeitet werden.

relative Häufigkeit

Bruch: $\frac{28}{100}$

Dezimalzahl: 0,28

Prozent: 28 %

Müssen auch relative Häufigkeiten berechnet werden? Wie sollen sie angegeben werden?

arithmetisches Mittel $\bar{x}$

Median $\tilde{x}$

Spannweite = Maximum − Minimum

Können Mittelwerte, Maximum, Minimum und die Spannweite bestimmt werden?

Zeit (s)

15	16	25	23	17
12	18	45	10	48
67	22	32	19	18
34				

Müssen Daten in Klassen zusammengefasst werden?

2. Kann ein Tabellenkalkulationsprogramm eingesetzt werden?

3. Worauf ist bei der Darstellung der Ergebnisse zu achten?

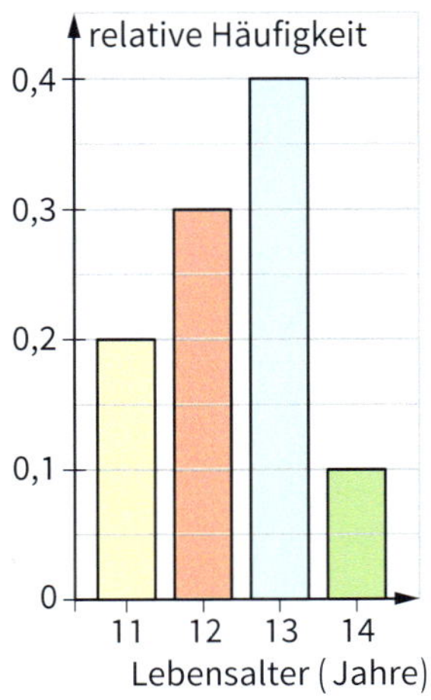

Die Achsen müssen eine Einteilung haben und beschriftet sein.

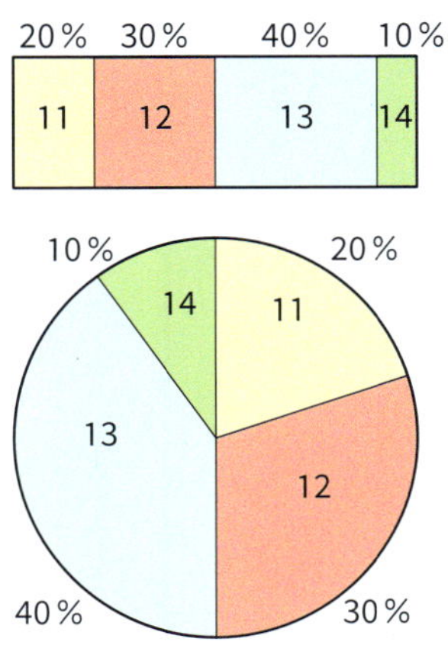

Kreis- und Streifendiagramm eignen sich nicht bei Mehrfachantworten.

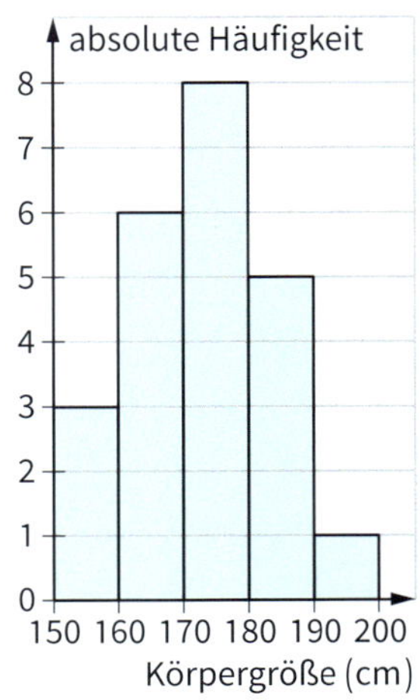

Bei Daten, die in Klassen zusammengefasst werden, ist das Histogramm die richtige Diagrammform.

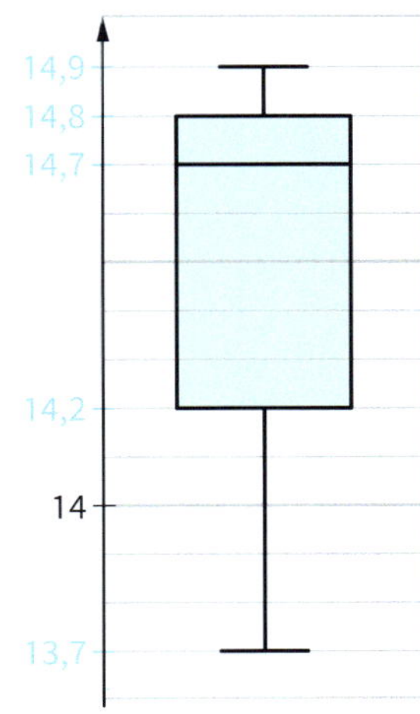

Median, Maximum, Minimum und die Spannweite lassen sich in einem Boxplot veranschaulichen.

Säulen- und Balkendiagramm

Bei der Auswertung der Bundesjugendspiele findest du eine Wiederholung der Diagrammformen und Kennwerte, die du schon aus früheren Jahrgängen kennst.

1 Lena und Mats möchten die Ergebnisse der Bundesjugendspiele für den 9. Jahrgang auswerten. Sie halten zunächst in einer Strichliste das Alter der teilnehmenden Mädchen und Jungen fest.

a) Wie viele Mädchen (Jungen) der Klasse 9 a haben an den Bundesjugendspielen teilgenommen?

Alter (Jahre)	Mädchen	Jungen
17	|	|
16	|	||
15	卌 ||	卌 |
14	||||	||

b) Übertrage die Häufigkeitstabelle für die Mädchen in dein Heft und trage die absoluten Häufigkeiten der Altersangaben ein.

Alter (Jahre)	absolute Häufigkeit	relative Häufigkeit
17	1	0,077
16	■	■
15	■	■
14	■	■
Summe	13	■

Die Altersangaben beziehen sich immer auf das Geburtsjahr.

Bestimme die zugehörigen relativen Häufigkeiten wie im Beispiel.

Alter: 17
absolute Häufigkeit: 1
Anzahl der Daten: 13
relative Häufigkeit: $\frac{1}{13} \approx 0{,}077 = 7{,}7\,\%$

c) Addiere die relativen Häufigkeiten bei den Mädchen. Was fällt dir auf?

d) Lege auch für die Jungen der 9 a eine Häufigkeitstabelle an. Bestimme die absoluten Häufigkeiten, die Anzahl aller Daten und berechne die relativen Häufigkeiten. Runde auf drei Nachkommastellen. Berechne auch die Summe der relativen Häufigkeiten.

2 Du kannst die Ergebnisse der Auswertung in Aufgabe 1 auch in einem Säulen- oder einem Balkendiagramm darstellen.

Säulendiagramm

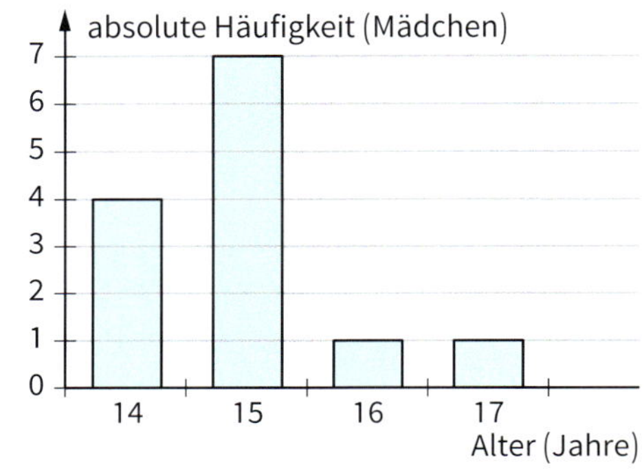

Balkendiagramm

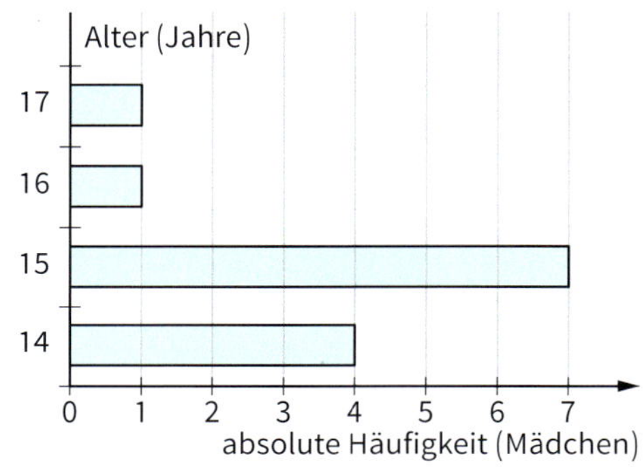

Stelle die Ergebnisse für die Jungen in einem Säulendiagramm dar.

3 In der Urliste findest du die Altersangaben der Mädchen aus der Klasse 9 b, die an den Bundesjugendspielen teilgenommen haben.

Alter der Mädchen (Jahre)
15 15 16 15 14 15 15 15 14 16
16 15 17 15 14 14 17

a) Ordne die Daten mithilfe einer Strichliste und lege eine Häufigkeitstabelle an.

b) Berechne die relativen Häufigkeiten als Dezimalzahl und in Prozent und trage sie ebenfalls in die Tabelle ein. Runde Dezimalzahlen auf drei Nachkommastellen.

c) Stelle die Häufigkeiten in einem Balkendiagramm dar.

Streifendiagramm

1 Nicht alle Mädchen des 9. Jahrgangs nehmen am Hochsprungwettbewerb teil. In der Häufigkeitstabelle werden die übersprungenen Höhen der teilnehmenden Mädchen dargestellt.

übersprungene Höhe (m)	absolute Häufigkeit	relative Häufigkeit
1,10	12	0,30
1,15	10	
1,20	8	
1,25	6	
1,30	4	
Summe		

a) Ergänze die abgebildete Häufigkeitstabelle in deinem Heft.
b) Das Ergebnis der Umfrage soll in einem **Streifendiagramm** (Blockdiagramm) dargestellt werden.

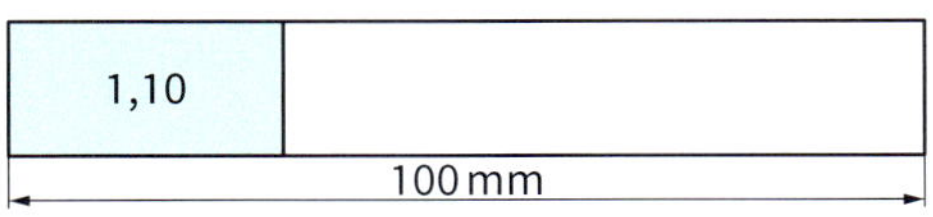

Begründe, warum in diesem Fall für die Gesamtlänge des Streifens 100 mm gewählt wurde. Zeichne das vollständige Streifendiagramm in dein Heft.

2 In der Strichliste findest du die Sprunghöhen der Jungen des 9. Jahrgangs.

Sprunghöhe (m)	
1,20	𝍸 𝍸 |
1,25	𝍸 𝍸 ||||
1,30	𝍸 𝍸
1,35	𝍸 ||||
1,40	𝍸 |
1,45	||

a) Lege eine Häufigkeitstabelle an und berechne die absoluten und relativen Häufigkeiten (auch in Prozent).
b) Stelle die Ergebnisse in einem Streifendiagramm grafisch dar.

3 Die Jungen der Klasse 9 a und die Jungen der Klasse 9 c haben alle auch am Hochsprung teilgenommen.

Die erzielten Sprunghöhen werden in der abgebildeten Häufigkeitstabelle dargestellt. Die Ergebnisse im Hochsprung sollen jeweils in einem Streifendiagramm (Gesamtlänge 15 cm) dargestellt werden.

übersprungene Höhe (m)	9 a absolute Häufigkeit	9 c absolute Häufigkeit
1,20	5	3
1,25	3	4
1,30	3	3
1,35	2	2
1,40	2	1
1,45	0	1
Summe		

a) Berechne zunächst die relativen Häufigkeiten. Runde auf zwei Nachkommastellen.
b) Berechne dann wie im Beispiel jeweils die Länge der zugehörigen Abschnitte des Streifendiagramms.

Klasse: 9 a

Sprunghöhe: 1,25 m

absolute Häufigkeit: 3

relative Häufigkeit: $\frac{3}{15} = 0{,}20$

Streifenbreite: $15\,\text{cm} \cdot 0{,}20$
$= 3{,}0\,\text{cm}$

c) Zeichne beide Streifendiagramme und vergleiche sie miteinander.

Kreisdigramm

1 Die abgebildete Häufigkeitstabelle zeigt, welche und wie viele Urkunden die Mädchen im 9. Jahrgang bekommen haben.

Mädchen	absolute Häufigkeit	relative Häufigkeit
Teilnehmerurkunde	27	0,45
Siegerurkunde	21	▪
Ehrenurkunde	12	▪
Summe	▪	▪

a) Ergänze die abgebildete Häufigkeitstabelle in deinem Heft.

b) Im Beispiel siehst du, wie du den Anteil der Mädchen mit einer Teilnehmerurkunde in einem Kreisdiagramm darstellen kannst.

1. Berechne den zu der Häufigkeit gehörigen Winkel. Multipliziere dazu die Größe des Vollwinkels mit der relativen Häufigkeit.

Größe des Vollwinkels:	360°
relative Häufigkeit von „Teilnehmerurkunde“:	0,45
zugehöriger Winkel:	$360° \cdot 0{,}45$
	$= 162°$

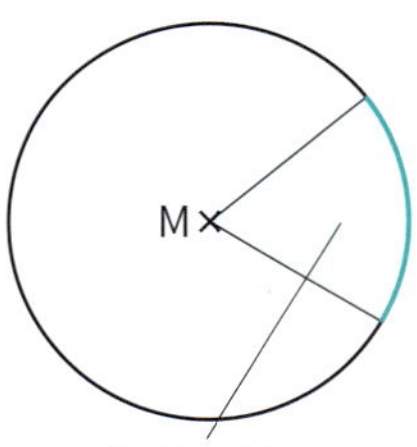

Kreissektor (Kreisausschnitt)

2. Zeichne den Winkel im Kreis ein und beschrifte den zugehörigen Kreissektor.

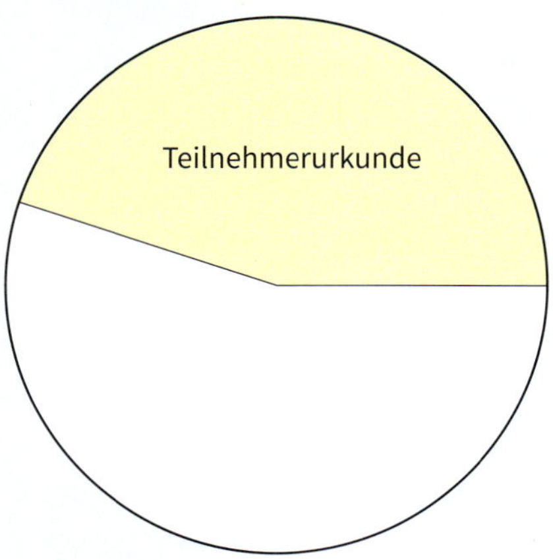

Vervollständige das Kreisdiagramm (Radius 5 cm) in deinem Heft.

2 Stelle die Verteilung der Urkunden bei den Jungen in einem Kreisdiagramm (Radius 5 cm) dar. Vervollständige zunächst die Häufigkeitstabelle in deinem Heft.

Jungen	absolute Häufigkeit	relative Häufigkeit
Teilnehmerurkunde	21	▪
Siegerurkunde	24	▪
Ehrenurkunde	15	▪
Summe	▪	▪

3 In der Strichliste findest du das Alter der teilnehmenden Mädchen und Jungen im 9. Jahrgang.

a) Lege eine Häufigkeitstabelle an und berechne die absoluten und die relativen Häufigkeiten (auch in Prozent).

b) Stelle die Ergebnisse in einem Kreisdiagramm grafisch dar (r = 5 cm).

4 In der abgebildeten Grafik wird das Ergebnis einer Umfrage unter 960 Schülerinnen und Schülern dargestellt. Berechne die absoluten Häufigkeiten und stelle die Ergebnisse in einem Streifendiagramm (15 cm) dar.

Lieblingssportart von Jugendlichen

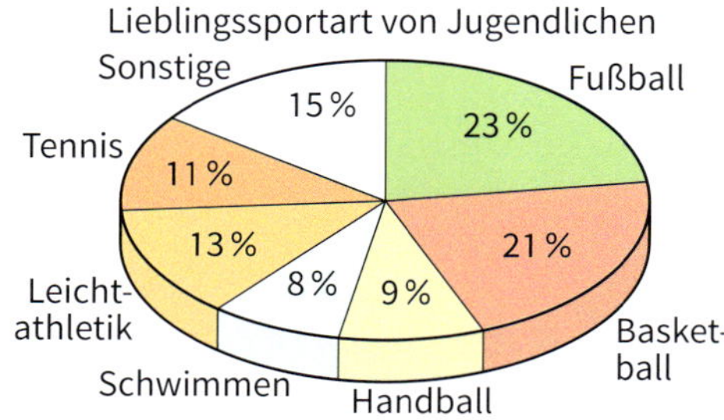

Histogramm

1 Abla und Jonas möchten für den 9. Jahrgang die Ergebnisse im 100-m-Lauf der Jungen grafisch darstellen. Dazu haben sie eine Klasseneinteilung vorgenommen und jeweils mehrere unterschiedliche Ergebnisse in einer Klasse zusammengefasst.
Das Ergebnis der Auswertung ist in der Häufigkeitstabelle dargestellt.

100-m-Lauf der Jungen Zeit (s)	absolute Häufigkeit
von 13,0 bis unter 13,5	7
von 13,5 bis unter 14,0	9
von 14,0 bis unter 14,5	10
von 14,5 bis unter 15,0	13
von 15,0 bis unter 15,5	14
von 15,5 bis unter 16,0	12
von 16,0 bis unter 16,5	7

Im Beispiel siehst du, wie du zu der Klasseneinteilung das zugehörige **Histogramm** zeichnen kannst.

1. Trage auf der x-Achse die Klassen ein.

2. Zeichne über jeder Klasse ein Rechteck. Bei gleich breiten Klassen entsprechen die Rechteckhöhen den absoluten oder relativen Häufigkeiten.

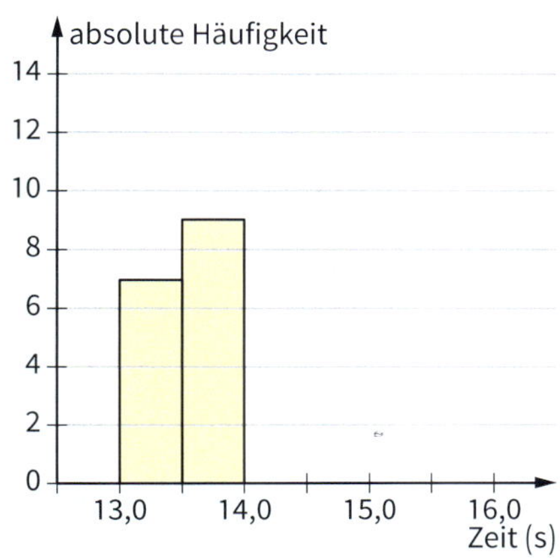

Zeichne das vollständige Histogramm in dein Heft.

2 In der Häufigkeitstabelle siehst du die Ergebnisse im 100-m-Lauf der Mädchen.

100-m-Lauf der Mädchen Zeit (s)	absolute Häufigkeit
von 15,5 bis unter 16,0	7
von 16,0 bis unter 16,5	9
von 16,5 bis unter 17,0	10
von 17,0 bis unter 17,5	13
von 17,5 bis unter 18,0	14
von 18,0 bis unter 18,5	12

Zeichne zu der Klasseneinteilung das zugehörige Histogramm.

3 Die Weitsprungergebnisse der Mädchen und Jungen aus den Klassen 9 b und 9 d sollen miteinander verglichen werden. Dazu sollen vier Histogramme mit der gleichen Klasseneinteilung gezeichnet werden.

Mädchen 9 b
Weitsprungergebnisse (m)

3,25 2,61 3,34 3,51 2,66 3,57 3,48
3,21 3,32 3,47 3,03 2,68 2,96 3,35

Mädchen 9 d
Weitsprungergebnisse (m)

3,45 2,89 3,44 3,27 2,87 3,17 3,39
3,13 3,42 3,39 3,00 3,58 2,88 3,07

Jungen 9 b
Weitsprungergebnisse (m)

4,33 4,67 4,07 4,29 4,25 4,65 3,67
3,43 4,51 4,57 4,67 3,83 3,59 4,35

Jungen 9 d
Weitsprungergebnisse (m)

3,82 4,19 3,89 4,01 4,43 3,73 3,61
4,39 3,70 3,65 4,21 4,40 3,80

a) Überlege eine für den Vergleich sinnvolle Klasseneinteilung und lege dazu jeweils eine Häufigkeitstabelle an.
b) Zeichne die zugehörigen Histogramme und vergleiche.

Arithmetisches Mittel, häufigster Wert

1 Die Klassen 9 a und 9 b lassen ihre fünf besten Sportler im Weitsprung gegeneinander antreten.

Sprungweiten (m) der 9 a
3,95 4,20 4,55 4,05 4,45

Sprungweiten (m) der 9 b
4,65 4,05 4,00 4,35 4,55

Gib an, welche Klasse gewonnen hat, wenn,
a) die größte Weite gewertet wird;
b) die durchschnittliche Weite gewertet wird.

Handelt es sich bei Daten um reelle Zahlen, kannst du das arithmetische Mittel $\overline{x}$ (*lies:* x quer) berechnen.

Sprungweiten (m)
3,24 3,32 3,18 3,20

$\overline{x} = \frac{3{,}24 + 3{,}32 + 3{,}18 + 3{,}20}{4} = 3{,}235$

$\overline{x} = 3{,}235$ m

$\overline{\mathbf{x}} = \frac{\textbf{Summe aller Daten}}{\textbf{Anzahl der Daten}}$

2 In der Häufigkeitstabelle findest du die von den Jungen der Klasse 9 a und den Jungen der Klasse 9 c erzielten Sprunghöhen.
a) Gib für beide Klassen jeweils den häufigsten Wert (Modalwert) an.
b) Berechne jeweils das arithmetische Mittel und vergleiche die arithmetischen Mittel miteinander.

übersprungene Höhe (m)	9 a: absolute Häufigkeit	9 c: absolute Häufigkeit
1,20	5	3
1,25	3	4
1,30	3	3
1,35	2	2
1,40	2	1
1,45	0	1
Summe	▪	▪

3 Im Beispiel siehst du, wie das arithmetische Mittel mithilfe der absoluten Häufigkeiten berechnet wird.

Hochsprungergebnisse der Mädchen im 9. Jahrgang

übersprungene Höhe (m)	absolute Häufigkeit	Produkt
1,10	12	12 · 1,10
1,15	10	10 · 1,15
1,20	8	8 · 1,20
1,25	6	6 · 1,25
1,30	4	4 · 1,30
Summe	40	47,00

1. Multipliziere jede Höhe mit der zugehörigen absoluten Häufigkeit.
2. Addiere alle so berechneten Produkte.
3. Dividiere die Summe durch die Anzahl der Daten.

$\overline{x} = \frac{12 \cdot 1{,}10 + 10 \cdot 1{,}15 + 8 \cdot 1{,}20 + 6 \cdot 1{,}25 + 4 \cdot 1{,}30}{40}$

$= \frac{47{,}00}{40} = 1{,}175$

$\overline{x} = 1{,}175$ m

Das arithmetische Mittel $\overline{x}$ beträgt 1,175 m.

a) Berechne das arithmetische Mittel der übersprungenen Höhen bei den Jungen des 9. Jahrgangs. Runde auf zwei Nachkommastellen.

Höhe (m)	abs. Häufigkeit	Produkt
1,20	11	▪
1,25	14	▪
1,30	10	▪
1,35	9	▪
1,40	6	▪
1,45	2	▪
Summe	▪	▪

b) Gib den Modalwert an.

Median

1 Romy nimmt an einem Wettbewerb im Kugelstoßen teil.
Von fünf Versuchen ist einer ungültig.

erzielte Weiten (m)				
9,45	0	9,12	8,95	9,07

a) Berechne das arithmetische Mittel.
b) Ordne die erzielten Weiten der Größe nach. Beginne mit der kleinsten Weite. Bestimme die Weite, die genau in der Mitte steht.
c) Vergleiche diese Weite mit dem arithmetischen Mittel. Welcher Wert beschreibt die Leistungen von Romy im Kugelstoßen besser?

2 Beim Weitsprung hat Jana insgesamt sechs Versuche.
Zwei davon sind ungültig.

erzielte Weiten (m)					
4,46	0	4,87	4,68	4,85	0

a) Ordne die erzielten Weiten der Größe nach. Bestimme das arithmetische Mittel der beiden Weiten, die in der Mitte stehen.
b) Vergleiche diesen Wert mit dem arithmetischen Mittel. Welcher Wert beschreibt die Leistungen von Jana besser?

Insbesondere bei stark abweichenden Werten (Ausreißern) ist es sinnvoll, als Mittelwert den Median (Zentralwert) zu wählen.

Ungerade Anzahl von Daten:

erzielte Weiten (m)				
9,35	9,12	6,34	8,95	9,03

Rangliste:
6,34 8,95 9,03 9,12 9,35

Bei einer ungeraden Anzahl von Daten ist der Median $\tilde{x}$ (*lies*: x Schlange) der mittlere Wert in der Rangliste.

Median (Zentralwert):
$\tilde{x} = 9{,}03\,\text{m}$

Gerade Anzahl von Daten:

erzielte Weiten (m)					
8,96	9,08	8,01	9,21	8,84	9,06

Rangliste:
8,01 8,84 8,96 9,06 9,08 9,21

Bei einer geraden Anzahl von Daten liegt der Median $\tilde{x}$ zwischen den beiden mittleren Werten in der Rangliste.

Median (Zentralwert):

$$\tilde{x} = \frac{8{,}96 + 9{,}06}{2} = 9{,}01$$

$\tilde{x} = 9{,}01\,\text{m}$

Video
WES-117455-024

3 In den Urlisten findest du die Weiten, die Christian und Felix beim Kugelstoßen erzielt haben.

Christian	erzielte Weiten (m)					
8,77	8,35	8,67	8,99	8,39	8,69	5,64

Felix	erzielte Weiten (m)						
8,46	8,85	8,34	8,62	8,54	6,81	8,09	8,44

a) Bestimme jeweils den Median.
b) Wer hat im Durchschnitt die besseren Ergebnisse erzielt?

Spannweite, mittlere lineare Abweichung

1 Emil oder Tim sollen die Schule bei einem Sportwettkampf im Kugelstoßen vertreten. Vor dem Wettkampf machen beide noch einmal sieben Probestöße.

Wer von beiden soll am Wettkampf teilnehmen?

von Emil erzielte Weiten (m):

9,12 9,45 8,99 9,36 10,12
10,05 9,41

von Tim erzielte Weiten (m):

10,52 10,27 9,38 9,79 9,41
8,37 8,76

Bei statistischen Untersuchungen ist es oft sinnvoll, auch die Streuung der einzelnen Werte zu berücksichtigen. Die Spannweite gibt die Differenz zwischen dem größten Wert (**Maximum**) und dem kleinsten Wert (**Minimum**) an.

100-Meter-Zeiten (s)
14,1 14,3 14,6 14,7 14,8

Maximum: 14,8 s
Minimum: 14,1 s
Spannweite: 14,8 s – 14,1 s = 0,7 s
arithmetisches Mittel: $\overline{x} = 14{,}5\,s$

Die **mittlere lineare Abweichung $\overline{s}$** ist das arithmetische Mittel der Abweichungen von $\overline{x}$.

Zeiten (s)	Abweichung von $\overline{x} = 14{,}5$
14,1	14,5 – 14,1 = 0,4
14,3	14,5 – 14,3 = 0,2
14,6	14,6 – 14,5 = 0,1
14,7	14,7 – 14,5 = 0,2
14,8	14,8 – 14,5 = 0,3

$$\overline{s} = \frac{0{,}4 + 0{,}2 + 0{,}1 + 0{,}2 + 0{,}3}{5} = 0{,}24$$

$\overline{s} = 0{,}24\,s$

Mittlere lineare Abweichung $\overline{s}$:

$$\overline{s} = \frac{\textbf{Summe der Abweichungen von } \overline{x}}{\textbf{Anzahl der Daten}}$$

2 In den Urlisten findest du die von Andre und Jan beim Kugelstoßen erzielten Weiten.

von Andre erzielte Weiten (m):

8,39 7,87 8,12 8,40 8,16

von Jan erzielte Weiten (m):

8,45 7,64 8,03 8,68 8,14

a) Bei welchem Schüler ist die Differenz zwischen der größten erzielten Weite (Maximum) und der kleinsten erzielten Weite (Minimum) am größten?
b) Berechne für beide Schüler jeweils das arithmetische Mittel der erzielten Weiten. Vergleiche jeweils das arithmetische Mittel mit den erzielten Weiten. Was fällt dir auf?
c) Wer von beiden erbringt die konstanteren Leistungen? Begründe.

3 Vergleiche die von Birthe und Janina beim Kugelstoßen erzielten Weiten. Berechne dazu jeweils die Spannweite, das arithmetische Mittel $\overline{x}$ und die mittlere lineare Abweichung $\overline{s}$.
Was stellst du fest?

von Birthe erzielte Weiten (m):
5,35 5,20 5,15 5,40 5,60

von Janina erzielte Weiten (m):
5,25 5,45 5,05 5,55 5,30 5,50

Boxplot

1 Luan und Nazar möchten die Weitsprungergebnisse der Mädchen des 9. Jahrgangs in einem **Boxplot** (**Kastenschaubild**) veranschaulichen.

Mädchen 9 a
Weitsprungergebnisse (m)

3,35	2,81	3,38	3,71	3,06	3,66
3,58	3,31	3,42	3,47	4,03	3,68
2,96	3,95	3,65			

Dazu haben sie die Daten zunächst der Größe nach in einer Rangliste geordnet.

Weitsprungergebnisse (m)

Rangliste:

2,81	2,96	3,06	3,31	3,35	3,38
3,42	[3,47]	3,58	3,65	3,66	3,68
3,71	3,95	4,03			

Anhand der Rangliste haben sie dann das Minimum, den Median und das Maximum bestimmt.

Minimum:	2,81 m
Median:	3,47 m
Maximum:	4,03 m

Durch den Median wird die Rangliste in eine Teilliste der größeren und eine Teilliste der kleineren Daten geteilt.
Der Median der Teilliste der größeren Daten wird oberes Quartil genannt, der Median der Teilliste der kleineren Daten unteres Quartil.

4,03 — Maximum (Angaben in m)
3,95
3,71
3,68 \
oberes Quartil $\frac{3{,}66 + 3{,}68}{2} = 3{,}67$
3,66 /
3,65
3,58
3,47 — Median
3,42
3,38
3,35 \
unteres Quartil $\frac{3{,}31 + 3{,}35}{2} = 3{,}33$
3,31 /
3,06
2,96
2,81 — Minimum

Danach konnte der Boxplot gezeichnet werden. Die Breite des Kastens ist dabei frei wählbar.

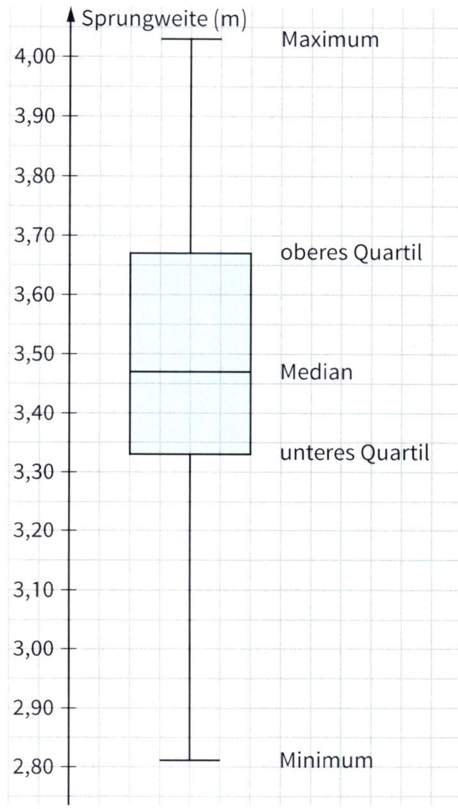

a) Wie viel Prozent der Daten liegen ungefähr innerhalb des Kastens?
b) Wie viel Prozent der Daten liegen ungefähr zwischen oberem Quartil und Maximum (unterem Quartil und Minimum)?
c) Wo kannst du im Boxplot die Spannweite ablesen?
d) Übertrage den Boxplot für die Sprungweiten der Mädchen in dein Heft.
e) Veranschauliche auch die Weitsprungergebnisse der Jungen der 9 a in einem Boxplot. Bestimme zunächst Minimum, Median, Maximum, unteres und oberes Quartil.

Jungen 9 a
Weitsprungergebnisse (m)

4,23	4,47	4,17	4,29	4,15	4,55	3,57
3,46	4,54	4,50	4,68	3,73	3,52	4,25

f) Vergleiche die Boxplots miteinander.

Arbeiten mit dem Computer: Tabellenkalkulation

1 Anna und Artiom möchten die Hochsprungergebnisse der Mädchen des 9. Jahrgangs mithilfe eines Tabellenkalkulationsprogramms auswerten.
Sie haben dazu die absoluten Häufigkeiten in ein Tabellenblatt eingetragen.

Start | Layout | Tabellen | Diagramme | SmartA

B11 =SUMME(B4:B10)

	A	B	C
1	Hochsprungergebnisse Mädchen (m)		
2	9. Jahrgang		
3	überspr. Höhe (m)	absolute Häufigkeit	
4	1,10	9	
5	1,15	16	
6	1,20	19	
7	1,25	11	
8	1,30	8	
9	1,35	5	
10	1,40	2	
11	Summe	70	

a) Gib die Daten wie Anna und Artiom in das Tabellenkalkulationsprogramm ein. Beschreibe, wie sie mithilfe des Programms die Summe der absoluten Häufigkeiten bestimmt haben.

b) Bestimme mithilfe einer Formel auch die relativen Häufigkeiten. Gib die Ergebnisse auf drei Nachkommastellen gerundet an. Benutze dazu die Schaltfläche „**Dezimalstelle löschen**".

Start | Layout | Tabellen | Diagramme | SmartA

C10 =B10/B$11

	A	B	C
1	Hochsprungergebnisse Mädchen (m)		
2	9. Jahrgang		
3	überspr. Höhe (m)	absolute Häufigkeit	relative Häufigkeit
4	1,10	9	0,129
5	1,15	16	0,229
6	1,20	19	0,271
7	1,25	11	0,157
8	1,30	8	0,114
9	1,35	5	0,071
10	1,40	2	0,029
11	Summe	70	

c) Gib die relativen Häufigkeiten auch in Prozent an und bestimme jeweils die Summe der relativen Häufigkeiten in Prozent.

d) Markiere die Zellen **B4** bis **B10** und erstelle das abgebildete Balkendiagramm.

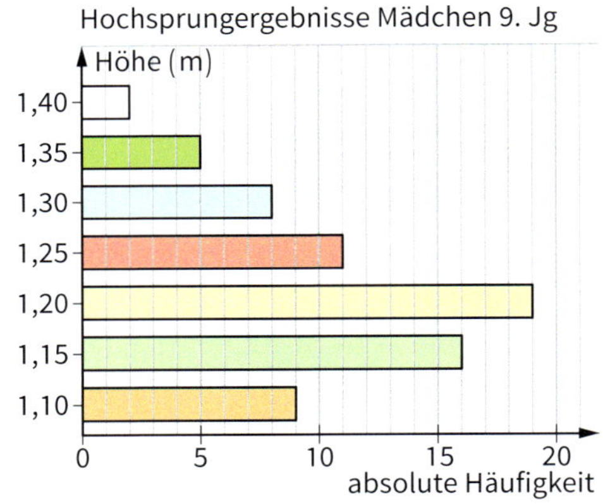

e) Stelle die absoluten (relativen) Häufigkeiten auch in anderen Diagrammformen dar. Markiere zuvor die zugehörigen Zellbereiche.

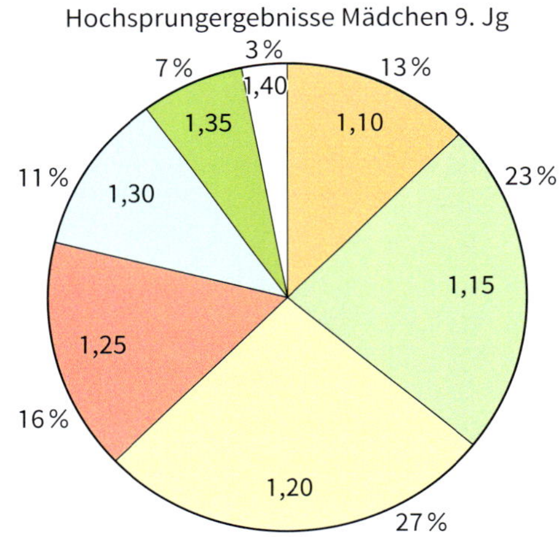

f) Werte wie Anna und Artiom auch die Hochsprungergebnisse der Jungen des 9. Jahrgangs aus und stelle sie in verschiedenen Diagrammformen grafisch dar.

Höhe (m)	absolute Häufigkeit
1,20	6
1,25	13
1,30	17
1,35	15
1,40	11
1,45	7
1,50	3

Arbeiten mit dem Computer: Tabellenkalkulation

2 Anna und Artiom haben auch die Weitsprungergebnisse der Mädchen des 9. Jahrgangs in ein Tabellenblatt eingetragen.

Dann haben sie eine Klasseneinteilung vorgenommen und die oberen Grenzen in die Zellen **D7** bis **D15** geschrieben.

Sie haben dann die Zellen **E7** bis **E15** markiert und unter dem Menüpunkt „**Funktion einfügen (f_x)**" die Funktion „**Häufigkeit**" gewählt.

In die angezeigten Felder wurden dann die Zellen mit den **Daten A3:A72** und die Zellen mit den **Klassengrenzen D7:D15** eingegeben.

Die Eingabe wurde dann mit **Strg + Shift + Enter** abgeschlossen.

Mädchen 9. Jahrgang
Weitsprungergebnisse (m)

3,26	2,87	3,43	3,67	3,09	3,55
3,22	3,35	3,75	3,00	4,10	3,88
2,68	3,67	3,30	3,95	3,68	3,32
3,18	3,76	3,89	3,54	3,31	2,87
2,96	3,76	3,45	3,61	3,60	3,45
3,44	3,20	3,36	3,48	3,67	4,02
4,15	2,85	2,90	3,28	3,65	3,74
3,76	3,35	3,83	3,61	3,70	3,89
2,75	3,47	3,38	3,90	3,26	3,47
3,52	3,86	3,75	3,45	3,65	3,49
3,38	3,85	3,74	3,63	3,42	3,81
2,83	2,94	3,18	3,55		

Start Layout Tabellen Diagramme SmartArt Formeln Daten Überprüfen

E7 =HÄUFIGKEIT (A3:A72;D7:D15)

	A	B	C	D	E
1	Weitsprungergebnisse Mädchen (m)				
2	9. Jahrgang				
3	3,26				
4	2,87				
5	3,43				
6	3,67			Klassen	absolute Häufigkeit
7	3,09			2,60	0
8	3,55			2,80	2
9	3,22			3,00	8
10	3,35			3,20	4
11	3,75			3,40	12
12	3,00			3,60	15
13	4,10			3,80	17
14	3,88			4,00	9
15	2,68			4,20	3
16	3,67				
17	3,30				

Klasseneinteilung zu den Weitsprungergebnissen

von 0 m bis 2,60 m
von 2,60 m bis 2,80 m
von 2,80 m bis 3,00 m
von 3,00 m bis 3,20 m
von 3,20 m bis 3,40 m
von 3,40 m bis 3,60 m
von 3,60 m bis 3,80 m
von 3,80 m bis 4,00 m
von 4,00 m bis 4,20 m

„von 2,80 m bis 3,00 m" bedeutet bei einer Tabellenkalkulation „über 2,80 m bis einschließlich 3,00 m".

a) Gib die Daten und die Klasseneinteilung wie Anna und Artiom in das Tabellenkalkulationsprogramm ein. Bestimme mithilfe der Funktion „**Häufigkeit**" wie abgebildet die absoluten Häufigkeiten der gewählten Klassen.
b) Erzeuge zu der Klasseneinteilung ein Histogramm wie rechts beschrieben.
c) Wähle andere Klasseneinteilungen und erzeuge die zugehörigen Histogramme.

Histogramm zeichnen
Erzeuge zunächst ein Säulendiagramm.
Durch einen Doppelklick auf eine Säule öffnet sich das Menü „Datenreihen formatieren".
Setze hier unter „Optionen" den Säulenabstand auf 0.

Achtung!
Dieses Verfahren funktioniert nur bei gleich breiten Klassen.

Arbeiten mit dem Computer: Tabellenkalkulation

3 In den Urlisten findest du die Ergebnisse im Kugelstoßen von Mädchen und Jungen im 9. Jahrgang.
Die Daten für die Mädchen wurden direkt in ein Tabellenkalkulationsprogramm eingegeben.
Im Menü „Formeln“ wurden dann unter dem Menüpunkt „Funktion einfügen (f_x)“ die zugehörigen Kenngrößen bestimmt.

a) Gib die Ergebnisse im Kugelstoßen der Mädchen in ein Tabellenkalkulationsprogramm ein. Bestimme dann das arithmetische Mittel $\overline{x}$ und den Median $\tilde{x}$.

b) Bestimme das Maximum, das Minimum und berechne die Spannweite.

c) Verfahre genauso mit den Ergebnissen im Kugelstoßen der Jungen.

d) Vergleiche Mittelwerte und die Spannweiten miteinander.

Kugelstoßen 9. Jahrgang Mädchen
Weiten (m)

5,14	5,24	5,36	4,86	4,54	4,80	4,76
4,10	4,88	5,26	6,14	6,24	5,87	6,05
5,74	5,38	6,74	7,45	5,94	6,01	5,97
5,56	5,73	5,24	5,37	5,88	5,04	5,89
5,41	5,08	5,00	4,97	4,51	5,52	5,46

Kugelstoßen 9. Jahrgang Jungen
Weiten (m)

9,20	10,51	10,22	7,50	6,80	8,39
7,90	7,70	7,90	7,80	9,20	6,50
8,75	8,95	7,90	8,95	9,50	8,20
9,95	9,15	7,95	8,50	8,70	7,90
9,20	7,70	6,84	10,20	7,50	10,55
8,40	7,90	7,70	7,90	7,80	9,20
6,50	8,70	8,55	8,87	8,94	7,94
8,92	9,55	8,22	9,90	9,24	8,05
8,50	8,74	7,92	8,45	8,56	6,45
7,86	8,32	9,44	7,05	10,23	

Start | Layout | Tabellen | Diagramme | SmartArt | Formeln | Daten | Überprüfen

E7 =MITTELWERT(A3:A37)

	A	B	C	D	E	F
1	Kugelstoßen Mädchen – Weiten (m)					
2	9. Jahrgang					
3	5,14					
4	5,24					
5	5,36					
6	4,68		Arithmetisches Mittel	MITTELWERT	5,461	
7	4,54		Median	MEDIAN	5,380	
8	4,80		Modalwert	MODALWERT	5,240	
9	4,76		Maximum	MAX	7,450	
10	4,10		Minimum	MIN	4,100	
11	4,88		Spannweite	MAX-MIN	3,350	
12	5,26		Mittlere lineare Abweichung	MITTELABW	0,504	
13	6,14					

Die Spannweite lässt sich mit dem Programm nicht direkt berechnen.

e) Werte auch die Ergebnisse der Jungen des 9. Jahrgangs im 100-m-Lauf mithilfe eines Tabellenkalkulationsprogramms aus.

100-m-Lauf 9. Jahrgang Jungen
Zeit (s)

13,4	13,7	14,7	14,2	14,3	15,4	15,5
14,0	13,5	16,2	17,1	16,1	16,4	15,5
14,7	13,4	13,7	14,7	14,2	14,3	15,4
15,5	14,0	13,5	16,2	16,8	16,3	16,5
15,6	14,6	13,7	13,8	14,4	14,7	14,8
15,2	15,1	14,8	13,6	16,1	17,1	16,2

Täuschen mit Statistik

1 Eine Jugendzeitschrift lässt in einer Untersuchung erfragen, wie bekannt die Zeitschrift bei den Jugendlichen ist.

Das Ergebnis wird mithilfe von Piktogrammen (bildliche Zeichen) dargestellt.

Vergleiche die beiden Darstellungen miteinander. Was stellst du fest?

2 Die Darstellung zeigt, wie viele E-Bikes pro Jahr in Deutschland verkauft wurden.

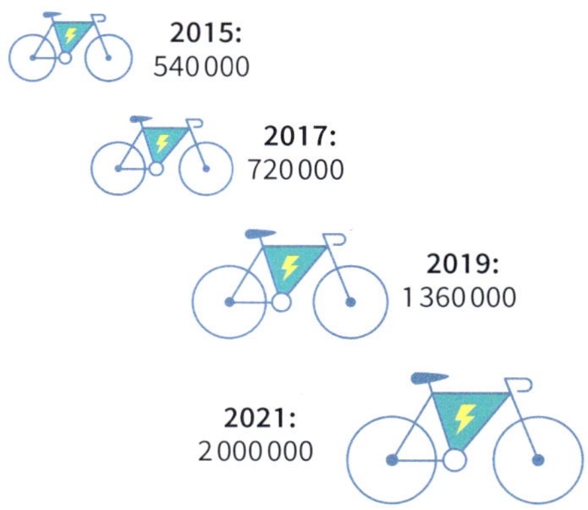

a) Stelle die Häufigkeiten in einem Säulendiagramm dar.
b) Vergleiche beide Darstellungen. Was stellst du fest?

3 Die Grafik zeigt die Güterbeförderung in der deutschen Binnenschifffahrt in Millionen Tonnen.

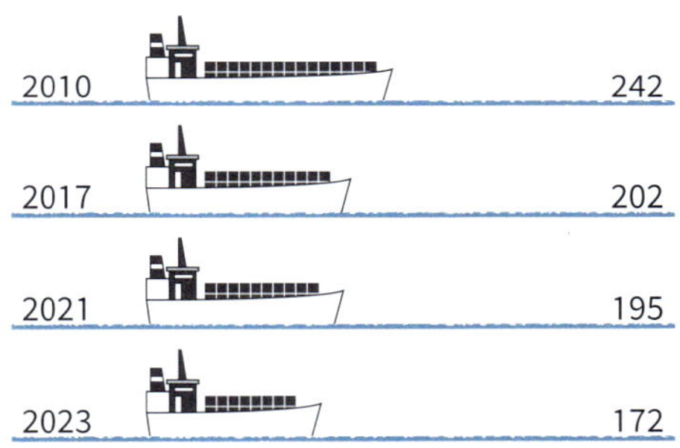

Stelle die Häufigkeiten in einem Balkendiagramm dar und vergleiche.

Bei der Verwendung von Piktogrammen in statistischen Darstellungen ist zu beachten:

Es wirkt die Fläche der Figur. Die Häufigkeit muss deshalb dem Flächeninhalt entsprechen, nicht der Höhe.

Werden die Figuren hintereinander angeordnet, entsteht ein räumlicher Eindruck. Kleinere Figuren im Hintergrund wirken dabei so groß wie größere Figuren im Vordergrund.

Täuschen mit Statistik

4 Ein Unternehmen begründet betriebsbedingte Kündigungen mit dem deutlichen Gewinnrückgang. Dazu wird die folgende grafische Darstellung präsentiert.

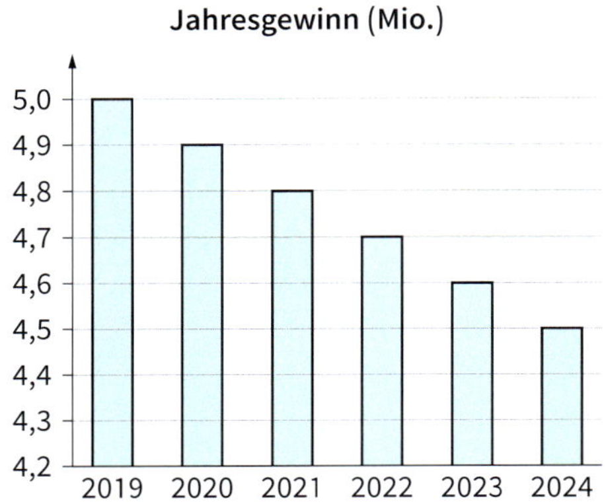

a) Zeichne ein Säulendiagramm, das die Entwicklung des Jahresgewinns darstellt.
b) Vergleiche beide Darstellungen miteinander.

5 Die Grafik zeigt die Entwicklung der Straßenverkehrsunfälle in Deutschland in den letzten 24 Jahren.

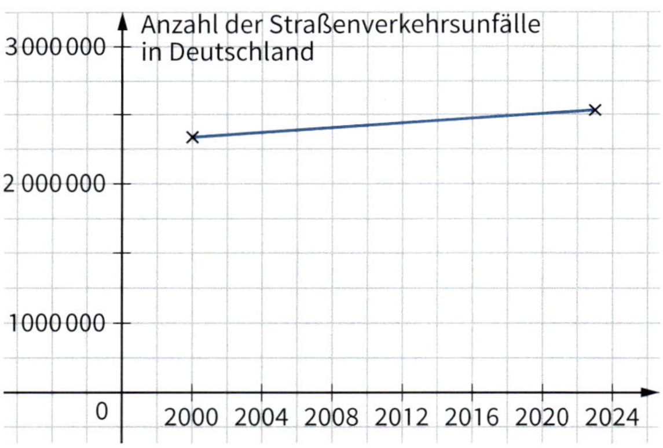

a) Welche Fehler werden hier bei der grafischen Darstellung gemacht?
b) Ermittle anhand des Graphen die Anzahl der Straßenverkehrsunfälle für das Jahr 2020.
c) Im Jahr 2020 betrug die Anzahl der Verkehrsunfälle 2 245 245. Begründe, warum sich diese Zahl von der von dir in Aufgabe b) ermittelten Zahl unterscheidet.

6 Die grafische Darstellung zeigt die Neuzulassungen von E-Autos pro Kalenderjahr.

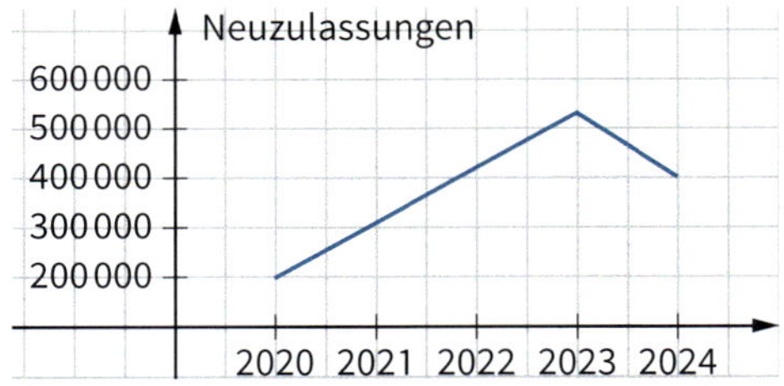

Kannst du anhand der Darstellung die Anzahl der im Jahre 2022 neu zugelassenen E-Autos ermitteln? Begründe.

7 Die Jungen der 9 a haben ihre Ergebnisse im Kugelstoßen grafisch dargestellt.

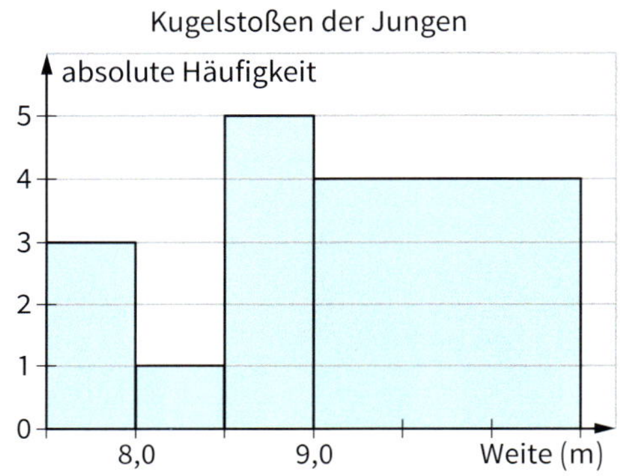

a) Was fällt dir an der Darstellung auf?
b) Die Messwerte der Klasse „von 9,00 m bis unter 10,50 m“ sind: 9,35 m, 9,12 m, 9,76 m und 10,33 m. Teile die Klasse in drei gleich breite Klassen ein. Zeichne ein neues Histogramm.
c) Vergleiche beide Darstellungen.

Bei statistischen Darstellungen ist zu beachten:

Beginnt die y-Achse bei einem größeren Wert als 0, wirken kleine Unterschiede viel größer.

Werden einzelne Punkte verbunden, entsteht der Eindruck, dass auch Zwischenwerte möglich und richtig sind.

Bei Histogrammen wirkt immer die Fläche des Rechtecks über der Klasse.

Statistische Darstellungen beurteilen

1 Beurteile die abgebildeten grafischen Darstellungen. Beantworte dazu die aufgeführten Fragen.
Die Aufgabe kannst du auch in Partner- oder Gruppenarbeit bearbeiten.

1. Welches Thema wird dargestellt?
2. Welche Diagrammform wird benutzt?
3. Was kannst du dem Diagramm entnehmen?
4. Ist die Darstellung so richtig?

A Statistik der Vergiftungsunfälle in Deutschland (%)

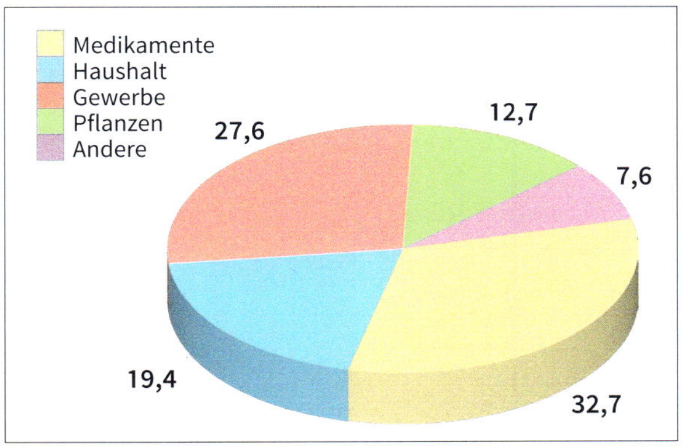

B Den Deutschen geht es immer besser!

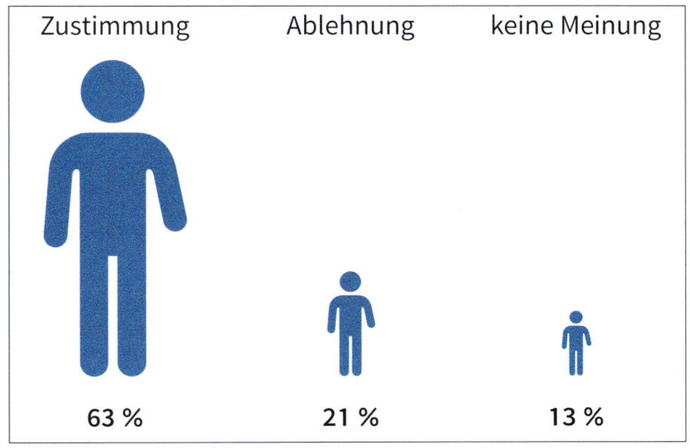

C Kriminalstatistik einer Großstadt

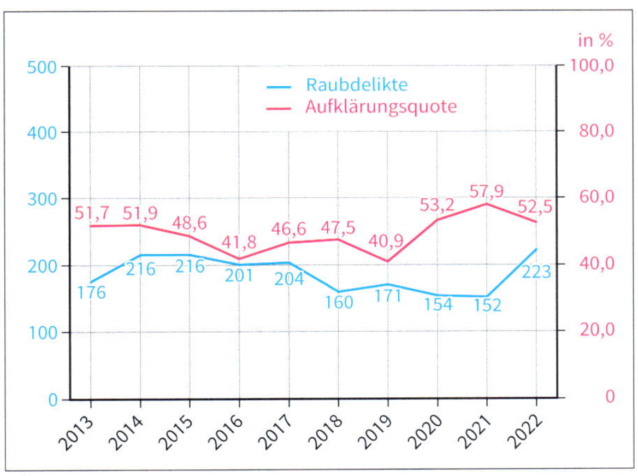

D Das finde ich bei der Internetnutzung gefährlich!

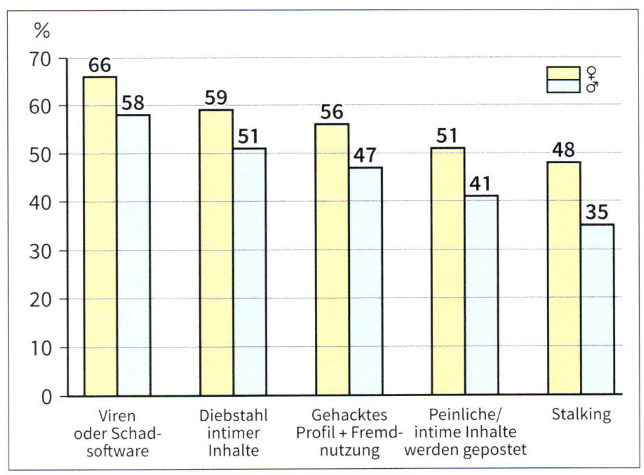

E Body Mass Index

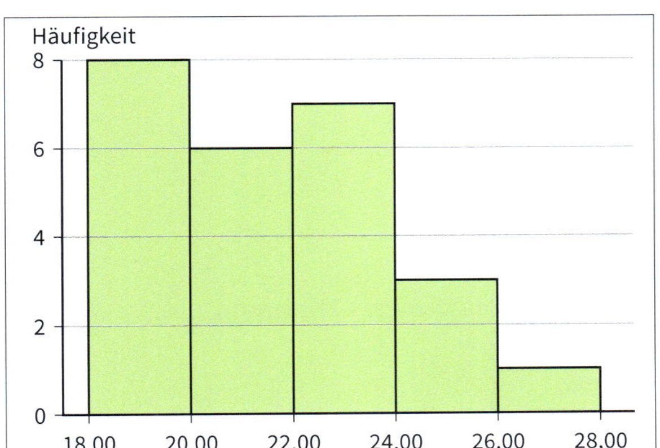

F Wo besonders häufig lange gearbeitet wird (in %)

Anteil der Beschäftigten, die im Schnitt 50 oder mehr Std./Woche arbeiten

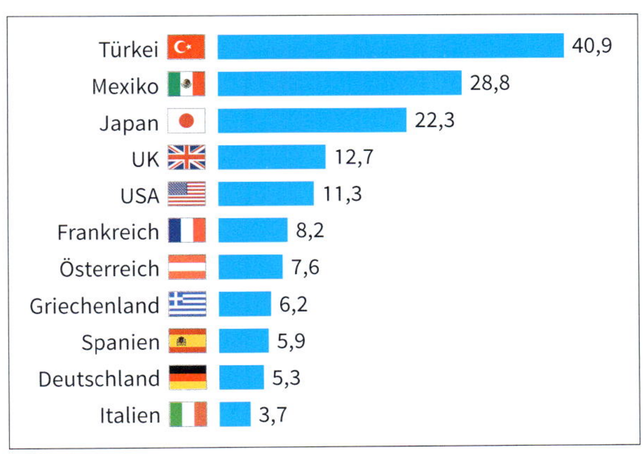

WISSEN KOMPAKT

Bei **statistischen Untersuchungen** werden **Daten** durch Befragung, Beobachtung oder Experiment gesammelt.
Die in einer **Urliste** gesammelten Daten können mithilfe einer **Strichliste** geordnet und dann in einer **Häufigkeitstabelle** dargestellt werden.

Häufigkeitstabelle

Lebensalter (Jahre)	absolute Häufigkeit	relative Häufigkeit	
12	23	0,23	23 %
13	26	0,26	26 %
14	19	0,19	19 %
15	18	0,18	18 %
16	14	0,14	14 %
Summe	100	1,00	100 %

Die **relative Häufigkeit** jedes Ergebnisses gibt den Anteil dieses Ergebnisses an allen gesammelten Daten an.
Die relative Häufigkeit kann als Bruch, Dezimalzahl oder in Prozent angegeben werden.

relative Häufigkeit = $\frac{\textbf{absolute Häufigkeit}}{\textbf{Anzahl der Daten}}$

Die in der Häufigkeitstabelle aufbereiteten Daten können in verschiedenen Diagrammformen grafisch dargestellt werden.

Säulendiagramm

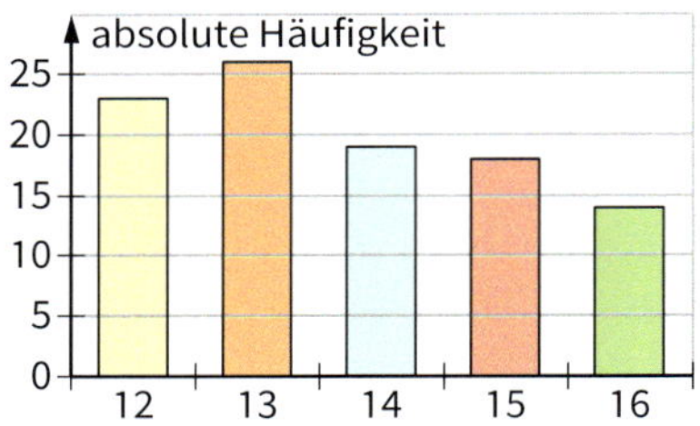

Streifendiagramm

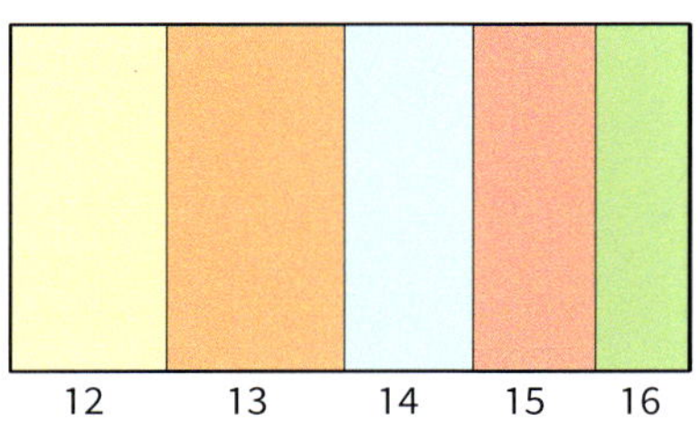

Kreisdiagramm

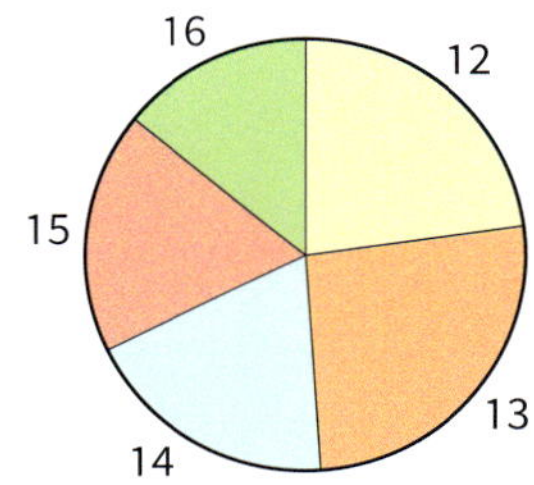

Handelt es sich bei den Daten um Zahlen, kannst du sie der Größe nach in einer Rangliste sortieren und folgende Kenngrößen bestimmen:
arithmetisches Mittel, Median, Modalwert, Maximum und Minimum, Spannweite, mittlere lineare Abweichung.

Urliste

100-Meter-Zeiten (s)

13,7 14,6 14,8 14,8 14,6 14,9
14,1 14,2 14,8

arithmetisches Mittel: $\bar{x} = \frac{\textbf{Summe der Daten}}{\textbf{Anzahl der Daten}}$

$\bar{x} = \frac{13{,}7 + 14{,}6 + 14{,}8 + 14{,}8 + 14{,}6 + 14{,}9 + 14{,}1 + 14{,}2 + 14{,}8}{9} = 14{,}5$ $\quad \bar{x} = 14{,}5\,\text{s}$

Rangliste (in s): 13,7 14,1 14,2 14,6 14,6 14,8 14,8 14,8 14,9

Median: $\tilde{x} = 14{,}6\,\text{s}$ **Modalwert (häufigster Wert)**: 14,8 s

Maximum: 14,9 s **Minimum:** 13,7 s **Spannweite = Maximum – Minimum**: 14,9 s – 13,7 s = 1,2 s

Mittlere lineare Abweichung: $\bar{s} = \frac{\textbf{Summe der Abweichungen von } \bar{x}}{\textbf{Anzahl der Daten}}$

$\bar{s} = \frac{0{,}8 + 0{,}1 + 0{,}3 + 0{,}3 + 0{,}1 + 0{,}4 + 0{,}4 + 0{,}3 + 0{,}3}{9} \approx 0{,}3$ $\quad \bar{s} \approx 0{,}3\,\text{s}$

WISSEN KOMPAKT

Maximum, **Minimum**, **Spannweite** und **Median** lassen sich in einem **Boxplot** (**Kastenschaubild**) veranschaulichen.
Durch den Median wird die Rangliste in eine Teilliste der kleineren und eine Teilliste der größeren Daten geteilt.

Teilliste der größeren Daten: 14,8 s | 14,8 s 14,8 s | 14,9 s

Teilliste der kleineren Daten: 13,7 s | 14,1 s 14,2 s | 14,6 s

Der Median der Teilliste der größeren Daten wird **oberes Quartil** genannt, der Median der Teilliste der kleineren Daten **unteres Quartil**.

oberes Quartil: 14,8 s

unteres Quartil: $\frac{14{,}1\,s + 14{,}2\,s}{2} = 14{,}15\,s$

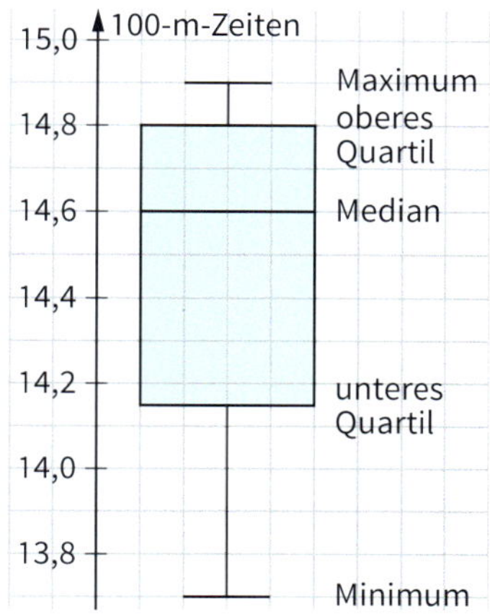

Bei der grafischen Darstellung von Daten kannst du auch getäuscht werden.

Beginnt die y-Achse bei einem größeren Wert als 0, wirken kleine Unterschiede viel größer.

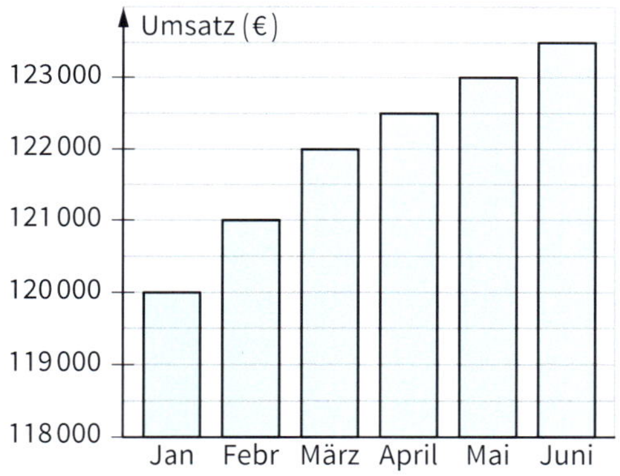

Es wirkt die Fläche der Figur. Die Häufigkeit muss deshalb dem Flächeninhalt entsprechen, nicht der Höhe.

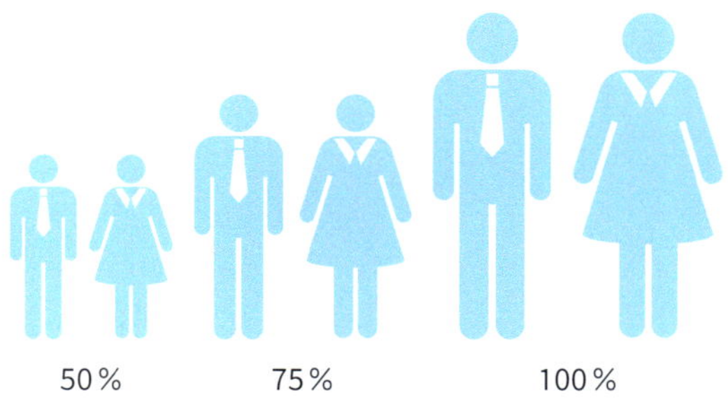

Werden Figuren hintereinander angeordnet, wirken kleinere Figuren im Hintergrund wie größere Figuren im Vordergrund.

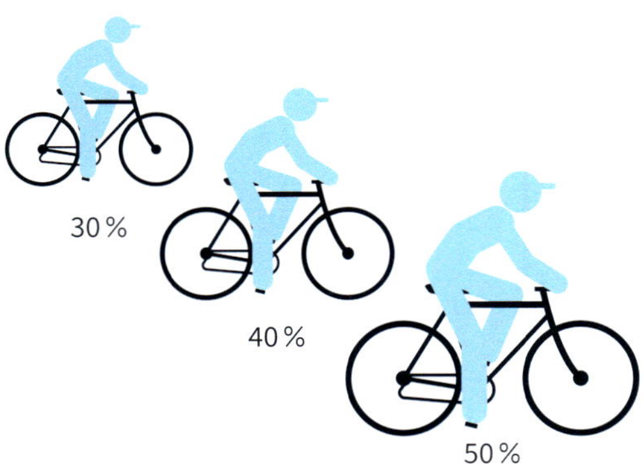

Verbindet man in einer statistischen Darstellung einzelne Punkte, entsteht der Eindruck, dass auch Zwischenwerte möglich sind.

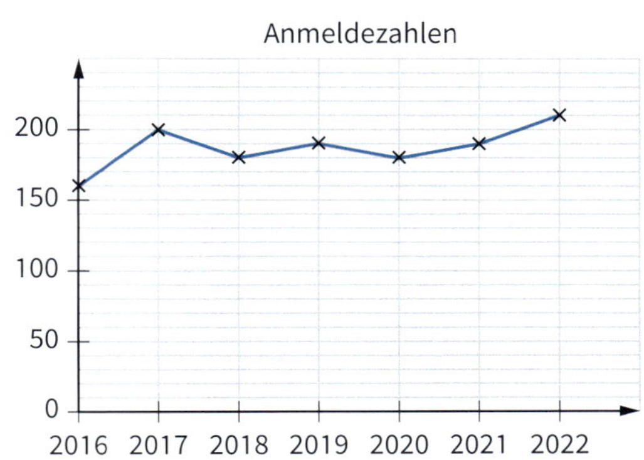

ÜBEN

Arithmetisches Mittel, Median, Modalwert, Spannweite, mittlere lineare Abweichung, oberes und unteres Quartil werden als **Kenngrößen** bezeichnet.

1 In der Wetterkunde-AG wurden die Tageshöchsttemperaturen für den Monat Juni gemessen und in einer Tabelle notiert.

Tageshöchsttemperaturen (°C) Juni

21	23	24	24	25	24	25	25	25	25
24	23	22	24	23	26	24	23	23	24
23	24	24	23	24	24	25	26	27	25

a) Bestimme die absoluten Häufigkeiten und stelle sie in einer Tabelle dar.
b) Stelle die absoluten Häufigkeiten grafisch dar.
c) Berechne das arithmetische Mittel mithilfe der absoluten Häufigkeiten.
d) Bestimme den Median und den Modalwert und vergleiche.

2 Frau Newman arbeitet in der Personalabteilung eines Dienstleistungsunternehmens.

Sie hat in einer Urliste erfasst, wie viele Mitarbeiterinnen und Mitarbeiter eines Betriebes an zehn aufeinanderfolgenden Tagen fehlten.

Anzahl der fehlenden Mitarbeiterinnen und Mitarbeiter

6	5	8	10	5	3	2	12	2	4

Berechne das arithmetische Mittel und die mittlere lineare Abweichung.
Was geben die beiden Kenngrößen hier an?

3 Ella und Nikola haben 10 Tage lang jeweils die Bildschirmzeiten ihres Smartphones notiert. Die Daten wurden in zwei Urlisten zusammengefasst.

Bildschirmzeiten (min) Ella

225	165	183	246	275	126
98	244	106	205		

Bildschirmzeiten (min) Nikola

196	165	118	176	184	196
200	206	168	196		

a) Wie viele Minuten verbringen Ella und Nikola jeweils durchschnittlich pro Tag an ihrem Smartphone? Berechne jeweils das arithmetische Mittel und bestimme den Median.
b) Bestimme für Ella und Nikola auch jeweils die Spannweite und die mittlere lineare Abweichung der Bildschirmzeiten. Was sagen diese Kenngrößen aus?

4 Frau Markhoff ist Mathematiklehrerin der Klassen 9 a und 9 b. Sie vergleicht die Punkte, die die Schülerinnen und Schüler in einer Aufgabe der letzten Mathematikarbeit erhalten haben.

Punkte 9 a

12	4	5	7	8	10	6	5	8	10
11	12	3	6	8	9	8	9	10	11
9	8	9	9	9					

Punkte 9 b

10	5	6	6	7	9	9	8	7	11
10	11	9	8	6	5	5	6	8	8
10	11	10	9						

a) Lege für jede Klasse eine Häufigkeitstabelle an.
b) Bestimme jeweils arithmetisches Mittel, Median, Spannweite und mittlere lineare Abweichung.
c) Vergleiche die Leistungen beider Klassen miteinander.

ÜBEN

5 Die Mädchen der Klassen 9 a und 9 b haben ihre Ergebnisse im Kugelstoßen jeweils in einem Boxplot dargestellt.

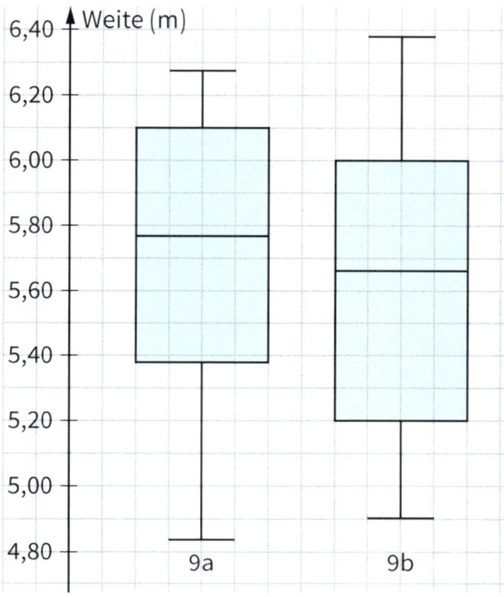

a) Bestimme für jede Klasse Minimum, Maximum, Median, unteres und oberes Quartil.
b) Berechne für jede Klasse die Spannweite.
c) Vergleiche die Leistungen beider Gruppen im Kugelstoßen mithilfe der dargestellten Kenngrößen.

6 Vergleiche auch die Ergebnisse der Jungen der Klassen 9 a und 9 b im Kugelstoßen.

Kugelstoßen 9 a Jungen Weiten (m)

9,26	7,92	8,94	7,60	6,88
8,26	8,35	9,40	10,25	7,32
8,74	9,40	6,70		

Kugelstoßen 9 b Jungen Weiten (m)

7,56	7,84	8,96	8,50	10,15
7,94	8,64	9,85	8,44	7,06
8,56	7,96			

a) Lege dazu jeweils eine Rangliste an und bestimme Minimum, Maximum, Median, Spannweite und oberes und unteres Quartil.
b) Stelle die Ergebnisse in zwei Boxplots dar.

7 In der Urliste findest du die Zeiten der Mädchen des 9. Jahrgangs im 100-m-Lauf.

100-m-Zeiten (s) Mädchen

16,4	17,1	16,4	16,3	16,6
16,9	17,5	16,0	16,2	16,4
16,3	16,8	~~15,6~~	~~15,8~~	16,3
~~15,9~~	16,6	17,2	17,4	16,5
16,8	17,1	17,4	16,7	~~15,6~~
16,7	16,4	16,8	16,7	16,9
~~15,7~~	16,5	16,2	16,3	16,0

a) Vervollständige in deinem Heft die Häufigkeitstabelle zu der vorgegebenen Klasseneinteilung.

Klasse	absolute Häufigkeit
über 15,5 s bis 15,9 s	5
über 15,9 s bis 16,3 s	■

b) Zeichne das zugehörige Histogramm.

Die Aufgaben kannst du auch in Gruppenarbeit bearbeiten. Hinweise dazu findest du auf Seite 224.

8 Die Wetterkunde-AG hat den Niederschlag der ersten acht Monate des Jahres 2024 gemessen.

Monat	Niederschlag in Liter pro m^2
Januar	45,7
Februar	71,2
März	35,3
April	26,0
Mai	34,5
Juni	48,5
Juli	102,4
August	31,6

a) Stelle den monatlichen Niederschlag in einem Säulendiagramm dar.
b) Berechne das arithmetische Mittel.
c) Zeichne das arithmetische Mittel als waagerechte Gerade in das Säulendiagramm ein. Was stellst du fest?

ÜBEN: Statistische Darstellungen und Aussagen beurteilen

1 a) Welche Informationen kannst du den Schaubildern entnehmen?
b) Werden die Informationen verständlich dargestellt?
c) Überprüfe, ob die dargestellten Informationen aktuell richtig sind. Vergleiche dazu mit aktuellen Umfrageergebnissen.

A Wie Jugendliche Medien nutzen (Angaben in %)

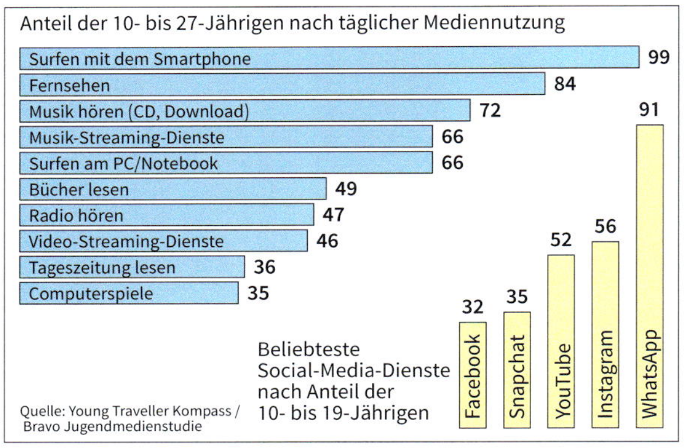

B Wichtigste Apps: Vergleich 2022–2023 (Angaben in %)

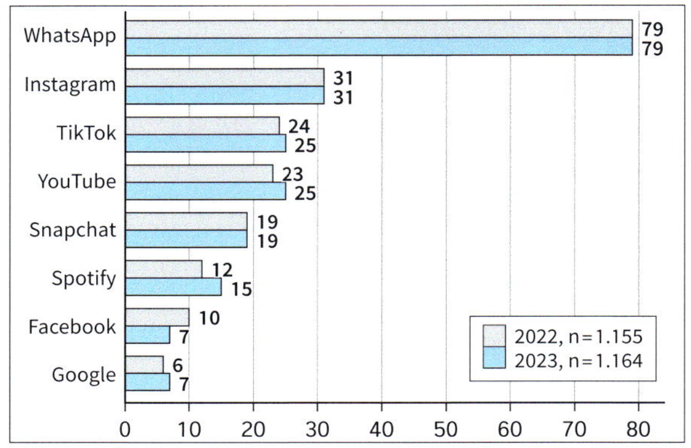

C Wovon fühlst du dich gestresst? (Anteil der Kinder in %)

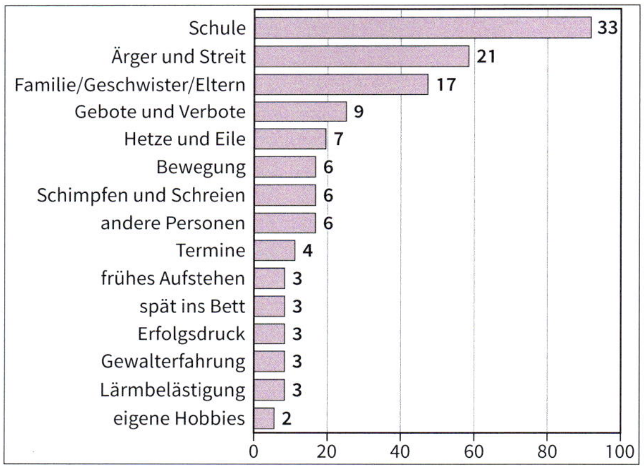

D Jugendliche treiben wieder mehr Sport

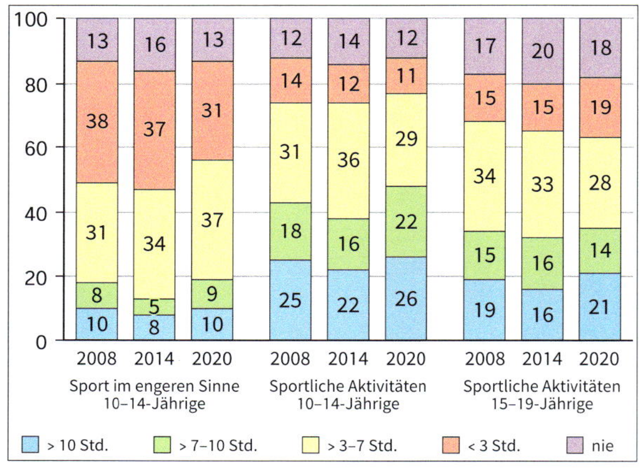

E So sind Jugendliche in Deutschland politisch eingestellt

Befragte, die sich folgenden politischen Kategorien zuordnen lassen

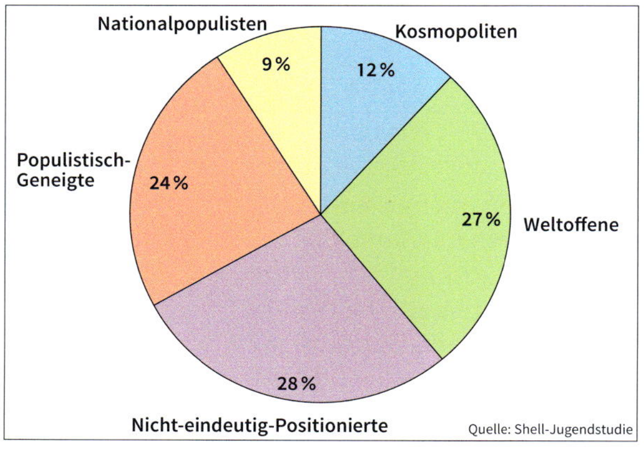

F Ansichten der Kinder/Jugendlichen zur Politik allgemein

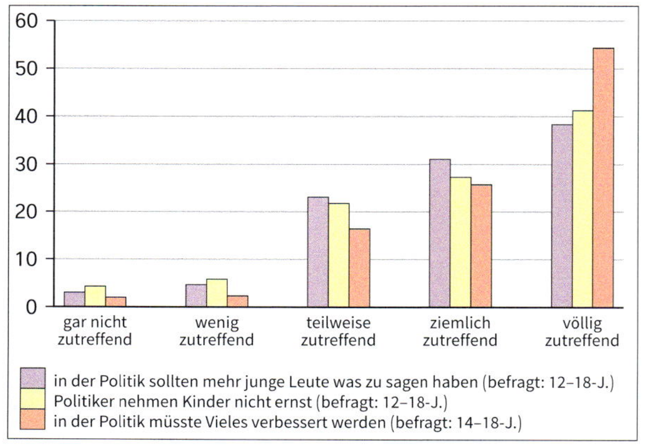

ÜBEN: Statistische Darstellungen und Aussagen beurteilen

2 Auf einer Nachrichtenseite im Internet werden die Zuschauerzahlen einer Streaming-Serie dargestellt und kommentiert.

Zuschauerzahlen bei Starworld massiv zurückgegangen

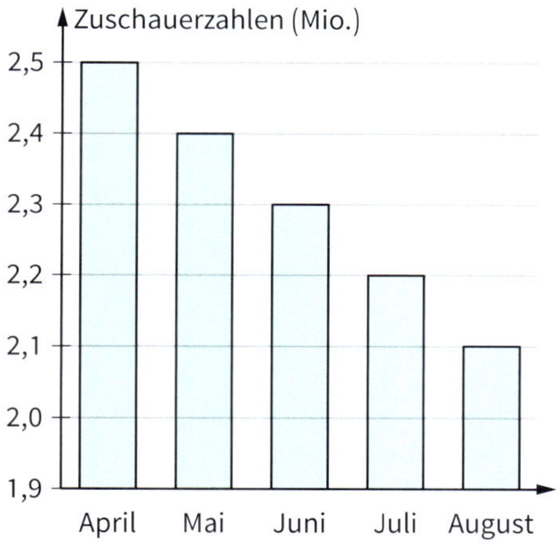

Überprüfe diese Aussage. Erstelle dazu mithilfe deines Tabellenkalkulationsprogramms ein Säulendiagramm, bei dem die y-Achse bei 0 beginnt.

3 Ein Smartphone-Hersteller hat seinen Marktanteil in den letzten Jahren in Deutschland deutlich erhöht und präsentiert dazu auf seiner Internetseite die folgende Grafik.

Peach ist Marktführer!

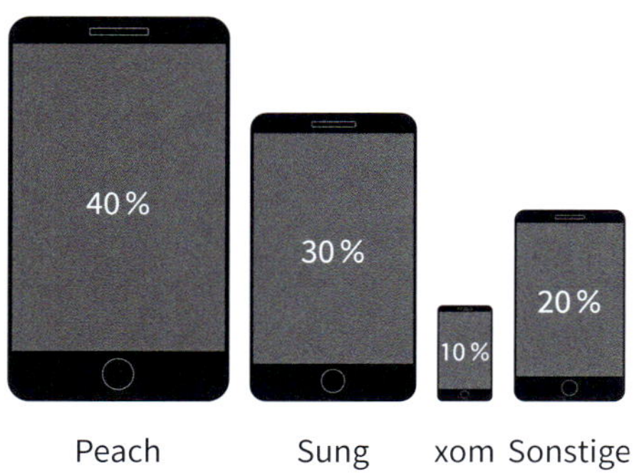

a) Beurteile die Darstellung. Vergleiche dazu die Flächen der abgebildeten Icons mit den Prozentsätzen.

b) Stelle mithilfe deines Tabellenkalkulationsprogramms die Prozentanteile in einem Kreisdiagramm dar.
Vergleiche dein Kreisdiagramm mit der Darstellung.

4 Laut Auskunft einer Wetterseite im Internet soll die Jahresdurchschnittstemperatur in Berlin 10,1 °C betragen, der Jahresniederschlag 610 mm.

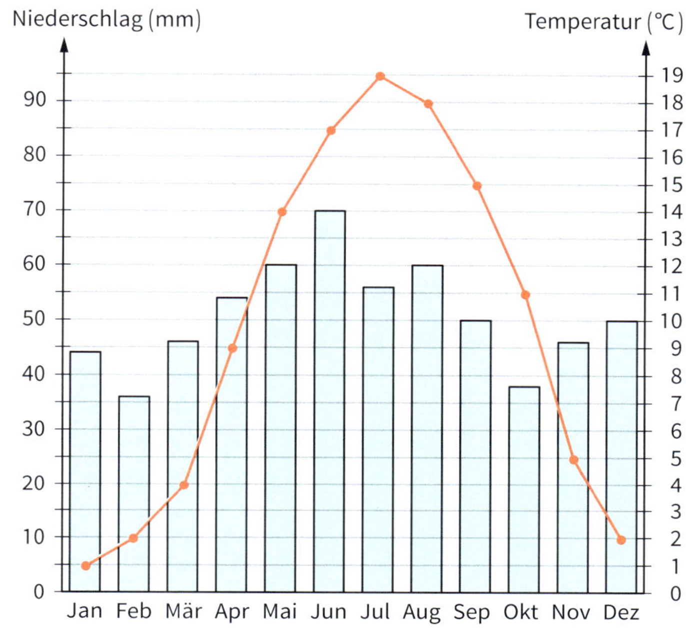

Überprüfe diese Aussage mithilfe deines Tabellenkalkulationsprogramms.

5 In den Urlisten wurden die Ergebnisse der Jungen und Mädchen der 9 b und 9 c im Weitsprung notiert.

Sprungweiten (m) Mädchen 9 b und 9 c

3,33	3,55	3,52	2,87	3,01	3,61	3,47	3,69	3,58
3,51	3,71	3,11	3,63	3,15	3,42	3,17	3,28	2,91
3,41	3,37	3,79	3,61	3,64	3,22			

Sprungweiten (m) Jungen 9 b und 9 c

4,33	4,67	4,07	4,29	4,25	4,65	3,67	3,43	4,51
4,57	4,67	3,59	4,19	3,83	3,89	4,01	3,73	3,61
4,43	4,39	3,65	3,70	4,00	3,48			

Überprüfe folgende Aussagen, indem du die Daten mithilfe deines Tabellenkalkulationsprogramms auswertest.

a) Die Jungen springen im Durchschnitt einen Meter weiter als die Mädchen.

b) Die Unterschiede bei den Weiten der Mädchen sind nicht so groß wie bei den Jungen.

c) Mehr als 50 % der Jungen springen weiter als das Mädchen mit der größten Sprungweite.

VERTIEFEN: Mittlere quadratische Abweichung und Standardabweichung

1 Bei der Berechnung der mittleren linearen Abweichung hat Julian immer Schwierigkeiten, weil er bei der Berechnung der Abweichung erst überlegen muss, ob der einzelne Wert oder das arithmetische Mittel größer ist.
Wenn Julian aber jede Differenz quadriert, spielt die Reihenfolge keine Rolle, denn das Quadrat der Differenz ist immer positiv. Julian erhält ein weiteres Maß für die Streuung, die **mittlere quadratische Abweichung s^2** (**Varianz**).

100-Meter-Zeiten (s)
13,8 14,5 14,3 14,0 14,4

$\overline{x} = 14{,}2\,s$

Zeiten (s)	quadratische Abweichung von $\overline{x}$
13,8	$(13{,}8 - 14{,}2)^2 = 0{,}16$
14,5	$(14{,}5 - 14{,}2)^2 = 0{,}09$
14,3	$(14{,}3 - 14{,}2)^2 = 0{,}01$
14,0	$(14{,}0 - 14{,}2)^2 = 0{,}04$
14,4	$(14{,}4 - 14{,}2)^2 = 0{,}04$

$$s^2 = \frac{0{,}16 + 0{,}09 + 0{,}01 + 0{,}04 + 0{,}04}{5}$$
$$s^2 = 0{,}068$$

a) Berechne für die Daten in der unten angegebenen Urliste die mittlere quadratische Abweichung s^2.

100-Meter-Zeiten (s)
14,6 14,4 13,8 14,2 14,5

b) Vergleiche die mittlere quadratische Abweichung s^2 mit der mittleren linearen Abweichung $\overline{s}$.

2 In der Urliste findest du die Weiten, die Linda beim Kugelstoßen erzielt hat.

Weiten (m)
5,70 5,80 5,95 6,15 5,75 5,40 5,85

a) Berechne das arithmetische Mittel $\overline{x}$ und die mittlere lineare Abweichung $\overline{s}$.
b) Berechne die mittlere quadratische Abweichung s^2. Ziehe die Wurzel aus s^2. Vergleiche mit $\overline{s}$.

Neben der Spannweite und der mittleren linearen Abweichung $\overline{s}$ ist auch die **mittlere quadratische Abweichung s^2** (**Varianz**) ein Maß für die Streuung der einzelnen Werte.

100-Meter-Zeiten (s)
14,1 14,3 14,6 14,7 14,8

Zeiten (s)	quadratische Abweichung von $\overline{x} = 14{,}5$
14,1	$(14{,}1 - 14{,}5)^2 = 0{,}16$
14,3	$(14{,}3 - 14{,}5)^2 = 0{,}04$
14,6	$(14{,}6 - 14{,}5)^2 = 0{,}01$
14,7	$(14{,}7 - 14{,}5)^2 = 0{,}04$
14,8	$(14{,}8 - 14{,}5)^2 = 0{,}09$

$$s^2 = \frac{0{,}16 + 0{,}04 + 0{,}01 + 0{,}04 + 0{,}09}{5} = 0{,}068$$

Die **Standardabweichung s** ist die Wurzel aus der mittleren quadratischen Abweichung s^2.

$s = \sqrt{0{,}068} \approx 0{,}26$

3 In der Urliste findest du die von Leon und Max beim Kugelstoßen erzielten Weiten.

Weiten (m)
Leon: 8,39 7,87 8,12 8,40 8,16
Max: 8,45 7,64 8,03 8,68 8,14

a) Berechne jeweils das arithmetische Mittel $\overline{x}$, die mittlere quadratische Abweichung s^2 und die Standardabweichung s.
b) Wer von beiden erbringt die konstanteren Leistungen?

4 Die Urliste enthält die Weiten, die von Amelie und Jasmin beim Weitspringen erzielt worden sind.

Sprungweiten (m)
Amelie: 4,75 4,34 4,08 4,55
Jasmin: 3,98 4,88 4,30 4,76 4,23

Berechne jeweils die Standardabweichung s und vergleiche.

AUSGANGSTEST

1 In der Urliste findest du die Fehltage einer Klasse des 9. Jahrgangs im Mai.

Fehltage

2 3 3 4 2 3 4 4 5 5 3 3 2 6 3 3 4 4 4 4 4 4
3 1 3 2 2

a) Lege eine Strichliste und eine Häufigkeitstabelle an. Berechne auch die relativen Häufigkeiten.
b) Bestimme Modalwert, Median und arithmetisches Mittel.

2 a) Welcher Fehler wird bei dieser grafischen Darstellung gemacht?
b) Zeichne das zugehörige Balkendiagramm und vergleiche.

Entwicklung der Einwohnerzahlen in Erfurt

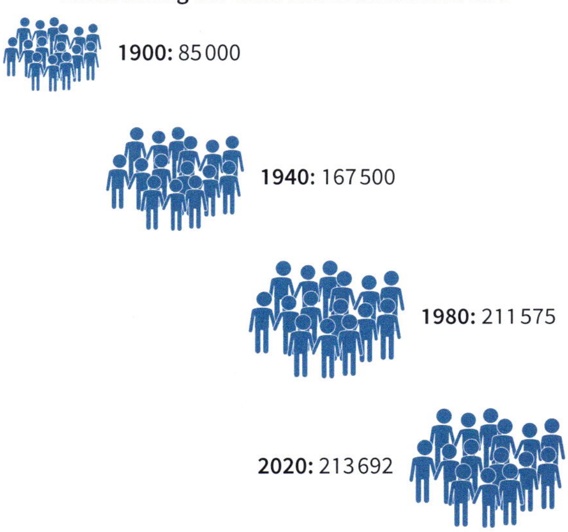

3 a) Stelle für die Jungen der 9 a und 9 b die Ergebnisse im 100-m-Lauf jeweils in einem Boxplot grafisch dar.

100-m-Lauf Jungen 9 a — Zeiten (s)

13,5 13,7 14,6 14,2 14,4 15,2 15,4 14,0 13,4
16,1 13,4 13,8

100-m-Lauf Jungen 9 b — Zeiten (s)

14,6 13,5 13,8 14,8 14,2 14,3 15,5 15,6 14,0
13,4 16,2 16,5 16,4

b) Vergleiche anhand der Boxplots die Ergebnisse miteinander.

4 Maja und Reyhan trainieren in ihrem Verein regelmäßig für einen 1 000-Meter-Lauf und notieren ihre Ergebnisse in einer Urliste.

Zeiten von Maja (in min)

4:01 4:10 4:07 4:15 4:09 4:20 4:07 4:11

Zeiten von Reyhan (in min)

4:06 4:05 4:00 4:25 4:17 4:09 4:01 4:08

Nur eine der beiden Sportlerinnen soll beim 1 000-Meter-Lauf antreten.
a) Bestimme Minimum, Maximum und Spannweite.
b) Berechne das arithmetische Mittel und den Median.
c) Bestimme die mittlere lineare Abweichung.
d) Vergleiche die Ergebnisse miteinander und begründe, welche Sportlerin antreten soll.

Ich kann ...

Ich kann ...	Aufgabe	Hilfen und Aufgaben	
Strichlisten und Häufigkeitstabellen erstellen.	1	Seite 174 – 176, 190	I
relative Häufigkeiten, das arithmetische Mittel und den Median berechnen.	1	Seite 174, 178 – 181, 190	
Fehler bei grafischen Darstellungen entdecken.	2	Seite 185 – 187, 192, 193	II
das Minimum, das Maximum und die Spannweite berechnen.	3, 4	Seite 180, 181, 190, 191	
das untere und obere Quartil berechnen und Boxplots zeichnen.	3	Seite 181, 191	
die mittlere lineare Abweichung berechnen.	4	Seite 180, 190	
Entscheidungen mithilfe von Kenngrößen begründen.	4	Seite 178 – 181, 190, 191	III

Vorbereitung auf den Einstellungstest

Wenn du die Absicht hast, nach dem 10. Schuljahr eine berufliche Ausbildung zu beginnen, musst du dich bei einer oder mehreren Firmen bewerben. Dort werden deine Bewerbungsunterlagen geprüft und du wirst von manchen Firmen zu einem Einstellungs- oder Eignungstest eingeladen.

In diesem Test möchte der Arbeitgeber deine Fähigkeiten auf verschiedenen Gebieten überprüfen und feststellen, ob du für den Beruf geeignet bist.
Es werden meistens mehrere Bereiche getestet:
- Teamfähigkeit, Konzentrationsfähigkeit, …
- räumliches Vorstellungsvermögen, logisches Schlussfolgern, …
- Sprachverständnis, Ausdruck, Allgemeinwissen, Kenntnisse in Fremdsprachen, mathematische Kenntnisse, …

Finden Sie die Figur, die aus der Reihe tanzt.

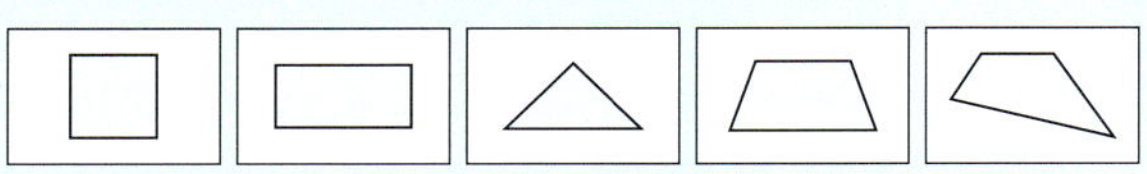

a b c d e

Ein Kaufmann kauft für 1200 € Tee. Diesen verkauft er für 1500 €. An jedem Sack Tee verdient er 50 €.

Wie viele Säcke Tee hatte er?

Frage 1: Wann endete der Zweite Weltkrieg?
- ○ 1943
- ○ 1945
- ○ 1949
- ○ 1944

Auf den folgenden Seiten findest du jeweils den mathematischen Teil **zweier Einstellungstests**. Zu jeder Testaufgabe gibt es vier mögliche Lösungen, von denen nur eine richtig ist. Löse die Aufgaben zügig und sorgfältig. Eine Zeitvorgabe gibt es nicht.
Notiere die Aufgabennummer und den Lösungsbuchstaben auf einem Zettel. Auf Seite 199 findest du die richtigen Lösungen.
Die Benutzung des Taschenrechners ist nur für den zweiten Test erlaubt.

Den Wiederholungsteil im Anschluss an die Tests kannst du nutzen, um dich auf die Einstellungstests vorzubereiten.

Einstellungstest 1 (ohne Taschenrechner)

1 Berechne.
23,4 + 0,04 + 16

a	25,4	c	39,44
b	39,8	d	25,04

2 Berechne.
23 · 1,9

a	437	c	4,37
b	43,7	d	0,437

3 Berechne. Achte auf die Rechenregeln.
3 + (12 − 6) · 2

a	18	c	15
b	19	d	12

4 Gib die Zahl an, die dem Ergebnis am nächsten kommt.
0,61 · 451,2

a	2 700	c	27
b	2,7	d	270

5 Berechne.
34,7 − 5,2

a	28,5	c	31,5
b	29,5	d	29,05

6 Wie viel Millimeter sind 0,43 m?

a	43 mm	c	430 mm
b	4 300 mm	d	4,3 mm

7 Drei Handwerker benötigen für einen Dachausbau 12 Tage. Wie viele Tage benötigen vier Handwerker?

a	10 Tage	c	9 Tage
b	8 Tage	d	15 Tage

8 Bestimme den Flächeninhalt der Figur.

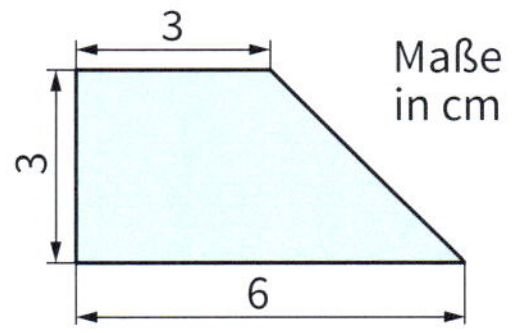

a	18 cm²	c	13,5 cm²
b	12 cm²	d	4,5 cm²

9 Der Pizza-Lieferservice wirbt mit einem Rabatt von 20 %. Paul möchte eine Pizza für 8 € bestellen. Wie hoch wäre die Ersparnis?

a	2 €	c	1,60 €
b	0,16 €	d	2,50 €

10 Ein Dachdecker braucht für ein 200 m² großes Dach 3 600 Dachziegel. Wie viele Dachziegel benötigt er für ein Dach mit einer Fläche von 150 m²?

a	4 800	c	1 800
b	2 700	d	2 600

11 Wie viel Kubikmeter Sand passen in den Behälter?

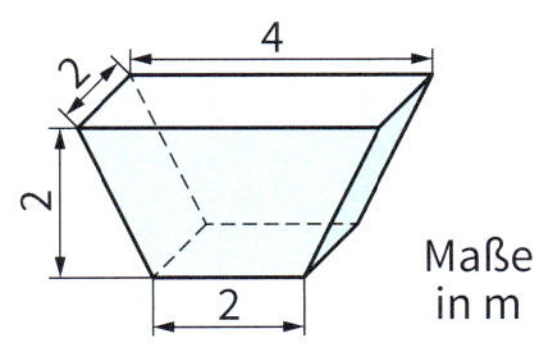

a	12 m³	c	8 m³
b	16 m³	d	32 m³

12 Bestimme die Lösung der Gleichung.
2 x − 3 = 25

a	11	c	22
b	26	d	14

Einstellungstest 2 (mit Taschenrechner)

1 Wie viel Liter sind $0{,}6\,m^3$?

a	6 *l*	c	60 *l*
b	600 *l*	d	6 000 *l*

2 Der Preis eines Computers wurde von 1 100 € auf 1 000 € gesenkt. Um wie viel Prozent wurde reduziert?

a	20 %	c	≈ 11,1 %
b	10 %	d	≈ 9,1 %

3 Anton hat seinem Freund Max 30 € geliehen. Max gibt das Geld nach 30 Tagen zurück. Wie viel Zinsen müsste Max bei einem Zinssatz von 2 % bezahlen?

a	5 Cent	c	3 €
b	0,60 €	d	6 Cent

4 Ein Kapital von 1 000 € wird zu einem Zinssatz von 1% fest angelegt. Auf welchen Betrag wächst das Kapital nach zwei Jahren an? Beachte die Zinseszinsen.

a	1 020 €	c	1 020,10 €
b	1 010 €	d	1 200 €

5 Ein Maler streicht in 6 Tagen eine Fläche von $396\,m^2$. Welche Fläche kann er in 8 Tagen streichen?

a	$628\,m^2$	c	$452\,m^2$
b	$352\,m^2$	d	$528\,m^2$

6 Bei 25 beteiligten Schülerinnen und Schülern betragen die Kosten für eine Busfahrt pro Person 20 €. Wie viel Euro muss jeder bezahlen, wenn 15 weitere Schüler mitfahren, die Gesamtkosten für den Bus sich aber nicht ändern?

a	25 €	c	11,50 €
b	12,50 €	d	35 €

7 Bestimme die Lösung der Gleichung.
$-3x = -10(x - 14)$

a	20	c	28
b	−20	d	1,4

8 Ein Unternehmen zahlt folgende Gehälter: Acht Angestellte erhalten 2 200 €, vier Angestellte erhalten 1 950 € und vier Angestellte erhalten 2 600 €. Berechne das durchschnittliche Gehalt, das in diesem Betrieb gezahlt wird.

a	2 250 €	c	2 200,50 €
b	26 050 €	d	2 237,50 €

9 Ein Auto kostet einschließlich Mehrwertsteuer 17 255 €. Wie hoch ist die Mehrwertsteuer (19 %)?

a	3 278,45 €	c	190 €
b	2 755 €	d	2 950,50 €

10 Der Umfang eines Rechtecks beträgt 30 cm. Eine Seite ist 4,6 cm lang.

a	20,8 cm	c	10,4 cm
b	10,8 cm	d	5,8 cm

11 Berechne den Flächeninhalt der abgebildeten Figur.

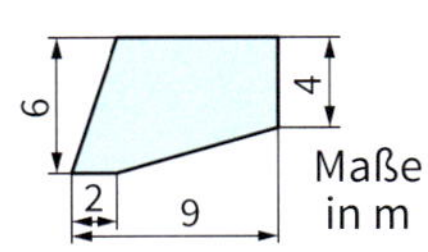

a	$51\,m^2$	c	$47\,m^2$
b	$42\,m^2$	d	$41\,m^2$

12 Berechne das Volumen des Körpers.

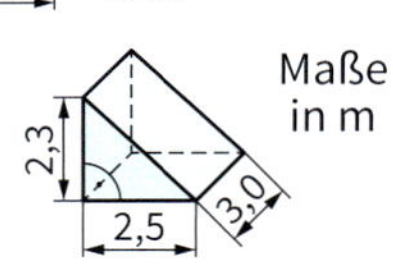

a	$17{,}25\,m^3$	c	$4{,}3125\,m^3$
b	$8{,}625\,m^3$	d	$18\,m^3$

Lösungen und Kompetenztabellen

Einstellungstest 1

Lösungen
1 c, 2 b, 3 c, 4 d, 5 b, 6 c, 7 c, 8 c, 9 c, 10 b, 11 a, 12 d

Ich kann …	Aufgabe	Hilfen und Aufgaben
Dezimalzahlen addieren.	1	Seite 207
Dezimalzahlen multiplizieren.	2	Seite 208
die Regeln „Punkt- vor Strichrechnung“ und „Klammern zuerst“ anwenden.	3	Seite 207, 208
Ergebnisse bei Multiplikationen schätzen.	4	Seite 208
Dezimalzahlen im Kopf subtrahieren.	5	Seite 207
Längen in anderen Einheiten angeben.	6	Seite 218
den Dreisatz bei antiproportionalen Zuordnungen anwenden.	7	Seite 211
Flächeninhalte ebener Figuren berechnen.	8	Seite 219
Sachaufgaben zur Prozentrechnung lösen.	9	Seite 212, 213
den Dreisatz bei proportionalen Zuordnungen anwenden.	10	Seite 210
das Volumen eines Prismas berechnen.	11	Seite 220
einfache Gleichungen lösen.	12	Seite 217

Einstellungstest 2

Lösungen
1 b, 2 d, 3 a, 4 c, 5 d, 6 b, 7 a, 8 d, 9 b, 10 c, 11 d, 12 b

Ich kann …	Aufgabe	Hilfen und Aufgaben
Volumen in anderen Einheiten angeben.	1	Seite 218
Sachaufgaben zur Prozentrechnung lösen.	2	Seite 212, 213
Tageszinsen berechnen.	3	Seite 215
Zinseszinsen berechnen.	4	Seite 215
Sachaufgaben mit dem Dreisatz lösen.	5, 6	Seite 210, 211
Gleichungen lösen.	7	Seite 217
das arithmetische Mittel berechnen.	8	Seite 222
bei gegebenem Verkaufspreis die Mehrwertsteuer berechnen.	9	Seite 213, 214
die Lösung einer linearen Gleichung bestimmen.	10	Seite 217
den Flächeninhalt einer zusammengesetzten Figur berechnen.	11	Seite 219
das Volumen eines Prismas berechnen.	12	Seite 220

EINGANGSTEST

Zu Kapitel 1 bis Kapitel 9 in diesem Buch wird jeweils ein Eingangstest angeboten.
Damit kannst du überprüfen, ob du über die Voraussetzungen verfügst, die du für die erfolgreiche Bearbeitung des jeweiligen Kapitels benötigst. Die Ergebnisse der Aufgaben findest du auf den Seiten 230 und 231.

Kommst du mithilfe der Tabelle zur Selbsteinschätzung zu dem Ergebnis, dass dir bestimmte Voraussetzungen fehlen, benutze die angegebenen Hilfen und bearbeite die angegebenen Aufgaben.

1 Maßstäbliches Vergrößern und Verkleinern

1 Gib jeweils die Koordinaten der Punkte im Koordinatensystem an.

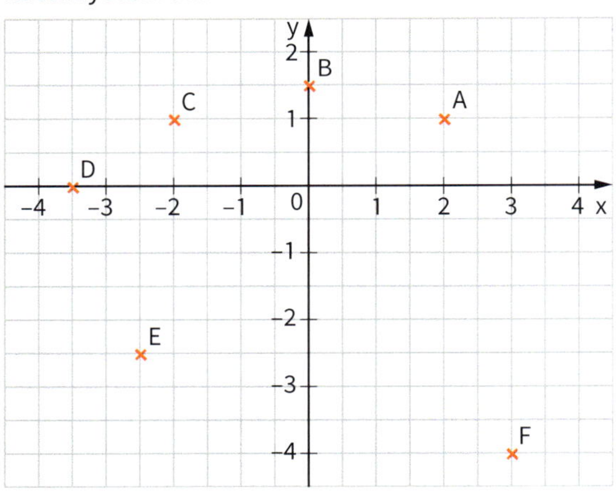

2 Zeichne die Figur ABCD mit A(– 1 | – 2), B(3 | – 2), C(3 | 1), D(– 1 | 1) in ein Koordinatensystem (Einheit: 1 cm) und berechne ihren Flächeninhalt.

3 Löse die Gleichungen.

a) $\frac{x}{4} = \frac{3}{5}$ b) $\frac{8}{5} = \frac{x}{3}$ c) $\frac{x}{2{,}4} = \frac{5}{6}$

4 Schreibe in der angegebenen Einheit.

a) 4 m (cm)
5 m (mm)
3,45 m (cm)
8 km (m)
2,05 km (m)
3 500 km (m)

b) 350 cm (m)
45 cm (m)
75 000 cm (m)
560 000 cm (km)
34 000 000 cm (km)
6 700 000 mm (km)

Ich kann …

Ich kann …	Aufgabe	Hilfen und Aufgaben
Koordinaten von Punkten im Koordinatensystem bestimmen.	1	Seite 209
den Flächeninhalt von Rechtecken berechnen.	2	Seite 219
Gleichungen lösen.	3	Seite 217
Längen in anderen Einheiten schreiben.	4	Seite 218

EINGANGSTEST

2 Reelle Zahlen

1 Berechne.
a) $5 \cdot 5$ $11 \cdot 11$
b) $0{,}2 \cdot 0{,}2$ $0{,}1 \cdot 0{,}1 \cdot 0{,}1$
c) 7^2 12^2
d) 4^3 8^3

2 Gib fünf rationale Zahlen an,
a) die zwischen 4 und 5 liegen.
b) die zwischen 7,11 und 7,12 liegen.

3 Ordne die Zahlen der Größe nach.
2,24   2,42   2,22   2,44   2,242   2,424

4 Runde auf Hundertstel (Tausendstel).
a) 0,5632   b) 2,4867   c) 11,9755

5 a) Die Seitenlänge eines Quadrats beträgt 12 cm (23 cm). Berechne den Flächeninhalt.
b) Ein Rechteck ist 9 cm lang und 4 cm breit. Gib die Seitenlänge des Quadrats an, das denselben Flächeninhalt wie das Rechteck hat.

6 a) Welche der angegebenen rationalen Zahlen sind natürliche Zahlen?
b) Welche der angegebenen rationalen Zahlen sind keine ganzen Zahlen?

6 -7 $12{,}5$ 101 $\frac{3}{4}$ $2\frac{1}{2}$
$-\frac{1}{5}$ $0{,}3$ 9 -11 $-3{,}5$

Ich kann …

	Aufgabe	Hilfen und Aufgaben
Produkte mit zwei und drei gleichen Faktoren berechnen.	1	Seite 208
rationale Zahlen ordnen.	2, 3	Seite 209
rationale Zahlen runden.	4	Seite 206
mithilfe der Seitenlänge eines Quadrats den Flächeninhalt berechnen.	5	Seite 219
bei einfachen Aufgaben mithilfe des Flächeninhalts eines Quadrats die Seitenlänge bestimmen.	5	Seite 219
natürliche, ganze und rationale Zahlen unterscheiden.	6	Seite 209

3 Kreis und Kreisteile

1 Gib in der Einheit an, die in Klammern steht.
a) 450 cm (m)   b) 0,37 m (cm)
c) 2 300 mm (cm)   d) 6 400 mm^2 (cm^2)
e) 32 m^2 (dm^2)   f) 5,6 cm^2 (mm^2)

2 Runde auf Zehntel (Hundertstel).
a) 4,567   b) 0,6436   c) 6,9582

3 Berechne.
a) $0{,}6^2$ b) $1{,}2^2$ c) $1{,}5^2$

4 Bestimme den Umfang und den Flächeninhalt der abgebildeten Figur.

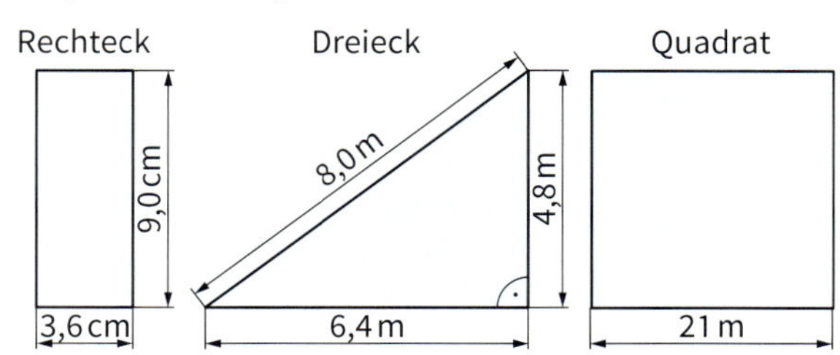

Ich kann …

	Aufgabe	Hilfen und Aufgaben
Längen und Flächeninhalte in anderen Einheiten angeben.	1	Seite 219
Dezimalzahlen auf Zehntel (Hundertstel) runden.	2	Seite 206
Dezimalzahlen quadrieren.	3	Seite 208
den Umfang und den Flächeninhalt eines Rechtecks, eines Dreiecks und eines Quadrats berechnen.	4	Seite 219

EINGANGSTEST

4 Lineare Funktionen

1 Zeichne die in der Tabelle vorgegebenen Wertepaare als Punkte in ein Koordinatensystem ein.

x	−3	−1	0	1	3	5
y	4	−3	−2	3	2	4

2 Die in der Tabelle dargestellte Zuordnung ist proportional. Ergänze die Tabelle in deinem Heft.

Anzahl	Preis (€)
3	1,80
9	■
1	■
11	■

3 a) Bestimme die Koordinaten der im Koordinatensystem eingezeichneten Punkte.
b) Begründe, dass hier eine proportionale Zuordnung dargestellt wird.

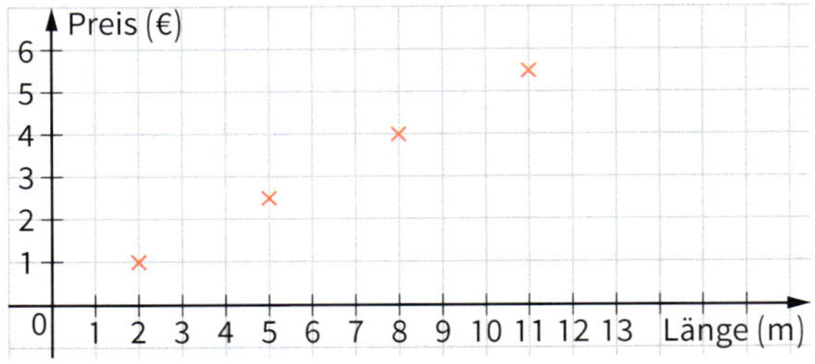

4 Ein Silberwürfel hat ein Volumen von $64\ cm^3$ und eine Masse von 672 g. Welche Masse hat ein Silberwürfel mit einem Volumen von $125\ cm^3$?

Ich kann …	Aufgabe	Hilfen und Aufgaben
Wertepaare als Punkte in ein Koordinatensystem einzeichnen.	1	Seite 209
Tabellen zu proportionalen Zuordnungen ergänzen.	2	Seite 210
die Koordinaten von Punkten im Koordinatensystem ablesen.	3 a	Seite 209
nutzen, dass die Punkte linearer Zuordnungen auf einer Ursprungsgeraden liegen.	3 b	Seite 210
die Eigenschaften proportionaler Zuordnungen zum Lösen von Sachproblemen nutzen.	4	Seite 210

5 Lineare Gleichungssysteme

1 Forme die Gleichungen um und bestimme x.

a) $3x + 10 = 22$
$4{,}8 - 3x = -6$

b) $15 - x = 2x - 18$
$2{,}8 - 5x = 17{,}2 + 3x$

c) $3x + 7{,}6 - 5x = 13x + 20 - 9x - 13$
$-2{,}4x + 16{,}5 + 3{,}8x - 12{,}8 = 4x + 11{,}2 - 2{,}5x$

2 Zeichne die Graphen folgender Funktionen in ein Koordinatensystem und bestimme die Koordinaten des Schnittpunktes.
f: $y = 0{,}5x + 2{,}5$ g: $y = -x + 7$

3 Überprüfe, ob der Punkt auf dem Graphen der Funktion f mit der angegebenen Funktionsgleichung liegt.
$P(12\,|\,27)$; f: $y = 3x - 8$ $Q(-5\,|\,17)$; f: $y = -4x + 3$

Ich kann …	Aufgabe	Hilfen und Aufgaben
Gleichungen mit x auf beiden Seiten lösen.	1	Seite 217
Graphen linearer Funktionen in ein Koordinatensystem zeichnen.	2	Seite 71 – 76
die Koordinaten eines Punktes im Koordinatensystem bestimmen.	2	Seite 209
durch eine Rechnung überprüfen, ob ein Punkt auf dem Graphen einer Funktion liegt.	3	Seite 81

EINGANGSTEST

6 Satz des Pythagoras

1 Berechne.
a) 8^2 b) 13^2 c) $1,5^2$ d) 300^2 e) $0,6^2$ f) $0,04^2$

2 Bestimme die Wurzel.
a) $\sqrt{49}$ b) $\sqrt{81}$ c) $\sqrt{121}$ d) $\sqrt{1,44}$ e) $\sqrt{0,25}$

3 Forme die Gleichung um und bestimme die Lösung.
a) $12x + 28 = 64$ b) $7x - 4 = 17$ c) $15x - 35 = 10$

4 Bestimme den Flächeninhalt der ebenen Figur.

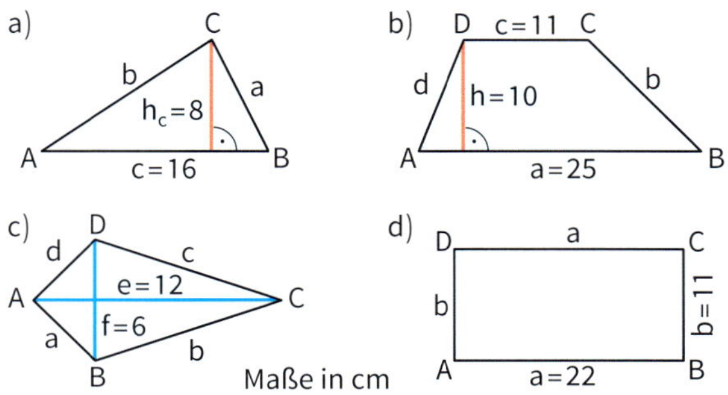

Ich kann ...

	Aufgabe	Hilfen und Aufgaben
das Quadrat einer Zahl berechnen.	1	Seite 31, 208
die Quadratwurzel einer Zahl bestimmen.	2	Seite 31, 32
Gleichungen mit x auf einer Seite lösen.	3	Seite 217
den Flächeninhalt ebener Figuren berechnen.	4	Seite 219

7 Körper

1 Berechne Flächeninhalt und Umfang der Figur.

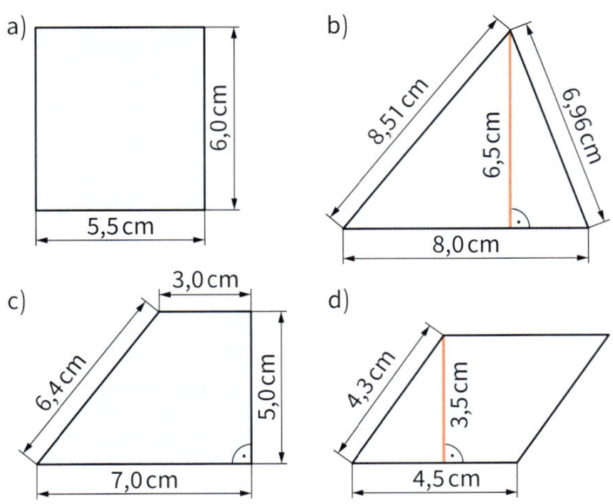

2 Berechne Umfang und Flächeninhalt des Kreises.

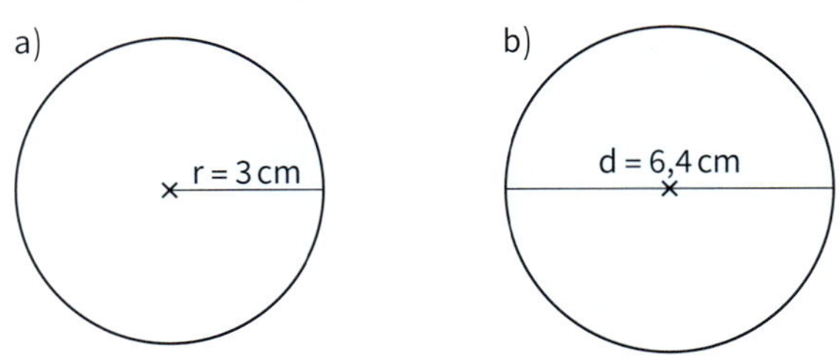

3 Ein Quader ist 5 cm lang, 4 cm breit und 3 cm hoch.
a) Zeichne ein Netz des Quaders.
b) Berechne sein Volumen und seinen Oberflächeninhalt.

Ich kann ...

	Aufgabe	Hilfen und Aufgaben
Flächeninhalt und Umfang von Rechteck, Dreieck, Trapez, Parallelogramm und Kreis berechnen.	1, 2	Seite 51, 52, 219
das Netz eines Quaders zeichnen, seinen Oberflächeninhalt und sein Volumen bestimmen.	3	Seite 220

EINGANGSTEST

8 Große und kleine Zahlen

1 Berechne.
a) 4^2 b) 10^2 c) 9^2 d) 2^3

2 Schreibe als Bruch.
a) 0,1 b) 0,01 c) 0,03

3 Schreibe als Dezimalzahl.
a) $\frac{1}{1\,000}$ b) $\frac{2}{100}$ c) $\frac{7}{1\,000}$

4 Gib die Größe in der Einheit an, die in Klammern steht.
a) 5 km (m)
90 km (m)
4 000 m (km)
b) 7 t (kg)
30 t (kg)
2 000 kg (t)
c) 6 m (cm)
120 cm (m)
40 cm (m)

5 Berechne.
a) $2 \cdot 2 \cdot 2 \cdot 2$ b) $10 \cdot 10 \cdot 10 \cdot 10 \cdot 10$
c) $0{,}2 \cdot 0{,}2 \cdot 0{,}2$ d) $0{,}1 \cdot 0{,}1 \cdot 0{,}1 \cdot 0{,}1$
e) $\frac{1}{2} \cdot \frac{1}{2} \cdot \frac{1}{2} \cdot \frac{1}{2}$ f) $\frac{3}{10} \cdot \frac{3}{10} \cdot \frac{3}{10}$

Ich kann …

	Aufgabe	Hilfen und Aufgaben
Quadrate und dritte Potenzen berechnen.	1	Seite 31, 38, 208
eine Dezimalzahl als Bruch schreiben und umgekehrt.	2, 3	Seite 205
Größen in anderen Einheiten angeben.	4	Seite 218
Produkte mit gleichen Faktoren berechnen.	5	Seite 208

9 Statistische Erhebungen

1 In der Urliste findest du das Lebensalter befragter Schülerinnen und Schüler.

Lebensalter
15 15 16 16 15 15 16 17 15 15 15 16 17 15
16 15 16 15 14 15 14 15 16 16 15

a) Bestimme zu den in der Urliste angegebenen Daten die absoluten Häufigkeiten und die relativen Häufigkeiten.
b) Gib die relativen Häufigkeiten auch als Dezimalzahl und in Prozent an.

2 In dem Diagramm wird das Ergebnis einer Befragung in mehreren Haushalten dargestellt.

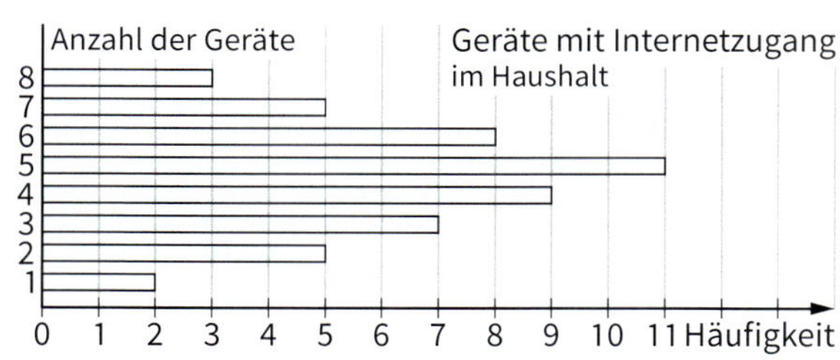

Berechne die relativen Häufigkeiten und trage sie in eine Tabelle ein.

Ich kann …

	Aufgabe	Hilfen und Aufgaben
absolute und relative Häufigkeiten bestimmen.	1, 2	Seite 221
relative Häufigkeiten auch als Dezimalzahl und in Prozent angeben.	1	Seite 221
Häufigkeiten aus Diagrammen ablesen.	2	Seite 221

WIEDERHOLUNG
Brüche und Dezimalzahlen

1 Welcher Bruchteil ist gefärbt (weiß)?

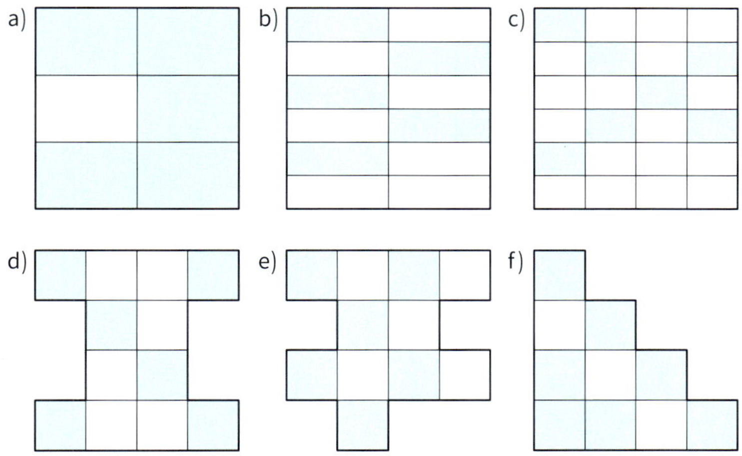

2 Erweitere mit 4 (5, 6, 7).

$\frac{6}{7}$ $\quad$ $\frac{3}{8}$ $\quad$ $\frac{7}{9}$ $\quad$ $\frac{1}{12}$ $\quad$ $\frac{7}{13}$ $\quad$ $\frac{6}{11}$

3 Erweitere auf den angegebenen Nenner.

a) $\frac{2}{3} = \frac{\square}{24}$ $\quad$ $\frac{3}{4} = \frac{\square}{32}$ $\quad$ $\frac{4}{7} = \frac{\square}{35}$

b) $\frac{5}{6} = \frac{\square}{36}$ $\quad$ $\frac{7}{16} = \frac{\square}{64}$ $\quad$ $\frac{4}{15} = \frac{\square}{90}$

4 Kürze so weit wie möglich.

a) $\frac{16}{24}$ $\quad$ $\frac{20}{32}$ $\quad$ $\frac{16}{64}$ $\quad$ $\frac{20}{24}$ $\quad$ $\frac{18}{32}$

b) $\frac{36}{64}$ $\quad$ $\frac{32}{128}$ $\quad$ $\frac{27}{90}$ $\quad$ $\frac{72}{144}$ $\quad$ $\frac{51}{85}$

5 Schreibe als Bruch.

a) 0,7 $\quad$ 0,6 $\quad$ 0,31 $\quad$ 0,67 $\quad$ 0,07

b) 0,71 $\quad$ 0,23 $\quad$ 0,462 $\quad$ 0,486 $\quad$ 0,071

c) 0,5179 $\quad$ 0,0407 $\quad$ 0,0358 $\quad$ 0,0061 $\quad$ 0,0307

6 Schreibe als Dezimalzahl.

a) $\frac{1}{10}$ $\quad$ $\frac{7}{10}$ $\quad$ $\frac{23}{100}$ $\quad$ $\frac{9}{100}$ $\quad$ $\frac{107}{1000}$

b) $\frac{17}{1000}$ $\quad$ $\frac{3}{1000}$ $\quad$ $\frac{149}{1000}$ $\quad$ $\frac{77}{100}$ $\quad$ $\frac{77}{1000}$

7 Erweitere und schreibe als Dezimalzahl.

a) $\frac{1}{2}$ $\quad$ $\frac{4}{5}$ $\quad$ $\frac{11}{50}$ $\quad$ $\frac{3}{20}$ $\quad$ $\frac{13}{50}$

b) $\frac{17}{20}$ $\quad$ $\frac{5}{8}$ $\quad$ $\frac{9}{25}$ $\quad$ $\frac{101}{500}$ $\quad$ $\frac{117}{200}$

c) $\frac{9}{200}$ $\quad$ $\frac{6}{125}$ $\quad$ $\frac{11}{40}$ $\quad$ $\frac{1}{250}$ $\quad$ $\frac{39}{40}$

Brüche

Der **Nenner** eines **Bruches** gibt an, in wie viele gleich große Teile das Ganze eingeteilt wurde.
Der **Zähler** gibt an, wie viele Teile genommen werden.

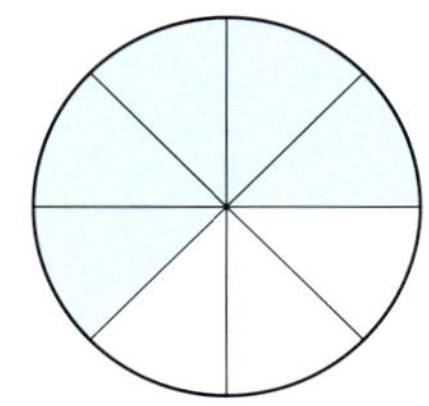

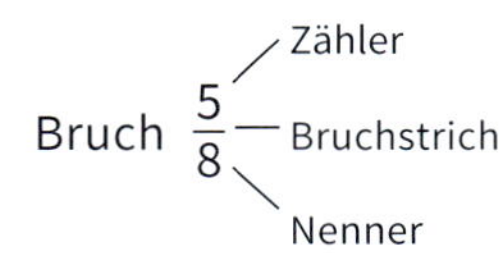

Erweitern von Brüchen

$\frac{5}{8} = \frac{5 \cdot 3}{8 \cdot 3} = \frac{15}{24}$

Zähler und Nenner werden mit der gleichen Zahl multipliziert.

Kürzen von Brüchen

$\frac{15}{24} = \frac{15:3}{24:3} = \frac{5}{8}$

Zähler und Nenner werden durch die gleiche Zahl dividiert.

Dezimalzahlen

Eine Dezimalzahl ist ein Bruch mit dem Nenner 10, 100, 1 000, …

$0{,}9 = \frac{9}{10}$ $\quad$ $0{,}37 = \frac{37}{100}$ $\quad$ $0{,}231 = \frac{231}{1000}$

$0{,}4 = \frac{4}{10} = \frac{2}{5}$ $\quad$ $0{,}2 = \frac{2}{10} = \frac{1}{5}$

$0{,}25 = \frac{25}{100} = \frac{1}{4}$ $\quad$ $0{,}75 = \frac{75}{100} = \frac{3}{4}$

$\frac{7}{50} = \frac{14}{100} = 0{,}14$ $\quad$ $\frac{13}{25} = \frac{52}{100} = 0{,}52$

$\frac{3}{20} = \frac{15}{100} = 0{,}15$ $\quad$ $\frac{3}{8} = \frac{375}{1000} = 0{,}375$

WIEDERHOLUNG
Brüche und Dezimalzahlen

Eine **gemischte Zahl** besteht aus einer **natürlichen Zahl** und einem **echten Bruch**.

$2\frac{5}{9}$

natürliche Zahl — echter Bruch

gemischte Zahl

$\frac{17}{40} = 17:40 = ■$

17 : 40 = 0,425
170
160
 100
 80
 200
 200
 0

$\frac{7}{11} = 7:11 = ■$

$7:11 = 0{,}6363\ldots = 0{,}\overline{63}$
70
66
 40
 33
 70
 66
 40…

Vergleichen von Dezimalzahlen

Schreibe die Dezimalzahlen stellenrichtig untereinander und vergleiche die Ziffern, die genau untereinander stehen:

0,3253
0,326
0,3253 < 0,326

Runden von Dezimalzahlen

Beim Runden einer Dezimalzahl auf eine bestimmte Stelle kommt es nur auf die nachfolgende Stelle an.
Steht dort die Ziffer 0, 1, 2, 3, 4 wird **ab**gerundet.
Steht dort die Ziffer 5, 6, 7, 8, 9 wird **auf**gerundet.

Runden auf Zehntel:
0,248 ≈ 0,2 0,951 ≈ 1,0

Runden auf Hundertstel:
0,4239 ≈ 0,42 0,7462 ≈ 0,75

8 Schreibe als Bruch.

a) $3\frac{1}{3}$ $4\frac{2}{5}$ $6\frac{4}{5}$ $7\frac{3}{8}$ $9\frac{7}{100}$

b) 3,7 4,37 5,723 6,019 5,003

9 Schreibe als gemischte Zahl.

a) $\frac{17}{3}$ $\frac{25}{4}$ $\frac{31}{9}$ $\frac{42}{5}$ $\frac{100}{9}$

b) 2,3 7,07 19,301 17,051 22,001

10 Bestimme die Dezimalzahl durch eine Division.

a) $\frac{3}{4}$ $\frac{1}{8}$ $\frac{7}{8}$ $\frac{23}{40}$ $\frac{9}{16}$

b) $\frac{11}{16}$ $\frac{10}{32}$ $\frac{19}{20}$ $\frac{47}{200}$ $\frac{97}{125}$

c) $\frac{15}{32}$ $\frac{33}{80}$ $\frac{7}{80}$ $\frac{1}{32}$ $\frac{77}{80}$

d) $\frac{5}{3}$ $\frac{1}{6}$ $\frac{7}{11}$ $\frac{11}{9}$ $\frac{10}{7}$

11 Vergleiche die Dezimalzahlen. Setze <, > oder = ein.

a)	b)	c)
1,29 ■ 1,3	0,029 ■ 0,0209	$0{,}\overline{3}$ ■ 0,3
0,101 ■ 1,010	0,010 ■ 0,0100	$0{,}\overline{6}$ ■ 0,67
1,4 ■ 1,40	2,41 ■ 2,401	$1{,}\overline{1}$ ■ $1{,}\overline{10}$
2,05 ■ 2,0501	2,041 ■ 2,0401	$2{,}\overline{3}$ ■ $2{,}\overline{31}$

12 Ordne die Dezimalzahlen der Größe nach. Benutze das Zeichen <.
4,1023; 4,02; 40,0023; 4,0012; 4,01; 4,0011

13 Runde auf Zehntel.

a) 0,46 0,73 0,654 0,736 0,59

b) 1,64 2,97 1,849 3,048 3,9914

c) 21,787 34,949 21,691 25,95 59,97

d) $0{,}0\overline{3}$ $0{,}0\overline{8}$ 0,007 5,099 1,999

14 Runde auf Hundertstel.

a) 0,515 0,376 0,613 0,739 0,544

b) 2,776 3,828 3,565 7,795 4,444

c) 26,976 6,9449 7,9051 6,8838 6,9949

d) $0{,}\overline{5}$ $0{,}\overline{7}$ $3{,}\overline{4}$ $2{,}\overline{59}$ $11{,}\overline{51}$

15 Runde auf Tausendstel.

a) 0,7345 0,87646 0,96251 0,66654

b) 2,45791 3,90953 0,00033 8,699522

c) 9,99952 0,00349 $6{,}\overline{6}$ $0{,}\overline{7}$

WIEDERHOLUNG

Brüche und Dezimalzahlen addieren und subtrahieren

1 Bestimme den gemeinsamen Nenner und addiere. Kürze das Ergebnis, wenn möglich.

a) $\frac{8}{15}+\frac{2}{15}$ $\quad\frac{3}{20}+\frac{7}{20}$ $\quad\frac{1}{2}+\frac{1}{3}$

b) $\frac{2}{3}+\frac{1}{4}$ $\quad\frac{3}{16}+\frac{1}{4}$ $\quad\frac{3}{8}+\frac{5}{12}$

c) $2\frac{5}{8}+3\frac{1}{6}$ $\quad4\frac{7}{12}+\frac{2}{3}$ $\quad5\frac{5}{6}+2\frac{7}{9}$

2 Bestimme den gemeinsamen Nenner und subtrahiere. Kürze das Ergebnis, wenn möglich.

a) $\frac{8}{15}-\frac{2}{15}$ $\quad\frac{7}{20}-\frac{3}{20}$ $\quad\frac{1}{2}-\frac{1}{3}$

b) $\frac{2}{3}-\frac{1}{4}$ $\quad\frac{7}{8}-\frac{5}{12}$ $\quad\frac{7}{9}-\frac{5}{8}$

c) $3\frac{1}{3}-2\frac{1}{3}$ $\quad12\frac{3}{5}-4\frac{1}{10}$ $\quad4\frac{1}{4}-2\frac{2}{3}$

3 Schreibe richtig untereinander und addiere.

a) 8,35 + 4,09 + 1,74
2,47 + 3,35 + 4,84
3,88 + 4,51 + 3,87

b) 3,77 + 6,4 + 0,561
0,753 + 1,76 + 2,6
2,8 + 0,786 + 4,55

4 Schreibe richtig untereinander und subtrahiere.

a) 12,7 – 7,3
27,5 – 8,9
47,8 – 18,8

b) 6,46 – 2,89
3,52 – 2,39
5,36 – 4,59

c) 5,3 – 3,18
6,8 – 4,94
10,3 – 6,28

5 Berechne. Ordne zunächst nach positiven und negativen Zahlen und fasse dann zusammen.

a) 38,6 – 6,095 + 0,07 – 5,469 + 6

b) 120 – 13,8 + 22,04 – 0,3258 + 5

c) 19,45 – 13,67 + 4,306 – 7,435 + 1,04

d) 653 – 8,45 – 94,7 – 0,648 + 30

e) 357,07 – 5,077 – 61,08 + 0,6735

f) 5,09 + 53,795 + 0,061 – 43,009 – 9,040

6 Bestimme den Platzhalter.

a) $\square$ + 2,3 = 10,34

b) $\square$ – 1,71 = 9,23

c) 231,1 – $\square$ = 1,9

d) 12,8 – $\square$ + 56,2 – 6,3 = 45

e) 140,8 – 12,589 + $\square$ = 150,17

f) 0,0001 + $\square$ – 1 = 0

Addition (Subtraktion) von Brüchen

$\frac{3}{11}+\frac{7}{11}=\frac{10}{11}$

$\frac{5}{8}+\frac{1}{3}=\frac{15}{24}+\frac{8}{24}=\frac{23}{24}$

$\frac{7}{11}-\frac{3}{11}=\frac{4}{11}$

$\frac{5}{8}-\frac{1}{3}=\frac{15}{24}-\frac{8}{24}=\frac{7}{24}$

Die Brüche müssen vor dem Addieren (Subtrahieren) so erweitert werden, dass sie den gleichen Nenner haben. Dann werden die Zähler addiert (subtrahiert). Der Nenner ändert sich nicht.

Addition (Subtraktion) von Dezimalzahlen

Beim schriftlichen Addieren (Subtrahieren) gilt:
Komma unter Komma.

46,3 – 12,4 + 8,09 – 0,461 + 5 = $\square$

46,3 – 12,4 + 8,09 – 0,461 + 5	
= 46,3 + 8,09 + 5	– 12,4 – 0,461
= 59,39	– 12,861
= 46,529	

46,3 – 12,4 + 8,09 – 0,461 + 5 = 46,529

Nebenrechnungen:

46,3	12,4
+ 8,09	+ 0,461
+ 5	
59,39	12,861

59,390
– 12,861
46,529

WIEDERHOLUNG

Brüche und Dezimalzahlen multiplizieren, dividieren und potenzieren

Multiplizieren von Brüchen

$\frac{5}{8} \cdot \frac{4}{15} = \frac{\cancel{5}^{1} \cdot \cancel{4}^{1}}{\cancel{8}_{2} \cdot \cancel{15}_{3}} = \frac{1}{6}$

Der Zähler wird mit dem Zähler und der Nenner mit dem Nenner multipliziert.

Dividieren von Brüchen

$\frac{5}{8} : \frac{7}{16} = \frac{5 \cdot \cancel{16}^{2}}{\cancel{8}_{1} \cdot 7} = \frac{10}{7} = 1\frac{3}{7}$

Wir dividieren durch einen Bruch, indem wir mit seinem Kehrwert multiplizieren.

Multiplizieren von Dezimalzahlen

	3 Stellen					2 Stellen		
0,	0	5	7	·	0,	7	9	
				3	9	9		
					5	1	3	
				1	1			
		0,	0	4	5	0	3	
				5 Stellen				

$0{,}057 \cdot 0{,}79 = 0{,}04503$

Dividieren von Dezimalzahlen

Bei beiden Zahlen wird das Komma um so viele Stellen nach rechts verschoben, dass die zweite Zahl eine ganze Zahl wird.

$1{,}932 : 0{,}14 = \square$

$193{,}2 : 14 = 13{,}8$

```
14
 53
 42
 112
 112
   0
```

Beim Überschreiten des Kommas wird im Ergebnis das Komma gesetzt.

Potenzieren von Dezimalzahlen und Brüchen

$0{,}5^3 = 0{,}5 \cdot 0{,}5 \cdot 0{,}5 = 0{,}125$

$\left(\frac{1}{6}\right)^2 = \frac{1}{6} \cdot \frac{1}{6} = \frac{1 \cdot 1}{6 \cdot 6} = \frac{1}{36}$

1 Berechne. Kürze vor dem Ausrechnen.

a) $\frac{4}{9} \cdot \frac{1}{4}$ $\quad \frac{5}{9} \cdot \frac{3}{10}$ $\quad \frac{7}{8} \cdot \frac{4}{21}$ $\quad \frac{4}{9} \cdot \frac{18}{19}$ $\quad \frac{1}{4} \cdot 12$

b) $\frac{5}{11} \cdot \frac{11}{20}$ $\quad \frac{6}{13} \cdot \frac{26}{33}$ $\quad \frac{7}{12} \cdot \frac{9}{14}$ $\quad \frac{8}{9} \cdot \frac{7}{12}$ $\quad \frac{7}{9} \cdot 6$

2 Berechne. Kürze vor dem Ausrechnen.

a) $\frac{5}{9} : \frac{5}{6}$ $\quad \frac{7}{8} : \frac{5}{12}$ $\quad \frac{4}{11} : \frac{8}{33}$ $\quad \frac{2}{9} : \frac{8}{15}$ $\quad 36 : \frac{9}{10}$

b) $\frac{7}{24} : \frac{3}{8}$ $\quad \frac{32}{35} : \frac{10}{21}$ $\quad \frac{33}{49} : \frac{11}{14}$ $\quad \frac{14}{25} : \frac{21}{40}$ $\quad 24 : \frac{12}{17}$

3 Multipliziere im Kopf.

a) $0{,}7 \cdot 4$; $0{,}3 \cdot 6$; $0{,}6 \cdot 9$

b) $2{,}5 \cdot 2$; $1{,}5 \cdot 3$; $4{,}5 \cdot 6$

c) $0{,}6 \cdot 11$; $0{,}4 \cdot 10$; $0{,}35 \cdot 2$

d) $0{,}6 \cdot 0{,}7$; $0{,}7 \cdot 0{,}8$; $0{,}5 \cdot 0{,}8$

e) $0{,}06 \cdot 0{,}4$; $0{,}07 \cdot 0{,}4$; $0{,}13 \cdot 0{,}3$

f) $0{,}006 \cdot 0{,}3$; $0{,}002 \cdot 0{,}16$; $0{,}014 \cdot 0{,}5$

4 Multipliziere schriftlich.

a) $5{,}8 \cdot 7$; $6{,}5 \cdot 8$; $7{,}8 \cdot 5$

b) $4{,}97 \cdot 7$; $3{,}65 \cdot 9$; $7{,}06 \cdot 9$

c) $4{,}65 \cdot 28$; $7{,}38 \cdot 35$; $5{,}89 \cdot 97$

d) $5{,}6 \cdot 7{,}4$; $4{,}8 \cdot 8{,}7$; $2{,}6 \cdot 8{,}3$

e) $0{,}86 \cdot 7{,}8$; $3{,}72 \cdot 4{,}5$; $5{,}4 \cdot 0{,}76$

f) $0{,}76 \cdot 7{,}6$; $0{,}48 \cdot 7{,}95$; $2{,}47 \cdot 0{,}944$

5 Berechne im Kopf.

a) $57{,}4 : 10$; $5{,}67 : 10$; $6{,}06 \cdot 10$; $0{,}2 \cdot 10$

b) $334{,}5 : 100$; $4{,}559 : 100$; $55{,}421 \cdot 100$; $0{,}045 \cdot 100$

c) $53{,}45 : 1\,000$; $6{,}79 : 1\,000$; $0{,}43 \cdot 1\,000$; $0{,}097 \cdot 1\,000$

6 Dividiere.

a) $2{,}492 : 0{,}7$; $8{,}912 : 1{,}6$; $0{,}0896 : 3{,}2$

b) $0{,}8675 : 0{,}25$; $13{,}398 : 0{,}29$; $0{,}0282 : 0{,}015$

c) $0{,}10572 : 0{,}04$; $333{,}4 : 0{,}5$; $0{,}60214 : 0{,}023$

7 Schreibe als Potenz.

a) $1{,}2 \cdot 1{,}2$; $0{,}7 \cdot 0{,}7 \cdot 0{,}7$; $0{,}9 \cdot 0{,}9 \cdot 0{,}9 \cdot 0{,}9$

b) $\frac{1}{3} \cdot \frac{1}{3}$; $\frac{1}{7} \cdot \frac{1}{7} \cdot \frac{1}{7} \cdot \frac{1}{7}$

8 Berechne.

a) $0{,}2^4$; $0{,}3^3$; $0{,}5^5$

b) $\left(\frac{3}{10}\right)^4$; $\left(\frac{2}{100}\right)^3$

c) $\left(\frac{1}{4}\right)^2$; $\left(\frac{1}{6}\right)^3$

d) $0{,}05^2$; $0{,}02^3$; $0{,}04^4$

WIEDERHOLUNG
Rationale Zahlen

1 Lies die markierten Zahlen ab.

a)
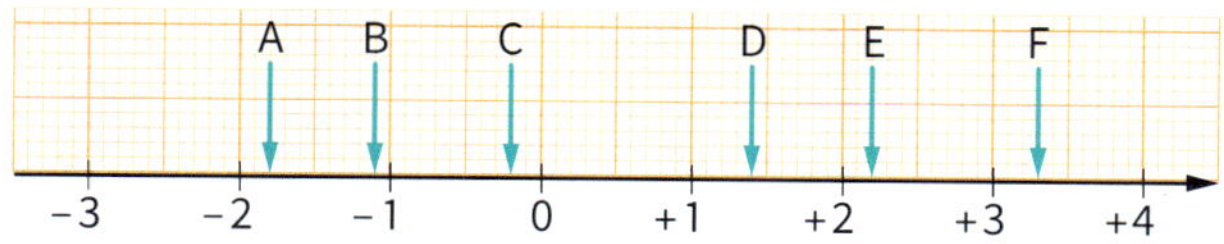

b)
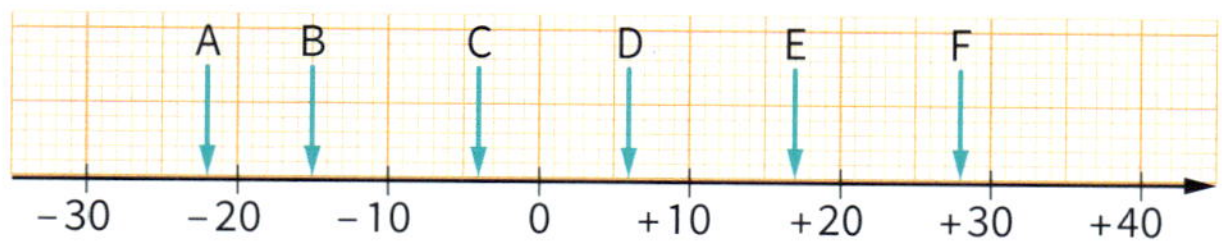

c)
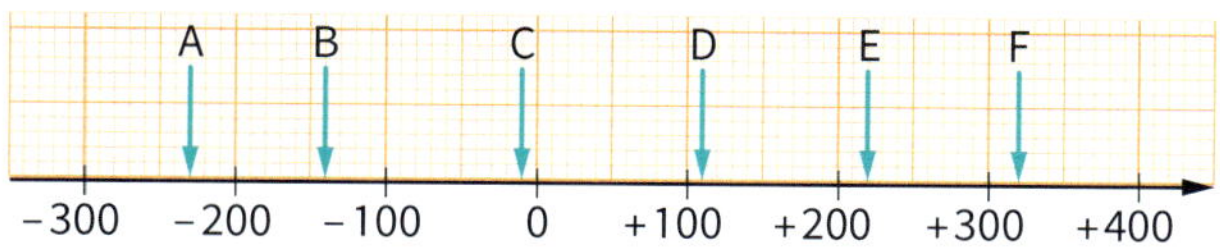

2 Trage die Zahlen auf einer Zahlengeraden ein.

a) +4,5; −3; −2,5; +4; −0,5; −4; −3,5; −5,5

b) −14; +5; +12; −7; −10; +4,5; +9,5; −12,5

c) +0,6; −1,8; +1,7; −0,9; −1,6; +0,3; −2,5

3 a) Nenne alle ganzen Zahlen zwischen 2 und 9 (−4 und 2, 11 und −2).

b) Nenne fünf rationale Zahlen zwischen 0 und −7 (−8 und 6, −3,5 und −3,4).

c) Nenne alle negativen ganzen Zahlen, die größer als −6 sind.

d) Nenne fünf rationale Zahlen, die negativ sind und nicht zu den ganzen Zahlen gehören.

4 Kleiner, größer oder gleich (<, >, =)?

a) +6 ■ +4
+7 ■ −4

b) +11 ■ −23
−5 ■ −6

c) −3 ■ +3
−7 ■ −9

d) −3,5 ■ −3,6
−0,8 ■ −0,08

e) +5,7 ■ +5,5
+2,1 ■ +1,2

f) +8,1 ■ +8,01
−2 ■ −2,0

g) −2,01 ■ −1,9
−0,7 ■ −0,07

h) 1,89 ■ 1,889
−1,1 ■ −1,09

i) 2,303 ■ 2,033
2,010 ■ 2,01

5 Ordne die Zahlen in einer Ungleichheitskette mithilfe des <-Zeichens.

a) −11; +25; 0; −8; +4; +18; −14; +2; −16

b) −5,8; 6,9; −6,9; −6,09; 7,1; 7,01; 7,001

c) $2\frac{2}{3}$; $-3\frac{1}{5}$; 2,5; −3,6; $1\frac{1}{2}$; 1,1; $1\frac{1}{4}$

6 Zeichne die Punkte in ein Koordinatensystem (Einheit 1 cm).
A(3 | 4), B(0 | 5), C(6,5 | 0), D(−2,5 | 1), E(−4 | −6,5), F(5,5 | −3)

Auf der **Zahlengeraden** lassen sich **ganze** und **rationale Zahlen** darstellen.

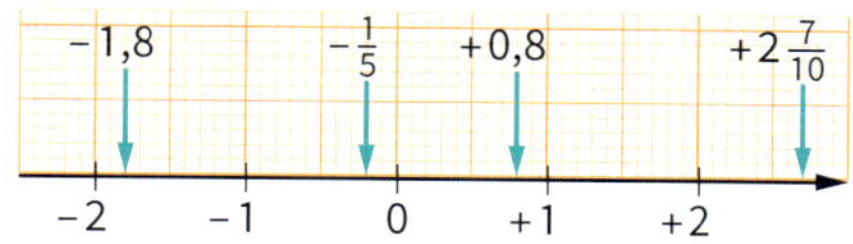

Zahlen wie +5; −3; +2; −44; 0; −19 sind **ganze Zahlen**.

Der **Abstand** einer Zahl **von Null** heißt **Betrag**.
|−5| = 5 *Lies:* Der Betrag von −5 ist 5.

Zu der Menge der **rationalen Zahlen** ℚ gehören die **positiven rationalen Zahlen**, die **negativen rationalen Zahlen** und die **Null**.

Die ganzen Zahlen (ℤ) sind eine **Teilmenge** der rationalen Zahlen (ℚ).

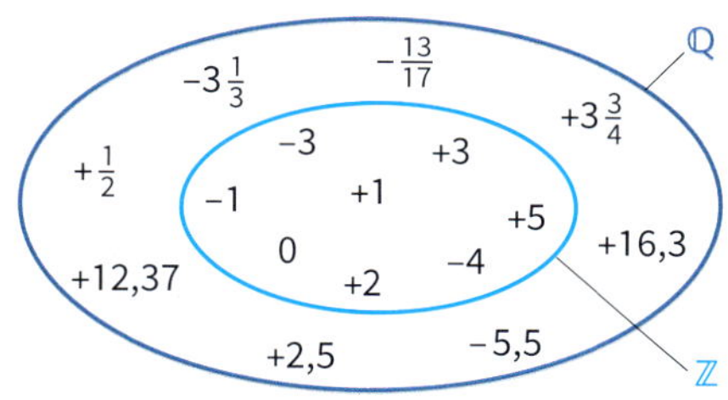

Oft wird auf das **Vorzeichen** Plus (+) verzichtet und statt z. B. +4 nur 4 geschrieben.

Koordinatensystem
Die waagerechte x-Achse und die senkrechte y-Achse bilden ein Koordinatensystem.

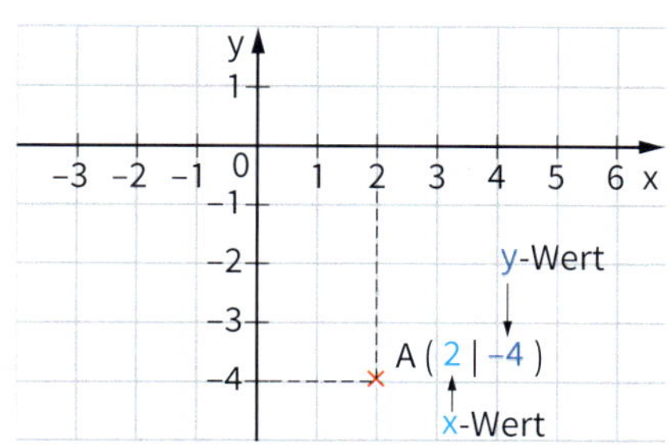

Der Punkt A hat die Koordinaten 2 und −4.

WIEDERHOLUNG

Proportionale Zuordnungen

12 Hefte kosten 7,80 €.

Anzahl ⟶ **Preis**

	Anzahl	Preis (€)	
	12	7,80	
·2, ·3	24	15,60	·2, ·3
	36	23,40	
	12	7,80	
:2, :3	6	3,90	:2, :3
	4	2,60	

doppelte Anzahl ⟶ **doppelter** Preis
dreifache Anzahl ⟶ **dreifacher** Preis

Hälfte d. Anzahl ⟶ **Hälfte** d. Preises
Drittel d. Anzahl ⟶ **Drittel** d. Preises

Diese Zuordnung ist **proportional**.

Dreisatz

12 Hefte kosten 7,80 €.
Wie viel kosten 7 Hefte?

	Anzahl	Preis (€)	
	12	7,80	
:12	1	0,65	:12
·7	7	4,55	·7

12 Hefte kosten 7,80 €.
1 Heft kostet 7,80 € : 12 = 0,65 €.
7 Hefte kosten 0,65 € · 7 = 4,55 €.

Graph

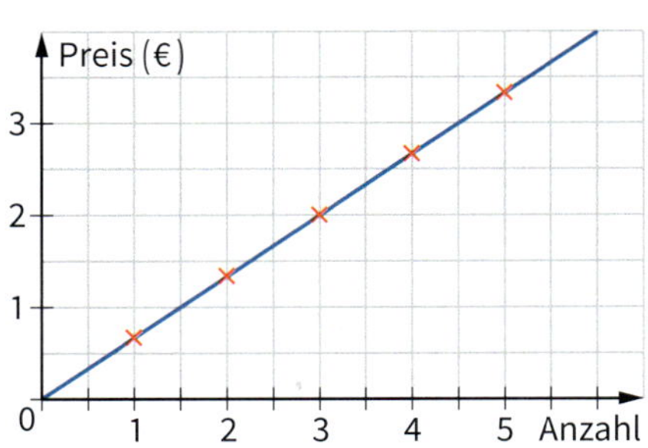

Bei einer proportionalen Zuordnung liegen die Punkte im Koordinatensystem auf einer Geraden durch den Ursprung.

1 Die folgenden Zuordnungen sind proportional. Berechne die fehlenden Werte.

a)

kg	€
4	34,72
2	■
8	■

b)

kg	€
3	17,97
6	■
9	■

c)

ℓ	km
2	45
4	■
6	■
1	■

d)

ℓ	km
8	156
4	■
2	■
1	■

e)

kg	€
2,5	21,5
1	■
3,5	■
7,6	■

f)

ℓ	km
46,8	1 053
1	■
12,8	■
33,7	■

2 Eine Mauer von 15 m Länge kann in 10 Tagen errichtet werden. Wie viele Tage werden für eine gleich starke Mauer von 21 m Länge benötigt?

3 Torben legt mit seinem Fahrrad eine Strecke von 8,5 km in 34 Minuten zurück. Wie weit fährt er bei gleicher Durchschnittsgeschwindigkeit in 42 (50, 8, 120) Minuten?

4 Ania möchte für den Urlaub in der Schweiz 45 Euro in Franken einwechseln. Ihre Mutter erhielt für 600 Euro auf der Bank 924 Franken. Wie viele Franken bekommt Ania?

5 500 g Schinken kosten beim Schlachter 8,50 €. Frau Hechler kauft für 3,74 Euro Schinken. Wie viel Gramm Schinken hat sie erhalten?

6 Ein Dachdecker bestellt für ein 150 m² großes Dach 2 700 Dachziegel. Wie viele Dachziegel benötigt er für ein Dach von 240 m²?

7 18 Kiwis kosten 3,60 €. Trage das Zahlenpaar als Punkt in ein Koordinatensystem ein und zeichne durch den Punkt die zugehörige Ursprungsgerade.
Bestimme anhand der Geraden den Preis für 10 (5; 2) Kiwis.

8 Ein Flachbildfernseher mit einer Bilddiagonale von 55 Zoll hat einen Jahresstromverbrauch von 108 kWh bei einer durchschnittlichen täglichen Nutzung von 4 Stunden.
a) Berechne den Stromverbrauch pro Tag (Monat, Stunde).
b) Eine kWh kostet 28 Cent. Berechne die Kosten pro Tag (Monat, Stunde).
c) Berechne die Jahreskosten bei einer täglichen Nutzung von durchschnittlich 3 Stunden.

WIEDERHOLUNG
Antiproportionale Zuordnungen

1 Die folgenden Zuordnungen sind antiproportional. Berechne die fehlenden Werte.

a)

Anzahl	Tage
3	180
6	■
12	■
15	■

b)

Anzahl	Tage
18	7
6	■
9	■
2	■

c)

Anzahl	Tage
16	13
8	■
2	■
1	■

d)

cm	cm
12	36
24	■
60	■
1	■

e)

cm	cm
33,6	17,5
1	■
60	■

f)

cm	cm
126,4	90,0
1	■
80,0	■

2 Eine Busreise kostet für eine Gruppe von 50 Personen 12 Euro pro Person. Zwei Personen fallen am Abreisetag wegen Krankheit aus. Wie viel Euro muss nun jeder Teilnehmer zahlen?

3 Eine Rolle Schnur lässt sich in sechs jeweils 1,80 m lange Stücke zerschneiden.
Wie viele Stücke erhältst du, wenn jedes Stück 1,20 m lang sein soll?

4 Familie Juga plant ihren Sommerurlaub. Wenn die täglichen Kosten 120 Euro betragen, reicht das gesparte Urlaubsgeld für 14 Tage.
Wie viel Euro darf Familie Juga täglich ausgeben, wenn sie drei Wochen in den Urlaub fahren will?

5 Bei einer Durchschnittsgeschwindigkeit von $80\,\frac{km}{h}$ braucht ein Fahrzeug für eine Autobahnstrecke eine Zeit von 3 h 30 min.
Wie lange braucht es für die gleiche Strecke bei einer Durchschnittsgeschwindigkeit von $100\,\frac{km}{h}$?

6 Bei einem Benzinverbrauch von 3,5 Liter auf 100 km kann Frederic mit seinem Motorrad 360 km weit fahren.
Fährt eine zweite Person mit, beträgt der Benzinverbrauch 4,5 Liter auf 100 km. Wie weit kommt Frederic mit einer Tankfüllung?

7 Zu einem Rechteck von 40 cm Länge und 80 cm Breite sollen flächengleiche Rechtecke bestimmt werden.
Lege eine Tabelle an. Trage die Zahlenpaare als Punkte in ein Koordinatensystem ein und zeichne durch die eingezeichneten Punkte eine Kurve. (x-Achse: 1 cm ≙ 20 cm; y-Achse: 1 cm ≙ 50 cm)

Eine Leiste lässt sich in sechs jeweils 0,30 m lange Stücke zersägen.

Anzahl → Länge pro Stück

	Anzahl	Länge (m)	
	6	0,30	
:2	3	0,60	·2
:3	2	0,90	·3
	6	0,30	
·2	12	0,15	:2
·3	18	0,10	:3

Hälfte d. Anzahl → **doppelte** Länge
Drittel d. Anzahl → **dreifache** Länge

doppelte Anzahl → **Hälfte** d. Länge
dreifache Anzahl → **Drittel** d. Länge

Diese Zuordnung ist **antiproportional**.

Eine Leiste lässt sich in sechs jeweils 0,30 m lange Stücke zersägen.
Wie lang ist jedes Stück bei fünf gleich langen Stücken?

	Anzahl	Länge (m)	
	6	0,30	
:6	1	1,80	·6
·5	5	0,36	:5

Bei sechs Stücken hat jedes eine Länge von 0,30 m.
Die ganze Leiste hat eine Länge von $6 \cdot 0{,}30\,m = 1{,}80\,m$.
Bei fünf Stücken hat jedes eine Länge von $1{,}80\,m : 5 = 0{,}36\,m$.

Graph einer antiprop. Zuordnung

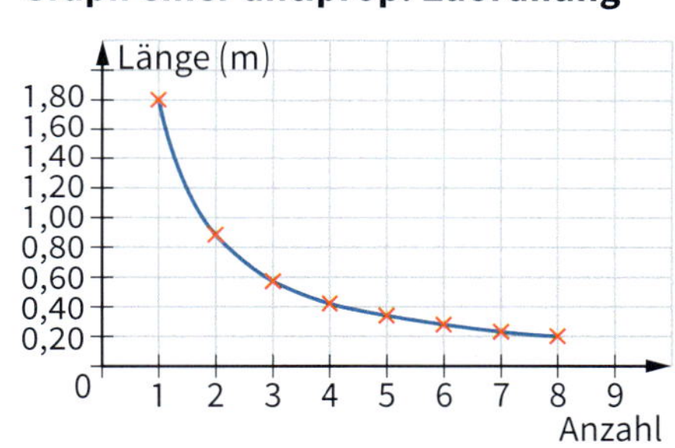

WIEDERHOLUNG
Prozentrechnung

In der Prozentrechnung werden folgende Begriffe verwendet:
Grundwert (G): das Ganze
Prozentwert (W): der Anteil vom Ganzen
Prozentsatz (p %): der Anteil in %

Der Grundwert entspricht immer 100 %.

Prozentwert gesucht

35 % von 320 kg = ■ kg

	%	Masse (kg)	
	100	320	
: 100	1	3,20	: 100
· 35	35	112	· 35

$W = \frac{G \cdot p}{100}$

$W = \frac{320 \cdot 35}{100}$

$W = 112$

Der Prozentwert beträgt 112 kg.

Grundwert gesucht

40 % ≙ 80 €   100 % ≙ ■ €

	%	Betrag (€)	
	40	80	
: 40	1	2	: 40
· 100	100	200	· 100

$G = \frac{W \cdot 100}{p}$

$G = \frac{80 \cdot 100}{40}$

$G = 200$

Der Grundwert beträgt 200 €.

Prozentsatz gesucht

16 m sind ■ von 25 m.

	Strecke (m)	%	
	25	100	
: 25	1	4	: 25
· 16	16	64	· 16

$p\,\% = \frac{W \cdot 100}{G}\,\%$

$p\,\% = \frac{16 \cdot 100}{25}\,\%$

$p\,\% = 64\,\%$

Der Prozentsatz beträgt 64 %.

Ein Tausendstel einer Gesamtgröße wird **Promille** genannt.

$\frac{1}{1000} = 1$ ‰

0,001 = 1 ‰

1 Grundwert, Prozentwert, Prozentsatz: Was ist gegeben? Was ist gesucht?
a) 25 % der 28 Schüler einer Klasse haben die Grippe.
b) Im Fußballstadion sind nur 65 % der Plätze belegt. Insgesamt sind 8 125 Zuschauer gekommen.
c) 6 von 80 Lehrern kommen mit dem Fahrrad zur Schule.

2 Berechne jeweils den Prozentwert.
a) 20 % von 150 kg
15 % von 230 €
86 % von 2 350 g
b) 1 % von 50 kg
96 % von 2,50 €
6 % von 50,5 kg
c) 0,2 % von 200 kg
2,5 % von 350 €
9,4 % von 8 000 g

3 Berechne jeweils den Grundwert.
a) 20 % sind 15 kg
25 % sind 30 €
8 % sind 50 g
b) 2 % sind 5 kg
4 % sind 2,50 €
12 % sind 3,6 kg
c) 0,2 % sind 2 kg
2,5 % sind 3,5 €
0,4 % sind 6 g

4 Berechne jeweils den Prozentsatz.
a) 3 kg von 15 kg
25 kg von 40 kg
12 g von 50 g
b) 2,8 kg von 5 kg
1,20 € von 25 €
8 kg von 12,5 kg
c) 56 kg von 200 kg
37 € von 400 €
45 g von 5 000 g

5 Frau Kandner verkauft ihr vier Jahre altes Auto für 9 000 €. Das sind 45 % des ursprünglichen Kaufpreises.
Wie teuer war der Neuwagen?

6 Der Reinerlös eines Schulfestes betrug 2 350 €. Für Sportgeräte auf dem Schulhof sind 45 % des Betrages vorgesehen.

7 Von 24 Schülerinnen und Schülern einer Klasse haben 18 eine gute Note für ein Referat erhalten.

8 Peer hat eine Taschengelderhöhung von 15 % erhalten.
Er bekommt jetzt 7,50 € mehr. Berechne sein ursprüngliches Taschengeld.

9 Von den 150 Schülerinnen und Schülern eines Jahrgangs nutzen täglich 86 % das Internet.

10 Bei den Bundesjugendspielen erhalten 36 Teilnehmer eine Ehrenurkunde, das sind 3 % aller teilnehmenden Schülerinnen und Schüler.
a) Wie viele Schülerinnen und Schüler haben insgesamt teilgenommen?
b) 56 % aller Teilnehmer haben eine Siegerurkunde erhalten.
c) Wie viele Teilnehmer haben keine Urkunde erhalten?

11 Berechne:
a) 5 ‰ von 2,5 ℓ
5,6 ‰ von 25 kg
0,4 ‰ von 5 hℓ
b) 0,5 ‰ von 4 ℓ
9,9 ‰ von 20 kg
2,1 ‰ von 600 hℓ

WIEDERHOLUNG
Prozentuale Zu- und Abnahme

1 Berechne den ermäßigten Preis.

	alter Preis	Ermäßigung		alter Preis	Ermäßigung
a)	23 €	15 %	d)	24 €	15 %
b)	89,90 €	10 %	e)	99,90 €	10 %
c)	4 500 €	4,8 %	f)	4 300 €	2,3 %

2 Frau Wagner wog 110 kg. Sie konnte ihr Gewicht um 10 % reduzieren.

3 Bens Taschengeld ist um 12 % erhöht worden. Vor der Erhöhung bekam er 40 €.

4 Holzhändler Kowalski gibt bei sofortiger Bezahlung 2 % Rabatt (Skonto). Berechne den Rechnungsbetrag bei sofortiger Bezahlung.
a) 230,50 € b) 4 900 € c) 12,30 €

5 Nach 10 Jahren erhöht Herr Elezi zum ersten Mal die Miete um 5 %. Bisher mussten seine Mieter 420 € bezahlen.

6 Familie Kara konnte ihren Stromverbrauch in diesem Jahr um 14 % reduzieren. Im vergangenen Jahr verbrauchte die Familie 5 560 Kilowattstunden.

7 Berechne den erhöhten Preis.

	alter Preis	Erhöhung		alter Preis	Erhöhung
a)	400 €	8 %	e)	450 €	6 %
b)	80 €	15 %	f)	302 €	3 %
c)	300 €	9 %	g)	134 €	20 %
d)	125 €	8 %	h)	212 €	3 %

8 Frau Petersdorf kann die Waren für ihr Geschäft im Großhandel einkaufen. Zu den Angaben auf den Preisschildern muss sie noch 19 % Mehrwertsteuer hinzurechnen. Wie viel Euro muss sie an der Kasse des Großhandels bezahlen, wenn 15 Hosen für je 40 € und 10 Pullover für je 30 € im Einkaufswagen liegen?

9 Philipp erhält monatlich 40 € Taschengeld. Sein Vater fragt ihn: „Soll ich dein Taschengeld um 10 % erhöhen oder dir pro Jahr 50 € mehr geben?"

10 Ein Einzelhändler kauft ein Paar Schuhe für 20,94 € ein.
Für die Geschäftskosten und den Gewinn veranschlagt er zusätzlich 120 %.
Anschließend muss er noch 19 % Mehrwertsteuer dazurechnen.
Berechne den Ladenpreis für die Schuhe. Runde auf Cent.

Prozentuale Abnahme

Der Preis für ein 60 € teures Kleid wird um 30 % reduziert. Wie teuer ist das Kleid nach der Reduzierung?

60 €
≙ 100 %

alter Preis

42 €	18 €
≙ 70 %	≙ 30 %

reduzierter Preis Ermäßigung

1. Lösungsweg:
30 % von 60 € sind 18 €.
60 € – 18 € = 42 €

2. Lösungsweg:
Prozentsatz: 100 % – 30 % = 70 %
70 % von 60 € sind 42 €.

Nach der Reduzierung kostet das Kleid 42 €.

Prozentuale Zunahme

Herr Diekmann ist in einem Jahr 15 % schwerer geworden. Sein altes Gewicht betrug 80 kg. Wie schwer ist er jetzt?

80 kg	12 kg
≙ 100 %	≙ 15 %

altes Gewicht Zunahme

92 kg
≙ 115 %

erhöhtes Gewicht

1. Lösungsweg:
15 % von 80 kg sind 12 kg.
80 kg + 12 kg = 92 kg

2. Lösungsweg:
Prozentsatz: 100 % + 15 % = 115 %
115 % von 80 kg sind 92 kg.

Jetzt wiegt Herr Diekmann 92 kg.

WIEDERHOLUNG
Prozentuale Veränderungen

Prozentuale Veränderungen

Ein Paar Schuhe kostet nach einer Preisreduzierung um 30 % noch 63 €. Wie teuer waren die Schuhe vorher?

Ermäßigung ≙ 30 %
Preis vorher ≙ 100 %
Preis nachher ≙ 70 %

$$70\,\% \longrightarrow 63\,€$$
$$1\,\% \longrightarrow \frac{63}{70}\,€$$
$$100\,\% \longrightarrow \frac{63 \cdot 100}{70}\,€$$
$$100\,\% \longrightarrow 90\,€$$

Die Schuhe kosteten vorher 90 €.

Frau Kappel erhält eine Lohnerhöhung von 4 %. Jetzt verdient sie 3 172 € im Monat. Wie viel verdiente sie vor der Erhöhung?

Erhöhung ≙ 4 %
Verdienst vorher ≙ 100 %
Verdienst nachher ≙ 104 %

$$104\,\% \longrightarrow 3\,172\,€$$
$$1\,\% \longrightarrow \frac{3\,172}{104}\,€$$
$$100\,\% \longrightarrow \frac{3\,172 \cdot 100}{104}\,€$$
$$100\,\% \longrightarrow 3\,050\,€$$

Sie hat vorher 3 050 € verdient.

Ein Stuhl kostet im Geschäft 77,35 €. Berechne die Mehrwertsteuer (19 %).

77,35 €	
≙ 119 %	
65 €	12,35 €
≙ 100 %	≙ 19 %

$$119\,\% \longrightarrow 77{,}35\,€$$
$$1\,\% \longrightarrow \frac{77{,}35}{119}\,€$$
$$19\,\% \longrightarrow \frac{77{,}35 \cdot 19}{119}\,€$$
$$19\,\% \longrightarrow 12{,}35\,€$$

Die Mehrwertsteuer (19 %) beträgt 12,35 €.

1 Frau Bader muss für ihr Wohnmobil 28 704 € bezahlen. Der Händler hat ihr einen Rabatt von 8 % gewährt. Wie hoch ist der Listenpreis des Wohnmobils?

2 Berechne den alten Preis.

	neuer Preis	Erhöhung		neuer Preis	Ermäßigung
a)	136,50 €	5 %	e)	564 €	6 %
b)	562,50 €	25 %	f)	11 520 €	4 %
c)	69 €	15 %	g)	56 €	30 %
d)	2,40 €	20 %	h)	4 825 €	3,5 %

3 Herr Kurtz verkauft sein 4 Jahre altes Auto für 10 270 €. Das sind 65 % des Neupreises.
a) Wie teuer war der Neuwagen?
b) Wie hoch ist der Wertverlust?

4 Ein Handballverein konnte die Zahl der Mitglieder um 5 % steigern und hat jetzt 126 Mitglieder. Wie viele waren es vorher?

5 Berechne die fehlenden Werte.

	alter Preis	Erhöhung in %	Erhöhung in Euro	neuer Preis
a)	■	5 %	■	178,50 €
b)	40 €	■	■	42,40 €
c)	80 €	15 %	■	■
d)	■	■	50 €	300 €
e)	■	8 %	5,60 €	■

6 Nach einer Mieterhöhung um 5 % muss Herr Schewe insgesamt 504 € bezahlen. Wie hoch war die Miete vorher?

7 Die Rechnung eines Malers weist einen Mehrwertsteuerbetrag von 85,50 € aus.
a) Wie hoch ist der Rechnungsbetrag ohne Mehrwertsteuer?
b) Was muss der Kunde insgesamt bezahlen?

8 Ein Fahrrad kostet einschließlich Mehrwertsteuer (19 %) 546,21 €. Berechne die Mehrwertsteuer.

9 Ein Fernsehgerät kostet nach einer Preisermäßigung von 15 % noch 1 190 €. Bestimme den alten Preis des Gerätes.

10 Ein Händler macht einen Bruttoumsatz von 10 591 €. Wie viel Euro Mehrwertsteuer muss er an das Finanzamt abführen?

WIEDERHOLUNG
Zinsrechnung

1 Berechne die Zinsen für ein Jahr. Runde auf zwei Stellen nach dem Komma.
a) 400 € (450 €; 1 100 €) zu 3,5 %
b) 720 € (86,50 €; 390 €) zu 4,5 %
c) 1 240 € (2 365 €; 745 €) zu 6,25 %
d) 268 € (346,20 €; 894,10 €) zu 3,2 %

2 Berechne den Zinssatz.

	a)	b)	c)	d)	e)
Kapital (€)	1 200	245	1 680	740	1 580
Zinsen (€)	48	7,35	100,80	37	50,56

	f)	g)	h)	i)	k)
Kapital (€)	280	650	2 170	235	45,80
Zinsen (€)	9,80	16,25	97,65	6,11	2,52

3 Berechne das Kapital.
a) 145 € (28 €; 7,56 €) Zinsen bei 4 %
b) 75 € (43,50 €; 7,74 €) Zinsen bei 3 %
c) 9,80 € (16,10 €; 7 €) Zinsen bei 3,5 %
d) 25,56 € (565,65 €) Zinsen bei 4,5 %

4 Finn hat 300 € auf einem Sparbuch angelegt. Er erhält nach einem Jahr 3 € Zinsen. Berechne den Zinssatz.

5 Frau Ademi erhält für ihr Guthaben 3 % Zinsen. Welches Kapital hat sie angelegt, wenn sie nach einem Jahr 375 € Zinsen bekommt?

6 Herr Dabisch hat 15 000 € zu einem Zinssatz von 2,5 % angelegt. Nach einem Jahr werden ihm die Zinsen gutgeschrieben. Welches Guthaben hat er jetzt auf seinem Konto?

7 Herr Vahle hat eine Hypothek von 60 000 Euro zu einem Zinssatz von 5,5 %. Wie viel Euro Zinsen muss er monatlich bezahlen?

8 Larissa leiht ihrer Freundin Lisa 30 €. Lisa gibt ihr das Geld erst nach 30 Tagen zurück. Wie viel Euro Zinsen müsste Lisa bei einem Zinssatz von 4 % bezahlen?

9 Frau Lamm überzieht 21 Tage lang ihr Konto um 3 200 Euro. Wie viel Euro Zinsen muss sie bei einem Zinssatz von 12,75 % dafür bezahlen?

10 Ein Kapital von 3 500 € wird zu einem Zinssatz von 3 % (4,5 %) fest angelegt. Berechne, auf welchen Wert das Kapital nach 3 (8; 10) Jahren angestiegen ist.

Zinsen gesucht

K = 4 500 €, p % = 4 %, Z = ▢

100 % ⟶ 4 500 €

1 % ⟶ $\frac{4500}{100}$ € $\qquad Z = \frac{K \cdot p}{100}$

4 % ⟶ $\frac{4500 \cdot 4}{100}$ € $\qquad Z = \frac{4500 \cdot 4}{100}$ €

4 % ⟶ 180 € $\qquad$ Z = 180 €

Die Zinsen betragen 180 €.

Zinssatz gesucht

K = 4 000 €, Z = 180 €, p % = ▢

4 000 € ⟶ 100 %

1 € ⟶ $\frac{100}{4000}$ % $\qquad p\,\% = \frac{Z \cdot 100}{K}$ %

180 € ⟶ $\frac{100 \cdot 180}{4000}$ % $\qquad p\,\% = \frac{180 \cdot 100}{4000}$ %

180 € ⟶ 4,5 % $\qquad$ p % = 4,5 %

Der Zinssatz beträgt 4,5 %.

Kapital gesucht

Z = 540 €, p % = 3 %, K = ▢

3 % ⟶ 540 €

1 % ⟶ $\frac{540}{3}$ € $\qquad K = \frac{Z \cdot 100}{p}$

100 % ⟶ $\frac{540 \cdot 100}{3}$ € $\qquad K = \frac{540 \cdot 100}{3}$ €

100 % ⟶ 18 000 € $\qquad$ K = 18 000 €

Das Kapital beträgt 18 000 €.

Tageszinsen

K = 3 500 €, p % = 12 %, n = 15, Z = ▢

Zinsen für n Tage:

$Z = \frac{K \cdot p}{100} \cdot \frac{n}{360}$

$Z = \frac{3500 \cdot 12}{100} \cdot \frac{15}{360}$ €

Z = 17,50 €

n gibt die Anzahl der Zinstage an. Ein Jahr hat 360 Zinstage.

Die Zinsen für 15 Tage betragen 17,50 €.

Zinseszinsen

K = 200 €, p % = 5 %

Kapital nach 1 Jahr: $K_1 = 200 \cdot 1{,}05$ €

Kapital nach 2 Jahren: $K_2 = 200 \cdot 1{,}05^2$ €

Kapital nach 3 Jahren: $K_3 = 200 \cdot 1{,}05^3$ €

WIEDERHOLUNG

Terme

Zahlen und Variablen sind Terme. Summen, Differenzen, Produkte, Quotienten von Termen sind auch Terme.

a $2x-4$ 45 b^2 $2a+2$

Wenn du bei einem Term für die Variable eine Zahl einsetzt, erhältst du den Wert des Terms.

Term: $3x+1$

Wert des Terms für $x=5$:
$3\cdot 5+1=16$

Gleichartige Summanden (Terme) kannst du zusammenfassen.

$5x+3y-2x-5+y$
$=5x-2x+3y+y-5$
$=3x+4y-5$

Einen Term kannst du mit einer **Summe multiplizieren**, indem du **jeden Summanden mit dem Term** multiplizierst.

$5\cdot(a+b)=5a+5b$
$a\cdot(b-8)=ab-8a$
$3\cdot(x+4)=3\cdot x+3\cdot 4=3x+12$

$\mathbf{a\cdot(b+c)=ab+ac}$

Eine Summe wird mit **einer Summe multipliziert**, indem **jeder Summand der ersten Summe** mit **jedem Summanden der zweiten Summe** multipliziert wird.

$\mathbf{(a+b)(c+d)=ac+ad+bc+bd}$
$\mathbf{(a+b)(c-d)=ac-ad+bc-bd}$

Binomische Formeln

1. binomische Formel
   $(a+b)^2=a^2+2ab+b^2$
2. binomische Formel
   $(a-b)^2=a^2-2ab+b^2$
3. binomische Formel
   $(a+b)(a-b)=a^2-b^2$

1 Fasse gleichartige Summanden (Terme) zusammen.

a) $2x-8+7x+3$
$4x+14+3x+16$
$43+3x-30+x$
$3x+21+5x-15$

b) $7x+4-2x+1$
$8x+9-5x+7$
$6x-12+4x-22$
$11x-7-11+x$

2 In den Term wird für die Variable jeweils eine Zahl eingesetzt. Bestimme den Wert des Terms.

Term	Einsetzung	Wert des Terms
$3x$	$x=5$	15
$2a+3$	$a=-1$	■
$-4y+11$	$y=3$	■
z^2-3z	$z=6$	■

3 Multipliziere aus. Das Malzeichen vor und hinter einer Klammer darfst du weglassen.

a) $4\cdot(a+b)$
$6\cdot(x+y)$
$13\cdot(c-d)$
$19\cdot(x-y)$

b) $y(9-z)$
$z(4+q)$
$5(4-r)$
$7(x-9)$

c) $6(x-y+z)$
$5(n-11+p)$
$-2(x+y+7)$
$-4(a-b-8)$

4 Wandle um in eine Summe.

a) $b(2a+4c)$
$-x(3b+x)$
$-y(z+3x)$

b) $3x(b+11y)$
$-2b(4+2d)$
$-3a(2b-3x)$

c) $4(3x+2y-z)$
$-7(2r-3p+q)$
$(4y-z+5)\cdot 6$

5 Verwandle in ein Produkt, indem du ausklammerst.

a) $7a+7c$
$11r+11p$
$19x-19y$
$1{,}5s+1{,}5t$

b) $-12q+12r$
$-17a-17c$
$-0{,}2p-0{,}2q$
$-1{,}4x+1{,}4y$

c) $8a+12b$
$12b-8c$
$63a-27b$
$16m+20n$

6 Multipliziere aus und fasse zusammen.

a) $(x-3)(x+4)$
$(3-a)(a+7)$
$(z-7)(z-4)$

b) $(2a+3)(3a-6)$
$(3c-4d)(5c+2d)$
$(7q+11)(5-9q)$

7 Multipliziere aus, indem du die binomischen Formeln anwendest.

a) $(a+d)^2$
$(n+p)^2$
$(q-z)^2$
$(x-v)^2$

b) $(c-d)(c+d)$
$(u+w)(u-w)$
$(2x-y)(2x+y)$
$(v-7w)(v+7w)$

c) $(n+4m)^2$
$(3x+y)^2$
$(4a-b)^2$
$(a-7b)^2$

WIEDERHOLUNG
Gleichungen

1 Bestimme jeweils die Lösungsmenge ($G = \mathbb{Q}$).

a) $x - 7 = 23$
$x - 11 = 13$
$34 = x - 22$

b) $x + 3 = 12$
$x + 7 = 4$
$13 = x - 14$

c) $3x = 2x + 5$
$6x = 5x - 11$
$-8x = 9x + 8$

d) $6x = 144$
$13x = 143$
$0{,}4x = 20$

e) $-3x = -102$
$-12x = 96$
$-1{,}4x = -70$

f) $\frac{1}{3}x = 19$
$-\frac{1}{4}x = -15$
$32 = \frac{1}{5}x$

2 Löse die Gleichung.

a) $8x + 4 = 5x + 16$
$9x + 3 = 2x + 24$
$4x + 7 = 2x + 25$

b) $4x - 11 = 37 - 8x$
$8x - 12 = 18 - 7x$
$7x - 25 = 55 - 3x$

c) $17x - 41 = 2x - 11$
$-3x + 7 = -7x + 15$
$13x + 34 = 6x - 15$

d) $15 - 6x = 27 - 8x$
$66 - 9x = 78 - 15x$
$11x + 17 = 15x + 29$

3 Fasse gleichartige Summanden zusammen und bestimme die Lösungsmenge ($G = \mathbb{Q}$).

a) $4x - 16 + 14x + 6 = 62$
$8x + 28 + 6x + 32 = 102$
$86 + 6x - 60 + 2x = 50$
$6x + 42 + 10x - 30 = 44$

b) $14x + 8 - 4x + 2 = 0$
$16x + 18 - 10x + 14 = 80$
$3x - 6 + 2x - 11 = 2$
$11x - 18 + 2x - x = 42$

4 Bestimme x.

a) $6(x + 4) = 4x - 14$
$7(2x + 3) = 9x - 4$
$6x - 14 = 7(3x + 8)$
$-7x - 27 = -5(3x - 1)$

b) $5(x - 3) = 3(x + 7)$
$6(x - 7) = 9(x - 5)$
$-2(x + 6) = 4(x + 8)$
$-(3x - 6) = -7(x - 2)$

5 Löse die Gleichung.

a) $\frac{x}{3} = 17$
$\frac{x}{3} = 24$

b) $\frac{x}{10} = \frac{3}{4}$
$\frac{x}{20} = \frac{6}{5}$

c) $\frac{7}{5} = \frac{x}{50}$
$\frac{5}{4} = \frac{x}{8}$

d) $\frac{x-3}{4} = \frac{4}{5}$
$\frac{7}{8} = \frac{x+2}{28}$

6 Die Schenkel eines gleichschenkligen Dreiecks ABC sind 6 cm länger als die Grundseite. Der Umfang des Dreiecks beträgt 60 cm. Wie lang ist die Grundseite, wie lang sind die Schenkel des Dreiecks?

7 Eine Seite eines Rechtecks ist 7,5 cm kürzer als die benachbarte Seite. Das Rechteck hat einen Umfang von 74,2 cm. Wie lang sind die Seiten des Rechtecks?

8 Der Großvater möchte 60 € so auf seine drei Enkel verteilen, dass Celine ein Viertel, Emily ein Drittel und Ben den Rest bekommt. Wie viel Euro erhält jeder?

9 Das Fünffache einer Zahl vermindert um 70 ist gleich dem Dreifachen der Zahl vermehrt um 10.

Die Lösung einer Gleichung ändert sich nicht, wenn du auf beiden Seiten dieselbe Zahl (denselben Term) addierst oder auf beiden Seiten dieselbe Zahl (denselben Term) subtrahierst.

$3x + 4 = 2x - 5 \quad | -2x$
$x + 4 = -5 \quad | -4$
$x = -9 \quad L = \{-9\}$

Die Lösung einer Gleichung ändert sich nicht, wenn du beide Seiten mit derselben Zahl (ungleich Null) multiplizierst oder beide Seiten durch dieselbe Zahl (ungleich Null) dividierst.

$\frac{2}{3}x = 5 \quad | : \frac{2}{3}$
$x = \frac{5 \cdot 3}{2}$
$x = 7{,}5 \quad L = \{7{,}5\}$

Gleichungen mit Klammern

$3(x + 1) + 2x = 18$
$3x + 3 + 2x = 18$
$5x + 3 = 18 \quad | -3$
$5x = 15 \quad | :5$
$x = 3 \quad L = \{3\}$

Gleichungen mit Brüchen

$\frac{x}{4} = \frac{3}{5} \quad | \cdot 4$
$x = \frac{3 \cdot 4}{5}$
$x = \frac{12}{5} = 2{,}4 \quad L = \{2{,}4\}$

Eine Seite eines Rechtecks ist 9 cm länger als die andere. Der Umfang beträgt 42 cm.

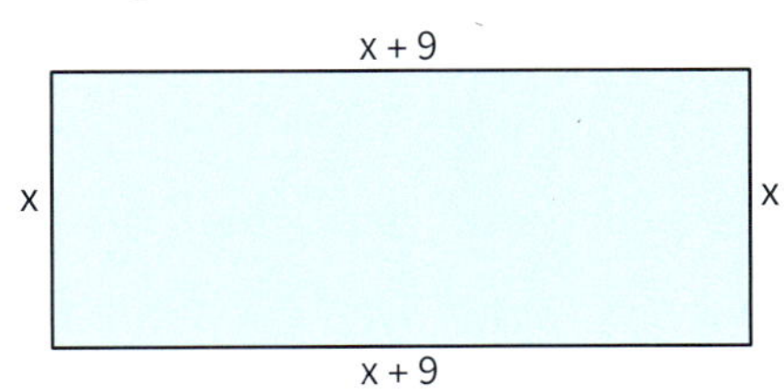

$x + x + x + 9 + x + 9 = 42$
$x = 6 \quad L = \{6\}$

Die kürzere Seite des Rechtecks ist 6 cm lang. Die längere Seite ist 15 cm lang.

WIEDERHOLUNG
Größen

Masseeinheiten

1 t = 1 000 kg	1 kg = 0,001 t
1 kg = 1 000 g	1 g = 0,001 kg
1 g = 1 000 mg	1 mg = 0,001 g

Im Alltag ist der Begriff „Gewicht" an Stelle von Masse gebräuchlich.

15 kg + 560 g + 480 mg
= 15 000 g + 560 g + 0,48 g
= 15 560,48 g

8,2 t + 360 kg + 4 t
= 8,2 t + 0,36 t + 4 t
= 12,56 t

Längeneinheiten

1 km = 1 000 m	1 m = 0,001 km
1 m = 10 dm	1 dm = 0,1 m
1 dm = 10 cm	1 cm = 0,1 dm
1 cm = 10 mm	1 mm = 0,1 cm

13,86 km + 34 m
= 13 860 m + 34 m
= 13 894 m

18 km + 1 450 m + 125 dm
= 18 km + 1,450 km + 0,0125 km
= 19,4625 km

Flächeneinheiten

1 km^2 = 100 ha	1 ha = 0,01 km^2
1 ha = 100 a	1 a = 0,01 ha
1 a = 100 m^2	1 m^2 = 0,01 a
1 m^2 = 100 dm^2	1 dm^2 = 0,01 m^2
1 dm^2 = 100 cm^2	1 cm^2 = 0,01 dm^2
1 cm^2 = 100 mm^2	1 mm^2 = 0,01 cm^2

Hektar (ha), Ar (a)

Raumeinheiten (Volumeneinheiten)

1 m^3 = 1 000 dm^3	1 dm^3 = 0,001 m^3
1 dm^3 = 1 000 cm^3	1 cm^3 = 0,001 dm^3
1 cm^3 = 1 000 mm^3	1 mm^3 = 0,001 cm^3

Liter 1 ℓ = 1 dm^3 = 1 000 mℓ = 100 cℓ

Milliliter 1 mℓ = $\frac{1}{1000}$ ℓ = 1 cm^3

Zentiliter 1 cℓ = $\frac{1}{100}$ ℓ

1 Schreibe in der in Klammern angegebenen Einheit.

a) 13 kg (g); 43 g (mg); 11 t (kg)
b) 26 g (mg); 65 t (kg); 3 kg (g)
c) 7 000 g (kg); 33 000 mg (g); 87 000 kg (t)
d) 2,4 kg (g); 3,5 t (kg); 13,2 g (mg)
e) 3,87 t (kg); 4,06 g (mg); 4,75 kg (g)
f) 0,123 kg (g); 0,0465 t (kg); 0,0034 t (kg)
g) 1 245 g (kg); 7 632 kg (t); 4 310 g (kg)
h) 255 g (kg); 200 kg (t); 340 mg (g)
i) 46 kg (t); 77 g (kg); 8 g (kg)

2 Berechne.

a) 12 kg + 870 g + 540 g; 1 450 g + 17 kg + 6 kg; 4 t + 3 500 kg + 870 kg
b) 33 kg – 2 480 g; 7 t – 580 kg; 1 t – 45 kg

3 Schreibe in der in Klammern angegebenen Einheit.

a) 27 cm (mm); 2,35 m (cm); 5,30 m (cm); 73 cm (m)
b) 61 dm (cm); 230 mm (cm); 18 mm (cm); 5,34 m (dm)
c) 5 m (cm); 3,4 km (m); 450 m (km); 5,4 cm (mm)

4 Berechne.

a) 6,3 m + 45 cm; 4,9 cm + 22 mm; 3,67 m + 8 cm
b) 12 km + 1 256 m + 2,1 km; 4,72 m + 99 cm + 1 m; 7,89 km + 563 m + 0,6 km

5 Schreibe in der in Klammern angegebenen Einheit.

a) 132 dm^2 (cm^2); 5 ha (a); 7 km^2 (ha)
b) 4 cm^2 (mm^2); 3,82 m^2 (dm^2); 3,67 m^2 (cm^2)
c) 6,5 a (m^2); 3,94 ha (a); 5,6 ha (m^2)

6 Schreibe in der nächstgrößeren Einheit.

a) 20 000 cm^2; 12 438 mm^2; 6,853 dm^2
b) 3 467 dm^2; 45,9 a; 156,89 ha
c) 23,8 ha; 7,5 mm^2; 31,8 cm^2

7 Schreibe in der in Klammern angegebenen Einheit.

a) 5 dm^3 (cm^3); 13 cm^3 (mm^3); 5,3 m^3 (cm^3)
b) 3 cm^3 (mm^3); 1,8 m^3 (dm^3); 0,453 m^3 (dm^3)
c) 1 100 dm^3 (m^3); 3 000 cm^3 (dm^3); 800 mm^3 (cm^3)
d) 4,1 cm^3 (mm^3); 0,04 km^3 (m^3); 0,013 m^3 (dm^3)
e) 1,02 dm^3 (m^3); 0,2 dm^3 (mm^3); 0,0031 m^3 (dm^3)
f) 0,03 m^3 (dm^3); 0,01 m^3 (cm^3); 0,071 m^3 (cm^3)

8 Schreibe in der in Klammern angegebenen Einheit.

a) 3 dm^3 (ℓ); 2 ℓ (mℓ); 5 ℓ (cℓ)
b) 31 cm^3 (mℓ); 0,5 ℓ (mℓ); 0,02 ℓ (cℓ)
c) 400 mℓ (ℓ); 2 000 mℓ (ℓ); 5 cℓ (mℓ)

WIEDERHOLUNG
Ebene Figuren

1 Berechne die fehlenden Werte des Rechtecks.

	a)	b)	c)	d)
a	7 cm	3,40 m	15 cm	8 cm
b	7 cm	1,85 m		
u				50 cm
A			315 cm²	

2 Berechne den Umfang eines Quadrats, das einen Flächeninhalt von $156{,}25\,m^2$ hat.

3 Berechne den Umfang und den Flächeninhalt der Figur. Entnimm die Längen der Zeichnung.

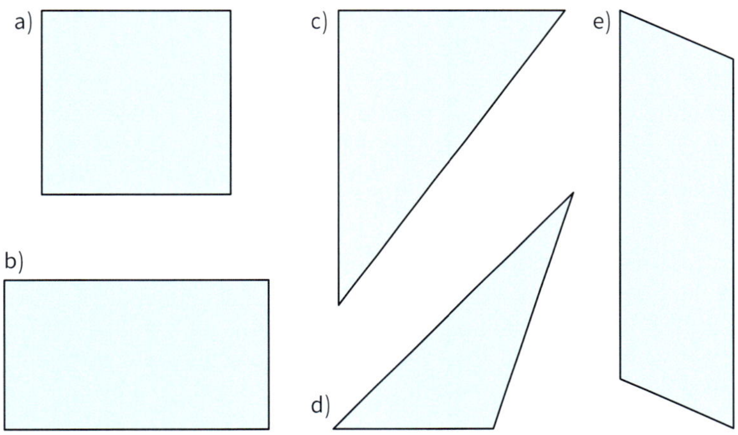

4 Ein 50 m langes und 20 m breites Grundstück wird durch einen Weg in zwei Hälften geteilt. Berechne den Flächeninhalt der Rasenfläche.

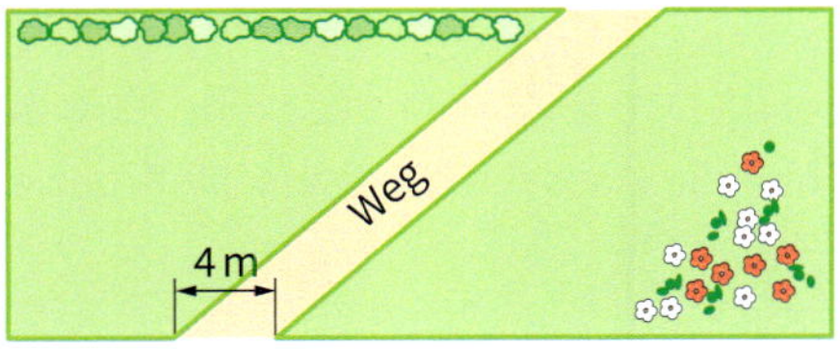

5 Berechne den Flächeninhalt der Figur.

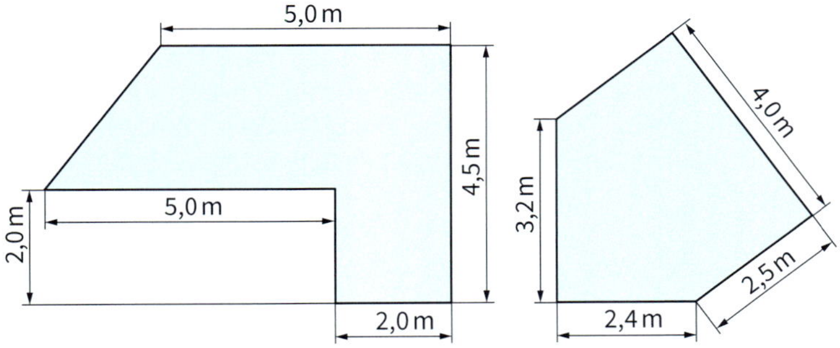

Quadrat

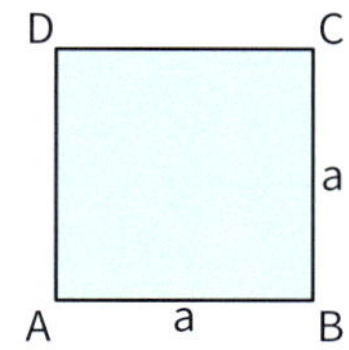

$A = a^2$

$u = 4a$

Rechteck

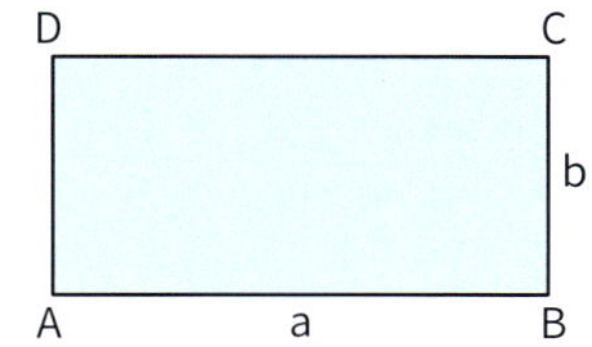

$A = a \cdot b$

$u = 2a + 2b$

Parallelogramm

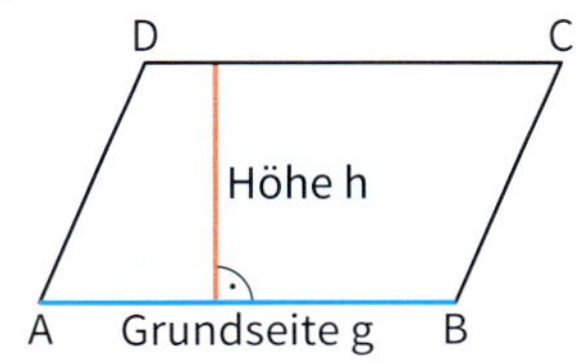

$A = g \cdot h$

Dreieck

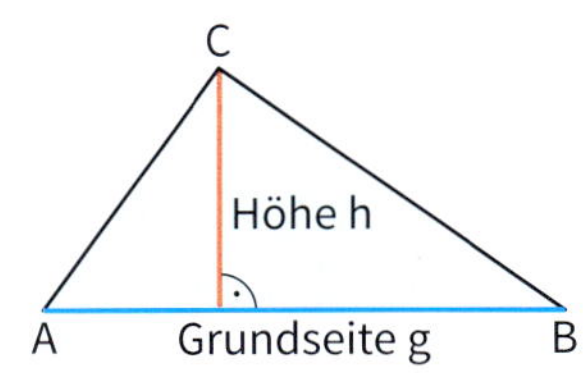

$A = \frac{g \cdot h}{2}$

$A = \frac{1}{2} \cdot g \cdot h$

Trapez

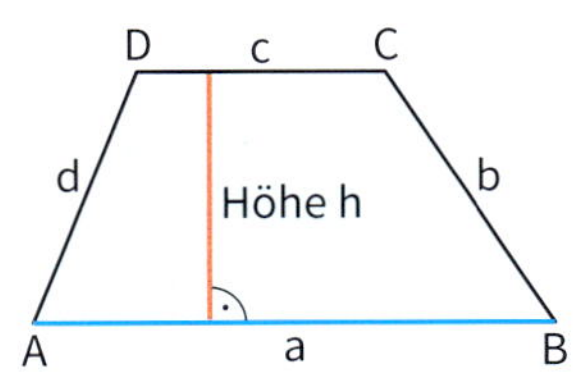

$A = \frac{(a + c) \cdot h}{2}$

$A = \frac{1}{2} \cdot (a + c) \cdot h$

WIEDERHOLUNG
Prismen

Würfel

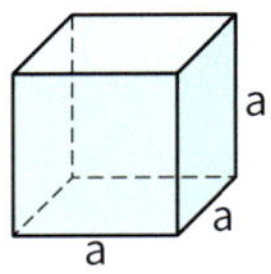

$V = a \cdot a \cdot a = a^3$ $O = 6\,a^2$

Quader

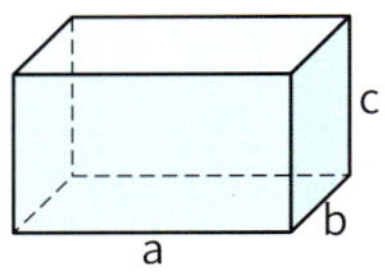

$V = a \cdot b \cdot c$

$O = 2 \cdot a \cdot b + 2 \cdot b \cdot c + 2 \cdot a \cdot c$

Prisma

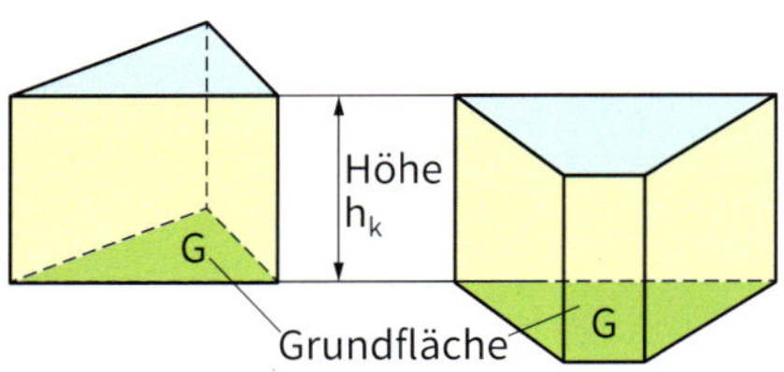

Volumen: $V = G \cdot h_k$

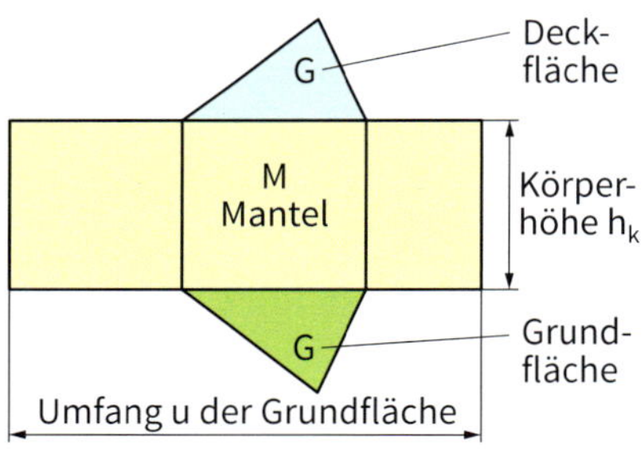

Flächeninhalt des Mantels:
$M = u \cdot h_k$

Oberflächeninhalt des Prismas:
$O = 2 \cdot G + M$

Dichte

Jeder Stoff hat eine bestimmte Dichte.

$$\text{Dichte} = \frac{\text{Masse}}{\text{Volumen}}$$

Dichte von Stahl: $\rho = 7{,}9\,\frac{g}{cm^3}$

1 cm^3 Stahl hat eine Masse von 7,9 g.
1 dm^3 Stahl hat eine Masse von 7,9 kg.
1 m^3 Stahl hat eine Masse von 7,9 t.

1 Berechne das Volumen und den Oberflächeninhalt eines Würfels mit der Kantenlänge 2,5 m (4,8 dm; 12,6 cm).

2 Ein Würfel hat einen Oberflächeninhalt von 37,5 dm^2 (1 176 cm^2; 34,56 mm^2). Gib die Kantenlänge an.

3 Zeichne das Netz des Quaders. Berechne das Volumen und den Oberflächeninhalt.

a)

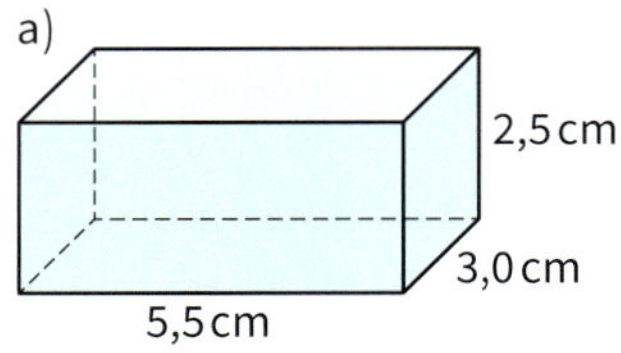

b)

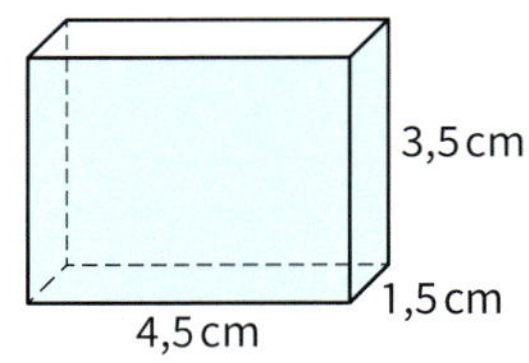

4 Bestimme das Volumen und den Oberflächeninhalt des Prismas.

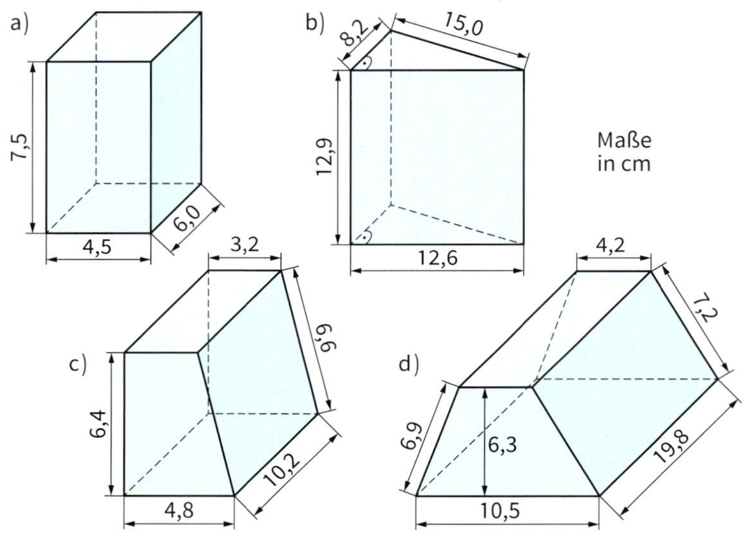

5 Ein Holzwürfel (Dichte $\rho = 0{,}7\,\frac{g}{cm^3}$) hat eine Kantenlänge von 12 cm. Berechne die Masse des Würfels. Multipliziere dazu das Volumen mit der Dichte.

6 Ein Aluminiumquader (Dichte $\rho = 2{,}7\,\frac{g}{cm^3}$) hat die Kantenlängen a = 6 cm, b = 8 cm und c = 24 cm. Berechne die Masse des Quaders.

7 Richard möchte das Kantenmodell eines Quaders aus Draht löten. Der Quader soll 4,5 cm lang, 3 cm breit und 2 cm hoch werden. Wie viel Zentimeter Draht braucht er mindestens für sein Modell?

8 Die Grundfläche eines quaderförmigen Aquariums ist innen 60 cm lang und 40 cm breit. Yasmin gießt zwölf Liter Wasser in das Aquarium. Wie hoch steht das Wasser im Becken?

WIEDERHOLUNG

Daten erheben und auswerten

1 In der Schule wurde eine Umfrage zum Thema „Freizeitgestaltung“ gemacht. Dabei wurden Schülerinnen und Schüler zunächst nach ihrem Lebensalter gefragt.

Urliste (Lebensalter der befragten Mädchen und Jungen)
12 13 14 13 12 15 16 11 13 12 14 11 15 14 14 15 13
12 15 16 14 15 15 14 14 15 16 14 13 13 13 15 15 16
15 14 13 14 14 15 14 15 16 13 13 14 14 13 16 12

a) Lege zunächst eine Strichliste, dann eine Häufigkeitstabelle an. Berechne auch die relativen Häufigkeiten als Dezimalzahl (in Prozent).
b) Stelle die absoluten Häufigkeiten in einem Säulendiagramm dar.

2 In der Häufigkeitstabelle sind die Antworten auf die Frage „Welche Sportart betreibst du in deiner Freizeit am liebsten?“ zusammengefasst.

Sportart	absolute Häufigkeit
Fußball	18
andere Mannschaftsballspiele	13
Schwimmen	12
Turnen, Tanzen, Gymnastik	17
Leichtathletik	9
Tennis	6

a) Berechne die relativen Häufigkeiten.
b) Stelle das Ergebnis der Umfrage in einem Streifendiagramm (Gesamtlänge 15 cm) grafisch dar.
c) Stelle das Ergebnis in einem Kreisdiagramm (Radius 5 cm) grafisch dar.

3 50 Schülerinnen und Schüler wurden gefragt, welche Art von Spielen (Genres) sie auf dem Computer spielen. Es waren Mehrfachnennungen möglich.
Das Ergebnis der Befragung wird in einem Säulendiagramm dargestellt.

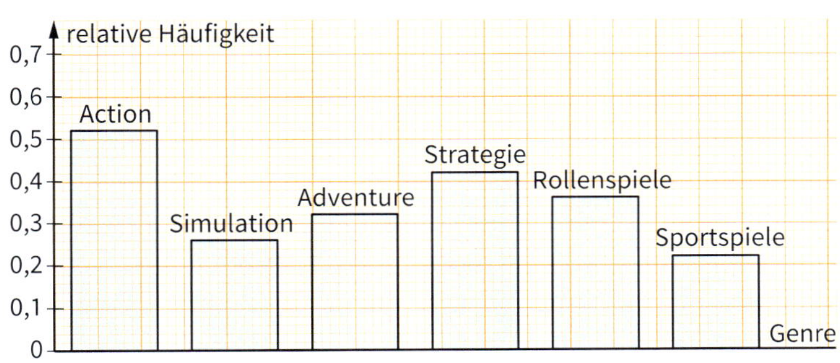

Berechne die zugehörigen absoluten Häufigkeiten und stelle sie in einer Tabelle dar.

Bei **statistischen Untersuchungen** werden **Daten** durch Befragung, Beobachtung oder Experiment gesammelt. Die in einer **Urliste** gesammelten Daten können mithilfe einer **Strichliste** geordnet und dann in einer **Häufigkeitstabelle** dargestellt werden.

Häufigkeitstabelle

Lebensalter (Jahre)	absolute Häufigkeit	relative Häufigkeit	
		Dezimalzahl	Prozent
15	8	0,32	32 %
16	14	0,56	56 %
17	2	0,08	8 %
18	1	0,04	4 %
Summe	25	1,00	100 %

Die **relative Häufigkeit** jedes Ergebnisses gibt den **Anteil** der Versuche mit diesem Ergebnis an.

$$\textbf{rel. Häufigkeit} = \frac{\textbf{absolute Häufigkeit}}{\textbf{Anzahl der Daten}}$$

Die in einer Häufigkeitstabelle aufbereiteten Daten können in verschiedenen Diagrammformen grafisch dargestellt werden.

Säulendiagramm

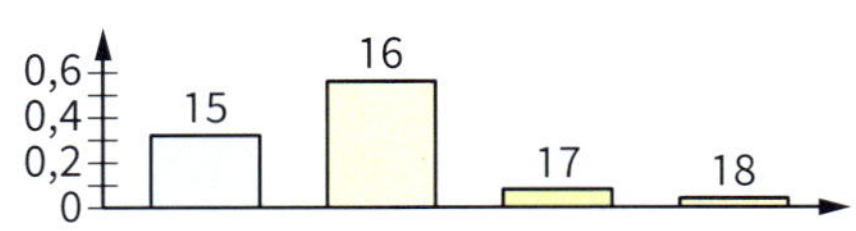

Streifendiagramm

Kreisdiagramm

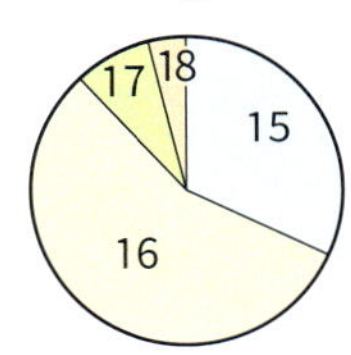

WIEDERHOLUNG
Daten erheben und auswerten

Mittelwerte

Handelt es sich bei den Daten um Zahlen, kannst du das **arithmetische Mittel** $\bar{x}$ berechnen.

$$\bar{x} = \frac{\textbf{Summe aller Daten}}{\textbf{Anzahl der Daten}}$$

$$\bar{x} = \frac{8 \cdot 15 + 14 \cdot 16 + 2 \cdot 17 + 18}{25} = 15{,}84$$

Das Durchschnittsalter beträgt 15,84 Jahre.

Insbesondere bei statistischen Untersuchungen mit stark abweichenden Werten (Ausreißern) ist es sinnvoll, als Mittelwert den **Median** $\tilde{x}$ zu wählen.
Bei einer ungeraden Anzahl von Daten ist der Median der mittlere Wert in der geordneten Urliste, bei einer geraden Anzahl von Daten liegt er zwischen den beiden mittleren Werten.

geordnete Urliste:
15, 15, 15, 15, 15, 15, 15, 15, 16, 16, 16, 16, 16, 16, 16, 16, 16, 16, 16, 16, 16, 16, 17, 17, 18

Median: $\tilde{x} = 16$

Streumaß

Die **Spannweite** gibt die Differenz zwischen dem größten und dem kleinsten Stichprobenwert an.

Spannweite: 18 – 15 = 3

4 Anton hat an elf Tagen die Zeitdauer aufgeschrieben, die er für seine Hausaufgaben benötigt hat.

Dauer der Hausaufgaben (min)
37 42 45 39 33 78 51 47 48 50 42

a) Berechne das arithmetische Mittel $\bar{x}$. Runde auf eine Nachkommastelle.
b) Berechne den Median $\tilde{x}$.
c) Welcher Mittelwert kennzeichnet die Dauer der Hausaufgaben besser?

5 Eine Befragung von Schülerinnen und Schülern nach der Länge ihres Schulwegs führte zu den in der Urliste abgebildeten Ergebnissen.

Schulweglänge (km)
3 11 6 7 7 5 4 13 9 23 1 6 11 5

a) Berechne das arithmetische Mittel $\bar{x}$. Runde sinnvoll.
b) Berechne den Median $\tilde{x}$.
c) Welcher Mittelwert kennzeichnet die Schulweglänge besser?

6 Vergleiche die von Anna und Maren beim Weitsprung erzielten Ergebnisse. Berechne dazu jeweils die Spannweite, das arithmetische Mittel $\bar{x}$ und den Median $\tilde{x}$. Was stellst du fest?

Anna (Sprungweite in m)
3,65 3,87 3,65 3,77 3,85 3,70 3,73

Maren (Sprungweite in m)
3,56 3,89 4,01 3,54 3,77 3,69 3,75 3,51

7 Schülerinnen und Schüler im 9. Jahrgang wurden nach der Höhe ihres monatlichen Taschengeldes befragt.

Monatliches Taschengeld (€)
25 32 40 36 40 25 32 32 48 36 40 50 80 32 40 36 44
25 32 40 32 25 36 50 32 25

a) Bestimme das arithmetische Mittel $\bar{x}$, den Median $\tilde{x}$ und die Spannweite.
b) Vergleiche die Mittelwerte miteinander.

Partnerarbeit *

Regeln für die Partnerarbeit

1. Jeder liest zunächst die Aufgabenstellung für sich durch und beachtet dabei die vorgegebenen Arbeitsschritte, Hinweise und Hilfen.
2. Jeder entwickelt einen eigenen Lösungsansatz.
3. Vergleicht eure Lösungsansätze und erarbeitet eine gemeinsame Lösung.
4. Bereitet eine Präsentation eures Ergebnisses vor (Folie, Lernplakat, Vortrag mit Stichwortzettel, ...).

* Du kannst auch mit einer Partnerin oder einem Partner mit der gleichen Familiensprache zusammenarbeiten.

Einem Text Informationen entnehmen

1. Lies den Text im Ganzen durch. Schreibe in einem Satz auf, wovon der Text handelt.
2. Lies jeden einzelnen Abschnitt des Textes langsam und konzentriert.
   Schreibe zu jedem Abschnitt eine Überschrift auf.
3. Schreibe die Aussagen des Textes auf, die du für besonders wichtig hältst.
4. Schreibe die Wörter auf, die du nicht kennst. Kläre ihre Bedeutung, indem du das Internet oder ein Lexikon benutzt oder deine Lehrerin oder deinen Lehrer fragst.
5. Berichte einem Mitschüler oder einer Mitschülerin, was du gelesen hast.

Gruppenarbeit *

Regeln für die Gruppenarbeit

1. Der Arbeitsplatz wird eingerichtet. Alle Arbeitsmaterialien werden zurechtgelegt.
2. Die Gruppenarbeit beginnt mit einer gemeinsamen Besprechung der Aufgabenstellung.
3. Der Arbeitsablauf wird organisiert. Dabei werden alle an der Arbeit beteiligt.
4. Alle Gruppenmitglieder notieren die wichtigsten Ergebnisse.
5. Der Vortrag der Ergebnisse wird gemeinsam vorbereitet. Alle sind für die Qualität der Arbeit verantwortlich.

Regeln für die Präsentation

1. Beginne nicht sofort, sondern warte ab, bis Ruhe herrscht.
2. Versuche frei zu sprechen und schaue das Publikum an. Benutze einen Notizzettel als Merkhilfe.
3. Stelle wichtige Informationen besonders heraus. Benutze dazu die Tafel, Folien, Plakate oder digitale Medien.
4. Warte am Ende ab, ob es noch Fragen oder Anmerkungen gibt. Gehe auf Fragen sowie Kritik sachlich und angemessen ein.

Regeln für das Publikum

1. Wenn eine Gruppe ihre Ergebnisse vorträgt, hört das Publikum aufmerksam zu.
2. Jeder überlegt während der Präsentation:
   - Was kann ich bei dieser Präsentation lernen?
   - Welche Fragen habe ich noch?
   - Was hat mir gut gefallen, was könnte noch verbessert werden?
3. Das Publikum nimmt in der Nachbesprechung dazu Stellung. Alle Schülerinnen und Schüler äußern Lob und Kritik konstruktiv.

* Es können auch Gruppen gebildet werden, in denen alle Schülerinnen und Schüler die gleiche Familiensprache haben.

Arbeitsteilige Gruppenarbeit *

Gruppe 1 Aufgabe 1	Gruppe 2 Aufgabe 2
Gruppe 3 Aufgabe 3	Gruppe 4 Aufgabe 4

Aufgabe

Gruppe 1 Teilaufgabe 1	Gruppe 2 Teilaufgabe 2
Gruppe 3 Teilaufgabe 3	Gruppe 4 Teilaufgabe 4

1. In arbeitsteiliger Gruppenarbeit können unterschiedliche Aufgaben behandelt werden, die zu einem gemeinsamen Themenbereich gehören. Es ist aber auch möglich, eine Aufgabe in unterschiedliche Teilaufgaben zu zerlegen.

   Jede Gruppe beschäftigt sich mit einer **anderen Aufgabe** oder **Teilaufgabe**.

2. Je nach Thema kann es vorteilhaft sein, freiwillige Interessengruppen zu bilden. Dabei ordnen sich Schülerinnen und Schüler selbst einer Gruppe zu.
   Die Einteilung der Gruppen kann aber auch nach anderen Gesichtspunkten erfolgen.
   Jede Gruppe bearbeitet ihre Aufgabe und beachtet dabei die Regeln, die für die Gruppenarbeit gelten.
   Die Gruppe bereitet nach einer fest vereinbarten Zeit die Präsentation ihrer Ergebnisse vor.

3. Bei der Präsentation der Ergebnisse hört das Publikum aufmerksam zu.
   Da die Gruppen unterschiedliche Aufgaben bearbeitet haben, sind Notizen zu folgenden Punkten besonders wichtig:
   - Welche Fragen habe ich noch?
   - Welche Ergebnisse muss ich notieren?

   Das Publikum nimmt in der Nachbesprechung zur Präsentation Stellung. Dabei sollte Kritik immer positiv formuliert werden.

* Es können auch Gruppen gebildet werden, in denen alle Schülerinnen und Schüler die gleiche Familiensprache haben.

Ich-Du-Wir-Aufgaben

Ich: Höre dir die Aufgabenstellung genau an und lies die Aufgabenstellung sorgfältig durch.
Überlege, in welchen Schritten du die Aufgabe lösen kannst.
Notiere, was du dir überlegt hast.

Du: Sprich mit deinem Partner oder deiner Partnerin über die Aufgabe.
Stelle ihm oder ihr deinen Lösungsweg vor.
Höre dir seinen oder ihren Lösungsweg an.
Erarbeitet eine gemeinsame Lösung.

Wir: Informiert eure Klasse in einem kurzen Vortrag über die Aufgabe und euren Lösungsweg.
Aus allen Beiträgen kann dann ein gemeinsames Ergebnis erarbeitet werden.

Ein Lernplakat erstellen

Mögliche Arbeitsschritte

- Überlegt, was auf dem Plakat dargestellt werden soll.
- Erstellt in Partnerarbeit jeweils einen Entwurf auf einem DIN-A4-Blatt.
- Diskutiert die verschiedenen Entwürfe in der Gruppe.
- Verteilt Arbeitsaufträge an die einzelnen Gruppenmitglieder. Jeder Schüler ist für eine Teilaufgabe verantwortlich: Texte, Bilder, Grafiken, …

Hinweise für die Erstellung eines Plakates

1. Unterteile das Thema in verschiedene Teilgebiete.
2. Wähle eine klare Überschrift und gliedere das Plakat übersichtlich.
3. Triff eine Auswahl, damit das Plakat nicht überladen wirkt.
4. Die Schriftgröße muss groß genug sein, um das Plakat auch aus größerem Abstand lesen zu können.
5. Bei einer Schriftfarbe sollte man rot, gelb und orange nur sparsam verwenden.

Einen Vortrag halten

1. Beginne nicht sofort, sondern warte ab, bis Ruhe herrscht.
2. Versuche frei zu sprechen und schaue das Publikum an. Benutze einen Notizzettel als Merkhilfe.
3. Stelle wichtige Informationen besonders heraus. Benutze dazu Tafel, Folien, Plakate oder digitale Medien.
4. Warte am Ende, ob es noch Fragen oder Anmerkungen gibt.

Regeln für das Publikum

1. Wenn jemand seine Ergebnisse vorträgt, hört das Publikum aufmerksam zu.
2. Jeder überlegt während der Präsentation:
   - Was kann ich bei dieser Präsentation lernen?
   - Welche Fragen habe ich noch?
   - Was hat mir gut gefallen, was könnte noch verbessert werden?

WIEDERHOLUNG
Probleme mathematisch lösen

Probleme erkunden und erfassen

1. Stelle fest, welche Informationen im Text, im Bild oder Diagramm enthalten sind.
2. Überlege, welche mathematischen Aufgabenstellungen in diesem Zusammenhang sinnvoll sind.
3. Formuliere eine Aufgabe.
4. Stelle alle Informationen zusammen, die du zur Lösung der Aufgabe brauchst.

Die Cheopspyramide ist die höchste Pyramide der Welt. Sie wurde vor etwa 4600 Jahren als Grabmal des ägyptischen Pharaos Cheops errichtet.
Die Seitenlänge ihrer quadratischen Grundfläche betrug ursprünglich 230 m, sie war 147 m hoch.
Die Pyramide besteht aus ungefähr 2,5 Millionen quaderförmigen Steinblöcken mit einem durchschnittlichen Volumen von 1 m^3 und einem durchschnittlichen Gewicht von 2,5 t.

Mögliche mathematische Aufgabenstellungen:

- Wie viel Quadratmeter beträgt die Grundfläche der Pyramide?
- Wie viel Quadratmeter beträgt eine ihrer Seitenflächen?
- Schätze das Volumen der Pyramide.
- Schätze die gesamte Masse der Pyramide.

Schätzen, Messen und Überschlagen

Schätze den Flächeninhalt der farbigen Fläche.

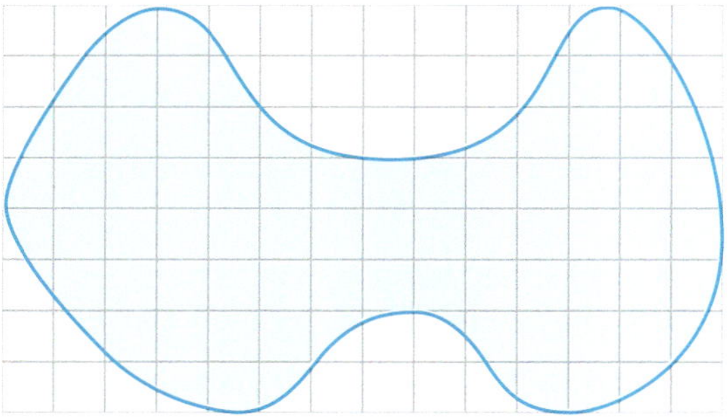

Lösung:

Bestimme die Anzahl der Kästchen, die von der farbigen Fläche überdeckt werden. Kästchen, die die farbige Fläche nur zum Teil überdeckt, zählen als halbe Kästchen.
Ergebnis: 72 Kästchen

1. Überlege, welche Angaben du für eine Überschlagsrechnung benötigst.
2. Prüfe, welche Angaben du den vorhandenen Informationen entnehmen kannst.
   Wenn nötig, verschaffe dir weitere Angaben, zum Beispiel durch eine Messung.
3. Führe die Überschlagsrechnung aus. Wähle dazu ein geeignetes Rechenverfahren.
4. Überlege, ob das Ergebnis deiner Rechnung sinnvoll ist.

Miss die Seitenlänge eines Kästchens und berechne den Flächeninhalt eines Kästchens.
Ergebnis: $A = 0{,}5 \cdot 0{,}5 = 0{,}25$
$A = 0{,}25\,cm^2$

Überschlagsrechnung: $72 \cdot 0{,}25\,cm^2 = 18\,cm^2$

Der Flächeninhalt der farbigen Fläche beträgt ungefähr 18 cm^2.

Rückwärtsarbeiten

1. Wenn du zum Endergebnis einer Rechnung den Anfangswert bestimmen sollst, kannst du Rückwärtsarbeiten.
Überlege dazu, welche Rechenoperationen zum Endergebnis geführt haben.
2. Gehe vom Endergebnis aus und führe in umgekehrter Reihenfolge die Umkehroperationen durch.
3. Bestimme die gesuchte Größe und prüfe, ob du mit dieser Größe das angegebene Endergebnis ermitteln kannst.

Sophie besucht ihre Freundin Melanie, die in einem anderen Stadtteil wohnt. Für den Weg zur Bushaltestelle benötigt sie drei Minuten. Dort muss sie zwei Minuten auf den Bus warten. Die Busfahrt dauert 34 Minuten. Anschließend geht Sophie noch sieben Minuten zu Fuß, bis sie Melanies Wohnung erreicht. Sie kommt dort um 17.53 Uhr an.
Um wie viel Uhr ist Sophie losgegangen?

Lösung:

	■	17.07 Uhr		
+ 3 min	↓		↑	− 3 min
	■	17.10 Uhr		
+ 2 min	↓		↑	− 2 min
	■	17.12 Uhr		
+ 34 min	↓		↑	− 34 min
	■	17.46 Uhr		
+ 7 min	↓		↑	− 7 min
	17.53 Uhr	17.53 Uhr		

Sophie ist um 17.07 Uhr zu Hause losgegangen.

Systematisches Probieren

Wähle aus den angegebenen Zahlen die aus, deren Summe 50 ist.
Wie viele Möglichkeiten gibt es?

37	34	29	21	16	13

Lösung:

~~37 + 34 = 71~~	~~34 + 29 = 63~~	~~21 + 16 = 37~~
~~37 + 29 = 66~~	~~34 + 21 = 55~~	
~~37 + 21 = 58~~	34 + 16 = 50	~~29 + 16 + 13 = 58~~
~~37 + 16 = 53~~		21 + 16 + 13 = 50
37 + 13 = 50	29 + 21 = 50	

Es gibt vier Möglichkeiten.

1. Notiere alle Möglichkeiten, die als Lösung des Problems grundsätzlich in Frage kommen. Häufig hilft dir dabei eine Tabelle.
2. Streiche alle Möglichkeiten, bei denen die besonderen Bedingungen des Problems nicht erfüllt sind.
3. Prüfe, ob die übrigen Möglichkeiten das Problem lösen.

LÖSUNGEN
zu den Eingangstests

Maßstäbliches Vergrößern und Verkleinern Seite 200

1 A (2 | 1), B (0 | 1,5), C (−2 | 1), D (−3,5 | 0), E (−2,5 | −2,5), F (3 | −4)

2

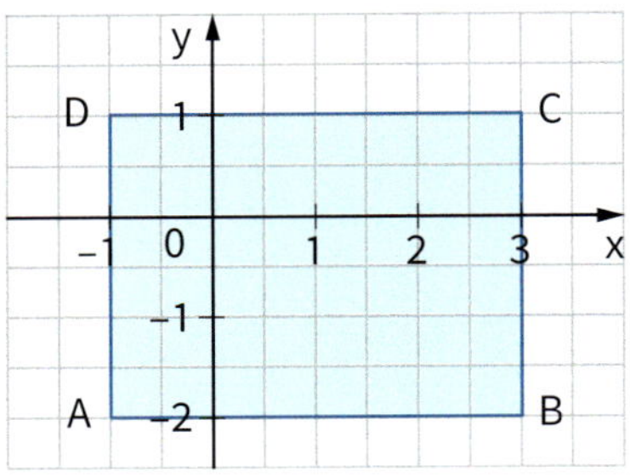

A = 12 cm²

3 a) $x = \frac{12}{5} = 2\frac{2}{5} = 2{,}4$

b) $x = \frac{24}{5} = 4\frac{4}{5} = 4{,}8$

c) $x = 2$

4 a) 400 cm
5 000 mm
345 cm
8 000 m
2 050 m
3 500 000 m

b) 3,5 m
0,45 m
750 m
5,6 km
340 km
6,7 km

Reelle Zahlen Seite 201

1 a) 25; 121 b) 0,04; 0,001 c) 49; 144 d) 64; 512

2 a) z. B. 4,1 4,2 4,3 4,4 4,5
b) z. B. 7,111 7,112 7,113 7,114 7,115

3 2,22 < 2,24 < 2,242 < 2,42 < 2,424 < 2,44

4 a) 0,56 (0,563) b) 2,49 (2,487) c) 11,98 (11,976)

5 a) A = 144 cm² (A = 529 cm²) b) 6 cm

6 a) 6; 9; 101
b) $12{,}5;\ \frac{3}{4};\ 2\frac{1}{2};\ -\frac{1}{5};\ 0{,}3;\ -3{,}5$

Kreis und Kreisteile Seite 201

1 a) 4,5 m b) 37 cm c) 230 cm
d) 64 cm² e) 3 200 dm² f) 560 mm²

2 a) 4,6 (4,57) b) 0,6 (0,64) c) 7,0 (6,96)

3 a) 0,36 b) 1,44 c) 2,25

4

Rechteck:	u = 25,2 cm;	A = 32,4 cm²
Dreieck:	u = 19,20 m;	A = 15,36 m²
Quadrat:	u = 84 m;	A = 441 m²

Lineare Funktionen Seite 202

1

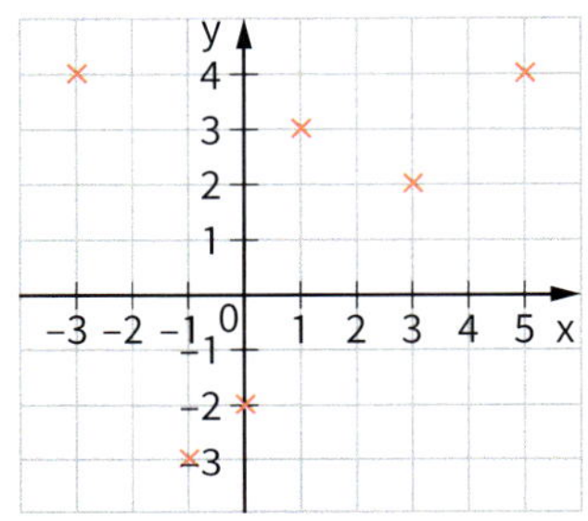

2

Anzahl	Preis (€)
3	1,80
9	5,40
1	0,60
11	6,60

3 a) (2 | 1) (5 | 2,5) (8 | 4) (11 | 5,5)
b) Es ist eine proportionale Zuordnung, da sich beim Verdoppeln (Verdreifachen, Halbieren, …) des einen Wertes auch der andere Wert verdoppelt (verdreifacht, halbiert, …). Die Zahlenpaare sind quotientengleich.

4 Der Silberwürfel hat eine Masse von 1 312,5 g.

LÖSUNGEN
zu den Eingangstests

Lineare Gleichungssysteme Seite 202

1 a) $x = 4$, $x = 3{,}6$ b) $x = 11$, $x = -1{,}8$ c) $x = 0{,}1$, $x = -75$

2

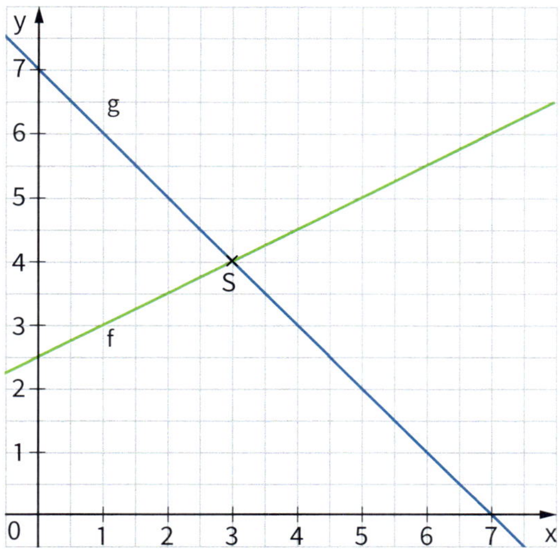

Schnittpunkt S (3 | 4)

3 P liegt nicht auf dem Graphen.
Q liegt nicht auf dem Graphen.

Satz des Pythagoras Seite 203

1 a) 64 b) 169 c) 2,25
d) 90 000 e) 0,36 f) 0,0016

2 a) 7 b) 9 c) 11 d) 1,2 e) 0,5

3 a) $x = 3$ b) $x = 3$ c) $x = 3$

4 a) $64\,cm^2$ b) $180\,cm^2$ c) $36\,cm^2$ d) $242\,cm^2$

Körper Seite 203

1
a) Rechteck: $u = 23\,cm$ $A = 33\,cm^2$
b) Dreieck: $u = 23{,}47\,cm$ $A = 26\,cm^2$
c) Trapez: $u = 21{,}4\,cm$ $A = 25\,cm^2$
d) Parallelogramm: $u = 17{,}6\,cm$ $A = 15{,}75\,cm^2$

2
a) $u \approx 18{,}8\,cm$ $A \approx 28{,}3\,cm^2$
b) $u \approx 20{,}1\,cm$ $A \approx 32{,}2\,cm^2$

3
a) –
b) $V = 60\,cm^3$ $O = 94\,cm^2$

Große und kleine Zahlen Seite 204

1 a) 16 b) 100 c) 81 d) 8

2 a) $\frac{1}{10}$ b) $\frac{1}{100}$ c) $\frac{3}{100}$

3 a) 0,001 b) 0,02 c) 0,007

4
a) 5 000 m, 90 000 m, 4 km
b) 7 000 kg, 30 000 kg, 2 t
c) 600 cm, 1,2 m, 0,4 m

5 a) 16 b) 100 000 c) 0,008
d) 0,0001 e) $\frac{1}{16}$ f) $\frac{27}{1000}$

Statistische Erhebungen Seite 204

1

Lebensalter (Jahre)	absolute Häufigkeit	relative Häufigkeit	relative Häufigkeit (%)
14	2	$\frac{2}{25} = 0{,}08$	8 %
15	13	$\frac{13}{25} = 0{,}52$	52 %
16	8	$\frac{8}{25} = 0{,}32$	32 %
17	2	$\frac{2}{25} = 0{,}08$	8 %
Summe	25	1	100 %

2

Anzahl Geräte	relative Häufigkeit
1	$\frac{2}{50} = 0{,}04$
2	$\frac{5}{50} = 0{,}10$
3	$\frac{7}{50} = 0{,}14$
4	$\frac{9}{50} = 0{,}18$
5	$\frac{11}{50} = 0{,}22$
6	$\frac{8}{50} = 0{,}16$
7	$\frac{5}{50} = 0{,}10$
8	$\frac{3}{50} = 0{,}06$
Summe	1

LÖSUNGEN
zu den Ausgangstests

zu Seite 27

1

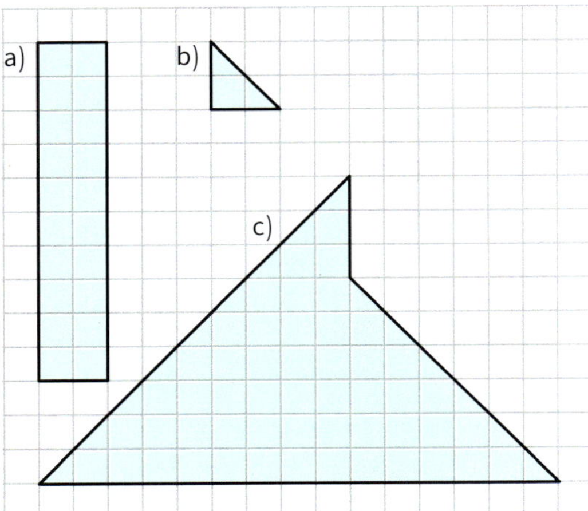

2

	Maßstab	Bild	Original
a)	2 : 1	**6 cm**	3 cm
b)	1 : 3	0,5 cm	**1,5 cm**
c)	**10 : 1**	34 cm	3,4 cm
d)	1 : 5	**0,2 m**	1 m
e)	1 : 100	23 cm	**23 m**

3 18,25 km

4 Die Dreiecke sind ähnlich, da die Verhältnisse entsprechender Seiten in beiden Dreiecken gleich sind:
$\frac{9,75}{6,5} = \frac{4,95}{3,3} = \frac{8,4}{5,6} = 1,5$
k = 1,5

5

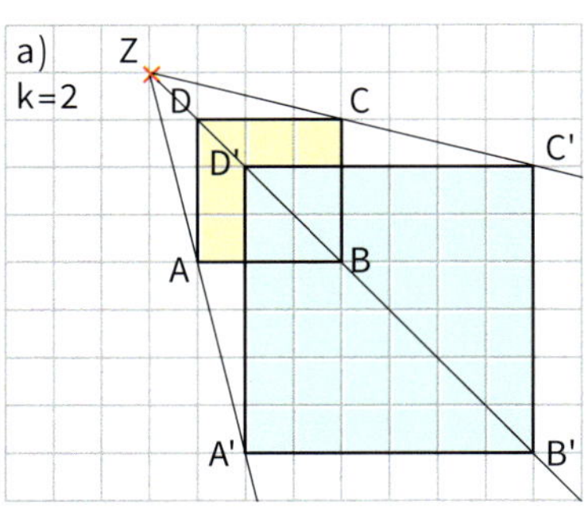

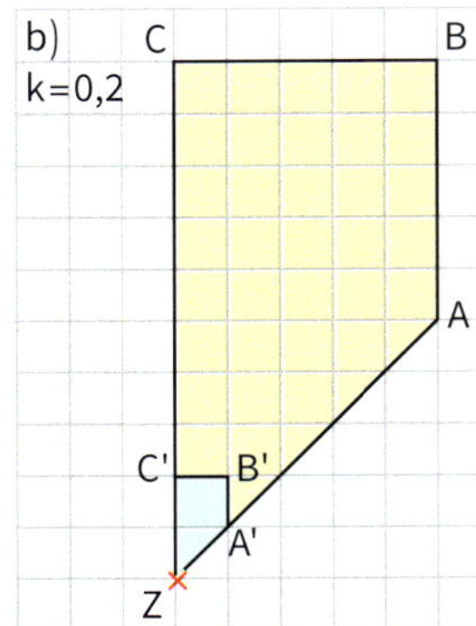

6 a) x = 2,4 cm b) x = 9,8 cm

7 a = 1,80 m; b = 7,50 m

zu Seite 47

1 a) 14; 18 b) 50; 90 c) 0,7; 1,3 d) 0,02; 0,12 e) 6; 20 f) 0,2; 0,01

2 a) Die Seitenlänge des Quadrats beträgt 30 cm.
b) Die Kantenlänge des Würfels beträgt 8 cm, der Oberflächeninhalt beträgt 384 cm².

3 a) [2,236; 2,237]
b) $\sqrt{5}$ liegt im Intervall [2; 3], denn $2^2 = 4 < 5$ und $3^2 = 9 > 5$
$\sqrt{5}$ liegt im Intervall [2,2; 2,3], denn $2,2^2 = 4,84 < 5$ und $2,3^2 = 5,29 > 5$
$\sqrt{5}$ liegt im Intervall [2,23; 2,24], denn $2,23^2 = 4,9729 < 5$ und $2,24^2 = 5,0176 > 5$
$\sqrt{5}$ liegt im Intervall [2,236; 2,237], denn $2,236^2 = 4,999696 < 5$ und $2,237^2 = 5,004169 > 5$

4 a) zwischen 6 und 7 b) zwischen 7 und 8

5 a) 14; 18 b) 3; 7 c) 3; 12

6 rationale Zahlen: $\sqrt{9} = 3$; $\sqrt[3]{8} = 2$; $\sqrt{2,25} = 1,5$; $\sqrt{0,04} = 0,2$; $\sqrt[3]{512} = 8$; $\sqrt{1,21} = 1,1$; $\sqrt{\frac{4}{25}} = \frac{2}{5}$; $\sqrt[3]{\frac{1}{27}} = \frac{1}{3}$; $2 + \sqrt{1} = 3$; $\sqrt{7} \cdot \sqrt{112} = 28$
irrationale Zahlen: $\sqrt{8}$; $\sqrt{2,5}$; $\sqrt{0,4}$; $\sqrt{\frac{1}{2}}$; $7 \cdot \sqrt{7}$; $1 + \sqrt{2}$

7 a) wahr b) falsch c) wahr d) wahr

LÖSUNGEN
zu den Ausgangstests

8 a) Die Kantenlänge des Würfels beträgt 1 cm ($\sqrt[3]{3}$ cm; $\sqrt[3]{9}$ cm).

b) Beim Verdreifachen des Volumens wird die Kantenlänge mit $\sqrt[3]{3}$ multipliziert.

zu Seite 63

1 a) $u \approx 33{,}93$ cm, $A \approx 91{,}61\ \text{cm}^2$ b) $u \approx 47{,}12$ m, $A \approx 176{,}71\ \text{m}^2$ c) $u \approx 56{,}55$ m, $A \approx 254{,}47\ \text{m}^2$

2 $u \approx 30{,}16$ m; $A \approx 65{,}63\ \text{m}^2$

3 Restfläche: $A \approx 386{,}28\ \text{cm}^2$ (d = 30 cm;
Flächeninhalt beider Kreise zusammen: $A \approx 1\,413{,}72\ \text{cm}^2$;
Flächeninhalt des Rechtecks: $A = 1\,800\ \text{cm}^2$)

4 $\alpha = 120°$; $b_\alpha = 4{,}19$ cm; $A_\alpha = 4{,}19\ \text{cm}^2$

5 Restfläche: $A \approx 81{,}17\ \text{cm}^2$
(Quadrat: $A = 144\ \text{cm}^2$; Kreisring: $A \approx 62{,}83\ \text{cm}^2$)

6 a) Rasenfläche: $A \approx 170\ \text{m}^2$
$170 \cdot 30\ \text{g} = 5\,100\ \text{g}$
Es werden 5,1 kg Grassamen benötigt.

b) Umfang Wasserbecken: $u \approx 22{,}85$ m
$2\,285 : 25 = 91{,}4$
Es werden 92 Steine benötigt.

7 $u_{Kreis} = 2 \cdot \pi \cdot r$; $u_{Quadrat} = 4 \cdot a$
Beispiel: Der Kreis und das Quadrat haben jeweils einen Umfang von 12 cm.
$2 \cdot \pi \cdot r = 12$
$r \approx 1{,}91$
Der Radius des Kreises beträgt ungefähr 1,91 cm.
$4 \cdot a = 12$
$a = 3$
Das Quadrat hat eine Seitenlänge von 3 cm.
$A_{Kreis} = \pi \cdot r^2 \approx 11{,}46\ \text{cm}^2$; $A_{Quadrat} = a^2 = 9\ \text{cm}^2$
Der Kreis hat bei gleichem Umfang einen größeren Flächeninhalt als das Quadrat.

zu Seite 85

1

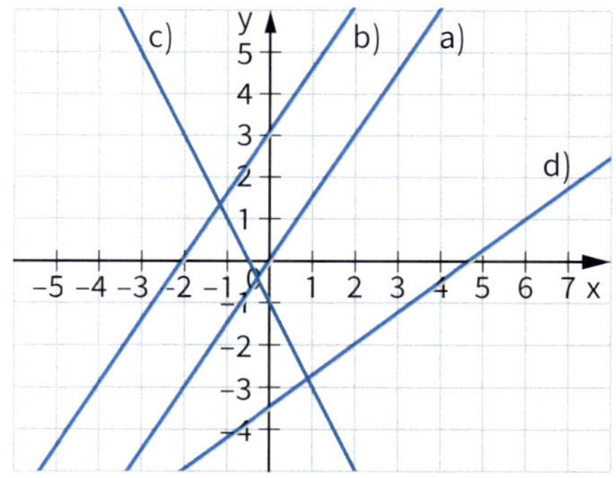

2

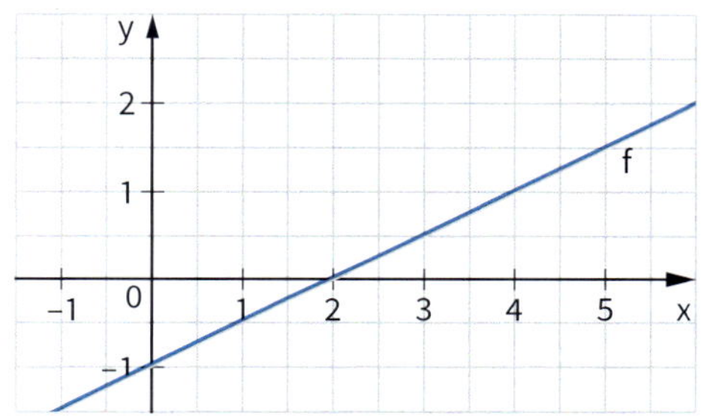

f(x)	1	2	−0,5	0	1,5
x	4	6	1	2	5

3 $f(x) = x + 1$; $g(x) = 0{,}25x$; $h(x) = -0{,}5x - 1$

4 a) $f(x) = 2x - 1$ b) $f(x) = -3x - 4$

5 a)

Betriebsdauer (h)	5	12	20	160
Kosten Energiesparlampen (€)	0,42	1,01	1,68	13,44
Kosten LED-Lampe (€)	0,17	0,40	0,67	5,38

b) Energiesparlampen: $y = 0{,}084 \cdot x$
LED-Lampen: $y = 0{,}0336 \cdot x$

c)

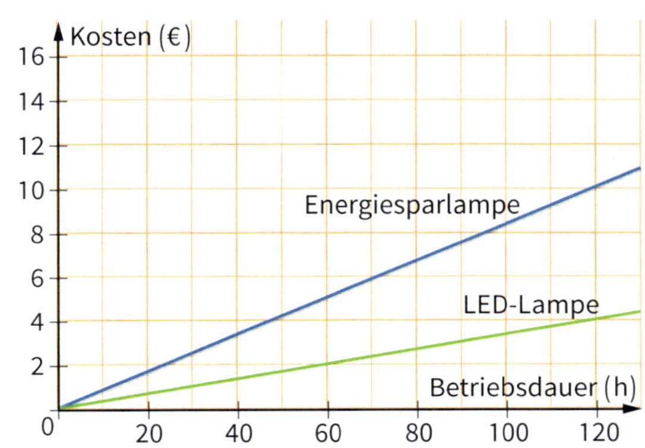

LÖSUNGEN
zu den Ausgangstests

6 a)

Jahresverbrauch (kWh)	1 000	2 000	4 000	5 000
Gesamtkosten (€)	490	890	1 690	2 090

b) $y = 0{,}40\,x + 90$

c)

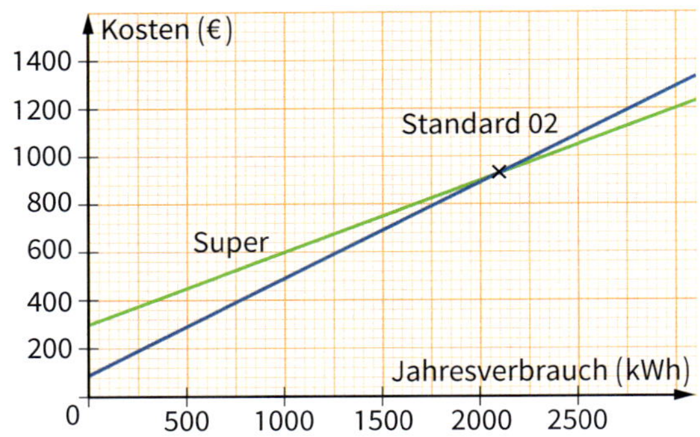

d) Ab 2 100 kWh ist der Tarif Super günstiger. Der Graph ist bei c) abgebildet.

zu Seite 107

1 a)

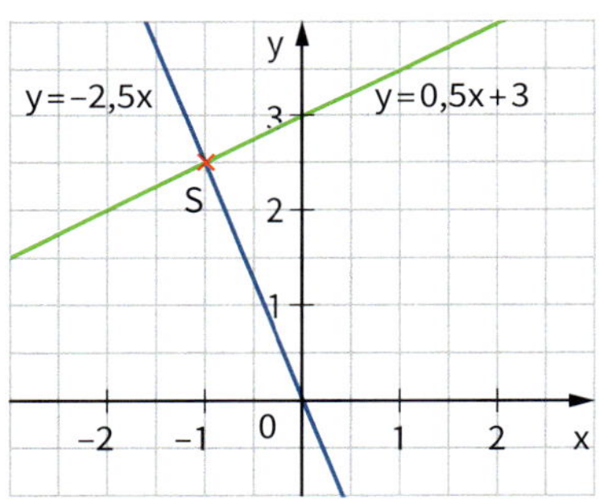

$S(-1\,|\,2{,}5)$

b)

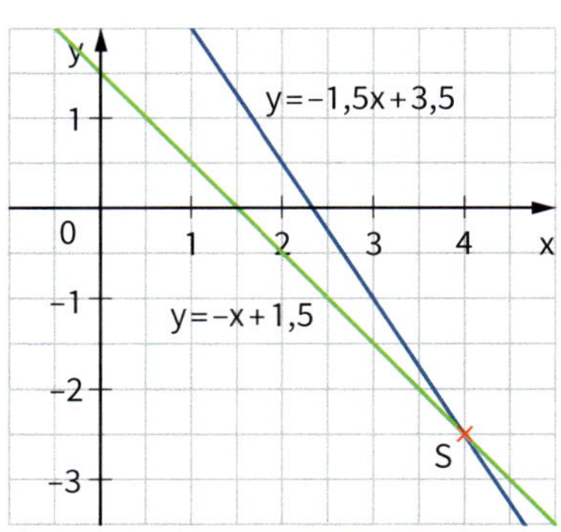

$S(4\,|\,-2{,}5)$

c)

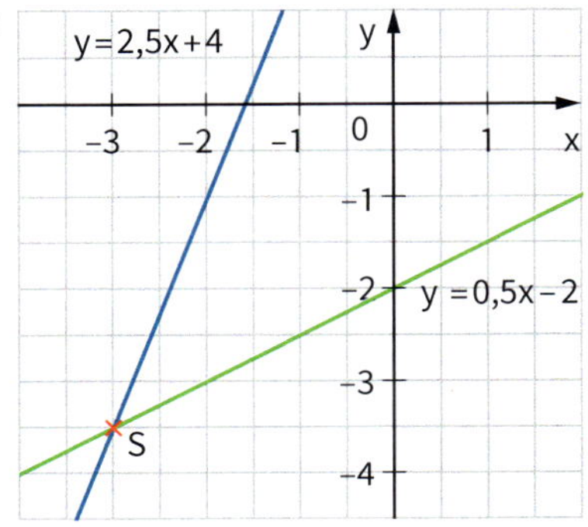

$S(-3\,|\,-3{,}5)$

d)

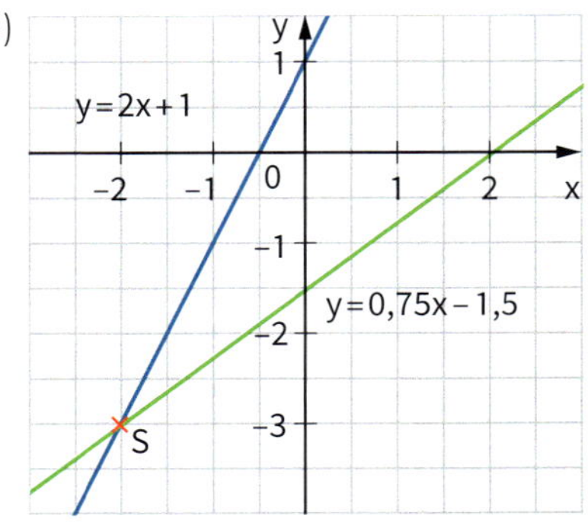

$S(-2\,|\,-3)$

2 a) Die längere Rechteckseite ist 52,5 cm lang, die kürzere Seite ist 37,5 cm lang.
b) Die Grundseite ist 25 cm lang, die Schenkel sind jeweils 21 cm lang.

3 a) $L = \{(-11\,|\,14)\}$
b) unendlich viele Lösungen
c) $L = \{(-5{,}5\,|\,6{,}5)\}$
d) $L = \{\ \}$

4 a) Die erste Zahl ist 15, die zweite 14.
b) Die erste Zahl ist 25, die zweite −10.

5 Für 100 Brasilianische Real bekommt sie 31,50 € und für 100 Argentinische Peso bekommt sie 9,50 €.

6 Der Preis für 1 m³ Frischwasser beträgt 4,74 €, die Zählergebühr beträgt 65 €.

zu Seite 127

1 a) $r^2 + s^2 = t^2$
b) $x^2 + y^2 = z^2$
c) $n^2 + o^2 = m^2$
d) $u^2 + v^2 = w^2$

2 a) $a = 44{,}4\,m$
b) $c = 52\,m$
c) $b = 8{,}1\,m$
d) $a = 76{,}8\,m$

LÖSUNGEN
zu den Ausgangstests

3 a) a = 19,5 cm b) b = 71,5 cm
c) b = 8,0 cm d) c = 21,6 m

4 Die Leiter liegt in einer Höhe von 7,20 m an der Hauswand an.

5 Dachbreite: 6,50 m; Dachfläche: A = 54,60 m²;
Verschnitt: 5,46 m²
Kosten: 54,60 · 100 + 5,46 · 100 = 6 006
Die Kosten betragen 6 006 €.

6 b = 216 m; u = 1 008 m

7 e = 4,00 m; d = 5,80 m

zu Seite 155

1 a)

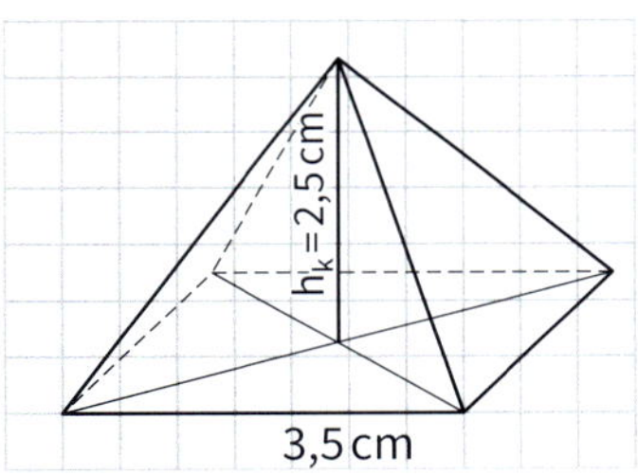

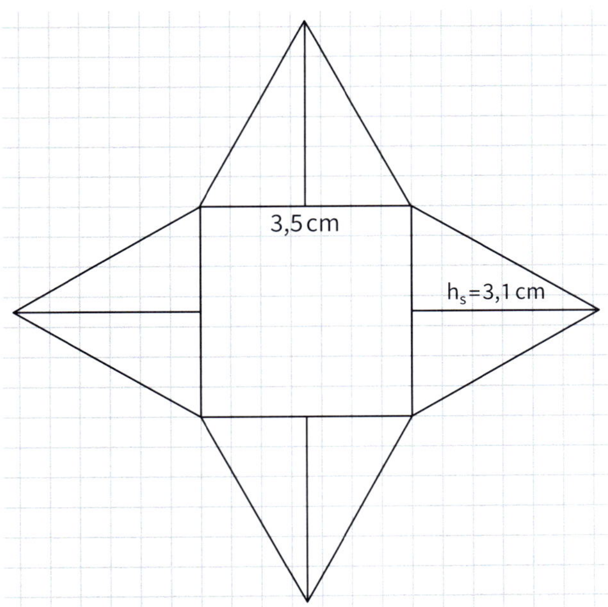

b) $V \approx 10{,}21\ cm^3$; $O = 33{,}95\ cm^2$

2 $V = 32\ cm^3$; $O = 71\ cm^2$

3 a) $V \approx 154{,}4\ cm^3$; $O \approx 193{,}0\ cm^2$
b) $V \approx 57\,905{,}8\ m^3$; $O = 7\,238{,}2\ m^2$
c) $V \approx 13{,}5\ m^3$; $O = 31{,}7\ m^2$

4 $V_{Pyramide} \approx 18{,}7\ cm^3$; $V_{Quader} = 32\ cm^3$
$V \approx 50{,}7\ cm^3$

5 $V \approx 73\,366\ cm^3$
$O \approx 10\,228\ cm^2$

6 Annahme: $d_{grüner\ Container} \approx 1{,}60$ m; $h_k \approx 1{,}50$ m
$d_{weißer\ Container} \approx 1{,}60$ m; $h_k \approx 1{,}0$ m
$V_{grüner\ Container} \approx 3\ m^3$; $V_{weißer\ Container} \approx 2\ m^3$

zu Seite 169

1

a) 100 000	b) 3 000	c) 720	d) 155 000
10 000 000	80 000	2 500 000	2 310

2

a) 0,00001	b) 0,005	c) 0,000024	d) 0,00000425
0,01	0,0002	0,0015	0,000122

3

a) 10^5	b) $3{,}7 \cdot 10^4$	c) $5{,}2 \cdot 10^5$	d) $1{,}45 \cdot 10^5$
$4 \cdot 10^7$	$4{,}3 \cdot 10^5$	$8{,}9 \cdot 10^6$	$3{,}25 \cdot 10^6$
e) 10^{-2}	f) $6{,}2 \cdot 10^{-3}$	g) $9{,}9 \cdot 10^{-4}$	h) $1{,}35 \cdot 10^{-3}$
10^{-4}	$7{,}1 \cdot 10^{-4}$	$1{,}1 \cdot 10^{-6}$	$3{,}31 \cdot 10^{-2}$

4 a) 600 000 km b) 110 000 000 km
c) 0,000003 m d) 0,0000000002 m

5 Stickstoff: $7 \cdot 10^{-11}$ m
Chlor: $9{,}9 \cdot 10^{-11}$ m
Calcium: $1{,}97 \cdot 10^{-10}$ m

6 a) $8{,}36 \cdot 10^{13}$ km b) $6{,}65 \cdot 10^{15}$ km

7 a) $3 \cdot 10^{-6}$ m b) $7 \cdot 10^{-7}$ m

8 $8 \cdot 10^6$ W

9 Sie benötigt ca. 229 Tage.

LÖSUNGEN
zu den Ausgangstests

zu Seite 195

1 a)

Fehltage	absolute Häufigkeit	relative Häufigkeit
1	1	$\frac{1}{27} \approx 0{,}04$
2	5	$\frac{5}{27} \approx 0{,}19$
3	9	$\frac{9}{27} \approx 0{,}33$
4	9	$\frac{9}{27} \approx 0{,}33$
5	2	$\frac{2}{27} \approx 0{,}07$
6	1	$\frac{1}{27} \approx 0{,}04$
Summe	27	1

b) Modalwert: 3 und 4
Median: $\tilde{x} = 3$
arithmetisches Mittel: $\bar{x} \approx 3{,}33$

2 a) Die Verhältnisse stimmen nicht, da die Fläche einen falschen Eindruck vermittelt.

b)

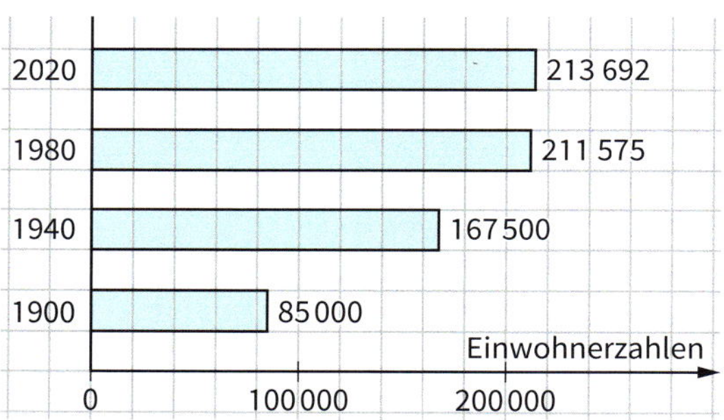

3 a)

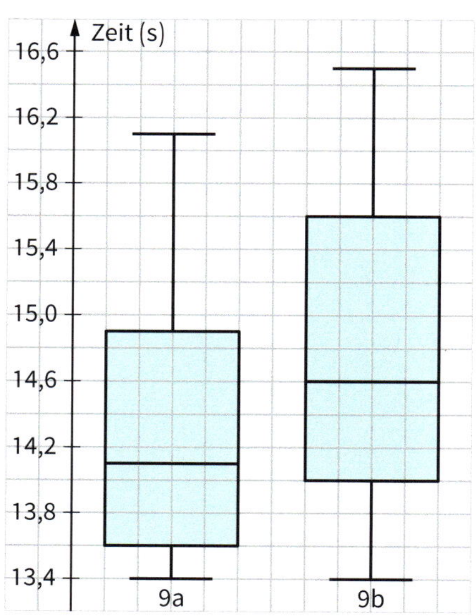

b) Maximum, Median, oberes und unteres Quartil liegen in der Klasse 9 b höher als in der Klasse 9 a. Die Klasse 9 b ist schlechter (langsamer) als die Klasse 9 a.

4

		Maja	Reyhan
a)	Minimum	4:01 min	4:00 min
	Maximum	4:20 min	4:25 min
	Spannweite	0:19 min	0:25 min
b)	arithmetisches Mittel $\bar{x}$	4:10 min	≈ 4:09 min
	Median $\tilde{x}$	4:09,5 min	4:07 min
c)	mittlere lineare Abweichung $\bar{s}$	0:04 min	≈ 0:06 min

d) Maja sollte beim 1 000-m-Lauf antreten, da ihre Ergebnisse eine kleinere Spannweite und eine geringere mittlere lineare Abweichung haben.
Sie hat also konstantere Laufleistungen.

LÖSUNGEN
zu den Üben-Seiten

zu Seite 20

1

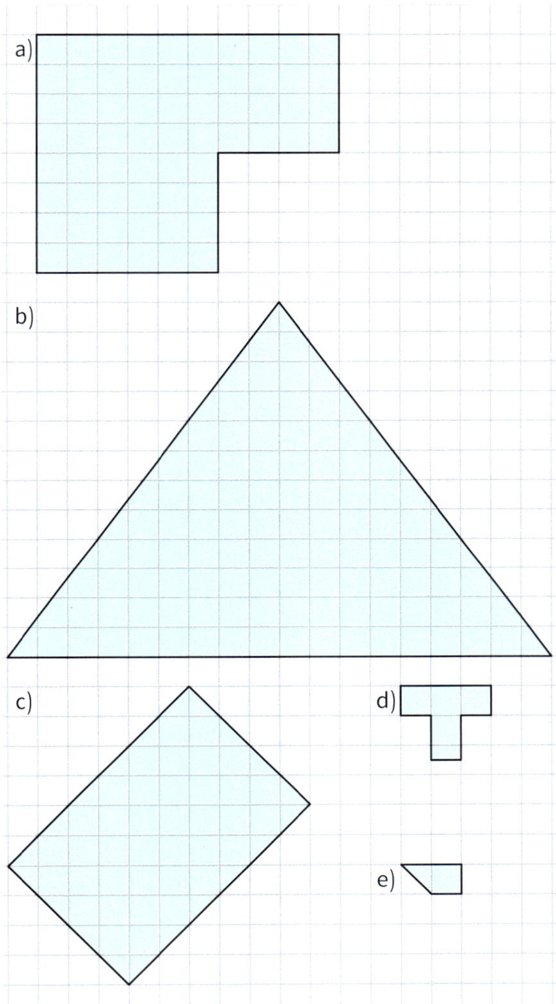

2 Die Städte sind in Wirklichkeit 30 km voneinander entfernt.

3 Die Zeichnung ist im Maßstab 1 : 5 angefertigt worden.

4 Das Bauteil hat in der Zeichnung eine Länge von 24 mm.

5 Man sollte den Maßstab 1 : 20 wählen.

6
a) ähnlich zueinander, da die Verhältnisse entsprechender Seiten in beiden Dreiecken gleich sind ($k = 1{,}5$)
b) nicht ähnlich zueinander, da $\alpha \neq \alpha'$ ($53° \neq 72°$) und $\beta \neq \beta'$ ($127° \neq 108°$)
c) ähnlich zueinander, da die Verhältnisse entsprechender Seiten in beiden Rechtecken gleich sind ($k = 1{,}25$)

7 $a' = 4{,}5$ cm; $b' = 9$ cm; $k = 1{,}5$

8 $C'(6 \mid 7)$; $k = 0{,}5$

9
a) Die Dreiecke sind ähnlich, da jeder Winkel in einem gleichseitigen Dreieck 60° groß ist und die Verhältnisse der entsprechenden Seiten in beiden Dreiecken gleich sind.
b) Kreise, Quadrate, alle regelmäßigen Vielecke gleicher Eckenzahl

zu Seite 21

10

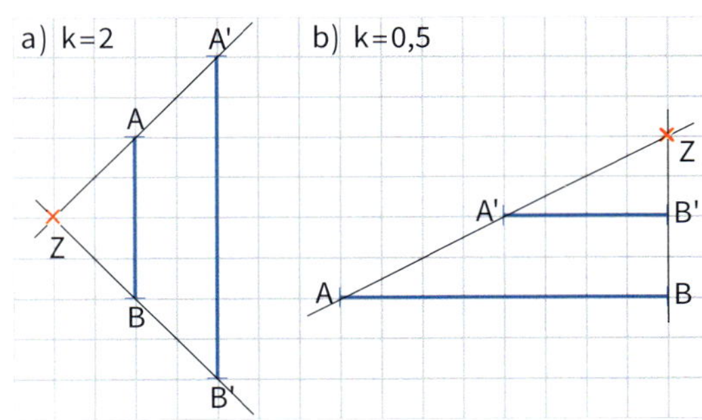

11

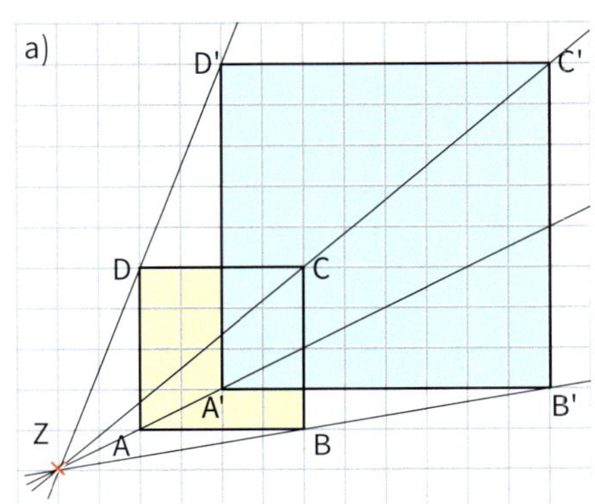

LÖSUNGEN
zu den Üben-Seiten

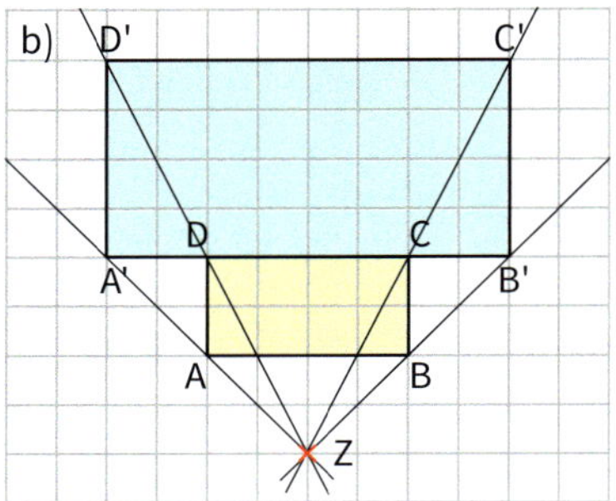

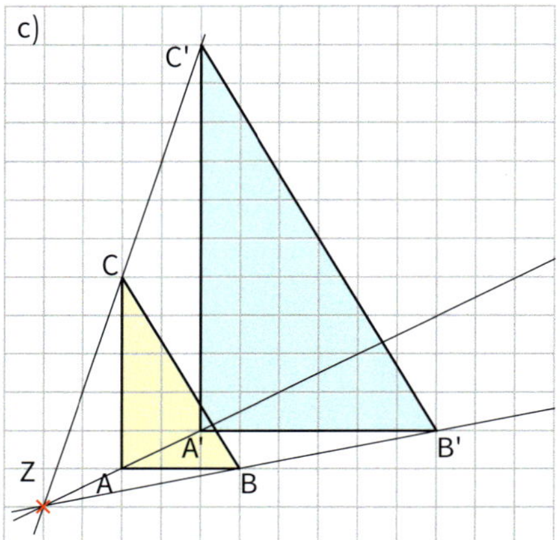

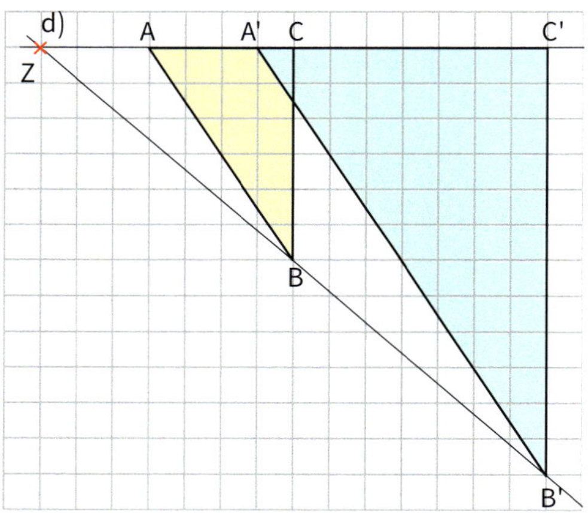

12

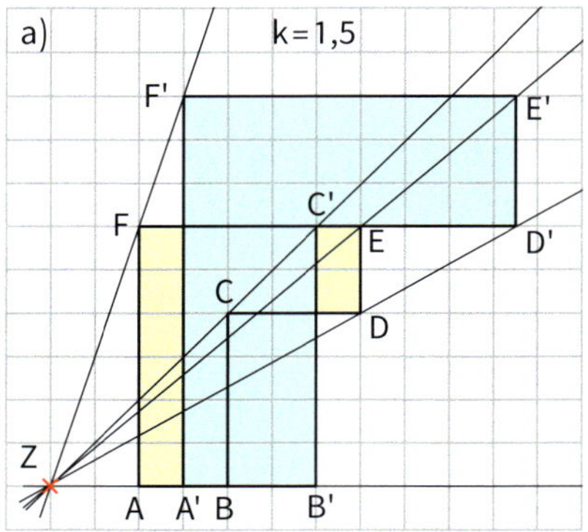

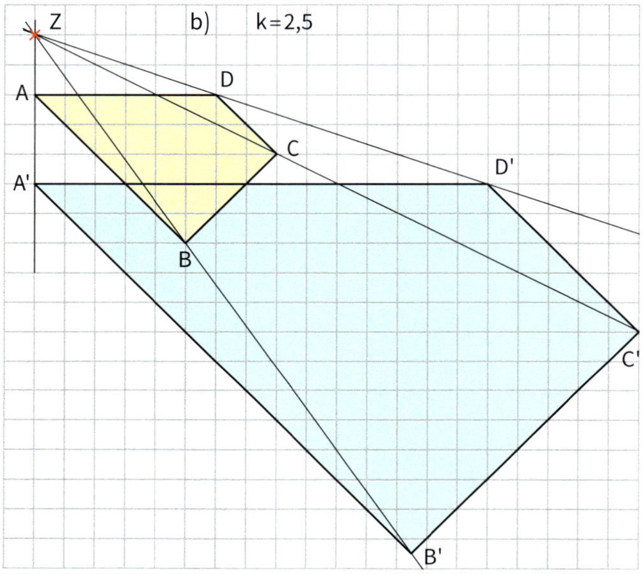

13 a)

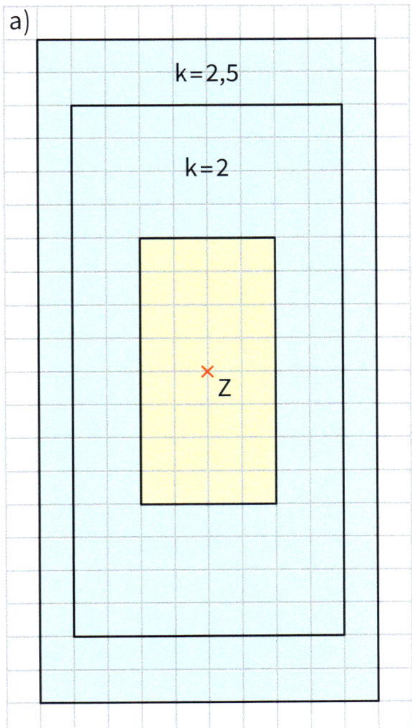

b)

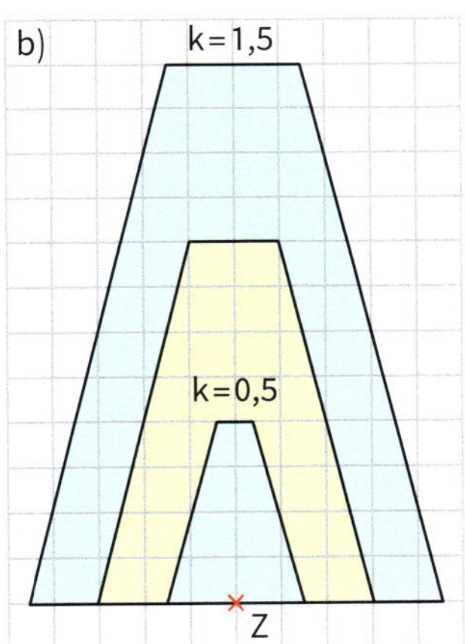

b)

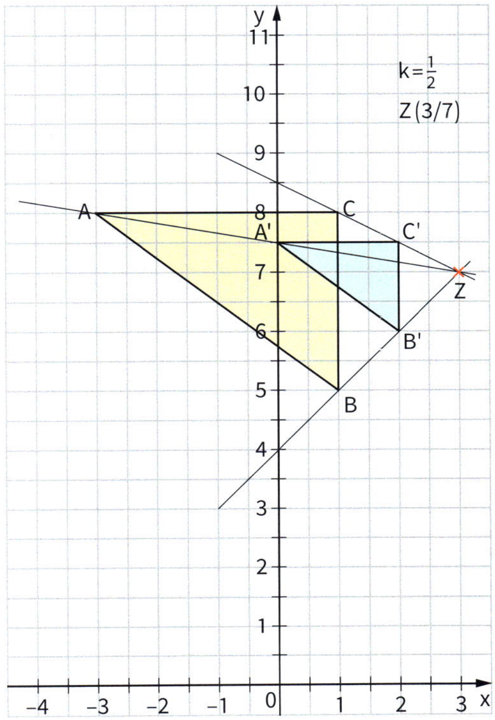

c)

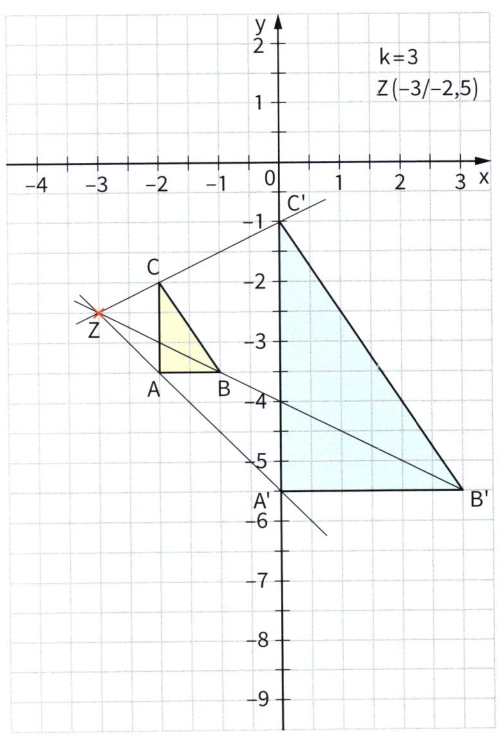

14 k = 1,5

15 a)

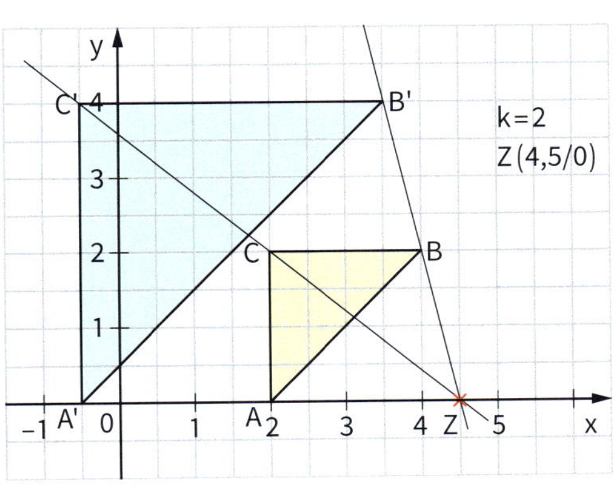

LÖSUNGEN
zu den Üben-Seiten

16 a)

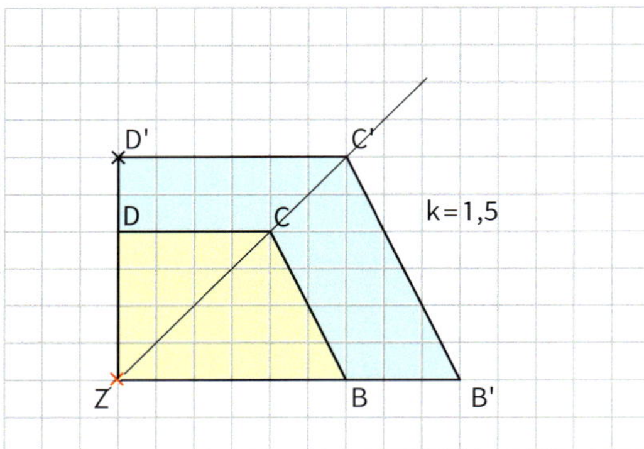

b)

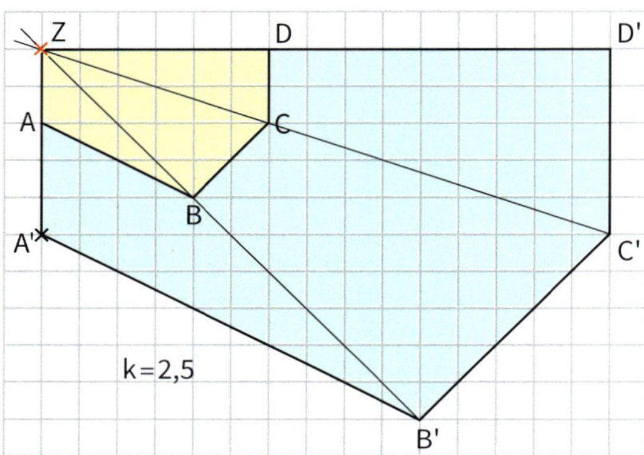

c)

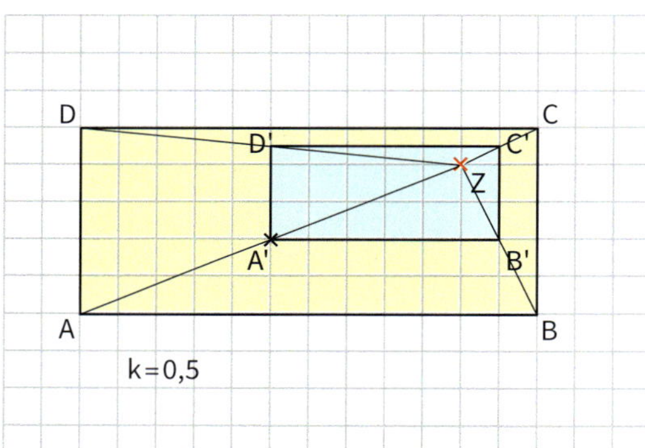

d)

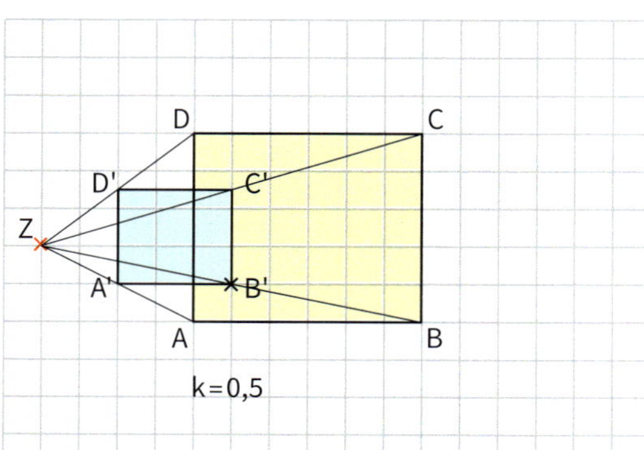

zu Seite 22

1 Der Baum ist 4,80 m hoch.

2 Die Stütze muss in einer Entfernung von 2,40 m aufgestellt werden.

3 Die Leiter reicht 6 m hoch.

4 a) Man entfernt sich so weit vom Baum, dass man über die obere Ecke des Försterdreiecks die Baumspitze genau anpeilen kann, während das Dreieck wie in der Abbildung dargestellt gehalten wird. Dann bestimmt man die Entfernung zum Baum (z. B. durch Messen oder durch Abschreiten mit 1-m-Schritten) sowie die Höhe, in der man das Försterdreieck hält. Aus der Entfernung zum Baum und den Längen der beiden gleich langen Seiten des Försterdreiecks sowie der Höhe, in der man das Försterdreieck hält, kann dann die Höhe des Baums berechnet werden.

b) Der Baum ist insgesamt 15 m + 1,6 m = 16,6 m hoch.

5 a) Die Höhe des Giebels beträgt 6 m.

b) Eine Dachkante ist 6,5 m lang.

zu Seite 41

1

rationale Zahlen	irrationale Zahlen
$\sqrt{0{,}36}+\sqrt{2{,}25}$	$7\cdot\sqrt{3}$
$2+\sqrt{1}$	$\sqrt{5}+\sqrt{4}$
$7\cdot\sqrt{16}$	$5\cdot\sqrt{5}$
$\sqrt{6{,}25}-\sqrt{4{,}84}$	$1+\sqrt{2}$
$5-\sqrt{4}$	$4-\sqrt{5}$
$6\cdot\sqrt{9}$	$8:\sqrt{2}$
$8:\sqrt{4}$	$9\cdot\sqrt{6}$
$\sqrt{1{,}96}+\sqrt{1{,}69}$	$\sqrt{0{,}9}+\sqrt{0{,}4}$
$\sqrt{2}\cdot\sqrt{2}$	$7+\sqrt{0{,}5}$
$3+\sqrt{0{,}25}$	$\sqrt{16:3}$
$\sqrt{18:2}$	$\sqrt{15:3}$
$\sqrt{36:9}$	
$\sqrt{9:36}$	

2 Die Zahl liegt zwischen

a) 8 und 9; 8 und 9
b) 7 und 8; 9 und 10
c) 11 und 12; 12 und 13
d) 3 und 4; 4 und 5

LÖSUNGEN
zu den Üben-Seiten

3 a) $\sqrt{22} < 4{,}7 < \sqrt{23} < 4{,}8 < \sqrt{24} < 4{,}9$
b) $\sqrt{10} < 3{,}2 < \sqrt{11} < 3{,}6 < \sqrt{13} < 3{,}65$

4 a) z. B.: kleiner als $\sqrt{2}$: $1{,}2$; $\frac{3}{4}$; $0{,}\overline{6}$
zwischen $\sqrt{5}$ und $\sqrt{7}$: $2{,}3$; $2{,}\overline{51}$; $2\frac{3}{5}$
zwischen $-\sqrt{2}$ und $-\sqrt{3}$: $-1{,}45$; $-1{,}\overline{587}$; $-1\frac{71}{100}$
b) z. B.: kleiner als 1: $\sqrt{0{,}7}$; $\sqrt{0{,}05}$; $-\sqrt{5}$
größer als $\sqrt{23}$: $\sqrt{24}$; $\sqrt{37}$; $\sqrt{50}$
zwischen 10 und 11: $\sqrt{101}$; $\sqrt{111}$; $\sqrt{120}$

5 a) z. B.: $\sqrt{3}\cdot\sqrt{12} = \sqrt{36} = 6$ $(\sqrt{8} : \sqrt{2} = \sqrt{4} = 2)$
b) z. B.: $\sqrt{2}\cdot\sqrt{5}\cdot\sqrt{10} = \sqrt{100} = 10$

6

a)	b)	c)
$15\sqrt{6}$	$12\sqrt{5}$	$11\sqrt{7} + 13\sqrt{5}$
$5\sqrt{7}$	$4\sqrt{2}$	$14\sqrt{19} - \sqrt{8}$
$11\sqrt{3}$	$7\sqrt{11}$	$5\sqrt{6} + 2\sqrt{2}$

7

a)	b)	c)	d)
22	9	22	0,6
26	8	21	0,7
18	5	18	0,5

8 a) $\sqrt{25} + \sqrt{100} = 5 + 10 = 15$
$\sqrt{144} + \sqrt{16} = 12 + 4 = 16$
b) $\sqrt{64} - \sqrt{16} = 8 - 4 = 4$
$\sqrt{81} - \sqrt{9} = 9 - 3 = 6$
c) $\sqrt{324} - \sqrt{144} = 18 - 12 = 6$
$\sqrt{900} - \sqrt{400} = 30 - 20 = 10$
d) $\sqrt{2\,500} + \sqrt{100} = 50 + 10 = 60$
$\sqrt{784} - \sqrt{256} = 28 - 16 = 12$
e) $\sqrt{36} - \sqrt{16} = 6 - 4 = 2$
$\sqrt{121} - \sqrt{25} = 11 - 5 = 6$
f) $\sqrt{36} + \sqrt{4} = 6 + 2 = 8$
$\sqrt{25} - \sqrt{4} = 5 - 2 = 3$

9 a) $10\sqrt{2} + 11\sqrt{2} = 21\sqrt{2}$
$3\sqrt{3} + 7\sqrt{3} = 10\sqrt{3}$
$6\sqrt{5} - 3\sqrt{5} = 3\sqrt{5}$
b) $12\sqrt{2} - 5\sqrt{2} - 2\sqrt{2} = 5\sqrt{2}$
$10\sqrt{7} - 2\sqrt{7} + 6\sqrt{7} = 14\sqrt{7}$
$5\sqrt{3} - 2\sqrt{3} + 13\sqrt{3} = 16\sqrt{3}$

10 a) 3; 5 b) 6; 0,2 c) 2; 3

zu Seite 42

1 Die Kantenlänge a des Würfels beträgt:
a = 5 cm (200 mm; 1,5 dm; 1,1 m; 7,8 cm; 0,18 m)

2 O = 96 cm² (2 400 cm²; 864 cm²; 2 957,04 cm²; 31,74 cm²; 73,5 cm²)

3 Der Umfang des Rechtecks beträgt u = 41,4 cm
(u = 333 cm).

4 a) Seitenlänge a des Quadrats: a = 12 cm;
$a = \sqrt{80}$ cm ≈ 8,94 cm; a = 1,8 m; $a = \sqrt{3{,}6}$ m ≈ 1,897 m
rationale Zahlen: 12; 1,8
irrationale Zahlen: $\sqrt{80}$; $\sqrt{3{,}6}$
b) z. B.: Seitenlängen des Rechtecks: 5 cm und 4 cm;
Seitenlänge des Quadrats: $\sqrt{20}$ cm ≈ 4,47 cm
(z. B.: Seitenlängen des Rechtecks: 4 cm und 1,44 cm;
Seitenlänge des Quadrats: 2,4 cm)

5 a) a = 10 cm; $a = \sqrt[3]{600}$ cm ≈ 8,43 cm; a = 1,2 m;
$a = \sqrt[3]{7}$ m ≈ 1,913 m)
rationale Zahlen: 10; 1,2
irrationale Zahlen: $\sqrt[3]{600}$; $\sqrt[3]{7}$
b) z. B.: Maße des Quaders: 5 cm, 4 cm und 3 cm;
Kantenlänge des Würfels: $\sqrt[3]{60}$ cm ≈ 3,91 cm
(z. B.: Maße des Quaders: 9 cm, 1,44 cm und 3,6 cm;
Kantenlänge des Würfels: 3,6 cm)

6 hellrot: A = 36 cm²
rot: A = 16 cm²
grün und grau: A = 25 cm²
blau, orange und gelb: A = 1 cm²

7 A = 0,5 cm²; $a = \sqrt{0{,}5}$ cm
A = 1 cm²; a = 1 cm
A = 2 cm²; $a = \sqrt{2}$ cm
A = 4 cm²; a = 2 cm
A = 8 cm²; $a = \sqrt{8}$ cm
Beim Verdoppeln des Flächeninhalts wird die Seitenlänge mit $\sqrt{2}$ multipliziert.

8 V = 0,5 cm³; $a = \sqrt[3]{0{,}5}$ cm
V = 1 cm³; a = 1 cm
V = 2 cm³; $a = \sqrt[3]{2}$ cm
V = 4 cm³; $a = \sqrt[3]{4}$ cm
V = 8 cm³; a = 2 cm
Beim Verdoppeln des Volumens wird die Kantenlänge mit $\sqrt[3]{2}$ multipliziert.

zu Seite 43

1 Die Bodenfliese hat eine Länge von 75 cm.

2 In einer Reihe liegen 4 Stücke Schokolade.

3 Die Länge der Grundkante beträgt 13 cm.

4 Für die Einzäunung sind 144 m Zaun notwendig.

5 Eine Fliese hat eine Länge von 12 cm.

LÖSUNGEN
zu den Üben-Seiten

6 Es ergäben sich 12 Reihen mit 12 Personen.

7 Das Beet hat eine Länge und eine Breite von 4,8 m.

8 Der Kübel hat eine Länge und Breite von 36 cm.

9 Der würfelförmige Pappkarton hat eine Seitenlänge von 32 cm.

10 Der Zinssatz muss ca. 16,03 % betragen.

zu Seite 59

1

	a)	b)	c)	d)
d	68 m	**10,4 cm**	8,6 dm	**1,8 m**
r	**34 m**	5,2 cm	**4,3 dm**	0,9 m
u	**213,63 m**	**32,67 cm**	**27,02 dm**	**5,65 m**
A	**3 631,68 m²**	**84,95 cm²**	**58,09 dm²**	**2,54 m²**

2 u ≈ 10,05 m
Es werden 41 Randsteine benötigt.

3 A ≈ 4,91 m²
Es werden 192 Steine benötigt.

4 Das Rad legt bei einer Umdrehung eine Strecke von ca. 4,40 m zurück.

5 a)

Reifengröße (in Zoll)	24 x 1.75	26 x 1.9	28 x 1.5
Radumfang	191,51 cm	207,47 cm	223,43 cm

b) u = 223,43 cm = 2,2343 m
Der Reifen legt eine Strecke von 2 234,30 m zurück.

6 Pro Umdrehung legt das Messrad eine Strecke von 1 m zurück. Daher beträgt der Durchmesser des Rades 318,5 mm.

7 alte Windkraftanlage: A ≈ 1 963,5 m²
neue Windkraftanlage: A ≈ 7 854,0 m²
Der Inhalt der Kreisfläche der neuen Windkraftanlage ist viermal so groß wie die Fläche der alten Windkraftanlage.

zu Seite 60

8 a) u = 358,14 mm b) u = 468,10 mm c) u = 681,10 mm

9 a) u = 27,42 cm; A = 50,14 cm²
b) u = 31,13 cm; A = 74,27 cm²
c) u = 36,57 cm; A = 60,57 cm²
d) u = 31,42 cm; A = 64,27 cm²
e) u = 31,99 cm; A = 63,27 cm²
f) u = 8,28 cm; A = 2,00 cm²
g) u = 5,71 cm; A = 1,18 cm²

10 Es müssen ca. 242,81 m² Bodenfläche gefliest werden.

11

	a)	b)	c)	d)
r	**15,28 m**	**636,62 m**	0,6 m	**106,63 m**
d	**30,56 m**	**1 273,24 m**	**1,2 m**	**213,26 m**
u	96 m	4 000 m	**3,77 m**	670 m

12 Geht man davon aus, dass die Spannweite jedes Schülers ca. 2 m beträgt, so ist der Umfang in dieser Höhe ca. 16 m. Der Durchmesser beträgt dann ca. 5,10 m.

zu Seite 61

13

	a)	b)	c)	d)
r	15 cm	**23 cm**	**0,56 m**	**0,016 m**
d	**30 cm**	46 cm	**1,12 m**	**0,032 m**
u	**94,25 cm**	**144,51 cm**	3,5 m	0,1 m
A	**706,86 cm²**	**1 661,90 cm²**	**0,99 m²**	**0,0008 m²**

14 a) Bei einer Umdrehung des vorderen Kettenblatts macht das Hinterrad zwei Umdrehungen.
b) Es legt eine Strecke von ca. 446,86 m zurück.
c) Es müssen ca. 224 Tretkurbelumdrehungen gemacht werden.

15 a) Das Rotorblatt ist 110 m lang.
b) Die Windernteflӓche ist 38 013,27 m² groß.

16 Das Wischblatt eines Heckscheibenwischers erfasst eine Fläche von 1 539,38 cm².

17 Die Läuferinnen und Läufer auf Bahn 2 müssen eine Kurvenvorgabe von 7,69 m, auf Bahn 3 eine Kurvenvorgabe von 15,35 m und auf Bahn 4 eine Kurvenvorgabe von 23,02 m erhalten.

LÖSUNGEN
zu den Üben-Seiten

zu Seite 81

1

	x	−3	−2	−1	0	1	2	3
a)	f(x)	−7,8	−5,2	−2,6	0	2,6	5,2	7,8
b)	f(x)	12,3	8,2	4,1	0	−4,1	−8,2	−12,3
c)	f(x)	−1,2	−0,8	−0,4	0	0,4	0,8	1,2
d)	f(x)	0,75	0,5	0,25	0	−0,25	−0,5	−0,75

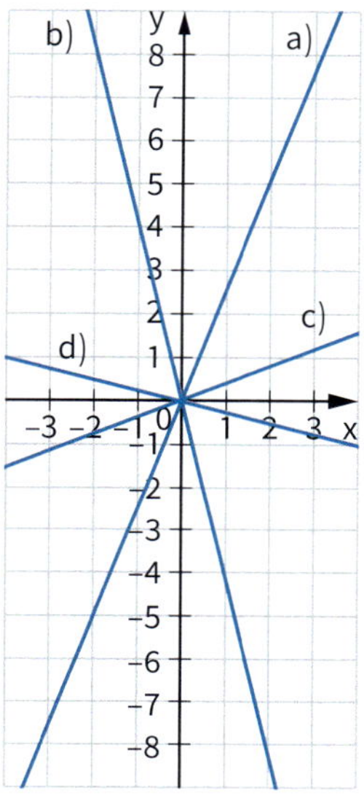

2
a) f(4) = 10; P liegt nicht auf dem Graphen.
f(−2) = −5; Q liegt auf dem Graphen.
b) f(−6) = 21; P liegt auf dem Graphen.
f(4) = −14; Q liegt auf dem Graphen.
c) f(−10) = −8; P liegt auf dem Graphen.
f(4) = 3,2; Q liegt nicht auf dem Graphen.
d) f(−6) = 4; P liegt auf dem Graphen.
f(9) = −6; Q liegt nicht auf dem Graphen.

3

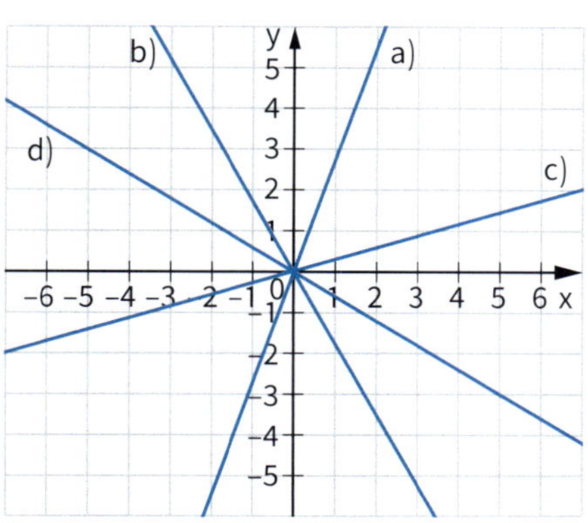

4
$f(x) = \frac{2}{3}x$; $g(x) = 1{,}5\,x$; $h(x) = -\frac{2}{5}x$;
$k(x) = -1\frac{2}{3}x$; $l(x) = -3\,x$

5

	x	−3	−2	−1	0	1	2	3
a)	f(x)	−6,8	−4,2	−1,6	1	3,6	6,2	8,8
b)	f(x)	14,3	10,2	6,1	2	−2,1	−6,2	−10,3
c)	f(x)	−5,1	−4,4	−3,7	−3	−2,3	−1,6	−0,9
d)	f(x)	0,3	0	−0,3	−0,6	−0,9	−1,2	−1,5

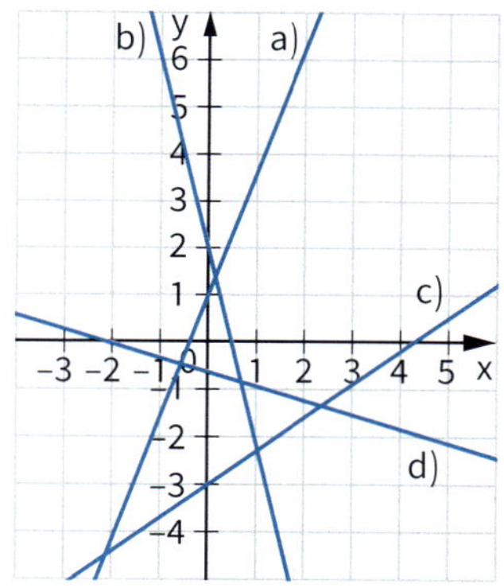

6

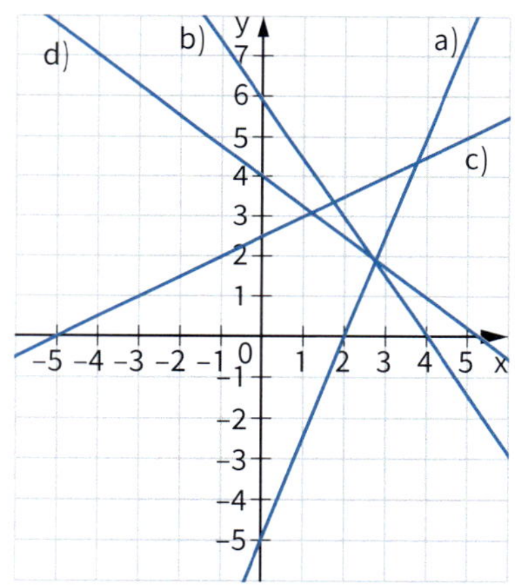

a) Nullstelle: x = 2
b) Nullstelle: x = 4
c) Nullstelle: x = −5
d) Nullstelle: $x = 5\frac{1}{3}$

7
$f(x) = \frac{1}{3}x + 4$; $g(x) = -0{,}5\,x + 2$; $h(x) = 2\,x + 6$;
$i(x) = 0{,}5\,x - 3$; $k(x) = -4$

LÖSUNGEN
zu den Üben-Seiten

8

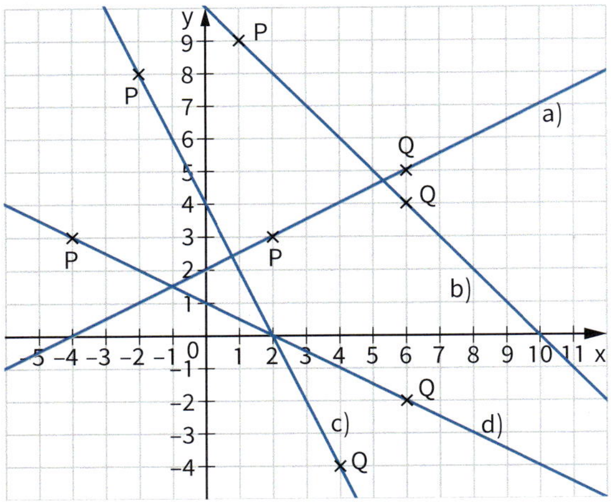

a) $f(x) = 0{,}5x + 2$
b) $f(x) = -x + 10$
c) $f(x) = -2x + 4$
d) $f(x) = -0{,}5x + 1$

9 a) $x = 6$ b) $x = 8$ c) $x = 4$

zu Seite 82

1 a) Wasserkosten für Baden/Duschen pro Woche:
ca. 4,88 €
(pro Monat (30 Tage): ca. 20,92 €;
pro Jahr (365 Tage): ca. 254,52 €)

b) $y = 0{,}69732x$

c)

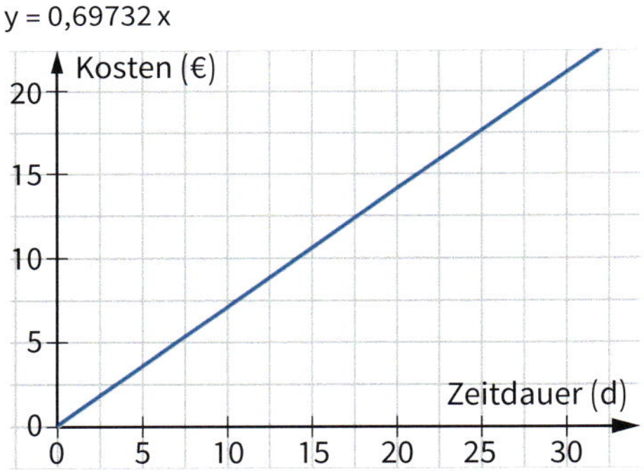

d)

Zweck	Funktionsgleichung
Toilettenspülung	$y = 0{,}75096x$
Baden, Duschen	$y = 0{,}69732x$
Wäsche waschen	$y = 0{,}32184x$
Kochen, Trinken	$y = 0{,}07152x$
Geschirr spülen	$y = 0{,}14304x$
Körperpflege	$y = 0{,}14304x$
Putzen	$y = 0{,}07152x$
Blumen, Garten, Auto	$y = 0{,}16092x$

2 a) Der Preis in Aufgabe 1 stimmt. Er setzt sich aus dem Preis für Frischwasser und Schmutzwasser zusammen:
1,93 € + 2,54 € = 4,47 €

b) $y = 4{,}47x + 65{,}64$

Wassermenge (m^3)	20	40	60	80	100
Kosten (€)	155,04	244,44	333,84	423,24	512,64

Wassermenge (m^3)	120	140	160	180
Kosten (€)	602,04	691,44	780,84	870,24

c)

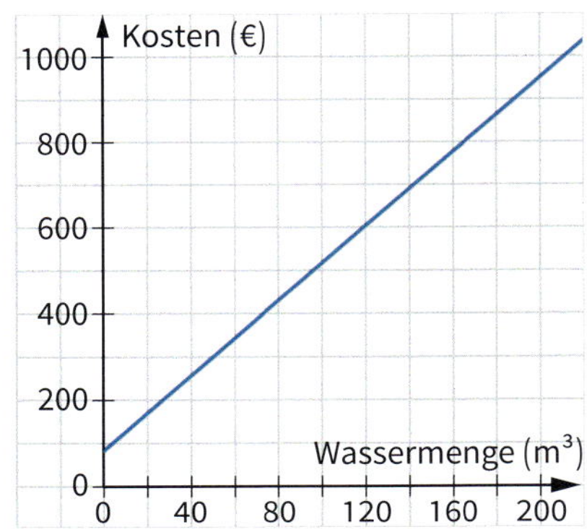

3 a) $y = 5x + 50$

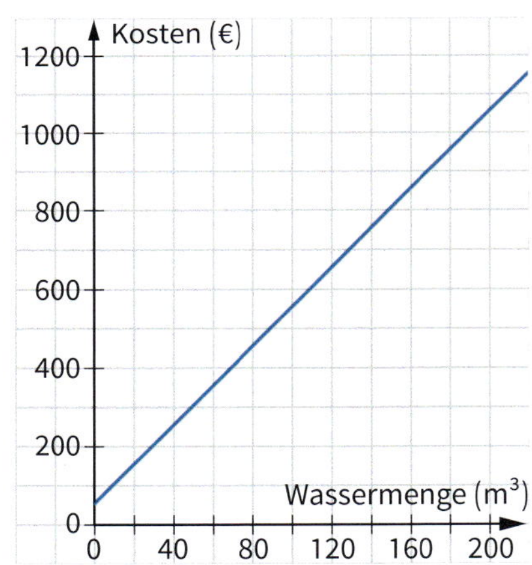

b) Bei 50 schneidet die Gerade die y-Achse. Die Steigung der Geraden wird durch den Kubikmeterpreis bestimmt.

c) Bei einem Verbrauch unter 29,51 m^3 ist der Tarif mit dem Grundpreis von 50 € günstiger.
Ab 29,51 m^3 ist der andere Tarif günstiger.

LÖSUNGEN
zu den Üben-Seiten

zu Seite 101

1 a) S(4 | 3) b) S(2 | −3)
c) S(3 | −2) d) S(−3 | −4)
e) unendl. viele Lösungen f) S(2 | 2,5)
g) S(−0,5 | 0,5) h) keine Lösung
i) S(2,5 | 1,5) k) S(3 | −3,5)
l) S(−2,5 | 4,5) m) unendl. viele Lösungen
n) S(−1,5 | −6,5) o) S(2 | 0)

2 Für x und y wählt man jeweils Werte so aus, dass ihre Summe 20 ergibt (Gleichung I). Diese Werte werden in Gleichung II eingesetzt. Ergibt sich dabei das Ergebnis 100, hat man die gesuchten Werte für x und y gefunden.

3 a) a = 6 cm; b = 9 cm
b) a = 19 cm; b = 11 cm

4 Sie ist dreimal Karussell und sechsmal Autoscooter gefahren.

zu Seite 102

5 a) L = {(−8 | −20)} b) L = {(−24 | 12)}
c) L = {(13,4 | 6,8)} d) L = {(−0,6 | −0,8)}

6 a) L = {(−6 | 12)} b) L = {(5 | −17)}
c) L = {(−6 | −9)} d) L = {(11 | 13)}
e) L = {(20 | 14)} f) L = {(19 | −23)}
g) L = {(6 | 7)} h) L = {(24 | 6)}
i) L = {(−2 | −11)} k) L = {(6 | 3)}
l) L = {(9 | 2,5)} m) L = {(−0,5 | 18)}
n) L = {(−2,5 | 10,5)} o) L = {(−21,5 | 12,5)}

7 a) L = {(14 | −18)} b) unendl. viele Lösungen
c) L = {(29 | −31)} d) L = { }
e) unendl. viele Lösungen f) L = { }
g) L = {(1,3 | 2,1)} h) L = {(−5,3 | 4,8)}
i) L = {(12,5 | −16,3)} k) unendl. viele Lösungen
l) L = {(11,6 | −7,4)} m) L = {(7,1 | −6,2)}
n) unendl. viele Lösungen o) L = {(36,4 | 13,2)}
p) L = {(2,6 | 3,8)} q) L = {(−11,2 | 12,4)}
r) L = {(8,5 | 25,5)} s) L = {(0 | −2)}

8 a) L = { } b) L = {(−30 | −13)}
c) L = {(0 | 1,25)} d) L = {(−4,5 | 8,5)}

zu Seite 103

1 a) $x + y = 35$
$x - y = 17$
Die größere Zahl ist 26, die kleinere 9.
b) $x + y = 92$
$2x + \frac{1}{2}y = 124$
Die erste Zahl ist 52, die zweite 40.
c) $x + 5 = 4y$
$2x - 6 = 4y$
Die erste Zahl ist 11, die zweite 4.
d) $2x = 3y + 7$
$x + y = 3y - 2$
Die erste Zahl ist 20, die zweite 11.
e) $x + 7 = 5y$
$3x - 9 = 5y$
Die erste Zahl ist 8, die zweite 3.

2 a) $3x + 4 = 2y - 1$
$2x = y + 1$
Die erste Zahl ist 7, die zweite 13.
b) $2{,}5x = 2y + 8$
$5y = 4x - 2$
Die erste Zahl ist 8, die zweite 6.
c) $x + y = 40$
$x = 8 + y$
Die erste Zahl ist 24, die zweite 16.
d) $x + y = 49$
$\frac{x}{y} = 6$
Die erste Zahl ist 42, die zweite 7.
e) $x - y = 20$
$2x = 10y$
Die erste Zahl ist 25, die zweite 5.

3 x: Anzahl der Einzelzimmer
y: Anzahl der Doppelzimmer
$x + y = 108$
$x + 2y = 156$
Das Hotel hat 60 Einzelzimmer und 48 Doppelzimmer.

4 x: Anzahl der Hühner
y: Anzahl der Kaninchen
$x + y = 37$
$2x + 4y = 106$
Jonas hat 21 Hühner und 16 Kaninchen.

LÖSUNGEN
zu den Üben-Seiten

5 a) Addierst du zu einer Zahl das Dreifache einer zweiten Zahl, so erhältst du 42. Subtrahierst du von dem Dreifachen der ersten Zahl das Doppelte der zweiten Zahl, so erhältst du 16.
b) Hans kauft vier Müsliriegel und drei Schokoriegel und bezahlt insgesamt 8,40 €.
Pia bezahlt für 5 Müsliriegel und 4 Schokoriegel 10,70 €. Berechne, wie viel ein Müsliriegel und wie viel ein Schokoriegel kostet.

zu Seite 104

1 Jeder Basiswinkel ist 72° groß, der Winkel an der Spitze ist 36° groß.

2 Der eine spitze Winkel ist 41°, der andere 49° groß.

3 Zwei Winkel sind jeweils 60°, zwei Winkel jeweils 120° groß.

4 Die Basis ist 7 cm lang, jeder Schenkel hat eine Länge von 11 cm.

5 Zwei Seiten sind jeweils 9 cm, zwei Seiten jeweils 15 cm lang.

6 a) Die Grundseite ist 10 cm lang, die Höhe hat eine Länge von 15 cm.
b) Die Grundseite ist 5 cm lang, die Höhe hat eine Länge von 20 cm.

7 Die Länge eines Schenkels beträgt 30 cm, die Grundseite ist 15 cm lang.

8 Die kürzere parallele Seite ist 11 cm, die längere 13 cm lang.

9 Eine Diagonale des Drachen ist 4 cm, die andere Diagonale ist 6 cm lang.

10 Die ursprüngliche Breite beträgt 20 m, die ursprüngliche Länge 30 m.

11 Die kürzere Seite ist 5 cm, die längere 10 cm lang.

zu Seite 105

1 Eine Tasse Kaffee kostet 1 €, ein belegtes Brötchen 1,50 €.

2 100 US-Dollar sind umgerechnet 79,30 €, 100 kanadische Dollar 70,50 €.

3 Die Grundgebühr pro Tag beträgt 35 €, die Kosten pro zurückgelegtem Kilometer 0,15 €.

4 Die Grundgebühr beträgt 3,50 €, die Kosten für einen zurückgelegten Kilometer betragen 1,50 €.

5 Der Nettopreis für den Wasserzähler beträgt pro Jahr 60,00 €, der Nettopreis für einen Kubikmeter Frischwasser 2,54 €.

6 Die Zählergebühr beträgt 92,50 €, der Preis für 1 m^3 Erdgas liegt bei 0,65 €.

zu Seite 120

1 a) $b^2 = c^2 + a^2$ b) $t^2 = r^2 + s^2$ c) $l^2 = m^2 + n^2$
d) $t^2 = u^2 + v^2$ e) $x^2 = z^2 + y^2$

2 a) k = 106 cm b) o = 40 m c) l = 7,4 m
d) p = 45 cm e) q = 11 cm f) s = 2,8 dm
g) r = 180 m

3 a) a = 6,5 m b) b = 14,3 cm c) c = 8 dm
d) a = 40 cm e) b = 7,5 cm f) c = 84 m
g) b = 2,4 m h) a = 1,1 m

4 a) Der Abstand beträgt 5 cm.
b) Man nutzt die Strecke als eine Dreiecksseite und ergänzt entlang der x- und y-Achse zu einem rechtwinkligen Dreieck. Die Länge der beiden ergänzten Dreiecksseiten kann man entweder ablesen oder mithilfe der Koordinaten der Punkte berechnen und dann den Satz des Pythagoras nutzen, um die gesuchte Streckenlänge zu berechnen.
Das errechnete Ergebnis ist exakter als das gemessene Ergebnis.
c) I) $\sqrt{5^2 + 3^2} \approx 5{,}83$; $\overline{AB} \approx 5{,}83$ cm
II) $\sqrt{2^2 + 4^2} \approx 4{,}47$; $\overline{CD} \approx 4{,}47$ cm
III) $\sqrt{1^2 + 5^2} \approx 5{,}1$; $\overline{EF} \approx 5{,}1$ cm

5 $\alpha = 90°$, $A = 5 \cdot 10 \cdot \frac{1}{2}\,cm^2 = 25\,cm^2$

zu Seite 121

6 a) $a = 4{,}5\,m$ b) $a = 15{,}9\,m$
c) $h_c = 6\,dm$ d) $c = 28\,m$

7 a) I) $9^2 + 7^2 = 130 \neq 144 = 12^2$; Das Dreieck ist nicht rechtwinklig.
II) $12^2 + 5^2 = 169 = 13^2$; Das Dreieck ist rechtwinklig.
III) $45^2 + 24^2 = 2\,601 = 51^2$; Das Dreieck ist rechtwinklig.
IV) $2\,40^2 + 1\,00^2 = 67\,600 = 260^2$; Das Dreieck ist rechtwinklig.
b) I) kein rechter Winkel II) bei A
III) bei B IV) bei A

8 $b = 48\,m$; $u = 224\,m$; $A = 3\,072\,m^2$

9 a) $h = 6\,cm$; $u = 64\,cm$; $A = 132\,cm^2$
b) $h = 4\,cm$; $u = 36\,cm$; $A = 52\,cm^2$

10 a) $a = d = 17\,cm$; $b = c = 10\,cm$; $u = 54\,cm$; $A = 168\,cm^2$
b) $\overline{EC} = 12\,cm$; $\overline{AE} \approx 17{,}3\,cm$; $u = 62\,cm$; $A \approx 146{,}5\,cm^2$

11 a) $e \approx 24{,}7\,m$ b) $e \approx 79{,}8\,cm$ c) $a \approx 13{,}1\,dm$

12 a) Es gilt: $d^2 = e^2 + a^2$ und $e^2 = a^2 + a^2$.
Einsetzen von e^2 in die 1. Gleichung liefert:
$d^2 = a^2 + a^2 + a^2 = 3\,a^2$ und damit $d = a \cdot \sqrt{3}$.
b) $d \approx 15{,}6\,cm$ ($d \approx 22{,}5\,cm$; $d \approx 41{,}6\,m$)
c) $a \approx 24\,cm$ ($a \approx 13\,cm$)

zu Seite 122

1 a) Der Baumstamm muss einen Durchmesser von mindestens 22,63 cm haben.
b) Der Baumstamm muss einen Durchmesser von mindestens 19,7 cm haben.

2 $h = 50\,m$; $A = 4\,687{,}50\,m^2$
Es müssen 337 500 € bezahlt werden.

3 Der Schrank darf höchstens eine Höhe von 2,32 m (Diagonale 2,40 m) haben.

4 Ein Dachsparren ist 8,65 m lang.

5 Da $30^2 + 40^2 = 50^2$, ist der Satz des Pythagoras erfüllt und die Randsteine sind somit rechtwinklig ausgerichtet.

6 Der Strohhalm muss mindestens 20,34 cm lang sein.

7 Es ist möglich, da das Auto eine Diagonale von 5,11 m zum Ausparken braucht und 5,30 m Platz vorhanden sind.

zu Seite 147

1

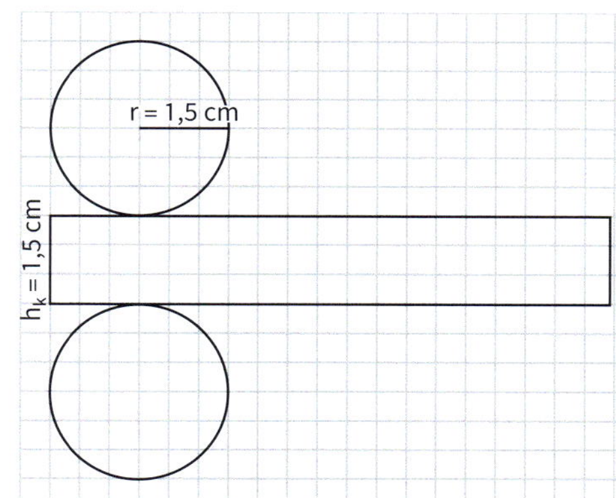

2

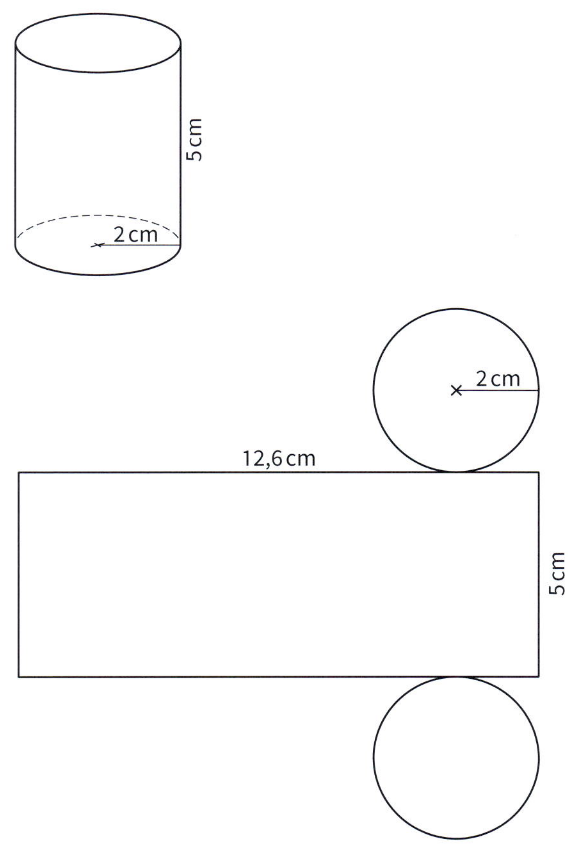

3 a) $V \approx 31{,}76\,m^3$ $M \approx 16{,}71\,m^2$ $O \approx 107{,}44\,m^2$
b) $V \approx 6{,}10\,m^3$ $M \approx 29{,}03\,m^2$ $O \approx 30{,}14\,m^2$

LÖSUNGEN
zu den Üben-Seiten

4

	a)	b)	c)	d)
r	5,20 m	**5,35 m**	5,0 cm	1,00 m
d	**10,40 m**	**10,70 m**	**10,0 cm**	**2,00 m**
h_k	3,00 m	6,20 m	**9,5 cm**	**2,86 m**
G	**84,95 m²**	90,00 m²	**78,5 cm²**	**3,14 m**
M	**98,02 m²**	**208,41 m²**	300,0 cm²	**17,97 m²**
O	**267,92 m²**	**388,25 m²**	**457,1 cm²**	**24,25 m²**
V	**254,85 m³**	**557,51 m³**	**746,1 cm³**	9,00 m³

5 $h_k \approx 2\,cm$ $M \approx 37{,}7\,cm$

6 $h_k = \frac{6\,283{,}2}{314{,}2} \approx 20$
$h_k \approx 20\,cm$

7
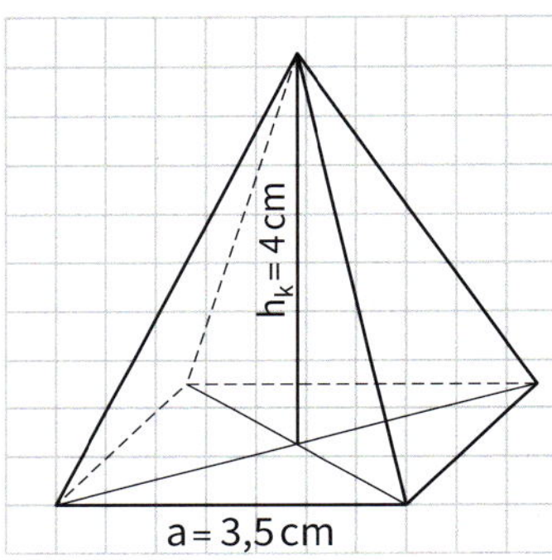

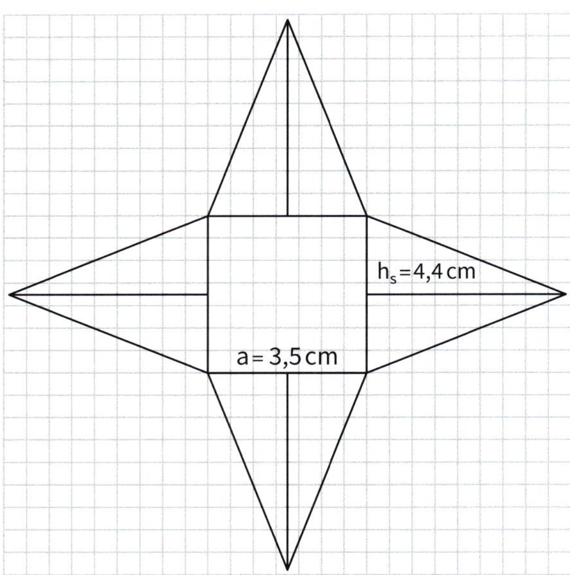

8 $O = 362{,}88\,m^2$

9 $O = 1\,092{,}07\,m^2$

10 $O = 116{,}625\,cm^2$

11 a) $V = 2\,310\,cm^3$ b) $V = 11{,}76\,m^3$

12 $V = 89\,600\,m^3$ $O = 15\,680\,m^2$

zu Seite 148

13 a)
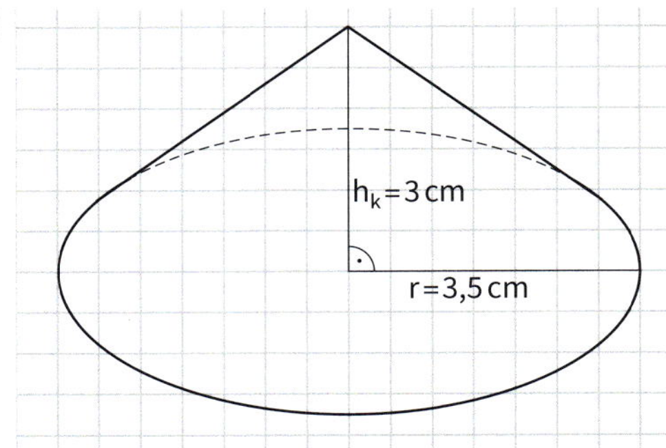

b)
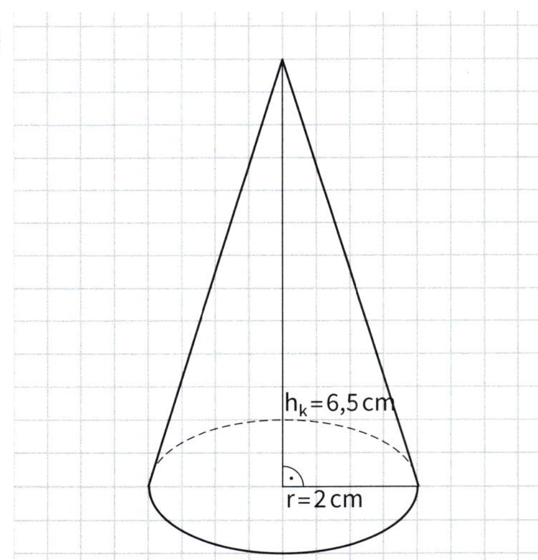

14 A und II; B und III, C und I

15 a) $V \approx 19\,302\,cm^3$ $O \approx 4\,825\,cm^2$
b) $V \approx 36\,945\,cm^3$ $O \approx 7\,125\,cm^2$

16 $M \approx 471\,cm^2$ ($M \approx 5{,}65\,m^2$)

17 a) $G = 37{,}7\,m^2$ b) $r \approx 3{,}464\,m$

18 $r \approx 6{,}4\,cm$ $O \approx 328{,}7\,cm^2$

19 $M \approx 427{,}26\,cm^2$

LÖSUNGEN
zu den Üben-Seiten

20

	a)	b)	c)
r	7 cm	6 cm	**3,57 cm**
s	**25 cm**	**74,27 cm**	**30,21 cm**
h_k	24 cm	**74,03 cm**	30 cm
M	**549,78 cm²**	1 400 cm²	**338,82 cm²**
O	**703,72 cm²**	**1 513,05 cm²**	**378,86 cm²**
V	**1 231,50 cm³**	**2 790,87 cm³**	400 cm³

21 a) $u \approx 150{,}80$ m $O \approx 7\,238{,}23$ m²
b) $u \approx 56{,}55$ m $O \approx 1\,017{,}88$ m²

22 a) $r \approx 10$ cm b) $V \approx 4\,188{,}79$ cm³

zu Seite 149

1 a) $O = 257{,}6$ cm² $V \approx 277{,}33$ cm³
b) $O = 120{,}4$ cm² $V \approx 85{,}33$ cm³
c) $O \approx 390{,}56$ cm² $V \approx 591{,}12$ cm³
d) $O \approx 1\,960{,}36$ cm² $V \approx 7\,238{,}22$ cm³

2 a) $O \approx 363{,}96$ cm² $V \approx 348{,}64$ cm³
b) $O \approx 198{,}80$ cm² $V \approx 150{,}80$ cm³

3 $V \approx 186{,}67$ cm³ $O = 209{,}2$ cm²

4 $h_s \approx 10{,}39$ cm $h_k \approx 8{,}48$ cm
$O \approx 498{,}72$ cm² $V \approx 814{,}08$ cm³
($h_s \approx 17{,}32$ cm $h_k \approx 14{,}14$ cm
$O \approx 1\,385{,}6$ cm² $V \approx 3\,770{,}67$ cm³)

zu Seite 150

1 Dachfläche: $M = 95{,}4$ m²
Es müssen mindestens 1 431 Dachpfannen geliefert werden.

zu Seite 151

2 $V = \frac{1}{3} \cdot 230{,}4^2 \cdot 139 = 2\,459\,566{,}08$
Das Volumen beträgt ungefähr 2 500 000 m³.

3 $V = 216$ m³
Die Baukosten belaufen sich auf 400 € pro Kubikmeter.

4 $V = 1\,921{,}92\text{ m}^3 + 277{,}76\text{ m}^3 = 2\,199{,}68\text{ m}^3$
Es mussten 600 € pro Kubikmeter bezahlt werden.

5 $V \approx 100{,}53$ cm³
Das Volumen der Flüssigkeit beträgt ungefähr 100,53 cm³.

6 $V \approx 3\,053\,628{,}059$ dm³ $m \approx 545\,072{,}609$ g
Die Masse des Gases beträgt ca. 545 kg.

7 $O \approx 7\,028{,}7$ m²
Für die Herstellung wurden mindestens 7 028,7 m² Stahlblech benötigt.

8 $M \approx 3{,}97$ m² $m \approx 1\,131{,}45$ g
Der Stoff des Schirms wiegt ungefähr 1,13 kg.

zu Seite 152

9 $V \approx 335$ m³
Ein Kegel hat ein Volumen von ca. 335 m³.

10 Es befinden sich ca. 3 124,31 cm³ Papier auf der Rolle.

11 $r \approx 9{,}1$ cm $s \approx 25{,}7$ cm $M \approx 734{,}7$ cm²
Der Materialbedarf für den Hut beträgt ca. 735 cm².

12 $V \approx 395{,}84$ cm³; $m \approx 3\,127{,}14$ g

13 $V \approx 4{,}47$ cm³
Die Kupferplatte wiegt ca. 39,78 g.

14 Der zylinderförmige Strohballen wiegt ca. 201 kg.

zu Seite 153

1 a) Annahme: $r \approx 2{,}5$ m; $s \approx 4{,}7$ m; $M \approx 37$ m²
Zur Herstellung des Tipis braucht man ca. 37 m² Stoff.
b) Annahme: $h_k \approx 4$ m; $V \approx 26$ m³
Das Luftvolumen im Zelt beträgt ungefähr 26 m³.

2 Annahme: $r \approx 0{,}5$ m; $V \approx 0{,}52$ m³; $m \approx 1{,}4$ t
Die Behauptung stimmt, die Kugel wiegt ca. 1,4 t.

3 Angenommen die Dose ist 10 cm hoch und hat einen Durchmesser von 6,5 cm, dann beträgt das Volumen ungefähr 332 cm³.

4 Annahme: Grundseite eines Dreiecks: ca. 3 m; Höhe eines Dreiecks: ca. 2,5 m; $M \approx 22{,}5$ m²
Die Malerin muss ca. 22,5 m² für den Anstrich einplanen.

LÖSUNGEN
zu den Üben-Seiten

zu Seite 165

1 a) 30 000; 4 000; 200 000 b) 3 200; 15 000; 9 700 000 c) 15 500; 2 380; 3 250 000

2 a) $4 \cdot 10^3$; $9 \cdot 10^4$; $3 \cdot 10^5$ b) $1{,}2 \cdot 10^4$; $8{,}4 \cdot 10^5$; $3{,}1 \cdot 10^5$ c) $5{,}6 \cdot 10^3$; $1{,}6 \cdot 10^4$; $9{,}2 \cdot 10^5$ d) $4 \cdot 10^{-2}$; $2 \cdot 10^{-3}$; $7 \cdot 10^{-4}$
e) $3{,}7 \cdot 10^{-3}$; $8{,}4 \cdot 10^{-2}$; $9{,}6 \cdot 10^{-3}$ f) $6{,}2 \cdot 10^{-4}$; $2{,}1 \cdot 10^{-3}$; $8{,}9 \cdot 10^{-5}$ g) $7{,}1 \cdot 10^7$; $8{,}3 \cdot 10^8$; $5{,}5 \cdot 10^6$ h) $5{,}2 \cdot 10^{10}$; $5{,}9 \cdot 10^9$; $8{,}11 \cdot 10^{11}$
i) $8 \cdot 10^{-7}$; $4 \cdot 10^{-8}$; $2{,}1 \cdot 10^{-8}$ k) $7{,}3 \cdot 10^{-8}$; $9{,}9 \cdot 10^{-7}$; $5{,}34 \cdot 10^{-9}$

3 a) 0,003; 0,0004; 0,00002 b) 0,005; 0,000008; 0,0009 c) 0,0007; 0,00009; 0,000000002
d) 0,00041; 0,0054; 0,038 e) 0,00044; 0,00000051; 0,000082 f) 0,0000025; 0,000000019; 0,0000000085

4 a) $9 \cdot 10^9$ b) $7 \cdot 10^8$ c) $1{,}8 \cdot 10^4$ d) $3{,}3 \cdot 10^{10}$
e) $7 \cdot 10^{-3}$ f) $9 \cdot 10^{-9}$ g) $5{,}7 \cdot 10^{-2}$ h) $6{,}3 \cdot 10^{-5}$

5 a) 7 bar (3 bar; 4,2 bar; 1,7 bar)
b) 500 000 Pa (700 000 Pa; 150 000 Pa; 190 000 Pa)

6 a) $4{,}7 \cdot 10^6$ b) $2{,}5 \cdot 10^{13}$ c) $6 \cdot 10^{10}$
d) $1{,}71 \cdot 10^7$ e) $1{,}22 \cdot 10^9$ f) $4{,}5 \cdot 10^8$

7 a) 0,00001 b) 0,000001 c) 0,000004
d) 0,0005 e) 0,000003 f) 0,00000075
g) 0,00000011 h) 0,0000012

8 a) $7 \cdot 10^{-6}$ m; $2{,}3 \cdot 10^{-8}$ m b) $5 \cdot 10^{-6}$ g; $1{,}2 \cdot 10^{-8}$ g c) $4{,}5 \cdot 10^{-8}$ m; $7{,}2 \cdot 10^{-8}$ m
d) $4 \cdot 10^6$ W; $2 \cdot 10^9$ W e) $1{,}2 \cdot 10^7$ W; $3{,}3 \cdot 10^{10}$ W f) $2{,}1 \cdot 10^4$ t; $1{,}9 \cdot 10^4$ t

zu Seite 166

1 a) Die Erde hat eine Dichte von ca. $5{,}45\,\frac{t}{m^3}$. Der Mond hat eine Dichte von ca. $3{,}34\,\frac{t}{m^3}$.
b) Die Behauptung stimmt $\left(\frac{3}{5} \cdot 5{,}45 = 3{,}27\right)$.

2 Neptun: 30 AE; Jupiter: 5,2 AE

3 a) Die Entfernung der Raumsonde von der Erde beträgt $2{,}4 \cdot 10^{10}$ km.
b) Es dauert 80 000 s = 1 333 min 20 s = 22 h 13 min 20 s.

4 Altair: 16 Lj = $16 \cdot 9{,}5 \cdot 10^{12}$ km = $152 \cdot 10^{12}$ km = $1{,}52 \cdot 10^{14}$ km
Wega: 26 Lj = $26 \cdot 9{,}5 \cdot 10^{12}$ km = $247 \cdot 10^{12}$ km = $2{,}47 \cdot 10^{14}$ km
Pollux: 36 Lj = $36 \cdot 9{,}5 \cdot 10^{12}$ km = $342 \cdot 10^{12}$ km = $3{,}42 \cdot 10^{14}$ km
Antares: 500 Lj = $500 \cdot 9{,}5 \cdot 10^{12}$ km = $4\,750 \cdot 10^{12}$ km = $4{,}75 \cdot 10^{15}$ km
Polarstern: 800 Lj = $800 \cdot 9{,}5 \cdot 10^{12}$ km = $7\,600 \cdot 10^{12}$ km = $7{,}6 \cdot 10^{15}$ km
Rigel: 880 Lj = $880 \cdot 9{,}5 \cdot 10^{12}$ km = $8\,360 \cdot 10^{12}$ km = $8{,}36 \cdot 10^{15}$ km

5 Das sind $7{,}6 \cdot 10^{19}$ km.

zu Seite 167

1 Der Durchmesser der weißen Blutkörperchen beträgt 0,02 mm und der der roten Blutkörperchen beträgt 0,007 mm.

2 Länge: 0,0025 mm
Durchmesser: 0,00075 mm
Gewicht: 0,00000000000011 g

3 Masern: $1{,}3 \cdot 10^{-4}$ mm
Grippe: 10^{-4} mm
Röteln: $7 \cdot 10^{-5}$ mm
Herpes: $1{,}1 \cdot 10^{-4}$ mm

4 Eisen: 0,000000124 mm
Kohlenstoff: 0,000000077 mm
Kupfer: 0,000000128 mm
Sauerstoff: 0,000000066 mm
Wasserstoff: 0,0000005 mm
Stickstoff: 0,00000007 mm

5 Kohlenstoff: $1{,}992648 \cdot 10^{-26}$ kg
Sauerstoff: $2{,}656864 \cdot 10^{-26}$ kg
Schwefel: $5{,}313728 \cdot 10^{-26}$ kg
Wasserstoff: $1{,}66054 \cdot 10^{-27}$ kg

LÖSUNGEN
zu den Üben-Seiten

zu Seite 190

1 a)

Tageshöchst-temperaturen (°C)	absolute Häufigkeit
21	1
22	1
23	7
24	11
25	7
26	2
27	1

b)

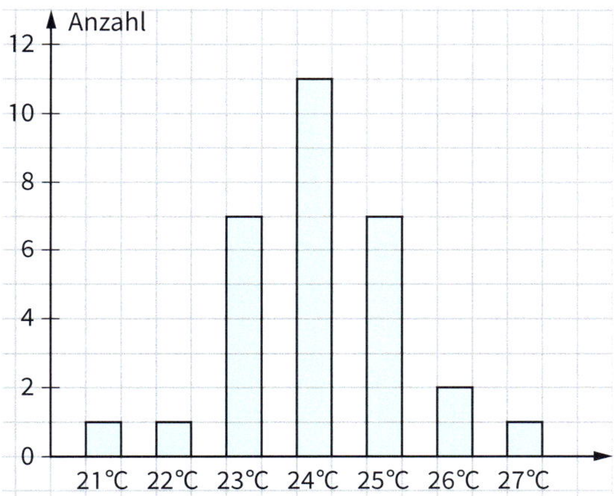

c) $\bar{x} \approx 24{,}1$ °C

d) Median: $\tilde{x} = 24$ °C; Modalwert: 24 °C
Die beiden Werte stimmen überein.

2 arithmetisches Mittel: $\bar{x} = 5{,}7$
mittlere lineare Abweichung: $\bar{s} = 2{,}64$

Das arithmetische Mittel gibt an, dass im Durchschnitt an zehn aufeinanderfolgenden Tagen täglich 5,7 Mitarbeiterinnen und Mitarbeiter fehlten.
Die mittlere lineare Abweichung gibt an, dass dieser Durchschnittswert um 2,64 Mitarbeiterinnen und Mitarbeiter pro Tag von der tatsächlichen Anzahl abweicht.

3

		Ella	Nikola
a)	arithmetisches Mittel $\bar{x}$	187,3 min	180,5 min
	Median $\tilde{x}$	194 min	190 min
b)	Spannweite	177 min	88 min
	mittlere lineare Abweichung $\bar{s}$	51,7 min	19 min

Bei Ella variieren die Bildschirmzeiten stärker als bei Nikola. Das erkennt man an der größeren Spannweite und der höheren mittleren linearen Abweichung. Diese sagt aus, dass die täglichen tatsächlichen Bildschirmzeiten stark vom Durchschnittswert abweichen.

4 a)

Punkte	9 a		9 b	
	absolute Häufigkeit	relative Häufigkeit	absolute Häufigkeit	relative Häufigkeit
3	1	$\frac{1}{25} = 0{,}04$	0	0
4	1	$\frac{1}{25} = 0{,}04$	0	0
5	2	$\frac{2}{25} = 0{,}08$	3	$\frac{3}{24} = 0{,}125$
6	2	$\frac{2}{25} = 0{,}08$	4	$\frac{4}{24} \approx 0{,}167$
7	1	$\frac{1}{25} = 0{,}04$	2	$\frac{2}{24} \approx 0{,}083$
8	5	$\frac{5}{25} = 0{,}20$	4	$\frac{4}{24} \approx 0{,}167$
9	6	$\frac{6}{25} = 0{,}24$	4	$\frac{4}{24} \approx 0{,}167$
10	3	$\frac{3}{25} = 0{,}12$	4	$\frac{4}{24} \approx 0{,}167$
11	2	$\frac{2}{25} = 0{,}08$	3	$\frac{3}{24} = 0{,}125$
12	2	$\frac{2}{25} = 0{,}08$	0	0

b)

	9 a	9 b
arithmetisches Mittel $\bar{x}$	8,24	≈ 8,08
Median $\tilde{x}$	9	8
Spannweite	9	6
mittlere lineare Abweichung $\bar{s}$	1,8304	≈ 1,67

c) Median und arithmetisches Mittel sind in der 9 b etwas niedriger als in der 9 a, aber die Leistungen liegen nicht so weit auseinander, da die Spannweite und die mittlere lineare Abweichung geringer sind.

zu Seite 191

5

		9 a	9 b
a)	Maximum	6,28 m	6,38 m
	oberes Quartil	6,10 m	6,00 m
	Median	5,77 m	5,66 m
	unteres Quartil	5,38 m	5,20 m
	Minimum	4,84 m	4,90 m
b)	Spannweite	1,44 m	1,48 m

LÖSUNGEN
zu den Üben-Seiten

c) Die Klasse 9 b hat beim Maximum und beim Minimum den größeren Wert, hat aber auch eine größere Spannweite. Die Leistungen sind also nicht so ausgeglichen wie bei der Klasse 9 a. Der Median und die Quartile der 9 a sind höher als bei der 9 b, also hat die 9 a die besseren Weiten.

6 a) Rangliste 9 a (Weiten in m):
6,70 6,88 7,32 7,60 7,92 8,26 8,35
8,74 8,94 9,26 9,40 9,40 10,25

Rangliste 9 b (Weiten in m):
7,06 7,56 7,84 7,94 7,96 8,44
8,50 8,56 8,64 8,96 9,85 10,15

	9 a	9 b
Maximum	10,25 m	10,15 m
oberes Quartil	9,26 m	8,80 m
Median	8,35 m	8,47 m
unteres Quartil	7,60 m	7,89 m
Minimum	6,70 m	7,06 m
Spannweite	3,55 m	3,09 m

b)
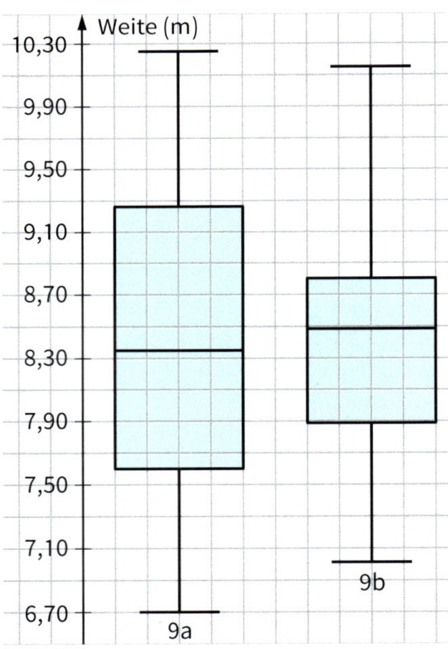

7 a)

Klasse	absolute Häufigkeit
über 15,5 s bis 15,9 s	5
über 15,9 s bis 16,3 s	8
über 16,3 s bis 16,7 s	11
über 16,7 s bis 17,1 s	7
über 17,1 s bis 17,5 s	4

b)
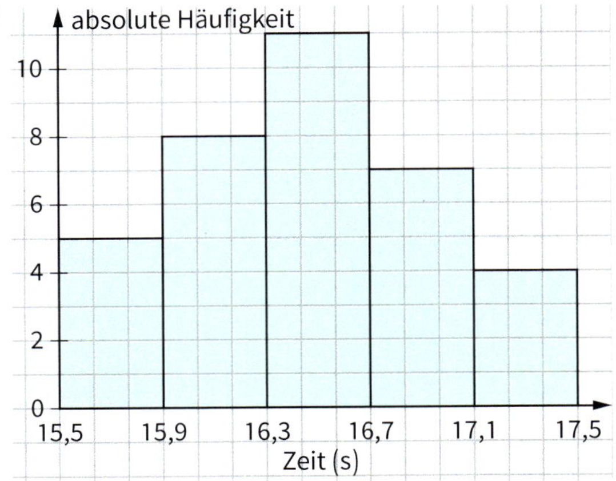

8 a)
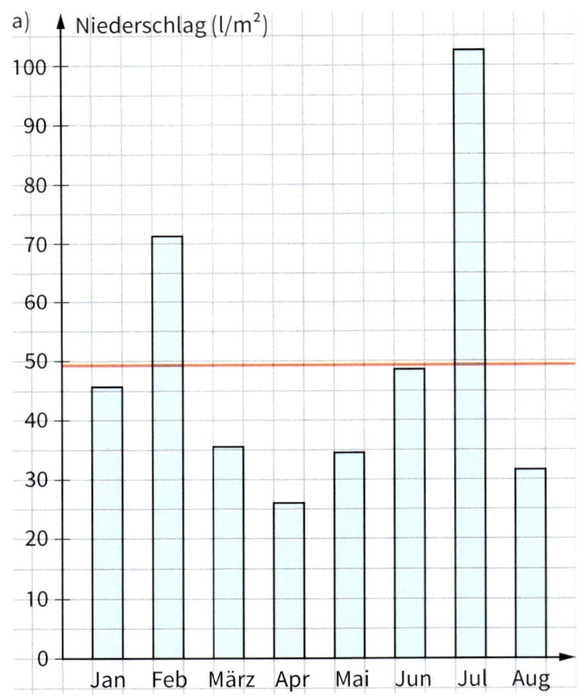

b) $\bar{x} = 49{,}4\ l/m^2$

c) siehe Zeichnung in a)
Nur in zwei Monaten liegen die Niederschläge über dem Durchschnitt.

zu Seite 192

1 individuelle Lösungen

zu Seite 193

2

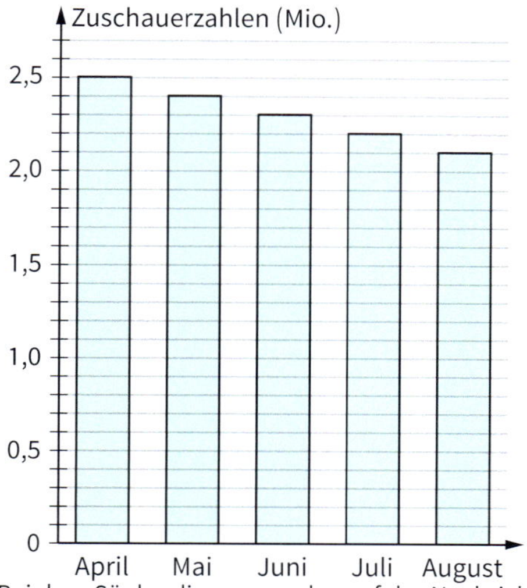

Bei dem Säulendiagramm, das auf der Nachrichtenseite im Internet abgebildet war, beginnt die y-Achse bei 1,9. Dadurch wirken kleine Unterschiede viel größer. Betrachtet man hingegen das oben abgebildete Säulendiagramm, bei dem die y-Achse bei 0 beginnt, sieht man, dass der Rückgang der Zuschauerzahlen gar nicht so stark ist.

3 a) Bei der Darstellung wirkt die Fläche der Figur. Deshalb muss der Marktanteil dem Flächeninhalt entsprechen, und nicht der Höhe des Piktogramms.

b)

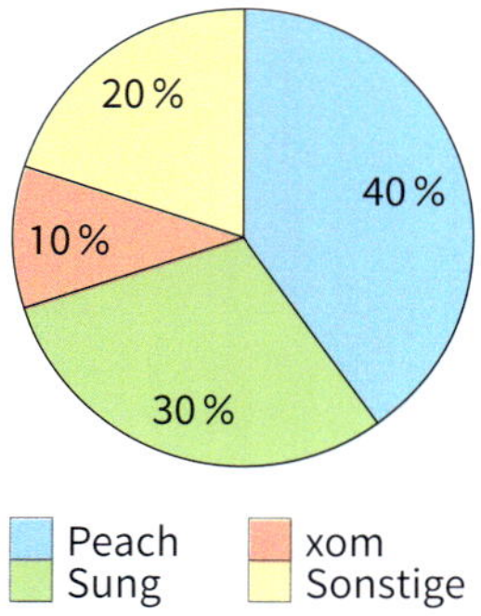

Durch die Darstellung der Prozentanteile in dem Kreisdiagramm können die Marktanteile der einzelnen Smartphone-Hersteller besser verglichen werden.

4 Der Jahresniederschlag in Berlin betrug 610 mm, die Aussage stimmt. Die auf der Wetterseite angegebene Jahresdurchschnittstemperatur weicht etwas von der Durchschnittstemperatur ab, die sich mithilfe des Diagramms ermitteln lässt. Es ergibt sich eine Jahresdurchschnittstemperatur von 9,75 °C. Die Aussage stimmt nicht.

5 a) Das arithmetische Mittel der Sprungweiten der Mädchen beträgt: $\overline{x} \approx 3{,}40$ m, das arithmetische Mittel der Sprungweiten der Jungen beträgt: $\overline{x} \approx 4{,}07$ m.
Die Aussage stimmt nicht, da die Jungen im Durchschnitt weniger als einen Meter weiter (ca. 0,67 m) als die Mädchen springen.

b) Spannweite der Sprungweiten bei den Mädchen:
3,79 m − 2,87 m = 0,92 m
Spannweite der Sprungweiten bei den Jungen:
4,67 m − 3,43 m = 1,24 m
Die Aussage stimmt, da die Spannweite der Sprungweiten bei den Mädchen geringer ist als bei den Jungen.

c) Das Mädchen, das am weitesten gesprungen ist, hatte eine Sprungweite von 3,79 m. Insgesamt sind mehr als 12 Jungen (16 Jungen) weiter gesprungen als 3,79 m.
Die Aussage stimmt. Der Median der Sprungweiten der Jungen liegt bei 4,04 m, d. h. über diesem Wert liegt die Hälfte der Sprungweiten der Jungen.

FORMELN UND GESETZE

Mengen

$M = \{4, 5, 6, 7\}$	Menge aus den Elementen 4, 5, 6 und 7 in aufzählender Form
$\mathbb{N} = \{0, 1, 2, 3, \dots\}$	Menge der natürlichen Zahlen
$\mathbb{Z} = \{\dots, -2, -1, 0, 1, 2, \dots\}$	Menge der ganzen Zahlen
$\mathbb{Q}$	Menge der rationalen Zahlen
$\mathbb{R}$	Menge der reellen Zahlen
L	Lösungsmenge für eine Gleichung bzw. Ungleichung
{ }	leere Menge

Beziehungen zwischen Zahlen

$\approx$	ungefähr gleich		
$a = b$	a gleich b	$a > b$	a größer als b
$a \neq b$	a ungleich b	$a < b$	a kleiner als b

Verknüpfungen von Zahlen

$a + b$	a plus b	(Summe)	$a \cdot b$	a mal b	(Produkt)
$a - b$	a minus b	(Differenz)	$a : b$	a geteilt durch b	(Quotient)
a^n	a hoch n	(n-te Potenz)	$\sqrt[n]{a}$	n-te Wurzel aus a	(n-te Wurzel)

Rechengesetze

Kommutativgesetz

$3 + 7 = 7 + 3$ $\qquad$ $3 \cdot 7 = 7 \cdot 3$

Assoziativgesetz

$3 + (7 + 5) = (3 + 7) + 5$ $\qquad$ $3 \cdot (7 \cdot 5) = (3 \cdot 7) \cdot 5$

Distributivgesetz

$6 \cdot (8 + 5) = 6 \cdot 8 + 6 \cdot 5$ $\qquad$ $6 \cdot (8 - 5) = 6 \cdot 8 - 6 \cdot 5$

$(20 + 10) : 5 = 20 : 5 + 10 : 5$ $\qquad$ $(20 - 10) : 5 = 20 : 5 - 10 : 5$

Geometrie

A, B, C, ...	Punkte
$\overline{AB}$	Strecke mit den Endpunkten A und B
AB	Gerade durch die Punkte A und B
g, h, k, ...	Geraden
$g \parallel k$	g ist parallel zu k
$g \perp h$	g ist senkrecht zu h
$P(3 \mid 4)$	Punkt im Koordinatensystem mit den Koordinaten 3 (x-Wert) und 4 (y-Wert)
$\alpha, \beta, \gamma, \delta$; $\sphericalangle ASB$; $\sphericalangle (a, b)$	Winkel

REGISTER

REGISTER

Bildquellennachweis

|akg-images GmbH, Berlin: 6.1, 62.1. |Alamy Stock Photo, Abingdon/Oxfordshire: Heritage Image Partnership Ltd 106.1. |Alamy Stock Photo (RMB), Abingdon/Oxfordshire: agefotostock 62.4; Bildagentur-online/Schoening 144.2; Hackenberg-Photo-Cologne 129.1; Jezierski, Ingo 151.3; Kinek00 130.5, 131.5; Mays, Buddy 175.1; public domain sourced/access rights from history_docu_photo 23.1; Science History Images/Photo Researchers 166.3; Selivanov, Fedor 125.1; Stark, Friedrich 128.1. |Astrofoto, Sörth: ESO/L. Calçada 169.1. |CASIO Europe GmbH, Norderstedt: 51.1. |Colourbox.com, Odense: Kytayko, Vitaliy 5.2. |Druwe & Polastri, Cremlingen/Weddel: 10.1, 10.2, 48.1, 50.1, 50.3, 61.1, 113.1, 115.1, 122.2, 141.1, 141.6, 152.2, 153.1, 179.1, 180.1, 225.1, 225.2, 227.1, 227.2, 227.3. |fotolia.com, New York: bercikns 3.2; Didier, Brandelet 4.2, 228.1; euthymia 152.3; Furian, Peter Hermes 161.1; idesign2000 157.1; Kaesler Media 229.1; lester120 196.2; Lubnevskiy, Igor 214.1; Meyer, Carsten 151.4; pic3d 59.4; PRILL Mediendesign 59.3; yurchello108 130.1. |Getty Images (RF), München: Algar, Juan 66.3; San, Martin 4.3; Spatari, Alexander Titel. |Helga Lade Fotoagenturen GmbH, Frankfurt/M.: Bramaz, H. R. 134.1. |Imago, Berlin: Beautiful Sports 61.3; Camera 4 2.1; v.d. Laage, Chai 177.2. |iStockphoto.com, Calgary: 35007 14.4; aldomurillo 200.1; Alina555 130.10; Alvarez, Carlos 130.12; artisteer 163.3; beekeepx 153.3; Berg, Jakob 78.1; Dejan_Dundjerski 152.5; dimdimich 151.1; fizkes 224.3; Fly View Productions 196.5; grafart 28.2; Heimsmyndir/Karlsson, Stígur Már 224.2; Ichard, Jean-Luc 129.3; MarioGuti 77.2; Niclasbo 191.2; NoSystem images 20.2; ollo 53.1; PeopleImages 223.1; photosaint 130.4; PytyCzech 129.4; Ridofranz 3.3; Santje09 141.2; simonkr 130.3, 141.4; Sofir 152.4; SolStock 177.1; stanley, laura 131.9; stefann11 78.3; Suriyan, Amorn 196.3; tupungato 110.1; VV Shots 152.1; Wavebreakmedia 196.1; Zigic, Drazen 77.1. |Kuhlmann, Karl-Heinz, Bielefeld: 8.1, 8.2, 8.3, 8.4, 8.5, 8.6. |mauritius images GmbH (RF), Mittenwald: Garden World Images/GWI/Jonathan Need 59.2. |Miller, Carla, Dortmund: 50.2, 50.4, 113.2, 113.3, 114.1, 114.2, 114.3, 114.4, 114.5, 115.2, 116.1, 116.2, 116.3, 116.5, 116.6, 122.3, 122.4, 132.3, 133.1, 133.2, 134.3, 170.1, 171.1, 171.2, 171.3, 171.4, 259.1. |Minkus Images Fotodesignagentur, Isernhagen: 140.2, 140.3. |Naumann, Andrea, Aachen: 7.1, 7.2, 7.3, 9.1, 9.2, 9.3, 9.4, 11.1, 23.2, 23.3, 23.4, 23.5, 31.3, 32.1, 34.1, 34.2, 35.1, 37.1, 37.2, 38.1, 41.1, 43.1, 44.1, 45.1, 45.2, 46.2, 46.4, 53.2, 55.3, 60.1, 64.1, 65.1, 65.2, 86.1, 87.2, 92.1, 102.1, 103.1, 105.1, 111.1, 124.1, 136.1, 157.2, 163.2, 166.1, 167.1, 168.1, 168.2, 174.1, 176.1, 258.1. |Picture-Alliance GmbH, Frankfurt a.M.: akg-images 62.3; Bildagentur-online/Rossi 151.2; chromorange/Tscherwitschke, R. 116.4; ZB 153.4. |Rosier, Susanne, Braunschweig: 13.1, 13.2, 13.3, 13.4, 14.1, 14.2, 14.3, 14.5, 15.1, 15.2, 18.1, 18.2, 18.3, 18.4, 18.5, 18.6, 18.7, 18.8, 20.1, 22.1, 25.1, 27.1, 27.2, 31.1, 31.2, 42.1, 42.2, 42.3, 46.1, 46.3, 52.1, 54.1, 54.2, 54.3, 54.4, 54.5, 54.6, 55.1, 55.2, 66.2, 67.2, 72.1, 73.1, 78.4, 80.1, 87.1, 92.2, 92.3, 92.4, 99.1, 99.2, 99.3, 108.1, 109.1, 112.1, 112.2, 112.3, 112.4, 119.1, 122.1, 131.1, 131.11, 132.1, 132.2, 132.4, 135.1, 136.2, 136.3, 136.4, 137.1, 137.2, 137.3, 137.4, 139.1, 139.2, 139.3, 139.4, 139.5, 139.6, 140.1, 140.4, 140.5, 140.6, 141.3, 141.7, 141.8, 147.1, 147.2, 149.1, 149.2, 149.3, 154.1, 154.2, 154.4, 154.5, 154.6, 154.7, 155.1, 155.2, 186.1, 186.2, 189.1, 191.1, 219.1, 230.1, 231.1, 232.1, 233.1, 233.2, 234.1, 234.2, 234.3, 234.4, 235.1, 235.2, 237.1, 238.1, 238.2, 238.3, 238.4, 239.1, 239.2, 239.3, 239.4, 239.5, 240.1, 240.2, 240.3, 240.4, 243.1, 243.2, 243.3, 243.4, 244.1, 244.2, 244.3, 244.4, 248.1, 248.2. |Science Photo Library, München: DRS A. YAZDANI & D.J. HORNBAKER 167.4; Middle Temple Library 6.2. |Shutterstock.com, New York: Aerodim 130.7; Africa Studio 172.2; Annable, Simon 130.2; Ashley, Colleen 130.9; Beekeepx 43.2; Belo, Anton 130.8; Bercan, Radu 43.4; ChameleonsEye 153.2; Creation, Morphart 154.3; Daehne, Detlef 82.1; Filimonov, Iakov 226.1; goodluz 196.4; Guillem, Antonio 226.2; Hadrian 59.1; hidesy 43.3; Moran, Tony 161.2; papaja530 28.5; Pfaff, Markus 78.2; Photographee.eu 172.4; Pokoman 129.2; Rawpixel.com 172.3; Schweitzer, Elena 141.5; Sonmez, Berna Koritan 117.1; sportpoint 179.2; Syda Productions 172.1, 223.2; Vechterova, Valeria 165.1; Zarina, Garna 162.4; Zinkevych, Dmytro 4.1. |Steinke, Karsten, Sickte: 150.1. |stock.adobe.com, Dublin: AkuAku 162.3; Apart Foto 61.2; ArtHdesign 67.1; AZOGUE.art 28.4; batcam.de/Siegert, Tim 59.5; bennnn 12.2, 12.3, 12.4, 12.5; by-studio 10.3, 10.4, 162.1; Carden, Kevin 5.1, 158.1; Caridi, Claudio 166.4; contrastwerkstatt 190.1; Dinges, Stephan F. F. 163.1; druckingenieur 155.3; esoxx 131.10; Falk 156.2; francescoridolfi.com 224.1; freshidea 130.11; ginettigino 156.1; gradt 131.3; ikostudio 12.1; Martin 101.1; Mayer, Kevin 115.3; mila103 144.1; mirkograul 162.5; moonrise 162.2; Nathan Devery com 167.3; neosiam 166.2; New Africa 66.1; optmedia 131.6; orion_eff 62.2; peshkova 167.5; phonlamaiphoto 167.2; PhotoSG 131.7; Popov, Andrey 3.1; siedler, stephan 28.3; SINNBILD Design 3.4, 28.1; Spasenoski, Nikola 131.2; taddle 130.6; volkerr 105.3; WavebreakMediaMicro 226.3; weerapat1003 48.2, 49.1; Weil, Mathias 134.2; www.smith1972.com 131.4; Wylezich, Bjoern 11.2; Wylezich, Björn 131.8; zenturio1st 105.2. |UX/UI & Illustration, Ulm: 1.1, 30.1, 185.1, 185.2, 185.3.

Kopfrechentraining

$\frac{9}{10} \cdot \frac{1}{3} = \frac{3}{10}$
$\frac{3}{10} \cdot 5 = 1\frac{1}{2}$
$1\frac{1}{2} + 7\frac{1}{2} = 9$
$9 : \frac{1}{3} = 27$
$27 : 4 = 6\frac{3}{4}$
$6\frac{3}{4} - 6\frac{1}{2} = \frac{1}{4}$

$\frac{1}{2}$: $-\frac{1}{4}$, $+\frac{3}{4}$, $+\frac{3}{4}$, $-\frac{1}{4}$, $-\frac{1}{4}$

$7\frac{1}{2}$: $+\frac{1}{2}$, $-\frac{1}{4}$, $+1\frac{1}{4}$, $-7\frac{1}{2}$, $-\frac{1}{4}$

$3\frac{1}{2}$: $+\frac{1}{4}$, $+1\frac{1}{4}$, $-\frac{1}{2}$, $-2\frac{1}{2}$, $+\frac{3}{8}$

$\frac{1}{2}$: $+\frac{5}{16}$, $+\frac{3}{16}$, $+\frac{1}{16}$, $+\frac{1}{8}$, $+\frac{13}{16}$

$\frac{1}{8}$: $+\frac{1}{4}$, $+\frac{1}{8}$, $+\frac{1}{2}$, $+3\frac{1}{5}$, $+2\frac{4}{5}$

$\frac{1}{2}$: $+\frac{1}{4}$, $+3\frac{1}{4}$, $-\frac{2}{5}$, $-\frac{1}{5}$, $-1\frac{2}{5}$

3: $+4\frac{1}{2}$, $+6\frac{1}{2}$, $+6\frac{1}{2}$, $+3\frac{1}{2}$, $-13\frac{1}{2}$

$9\frac{1}{2}$: $+4$, $+\frac{1}{10}$, $+\frac{3}{10}$, $-2\frac{9}{10}$, $-10\frac{1}{2}$

$\frac{3}{4}$: $-\frac{1}{8}$, $-\frac{2}{8}$, $+\frac{1}{8}$, $+\frac{1}{2}$, $+3\frac{1}{5}$, $+4\frac{4}{5}$

$1\frac{3}{8}$: $+\frac{3}{8}$, $+\frac{1}{4}$, $+2\frac{1}{4}$, $+\frac{1}{4}$, $+\frac{1}{2}$, $+2\frac{1}{3}$

$\frac{1}{3}$: $+\frac{1}{6}$, $+\frac{1}{2}$, $+2\frac{1}{3}$, $-\frac{1}{6}$, $-\frac{1}{6}$, $-1\frac{1}{2}$

$\frac{2}{3}$: $+\frac{1}{6}$, $+3\frac{1}{6}$, $+\frac{1}{3}$, $+2\frac{2}{3}$, $-6\frac{1}{2}$, $-\frac{1}{3}$

$\frac{1}{3}$: $+\frac{1}{12}$, $+\frac{2}{12}$, $+\frac{5}{12}$, $-\frac{1}{4}$, $-\frac{1}{2}$, $-\frac{2}{12}$